U0372202

# OPERATION TECHNOLOGY AND APPLICATION OF FULL-FACE TUNNEL BORING MACHINE

# 全断面隧道掘进机操作技术及应用

蒙先君　刘瑞庆　陈义得　陈　馈　李大伟　编著

人民交通出版社股份有限公司

北　京

# 内 容 提 要

本书以全断面隧道掘进机理论、操作、运行、维护、施工为主线，分为三大篇：第一篇 基础篇是理论基础，介绍了机械基础、电气基础、液压传动基础、工程地质基础及施工测量与导向系统；第二篇 操作篇是设备操作、运行与维护，介绍了全断面隧道掘进机的构造、原理、操作，并根据不同地质情况下对掘进参数选择、盾构机姿态控制、维护以及设备检测；第三篇 提高篇为具体施工方案分析，介绍了不同地质渣土改良、隧道衬砌技术、盾构机施工常见问题及控制方法、TBM 防卡与围岩变形控制技术、典型施工案例。

本书部分章节配有动画演示，直观地展示掘进机现场实际操作情况；每章节均配有习题帮助读者理解和巩固本章内容。

本书可供从事盾构/TBM 现场施工管理、操作的技术人员培训学习，也可供相关专业院校师生参阅。

**图书在版编目(CIP)数据**

全断面隧道掘进机操作技术及应用 / 蒙先君等编著
. — 北京 : 人民交通出版社股份有限公司, 2020.3
ISBN 978-7-114-15644-1

Ⅰ. ①全… Ⅱ. ①蒙… Ⅲ. ①全断面掘进机—巷道掘进 Ⅳ. ①TD263.3

中国版本图书馆 CIP 数据核字(2019)第 122069 号

**书　　名**：全断面隧道掘进机操作技术及应用
**著 作 者**：蒙先君　刘瑞庆　陈义得　陈　馈　李大伟
**责任编辑**：谢海龙
**责任校对**：孙国靖　宋佳时
**责任印制**：刘高彤
**出版发行**：人民交通出版社股份有限公司
**地　　址**：(100011)北京市朝阳区安定门外外馆斜街 3 号
**网　　址**：http://www.ccpress.com.cn
**销售电话**：(010)59757973
**总 经 销**：人民交通出版社股份有限公司发行部
**经　　销**：各地新华书店
**印　　刷**：北京印匠彩色印刷有限公司
**开　　本**：880 × 1230　1/16
**印　　张**：27.75
**字　　数**：821 千
**版　　次**：2020 年 3 月　第 1 版
**印　　次**：2020 年 3 月　第 1 次印刷
**书　　号**：ISBN 978-7-114-15644-1
**定　　价**：168.00 元

# 作者简介

蒙先君,2000 年毕业于西南交通大学机械工程学院机械工程及自动化专业,教授级高级工程师,注册设备监理师,《隧道建设(中英文)》期刊审稿专家,现任中铁隧道局集团有限公司设备分公司党工委书记、总经理。

长期从事全断面隧道掘进机设备使用管理、设备检测、设备监理、维修再制造、施工技术及科技研发工作,积累了丰富的理论和实践经验。积极推动行业内的再制造工作,创新提出掘进机再制造“八步法”工艺并全面推广应用。潜心研究设备检测和设备监理技术,成功将设备检测与监理技术应用于隧道掘进机行业,引领隧道掘进机检测与监理事业的发展。

主持参与 20 余项重大科研项目,获得省部级奖项 5 项,申报授权发明专利 6 项、实用新型专利 18 项,参与编制 3 项行业标准。

Operation Technology and Application of
Full-face Tunnel Boring Machine

# 编审委员会

# 序

随着交通强国战略目标的明确提出，我国的交通建设由规模速度型发展转向质量效率型发展。在综合交通运输基础设施加速成网、交通运输业加快转型升级、现代治理能力持续提升、现代综合交通运输体系加快构建的黄金机遇期，在国家川藏铁路、京津冀协调发展、长江经济带、粤港澳大湾区和“一带一路”建设等一系列重大项目及国内轨道交通持续繁荣市场等利好因素拉动下，交通基础设施建设迎来新的高潮。

作为交通基础设施建设的重要部分，隧道与地下空间开发已进入“工厂化施工时代”——通过全断面隧道掘进机施工，隧道一次成形。无论是铁路公路隧道、城市轨道交通，还是水利水电引水、大型煤矿巷道等工程的建设，全断面隧道掘进机施工以其安全、可靠、高效、环保的特点逐步成为地下建设的主流方案。根据中国工程机械工业协会统计的数据显示，截至2018年年底国内全断面隧道掘进机的保有量已近3000台，预计今后几年还会高速增长，以全断面隧道掘进机为代表的施工机械行业进入高速发展时期。

随着掘进机行业的发展，市场需求与从业人员专业技术能力不足的矛盾日益突出。为缓解行业就业结构性矛盾、提升劳动者整体素质，大力加强掘进机技术、技能人才队伍建设已迫在眉睫，全断面隧道掘进领域的技术、技能人员要成为此行业“多面手”，不仅需要深入了解功能各异的施工设备和复杂多变的地质环境，还需要掌握掘进机原理构造、操作维护和施工技术。

本书从全断面隧道施工现场实际出发，介绍了掘进机机、电、液、光、地质的基础理论知识，涵盖了不同类型掘进机在不同地质情况下的正确操作、施工、维护、管理的技术指导，进一步总结了以往掘进机在使用过程中出现的问题和有效应对措施，全书内容翔实，结合具体的生产制造和施工建设的案例实际，以视频图文相结合的方式对设备原理和工程应用进行生动而全面阐释，全方位展示了我国在全断面隧道掘进机生产、再制造、管理、施工等方面的进步与发展。这是我国综合实力明显提高的成果，也是我国从引进技术、国际交流到中国制造、中国创造的成果，更是隧道施工行业贯彻落实“创新、协调、绿色、开放、共享”发展的成果。在此我诚挚地向从事隧道工程行业的研究、操作、施工、教学的相关专业人士和在校学生推荐此书。

本书编审委员会成员大都是全断面隧道掘进机生产、再制造、科技研发和施工领域的权威专家，知识全面、经验丰富，为全书的学术质量和案例分析打下坚实基础，他们以自己的智慧、学识和汗水，为我国全断面隧道掘进机行业的发展贡献自己的力量。在此，我谨代表编委向为编纂本书付出辛勤劳动的所有人员和相关单位表示诚挚的感谢和敬意，我相信此书能在提高我国全断面隧道掘进机专业从业人员综合技术能力，规范盾构机的操作流程，提高盾构机施工的安全和质量方面起到指导作用，为实现"百年工程"伟大目标提供帮助。

**2019 年 12 月**

# 前言

Operation Technology and Application of Full-face Tunnel Boring Machine

“十三五”期间，我国隧道及地下工程领域得到了前所未有的快速发展。经过多年的努力，隧道施工装备的研发走过了引进、消化、吸收的阶段，完成了从量变到质变的跨越，进入了自主创新、稳健发展的关键时期。尤其是全断面隧道掘进机行业的发展为隧道及地下工程施工提供了强有力的设备保障，加快了我国交通运输基础设施建设的步伐。

据中国工程机械工业协会的统计数据显示，截至2018年年底全国保有各类全断面隧道掘进机已近3000台，如此巨大数量的设备需要大量的专业从业人员，但市场上从业人员的水平参差不齐，且没有合适的专业书籍。本书依托中铁隧道局集团有限公司多年来全断面隧道掘进机施工、管理经验，以基础理论知识为引导，结合实际工况环境进行阐释，以期提高掘进机技术人员和操作者的专业素质，进而推动整个隧道掘进行业的技术发展。

全书共分为“基础篇”“操作篇”及“提高篇”三大篇。第一篇基础篇：从第1章到第5章结合设备工作原理，从机械、电气、流体及现场所涵盖的地质、测量五个方面，对全断面隧道掘进机进行了全面介绍，使读者在接触掘进机之前有针对性地练就扎实基本功。第二篇操作篇：从第6章到第13章详细介绍了全断面隧道掘进机发展历程、构造原理和操作说明，阐述了不同地质情况下合理控制掘进参数、姿态纠偏和隧道铺设方法，分析了设备各个系统运行维护关键点，并根据设备状态监测情况及时预判可能性故障，以图文和视频的方式向读者直观地展示掘进机现场实际操作情况。第三篇提高篇：从第14章到第18章是针对施工过程中重难点领域，即渣土改良、隧道衬砌、顺畅掘进及具体典型问题等方面的进一步总结。全书从理论、操作、现场施工以及典型案例分析等多方面系统地介绍了全断面隧道掘进机设备及施工技术，内容全面翔实、依次递进，对有一定经验的技能人员和广大工程技术人员而言，可作为应对复杂多变地质状况的常备参考书。

本书撰写过程中邀请了中铁隧道局集团有限公司总工程师洪开荣、中铁隧道局集团有限公司副总经理陈建、中铁隧道局集团有限公司副总工程师康宝生、中铁隧道局集团有限公司华东指挥部生产指挥长杨书江以及陕西铁路工程职业技术学院郭军等担任审稿专家，并为作者提供很多的指导和帮助，在此表示衷心的感谢。

由于时间仓促，加之作者水平有限，书中难免存在疏漏和不妥之处，在此，诚恳地期望得到各领域专家和广大读者的批评指正。

**作　者**

**2019 年 12 月**

# 目录

## 第一篇 基 础 篇

## 第二篇 操 作 篇

## 第三篇 提 高 篇

PART 1

# 第一篇

# 基础篇

# 第1章 机械基础

本章主要介绍机械基础相关知识，主要内容包括机械识图、图纸标注、尺寸公差、螺纹连接、齿轮传动、带传动、链传动及机械零件，旨在使全断面隧道掘进机操作人员了解和掌握常规性机械基础常识，为后续设备机械维护及其故障分析处理奠定一定理论基础。

## 1.1 机械识图

### 1.1.1 机械图样

工程上根据投影方法并遵照国家标准的规定绘制成的用于工程施工或产品制造等用途的图叫作工程图样，简称图样。

生产中，最常见的技术文件就是图样。在机械制造过程中，最常见的机械图样是零件图和装配图；用于加工零件的图样是零件图；用于将零件装配在一起的图样是装配图。

### 1.1.2 机械识图的基本知识

1）图纸幅面及格式

国家标准规定，图幅有 A0、A1、A2、A3、A4 号，共 5 种。图框格式分为不留装订边和留装订边两种。图纸幅面代号及尺寸见表 1-1 和表 1-2。

图纸幅面代号及尺寸　　表 1-1

| 图幅代号 | A0 | A1 | A2 | A3 | A4 |
|---|---|---|---|---|---|
| 尺寸 $B \times L$（mm × mm） | 841 × 1189 | 594 × 841 | 420 × 594 | 297 × 420 | 210 × 297 |

图框格式　　表 1-2

| 图框格式 | （1）留有装订边 | 标题栏 | 标题栏一般位于图纸的右下角 |
|---|---|---|---|

续上表

| | | | |
|---|---|---|---|
| 图框格式 | (2)不留装订边 | 标题栏 | 标题栏一般位于图纸的右下角 |

2)比例

机械图样必须按比例绘制。比例是图样中的图形与其实物相应要素的线性尺寸之比,一般在右下角标题栏中显示,如图 1-1 所示。

图 1-1　标题栏

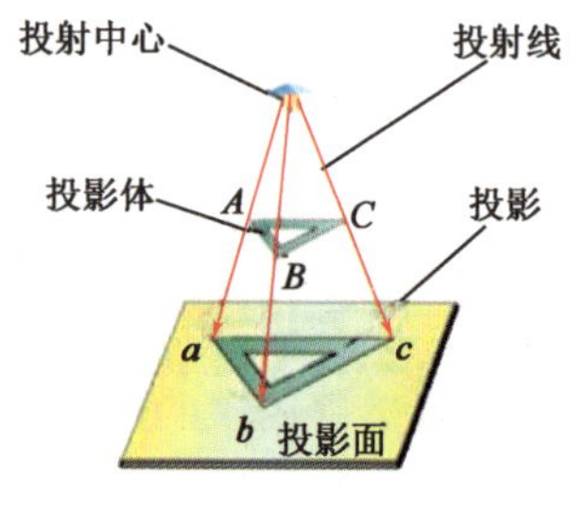


图 1-2　投影示意图

### 1.1.3　投影的概念

由投射中心(光源)发出的投射线通过物体,在选定的投影面上得到图形的方法,称为投影法。根据投影法获得的图形叫作投影。得到图形的面叫作投影面。光源叫作投射中心。由投射中心通过物体的直线叫作投射线,投影示意图如图 1-2 所示。

### 1.1.4　基本视图

如图 1-3 所示,将 L 形块放在三投影面中间,分别向正面、水平面、侧面投影,在正面的投影叫作主视图,在水平面上的投影叫作俯视图,在侧面上的投影叫作左视图,如图 1-4 所示。

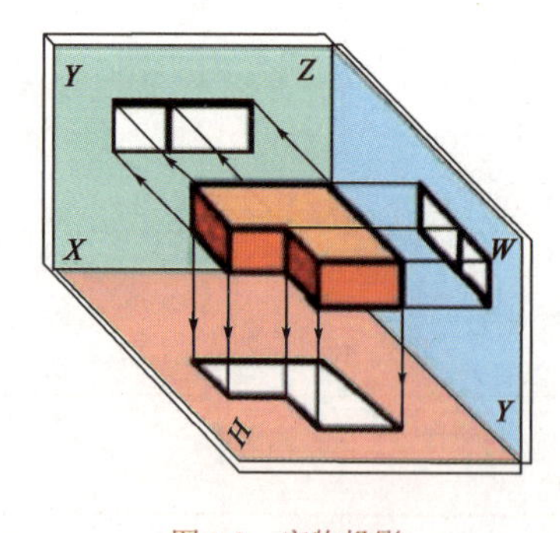


图 1-3　实物投影

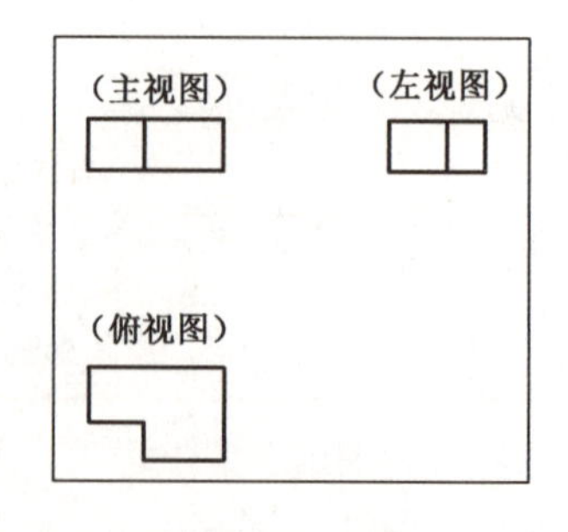


图 1-4　三视图

### 1.1.5　局部视图及局部放大图

1)局部视图

将机件的某一部分向投影面投影所得的视图称为局部视图,图 1-5 所示为盾构机刮刀局部视图。

局部视图是不完整的基本视图,利用局部视图,可以减少基本视图数量,补充基本视图尚未表达清楚的部分。

2)局部放大图

将机件的部分结构,用大于原图形所采用的比例画出的图形,称为局部放大图,图1-6为螺栓的局部放大图。

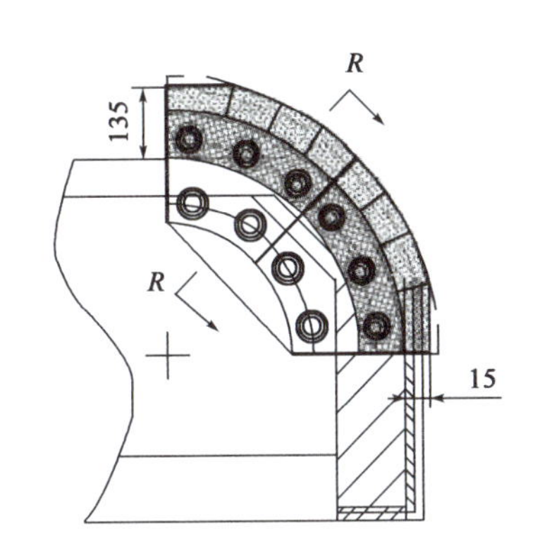


图1-5　盾构机刮刀局部视图(尺寸单位:mm)

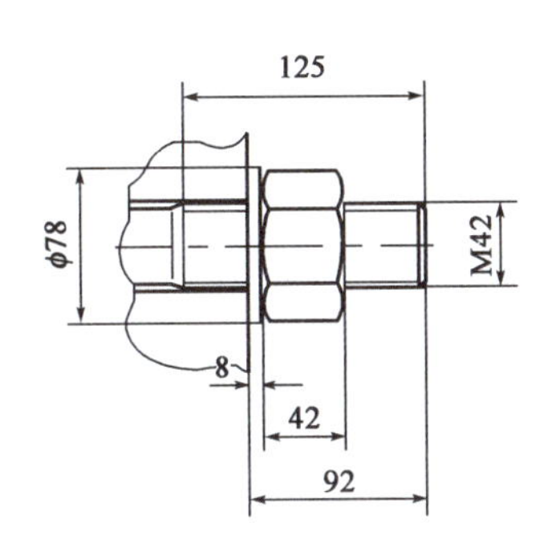


图1-6　螺栓局部放大图(尺寸单位:mm)

## 1.1.6　剖视图

假想用剖切面剖开零件,将处在观察者和剖切面之间的部分移去,而将其余部分向投影面投影所得的图形称为剖视图,如图1-7所示为某零件剖视图,其内部结构(空腔、孔道、沟槽等)在剖视图上能明确且被清晰地表示出。

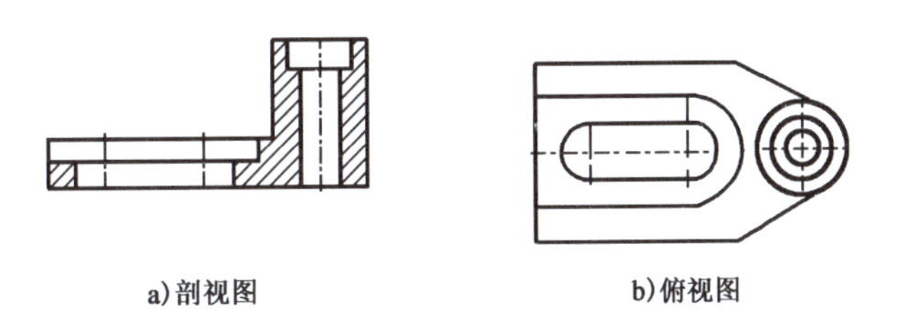


图1-7　某零件剖视图

根据国家相关标准规定,剖切面与零件接触部分,即断面上应画上剖面符号,机件材料不同,其剖面符号画法也不同,其中金属材料的剖面符号为与水平成45°的等距平行细实线,同一零件的所有剖面图形上,剖面线方向及间隔要一致。

# 1.2　图纸标注

一个标注完整的尺寸应标注出尺寸数字、尺寸线和尺寸界线。尺寸数字表示尺寸的大小,尺寸线表示尺寸的方向,而尺寸界线则表示尺寸的范围,如图1-8所示。

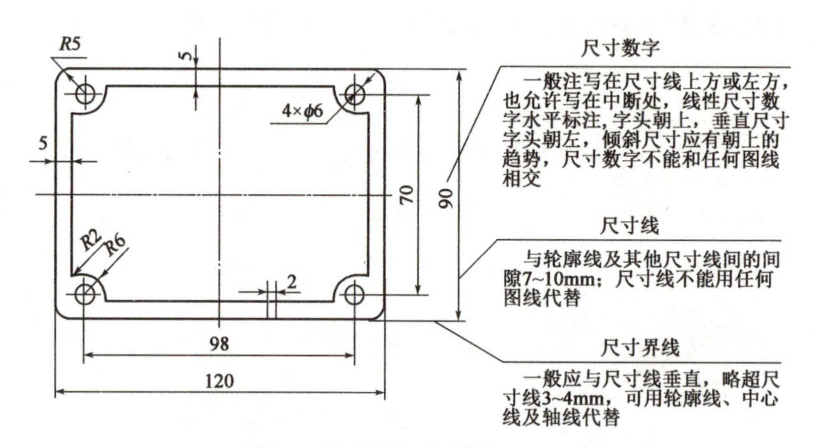


图 1-8　尺寸标注(尺寸单位:mm)

## 1.2.1　尺寸数字

尺寸数字表示尺寸的大小。尺寸数字不得被任何图线所通过,无法避免时必须将所遇图线断开,线性尺寸数字一般应注写在尺寸线的上方,也允许注写在尺寸线的中断处,如图 1-9 所示。

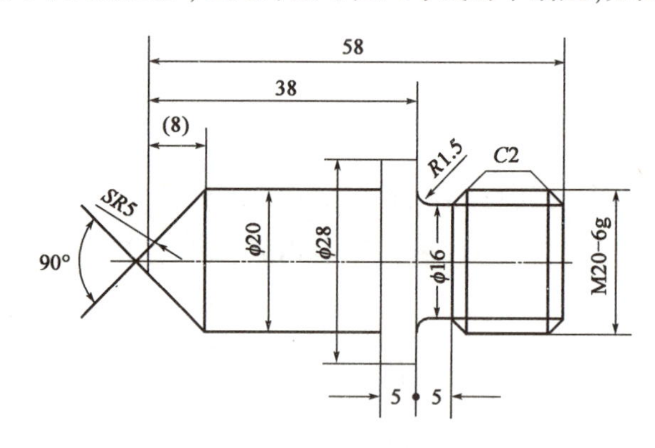


图 1-9　尺寸数字(尺寸单位:mm)

## 1.2.2　尺寸线

尺寸线表示所注尺寸的方向,用细实线绘制。尺寸线不能用其他图线代替,也不得与其他图线重合或画在其延长线上。尺寸线的终端结构有箭头和斜线两种形式。

1)箭头

箭头的形式如图 1-10a)所示,适用于各种类型的图样。

2)斜线

斜线用细实线绘制,其方向和画法如图 1-10b)所示。当尺寸线的终端采用斜线形式时,尺寸线与尺寸界线应相互垂直。这种形式适用于建筑图样。

标注线性尺寸时,尺寸线必须与所标注的线段平行;当有几条相互平行的尺寸线时,要小尺寸在内,大尺寸在外,以保持尺寸清晰。同理,图样上各尺寸线间或尺寸线与尺寸界线之间也应尽量避免相交。

## 1.2.3　尺寸界线

尺寸界线表示尺寸的范围。尺寸界线应由图形的轮廓线、轴线或对称中心线处引出,也可利用轮廓线、轴线或对称中心线替代。

尺寸界线一般应与尺寸线垂直,并超出尺寸线3~4mm。必要时才允许倾斜,但两尺寸界线必须相互平行,如图1-11所示。

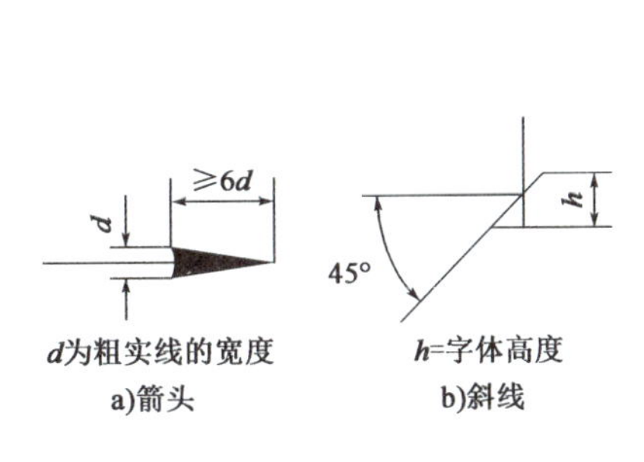


图1-10 尺寸线的两种终端形式

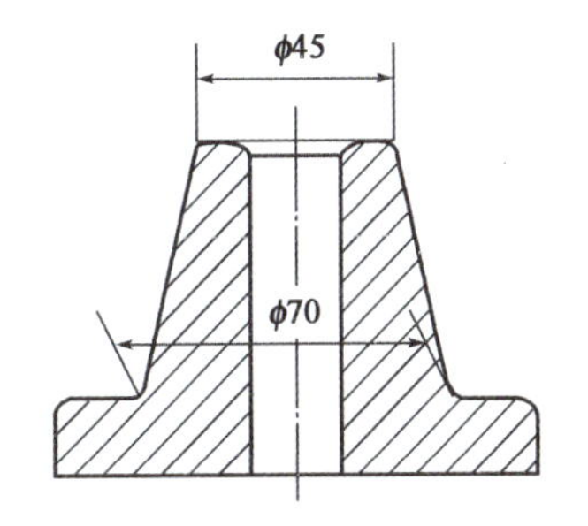


图1-11 尺寸界线与尺寸线倾斜(尺寸单位:mm)

## 1.2.4 标注尺寸的符号

标注尺寸的符号应符合表1-3的规定。

标准尺寸符号　　表1-3

| 名称 | 符号或缩写词 | 名称 | 符号或缩写词 |
|---|---|---|---|
| 直径 | $\phi$ | 45°倒角 | $C$ |
| 半径 | $R$ | 深度 | ↧ |
| 球直径 | $S\phi$ | 沉孔或锪平 | ⌴ |
| 球半径 | $SR$ | 埋头孔 | ∨ |
| 厚度 | $t$ | 均布 | $EQS$ |
| 正方形 | □ | 弧长 | ⌒ |

# 1.3 尺寸公差

## 1.3.1 公差

尺寸:设计时给定的数值。

基本尺寸:通过它应用上、下偏差可算出极限尺寸的尺寸,图1-12所示轴套直径的基本尺寸为50mm。

实际尺寸:通过测量获得的某一孔、轴的尺寸。

极限尺寸:一个孔或轴允许的尺寸的两个极端。孔或轴允许的最大尺寸称为最大极限尺寸,图1-12所示轴套直径的最大极限尺寸为50.039mm;孔或轴允许的最小尺寸称为最小极限尺寸,图1-12所示轴套直径的最小极限尺寸为49.977mm。

偏差:某一尺寸(实际尺寸、极限尺寸等)减其基本尺寸所得的代数差称为偏差。最大极限尺寸减其基本尺寸所得的代数差,称为上偏差,孔、轴的上偏差分别用 *ES* 和 *es* 表示,图 1-12 所示轴套直径的上偏差尺寸为 +0.039mm;最小极限尺寸减其基本尺寸所得的代数差,称为下偏差,孔、轴的下偏差分别用 *EI* 和 *ei* 表示,图 1-12 所示轴套直径的下偏差尺寸为 -0.023mm。上偏差和下偏差统称极限偏差,上偏差和下偏差可以是正值、负值或零。

尺寸公差:它是允许尺寸的变动量,简称公差。

公差 = 最大极限尺寸 - 最小极限尺寸 = 上偏差 - 下偏差

尺寸公差是一个没有符号的绝对值。

公差示例如图 1-12 所示。

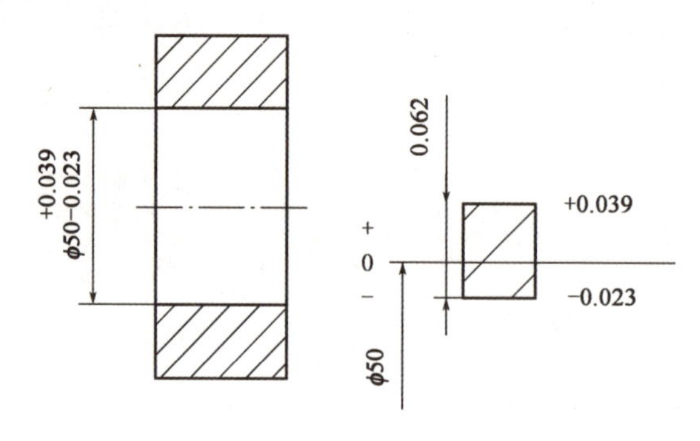


图 1-12　轴套公差示例(尺寸单位:mm)

## 1.3.2　配合

基本尺寸相同的、相互结合的孔和轴公差带之间的关系称为配合。

根据使用要求的不同,孔与轴之间的配合有松有紧,配合有间隙配合、过盈配合和过渡配合三类,如图 1-13 所示。

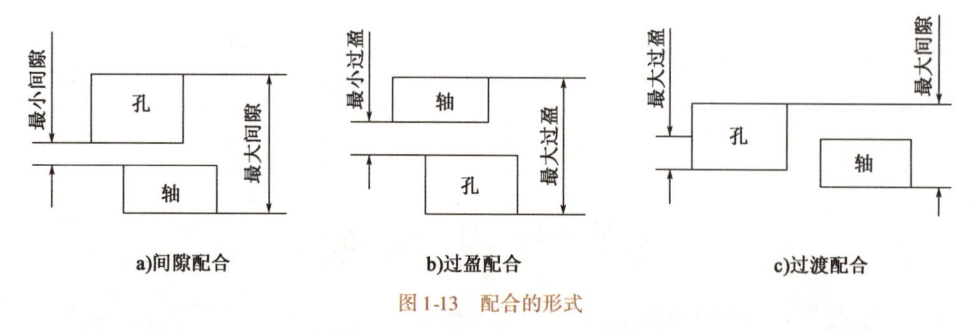


图 1-13　配合的形式

间隙配合:具有间隙(包括最小间隙等于零)的配合,孔的公差带在轴的公差带之上。

过盈配合:具有过盈(包括最小过盈等于零)的配合,孔的公差带在轴的公差带之下。

过渡配合:可能具有间隙或过盈的配合,孔的公差带与轴的公差带相互交叠。

# 1.4　螺 纹 连 接

螺纹连接是利用带有螺纹的零件构成的可拆连接,它的功用是把两个或两个以上的零件连接在一起,这种连接形式结构简单,拆装方便,互换性好,工作可靠,形式灵活多样,可反复拆装而不必破坏任何零件。

## 1.4.1　螺纹的类型和主要参数

1)螺纹的类型

按螺纹分布的表面不同,可分为外螺纹和内螺纹;按用途不同,可分为连接螺纹和传动螺纹;按螺旋线旋绕方向的不同,可分为左旋螺纹和右旋螺纹;按螺旋线数目的不同,可分为单线螺纹、双线螺纹和多线螺纹;按尺寸单位不同,可分为米制螺纹和英制螺纹(螺距以每英寸[1]牙数表示)两类;按螺纹牙形,可分为普通螺纹、管螺纹、梯形螺纹,具体介绍如下。

(1)普通螺纹

①普通螺纹代号的组成。

普通螺纹的代号由螺纹代号M、公称直径、螺纹公差带代号和螺纹旋合长度代号组成。

②普通螺纹标记。

粗牙普通螺纹用字母M及公称直径表示;细牙普通螺纹用字母M及公称直径×螺距表示。

注:a.当螺纹为左旋时,在螺纹代号之后加"LH"字、右旋螺纹不标注旋向代号。

b.旋合长度有长旋合长度L、中等旋合长度N和短旋合长度S三种,中等旋合长度N不标注。

c.公差带代号中,前者为中径公差带代号,后者为顶径公差带代号,两者一致时则只标注一个公差带代号。内螺纹用大写字母,外螺纹用小写字母。

d.内、外螺纹配合的公差带代号中,前者为内螺纹公差带代号后者为外螺纹公差带代号,中间用"/"分开。

(2)管螺纹

管螺纹分为用螺纹密封的管螺纹和非螺纹密封的管螺纹,标记如图1-14所示。

①管螺纹尺寸代号不再称作公称直径,也不是螺纹本身的任何直径尺寸,只是一个无单位的代号。

②管螺纹为英制细牙螺纹,其公称直径近似为管子的内孔直径,以英寸为单位。

③右旋螺纹不标注旋向代号,左旋螺纹则用LH表示。

④非螺纹密封管螺纹的外螺纹的公差等级有A、B两级,A级精度较高;内螺纹的公差等级只有一个,故无公差等级代号。

⑤内、外螺纹配合在一起时,内、外螺纹的标注用"/"分开,前者为内螺纹的标注,后者为外螺纹的标注。

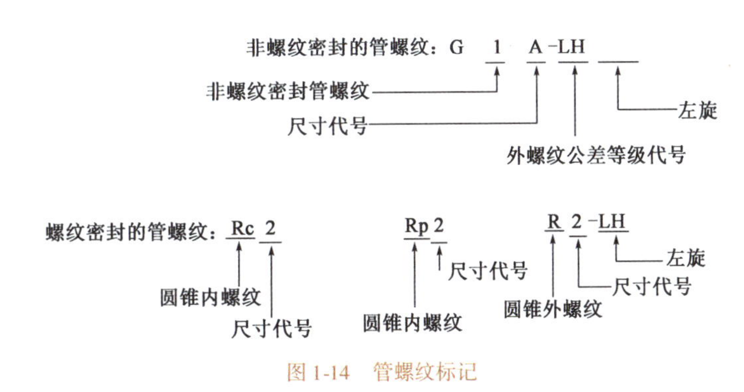


图1-14　管螺纹标记

(3)梯形螺纹

梯形螺纹代号由特征代号Tr、公称直径、螺纹公差带代号和螺纹旋合长度代号组成,标记如图1-15所示。

①单线螺纹只标注螺距,多线螺纹标注螺距和导程。

②右旋螺纹不标注旋向代号,左旋螺纹用LH表示。

[1] 1英寸=0.0254米。

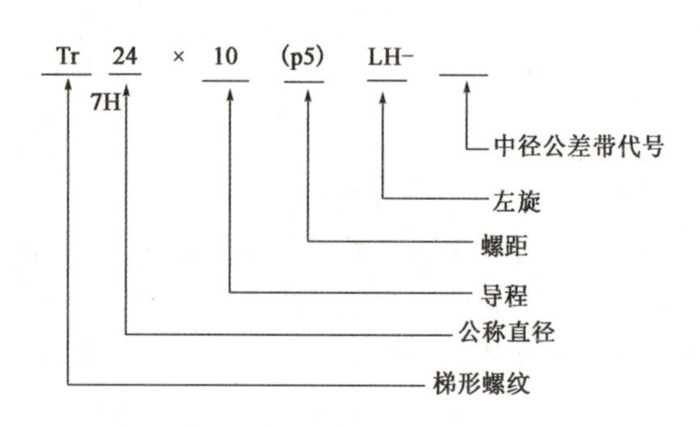

图 1-15 梯形螺纹标记

③旋合长度有长旋合长度 L、中等旋合长度 N 两种,中等旋合长度 N 不标注。

④公差带代号中,螺纹只标注中径公差带代号。内螺纹用大写字母,外螺纹用小写字母。

⑤内、外螺纹配合的公差带代号中,前者为内螺纹公差带代号,后者为外螺纹公差带代号,中间用“/”分开。

2)螺纹的主要参数

螺纹参数示意如图 1-16 所示。

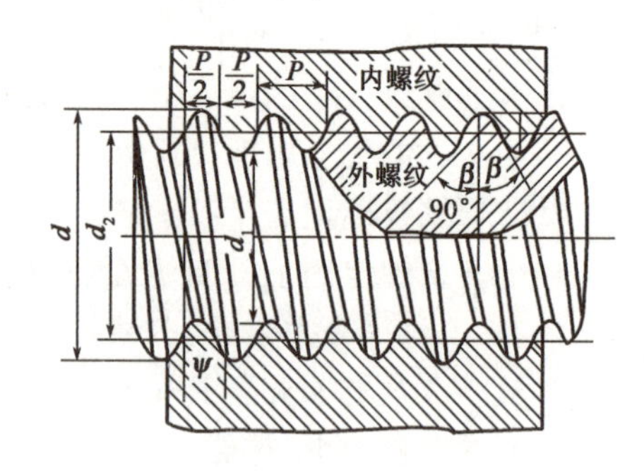

图 1-16 螺纹参数示意图

(1)外径(大径)$d(D)$:与外螺纹牙顶相重合的假想圆柱面直径,也称为公称直径。

(2)内径(小径)$d_1(D_1)$:与外螺纹牙底相重合的假想圆柱面直径(危险剖面直径)。

(3)中径 $d_2$:在轴向剖面内牙厚与牙间宽相等处的假想圆柱面的直径,$d_2 \approx 0.5(d + d_1)$。

(4)螺距 $P$:相邻两牙在中径圆柱面的母线上对应两点间的轴向距离。

(5)导程 $S$:同一螺旋线上相邻两牙在中径圆柱面母线上的对应两点间的轴向距离。

(6)线数 $n$:螺纹螺旋线数目,一般为便于制造,$n \leqslant 4$,螺距、导程、线数之间关系为$S = nP$。

(7)螺旋升角 $\lambda$:中径圆柱面上螺旋线的切线与垂直于螺旋线轴线的平面的夹角,不同直径处,螺纹升角不同,通常按螺纹中径处计算,$\tan\lambda = \dfrac{S}{\pi d} = \dfrac{np}{\pi d}$。

(8)牙型角 $\alpha$:螺纹轴向平面内螺纹牙型两侧边的夹角。

## 1.4.2 螺纹连接的基本类型和螺纹连接件

1)螺纹连接的基本类型

(1)螺栓连接:被连接件都不切制螺纹,使用不受被连接件材料的限制,构建简单,拆装方便,成本低,应用最广泛。用于通孔,能从被连接件两边进行中配的场合。

(2)双头螺柱连接:双头螺柱的两段都有螺纹,其一端紧固旋入被连接件之一的螺纹孔内,另一端与螺母旋合面将两被连接件连接。用于不能用螺栓连接且又经常拆卸的场合。

(3)螺钉连接:不用螺母,而且能有光整的外露表面,应用与双头螺柱相似,但不宜用于经常拆卸的连接,以免损坏被连接件的螺纹孔。

2)螺纹连接件

(1)螺栓

普通六角头螺栓的种类很多,应用最广泛。精度分为 A、B、C 三级,通用机械中多用 C 级。螺杆部可制出一段螺纹或全螺纹,螺纹有粗牙和细牙之分,常用粗牙。

(2)双头螺柱

两端均制有螺纹,两端螺纹可以相同或不同,有 A 型(带腰杆)、B 型(带退刀槽)两种结构形式。

(3)螺母

螺母是带有内螺纹的连接件。螺母按形状分为六角螺母、方螺母(很少用)和圆螺母。六角螺母应用最广泛,按其厚薄又分为:①标准六角螺母,用于一般场合;②扁螺母,用于轴向尺寸受限制的场合;③厚螺母,用于经常拆装易于磨损处。圆螺母用于轴上零件的轴向固定。

(4)紧定螺钉

末端形状有锥端、平端和圆柱端等形式。锥端适用于被紧定零件的表面硬度较低或不经常拆卸的场合;平端接触面积大,不伤零件表面,常用于顶紧硬度较大的平面或经常拆卸的场合;圆柱端压入轴上的凹坑中,适用于紧定空心轴上的零件位置。

(5)垫圈

垫圈是中间有孔的薄板状零件,是螺纹连接中不可缺少的附件。当被连接件表面不够平整时采用平垫圈,可以起垫平接触面的作用;弹簧垫圈兼具防松的作用;当螺栓轴线与被连接件的接触面不垂直时需要用斜垫圈,以防止螺栓承受附加弯矩。

### 1.4.3　螺纹连接的预紧

1)预紧和预紧力

大多数螺纹连接在装配时都需要拧紧,使之在承受工作荷载之前,预先受到力的作用,这个预加的作用力称为预紧力,这一拧紧过程称为预紧。

2)预紧的目的

增强连接的可靠性和紧密性,以防止受载后被连接件间出现缝隙或发生相对移动。

3)预紧力的控制

预紧力的大小要适度,太小起不到预紧的作用,太大可能使螺栓过载断裂。对于重要的螺纹连接,装配时必须控制其预紧力的大小。预紧力与拧紧力矩成正比,一般可通过控制拧紧力矩来间接控制预紧力。

### 1.4.4　螺纹连接的防松

1)螺纹连接具有自锁性

螺纹连接通常采用三角形螺纹,其升角$\lambda$(1.5°~3.5°)小于当量摩擦角$\rho_v$(5°~6°),满足自锁条件,一般情况下不会自行松脱。

2)松脱的原因

在冲击、振动或变荷载作用下,或在高温或温度变化较大的情况下,螺纹连接中的预紧力和摩擦力会逐渐减小或可能瞬时消失,导致连接失效。

3)防松方法

重要的螺纹连接均应采取防松措施。防松的根本问题是防止螺旋副的相对转动。按防松原理不同,防松方法可分为摩擦防松和机械防松等。

4)弹簧垫圈防松

螺母拧紧后,靠垫圈压平而产生的反弹力使旋合螺纹间压紧。同时垫圈斜口的尖端抵住螺母与被连接件的支承面也有防松作用。

5)弹性带齿垫圈防松

与弹簧垫圈防松相似。

6)对顶螺母防松

两螺母对顶拧紧后,使旋合螺纹间始终受到附加的压力和摩擦力的作用。

7)尼龙圈锁紧螺母防松

螺母中嵌有尼龙圈,装配后尼龙圈内孔被胀大,箍紧螺栓。

8)槽形螺母加开口销防松

开槽螺母拧紧后,将开口销穿入螺栓尾部小孔和螺母的槽内,并将开口销尾部掰开与螺母侧面贴紧。

9)圆螺母加带翅垫片防松

使垫片内翅嵌入螺栓(轴)的槽内,拧紧螺母后将垫片的外翅之一折弯嵌入螺母的一个槽内。

10)止动垫片防松

螺钉拧紧后,将双耳止动垫圈分别向螺母和被连接件的侧面折弯贴紧,即可将螺钉锁住。

11)串联钢丝防松

用钢丝穿入各螺钉头部的孔内,将各螺钉串联起来,使其相互制动。但需注意钢丝的穿入方向。

12)冲点防松

拧紧螺母后,在内外螺纹的旋合缝隙处用冲头冲几个点,使其发生塑性变形,防止螺母退出。

13)胶接防松

用黏合剂涂于螺纹旋合表面,拧紧螺母后黏合剂能自行固化,起到防松效果。

# 1.5 齿轮传动

## 1.5.1 齿轮机构的特点和类型

1)齿轮机构的特点

优点:瞬时传动比恒定,传动准确、平稳;效率高;寿命长,工作可靠;结构紧凑,适用的圆周速度和功率范围大。

缺点:制造和安装精度高,成本高;低精度齿轮会产生噪声和振动;不适宜远距离传动。

2)齿轮机构的类型

(1)按齿轮机构传动的工作条件分类

①开式齿轮机构:齿轮是外露的,结构简单,但由于易落入灰砂和不能保证良好的润滑,轮齿极易磨损,为克服此缺点,常加设防护罩。多用于农业机械、建筑机械以及简易机械设备中的低速齿轮。

②闭式齿轮机构:齿轮密闭于刚性较大的箱壳内,润滑条件好,安装精确,可保证良好的工作,应用较广。如机床主轴箱中的齿轮、齿轮减速器等。

(2)按轮齿齿面的硬度分类

①软齿面齿轮机构:两齿轮之一或两齿轮齿面硬度≤350HBS 的齿轮传动。

②硬齿面齿轮机构:齿面硬度 >350HBS 的齿轮传动。

## 1.5.2 轮系

由一系列相互啮合的齿轮机构组成的传动系统称为轮系。按齿轮的相对运动,可分为平面轮系和空间轮系;按齿轮的轴线是否固定,可分为定轴轮系和周转轮系。

1)定轴轮系传动比计算

轮系中每个齿轮的几何轴线都是固定的。所谓轮系的传动比,是指轮系中输入轴的角速度(或转速)与输出轴的角速度(或转速)之比,即 $i_{AK}=\frac{\omega_A}{\omega_K}=\frac{n_A}{n_K}$。计算轮系传动比时,既要确定传动比的大小,又要确定首末两构件的转向关系。若以 A 表示首齿轮,K 表示末齿轮,$m$ 表示圆柱齿轮外啮合的对数,则平面定轴齿轮系传动比的计算式为:

$$i_{AK}=\frac{\omega_A}{\omega_K}=-1^m\frac{\text{各对齿轮从动齿轮的连乘积}}{\text{各对齿轮主动齿轮的连乘积}}$$

2)行星齿轮系传动比计算

$$i_{AK}^H=\frac{\omega_A}{\omega_K}=\frac{\omega_A-\omega_H}{\omega_K-\omega_H}-1^m\frac{\text{各对齿轮从动齿轮的连乘积}}{\text{各对齿轮主动齿轮的连乘积}}$$

(1)公式只适用于齿轮 A、K 和行星架 H 之间的回转轴线互相平行的情况。

(2)齿数比前的"±"号表示在转化轮系中,齿轮 A、K 之间相对于行星架 H 的转向关系,它可由画箭头的方法确定。

(3)$\omega_A$、$\omega_K$、$\omega_H$ 均为代数值,在计算中必须同时代入正、负号,求得的结果也为代数值,即同时求得了构件转速的大小和转向。

# 1.6 带 传 动

## 1.6.1 带传动简介

带传动是一种常用的机械传动装置,它的主要作用是传递转矩和转速。大部分带传动是依靠挠性传动带与带轮间的摩擦力来传递运动和动力的。

1)带传动的类型

(1)按传动原理,带传动可分为摩擦型带传动和啮合型带传动。

(2)按传动带的截面形状,分为平带、V 带、圆形带、多楔带、同步带。

2)带传动的特点

(1)带有良好的弹性,可缓和冲击和振动,传动平稳、噪声小。

(2)过载时,带在带轮上打滑,对其他零件起安全保护作用。

(3)结构简单,制造、安装和维护方便,成本较低。

(4)能适应两轴中心距较大的场合。

(5)工作时有弹性滑动,传动比不准确,传动效率低。

(6)外廓尺寸较大,结构不紧凑,带的寿命短,作用在轴上的力大。

(7)不宜用于易燃易爆场合。

## 1.6.2 带传动的安装与维护

1)安装时的注意事项

(1)安装时,两轴线应平行,一般要求两带轮轴线的平行度误差小于 $0.006a$($a$ 为中心距),两轮相对应轮槽的中心线重合,以防带侧面磨损加剧。

(2)装拆时不能硬撬,以免损伤带,应先缩短中心距,将 V 带装入轮槽,然后再调整中心距并张紧带。

(3)安装时,带的松紧应适当。一般应按规定的初拉力张紧,可用测量力装置检测,也可用经验法估算,即用大拇指压带的中部,张紧程度以大拇指能按下 10~15mm 为宜。

(4)水平布置时应使带的松边在上,紧边在下。

(5)V 带在带轮槽中应处于正确位置,过高或过低都不利于带的正常工作。

2)使用时的注意事项

(1)带应避免与酸、碱、油等有机溶剂接触,使用时防止润滑油流入带与带轮的工作面,工作温度一般不超过60℃。

(2)为了确保安全,应加装防护罩。

(3)定期检查带的松紧,检查带是否出现疲劳现象,如发现V带有疲劳撕裂现象,应及时更换全部V带,切忌新旧V带混合使用。

# 1.7 链传动

## 1.7.1 链传动简介

链传动是一种常见的机械传动形式,图1-17所示为自行链式传动方式,它是借助于中间挠性体(链条)来传递运动和动力的一种挠性传动,兼有带传动和齿轮传动的特点。

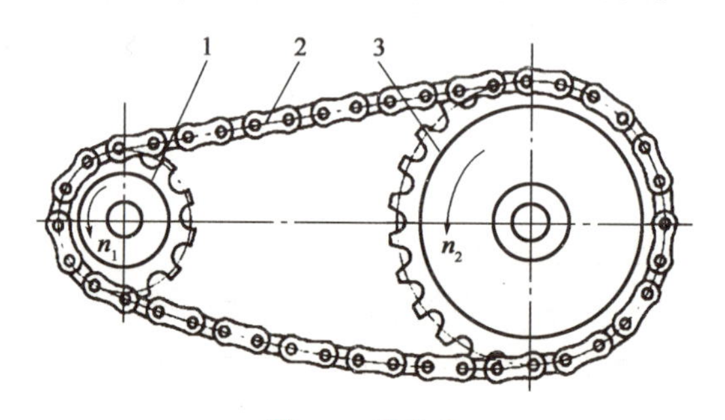


图1-17 链传动

1-从动链轮;2-链条;3-主动链轮

1)链传动的特点

(1)没有弹性滑动和打滑,平均传动比准确。

(2)效率高。

(3)轴上受力小。

(4)能在较恶劣的环境下工作。

(5)具有中间挠性件,可缓和冲击,吸收振动,并适用于大中心距传动。

(6)瞬时传动比和链速变化,故传动平稳性差、工作时冲击和噪声较大。

(7)磨损后易发生脱链。

(8)只能用于平行轴间的传动。

2)链传动的类型

按用途不同,链可分为传动链、牵引链和起重链。

按结构不同,链可分为滚子链和齿形链。

## 1.7.2 链传动的张紧

链条张紧的目的是为了避免垂度过大时产生啮合不良、松边颤抖和跳齿等现象。同时也是为了增加链条和链轮的啮合包角。通常采用的张紧方法是调整中心距和采用张紧轮张紧。

### 1.7.3 链传动的布置

布置链传动时的注意事项：

(1)为保证链条与链轮正确啮合，要保持两轮轴线平行及两轮的运动平面处在同一铅垂平面内，运动平面一般不允许布置在水平面或倾斜面内，否则容易引起脱链和不正常磨损。

(2)尽量使两轮中心连线水平或接近水平，中心连线与水平线夹角最好不要大于45°，并使松边在下，以免松边垂度过大时，链与轮齿相干涉或紧、松边相碰。

## 1.8 机械零件

### 1.8.1 机械零件设计准则

机械零件的设计准则包括强度、刚度、寿命、可靠性。

1)强度

机械零件抵抗破坏的能力。

2)刚度

零件在荷载作用下抵抗弹性变形的能力。

3)寿命

零件应有足够的寿命。影响寿命的主要因素有腐蚀、磨损和疲劳。

4)可靠性

零件在规定的工作条件下和规定的使用时间内完成规定功能的概率称为该零件的可靠性，可由可靠度来衡量。设计时应根据零件的重要程度来选择适当的可靠度。

### 1.8.2 机械零件的主要失效形式

机械零件丧失工作能力或达不到设计要求的性能时，称为失效。机械零件的失效主要表现在强度问题、刚度问题、表面失效和其他方面，机械零件的主要失效形式如下。

(1)断裂：包括断裂、疲劳断裂、应力腐蚀断裂。

(2)表面损伤：包括过量磨损、接触疲劳、表面腐蚀等。

(3)过量变形：包括过量的弹性变形、塑性变形和蠕变等。

### 1.8.3 机械零件常用材料

(1)金属材料。①黑色金属：铸铁、碳钢、合金钢；②有色金属：铝、镁、铜、铅、稀有金属。

(2)高分子材料。塑料、合成橡胶、合成纤维。

(3)陶瓷材料。玻璃、水泥、陶瓷、特种陶瓷等。

(4)复合材料。纤维增强复合材料、粒子增强复合材料、层叠复合材料等。

◀习题及答案▶

扫 码 下 载

# 第2章　电气基础

本章主要介绍盾构机、电气系统、基本电气设备及工作原理、典型电气图纸解析、常见电气故障维修以及施工安全用电。以中国中铁系统内生产、再制造的土压平衡盾构机(以下简称“中铁号盾构机”)电气系统为典型代表,从设备供配电及控制系统入手,逐步讲解各部分、各系统的原理,浅显易懂,读者可快速掌握盾构机基本的用电知识。

## 2.1　电 气 系 统

盾构机作为集机、电、液、气于一体的大型挖掘设备,具有掘进速度快、工作效率高、施工质量好、对环境友好等特点,其技术先进,结构庞大。如果把机械部分比喻成人的骨骼、关节,液压和气压系统的运行比作人体血液正常的流动和自然的呼吸,那么电气控制系统就好比人的大脑和神经网络,指挥控制着整个设备的执行动作。因此,了解掌握盾构机电气系统,在工程实际施工中显得尤为重要。目前盾构机电气系统采用世界上最先进可靠的动力设备和控制模块,设计灵活方便的电路接线方案,根据实际现场作业环境并结合设备机型编制相适应的可编程逻辑控制器(PLC)程序,以保证整个系统稳定、准确、快速运行。

通常盾构机电气控制系统分为供配电系统和自动控制系统。供配电系统即是盾构机的动力部分,主要包括从电网或者工厂配电室引入的10kV 高压电和经过动力柜、配电柜引出的400V 三相电和220V 的单相电,主要为盾构机上的电机运转、照明、监控和报警设备提供动力电源。自动控制部分主要负责将盾构机上的电气控制信号和传感器采集到的信号输送至PLC,经过分析处理作用于对应的设备、器件使其产生动作,并将具体数据存储显示于上位机,使操作人员可以及时了解设备运行情况。不同品牌盾构机选用的PLC 品牌有所不同。德国海瑞克盾构机采用西门子PLC 进行自动化控制,日本小松盾构机则是以三菱PLC 为控制工具,美国罗宾斯盾构机采用通用(GE)品牌的PLC 作为控制设备。中国中铁于2008 年研制的第一台全断面隧道掘进机采用德国西门子PLC 作为控制核心部件,近年来正致力于国产PLC 的研究开发。

下面以中铁号盾构机为例,介绍盾构机的电气控制系统。

### 2.1.1　供配电系统

中铁号盾构机从当地电网配电室引进10kV 高压电,经过高压环网柜到达10kV/400V 变压器(或者传到10kV/690V 变压器),再经过主配电柜(其中包括电容补偿柜)送至400V 电机动力设备以及照明插座设备,从主配电柜经过开关电源产生24V 直流(DC)电源给盾体、拖车上的分配电箱,为PLC 模块提供低压控制电源。具体盾构机动力电气系统结构框图如图 2-1 所示。

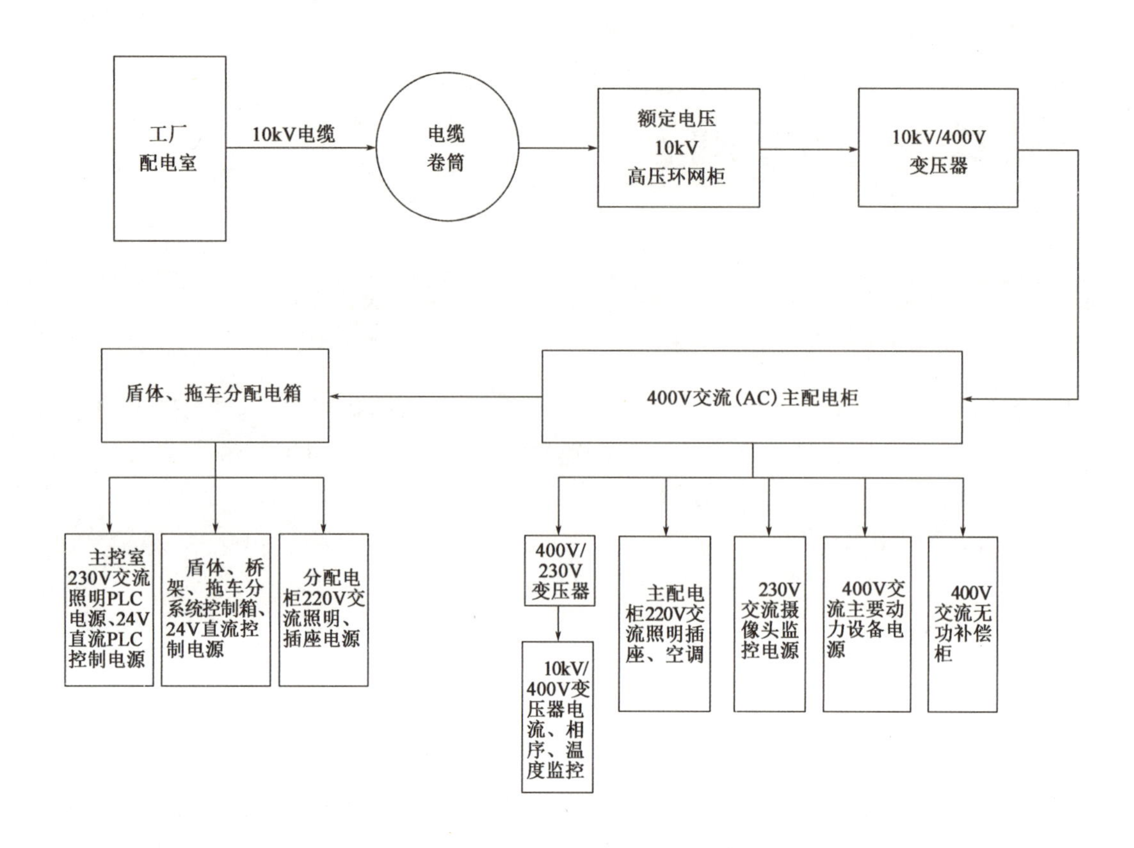


图 2-1　盾构机动力电气系统结构框图

1)高压供电系统

盾构机高压供电系统主要包括高压配电室、高压电缆、高压环网柜、高压变压器。在盾构机通高电压测试之前,应确保所有电缆表皮完整无破损,在送电前 48h 内必须让持有高压操作证的专业电力公司对高压电缆、高压开关柜、变压器及其他高压用电设备进行绝缘性耐压试验,现场开具相关的高压设备试验报告,并在当地供电局检查允许的情况下方可对盾构机进行高压电调试或者运行。

(1)高电压配电室

常见盾构机设计的高压供电系统,由工厂配电室经过单独的配电开关箱引入或者向当地电网供电公司申请独立用电,建造临时性的变电站产生 10kV 高压电。因此在盾构机组装、调试完成,向设备通高电压之前,首先应保证高压配电室内干燥、整洁,刀闸开关、断路器以及电气柜表面完好无破损现象,且室内高压电漏电保护、短接保护、接地保护正常;其次核算并检查高电压配电室的容量和电压等级是否能够满足盾构机实际调试或者运行过程中所需要的电量,可根据盾构机上运行设备的电功率估算所需要的总容量。具体计算公式见表 2-1。

直流电路,单相、对称三相交流电路中功率的定义及公式　　表 2-1

| 项　目 | | 公　式 | 单位 | 说　明 |
|---|---|---|---|---|
| 直流 | 有功功率 | $P=UI=I^2R=\frac{U^2}{R}$ | W | 有功功率:在直流电路中,在电阻元件上消耗的功率。用字母 $P$ 表示 |

续上表

| 项　目 | | 公　式 | 单位 | 说　明 |
|---|---|---|---|---|
| 单相交流 | 有功功率 | $P=UI\cos\varphi=S\cos\varphi$ | W | 有功功率：在交流电路中，凡是消耗在电阻元件上，功率不可逆转换的那部分功率（如转变为热能、光能或机械能）。又叫作平均功率，用字母 $P$ 表示 |
| | 视在功率 | $S=UI$ | VA | 视在功率：交流电源所能提供的总功率，也用来表示交流电源设备（如变压器）的容量大小。用字母 $S$ 表示 |
| | 无功功率 | $Q_L=U_LI=I^2X_L$<br>$Q_c=U_cI=I^2X_c$ | var | 无功功率：为了反映将电感或电容元件与交通电源往复交换的功率。用字母 $Q$ 表示 |
| | 功率因数 | $\cos\varphi=\frac{P}{S}=\frac{P}{UI}$ | | 功率因数：电感性负载的电压和电流的相量间存在着一个相位差，通常用相位角的余弦表示 |
| 对称三相交流 | 有功功率 | $P=3U_XI_X\cos\varphi=\sqrt{3}U_LI_L\cos\varphi$ | W | $U$——相电压(V)；<br>$I$——相电流(A)；<br>$U_L$——线电压(V)；<br>$I_L$——线电流(A)；<br>$\varphi$——相电压和相电流间的相角(°) |
| | 无功功率 | $Q=3U_XI_X\sin\varphi=\sqrt{3}U_LI_L\sin\varphi$ | var | |
| | 视在功率 | $S=3U_XI_X=\sqrt{3}U_LI_L$ | V·A | |
| | 功率因数 | $\cos\varphi=\frac{P}{S}$ | | |
| | 相电压、相电流、线电压、线电流换算 | Y电路　$U_L=\sqrt{3}U_X$　$I_L=X_L$ | | |
| | | △电路　$U_L=U_X$　$I_L=\sqrt{3}X_L$ | | |

(2)高压电缆

由于盾构机用电量较大，供电距离较长，而液压驱动（简称“液驱”）的盾构机电机总功率可达到1600kW，所以选用电压等级为10kV、横截面面积为 $3\times70+2\times25(mm^2)$ 高压电缆供电。从10kV高压配电室直接向盾构机供电，这种方式供电可靠性高，即使盾构机发生故障，也不影响施工现场附近的电网负荷。

高压电缆存放在车间或者电缆存储架上时，为了减小电缆盘绕的机械应力并避免在通电过程中产生电磁涡流效应，应使电缆呈横8字形摆放，如图2-2a)所示，在盾构机拖车上再将高压电缆整齐地盘绕在高压电缆卷筒，应整齐排放，最多排放3层。

a)高压电缆储存架

b)高压电缆盘绕于电缆卷筒

图2-2　10kV高压电缆两种摆放形式

(3)高压环网柜

环网是指环形配电网,即供电干线形成一个闭合的环形,供电电源向这个环形干线供电,从干线上再一路一路地通过高压开关向外配电。每一个配电支路既可以从它的左侧干线取电源,又可以由它的右侧干线取电源。若某一侧干线出现故障,则可从另一侧干线得到供电。这样一来,尽管总电源是单路供电的,但从每一个配电支路来说却得到类似于双路供电的"实惠",从而提高了供电的可靠性。而环网柜是一组高压开关设备装在钢板重金属柜体内或做成拼装间隔为环网供电单元的电气设备,其核心部分采用负荷开关和熔断器,具有结构简单、体积小、价格低、可提高供电参数和性能以及供电安全等优点。环网柜一般分为空气绝缘和六氟化硫($SF_6$)绝缘两种,用于分合负荷电流、开断短路电流及变压器空载电流,一定距离架空线路、电缆线路的充电电流,起控制和保护作用是环网供电和终端供电的重要开关设备。柜体中配空气绝缘的负荷开关主要有产气式、压气式和真空式,配 SF6 绝缘的负荷开关为 SF6 式。由于 SF6 气体封闭在壳体内,它形成的隔断口不可见。

中铁号盾构机高压设备电气图如图 2-3 所示。由图 2-3 可以看出,中铁号盾构机选用 10kV 额定电压、RM6. NE-D 型号的施耐德高压环网柜,其中,RM6(Ring Main Unit SF6)表示使用 SF6 技术的环网设备,NE 表示功能不扩展,D 表示断路器为额定电流 200A 的功能单元。为盾构机后续高压电设备起隔断、保护的作用。

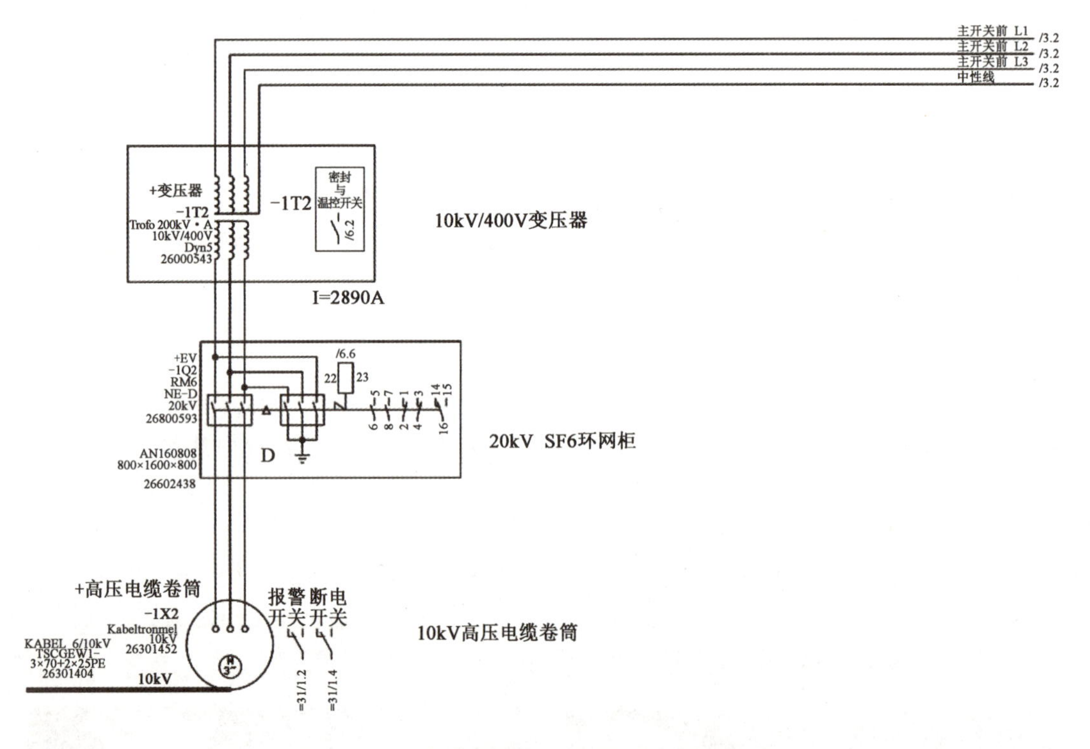


图 2-3 中铁号盾构机主要高压设备电气示意图

(4)高压变压器

变压器是一种静止的电气设备,它利用电磁感应原理,将一种交流电压的电能转换成同频率的另一种交流电压的电能。盾构机上的变压器按相数可分为单相变压器和三相变压器,按冷却方式可分为以空气为冷却介质的干式变压器和以油为冷却介质的油浸式变压器。变压器的基本结构由铁芯、绕组、油箱和套管组成。变压器的铁芯由冷轧高硅钢片叠装而成,是变压器的磁路部分;绕组为变压器的电路部分,由涂上绝缘材料铜或铝导线绕制而成;除了干式变压器以外,电力变压器的器身都放在油箱内,油箱内充满变压器油,其目的是提高绝缘强度,加强散热;变压器的引线从油箱内穿过油箱盖时,必须经过绝缘套管,以使高压引线和接地的油箱绝缘,绝缘套管一般是瓷质的,为了增加爬电距离,套管外形做成多级伞形。

如图2-3所示,盾构机选用容量为2000kV·A,一、二次侧电压等级为10kV/400V,连接组别为DYn5,油浸式高压变压器,并实时监控变压器的漏气、温度以及中断,10kV/400V变压器如图2-4所示。

油浸式变压器具有体积小、单台容量大等优点,但其维护不便,需定期对变压器油进行检测;而干式变压器维护方便,运行噪声小,但体积大、造价昂贵,由于安装空间限制单台容量有限。因此目前一般常见的是液驱盾构机采用全密封油浸式变压器,而电力驱动(简称"电驱")盾构采用干(箱)式变电站。

中铁号盾构机箱式变压器内包括高压开关及保护系统、变压器、补偿系统及低压开关等,具体箱式变压器外观如图2-5所示。箱式变压器低压侧设计多个开关,主要分为四个部分:箱变内部供电开关、线前开关、变频驱动总开关、低压总开关,同时有低压补偿系统。箱式变压器内部总开关主要负责箱式变压器内部的照明、通风等功能的供电。线前总开关主要负责设备的照明、急停及插座系统。变频驱动总开关主要负责给TC3变频驱动系统供电。低压总开关负责整个设备的低压供电,在此开关的下一级又分出几个开关,负责给每个拖车供电。因低压侧电机是感性负载,需在箱式变压器内配置无功自动补偿系统,进行无功补偿,保证设备的功率因数 $\cos\varphi \geqslant 0.9$。

图2-4 10kV/400V变压器

图2-5 箱式变压器

2)低压供配电系统

中铁号盾构机的低压供配电系统采用三相四线制的保护接零方式,在10kV/400V变压器低压侧将N线和PE线合并为一根线(PEN线),后续连接的用电设备外壳和拖车直接与地线相连,形成TN-C系统。

(1)补偿柜

无功功率补偿在电力供电系统中起提高电网功率因数的作用,降低供电变压器及输送线路的损耗,提高供电效率,改善供电环境。所以无功功率补偿装置在电力供电系统中处在一个不可缺少的非常重要的位置。常见的是把具有容性功率负荷的装置与感性功率负荷并连接在同一电路,能量在两种负荷之间相互交换。这样,感性负荷所需要的无功功率可由容性负荷输出的无功功率补偿。因此面对变压器、电动机这样带线圈的感性负载,通常采用并联电容器及电抗器对盾构机上的大型设备进行无功补偿并抑制高次谐波,提高电网的供电效率,减少供电损耗。当补偿电容出现裂口或者鼓包的现象时,应及时检查并更换损坏的电容器及相应的接触器,现场盾构机补偿柜照片如图2-6所示。

(2)主配电柜

盾构机主配电柜通常布置在3号拖车右侧,紧靠液压泵站系统,为液压系统(螺旋输送机、推进、管片安装、过滤循环、控制、辅助、注浆)提供动力及控制电源,同时为左侧的流体系统(膨润土、泡沫、内循环水等)提供动力及控制电源,故在平时工作中又称为动力柜。如图2-7所示,柜有 $F_1 \sim F_8$ 共8个柜体,由10kV/400V变压器低压侧出来的400V交流电缆经过 $F_1$ 柜中的总开关,然后再依次送电至后面 $F_2 \sim F_8$ 柜配电,其中柜体内会有400V AC/230V AC变压器和230V AC/24V DC变压器为盾构机主要设备提供动力电源和控制电源,电源和设备之间会设计过流保护开关、漏电保护开关,对盾构机上的所有设备起到电力保护和控制作用。

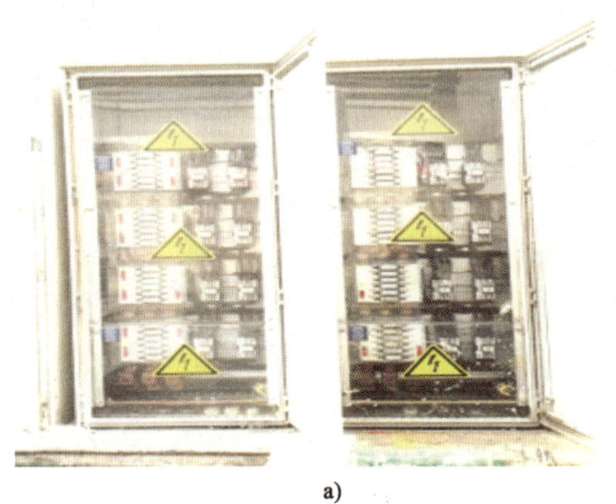
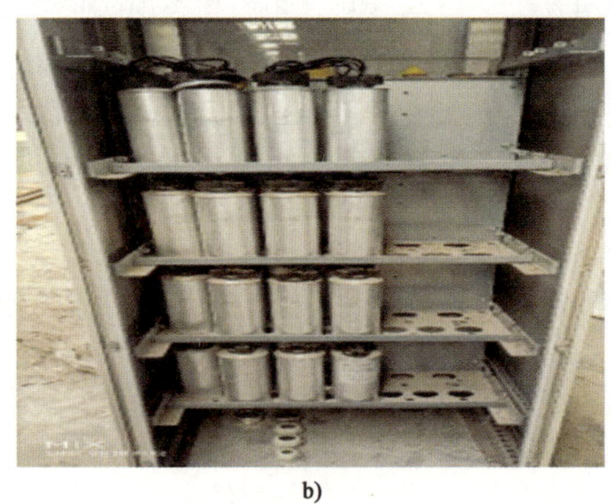

a) b)

图 2-6 盾构机补偿柜

图 2-7 盾构机主配电柜

(3)分系统控制箱

盾构机的分系统控制箱电源是由主配电柜提供,用于人舱、盾体、安装机、设备桥和拖车的照明、插座、控制器件的运行和使用。中铁号盾构机多采用分布式控制网络,各系统的信号接收和传递模块按照就近原则归置于对应的分配电箱内。

前盾(QD)、盾体左侧(DTL)及盾体右侧(DTR)配电系统主要负责主驱动系统、齿轮油系统、HBW系统及推进液压缸、盾尾密封、刀盘本地等系统的控制,图 2-8 所示为盾构机盾体左右两侧控制箱。

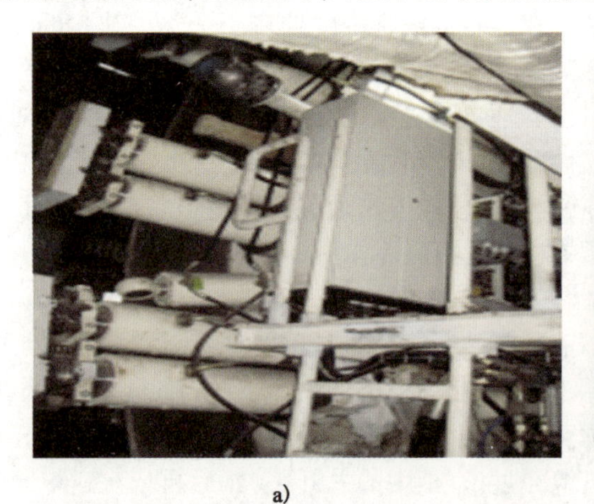

a) b)

图 2-8 盾构机盾体左右两侧控制箱

1 号拖车(TC1)配电系统主要负责 PLC 系统、注浆系统、泡沫发生器系统、螺机系统、管片小车及管片安装机系统的控制和检测,主要包括主控室(图 2-9)、双梁吊机控制箱以及注浆系统控制箱(图 2-10)。

图 2-9　盾构机主控室

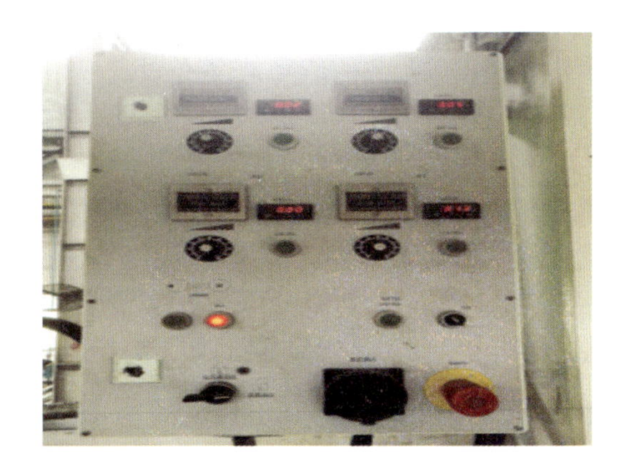

图 2-10　注浆系统控制箱

电驱(TC2)液驱(TC3)配电系统主要负责液压泵站系统、膨润土、泡沫系统及水系统等的控制和检测;TC5 配电系统主要负责皮带输送机系统、排污系统及卷筒的控制和检测。

## 2.1.2　自动控制系统

为使盾构机更加安全、高效地掘进施工,全电脑、无人控制的盾构机将成为未来的发展趋势,这将对盾构机自动控制系统提出更高的要求。

1)自动控制系统的定义及组成

在未出现自动控制技术之前,设备检测及控制工作,多数是依靠现场人员的经验,采用"眼看、手摸、耳听"等方式对设备进行现场判断和操控。现以油箱液位控制系统采取人工控制方式(图 2-11)为例,具体控制过程如下:

(1)眼看——检测

用眼睛观察玻璃管液位计中液位的高低,并通过神经系统告诉大脑。

(2)脑想——运算(思考)、命令

大脑根据液位高度,与液位设定值进行比较,得出偏差的大小和正负,然后发出命令。

(3)手动——执行

根据大脑发出的命令,通过手去改变阀门开度(出口流量),使液位保持在所需位置上。

由于施工现场环境恶劣,不可能人工 24h 监守设备的运行状态,而且人脑对液位的判断在速度和精度上不能满足实际生产的需求。因此,为了提高控制精度并减轻人工劳动强度,自动化装置代替人工操作是必然趋势。人工控制转化为自动控制,具体过程如图 2-12 所示。

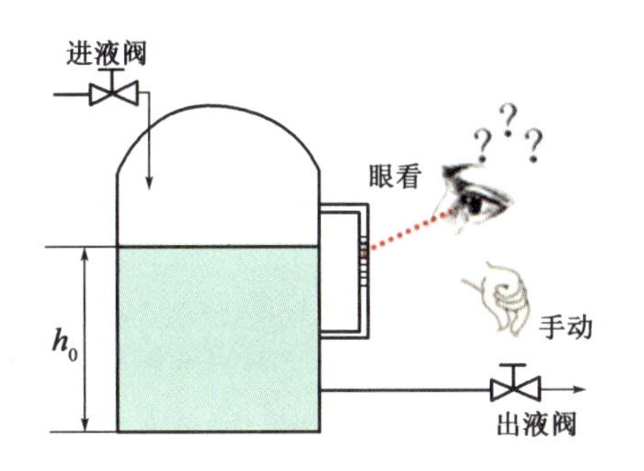


图 2-11　油箱液位控制系统示意图(人工控制)

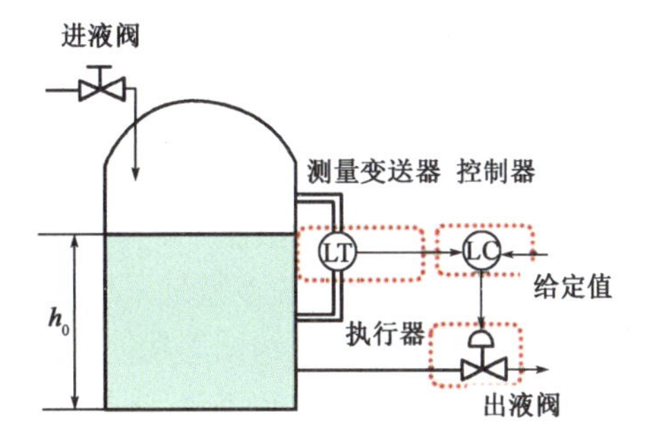


图 2-12　油箱液位自动控制示意图

(1)测量元件与变送器(LT)——"眼"

测量液位并将液位的高低转化为一种特定的、统一的输出信号(如气压或电量信号等)。

(2)自动控制器(LC)——“脑”

接收变送器采集到的信号,与液位设定值相比较得出偏差,并按照特定的运算规律计算差值,并将特定信号发送出去。

(3)执行器——“手”

根据控制器送来的特定信号自动改变阀门的开启度。

为了更清楚地表示油箱液位自动控制系统各组成环节之间的相互影响和信号联系,并方便对自动控制系统进行理论分析研究,可将图2-12液位自控的示意图转化成由传递方块(各系统环节)、信号线、综合点、分支点组成的信号流程图,如图2-13所示。

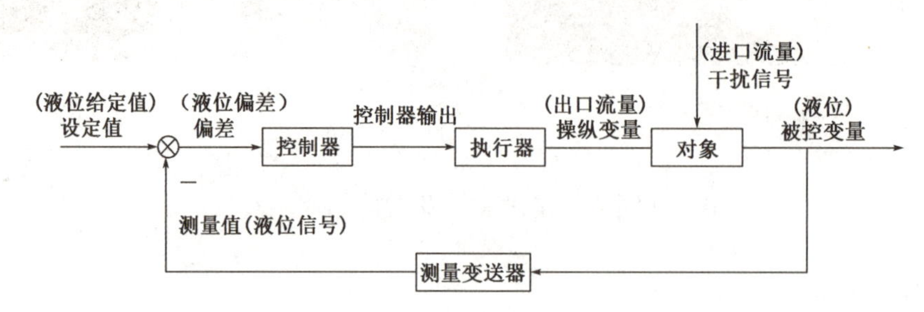


图2-13　自动控制闭环系统方块流程图(油箱液位控制)

自动控制系统是指用一些自动控制装置,对生产中某些关键性参数进行自动控制,使它们在受到外界干扰(扰动)的影响而偏离正常状态时,能够被自动调节到工艺所要求的数值范围内。

2)自动控制系统的分类

(1)按结构不同,分为闭环控制系统和开环控制系统。

①闭环系统的被控对象输出信号反馈至输入端,形成一个闭合回路,通常采用负反馈即输出信号取负值经过调解被送至输入端,来达到减小设定值与测量值之间的偏差从而控制输出信号的目的,图2-13油箱液位控制即采用闭环负反馈控制系统。

②开环系统的信号不构成回路,系统的输出信号对输入信号无影响,如图2-14所示。

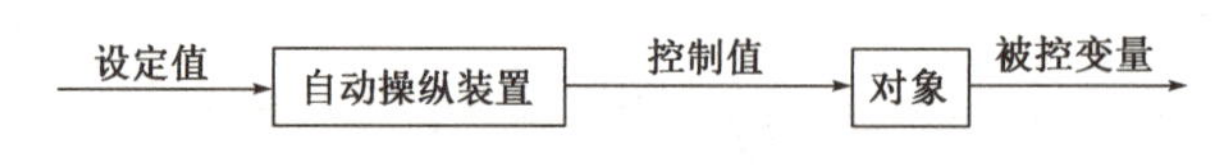


图2-14　自动控制开环系统框图

(2)按设定值不同,自动控制系统可分为定值控制系统、随动控制系统和程序控制系统。

①定值控制系统是输入端的设定值恒定不变,当外部信号对被控对象产生一定的干扰,负反馈闭环控制系统克服扰动影响,使被控变量回到设定值,前面所述的油箱液位控制系统属于定值控制系统。

②随动控制系统又称为自动跟踪系统,是指给定值不断地随机变化,使被控变量能够尽快、准确无误地跟踪设定值的变化而变化,如比例控制系统。

③程序控制系统即顺序控制系统,通常是给定值随已知的时间函数变化,并做到快速准确地跟踪设定值。

3)盾构机自动控制系统

现代盾构机掘进系统的控制,多数是采用自动化智能控制的方法,可以更好实现开挖切削土体、输送土渣、拼装隧道衬砌、测量导向纠偏等功能。对于盾构机自动化控制系统中的被控对象是指需要控制其工艺参数的设备、部件和系统,如刀盘、螺机、液压缸、电机以及冷却管路等;测量元件与变送器是指把所测的工艺参数值变换为一种特定的、统一的输出信号,常见的测量元件为接近开关、压力开关、液位开关、温度传感器、转速传感器、脉冲计数传感器等;自动控制器接收从变送器送来的测量信号,与设定值相比较得出偏差,并按照某种运算规律算出结果,然后将此结果用特定的信号(气压、电压或者电流)发送出,盾构机的控制器是整个掘进运行系统中最关键最核心的部件,工业场合多选用可靠性高、抗干扰性强、运算速度快的可编程逻辑控制器 PLC 作为盾构机自动控制系统的控制器件;执行器可自动的根据控制器送来的信号值来改变阀门的开启度,包括比例调节电磁阀、开闭式电磁阀、接触器、继电器;最终将各系统的运行动作,泵站压力,实时温度以及当前和历史报警信息上传至上位机,可供主司机判断盾构机的运行工况和设备的好坏。

盾构机控制系统包括上位机(工业电脑)和下位机(PLC)。

上位机用来监视盾构机的运行状态,实时显示盾构机的各项运行参数。上位机与主 PLC 通过以太网进行通信并实时交换数据。在工业电脑上可设置相关参数、显示报警并进行历史数据记录,每天的掘进数据自动打包存储于电脑中,方便日后统计使用,地面可通过安装地面监控设备及软件实时监控盾构机运行状况。

下位机前期采用集中式 PLC 控制网络,后期采用分布式的控制结构,能够实现信号就地接入,就地控制,节约配线,便于组装调试。

(1)PLC 工作原理

PLC 工作原理是外部输入设备如按钮、行程开关以及传感器将采集到的数字信号或者模拟信号通过 I/O 接口传送至 CPU 并在其内部进行运算分析,然后将处理后的信号通过输出端口送至外部设备并执行一系列的动作,如指示灯点亮、电磁线圈吸合、电磁阀打开等,与此同时信号被存储于 PLC 程序内的数据模块,并将设备状态及输出信号传至上位机。PLC 一般使用 220VAC 或者 24VDC 电源,电源模块用于将输入电压转换成 24VDC 和 5VDC 电压,供其他模块使用,具体工作原理框图如图 2-15 所示。

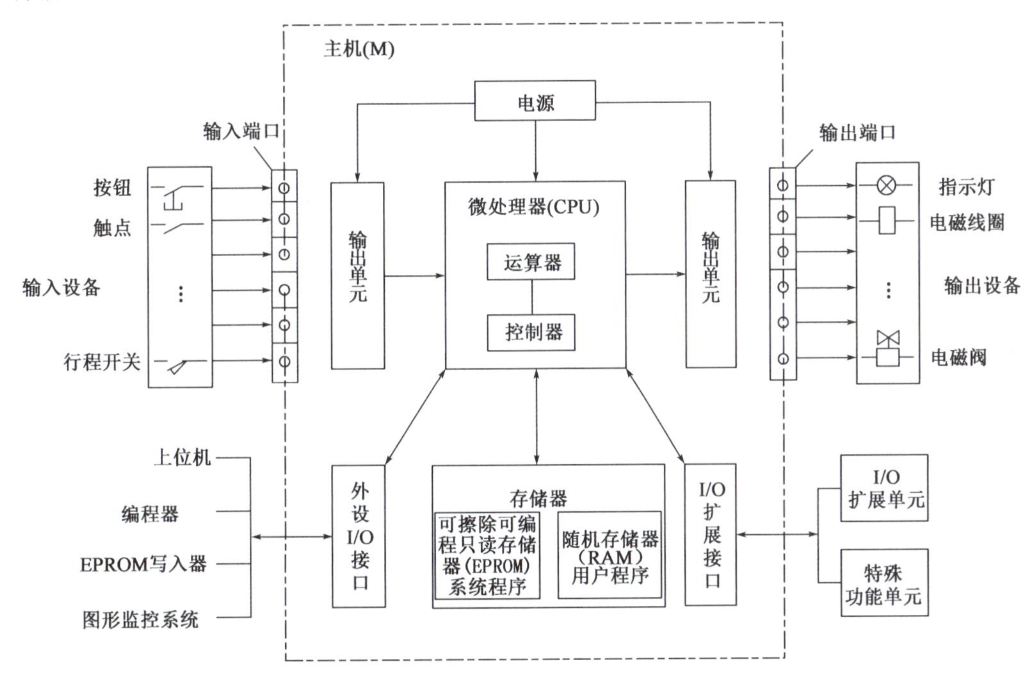


图 2-15 PLC 控制系统工作原理

PLC 控制与传统的 J-C 继电器控制主要差异在于组成器件、触点数量和控制方法。PLC 由软继电器组成,触点可无限使用且 PLC 的运行是依靠软件编程实现;而 J-C 采用硬件继电器等元件,触点数量有限且只能通过硬件接线达到对整个配电系统的控制。因此 PLC 控制比J-C 继电器控制有结构简单、线路清晰、控制完善等优点。

(2)PLC 集中式网络硬件结构

早期中铁号盾构机自动控制系统的 PLC 选用西门子 S7-400 作为主站,S7 -300/ET200M 为从站集中网络来控制整个盾构机的运行。西门子 S7-400 的 PLC 主要由机架、电源模块、CPU 模块、输入模块、输出模块、通信模块以及扩展模块组成。主控制室内的 PLC 系统模块组成如图 2-16 所示。

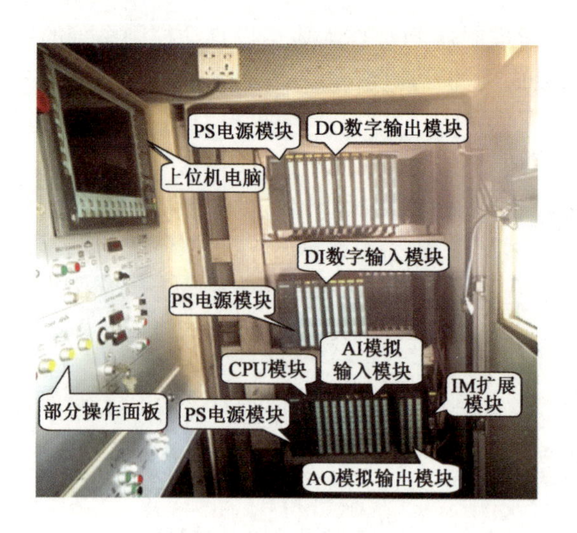


图2-16　主控室内PLC系统模块及部分操作面板

主控室作为PLC集中式控制网络的最核心的部分，盾构机上绝大多数控制信号电缆汇集于主控室内的接线端子排上，再依次连接至对应的PLC数字量和模拟量点位。其他PLC扩展系统由动力柜内的ET200M从站、推进液压缸和铰接液压缸行程传感器数据接收模块和显示模块、管片拼装机角度编码器和无线通信模块组成。其中，由于MDB柜与电机的位置较近，为了节省电缆使拖车上布置更加简明，故将电机的启动和急停信号加载至MDB柜ET200M从站的I/O模块上。ET200M从站通过DP电缆与主控室内的400主站相连，现场采用Profibus-DP协议的现场总线控制技术。同时，主控室内的工控机可以通过工业以太网的TCP/IP协议实现与地面电脑的连接，从而实现地面远程监控盾构机掘进状况，中铁号盾构机PLC集中式硬件网络结构示意如图2-17所示。

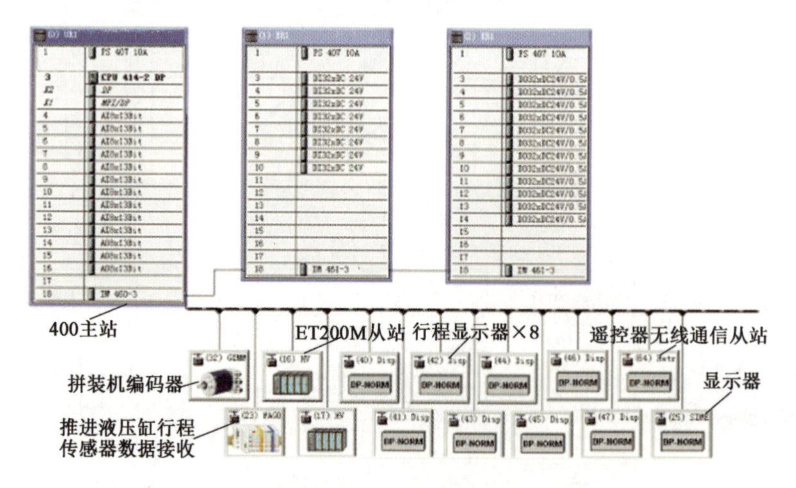


图2-17　PLC集中式硬件网络结构示意图

集中式PLC控制系统组成形式简单，整个系统的控制都集中于唯一的PLC柜内，PLC程序的编制和维护相对方便。但是盾构机总长度达到近百米，并且每节拖车在组装和转场时必须要相互拆分开，以便于独立运输，因此PLC控制系统的I/O控制线分布至盾构机各部位，大量的信号与控制电缆需要跨过数节拖车，拆装机和设备检修困难。

(3)PLC分布式网络硬件结构

为了简化电气线路并方便整机接线调试，后期中铁号盾构机电气PLC控制组态采用分布式网络结构。主控室内西门子S7-400为主站带S7-300从站；盾体、拖车分配电箱内PLC为西门子S7-300CPU带S7-1500信号模块，具体分布式I/O控制网络结构如图2-18所示。

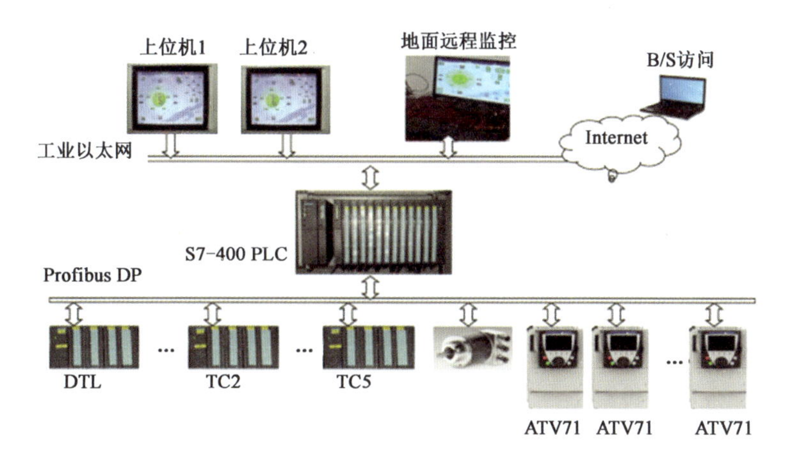


图2-18　PLC分布式I/O控制网络结构示意图

后期中铁号盾构机PLC系统采用分布式I/O控制网络使原来拖车之间电气系统的联系由几百根控制电缆全部汇聚于主控室内,简化成只有通信电缆及几根供电电缆连接至每个分系统,大大节省了盾构的拆装机工作时间,并降低了设备分体始发线路成本;同时分布式控制线路采用就近接线控制原则,可实现元件和线路的快速查找,方便设备检修,缩短故障处理时间。

(4)盾构机PLC软件程序架构

西门子S7-300/400的PLC程序采用结构化程序,把程序分成多个模块,各模块完成相应的功能,结合起来就能实现一个复杂的控制系统。就像高级语言一样,用子程序实现特定的功能,再通过主程序调用各子程序,从而实现复杂的程序。图2-19是中铁号盾构机西门子PLC程序内部模块。

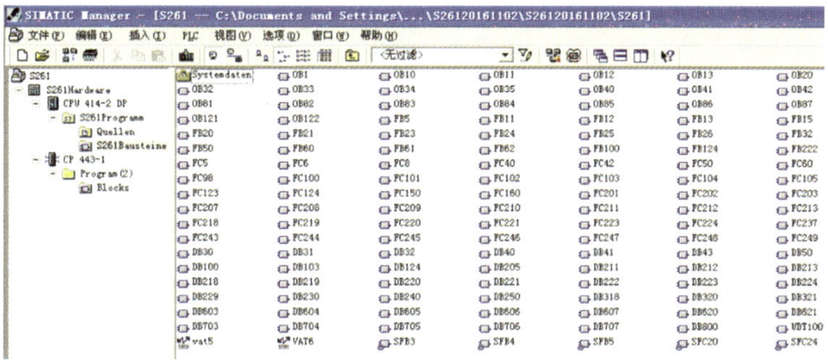

图2-19　中铁号盾构机西门子PLC程序内部模块

所有的程序在Hardware-Program-Bausteine,其中包含OB组织块、FC功能、FB功能块、SFB和SFC系统功能、DB数据块,具体的定义和功能如下:

OB——组织块,有中断组织块,启动组织块,各种错误组织块等,OB1模块里的程序是主程序,用来存放用户编写的主程序然后循环扫描。其他的OB模块相当于子程序负责调用其他模块,子程序也写在功能(FC),功能块(FB)中。

FC——功能,相当于函数,使用共享数据块,运行是产生临时变量执行结束后数据就丢失,不具有储存功能。

FB——功能块,也是子程序,运行时需要调用各种参数,于是就产生了背景数据块DB。例如FB41用来作PID控制,则它的PID控制参数就要存在DB里面。FB具有储存功能。

SFB、SFC——系统功能,也是相当于子程序,只不过SFB和SFC是集成在S7 CPU中的功能块,用户能直接调用不需自己写程序。

DB——数据块,分为背景数据块,共享数据块和用户定义数据块,背景数据块相当于FB的存储区,共享数据块里定义的数据所有逻辑块都可以访问,用户定义数据块是以UDT为模板创建的,需先定义数据类型 UDT。

通过连续扫描输入的数据,按程序存储顺序先后逐条对 OB1 组织块内的程序依次执行,直到程序结束,然后再从头扫描,如此反复执行。程序功能块的编号与电气图纸的编号是一一对应的,每个功能块对应一个分系统,总结归纳如下。

FB5——DB205:盾体俯仰角测试、急停系统;

FB11——DB211:过滤冷却回路系统;

FB12——DB212:油脂系统;

FB13——DB213:刀盘驱动系统;

FB15——DB215:推进系统;

FB16——DB216:管片拼装机系统;

FB18——DB228:盾尾油脂系统;

FB19——DB219:后配套管片小车系统;

FB20——DB240:螺旋输送机系统;

FB21——DB321:膨润土系统;

FB23——DB225:注浆系统;

FB24——DB224:泡沫系统;

FB25——DB223:皮带输送机系统;

FB26——DB226:二次风机系统。

## 2.2 基本电气设备及工作原理

盾构机施工是参考工厂式的流程化作业施工,盾构机的配电系统设计原则也是参照工厂供配电原理设计的。由电网单独引进一路 10kV 的高压电,作为盾构机用电的动力源头,电网供电公司做出合理规划保护,将高压电缆依次送至盾构机 5 号拖车上的高压开关柜、电缆卷筒、10kV/400V 的变压器,使得 10kV 的高压电转换成适合盾构机电气系统使用的常规 380V 交流电,再经过补偿柜、MDB 柜、DB 柜将 400VAC 的电压转换成与配电设备相适应的 380V 交流电、220V 交流电以及 24V 直流电,确保每个系统的电气设备能够正常运行。中铁号盾构机将配电系统的设备分为动力电气设备和控制电气设备。

### 2.2.1 盾构机动力部分电气设备

中铁号盾构机有 35 个分系统,都是由特定功率的电动机带动整个系统的运行,具体配电系统中用电设备电机功率见表 2-2。

配电系统中用电设备电机情况　　表 2-2

| 序　号 | 系统名称 | 电机名称 | 功率(kW) |
|---|---|---|---|
| 1 | 刀盘驱动系统 | 主驱动电机(3 台) | 945(3 台) |
| 2 | 推进系统 | 推进电机 | 75 |
| 3 | 螺旋输送机系统 | 螺旋输送机电机 | 250 |

续上表

| 序　号 | 系 统 名 称 | 电 机 名 称 | 功率(kW) |
|---|---|---|---|
| 4 | 油箱循环系统 | 过滤循环泵电机 | 11 |
| 5 | 冷却水系统 | 冷却水泵电机 | 15 |
| 6 | 油脂系统 | 齿轮油泵电机 | 4 |
| 7 | | 多点泵电机 | 0.75 |
| 8 | 管片安装机系统 | 管片安装机泵电机 | 45 |
| 9 | 膨润土系统 | 膨润土泵电机 | 5.5 |
| 10 | 注浆系统 | 注水泥浆泵电机 | 30 |
| 11 | | 注浆搅拌电机 | 7.5 |
| 12 | 泡沫系统 | 泡沫水泵电机 | 7.5 |
| 13 | | 泡沫原液泵电机 | 0.37 |
| 14 | 皮带输送机系统 | 皮带输送机电机 | 30 |
| 15 | 吊机系统 | 风筒吊机 | 2.2 |
| 16 | | 电缆吊机 | 2.2 |
| 17 | | 水管吊机(2 台) | 1.5(2 台) |
| 18 | 其他泵站电机 | 补油泵电机 | 22 |
| 19 | | 控制泵电机 | 5.5 |
| 20 | | 辅助泵电机 | 22 |

1)电动机分类

按照通电性质,电动机可以分为交流电动机和直流电动机。直流电动机是将直流电能转换为机械能的电动机,由于需要直流供电,所以直流电动机通常用在可以移动的靠电瓶或电池供电的动力设备,在隧道施工中,短距离运输管片和砂浆的电瓶车则是采用直流电机作为其动力设备。交流电动机是将交流电能转换成机械能的电动机,盾构机上大部分系统都是在 380V 交流三相异步电动机的带动下运行的。图 2-20 为电动机分类。

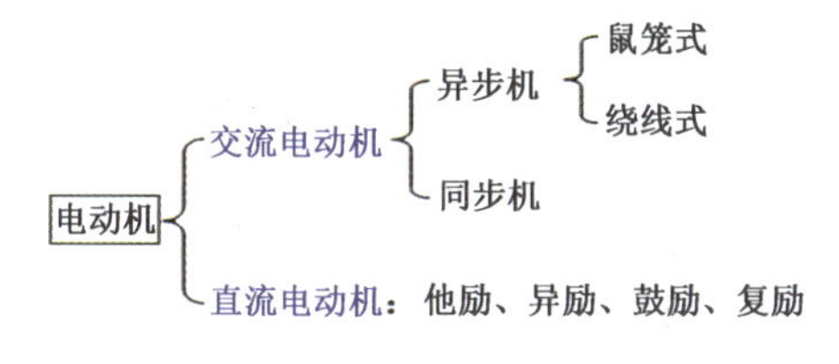


图 2-20　电动机分类

2)三相异步电动机构造

三相异步电动机的两个基本组成部,即定子(固定部分)和转子(旋转部分)。此外还有端盖、风扇等附属部分,如图 2-21 所示。

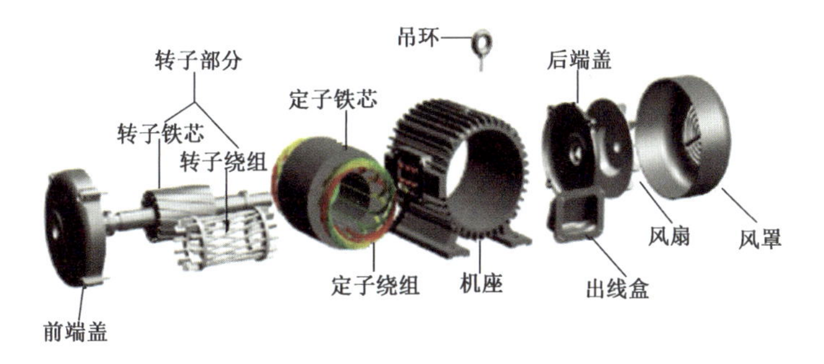


图 2-21　鼠笼型异步电动机主要部件拆解图

定子由分为定子铁芯和定子绕组两个部分。其中,定子铁芯的作用是作为电机磁路的一部分,并在其上放置定子绕组;定子绕组是电动机的电路部分,并互成 120°对称分布在定子铁芯上,通入三相交流电,产生旋转磁场,三相绕组分别用 U1U2、V1V2、W1W2 表示。U1、V1、W1 称为首端,而 U2、V2、W2 称为末端。定子三相绕组的接线方式可分为星形(Y)接法和三角形(△)接法,如图 2-22 所示。

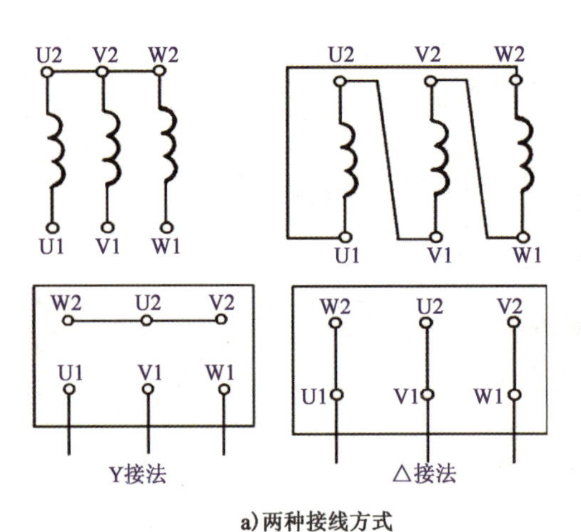


a)两种接线方式

b)接线盒内部结构(Y接法)

图 2-22 电机定子绕组接线方式

转子是电动机的旋转部分,包括转子铁芯、转子绕组和转轴等部件。其中,转子铁芯是电机磁路的一部分,并放置转子绕组,一般用 0.5mm 厚的硅钢片冲制、叠压而成,硅钢片外圆冲有均匀分布的孔,用来安置转子绕组;转子绕组作用是切割定子旋转磁场产生感应电动势及电流,并形成电磁转矩而使电动机旋转。转子根据构造的不同,可分为鼠笼式转子和绕线式转子,如图 2-23 所示。

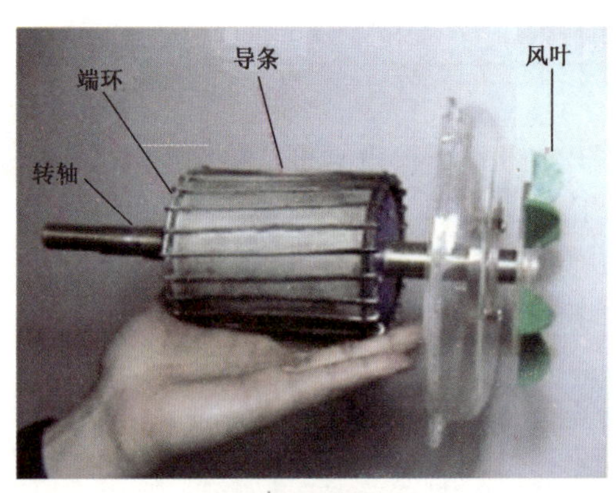


a)鼠笼式转子

b)绕线式转子

图 2-23 电机转子

3)三相异步电动机工作原理

当电动机的三相定子绕组 U1、V1、W1(空间上各相差 120°电角度),通入 380V 三相对称交流电后,将在定子与转子的气隙中产生一个旋转磁场,该旋转磁场切割转子绕组,从而在转子绕组中产生感应电流(转子绕组是闭合通路),载流的转子导体在定子旋转磁场作用下将产生电磁力,从而在电机转轴上形成电磁转矩,驱动电动机旋转。由于三相异步电动机的转子与定子旋转磁场以相同的方向、不同的转速旋转,存在转差率,所以叫作三相异步电动机。三相异步电动机工作原理如图 2-24 所示。

4)三相异步电动机额定值

三相异步电动机的铭牌上会标明电机运转时的额定值、绝缘等级、温升、接线方式等,在选择电机大小及类型时都要考虑其额定值,额定值之间的关系可用以下公式表示:

$$P_N = \sqrt{3} U_N I_N \cos\varphi_N \eta_N \tag{2-1}$$

式中:$P_N$——电机额定功率(kW),额定运行时,轴端输出的机械功率;

$U_N$——额定电压(V),额定运行时,定子绕组上的线电压;

$I_N$——额定电流(A),电压、功率为额定值时,定子绕组的线电流;

$\cos\varphi_N$——额定功率因数,定子加载额定负载时,定子边的功率因素,通常盾构机上电机的功率因素为0.8~0.9;

$\eta_N$——电机效率,电机输出功率与输入功率的百分比,一般电动机的平均效率为87%。

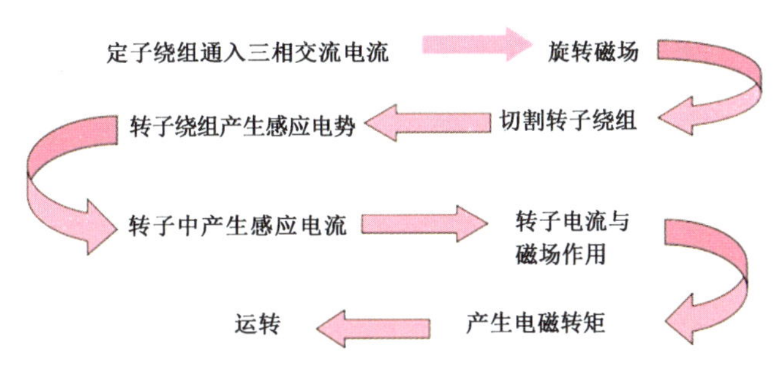


图2-24 三相异步电动机工作原理示意图

5)三相异步电动机启动方式

为了满足不同的负载运行需求,工程中电机常见的启动方式有直接启动、星三角降压启动、软启动以及变频启动。

(1)直接启动

电机直接启动的接线方式简单,成本低,启动转矩大。但是直接启动的电流是正常运行的5倍左右,易造成电机过热。因此盾构机功率在30kW以下的电机才可采用直接启动,功率过大的电机应考虑降压启动。

如图2-25所示,按下绿色启动按钮,接触器线圈KM吸合,电机得电启动运转,按下红色停止按钮,接触器线圈KM失电,电机停止运转。

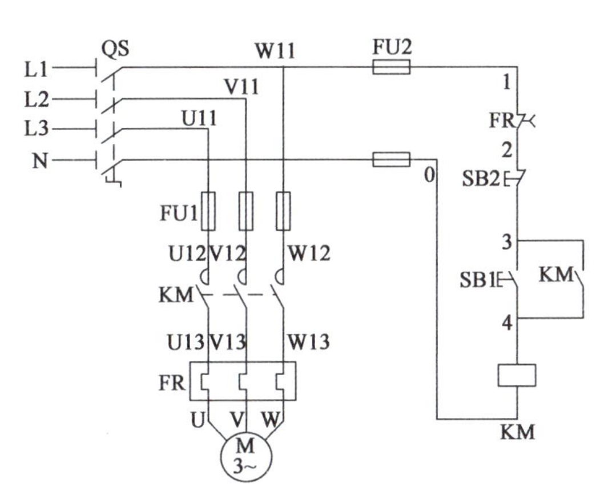


图2-25 电机直接启动电路接线图

(2)星—三角(Y-△)降压启动

电机星—三角降压启动原理是定子绕组为三角形(△)连接的电动机,启动时接成Y形,当电机转速接近额定转速时转换为三角形(△)运行,采用这种方式启动时,每相定子绕组降低到电源电压的58%,启动电流为直接启动时的33%,启动转矩为直接启动时的33%,因此电机星—三角(Y-△)降压启动不仅会使启动电流减小,也会使启动转矩变小。电机星—三角降压启动的优点是不需要添置启动设备,有启动开关或交流接触器等控制设备就可以实现;缺点是只能用于三角形(△)连接的电动机,大型异步电动机不能重载启动。

如图2-26所示,合上电源开关QS后,按下启动按钮SB2,接触器KM和KM1线圈同时得电吸合,KM和KM1主触头闭合,电动机接成星形(Y)降压启动。与此同时,时间继电器KT的线圈得电,KT常闭触头延时断开,KM1线圈断电释放,KT常开触头延时闭合,KM2线圈得电吸合,电动机定子绕组由星形(Y)自动换成三角形(△),时间继电器KT的触头延时动作时间,由电动机容量及启动时间的快慢决定。

(3)软启动

软启动器是一种集电机软启动、软停车、轻载节能和多种保护功能于一体的新颖电机控制装置,国外称为Soft Starter。软启动器的主要构成是串接与电源与被控电机之间的三相反并联晶闸管交流调压器,运用不同的方法,改变晶闸管的触发角,就可以调节晶闸管调压电路的输出电压。在整个启动过程中,软启动器的输出是一个平滑的升压过程,直到晶闸管全部导通,电机在额定电压下工作。电机软启动的优点是降低电压启动，启动电流小，适合所有的空载、轻载异步电动机使用；缺点是启动转矩小，不适用于重载启动的大型电机。盾构机皮带输送机系统电机常采用软启动方式，常用的国际品牌有ABB、西门子、施耐德等。

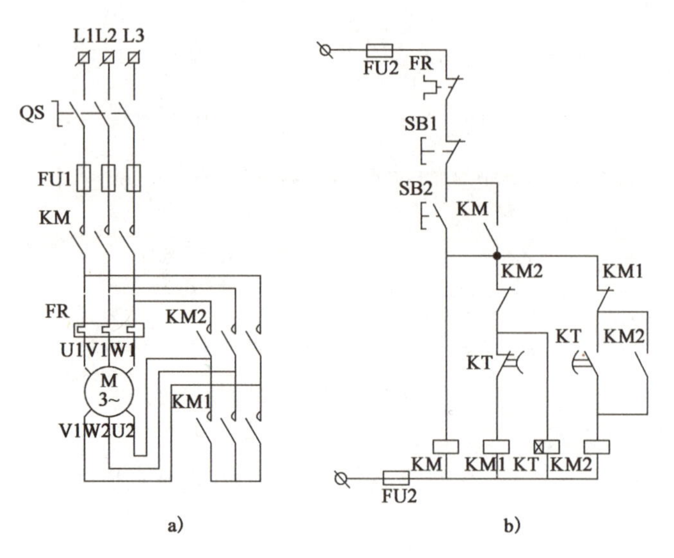


图2-26　电机星-三角启动电路接线原理图

(4)变频启动

利用电力半导体器件的通断作用将工频电源的电压和频率变换为另一电压或频率可变的交流电能控制装置称作"变频器"，英文简称VFD(Variable Frequency Drive)。变频器的主电路大体上可分为两类：电压型是将电压源的直流变换为交流的变频器，直流回路的滤波是电容；电流型是将电流源的直流变换为交流的变频器，其直流回路滤波是电感。盾构机多采用电压型变频器实现电机控制，将三相交流电变换为直流电，然后再把直流电变换为三相交流电。变频器在改变输出频率与电压的同时也改变了电机的转速，使得电机以较小电流启动同时获得较大的启动转矩，并随时改变电机的转速，即变频器可以启动重载负荷。

三相异步电动机变频调速系统具有优良的调速性能，能充分发挥三相笼型异步电动机的优势，实现平滑的无级调速，调速范围宽，效率高，但变频系统较复杂，成本较高。因此变频器通常用在电机频繁启动，且经常改变转速的场合，盾构机上的泡沫系统、膨润土系统、皮带输送机系统以及刀盘主驱动系统通常采用变频启动方式。盾构机上常用变频器的国际品牌有GE、西门子、施耐德等。

盾构机上的变频器在配线安装时应注意以下几点：

①在电源和变频器之间，通常要接入低压断路器与接触器，以便在发生故障时能迅速切断电源，同时便于安装修理。

②变频器与电动机之间一般不允许接入接触器。

③由于变频器具有电子热保护功能，一般情况下可以不接热继电器。

④变频器输出侧不允许接电容器，也不允许接电容式单相电动机。

⑤变频器装置应可靠接地，以抑制射频干扰，防止变频器内因漏电而引起电击。

6)电机质量检查

盾构机在进行整修、大修及再制造过程中都需要对电机进行质量检查，主要从外观、绝缘性能、轴承润滑以及振动值等几个方面进行检测：

(1)外观检测，对每台电机的铭牌、铸体、风扇、外壳、接线柱进行查看，出现锈蚀或缺失现象的部件应及时修复。

(2)绝缘测试，额定电压为380V的电机用电压等级为500V，绝缘电阻量程为500MΩ的摇表对电机进行绝缘测试,要求电机相间绝缘电阻和每相对地绝缘电阻不应小于0.5MΩ,保证电机的绝缘性能良好。

(3)轴承润滑,用扳手、拉拔器正确拆解电机轴承,使用毛刷对拆解轴承进行柴油清洗,并对清理后的轴承进行仔细检查,是否有裂纹,凹沟杂质,并保证内外滚道光滑,滑栏张紧,转动灵活、无卡阻现象,最后用百分表检测电机轴承的跳动情况。

(4)振动试验,专业电机检测厂家对电机通电后,测量其前端和后端的振动速度,并由检测厂家出具振动检测报告。

## 2.2.2 盾构机控制部分电气设备

盾构机电气控制系统是一个庞大、复杂、先进,又不失人性化的系统。为了保证盾构机动力设备安全可靠的运行,若干辅助电气设备和器件需要相互配合才能对不同的分系统进行控制,这些辅助设备称为盾构机控制部分电气设备,主要集中布置在动力柜、主控制室以及分系统的控制箱内。盾构机控制回路由电源供电回路、保护回路、信号回路、动作操作回路、自锁和互锁回路组成,不同回路有特定的电气控制设备。盾构机上主要分为继电器和PLC两种控制方式。

1)电源供电回路

中铁号盾构机控制电路的供电电源有400V交流电、230V交流电、24V直流电、15V直流电和10V直流电,以适应不同电气设备及器件的运行。其中,400V交流电由10kV/400V油式变压器低压侧产生,主要为盾构机上大功率电机、电容补偿系统、外接三相照明插座以及后续230V(AC)配电设备提供动力电源;230V交流电由动力柜F1和动力柜F6内的400V/230V变压器或者400V(AC)火线和零线输出端得来,主要用于盾构机小功率电机、照明、插座、皮带输送机转速、膨润土流量、行程传感器测量、PLC电源以及后续直流用电设备的供电;24V直流电由动力柜F8和主控室内的开关电源提供,为大功率电机的接触器、主控室面板、PLC模块、电磁阀块以及信号开关供电。10V直流电由主控室内的开关电源提供,主要负责对刀盘转速电位计、行程传感器供电。中铁号盾构机上常见小型变压器、开关电源和应急电源如图2-27所示。

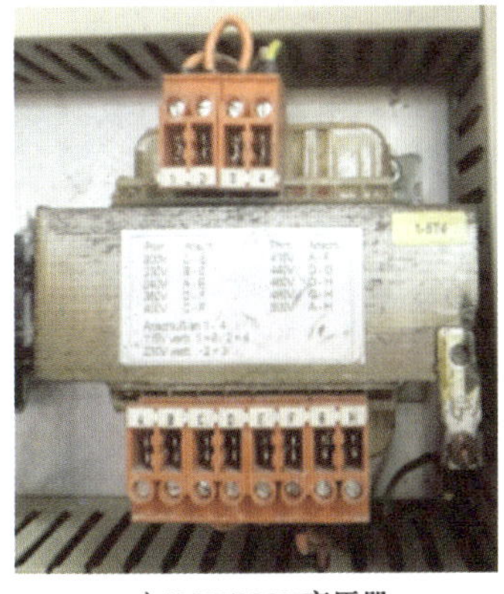
a)400V/220V变压器

b)24V(DC)开关电源

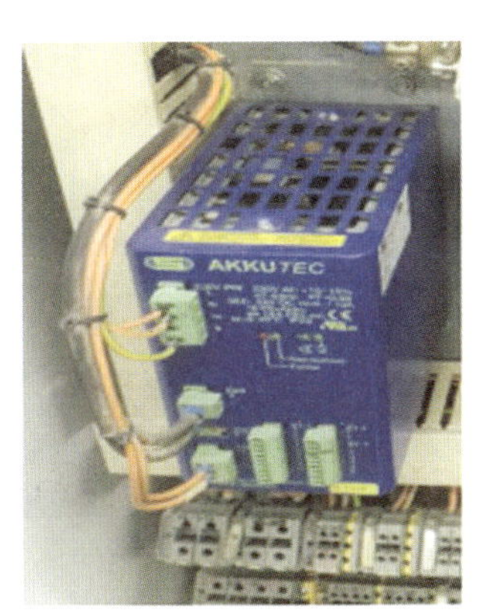

c)UPS应急电源

图2-27 小型电源设备

2)保护回路

保护回路对电气设备和线路进行短路、过载、欠电压、漏电等各种保护,由熔断器、热继电器、接触器、继电器、整流组件和稳压组件等保护组件组成。在盾构机的电机主电路中既要安装熔断器,还要安装热继电器,因为熔断器是短路保电器,热继电器是过载保护电器。短路时电流很大,熔断器能瞬时熔断以保护电动机,但瞬时短路电流却不能使热继电器动作断电;过载时电流会超过电动机额定电流很多,但不足以使熔断器熔断,长时间运行会烧毁电动机,因此需要热继电器实施反时限动作的过载保护。

（1）断路器

动力柜 F1 内带过热、过载、欠压保护，且蓄能器控制的 1-3Q2 主开关是盾构机上整个交流电系统控制的总开关。在调试动力柜的过程中，应首先保证蓄能器充电完成后，才能手动拉刀闸为主开关送电，图 2-28 所示为中铁号盾构机主开关示意图。

图 2-28　中铁号盾构机主开关示意图

（2）继电器

继电器，也称为电驿，是一种电子控制器件，它接线于控制系统（又称为输入回路）和被控制系统（又称为输出回路），通常应用于自动控制电路中。它实际上是用较小的电流去控制较大电流的一种“自动开关”，故在电路中起着自动调节、安全保护、转换电路等作用。保护回路中常见的继电器有可插拔式光耦继电器、插拔式中间继电器、时间继电器、相序保护继电器、转速监控继电器等。盾构机上常见继电器如图 2-29 所示。

a）插拔式继电器

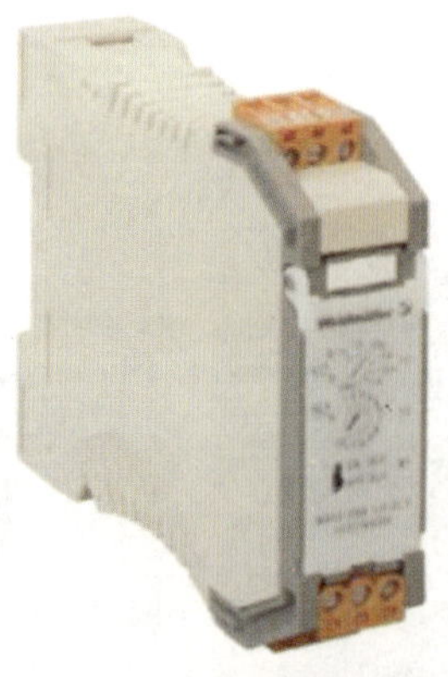

b）时间继电器

c）相序保护继电器

图 2-29　盾构机上常见继电器

在盾构机保护回路中还有一个关键的保护 PLC 系统的装置，即安全继电器。所谓“安全继电器”是由数个继电器与电路组合而成，各自触点互锁，从而达到正确且低误动作的继电器完整功能，使其失误和失效值降低，进而提高安全性。盾构机上由于带有精密度较高的 PLC 控制系统，当出现故障或紧急停止时，必须将安全继电器复位才可使设备继续运行，以有效保护整个 PLC 控制系统。

常见的安全继电器国际品牌有皮尔兹、欧姆龙、施耐德等。安全继电器通常和急停系统配合使用，以中铁号盾构机皮带输送机急停为例，分析皮尔兹（Pilz PNOZ X4）安全继电器的工作原理和使用方法，图 2-30b）所示为皮带输送机急停系统电路图。

a) 实物

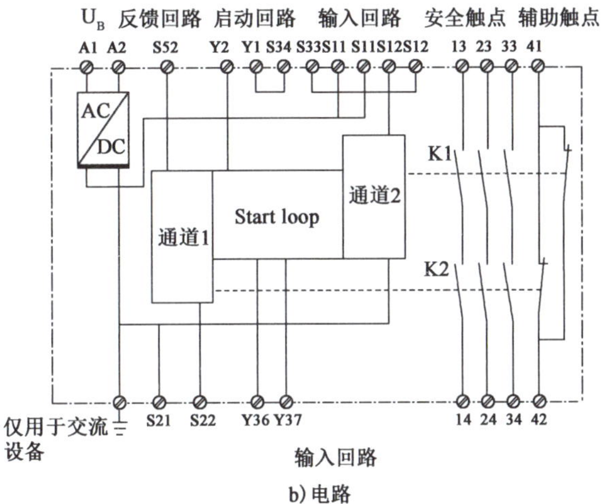


b) 电路

图2-30　安全继电器(皮带输送机)

皮尔兹PNOZ X4安全继电器面板上有3个LED显示灯,分别是POWER、CH1、CH2。每次上电之后安全继电器的POWER显示灯就会亮,否则应检查电源接线和供电电源是否正确。CH1和CH2代表安全继电器输出回路上的两副常开触点,当安全继电器正常工作时两个通道灯都被点亮。A1、A2为24VDC电源回路,S11、S12为输入回路,S33、S34为复位回路,13、14为CH1输出回路安全触点,23、24为CH2输出回路安全触点,41、42为常闭辅助触点,Y1、Y2为反馈回路。只有这些回路都连接正常时,CH1和CH2通道的灯全部被点亮。

3)信号回路

信号回路是能够及时反映或显示设备和线路正常与非正常工作状态信息的回路,如不同颜色的信号灯、各种传感器和信号开关动作情况等。盾构机上能及时反映设备和线路信号是否正常的电气元件主要有传感器、信号开关、计数器和电磁阀等。

传感开关系统相当于是盾构机的"眼睛",只是一个是监测模拟量信号,另一个是监测数字量信号。中铁号盾构机分系统中常用传感器的供电电源为24VDC,传感器的信号输出分为模拟量和开关量。对于模拟量输出的传感器,如压力类、温度类、流量类等,需检测其4~20mA直流电流,其误差范围应保持在±5%以内即上电;后其显示电流(零点电流)应该在3.8~4.2mA。数值在此范围内则认为传感器可以使用,超出此范围则认为传感器误差较大不可使用。中铁号盾构机常见传感器如图2-31所示。

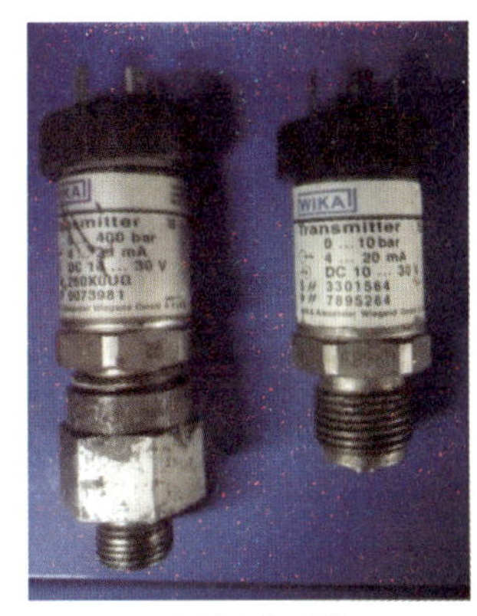


a)压力传感器

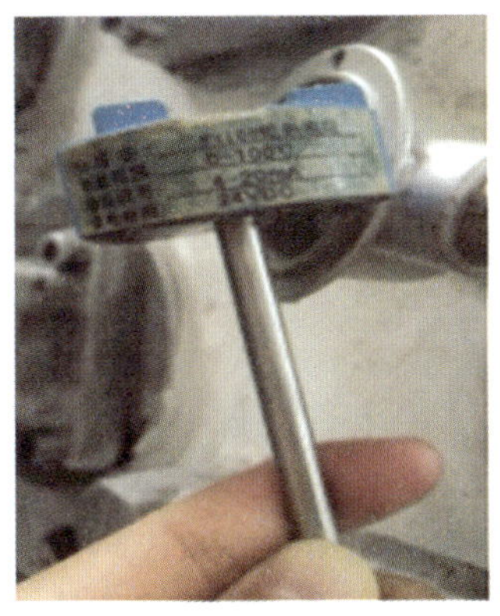

b)温度传感器

c)行程传感器

图2-31　中铁号盾构机常见传感器

中铁号盾构机常见的信号开关有液位开关、压差开关、限位开关、行程开关及接近开关等。限位开关安装在需要限制位置的地点，物体撞到上面就触动开关，使运动的物体停止，分为旋转限位开关和直线限位开关；行程开关是物体在一定的行程范围内移动，即是两个限位开关的组合；接近开关是依靠光感来触发开关动作的，用在不能直接接触到的地点，只是稳定性不如限位开关。

4）动作操作回路

电气设备为了提高工作效率，一般都设有自动环节，盾构机设备采用继电器或 PLC 装置作为自动控制系统的关键部件。但在安装机调试及紧急事故的处理时，控制线路中应需要设置手动环节，用于调试。通过组合开关或转换开关等可实现自动或手动方式的转换。

5）自锁、互锁及联锁回路

按下触点式启动按钮松开后，线路保持通电，电气设备能够继续工作的电气控制环节叫作自锁环节，如电机控制电路中接触器动合触点串联在其线圈回路中。两台或两台以上的电气装置和组件，为了保证设备的安全可靠运行，一台设备运行的同时不允许另一台设备启动运行，这一保护环节叫作互锁环节，如两个接触器的动断触点分别串联在对方的线圈回路中。为了保证设备的先后运行关系，两个设备之间存在相互制约的环节，即联锁环节。中铁装备生产的盾构机有继电器联锁和 PLC 计算机联锁，如盾构机在调试或运行过程中，必须首先保证供电系统、循环水系统、油脂系统等都处于正常运行状态时，才可按下推进电机启动按钮，使推进液压缸动作。

### 2.2.3　盾构机电缆型号选择

在选用电缆时，一般要注意电缆的型号和规格。

（1）电缆型号选择

选用电线电缆时，要考虑用途、敷设条件及安全性：

①根据用途不同，可选用电力电缆、架空绝缘电缆和控制电缆，中铁装备生产的盾构机分为动力电气部分和控制电气部分，所以连接动力电气设备选用电力电缆，连接控制电气设备的选用控制电缆。

②根据敷设条件不同，可选用一般性的塑料绝缘电缆、钢带铠装电缆、钢丝铠装电缆、防腐电缆、带屏蔽电缆，盾构机的通信电缆选用带屏蔽保护的电缆，其他电缆选用一般性的塑料绝缘电缆。

③根据安全性要求，可选用不延燃电缆、阻燃电缆，无卤阻燃电缆、耐火电缆等，盾构机地下施工环境温度高、空气湿度大且岩体中会产生瓦斯有害气体，故动力电缆应选用无卤阻燃耐火电缆，控制电缆选择耐火电缆。

（2）电缆规格选择

确定电线电缆的使用规格（导体截面面积）时，一般应考虑发热、电压损失、经济电流密度、机械强度等条件。根据现场经验，低压动力线因其负荷电流较大，故一般先按照发热条件选择截面面积，然后验算其电压损失和机械强度；对高压线路，则先按经济电流密度选择截面，然后验算其发热条件和允许的电压损失；而高压架空线路，还应验算其机械强度。

导线的安全载流量是根据所允许的纤芯最高温度、冷却条件、敷设条件来确定的。一般计算铜导线安全载流量为 5～8A/mm$^2$，铝导线安全载流量为 3～5A/mm$^2$。现场经验总结：一般情况下，控制电缆可承受 5～8A/mm$^2$ 的电流，或者带载 2kW 的电机设备。具体的电缆规格型号可参见相应国家标准。

在硬件设计和线缆选型过程中，经常会遇到诸如 16AWG、18AWG、24AWG、26AWG 等表示电缆直径的方法。实际上 AWG（American Wire Gauge）是美制电线标准的简称，AWG 值是导线厚度（以英寸计）的函数。表 2-3 表示 AWG 与公制、英制单位的对照。其中，4/0 表示 0000，3/0 表示 000，2/0 表示 00，1/0 表示 0。例如，常用的电话线直径为 26AWG（约为 0.4mm）。

美国标准和国际标准电缆型号转换标准　　表 2-3

| AWG | 外径 | | 截面面积（$mm^2$） | 电阻值（Ω/km） | AWG | 外径 | | 截面面积（$mm^2$） | 电阻值（Ω/km） |
|---|---|---|---|---|---|---|---|---|---|
| | 公制（mm） | 英制（in） | | | | 公制（mm） | 英制（in） | | |
| 4/0 | 11.68 | 0.46 | 107.22 | 0.17 | 22 | 0.643 | 0.0253 | 0.3247 | 54.3 |
| 3/0 | 10.40 | 0.4096 | 85.01 | 0.21 | 23 | 0.574 | 0.0226 | 0.2588 | 48.5 |
| 2/0 | 9.27 | 0.3648 | 67.43 | 0.26 | 24 | 0.511 | 0.0201 | 0.2047 | 89.4 |
| 1/0 | 8.25 | 0.3249 | 53.49 | 0.33 | 25 | 0.44 | 0.0179 | 0.1624 | 79.6 |
| 1 | 7.35 | 0.2893 | 42.41 | 0.42 | 26 | 0.404 | 0.0159 | 0.1281 | 143 |
| 2 | 6.54 | 0.2576 | 33.62 | 0.53 | 27 | 0.361 | 0.0142 | 0.1021 | 128 |
| 3 | 5.83 | 0.2294 | 26.67 | 0.66 | 28 | 0.32 | 0.0126 | 0.0804 | 227 |
| 4 | 5.19 | 0.2043 | 21.15 | 0.84 | 29 | 0.287 | 0.0113 | 0.0647 | 289 |
| 5 | 4.62 | 0.1819 | 16.77 | 1.06 | 30 | 0.254 | 0.0100 | 0.0507 | 361 |
| 6 | 4.11 | 0.1620 | 13.30 | 1.33 | 31 | 0.226 | 0.0089 | 0.0401 | 321 |
| 7 | 3.67 | 0.1443 | 10.55 | 1.68 | 32 | 0.203 | 0.0080 | 0.0316 | 583 |
| 8 | 3.26 | 0.1285 | 8.37 | 2.11 | 33 | 0.18 | 0.0071 | 0.0255 | 944 |
| 9 | 2.91 | 0.1144 | 6.63 | 2.67 | 34 | 0.16 | 0.0063 | 0.0201 | 956 |
| 10 | 2.59 | 0.1019 | 5.26 | 3.36 | 35 | 0.142 | 0.0056 | 0.0169 | 1200 |
| 11 | 2.30 | 0.0907 | 4.17 | 4.24 | 36 | 0.127 | 0.0050 | 0.0127 | 1530 |
| 12 | 2.05 | 0.0808 | 3.332 | 5.31 | 37 | 0.114 | 0.0045 | 0.0098 | 1377 |
| 13 | 1.82 | 0.0720 | 2.627 | 6.69 | 38 | 0.102 | 0.0040 | 0.0081 | 2400 |
| 14 | 1.63 | 0.0641 | 2.075 | 8.45 | 39 | 0.089 | 0.0035 | 0.0062 | 2100 |
| 15 | 1.45 | 0.0571 | 1.646 | 10.6 | 40 | 0.079 | 0.0031 | 0.0049 | 4080 |
| 16 | 1.29 | 0.0508 | 1.318 | 13.5 | 41 | 0.071 | 0.0028 | 0.0040 | 3685 |
| 17 | 1.15 | 0.0453 | 1.026 | 16.3 | 42 | 0.064 | 0.0025 | 0.0032 | 6300 |
| 18 | 1.02 | 0.0403 | 0.8107 | 21.4 | 43 | 0.056 | 0.0022 | 0.0025 | 5544 |
| 19 | 0.912 | 0.0359 | 0.5667 | 26.9 | 44 | 0.051 | 0.0020 | 0.0020 | 10200 |
| 20 | 0.813 | 0.0320 | 0.5189 | 33.9 | 45 | 0.046 | 0.0018 | 0.0016 | 9180 |
| 21 | 0.724 | 0.0285 | 0.4116 | 42.7 | 46 | 0.041 | 0.0016 | 0.0013 | 16300 |

## 2.3　典型电气图纸解析

电气图纸是用来表明供电线路与各设备工作原理及其相互之间关系的一种表达方式。盾构机电气图纸包含主机设备电气图纸和管片吊机电气图纸两大类。其中，主机设备电气图纸主要有电气总原理图、电气接线盒安装图纸、电缆型号图纸等。

电气原理图是用来表明设备电气的工作原理及各电气元件的作用、相互之间关系的一种表示方式。运用电气原理图的方法和技巧，对于分析电气线路、排除设备电路故障是十分有益的。

### 2.3.1　盾构机电气识图

盾构机电气原理图按照系统进行分类，一般由主电路、控制电路、保护、配电电路等部分组成。分析电气原理图，首先应该了解图纸对应的系统，执行的功能以及电气元件所在的安装位置；然后再看主电路以及辅助电路，并用辅助电路的回路去研究主电路的控制程序；最后根据图纸编号找到对应的电气设备及元器件。以中铁号盾构机的膨润土系统主电路图、膨润土泵变频器控制电路为例（图 2-32、图 2-33），进行电气图纸分析。

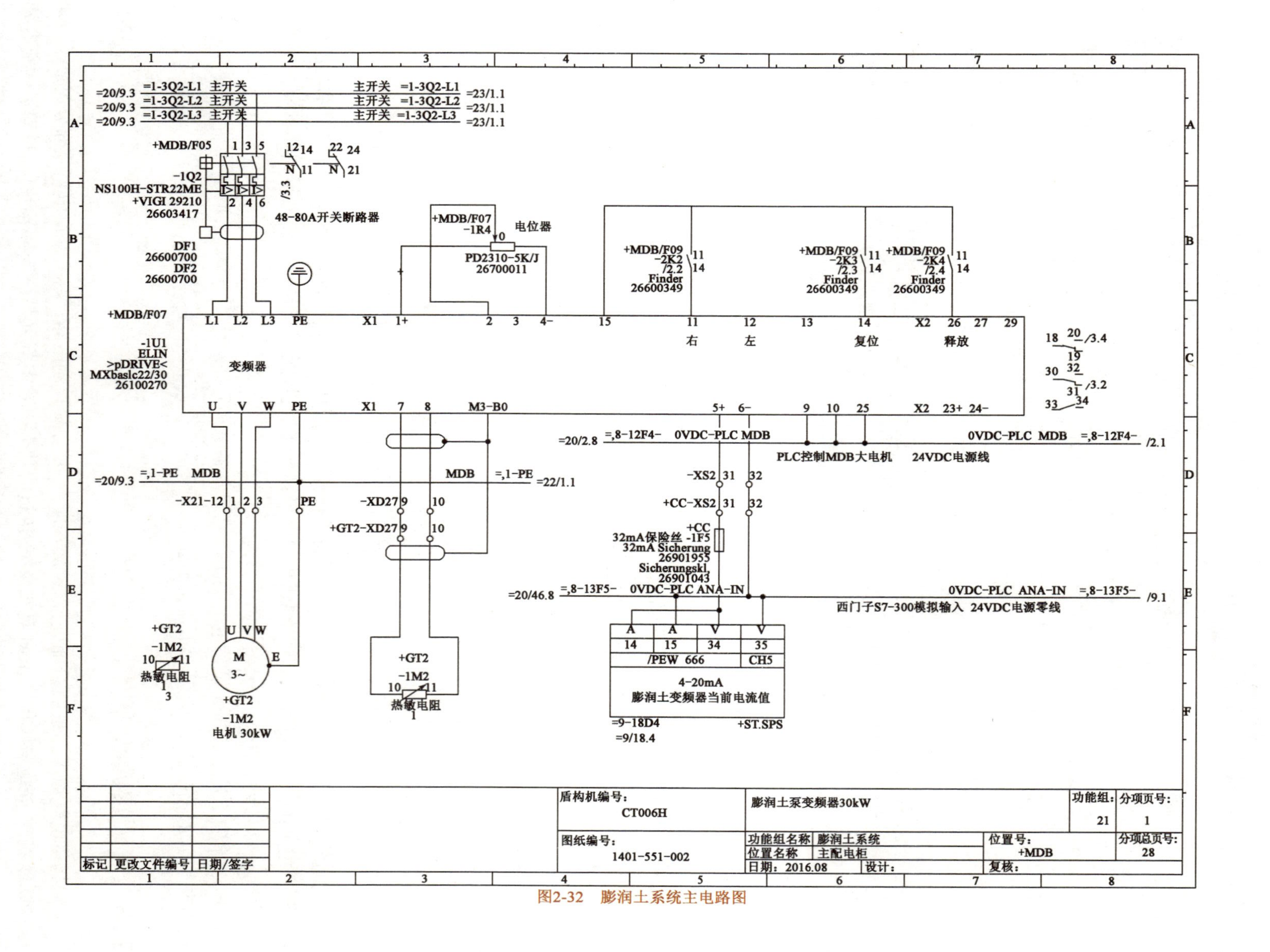


图2-32 膨润土系统主电路图

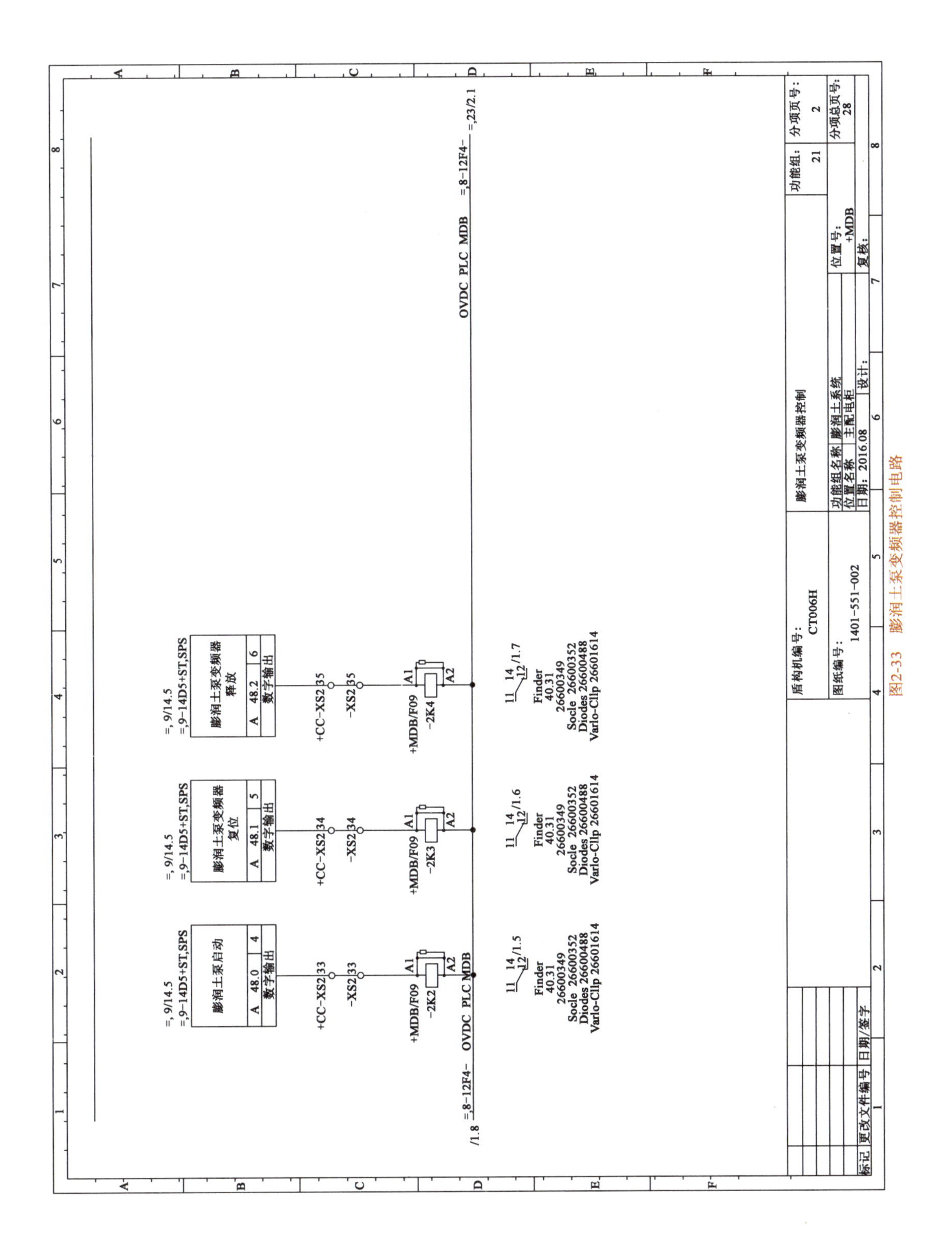


图2-33　膨润土泵变频器控制电路

中铁号盾构机每个系统的编号基本都是固定的,21 章代表膨润土系统,分章节介绍每个系统时,一般第一页为电机主电路图纸。图 2-32 所示为膨润土泵变频器 30kW 的电机运行主电路图,标题栏中"膨润土系统"为这 21 章的名称,右下角"膨润土泵变频器 30kW"为 21 章第 1 页的名称,即第一页属于"膨润土章节","主配电柜"表示第 1 页主电路中开关和接触器位于动力柜内,右下角数字"28"表示 21 章一共有 28 页。总之,需分清电气图纸每一页对应的章节、页数及具体位置。

1)主电路

步骤一:看清主电路中用电设备。用电设备是指消耗电能的用电器具或电气设备,看图首先要看清楚有几个用电器,它们的类别、用途、接线方式及一些不同要求等。图 2-33 中的用电设备 -1M2 是一个功率为 30kW 的膨润土泵电机,"+GT2"表示位于盾构机的 2 号拖车上。

步骤二:要弄清楚用电设备是用什么电气元件控制的。控制电气设备的方法很多,有的直接用开关控制,有的用各种启动器控制,有的用接触器控制。由于膨润土系统需要实时改良渣土,所以采用变频器启动并调速膨润土电机。

步骤三:了解主电路中所用的控制电器及保护电器。前者是指除常规接触器以外的其他控制元件,如电源开关(转换开关及空气断路器)、万能转换开关;后者是指短路保护器件及过载保护器件,如空气断路器中电磁脱扣器及热过载脱扣器的规格、熔断器、热继电器及过电流继电器等元件的用途及规格。控制膨润土泵电机启动的电气元件有带过热和过流保护的 21-1Q1 断路器,其位于动力柜的 5 号柜内(+MDB-F5 表示断路器的位置),其中,NS100H-STR22ME 为断路器的型号,26603417 是断路器的采购编号。另外,还要通过 21-2K2 和 21-2K4 接触器来实现变频器对电机启停的控制。

步骤四:看电源。要了解电源电压等级,是 380V 还是 220V,是从母线汇流排供电还是配电屏供电,还是从发电机组接出来的。由图 2-33 可知,膨润土泵电机主电路图纸上由三种电源组成,与电机 UVW 三相相连的 380V 交流电,其起源于"=20/9.3"即第 20 章 9 页的第 3 竖列,这根动力电缆的线号为 1-3Q2-L1 L2 L3。

2)辅助电路

辅助电路包含控制电路、信号电路和照明电路。中铁号盾构机膨润土系统的控制电路和液位保护电路分别如图 2-34 和图 2-35 所示。

分析控制电路。根据主电路中各电动机和执行电器的控制要求,逐一找出控制电路中的其他控制环节,将控制线路"化整为零",按功能不同划分成若干个局部控制线路来进行分析。如果控制线路较复杂,则可先排除照明、显示等与控制关系不密切的电路,以便集中精力进行分析。

步骤一:看电源。首先看清楚电源的种类,是交流还是直流;其次,要看清楚辅助电路的电源是从什么地方接来的,及其电压等级。电源一般是从主电路的两条相线上接来,其电压为 380V;也有从主电路的一条相线和一零线上接来,电压为单相 220V;此外,也可以从专用隔离电源变压器接来,电压有 140V、127V、36V、6.3V 等。辅助电路为直流时,直流电源可从整流器、发电机组或放大器上接来,其电压一般为 24V、12V、6V、4.5V、3V 等。辅助电路中的一切电气元件的线圈额定电压必须与辅助电路电源电压一致。否则,电压低时电路元件不动作;电压高时,则会把电气元件线圈烧坏。图 2-34 的膨润土启停电路是通过面板按钮给 PLC 控制方式,故电源种类为直流电,电压等级为 24V,控制电缆线号为"8-13F4",也表明 8-13F4 的空气开关控制着整个主控室面板按钮电源。

步骤二:了解控制电路中所采用的各种继电器、接触器、传感器、信号开关的用途,如采用了一些特殊结构的继电器,还应了解它们的动作原理。图 2-35 为膨润土系统液位保护电路图,其中"21-7B2"和"21-7B3"分别是膨润土高限位和低限位液位开关,由"9-4D6"PLC 数字量输入的 E66.5 点位的注释可知,当膨润土罐内的膨润土混合液高于最高警告限位时,液位开关会断开,PLC 对应的点断电,并向主控室的上位机发出警告,膨润土量过高;当膨润土罐内的膨润土混合液低于最低警告限位时,液位开关会断开,PLC 对应的点断电,并向主控室的上位机发出警告,且膨润土电机停止运行。

步骤三:根据辅助电路来研究主电路的动作情况。

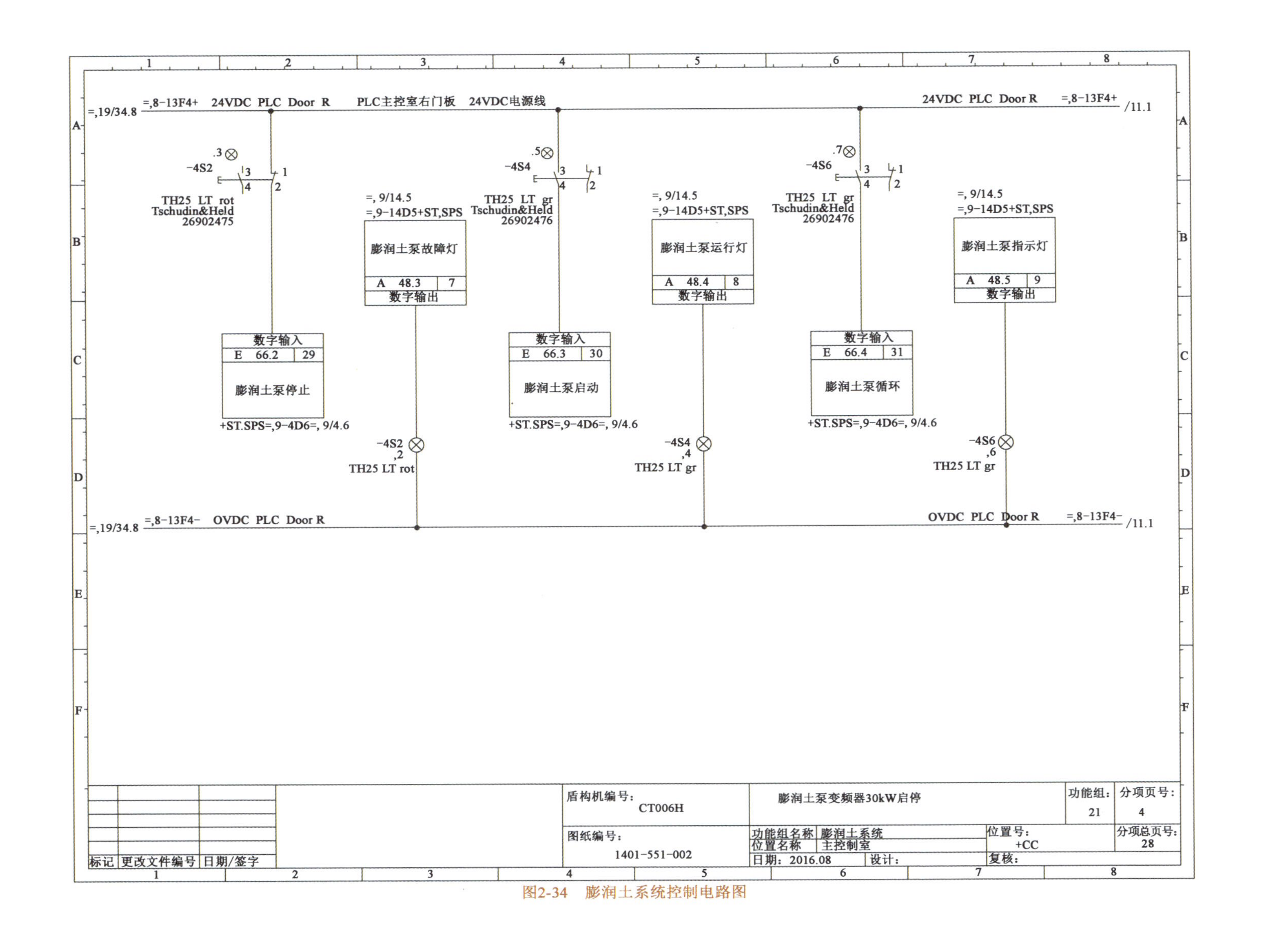

图2-34　膨润土系统控制电路图

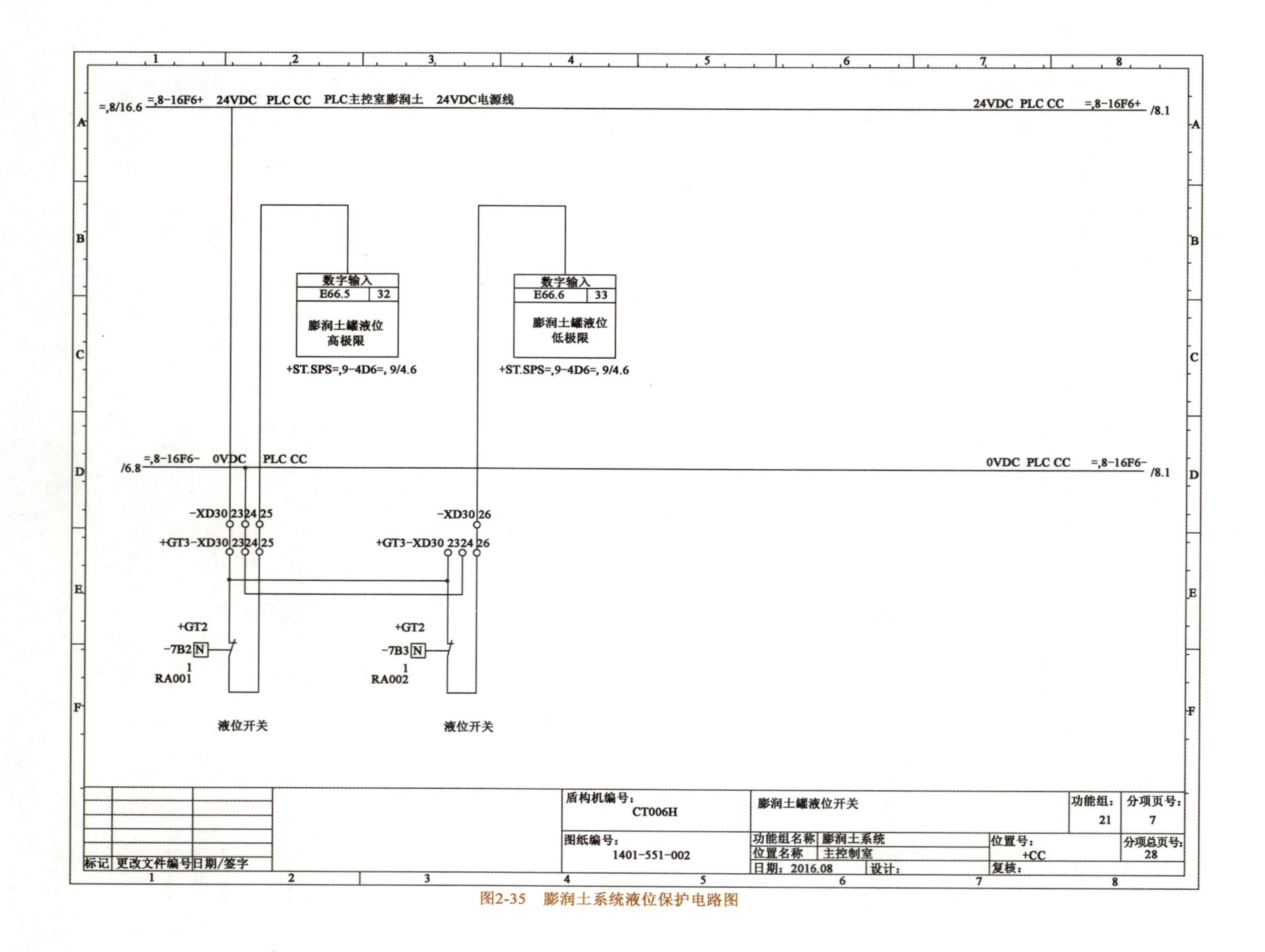


图2-35 膨润土系统液位保护电路图

分析了上面这些内容再结合主电路中的要求,就可以分析辅助电路的动作过程。

控制电路总是按动作顺序画在两条水平电源线或两条垂直电源线之间的。因此,也就可从左到右或从上到下来进行分析。对于复杂的辅助电路,在电路中整个辅助电路构成一条大回路,在这条大回路中又分成几条独立的小回路,每条小回路控制一个用电器或一个动作。当某条小回路形成闭合回路、有电流流过时,在回路中的电气元件(接触器或继电器)则动作,把用电设备接入或切除电源。在辅助电路中一般是靠按钮或转换开关将电路接通的。对于控制电路的分析必须随时结合主电路的动作要求来进行,只有全面了解主电路对控制电路的要求以后,才能真正掌握控制电路的动作原理,不可孤立地看待各部分的动作原理,而应注意各动作之间是否有互相制约的关系,如电动机正、反转之间应设联锁等。

步骤四:研究电气元件之间的相互关系。电路中的一切电气元件都不是孤立存在的,而是相互联系、相互制约的。这种互相控制的关系有时表现在一条回路中,有时表现在几条回路中。例如图2-34中"21-4S4"是膨润土泵的带灯启动按钮,其中按钮指示灯在第5列,开关触点在第4列,因此在识图过程中要仔细查看每个电气元件相关联的触点开关、线圈及指示灯的具体位置。

步骤五:研究其他电气设备和电气元件。如整流设备、照明灯等。

中铁号盾构机电气图纸中的每一个电气设备和电气元件都有自己的图号、位置、型号以及配件编号。所以电气图纸是学习盾构机电气系统的关键指导书,应进一步结合现场查看电气设备及配件的位置、功能以及品牌,最终PLC程序又将所有的电气元件相互连接,组成一套完善的电气网络。

### 2.3.2　盾构机电气布线

盾构机电气布线设计必须满足:强弱电线路必须分开,各线路走向分明,布线要留有余量,以备改动。

1)强弱电布线要求

(1)线路走向要分明,在盾构机拖车的顶部和支撑柱上安装电缆槽,将动力电缆布置在电缆槽内部。

(2)各电缆两端应结合电气图纸贴上标签纸,并用与电缆型号配套的热塑管对标签纸进行保护。

(3)电控箱内走线应平行,拐弯处应呈直角。盾构机MDB柜、主控室以及各种小型配电箱里面的走线必须符合安全爬电距离,为了规整美观,应把所有控制电缆布线于带盖板的电缆槽内。需要注意的是,每一个模块的控制电缆需用绝缘扎带捆扎好,以便后续查线。

2)接线工艺

(1)电缆接头应用剥线钳剥除至可穿进对应线鼻子的长度,且铜丝不能裸露在外,当导线截面面积大于10mm$^2$时才使用铜线鼻子,小于10mm$^2$的使用冷压线鼻子,截面面积小于4mm$^2$的使用针管式线鼻子。然后再用压线钳将铜丝与线鼻子接触部分压紧。

(2)所有电气元件及附件均应安装固定在支架或底板上,不得悬吊在电器及连线上。电缆的连接(如螺栓连接、插接、焊接等)均应牢固可靠,线束应横平竖直,配置坚固,层次分明,整齐美观,同一方向上的相同元件走线方式应一致。当电缆与柜体金属有摩擦时,需加橡胶圈垫,以保护电缆。

(3)按照图纸正确接线,接线面的每个元件的附近都有标牌,注意应与图纸相符,且应在元件对应的面板或门板上粘贴与元件相统一的标识。

## 2.4　常见电气故障维修

盾构机在高效施工的过程中不可避免地出现电气故障。为了不影响施工进度,应由专业的电气工作人员对电气故障进行排查并修复。

### 2.4.1 机电气故障检查原则、步骤和方法

盾构机掘进系统的控制多数采用智能控制方法,所以盾构机上面的电气设备及元器件种类较多,电路线路连接复杂,出现电气故障需要整体把握,研究问题的起因和处理方法。

1)盾构机电气故障处理原则

盾构机电气故障处理原则:先简后繁,由外而内,先电源后线路。绝大多数的故障是线路故障,如断线、断线、接地和接触不良等。PLC 程序缺失或破坏问题较少,对于电气故障要先从主电源查起,然后再根据电路图依次向下寻找故障电源或线路,外部硬件条件都没问题的情况下,最后才去考虑是 PLC 模块或者程序出现问题。

2)盾构机电气故障处理步骤和方法

排除故障没有固定的模式,也没有统一的标准,因人而异,但在一般情况下,还是有一定规律的。通常设备电气故障的一般诊断顺序为:症状分析—设备检查—故障部分的确定—线路检查—更换或修理—修理后性能检查。

(1)症状分析

症状分析是对所有可能存在的有关故障原始状态的信息进行收集和判断的过程,在故障迹象受到干扰以前,对所有信息都应进行仔细分析。即当盾构机电气系统出现故障时,首先应观察其故障现象,是指示灯不亮,还是没有动作或者出现不正常的气味和声响。

(2)设备检查

根据症状分析中得到的初步结论和疑问,对设备进行更详细的检查,特别是那些被认为最有可能存在故障的区域。要注意这个阶段应尽量避免对设备做不必要的拆卸,同时应防止引起更多的故障。因此应对症下药,查看故障点附近的设备是否完好,并根据电气图纸理清与故障有关的设备及线路。

(3)故障部位的确定

维修人员必须全面掌握系统的控制原理和结构。如缺少系统的诊断资料,就需要维修人员正确地将整个设备或控制系统划分若干功能块,然后检查这些功能块的输入和输出是否正常。在确定故障部位时多使用万用表以及短接线,通过测量故障部位的电压、电流和电阻,从而精准地判断故障点的位置。

(4)线路检查与更换、修理

线路检查与更换、修理是密切相关的,线路检查可以采用与故障部位确定相似的方法进行,首先找出有故障的组件或可更换的元件,然后进行有效修理。当盾构机上电气元器件出现故障时,主控室上位机屏幕上会显示异常,常见方法是用同型号的新元件代替故障点器件,如果故障排除,则说明电气元件损坏需更换;若是线路出现问题,最有实效的方法是把问题线路一端短接,然后测量另一端电阻,如果显示短路,则线路正常,显示有电阻或者断路,则说明线路出现问题,需要仔细检查线路的每一个接头。

(5)修理后性能检查

修理完成后,维修人员应进一步检查,以证实故障确实已排除,设备能够运行良好。

### 2.4.2 典型电气故障案例分析

以广州市地铁 6 号线盾构 2 标段 S371/372 土压平衡盾构机在施工过程中出现的故障为例,分析故障原因并提出解决方案。

**【案例】** 2008 年 2 月 16 日故障状态:工业电脑上出现很多故障信息,如油箱 1、2 号滤芯,油箱回油 1、2、3 号滤芯,油箱油位、温度以及 8 个齿轮油温度、齿轮油流量等很多故障信息。

对于突然出现这些故障信息,按照油温控制线路查找,最初判断是总控制电源跳闸,检查发现总控制电源没有跳闸。查看电气图纸分析这些故障都是由一个 8-14F6 的开关供电引起的,经查看发现该开

关跳闸，但是在合闸后很短时间内又出现跳闸现象。由此得知，该漏电保护开关合闸后跳闸，其下端一定存在漏电现象。查看电气图纸可知，其下端连接的接线端子盒有XD4-1、XD2-2、XD122、XD100和XD0-1。将这5个端子盒的电源线全部拆除后合闸正常，根据这一现象，可以判断5个端子盒内至少有一路电源存在漏电现象。分开给这5个端子接线盒送电后发现XD4-1无法正常合闸，XD4-1中只有一个内循环水液位传感器，检查发现该传感器电缆存在破皮现象才导致漏电，将电线破损处包扎后接上电源后，送电正常。

## 2.5 施工安全用电

盾构机不论是工厂维修、再制造还是施工现场掘进，都要保证用电安全。应当从危险源、防控措施、操作规程及急救措施4个方面，对安全用电进行学习。

### 2.5.1 电工操作危险源

盾构机是一种大型的隧道掘进设备，且体积庞大，组成结构复杂，所以在设备的再制造及使用过程中首先要明确电工作业潜在的危险因素，见表2-4。

施工作业特点和危险源 表2-4

| 作业活动 | 潜在的危险因素 | 可能导致的事故 |
|---|---|---|
| 电工作业 | 未正确佩戴个人防护用品，未戴绝缘手套，未穿绝缘靴 | 电击 |
| | 高处作业没有系安全带 | 坠落 |
| | 带电作业，如带电维修、带电接线等 | 电击 |
| | 使用不合格电气开关和漏电保护器、破皮电缆线 | 漏电 |
| | 电线老化电流过载 | 电线燃烧 |
| | 接线错误 | 漏电电器烧毁 |
| | 违章作业 | 电击 |

### 2.5.2 对危险源的具体控制措施及应注意的安全事项

(1)电气设备的装置、安装、防护、使用、维修必须严格执行《施工现场临时用电安全技术规范》(JGJ 46—2005)及现场临时用电方案布置安装线路。遵守电工作业安全操作规程。

(2)电工作业必须经专业安全技术培训，考试合格，持证上岗。非电工一律不得拆装电器设备，不得进行电气作业。

(3)进入施工现场必须遵守安全生产六大纪律，并正确使用个人劳动防护用品，戴好安全帽，戴绝缘手套，穿绝缘靴，高处作业系好安全带，严禁酒后操作。

(4)所有绝缘、检测工具应妥善保管，严禁他用，并应定期检查、校验。

(5)施工现场临时用电工程必须采用TN-S系统，实行三相五线制，设置专用的保护零线，机械设备、配电系统采用“三级配电，两级保护”，执行“一机一闸一箱一漏”的规定，严禁同一电气开关直接控制两台及两台以上用电设备(含插座),使用的电气开关必须合格。

(6)所有用电设备,保证正确可靠接地或接零,保护零线PE必须采用绿/黄双色线,严格与相线、工作零线相区别,不得混用。

(7)电缆线禁止开口接线,埋地的电缆线严禁有接头,并使用套管埋地。

(8)电气设备不带电金属外壳、框架、部件、管道、金属操作台和移动式碘钨灯的金属柱等,均应做保护接零。

(9)电线、电缆过路必须埋设或架空,严禁电线随地乱拖、乱拉。施工现场电缆必须进行挂设,并用绝缘固定,禁止使用铁丝或其他金属丝进行绑扎。

(10)所有电箱门锁编号必须齐全,箱内保持整洁。

(11)严禁使用无绝缘柄的工具。电气设备和线路检修时,应停电作业,必须挂上"禁止合闸,有人工作"牌,并做好应急措施。电工作业时,必须严格遵守监护制度。

(12)定期和不定期对临时用电工程的接地、设备绝缘和漏电保护开关进行检测、维修,发现隐患及时消除,并建立电工检测记录、维修记录,做好季节性施工用电的检验。

(13)工程竣工后,应按顺序切断电源后拆除临时用电,不得留有隐患。

### 2.5.3 安全技术操作规程

(1)电工操作人员必须经劳动部门培训,考试合格后持证上岗。作业时正确使用个人防护用品。

(2)现场电工班长上班前应将现场所有电气线路进行检查一遍,并确定良好后方可合闸送电;下班前断开设备用电,检查工厂配电柜的开关是否关掉,是否有损坏的接头。

(3)线路检修时,必须停电,并悬挂标示牌,应有专人监护,监护人应集中精力,认真监护。

(4)现场临时停电,或停工休息时,必须拉闸锁好箱。大风、暴雨、雷电时应及时切断电源,大风、雷电后应做好检查。

### 2.5.4 发生事故后应及时采取的避难和急救措施

(1)当发生电击、伤害、失火事件,最先发现情况的人员应大声呼叫,呼叫内容要明确:某某地点或某某部位发生某某情况!将信息准确传出。

(2)听到呼叫的任何人,均有责任将信息报告给与其最近的项目部管理人员、抢救小组成员,使消息迅速报告到现场负责人(项目经理)处。

(3)当事人及现场人员应依据项目部制定的紧急救援预案进行自救或抢救。

# 第3章 液压传动基础

本章主要介绍液压传动基础知识，包括液压传动原理及组成、液压传动元器件、液压系统安装、使用和维护、典型液压图纸解析。通过本章学习能够初步掌握流体传动的基本知识，熟悉液压系统的原理和日常维保知识，以中铁号盾构机为例对典型液压系统进行解析，能够更直接地学习掌握盾构机液压控制系统原理。

## 3.1 液压传动工作原理及组成

### 3.1.1 传动原理

液压传动主要是利用液体的压力能来传递能量。

液压传动系统的原理：以液体为工作介质，通过驱动装置将原动机的机械能转换为液压的压力能，然后通过管道、液压控制及调节装置等，借助执行装置，将液体的压力能转换为机械能，驱动负载实现直线或回转运动。

### 3.1.2 液压传动系统的组成

(1)动力元件(能源装置)——液压泵。它将原动机输出的机械能转换成压力能，给系统提供压力油。

(2)执行元件——液压缸或液压马达。它将压力能转换为机械能，驱动负载运动。其中，液压缸驱动负载实现直线往复运动；液压马达驱动负载实现旋转运动。

(3)控制元件——各类液压阀(如流量控制阀、压力控制阀和方向控制阀等)。通过改变液体的压力、流量和方向，来控制执行元件输出的力、速度和方向。

(4)辅助元件——油箱、油管和管件、滤油器、蓄能器、压力表等。

(5)工作介质——液压油。用于传递能量或信息。

### 3.1.3 能量转换关系

能量转换关系如图3-1所示。

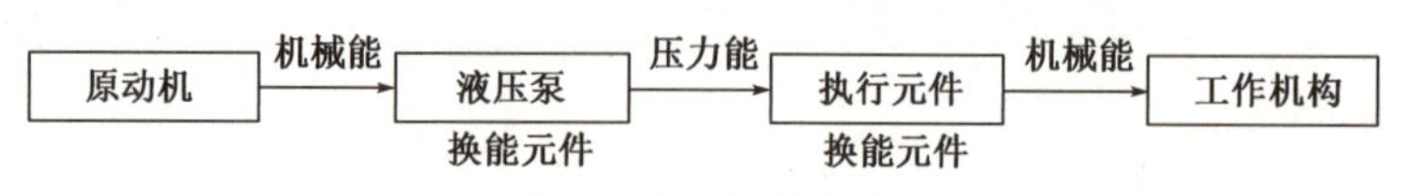


图 3-1 能量转换关系

## 3.1.4 液压传动特点

1)优点

(1)体积小、质量轻、结构紧凑、传递的功率大。

(2)运动平稳。

(3)调速范围大且可实现无级调速。

(4)易实现自动控制。

(5)易实现过载保护,液压元件能实现自润滑,因此使用寿命长。

2)缺点

(1)不能保证固定的传动比。

(2)能量损失较大。

(3)工作稳定性易受温度影响。

(4)出现故障的原因复杂且查找困难。

## 3.1.5 液压传动表达方式及符号

液压传动系统可以用结构原理图表达,这种图比较直观,但图形比较复杂,也不易绘图,因此广泛采用元件的图形符号来绘制液压系统原理图(图 3-2、图 3-3)。图形符号只表示元件的职能,使系统图简单明了,便于阅读、分析、设计及绘制。

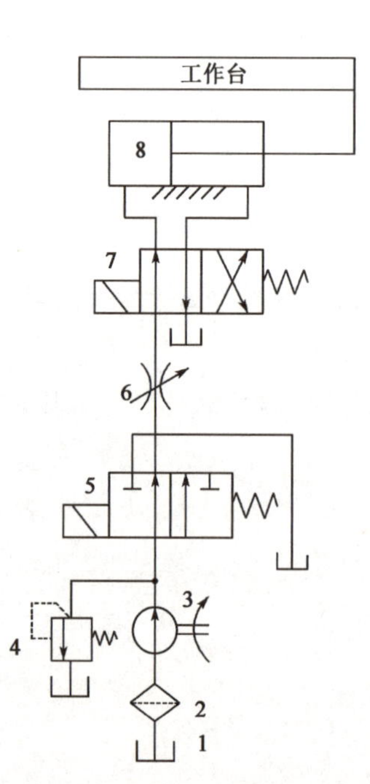


图 3-2 采用元件图形符号绘制液压系统原理图

1-油箱;2-过滤器;3-液压泵;4-溢流阀;5-两位两通换向阀;6-节流阀;7-两位四通换向阀;8-液压缸

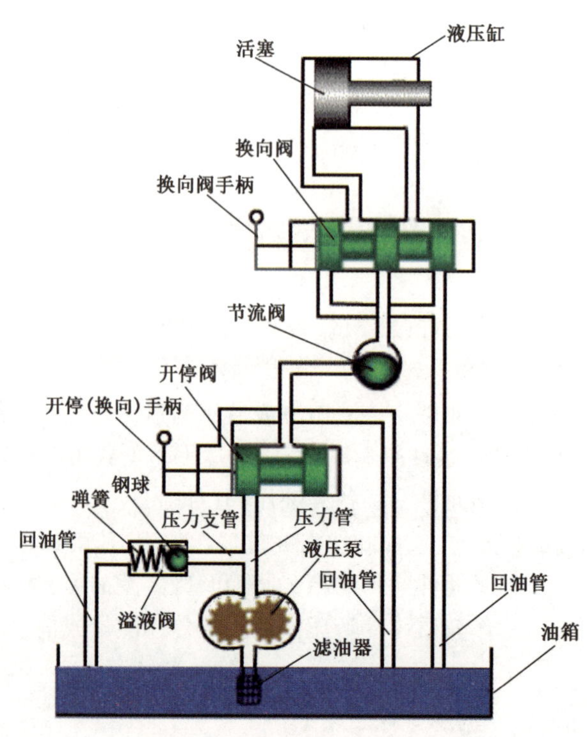


图 3-3 机床工作台液压系统原理图

### 3.1.6　液压传动主要参数

1)压力

静止液体在单位面积上所受的法向力称为静压力。

若在液体的面积 $A$ 上受均匀分布的作用力 $F$,则静压力可表示为:

$$p = \frac{F}{A} \tag{3-1}$$

液体静压力在物理学上称为压强,在工程应用中习惯称为压力。

液压泵的压力包括工作压力和额定压力。

(1)工作压力:是指液压泵出口处的实际压力值。工作压力值取决于液压泵输出到系统中的液体在流动过程中所受的阻力。阻力(负载)增大,则工作压力升高;反之,则工作压力降低。

(2)额定压力:是指液压泵在正常工作条件下可连续运转的最高压力。额定压力值的大小由液压泵零部件的结构强度和密封性来决定。超过这个压力值,液压泵有可能发生机械或密封方面的损坏。

(3)最大压力:在短期运行所允许的最高压力,一般为额定压力的1.1倍。

压力分级见表3-1。

压力分级　表3-1

| 压力分级 | 低压 | 中压 | 中高压 | 高压 | 超高压 |
|---|---|---|---|---|---|
| 压力(MPa) | 2.5 | >2.5~8 | >8~16 | >16~32 | >32 |

2)排量与流量

排量 $V$:是指在无泄漏情况下,液压泵转一转所能排出的油液体积。排量的大小只与液压泵中密封工作容腔的几何尺寸和个数有关。排量的常用单位是mL/r。

理论流量 $q_{vt}$:是指在无泄漏情况下,液压泵单位时间内输出油液的体积。其值等于泵的排量 $V$ 和泵轴转数 $n$ 的乘积,即:

$$q_{vt} = Vn \tag{3-2}$$

实际流量 $q_v$:是指单位时间内液压泵实际输出油液的体积。由于泵工作过程中存在内部泄漏量 $\Delta q_v$(泵的工作压力越高,泄漏量越大),使得泵的实际流量小于泵的理论流量。其计算公式为:

$$q_v = q_{vt} - \Delta q_v \tag{3-3}$$

当液压泵处于卸荷(压力卸荷)状态时,这时输出的实际流量近似为理论流量。

额定流量:泵在额定转数和额定压力下输出的实际流量。

3)能量损失

液压泵和液压马达在工作中是有能量损失的,这种损失包括容积损失和机械损失。

(1)容积损失:主要是指液压泵内部泄漏造成的流量损失。容积损失的大小用容积效率表征,即:

$$\eta_{PV} = \frac{q_v}{q_{vt}} = \frac{q_{vt} - \Delta q}{q_{vt}} = 1 - \frac{\Delta q}{q_{vt}} \tag{3-4}$$

(2)机械损失:是指液压泵内流体黏性和机械摩擦造成的转矩损失。机械损失的大小用机械效率表征,即:

$$\eta_{Pm} = \frac{T_t}{T_i} = \frac{T_i - \Delta T}{T_i} = 1 - \frac{\Delta T}{T_i} \tag{3-5}$$

## 3.1.7 压力和流量的损失

由静压传递原理可知,密封的静止液体具有均匀传递压力的性质,即当一处受到压力作用时,其各处的压力均相等。

由于流动液体各质点之间以及液体与管壁之间的相互摩擦和碰撞会产生阻力,这种阻碍油液流动的阻力称为液阻。

液阻增大,将引起压力损失增大,或使流量减小。

(1)沿程损失。流体流经一段长为 $L$、直径为 $d$ 的等截面圆管,由于流体黏性及壁面粗糙的影响,其能量必然有所损失。

(2)局部损失。流体流过弯头、三通等装置时,流体运动受到扰乱,必然产生压强损失,这种在局部范围内产生的损失统称为局部损失。

## 3.1.8 液压冲击

1)液压冲击概念及产生原因

在液压系统中,由于某种原因使液体压力突然产生很高的峰值,这种现象称为液压冲击。

液压冲击的产生多发生在阀门突然关闭或运动部件快速制动的场合。这时液体的流动突然受阻,液体的动能瞬间转换为压力能,使压力突然升高,从而产生压力冲击波。这种冲击波迅速往复传播,最后由于液体受到摩擦力作用而衰减。

2)液压冲击危害

发生液压冲击时,由于瞬间的压力峰值比正常的工作压力大好几倍,因此对密封元件、管道和液压元件都有损坏作用,还会引起设备振动,产生很大的噪声。液压冲击经常使压力继电器、顺序阀等元件产生误动作。

3)减小液压冲击措施

(1)尽量延长阀门关闭和运动部件制动换向的时间。

(2)在冲击源附近设置安全阀或蓄能器。

(3)正确设计阀口,限制管道流速及运动部件速度,使运动部件制动时速度变化比较平稳。

(4)采用橡胶软管。

(5)如果换向精度要求不高,可使液压缸两腔油路,在换向阀回到中位时瞬时互通。

## 3.1.9 空穴现象

1)空穴概念与原因

流动的液体,如果压力低于其空气分离压时,原先溶解在液体中的空气就会分离出来,从而导致液体中充满大量的气泡,这种现象称为空穴现象。如果液体的压力进一步降低,低到饱和蒸汽压时,液体本身将汽化,产生更多的蒸汽泡,使空穴现象更加严重。

2)空穴出现部位

空穴多发生在阀口和液压泵的入口处。因为阀口处液体的流速增大,压力将降低。如果液压泵吸油管太细,也会造成真空度过大,发生空穴现象。

空穴现象会引起流量的不连续和压力波动,产生振动和噪声;使液压元件产生腐蚀(即气蚀)。

3)减少空穴现象措施

(1)减小孔口或缝隙前后的压力降。一般相应的压力比 $P_1/P_2<3.5$。

(2)降低液压泵的吸油高度,适当加大吸油管直径。

(3)管路需具备良好的密封,防止空气进入。

## 3.2　液压传动元器件

### 3.2.1　动力元件(能源装置)——液压泵

液压泵的主要作用是将原动机(盾构机中主要为电机)输出的机械能转换成压力能,给系统提供压力油。构成液压泵的基本条件:①结构上能实现具有密封性的工作腔;②工作腔能周而复始地增大和减小,泵的输出流量与此空间的容积变化量、单位时间内的变化次数成比例,与其他因素无关;③吸油口与排油口不能沟通;④油池内液体的绝对压力必须恒等于或大于大气压力,这是容积式液压泵能够吸入液体的外部条件;⑤设置专门的配流机构。液压泵图形符号如图3-4所示。

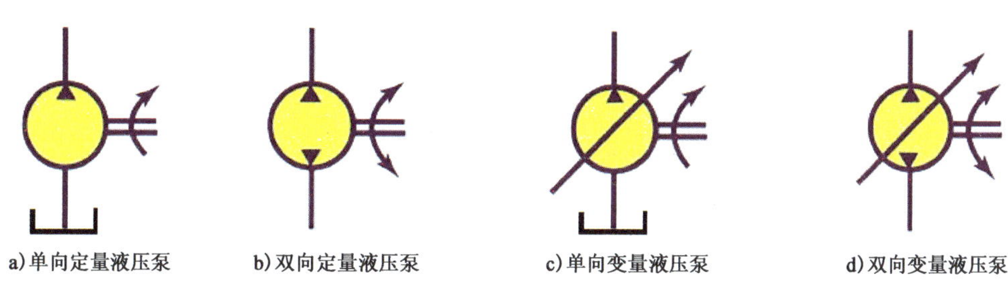


图3-4　液压泵图形符号

液压泵按其排量能否调节,可分为定量泵及变量泵。如中铁号盾构机上的注浆泵、辅助泵、控制泵等均为变量泵,而循环泵为定量泵。

按结构形式,可分为齿轮式、叶片式、柱塞式、螺杆式。

常见的齿轮泵为小松盾构的超挖刀泵,叶片泵为中铁号盾构机循环泵。

液压驱动盾构机的补油泵及循环泵为螺杆泵。

其他系统的液压泵,如推进泵、注浆泵、拼装机泵、控制泵、辅助泵多为柱塞泵。柱塞泵又分为斜盘式柱塞泵及斜轴式柱塞泵。铰接系统的铰接泵多为斜轴式柱塞泵。

1)齿轮泵

齿轮泵是一种常用的液压泵,其主要特点:抗油液污染能力强、体积小、价格低廉;内部泄漏比较大、噪声大、流量脉动大、排量不能调节。

齿轮泵通常用于工作环境比较恶劣的各种中低压系统中。齿轮泵中齿轮的齿形以渐开线为多。在结构上可分为外啮合齿轮泵和内啮合齿轮泵。外啮合齿轮泵应用广泛,进行重点介绍。图3-5中是外啮合齿轮泵工作原理示意图,这种泵的壳体内装有一对外啮合齿轮。由于齿轮端面与壳体端盖之间的缝隙很小,齿轮齿顶与壳体内表面的间隙也很小,因此可以看作将齿轮泵壳体内分隔成左、右两个密封容腔。当齿轮按图示方向旋转时,右侧的齿轮逐渐脱离啮合,露出齿间。因此这一侧的密封容腔的体积逐渐增大,形成局部真空,油箱中的油液在大气压力的作用下经泵的吸油口进入这个腔体,因此这个容腔称为吸油腔。随着齿轮的转动,每个齿间中的油液从右侧被带到了左侧。在左侧的密封容腔中,轮齿逐渐进入啮合,使左侧密封容腔的体积逐渐减小,把齿间的油液从压油口挤压输出的容腔称为压油腔。当齿轮泵不断地旋转时,齿轮泵的吸、压油口不断吸油和压油,实现了向液压系统输送油液的过程。在齿轮泵中,吸油区和压油区由相互啮合的轮齿与泵体分隔,因此没有单独的配油机构。

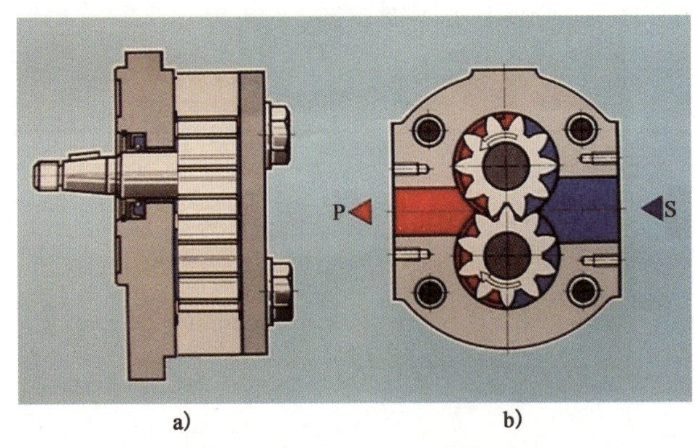


图 3-5　外啮合齿轮泵工作原理示意图
注:S 表示吸油口;P 表示压油口

2)叶片泵

叶片泵具有结构紧凑、流量均匀、噪声小、运转平稳等优点,被广泛应用于中低压液压系统中。但也存在着结构复杂,吸油能力差,对油液污染比较敏感等缺点。

叶片泵按结构可分为单作用式(完成一次吸、排油液)和双作用式(完成两次吸、排油液)两大类。单作用叶片泵多用于变量泵,双作用叶片泵均为定量泵。

双作用叶片泵因转子旋转一周,叶片在转子叶片槽内滑动两次,完成两次吸油和压油而得名。

单作用叶片泵转子每转一周,吸、压油各一次,故称为单作用叶片泵。

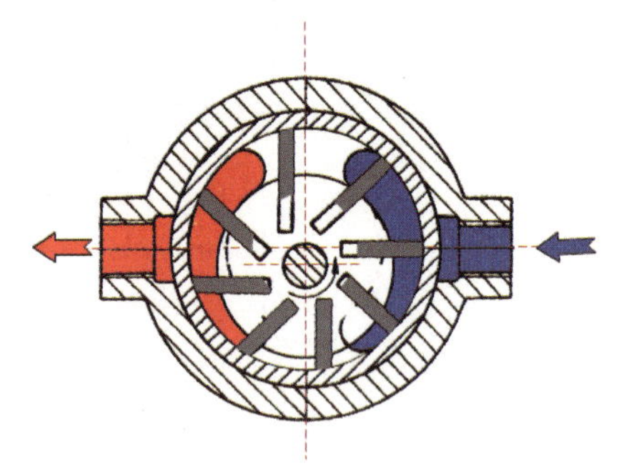

图 3-6　单作用叶片泵

叶片泵特点:工作压力较高,流量脉动小、工作平稳、噪声较小、寿命较长,结构相对较复杂,吸油特性欠佳,对油液的污染较敏感。

(1)单作用叶片泵(图 3-6)

单作用叶片泵的工作原理:利用定子和转子间偏心距,转子旋转时使密封工作容积不断发生变化,达到吸油和压油的目的。

它利用吸油腔和压油腔之间的封油区,将吸油腔和压油腔分隔。

单作用叶片泵的每转流量(排量):

$$q = 4\pi ReB = 2\pi DeB \tag{3-6}$$

式中:$D$——定子直径(m);

$e$——偏心距(m);

$B$——定子宽度(m)。

特点:单作用叶片泵的流量是脉动的。叶片数越多,流量脉动率越小;奇数叶片比偶数叶片的脉动率小。

(2)双作用叶片泵

双作用叶片泵的工作原理:双作用叶片泵的转子和定子中心重合,定子内表面近似于椭圆面。转子旋转时,其中心与定子内表面的距离随之发生变化,从而使密封工作容积不断发生变化,达到吸油和压油的目的。

双作用叶片泵有两个吸油腔和两个压油腔,呈对称分布。

它也是利用吸油腔和压油腔之间的封油区,将吸油腔和压油腔分隔。

双作用叶片泵的每转流量(排量):

$$q = 2\pi(R - r)B \tag{3-7}$$

式中：$R$——定子长半径(m)；

$r$——定子短半径(m)；

$B$——定子宽度(m)。

双作用叶片泵的优缺点如下。

优点：流量均匀，运转平稳，噪声小；结构紧凑，体积小；密封可靠，压力较高。

缺点：制造要求高，加工较困难；对油液污染敏感，容易损坏；吸油能力较差。

3)柱塞泵

柱塞泵是靠柱塞在缸体内做往复运动，使得密封容积发生变化，从而实现吸油与压油。

柱塞泵可分为径向柱塞泵和轴向柱塞泵两大类。柱塞沿转子径向布置的泵称为径向柱塞泵，柱塞按传动轴轴线方向布置的泵称为轴向柱塞泵(图3-7)。为了连续吸油和压油，柱塞数必须大于或等于3。

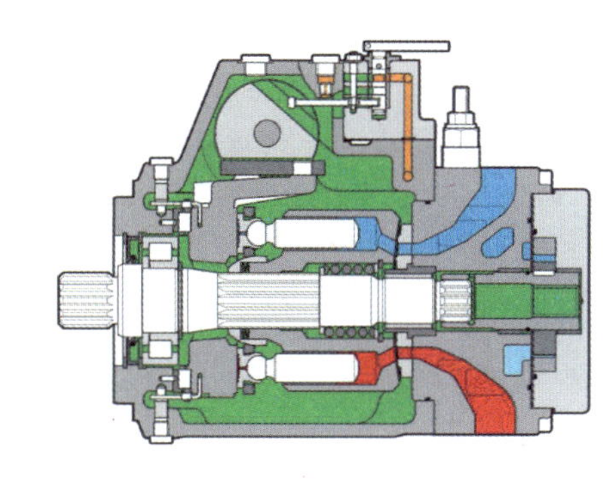

图3-7　轴向柱塞泵

与叶片泵相比，柱塞泵的优点：主要零件加工方便，能提高配合精度，密封性能好，在高压下仍有较高的容积效率；调节流量方便；可充分利用主要零件的材料强度性能。因柱塞泵具有上述优点，所以柱塞泵常用于高压、大流量及大功率的系统中和流量需要调节的场合，如盾构机液压系统中的推进泵、刀盘泵、螺机泵、辅助泵、控制泵、拼装机泵等。

4)液压泵选用

液压泵是向液压系统提供一定流量和压力的液压动力元件，它是每个液压系统不可缺少的核心元件。合理选择液压泵对于降低液压系统的能耗、提高系统的效率、降低噪声、改善工作性能和保证系统的可靠工作，均十分重要。

(1)选择液压泵原则

选择液压泵的原则：根据主机工况、功率大小和系统对工作性能的要求，首先确定液压泵的类型，然后按系统所要求的压力、流量确定其规格型号。

选择液压泵时要考虑的因素：工作压力、流量、转速、定量或变量、变量方式、容积效率、总效率、寿命及原动机的种类、噪声、压力脉动率、自吸能力等，还要考虑与液压油的相容性、尺寸、质量、经济性、维修性等因素。此类信息在产品样本或技术资料里均能查阅到，需要认真阅读。选用液压泵的具体要求见表3-2。

选用液压泵的具体要求　　表3-2

| 性能 | 外啮合齿轮泵 | 双作用叶片泵 | 限压式叶片泵 | 径向柱塞泵 | 轴向柱塞泵 | 螺杆泵 |
|---|---|---|---|---|---|---|
| 输出压力 | 低压、中高压 | 中压、中高压 | 中压、中高压 | 高压、超高压 | 高压、超高压 | 低压、高压、超高压 |
| 流量调节 | 不能 | 不能 | 能 | 能 | 能 | 不能 |
| 效率 | 低 | 较高 | 较高 | 高 | 高 | 较高 |
| 输出流量脉动 | 很大 | 很小 | 一般 | 一般 | 一般 | 最小 |
| 自吸特性 | 好 | 较差 | 较差 | 差 | 差 | 好 |
| 对油的污染敏感性 | 不敏感 | 较敏感 | 较敏感 | 很敏感 | 很敏感 | 不敏感 |
| 噪声 | 大 | 小 | 较大 | 大 | 大 | 最小 |

(2)选择禁忌

①禁忌不按使用场合选用液压泵的类型。一般在机床液压系统中，往往选用双作用叶片泵和限压式变量叶片泵；而在筑路机械、港口机械以及小型工程机械中往往选择抗污染能力较强的齿轮泵；在负载大、功率大的场合往往选择柱塞泵。

②禁忌忽略液压泵的流量是否可调和变量控制方式去选择液压泵。叶片泵、轴向柱塞泵和径向柱塞泵有定量泵，也有变量泵。变量形式有恒压、恒流量、多级变量、恒功率及总功率调节等。变量控制方式有手动、机动、电动、液动及电液动多种，可以直接控制，也可采用伺服阀控制。并不是所有变量泵都有上述各种变量及控制方式，选用时要特别注意，具体情况可查阅产品说明书。

③禁忌没有注意到并联泵与串联泵的区别。齿轮泵和叶片泵还可以做成几个泵并联在一起，并使用同一驱动轴的双联或三联泵，也可以串联成多级泵。当液压系统一个工作周期内流量变化很大时，可以选用多联泵。多联泵通常有一个吸油口，多个出油口，各出油口的压力油可分别向系统的不同执行元件供油，也可合起来供给某一执行元件。

④在选择液压泵的型号时，禁忌忽略系统对液压泵的其他要求，例如质量、价格、使用寿命及可靠性、液压泵的安装方式、液压泵与原动机的连接方式及液压泵形式（平、花键）、能否承受一定的径向荷载、油口的连接形式等。

⑤禁忌忽略液压泵生产厂家的信誉、维修及配件供应情况等，这些也是选用液压泵时需要特别考虑的问题。

## 3.2.2 执行元件——液压缸或液压马达

执行元件主要将压力能转换为机械能，驱动负载运动。其中，液压缸驱动负载实现直线往复运动；液压马达驱动负载实现旋转运动。

1）液压缸

按结构不同，可分为活塞缸、柱塞缸和摆动缸等。

按作用方式不同，可分为单作用式、双作用式、组合式。其组成包括伸缩缸、增压缸、增速缸、齿条活塞缸。在盾构机上主要使用单活塞杆式液压缸，如推进液压缸、行走液压缸、举升液压缸等。

（1）双活塞杆式（图3-8）

双活塞杆式根据安装方式不同，可分为缸体固定和活塞杆固定两种方式。但工作台移动范围不同，缸体固定时工作台移动范围为活塞有效行程的2倍，而活塞杆固定时工作台移动范围近似为活塞有效行程。

（2）单活塞杆式（图3-9）

单活塞杆式活塞缸其特点是只在活塞的一端有活塞杆，液压缸的两腔有效工作面积不相等。它的安装也包括缸筒固定和活塞杆固定两种，但工作台移动范围都为活塞有效行程的2倍。

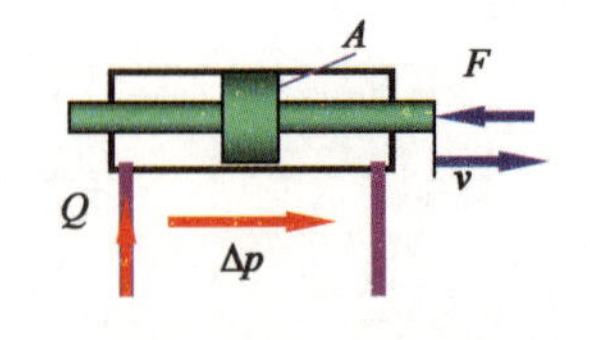


图3-8 双活塞杆式工作原理

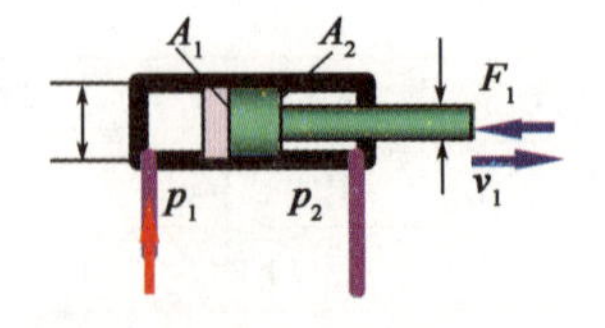


图3-9 单活塞杆式工作原理

（3）差动缸

工程中，经常遇到单活塞杆液压缸左右两腔同时接通压力油的情况，这种连接方式称为差动连接，此缸称为差动缸。

差动连接的显著特点是，在不增加输入流量的情况下提高活塞的运动速度。虽然此时液压缸两腔压力相等（不计管路压力损失），但两腔活塞的工作面积不相等，因此，活塞将向有杆腔方向运动（缸体固定时）。有杆腔排出的油液和系统输入的油液一起进入无杆腔，增加了进入无杆腔的流量，从而提高活塞的运动速度。

差动缸工作原理如图3-10所示。

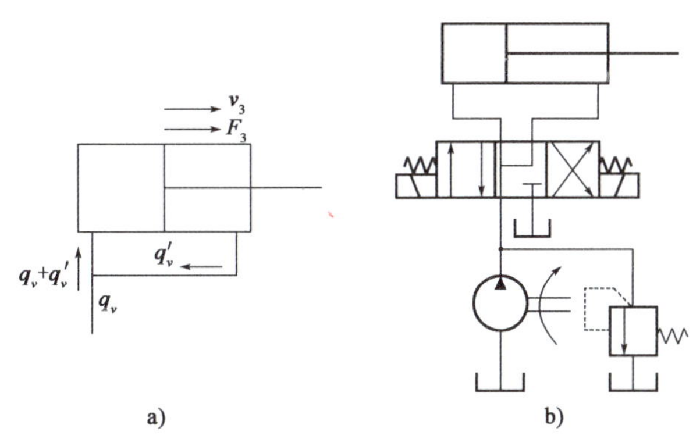


图3-10　差动缸工作原理

(4)柱塞式液压缸

柱塞式液压缸工作原理如图3-11所示。它具有以下特点:

①柱塞式液压缸是单作用液压缸,即靠液压力只能实现一个方向的运动,回程要靠自重(当液压缸垂直放置时)或其他外力,因此柱塞缸常成对使用。

②柱塞运动时,由缸盖上的导向套来导向,因此,柱塞和缸筒的内壁不接触,缸筒内孔只需粗加工即可。

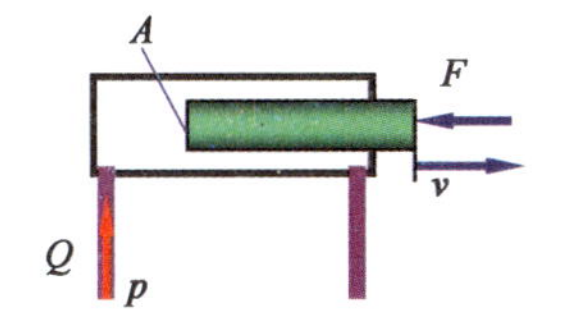


图3-11　柱塞式液压缸工作原理

③柱塞重量一般比较大,水平放置时容易因自重而下垂,造成密封件和导向件单边磨损,故柱塞式液压缸垂直使用较为有利。

④当柱塞行程特别长时,仅靠导向套导向就不够了,为此可在缸筒内设置各种不同形式的辅助支承,起到辅助导向的作用。

### 3.2.3　控制元件——各类液压阀

控制元件主要包括压力控制阀、流量控制阀和方向控制阀。通过改变液体的压力、流量和方向来控制执行元件输出的力、速度和方向。

1)液压阀分类

(1)根据用途不同分类。

①压力控制阀:用来控制和调节液压系统液流压力的阀类,如溢流阀、减压阀、顺序阀等。

②流量控制阀:用来控制和调节液压系统液流流量的阀类,如节流阀、调速阀、分流集流阀、比例流量阀等。

③方向控制阀:用来控制和改变液压系统液流方向的阀类,如单向阀、液控单向阀、换向阀等。

(2)根据结构形式分类。

①滑阀:滑阀为间隙密封,阀芯与阀口存在一定的密封长度,因此滑阀运动存在一个死区。

②锥阀:锥阀阀芯半锥角一般为12°~20°,阀口关闭时为线密封,密封性能好且动作灵敏。

③球阀:性能与锥阀相同。

(3)根据控制方式不同分类。

①定值或开关控制阀:被控制量为定值的阀类,包括普通控制阀、插装阀、叠加阀。

②比例控制阀:被控制量与输入信号成比例连续变化的阀类,包括普通比例阀和带内反馈的电液比例阀。

③伺服控制阀:被控制量与(输出与输入之间的)偏差信号成比例连续变化的阀类,包括机液伺服阀和电液伺服阀。

④数字控制阀:用数字信息直接控制阀口的启闭,来控制液流的压力、流量、方向的阀类,可直接与计算机接口,不需要D/A转换器。

(4)根据安装连接形式不同分类。

①管式连接:阀体进出口由螺纹或法兰与油管连接,安装方便。

②板式连接:阀体进出口通过连接板与油管连接,便于集成。

③插装式:将阀芯、阀套组成的组件插入专门设计的阀块内实现不同功能,结构紧凑。

④叠加式:是板式连接阀的一种发展形式。

2)对液压阀要求

根据控制阀的性能参数,选择、使用控制阀,并评价控制阀的质量优势。同类型的控制阀、不同厂家的产品有时也会出现差异,应以国际标准或国家标准为依据。选择控制阀时须有产品说明书或样本。

阀最通用的两个性能参数是额定压力和额定流量。只要系统的工作压力(和工作流量)小于或等于额定压力(和额定流量),控制阀即可正常工作。此外还有一些与具体控制阀有关的参数,如通过额定流量时的额定压力损失、最小稳定流量、开启压力等。

对液压阀的具体要求如下:

①动作灵敏,工作可靠,工作时冲击和振动要小。

②阀口全开时,液流压力损失要小;阀口关闭时,密封性能要好,内部泄漏少,无外泄漏。

③所控制的参数(压力或流量)要稳定,当受外干扰时其变化量要小。

④结构紧凑,安装、调试、维护方便,通用性要好。

⑤表征控制阀尺寸规格的参数为公称通径 $D_g$(单位 mm)。一些阀连接口的实际直径不一定完全与公称通径相同,而是取其整数值。

3)方向控制阀

方向控制阀的作用是控制流体的流动方向。它是利用阀芯和阀体之间的相对运动来实现油路的接通或断开,以满足系统的要求。

方向控制阀包括单向阀和换向阀两类。

(1)单向阀

普通单向阀:只允许液流沿一个方向通过,即由 $P_1$ 口流向 $P_2$ 口;而反向截止,即不允许液流由 $P_2$ 口流向 $P_1$ 口。要求正向通过时压力损失小,反向截止时密封性能好。弹簧仅起复位作用,单向阀的开启压力一般为0.03~0.05MPa。

单向阀具体应用:

①分隔油路以防止干扰。

②作背压阀用(采用硬弹簧,使其开启压力达到0.3~0.6MPa)。

液控单向阀(图3-12):当控制口K无压力(接油箱)时,其功能与普通单向阀相同。当控制口K通压力油时,单向阀阀芯被小活塞顶开,阀口开启,油口 $P_1$ 和 $P_2$ 接通,液流可正反向流通。控制口K接油箱的目的是使阀芯可靠复位。

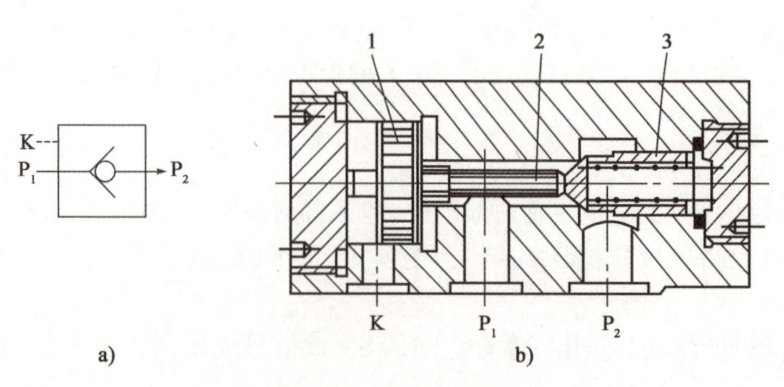


图3-12 液控单向阀

1-活塞;2-顶杆;3-阀芯;K-控制油口;$P_1$、$P_2$-油口

液压单向阀具体应用：液控单向阀既具有普通单向阀的特点，又可以在一定条件下允许正反向液流自由通过，因此，通常用于液压系统的保压、锁紧和平衡回路。

(2)换向阀

换向阀利用阀芯在阀体中的相对位置的变化，使各流体通路之间(与该阀体相连接的流体通路)实现接通或断开，以改变流动方向，从而控制执行机构的运动。换向阀分类见表3-3。

换向阀分类　　表3-3

| 按阀芯结构分类 | 滑阀式、球阀式、锥阀式 |
|---|---|
| 按阀芯工作位置分类 | 二位、三位、四位等 |
| 按通路分类 | 二通、三通、四通、五通等 |
| 按操纵方式分类 | 手动、机动、液动、电磁动、电液动 |

4)压力控制阀

压力控制阀(简称压力阀)是用来控制液压传动系统或气压传动系统中流体压力的一种控制阀。

常用的压力阀有溢流阀、减压阀、顺序阀和压力继电器等。

(1)溢流阀

溢流阀是一种压力控制阀，在液压设备中主要起定压溢流、稳压、系统卸荷和安全保护作用。

溢流阀可分为直动溢流阀、先导式溢流阀。

定压溢流作用：在定量泵节流调节系统中，定量泵提供的是恒定流量。当系统压力增大时，会使流量需求减小。此时溢流阀开启，使多余流量溢回油箱，保证溢流阀进口压力，即泵出口压力恒定(阀口常随压力波动开启)。

稳压作用：溢流阀串联在回油路上，溢流阀产生背压，运动部件平稳性增加。

系统卸荷作用：在溢流阀的遥控口串接小流量的电磁阀，当电磁铁通电时，溢流阀的遥控口通油箱，此时液压泵卸荷，溢流阀此时作为卸荷阀使用。

安全保护作用：系统正常工作时，阀门关闭；只有负载超过规定的极限(系统压力超过调定压力)时开启溢流，进行过载保护，使系统压力不再增加(通常使溢流阀的调定压力比系统最高工作压力高10%～20%)。

溢流阀实际应用中一般用作卸荷阀、调压阀、高低压多级控制阀、顺序阀。

(2)减压阀

减压阀可降低系统中某一支路的压力，并保持压力稳定，使同一系统得到多个不同压力回路。如盾构机刀盘驱动液压系统中的控制阀即减压阀，将控制油路某一支路工作压力限制在设定值，以控制液压马达制动油缸压力，实现正常制动。

减压阀的工作原理与分类，见表3-4。

减压阀的工作原理　　表3-4

| 分　类 | 图　形 | 说　明 |
|---|---|---|
| 先导式定值减压阀 | 1-主阀芯及减压阀口(Δ)；2-先导阀；3-调节弹簧；4-阻尼孔 | 调定调节弹簧后，出口二次压力 $p_2$ 保持恒定(输入的一次压力 $p_1$ 和流量可能变化)。<br>当 $p_2$ 偏离调定值后引起 $Q_c$ 变化，在阻尼孔前后引起压差变化从而改变Δ，以保持 $p_2$ 不变。先导阀的回油要单独回油箱 |

续上表

| 分　类 | 图　形 | 说　明 |
|---|---|---|
| 定差式减压阀 | 1-阀芯及减压阀口(Δ);2-调节弹簧 | 入口一次压力 $p_1$ 和出口二次压力 $p_2$ 在阀芯上的作用力之差由弹簧力相平衡。弹簧力调定后压力差($p_1-p_2$)保持恒定($p_1$ 和 $p_2$ 可能变化),故命名为定差减压阀 |

(3)顺序阀

顺序阀是用压力信号控制多个执行元件的顺序动作的一种压力阀。顺序阀也有直动式和先导式之分;根据控制压力来源不同,有内控式和外控式;如果出口与二次油路接通,泄油口 L 必须单独回油箱,成为外泄式。如果出口油液不工作(回油箱)时,泄油口 L 可以与 $P_2$ 相通,称为内泄式。见图 3-13、图 3-14。

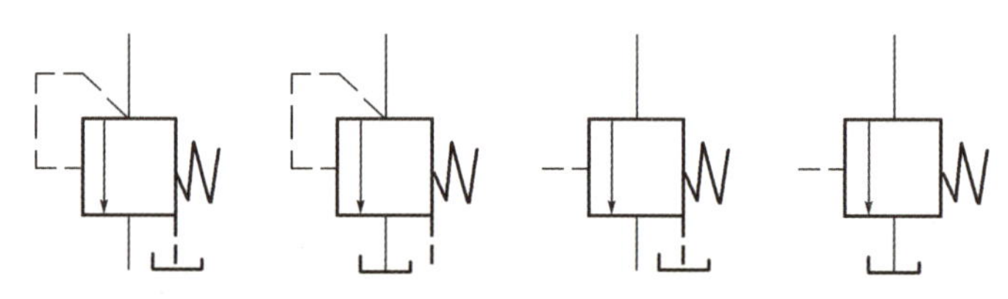

a)内控内泄顺序阀　b)内控内泄顺序阀　c)外控外泄顺序阀　d)外控外泄顺序阀

图 3-13　顺序阀图形符号

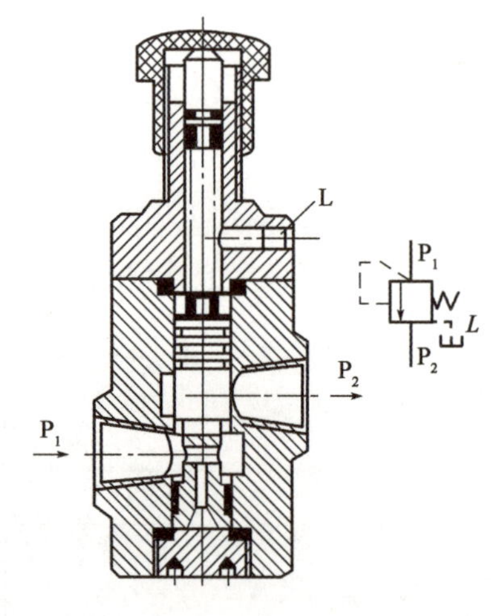


图 3-14　内控式顺序阀

L-泄油口;$P_1$、$P_2$-油口

顺序阀工作原理与溢流阀相同。对其要求是不工作时密封性要好;工作是要畅通 L 压力损失小;从阀口不开(不工作)到阀口打开(工作)的过程防止二次压力冲击,阀口过流面积变化应均匀。顺序阀的开启压力由调压弹簧调定。

5)流量控制阀

流量控制阀是通过改变节流口通流断面的大小,以改变局部阻力,从而实现对流量的控制。流量控制阀有节流阀、调速阀和分流集流阀等。见表 3-5。

(1)节流阀

流量特性如下:

①节流阀的节流口一定时,其流量随压差的增加而增大。

②节流口小到一定值时流量不稳定,出现时断时续现象,称为节流口堵塞(一般 0.05L/min)。不出现堵塞的最小流量叫作最小稳定流量。

流量控制阀类型　　表 3-5

| 类　型 | 图 形 符 号 |
|---|---|
| 节流阀 | |

续上表

| 类　型 | 图形符号 |
| --- | --- |
| 调速阀 | |
| 分集流阀 | 见表3-6图示 |

③温度变化引起流体黏度变化使流量不稳定(可采用温度补偿装置加以补偿)。

(2)调速阀

调速阀是具有恒流量功能的阀类,利用它能使执行元件匀速运动。

调速阀由两部分组成,一是节流阀部分,二是定差减压阀部分,两部分串联而成。

调速阀工作原理:将节流阀前后压力 $p_2$ 和 $p_3$ 分别引到定压减压阀阀芯下、上两端。当负载压力 $p_3$ 增大即调速阀压差变小时,作用在定差减压阀芯的力使阀芯下移。减压口增大,压降减少,使 $p_2$ 也增大,从而使节流阀压差 $\Delta p = p_2 - p_3$ 保持不变;反之亦然。这样就使调速阀的流量不受其压差变化的影响,而保持恒定。

原理说明:通过阀的流量不随阀前后的压差 $\Delta p(\Delta p = p_1 - p_3)$ 而变化,而节流阀就无恒流功能。比较曲线(图3-15)可见两者的区别。

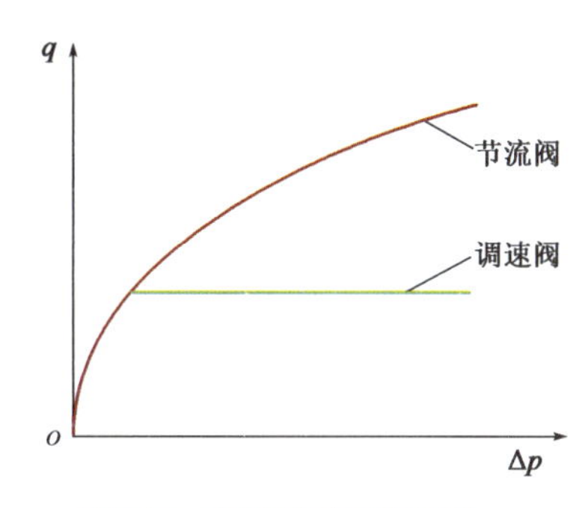

图3-15　节流阀与调速阀区别

调速阀可理解为两个串联节流口组成,Ⅰ为固定节流口,Ⅱ为可变节流口。执行元件工作时,流量 $Q$ 稳定流过。

外负载 $F$ 若减小,两个串联节流口的流量 $Q$ 将会增大。这时如果能够及时且自动地减小节流口Ⅱ的开度,使流量重回到原来的稳定值 $Q$。要做到这些就必须自动保持$(p_2 - p_3)$不变。

Ⅰ节流口用节流阀,Ⅱ节流口用定差减压阀,它可保证节流阀前后压差$(p_2 - p_3)$不变,因此可实现恒流。

流量特性:调速阀的流量不受其压差的影响,故流量曲线与横坐标平行。当调速阀的压差小于其最小压差(一般为0.5MPa)时,定差减压阀不起减压作用,调速阀就成了节流阀,故两个阀的曲线有一段重合。

(3)分流集流阀

分流集流阀具有分流和集流功能。当油源向两相同液压缸供油时,通过分流集流阀的分流功能,可使两液压缸保持速度相同(同步)。当液压缸向油箱回油时,通过分流集流阀的集流作用,可使液压缸回程同步。如盾构管片举升液压系统使用到该类阀,保证管片小车在举升管片时能够同步举升。

分流集流阀功能及图形符号见表3-6。

分流集流阀功能及图形符号　　表3-6

| 项目 | 分　流　阀 | 集　流　阀 | 分流集流阀 |
| --- | --- | --- | --- |
| 功能 | 欲使两相同尺寸的执行元件在供油时保持同步动作,可采用一个分流阀给两者供油 | 欲使两相同尺寸的执行元件在回油时保持同步动作,可采用一个集流阀收集两者的回油 | 既能保持两相同尺寸执行元件供油时同步,又能保持回油时同步可采用分流集流阀。<br>分流集流阀有分流工作状态和集流工作状态 |
| 图形符号 | | | |

6）电磁比例控制阀

电液比例伺服阀（简称比例阀）是由比例电磁铁取代普通液压阀的调节和控制装置而构成的。它可以按给定的输入电压或电流信号连续地按比例地远距离地控制流体的方向、压力和流量。

采用电液比例控制阀既提高了系统的自动化程度和精度，又简化了系统。

比例阀的工作虽然可用伺服阀完成，但后者精度高、价格贵，对油液清洁度要求更高。比例阀主要结构与普通阀差别不大，只是比例阀均由比例电磁铁驱动（一种电—机械转换器）。

比例阀分为比例压力阀、比例流量阀和比例方向阀三种。

盾构机推进阀组的压力控制由比例压力阀完成，而流量控制则使用比例流量阀。

7）插装阀及叠加阀

（1）插装阀是插装阀功能组件的统称。插装阀功能组件有插装方向阀功能组件（可简称插装方向阀）、插装压力阀、插装流量阀。用插装阀功能组件组成的液压系统称为插装阀液压系统。一般插装阀的通油能力较大，如盾构机推进系统中管片拼装模式下，使用插装阀能够实现液压缸的快速伸缩。

插装方向阀分类见表3-7。

插装方向阀分类、符号图及说明　　表3-7

| 分类 | | 插装方向阀符号图 | 同功能普通阀符号图 | 说明 |
|---|---|---|---|---|
| 插装方向阀 | 单向阀 | B B A A a) b) | | 在图中控制口X与A口相连。图a）中B与A通，阀打开，图b）中A与B不通，阀关闭 |
| | 液控单向阀 | K X B A | | 当控制腔X接油箱时，阀芯合力都向上，B→A也导通 |

图3-16　叠加阀结构

（2）叠加式液压阀简称叠加阀（图3-16），具有板式液压阀的工作功能，其阀体本身又同时具有通道体的作用，从而能用其上、下安装面呈叠加式无管连接，组成集成化液压系统。在盾构机的管片拼装系统中用到较多的叠加阀。

同一通径系列的叠加阀可按需要组合叠加起来组成不同的系统。通常用于控制同一个执行件的各叠加阀与板式换向阀及底板纵向叠加成一叠，组成一个子系统。其换向阀（不属于叠加阀）安装在最上面，与执行件连接的底板块放在最下面。控制液流压力、流量，或单向流动的叠加阀安装在换向阀与底板块之间，其顺序应按子系统动作要求安排。由不同执行件构成的各子系统之间可以通过底板块横向叠加成为一个完整的液压系统。

8）液压阀选用原则

对任何液压系统而言，正确选用液压阀，是使得液压系统设计合理，性能优良，安装简便，维护容易,同时保证系统正常工作的重要条件。下面从几个方面来简述如何合理选用液压阀。

首先,根据系统的功能要求,确定液压阀的类型。应尽量选择标准系列的通用产品。根据实际安装情况,选择不同的连接方式,如管式或板式连接等。然后,根据系统设计的最高工作压力选择液压阀的额定压力,根据通过液压阀的最大流量选择液压阀的流量规格。如溢流阀应按液压泵的最大流量选取;流量阀应按回路控制的流量范围选取,其最小稳定流量应小于调速范围所要求的最小稳定流量。

(1)液压阀安装方式选择

液压阀的安装方式对液压装置的结构形式有决定性的影响,因此要根据具体情况来选择合适的安装方式。一般来说,在选择液压阀安装方式时,应根据所选择的液压阀的规格大小、系统的复杂程度及布置特点来确定。上面所介绍的几种安装方式,各有特点。螺纹连接形式,适合系统较简单,元件数目较少,安装位置比较宽敞的场合。板式连接形式,适合系统较复杂,元件数目较多,安装位置比较紧凑的场合;连接板内可以钻孔以沟通油路,将多个液压元件安装在连接板上,可减少液压阀之间的连接管道,减少泄漏点,使得安装、维护更方便。法兰连接形式一般用于大口径的阀。

(2)液压阀额定压力选择

液压阀的额定压力是液压阀的基本性能参数,标志着液压阀承压能力的大小,是指液压阀在额定工作状态下的名义压力。液压阀额定压力的选择,应根据液压系统设计的工作压力选择相应压力级的液压阀。一般来说,应使液压阀上标明的额定压力值适当大于系统的工作压力。

(3)液压阀流量规格选择

液压阀的额定流量是指液压阀在额定工况下通过的名义流量。液压阀的实际工作流量与系统中油路的连接方式有关:串联回路各处流量相等,并联回路的流量则等于各油路流量之和。选择液压阀的流量规格时,若使阀的额定流量与系统的工作流量相接近,显然是最经济的。若选择阀的额定流量比工作流量小,则容易引起液压卡紧,并可能对阀的工作品质产生不良影响。另外,也不能单纯地根据液压泵的额定输出流量来选择阀的流量,因为对一个液压系统而言,其每个回路通过的流量是不可能都是相同的。因此在选用时,应考虑液压阀所在回路可能通过的最大流量。例如,一回路中若采用了差动液压缸,在液压缸换向动作时,无杆腔排出的流量比有杆腔排出的流量大很多,甚至可能超过液压泵输出的最大流量,在选择换向阀时,应考虑这一点,做到合理匹配。又如一些流量通过比较大的回路,若选择与该流量相当规格的换向阀,则在进行换向动作时可能产生较大的液压冲击,为了改善工作性能,可选用大一档规格的换向阀。

(4)液压阀控制方式选择

液压阀的控制方式有多种,一般是根据系统的操纵需要与电气系统的配置能力来进行选择的。对于自动化程度要求较低、小型或不常调节的液压系统,则可选用手动控制方式;而对于自动化程度要求较高或控制性能有要求的液压系统则可选择电动、液动等方式。

(5)经济方面选择

选择液压阀时,应在满足工作要求的前提下,尽可能选用造价和成本较低的液压阀,以提高主机的经济指标。比如,对于速度稳定性要求不高的系统,则应选择节流阀而不选用调速阀。另外,在选择液压阀时,是否选择价格比较便宜的阀,要考虑其工作的可靠性与工作寿命,即考虑综合成本。同时也要考虑其维护的方便性与快速性,以免影响生产。

### 3.2.4 辅助元件

辅助元件主要包括蓄能器、过滤器、油箱、油管和管接头、压力表等。

1)蓄能器

(1)蓄能器分类

在液压系统中,蓄能器既是存储能量的装置,又是液压缓冲的装置。

蓄能器的类型有重力式、弹簧式、充气式(气瓶式、活塞式、气囊式)等三种类型。

目前常用的是利用气体压缩和膨胀来储存、释放液压能的充气式蓄能器。而在盾构机液压系统中常用的主要为充气式蓄能器,如刀盘制动系统、螺机舱门紧急关闭系统都用到了该类型蓄能器。

蓄能器的工作原理如图3-17所示。

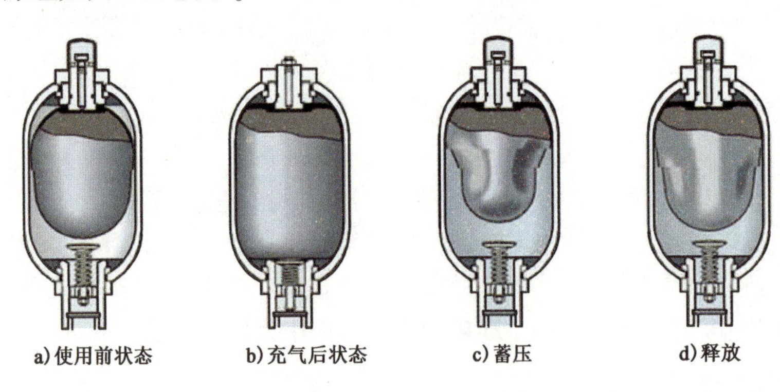


图3-17 蓄能器的工作原理

蓄能器的作用:在系统不需要能量(流量和压力)时,把能量储存起来,在系统需要能量时,再把储存的能量放出来,即起到储存和释放能量的作用。为实现这一作用,不同类型蓄能器的具体工作原理有所区别。

重力式蓄能器是利用重物、柱塞的位置变化来储存油液或释放油液的,其缺点是反应慢、结构庞大,现在已很少使用。

弹簧式蓄能器是利用弹簧(或柱塞)的压缩(或上升)、伸长(或下降)来储存、释放能量的。它的结构简单、反应灵敏,但容量小,可对小容量、低压回路起缓冲作用,不适用于高压或高频的工作场合。

对于气瓶式、活塞式、气囊式蓄能器,同属于充气式蓄能器,它们都是利用气体的压缩、膨胀来储存、释放能量的。而活塞式、气囊式(又称为皮囊式)蓄能器又同属隔离式蓄能器。

(2)蓄能器作用

①作辅助动力源。在液压系统工作循环中不同阶段需要的流量变化很大时,常采用蓄能器和一个流量较小的泵组成油源,当系统需要很小流量时,蓄能器将液压泵多余的流量储存起来;当系统短时期需要较大流量时,蓄能器将储存的液压油释放出来与泵一同向系统供油。这样,既可满足系统的最大速度即最大流量的要求,又使液压泵的流量减小,电机功率减小,从而节约能耗并降低温升。

②应急能源。当停电或原动机发生故障而使系统供油中断时,蓄能器可作为系统的应急能源。

③保压和补充泄漏:有的液压系统需要较长时间保压而液压泵卸载,此时可利用蓄能器释放所储存的液压油,补偿系统的泄漏,保持系统的压力。

④吸收压力冲击和消除压力脉动:由于液压阀的突然关闭或换向,系统可能产生压力冲击,此时可在压力冲击处安装蓄能器起吸收作用,使压力冲击峰值降低。如在泵的出口处安装蓄能器,还可以吸收泵的压力脉动,提高系统工作的平稳性。

2)过滤器

液压油中往往含有颗粒状杂质,会造成液压元件相对运动表面的磨损、滑阀卡滞、节流孔口堵塞,使系统工作可靠性大为降低。在系统中安装一定精度的过滤器,是保证液压系统正常工作的必要手段。

过滤器的过滤精度是指滤芯能够滤除的最小杂质颗粒的大小,以直径 $d$ 作为公称尺寸表示,按精度可分为粗过滤器($d>100\mu m$)、普通过滤器($10\mu m<d<100\mu m$)、精过滤器($d<10\mu m$)、特精过滤器($d<1\mu m$)。

(1)过滤器分类

按滤芯材料和结构形式,可分为网式、线隙式、纸质滤芯式、烧结式及磁性过滤器等。

按过滤器安放的位置不同,还可以分为吸滤器、压滤器和回油过滤器,考虑到泵的自吸性能,吸油过滤器多为粗滤器。

(2)过滤器选用

①能满足液压系统对过滤精度要求,即能阻挡一定尺寸的杂质进入系统。

②滤芯应有足够强度,不会因压力而损坏。

③通流能力大,压力损失小。

④易于清洗或更换滤芯。

(3)过滤器安装

①泵入口的吸油粗滤器。用来保护泵,使其不致吸入较大的机械杂质,根据泵的要求,可用粗的或普通精度的过滤器,为了不影响泵的吸油性能,防止发生气穴现象,过滤器的过滤能力应为泵流量的2倍以上,压力损失不得超过0.01~0.035MPa。

②泵出口油路上的高压过滤器。这种安装主要用来滤除进入液压系统的污染杂质,一般采用过滤精度10~15μm的过滤器。它应能承受油路上的工作压力和冲击压力,其压力降应小于0.35MPa,并应有安全阀或堵塞状态发讯装置,以防泵过载和滤芯损坏。

③系统回油路上的低压过滤器。可滤去油液流入油箱以前的污染物,为液压泵提供清洁的油液。因回油路压力很低,可采用滤芯强度不高的精滤油器,并允许滤油器有较大的压力降。

④安装在系统以外的旁路过滤系统。当泵的流量比较大时,可以在油泵的流量的20%~30%左右的支路上安装一小规格的过滤器,对油液起滤清作用。

⑤单独过滤系统。单独过滤系统是由专用液压泵和过滤器单独组成一个独立于液压系统之外的过滤回路,用于滤除油液中的杂质,以保护主系统。

安装过滤器时应注意,一般过滤器只能单向使用,即进、出口不可互换。

过滤器的安装位置如图3-18所示。

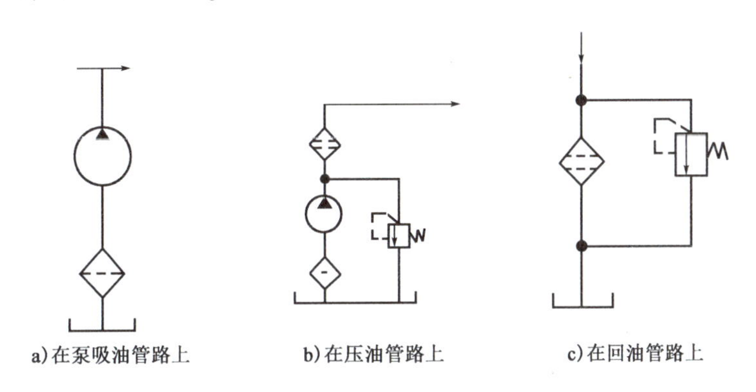


图3-18　过滤器安装位置

3)油箱

油箱用以储存液压系统中所需的足够的油料,并具有散热、沉淀杂质、分离油中气泡等作用。

一般情况下,液压油箱可分为开式、隔离式和压力式三种。前者直接与大气相通,而后两者则不然。

(1)液压油箱选用

液压油箱在液压系统中的主要作用为储油、散热、分离油中所含空气及消除泡沫。选用油箱首先要考虑其容量,一般移动式设备取泵最大流量的2~3倍,固定式设备取3~4倍;其次考虑油箱油位,当系统全部液压缸伸出后油箱油面不得低于最低油位,当液压缸回缩以后油面不得高于最高油位;最后考虑油箱结构,传统油箱内的隔板并不能起沉淀脏物的作用,应沿油箱纵轴线安装一个垂直隔板,此隔板一端和油箱端板之间留有空位使隔板两边空间连通,液压泵的进出油口布置在不连通的一端隔板两侧,使进油和回油之间的距离最远,液压油箱多起一些散热作用。

(2)液压油箱安装

按照安装位置的不同,可分为上置式、侧置式和下置式。

上置式油箱把液压泵等装置安装在有较好刚度的上盖板上，其结构紧凑、应用最广泛。此外还可在油箱外壳上铸出散热翅片，加强散热效果，提高了液压泵的使用寿命。

侧置式油箱是把液压泵等装置安装在油箱旁边，占地面积虽然大，但安装与维修都很方便，通常在系统流量和油箱容量较大时采用，尤其是当一个油箱给多台液压泵供油时使用。因侧置式油箱油位高于液压泵吸油口，故具有较好的吸油效果。

下置式油箱是把液压泵置于油箱底下，不仅便于安装和维修，而且液压泵吸入能力大为改善。

(3)热交换器

在液压系统中，热交换器分为冷却器和加热器两种，液压系统在工作时，液压油的温度一般在15～65℃为宜，油温过高将使油液迅速裂化变质，有也得黏度下降，液压泵容积效率降低，油温过低则会使油液黏度增大，造成液压泵吸油困难，为控制油温，油箱上一般安装冷却器和加热器。

一般说来，造成油箱散热面积不够，必须采用冷却器来抑制油温的原因如下：

①受机械整体的体积和空间影响，使油箱的大小受到限制。

②因经济上的原因，需要限制油箱的大小等。

③要把液压油的温度控制得更低。

油冷却器可分成水冷式和气冷式两大类型。

油冷却器安装在热发生源附近，且液压油流经油冷却器时，压力不得大于1MPa。有时必须以安全阀来保护，以使它免于高压的冲击而造成损坏。

①热发生源，如在溢流阀附近，如图3-19所示。

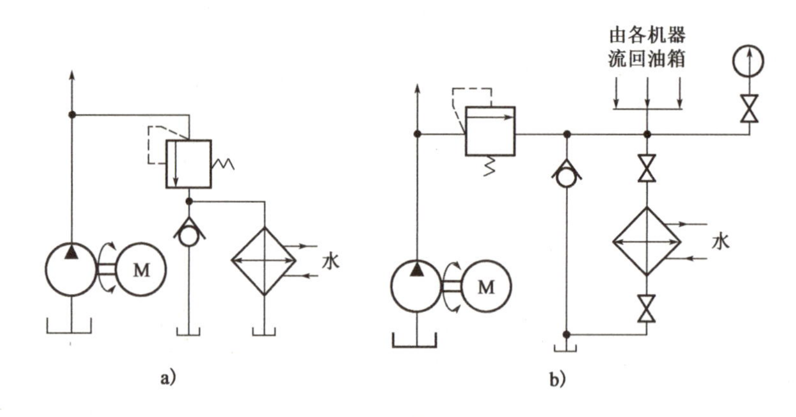


图3-19　冷却器的安装位置

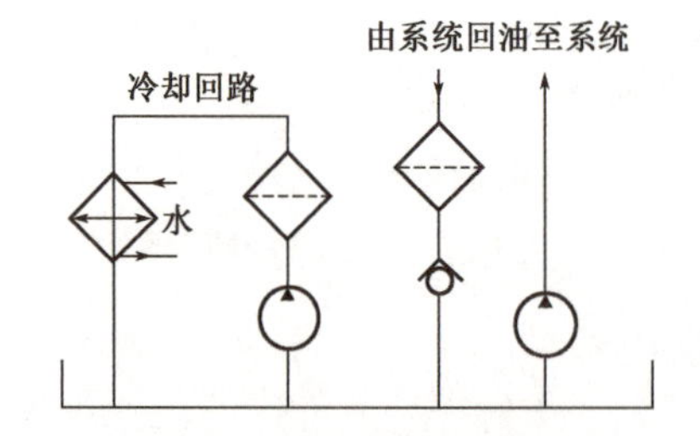


图3-20　独立冷却器回路

②如液压装置很大且运转的压力很高，此时使用独立的冷却系统，如图3-20所示。

4)油管和管接头

(1)油管

油管材料可用金属管或橡胶管，选用时由耐压、装配的难易来决定。吸油管路和回油管路一般用低压的有缝钢管，也可使用橡胶和塑料软管，控制油路中流量小，多用小铜管，考虑配管和工艺方便，在中低压油路中也常使用铜管，高压油路一般使用冷拔无缝钢管，必要时也采用价格较贵的高压软管。高压软管是由橡胶中间加一层或几层钢丝编织网制成。高压软管比硬管安装方便，可以吸收振动。

管路内径的选择主要考虑降低流动时的压力损失，对于高压管路，通常流速在3～4m/s；对于吸油管路，考虑泵的吸入和防止气穴，通常流速在0.6～1.5m/s。

在装配液压系统时，油管的弯曲半径不能太小，一般应为管道半径的3～5倍。应尽量避免使用小于90°弯管，平行或交叉的油管之间应有适当的间隔并用管夹固定，以防振动和碰撞。

(2)管接头

管接头一般有焊接式接头(图3-21)、卡套式接头(图3-22)、端直通式接头(图3-23)、扩口接头、扣压式接头、快速接头等形式,由使用需要来决定采用何种连接方式。盾构液压系统中主要采用端直通式接头,以方便管路的连接及更换。

对接头的要求:连接牢固、密封可靠、装配方便、工艺性好、外形尺寸小、通油能力强。

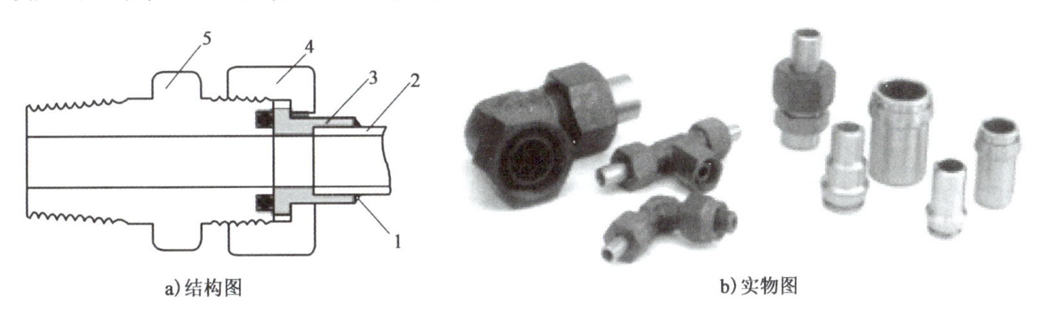

a)结构图　　b)实物图

图3-21　焊接式接头

1-接管;2-钢管;3-密封圈;4-螺母;5-接头体

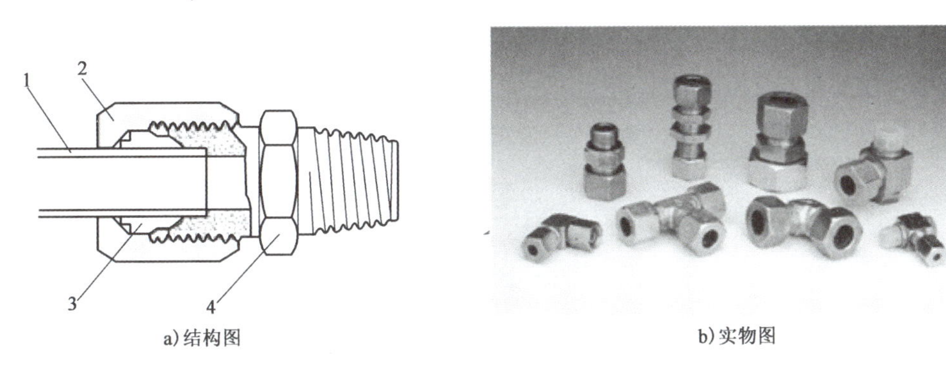

a)结构图　　b)实物图

图3-22　卡套式接头

1-接管;2-螺母;3-密封圈;4-接头体

## 3.2.5　工作介质——液压油

液压油用于传递能量或信息。

液体黏性用黏度来表示。常用的液体黏度表示方法有三种,即动力黏度、运动黏度和相对黏度。

黏压特性。黏度与压力的关系:液压油的黏度随压力变化而变化的特性。压力变化小于5MPa油液黏度变化甚微,忽略不计。当压力变化超过20MPa时,可以用下式计算:

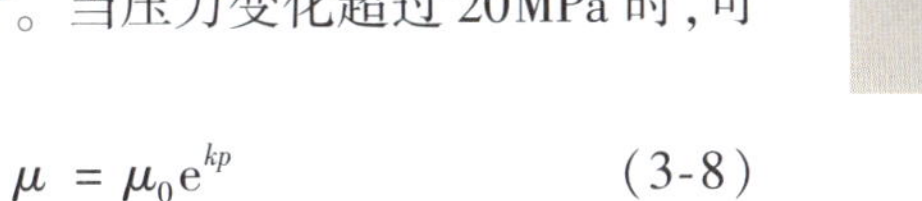

$$\mu = \mu_0 e^{kp} \tag{3-8}$$

式中:$\mu$——在大气压下液压油的动力黏度(Pa·s);

$k$——与液压油型号有关的指数,对矿物型液压油,取0.015~0.03。

图3-23　端直通式接头实物图

黏温特性。黏度与温度的关系:液压油的黏度对温度的变化很敏感,温度升高,黏度降低。液压油的黏度随温度的变化越小越好,即黏温特性好。

黏度的变化对液压系统的能量损失和泄漏量有直接的影响,黏度增大,能量损失增加,泄漏量减小;反之,能量损失减小,泄漏量增加。

1)对液压油的要求和选用

(1)对液压油要求

①黏温特性好。

②润滑性好。

③化学稳定性好。

④质地纯净,抗泡沫性好。

⑤闪点要高,凝固点要低。

(2)液压油种类和选用

液压油主要包括矿物油型、合成型和乳化型三种类型。

对液压系统所使用的液压油来说,首先要考虑的是黏度。黏度太大,液流的压力损失和发热大,使系统的效率降低;黏度太小,泄漏增大,也会使液压系统的效率降低。因此,应选择使系统能正常、高效和可靠工作的油液黏度。

在液压系统中,液压泵的工作条件最为严峻。它不但压力大、转速和温度高,而且液压油液被泵吸入和被泵压出时要受到剪切作用,所以一般根据液压泵的要求来确定液压油液的黏度。同时,因油温对油液的黏度影响极大,而且还会分解出不利于使用的成分,或因过量的汽化而使液压泵吸空,无法正常工作。所以,应根据具体情况控制油温,使泵和系统在油液的最佳黏度范围内工作。对各种不同的液压泵,推荐使用的液压油黏度范围见表3-8。

推荐使用的液压油黏度范围　　表3-8

| 环境温度 | | 5~40℃ | 40~80℃ |
|---|---|---|---|
| 黏度 | | 40℃黏度($mm^2/s$) | 40℃黏度($mm^2/s$) |
| 液压泵类型 | 齿轮泵 | 30~70 | 110~54 |
| | 叶片泵压力 $p \leq 7MPa$ | 30~50 | 43~77 |
| | 叶片泵压力 $p > 7MPa$ | 54~70 | 65~95 |
| | 轴向式柱塞泵 | 43~77 | 70~172 |
| | 径向式柱塞泵 | 30~128 | 65~270 |

2)液压油污染与控制

(1)液压油污染原因

液压油被污染的原因是复杂的,多方面的。不仅仅是内部的,还包括外部的。油液的污染源可概括为系统残留的,内部生成的,以及外界的侵入。

①潜在原因造成的污染。在液压设备设计之初,就没能将污染的客观渠道堵死。首先,没有合理选用滤油器。过滤是控制液压油污染最直接、最容易的手段。在泵的吸油口、重要元件的进油口、油箱的入口处均要设置不同精度的滤油器和合理的过滤精度。其次,在制造、安装阶段、对元件和系统必须进行清洗。液压元件在加工制造过程中,每个元件都需要采用净化措施。在液压元件的制造过程中,还可采用一些新的加工工艺,如采用"喷砂"工艺可去除阀块内孔的毛刺。为保证液压系统的可靠性和延长元件的使用寿命,元件组装时,必须保持环境的清洁,所有元件装配时,需采取干装配方式。

②外界侵入物的污染。在液压系统工作过程中,风沙、固体颗粒、水分、灰尘、潮气等外来污染物,均可通过油箱透气孔和加油口以及阀门侵入液压系统,通过液压缸往复伸缩的活塞杆及管路连接处、注入系统中的油液、溅落或凝结的水滴、流回油箱等各种渠道侵入液压系统,使液压油污染。还有在加油换油和维修过程中带入的污染物,以及在液压系统的维修过程中,粗放操作,忽视了侵入物的污染,甚至有的不用过滤器,直接操作,导致异物侵入。

③液压油引入的污染物。大多数人认为,新油是清洁的。其实这种看法并不完全正确,因为即使是新买来的液压油,也不可避免地含有污染物,如盛液压油容器的涂料和镀层、注油软管的橡胶以及大气

中的灰尘等都有可能进入油液。与此同时，在补加液压油时需要对操作人员灌输“新油不干净”“加油工具不干净”的观念，从而避免因油液不干净而引起的污染。

④再生污染。再生污染又称之为二次污染，主要是由于液压传动系统在工作过程中，零件磨损产生的残锈、剥落的漆片、磨损颗粒、腐蚀物、焊渣、过滤材料脱落的颗粒或纤维，在液压工作时，液压油发生物理、化学、生物变化的生成物，使金属腐蚀，出现颗粒、锈片等均可造成再生污染，从而加剧了其对液压系统的污染。

⑤液压油与其他油混用。液压油中混入的其他油品。不同品种、不同牌号的液压油其化学成分是不相同的。当液压油中混入其他油品后，就改变了其化学组成，则在液压系统在工作时，由于容积效率和机械效率而引起的那部分总效率损失全部转化为热量，使液压系统的油温上升，导致混合液压更易氧化，氧化后生成的多种有机酸，促使油液中的酸值增加，从而增加了其对金属的腐蚀作用。

（2）液压油污染对液压系统的危害

液压油污染直接影响液压系统的工作可靠性和元件的使用寿命。国内外资料表明，液压系统的故障大约有70%是由于油液污染引起的。

①污垢颗粒引起的危害。对于泵类元件，污垢颗粒会使泵体的滑动部分磨损加剧，出现刮伤、“咬死”等现象，影响其工作性能和效率，同时也缩短泵的使用寿命。对于阀类元件，污垢颗粒会加速阀体磨损，卡紧阀芯、堵塞节流孔和阻尼孔。此外污染物往往堵住相互运动的配合间隙，使摩擦阻力增大，结果影响零件上力的平衡，从而使阀的性能发生变化。对于液压缸，污垢颗粒会加速密封件的磨损，使泄漏增大，使用寿命大大缩减。

②水分和空气的混入。不同油液的混用也会降低液压油的润滑能力，并加速其氧化变质，产生气蚀，引发如吸空、液压冲击、振动及噪声等现象，严重时会造成液压油的堵塞，妨碍液压油的流动，严重影响液压系统的传动及其功能。

（3）液压油污染的控制

①控制液压油的工作温度。液压油的工作温度过高对液压装置是十分不利的，液压油本身也会加速氧化变质，产生各种杂质，缩短它的使用期限。一般液压系统的工作温度最好控制在30～60℃（工程机械液压系统则应控制在30～80℃），最高不应超过60℃，必要时要加装油温冷却器帮助降温，否则就会对油液系统造成破坏；确保系统中的油液有足够的循环冷却条件，同时要经常注意保持冷却器内水量充足，管道畅通。

②油污控制。调查表明，液压装置发生故障的原因中有70%是由于液压油使用管理不当所致。液压油在使用过程中，对液压油污染进行有效的控制十分重要。应从源头控制液压油污染，可采取购买过滤精度高、生产效率高的进口滤油车对液压油进行过滤的措施。液压油必须经过严格的过滤，以防止固体杂质损害液压系统，另外，注意周围环境清洁，采用合适的滤油器，这是控制液压油污染的重要手段。应根据设备的要求，在液压系统中选用不同的过滤方式、不同的精度和不同的结构的滤油器，定期清洗或更换滤芯。

③使用监测仪器设备进行控制。对于液压系统油液污染进行实时监测是预防和早期诊断系统故障的最有效的方法之一。目前我国已研制和生产出不少关于冲洗、净化、检测及监测等装置及仪器。可以借助这些装置和仪器来提高对液压油污染的控制。同时还要定期（每年1～2次）取样检查液压油品质，视情况进行处理或换油。因为不同的液压油的使用寿命不同，同一种液压油在不同的设备、不同的环境、不同的维护条件下，使用期限相差很大。

④维修与保养。加强油品管理，保证油品的质量，必须定期对库存油料进行检查。作业现场放置的油桶必须保持清洁。

在设备使用，维护和保养过程中，要注意减少环境污染。一个重要的方面就是在设备检修时，不要造成污染，所有零件必须认真清理、清洗、吹干，所有工具和环境场地都要保持清洁，关闭门窗防尘进入，不能立即装配的零件油口要作临时密封保护。建立液压系统的一级保养制度。总之，对于这些问题一定要严格加强监督和防范。

## 3.3 液压系统的安装、使用和维护

### 3.3.1 液压系统的安装、清洗与试压

1)液压件安装要求

(1)液压泵/马达安装要求

①按设计图纸的规定和要求进行安装。

②液压泵轴与传动机构轴旋转方向必须是泵要求的方向。

③泵轴与传动机构的同轴度应在0.1mm以内,倾斜角不得大于1°。安装联轴器时,最好不要敲打,以免损坏液压泵转子等零件,安装要正确、牢固。

④紧固液压泵、传动机构的螺钉时,螺钉受力应均匀并牢固可靠。

⑤用手转动联轴器时,应感觉到液压泵传动平稳、无卡滞或异常现象,然后才可以配管。

(2)液压缸安装要求

①按设计图纸的规定和要求进行安装。

②液压缸活塞杆带动移动机构移动时要达到灵活轻便,在整个行程中任何局部均无卡滞现象。

③安装前要严格检查液压缸本身的装配质量,确认液压缸装配质量合格后,才能安置在设备上。

(3)液压阀安装要求

阀类元件的安装形式有管式、板式、叠加式和插装式。不同形式,安装的方法和要求有所不同,其共性要求如下:

①安装时要检查各种液压阀测试情况的记录,以及是否有异常。

②检查板式阀结合面的平直度和安装密封件沟槽加工尺寸和质量,若有缺陷应修复或更换。

③按设计图纸的规定和要求进行安装。

④安装阀时要注意“进、出、回、控、泄”等油口的位置,严禁装错。换向阀以水平安装较好。

⑤安装时要注意元件质量,对密封件质量要精心检查,不要装错,避免在安装时损坏;紧固螺钉拧紧时受力要均匀,对高压元件安装时要注意螺钉的材质和加工质量,不符合要求的螺钉不准使用。

⑥安装时要注意清洁,不准戴手套进行安装,不准用纤维制品擦拭安装结合面(安装板平面和阀板平面),防止纤维类脏物侵入阀内。

⑦阀安装完毕后要检查下列项目:

a. 用手推动换向阀滑阀,要做到复位灵活、正确、到位;

b. 调压阀的调节螺钉应处于放松状态;

c. 调速阀的调节手轮应处于节流口较小开口状态;

d. 使换向阀阀芯的位置处于原理图上所示的位置状态;

e. 检查应堵住的油孔(如不采用远程控制时溢流阀的遥控口)是否堵上,应接油管的油口是否都接上,并确保油管与油口连接紧固可靠。

2)液压系统清洗

(1)清洗要求

①首先应将场地清扫干净。

②清洗液要选用低黏度的专用清洗油(或用38℃时黏度为20cst的透平油),并且有溶解橡胶能力,有条件时,可把清洗油加热到50~80℃。

③冲洗前应将过滤器的工作滤芯换上冲洗滤芯，冲洗合格后换上工作滤芯。

④冲洗前液压缸或液压马达与管道断开，用软管将进油管道和回油管道连通，冲洗合格后将液压缸或液压马达与管道连通。

⑤皮囊蓄能器可充入氮气等。

⑥按设备使用说明书上规定的油品牌号加油，加油时必须过滤，注意清洁。

⑦清洗后，必须将清洗油尽可能排净，防止清洗油混入新油中，引起液压油变质，影响油的使用寿命。

⑧清洗后，要清洗油箱内部，经检查符合要求后，将临时增设的清洗回路拆除，并把管路恢复到设计规定的系统。在拆装时要注意清洁，并将有关元件、管件连接，安装应牢固可靠。

(2)冲洗检验

液压传动系统用颗粒计数法时不低于G级；用目测法时，在连续过滤1h后的滤油器滤芯上检查，应无肉眼可见的污染物。

3)压力试验

系统的压力试验应在管道冲洗合格、安装完毕组成系统，并经过空运转后进行。

(1)空运转

①空运转应使用系统规定的工作介质，将工作介质加入油箱时，应经过过滤，过滤精度应不低于系统设计规定的过滤精度。

②空运转前，将液压泵油口及泄漏油口(如有)的油管拆下，按照旋转方向向泵进油口灌油，用手转动联轴节，直至泵的出油口出油不带气泡时为止。接上泵油口管，如有可能可向进油管灌油。此外，还要向液压马达和有泄油口的泵，通过泄漏油口向壳体中灌满油。

③空运转时，系统中的伺服阀、比例阀、液压缸和液压马达，应用短路过渡板从循环回路中隔离出来，蓄能器、压力传感器和压力继电器均应拆开接头而代以螺堵，使这些元件脱离循环回路。

④空运转时，必须拧松溢流阀的调节螺杆，使其控制压力处于能维持油液循环时克服管道阻力的最低值，系统中如有节流阀、减压阀，则应将其调整到最大开度；接通电源，点动液压泵电动机，检查电源是否接错，然后连续点动电动机，延长启动过程。如在启动过程中压力急剧上升，须检查溢流阀失灵原因，排除后继续点动电动机，直至正常运转。

⑤空运转时密切注视过滤器前后压差变化，若压差增大，则应随时更换或冲洗滤芯。

⑥空运转的油温应在正常工作油温范围之内。

⑦空运转的油液污染度检查标准与管道冲洗检验标准相同。

(2)压力试验

系统在空运转合格后进行压力试验。

①系统的试验压力：对于工作压力低于16MPa的系统，试验压力为工作压力的1.5倍；对于工作压力高于16MPa的系统，试验压力为工作压力的1.25倍。

②试验压力应逐级升高，每升高一级宜稳压2～3min，达到试验压力后，持压10min，然后降至工作压力，进行全面检查，以系统所有焊缝和连接口无漏油，管道无永久变形为合格。

③压力试验时，如有故障需要处理，必须先卸压；如有焊缝需要重焊，必须将该管卸下，并在除净油液后方可焊接。

④压力试验期间，不得捶击管道，且在试验区域的5m范围内不得同时进行明火作业。

⑤试验完毕后填写“系统压力试验记录”。

(3)调试与试运转

系统调试一般应按液压泵调试，系统调试(包括压力和流量即执行机构速度调试)顺序进行，各种调试项目均由部分到系统整体逐项进行。

### 3.3.2 液压系统使用

1)液压系统正确使用

(1)液压系统的使用应符合其设计的技术要求,不可超压或超速运行。

(2)设备使用中应按要求进行点检检查,日常点检一般用“五感”方法进行。

(3)液压泵启动前要注意油箱液位是否正常,油温是否符合要求。

(4)在系统稳定工作时,应随时注意液位和温升,油液的工作温度应控制在30~50℃,一般不宜超过60℃。

(5)系统的工作介质要定期检查和更换,保持其合适的清洁度。

(6)在设备运行中经常监视液压系统工作状况,特别是工作压力和执行机构的运行速度以及过滤器的工作情况,并定期清洗或更换滤芯。

(7)注意排除系统中的气体,及时更换不良的密封元件。

(8)液压设备应经常保持清洁,防止各种污染进入油箱或系统。

2)液压系统的维护要点

(1)控制液压系统污染。

(2)控制工作介质温升。

(3)控制液压系统泄漏。

(4)防止和排除液压系统的振动与噪声。

(5)严格执行日常点检和定期点检制度。

(6)严格执行定期紧固、清洗、过滤和更换制度。

(7)严格贯彻工艺纪律。

(8)建立液压设备技术档案。

3)运行中期液压设备的管理要点

(1)避免设备在高温下使用。

(2)拆检时应判断和确定其寿命。

(3)重点检查液压泵、控制阀的安装螺栓及管接头、支撑部分等的松动情况。

(4)重点检查橡胶软管、蓄能器等重复激烈动作的元件。

(5)根据设备状态决定对系统性能定期检查的时间间隔。

(6)注意各处的泄漏情况。

(7)注意仪表的误动作。

(8)换油时注意对液压系统进行清洗。

### 3.3.3 液压系统调试

无论是新制造的液压设备,还是经过大修(再制造)后的液压设备,都要对液压系统进行各项技术指标和工作性能的调试,或按实际使用各项技术参数进行设置。

液压系统的调试主要有以下几方面内容:

①液压系统各个动作的各项参数,如力、速度、行程的始点与终点、各动作的时间和整个工作循环的总时间等,均应调整到原设计所要求的技术指标。

②调整全线或整个液压系统,使其工作性能达到稳定可靠。

③在调试过程中要判别整个液压系统的功率损失和工作油液温升变化状况。

④检查各可调元件的可靠程度。

⑤检查各操作机构灵敏性和可靠性。

⑥凡是不符合设计要求和有缺陷的元件,都要进行修复或更换。

液压系统的调试一般应按泵站调试、系统调试顺序进行。各项目均由部分到系统整体逐项进行,即部件、单机、区域联动、机组联动等。

1)液压系统调试前准备

(1)调试前,应根据设备使用说明书及有关技术资料,全面了解被调试件的结构、性能、工作顺序、使用要求和操作方法,以及机械、电气、气动等方面与液压系统的联系,认真研究液压系统各元件的作用,读懂液压原理图,明确液压元件在设备上的实际安装位置及其结构、性能和调整部位,仔细分析液压系统各工作循环的压力变化、速度变化以及系统的功率利用情况,熟悉液压系统用油的牌号和要求。

(2)在掌握上述情况的基础上,确定调试的内容、方法及步骤,准备好调试工具、测量仪表和补接测试管路,制订安全技术措施,以避免人身安全和设备事故的发生。

(3)新设备和经过修理的设备均需进行外观检查,其目的是检查影响液压系统正常工作的相关因素。有效的外观检查可以避免故障的发生,外观检查主要包括:

①检查各个液压元件的安装及其管道连接是否正确可靠。

②防止切屑、冷却液、磨粒、灰尘及其他杂质落入油箱,检查各个液压部件的防护装置是否具备和完好可靠。

③检查油箱中的油液牌号和过滤精度是否符合要求,液面高度是否合适。

④检查系统中各液压部件、管道和管接头位置是否便于安装、调节、检查和修理,检查观察用的压力表等仪表是否安装在便于观察的地方。

⑤检查液压泵电动机的转动是否轻松、均匀。

外观检查发现的问题,应解决后才能进行调整试车。

2)空载试车

空载试车是指在不带负载运转的条件下,全面检查液压系统的各液压元件,各种辅助装置和系统内各回路的工作是否正常;工作循环或各种动作的自动换接是否符合要求。在安装现场对某些液压设备仅能进行空载试车。

空载试车及调整的方法与步骤如下:

(1)间歇启动液压泵,使整个系统滑动部分得到充分的润滑,使液压泵在卸荷状况下运转(如将溢流阀旋松,或使M形换向阀处于中位等),检查液压泵卸荷压力大小是否在允许数值内;观察其运转是否正常,有无刺耳的噪声;油箱中液面是否有过多的泡沫,液位高度是否在规定范围内。

(2)使系统在无负载状况下运转,首先,使液压缸活塞顶在缸盖上或使运动部件顶死在挡铁上(若为液压马达则固定输出轴),或用其他方法使运动部件停止,将溢流阀逐渐调节到规定压力值,检查溢流阀在调节过程中有无异常现象。其次,让液压缸以最大行程多次往复运动或使液压马达转动,打开系统的排气阀排出积存的空气;检查安全防护装置(如安全阀、压力继电器等)工作的正确性和可靠性,从压力表上观察各油路的压力,并调整安全防护装置的压力值在规定范围内;检查各液压元件及管道的外泄漏、内泄漏是否在允许范围内;空载运转一定时间后,检查油箱的液面下降是否在规定高度范围内。

由于油液进入管道和液压缸中,使油箱下降,甚至会使吸油管上的过滤网露出液面,或使液压系统和机械传动润滑不充分而发出噪声,所以必须及时给油箱液位补充油液。对于液压机构和管道容量较大而油箱偏小的机械设备,这个问题应特别引起重视。

(3)与电气配合,调整自动工作循环或动作顺序,检查各动作的协调和顺序是否正确;检查启动、换向和速度换接时运动的平稳性,不应有爬行、跳动和冲击现象。

(4)液压系统连续运转一段时间(一般是30min)。检查油液的温升应在允许规定值内(一般工作油温为35~60℃),空载试车结束后,方可进行负载试车。

3)负载试车

负载试车是使液压系统按设计要求在预定的负载下工作。通过负载试车检查系统能否实现预定的工作要求,如工作部件的力、力矩或运动特性等;检查噪声和振动是否在允许范围内;检查工作部件运动换向和速度换接时的平稳性,不应有爬行、跳动和冲击现象;检查功率损耗情况及连续工作一段时间后的温升情况。

负载试车,一般是先在低于最大负载的情况下试车,如果一切正常,则可进行最大负载试车,这样可避免出现设备损坏等事故。

4)系统压力调试

(1)系统的压力调试应从压力调定值最高的主溢流阀开始,逐次调整每个分支回路的压力阀。压力调定后,须将调整螺杆锁紧。

(2)溢流阀的调整压力,一般比最大负载时的工作压力大10% ~20%。

(3)调节双联泵的卸荷,使其比快速行程所需的实际压力大15% ~20%。

(4)调整每个支路上的减压阀,使减压阀的出口压力达到所需规定值,并观察压力是否平稳。

(5)调整压力继电器的发信压力值和返回区间值,使发信压力值比所控制的执行机构工作压力高0.3 ~0.5MPa;返回区间值一般为0.35 ~0.8MPa。

(6)调整顺序阀,使顺序阀的调整压力比先动作的执行机构工作压力大0.5 ~0.8MPa。

(7)装有蓄能器的液压系统,蓄能器工作压力调定值应同它所控制的执行机构的工作压力值一致。当蓄能器安置在液压泵站时,其压力调整应比溢流阀调定压力值低0.4 ~0.7MPa。

(8)液压泵的卸载压力,一般控制在0.3MPa内,为了运动平稳增设背压阀时,背压一般在0.3 ~0.5MPa范围内,回油管道背压一般在0.2 ~0.3MPa范围内。

5)系统流量调试(执行机构调速)

(1)液压马达的转速调试。液压马达在投入运转前,应与工作机构脱离。在空载状态先点动,再从低速到高速逐步调试,并注意空载排气,然后反向运转。同时应检查壳体温升和噪声是否正常。待空载运转正常后,再停机将马达与工作机构连接;再次启动液压马达,并从低速至高速负载运转。如出现低速爬行现象,可检查工作机构的润滑是否充分,系统排气是否彻底,或有无其他机械干扰。

(2)液压缸的速度调试。速度调试应逐个回路(是指带动和控制一个机械机构的液压系统)进行,在调试一个回路时,其余回路应处于关闭(不通油)状态。调节速度时必须同时调整好导轨的间隙和液压缸与运动部件的位置精度,不致使传动部件发生过紧和卡滞现象。如果缸内混有空气,速度就不稳定,在调试过程中打开液压缸的排气阀,排除滞留在缸内的空气,对于不设排气阀的液压缸,必须使液压缸来回运动数次,同时在运动时适当旋松回油腔的管接头,见到油液从螺纹连接处溢出后,再旋紧管接头。

在调速过程中应同时调整缓冲装置,直至满足该缸所带机构的平稳性要求。如液压的缓冲装置为不可调型,则须将该液压装置拆下,在试验台上调试处理合格后再装机调试。

双缸同步回路在调速时,应先将两缸调整到相同起步位置,再进行速度调试。

速度调试应在正常油压与正常油温下进行。对速度平稳性要求高的液压系统,应在受载状态下,观察其速度变化情况。

速度调试完毕,然后调节各液压缸的行走位置、程序动作和安全联锁装置。各项指标均达到设计要求后,方能进行试运转。

### 3.3.4 液压系统常见故障的诊断方法

1)简易故障诊断法

(1)询问设备操作者,了解设备运行状况,其中包括:液压系统工作是否正常;液压泵有无异常现象;液压油检测清洁度的时间及结果;滤芯清洗和更换情况;发生故障前是否对液压元件进行调节;是否更换过密封元件;故障前后液压系统出现过哪些不正常现象;过去该系统出现过什么故障,是如何排除的,等等,逐一对其进行了解。

(2)看液压系统压力、速度、油液、泄漏、振动等是否存在问题。

(3)听液压系统声音:冲击声;泵的噪声及异常声;判断液压系统工作是否正常。

(4)摸温升、振动、爬行及连接处的松紧程度判定运动部件工作状态是否正常。

2)液压系统原理图分析法

根据液压系统原理图分析液压传动系统出现的故障,找出故障产生的部位及原因,并提出排除故障的方法。结合动作循环表对照分析,判断故障。

3)其他分析法

液压系统发生故障时根据液压系统原理进行逻辑分析或采用因果分析等方法逐一排除故障,最后找出发生故障的部位。为了便于应用其他分析法,故障诊断专家设计了逻辑流程图或图表对故障进行逻辑判断,为故障诊断提供了方便。

## 3.4　典型液压图纸解析

本节以中铁号液驱盾构机为例介绍整个盾构机的液压系统,整机主要分为8个部分,分别为主驱动系统、推进系统、管片安装机系统、螺旋输送机系统、注浆系统、辅助系统、冷却循环系统、超挖刀系统。

### 3.4.1　刀盘驱动液压系统分析

刀盘驱动是采用液压马达系统驱动。驱动泵为3台力士乐泵,整个系统采用闭式传动方式。驱动泵的辅助泵除了为主泵补油外,还作为主泵变量机构的控制油源。变量马达的控制油源由单独的控制泵提供。马达驱动的目的是为了实现减速机到刀盘传递扭矩,驱动刀盘、刀具旋转,传递挖掘需要的扭矩。刀盘的旋转是由8个液压马达驱动一个和刀盘支撑环一体的齿圈来实现的。可变速马达的控制是由变量液压泵来实现的。单元功率315kW、速度1480r/min、可变流量0~516L/min、运行压力320/370bar。

刀盘驱动系统主要由3个315kW泵站、8个液压马达、8个变速器、主轴承、补油系统及伺服系统等组成,液压系统工作原理图如图3-24所示。液压泵站由3台315kW电动机驱动3台力士乐A4VSG750HDl/22R双向变量泵合流供油。由一台37kW电机驱动型号为SNS660ER的螺杆式定量泵对闭式回路进行补油。同时,由电机驱动的型号为A10VO28DFLR/31R伺服变量泵提供先导油等。该系统为闭路控制系统,液压泵为HD控制方式,即液压泵根据先导压力的变化自动调整其斜盘角度以便适应不同的工况。液压马达系统采用型号为A6VM500HAl型全自动控制无级变速高压马达。该马达按照工作压力的变化自动调整斜盘角度,从而实现无级变速。

刀盘驱动系统工作原理:

1)刀盘正反转

为克服盾构机在掘进过程中的滚动现象,必须通过调整刀盘转向来调整盾体的滚动值,而刀盘的正反转通过改变主油泵的斜盘方向来实现。

2)刀盘的制动与解除

(1)刀盘的制动是通过对刀盘驱动马达制动实现的,当需要制动时控制油不能进入马达制动器,同时马达制动液压缸有杆腔接回油箱,马达制动液压缸的活塞在弹簧的作用下伸出,将马达制动。蓄能器的作用是在马达制动时压力油一路进入马达制动器液压缸有杆腔,另一路经0.3mm的节流口流回油箱,由于有节流口的作用,使得马达制动器液压缸有杆腔的压力缓慢下降,马达缓慢制动。

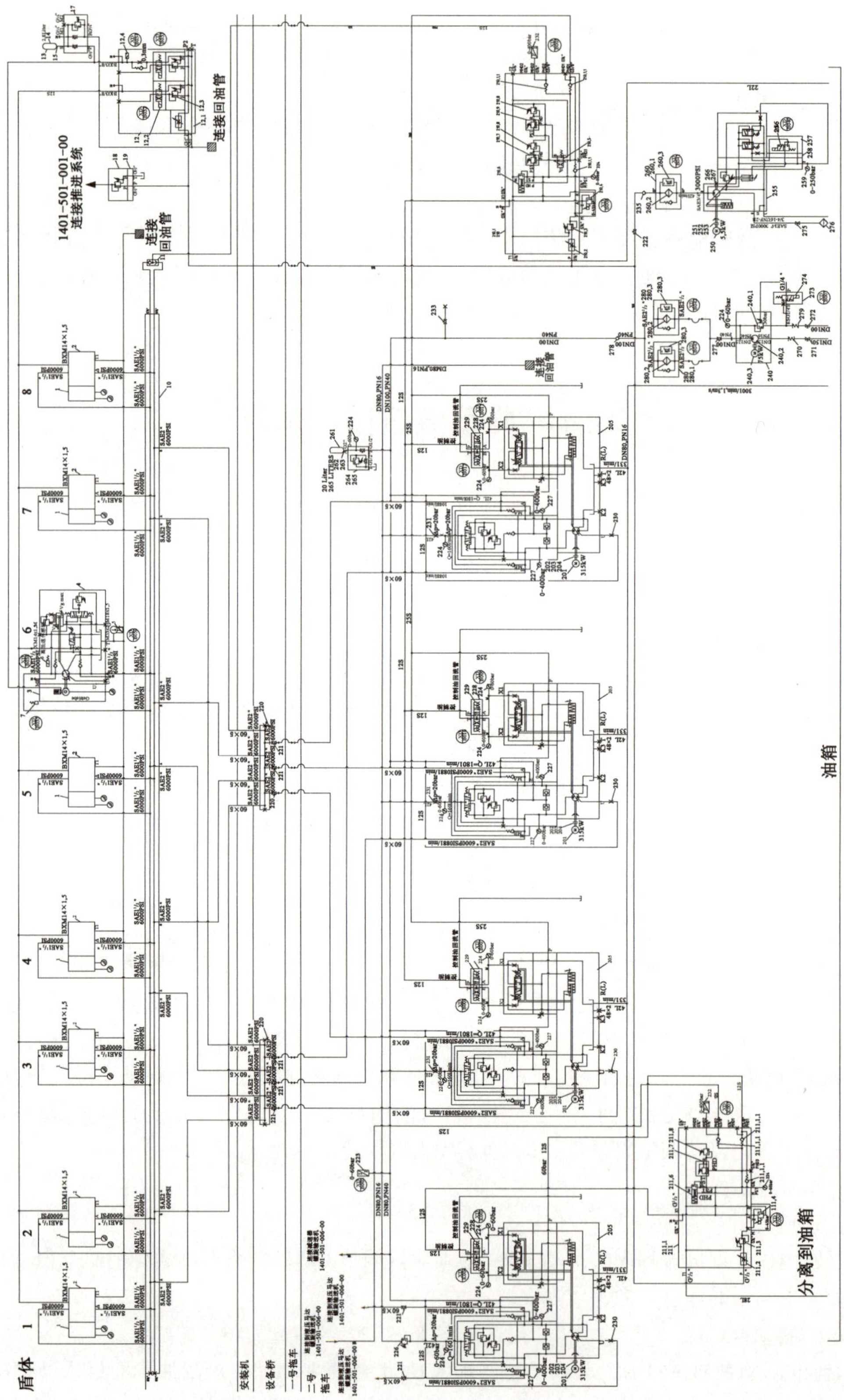

图3-24 刀盘驱动液压系统工作原理示意图

(2)解除制动。当制动器控制阀通电,控制油经伺服泵、滤清器、调速阀、减压阀、二位二通电磁阀进入马达的制动器液压缸有杆腔,液压缸收回,制动解除。

3)马达低速挡位

刀盘驱动马达为 A6VM500HAl 无级变速型。如根据地质情况需要刀盘在低速情况下运转,也可使用挡位控制阀来实现。其工作原理如下:当挡位控制阀 12.2 得电,二位二通电磁阀 12.2 处于左位,控制油经伺服泵、滤清器 245、调速阀 12.1、减压阀 12.3、二位二通电磁阀 12.2 进入马达的斜盘控制液动阀的左端,将阀芯推至左位,马达进口或出口的压力油一路经单向阀、斜盘控制液动阀左位进入马达斜盘液压缸的无杆腔,另一路经单向阀进入马达斜盘液压缸的有杆腔,马达斜盘实现差动,马达一直处于低速挡。

4)刀盘掘进工况

(1)正常掘进(二位三通电磁换向阀 215 处于下位)当二位三通手动换向阀 215 处于下位时,主液压泵先导控制油到达溢流阀 217 当系统压力超过溢流阀调定压力时,上溢流阀打开,油泵控制先导油压力由溢流阀(14bar)进行控制,泵的斜盘根据先导压力的变化自动调节。

(2)刀盘脱困(二位三通电磁换向阀 215 处于上位)当二位三通电磁换向阀 215 处于上位时,主油泵先导控制油与上同路到达溢流阀 217。当刀盘脱困液压系统压力超过下溢流阀调定压力时,下溢流阀打开泵的斜盘根据先导压力的变化自动调节。

在系统原理图(图 3-24)中,6 号马达带有制动器,同时配有行程开关,如果 225 号控制泵油压不足使制动器处于闭锁状态,则变量泵的输出流量为零。

### 3.4.2　推进系统分析

盾构机前进的动力是靠推进液压缸提供推力,其前进方向和姿态是靠推进液压缸的协调动作实现的。液压缸的精确控制是保证盾构机沿着设计轴线前进的前提。盾构机在地下工作,掘进过程中会受到土层的各种阻力,为确保盾构机能够正常掘进,首先必须由推进系统克服推进过程中所遇到的各种阻力。盾构机推进动力传递和控制系统工作环境具有大功率、变负载、空间狭窄、环境恶劣等特点,一般都采用液压系统,其由推进液压缸、液压泵、液压阀件及液压管路等组成。推进液压缸安装在密封舱隔板后部,沿盾体周向均匀分布,是推进系统的执行机构,由设在盾构机拖车上的液压泵提供高压油,通过各类液压阀的控制实现各种功能。

中铁号某盾构机推进液压缸的数量为 32 根,分为 4 组。推进系统的作用是保证盾构机向前运动。推进液压缸也用来使管片保持在适当的位置上。盾构机推力是由 16 对分布在 4 个环带周围的液压缸推力来保证的。在活塞杆后端,装有撑靴,以防止负载强度过大造成管片变形、破损。其中各个分区均有一个液压缸安装有行程传感器,能够及时测量液压缸的行程,并在主控室显示屏上显示。推进系统有两种操作模式:推进模式及管片拼装模式。管片拼装模式适用于安装管片操作,此时要求系统压力较小,需要较大流量保证液压缸快速伸缩,从而实现管片的快速安装。推进模式在盾构机掘进状态下使用,此时要求系统压力较大,以提供较大的推力保证盾构机正常掘进。

在推进模式下系统压力为 340bar 时,最大前进速度 80mm/min、最大推力 36100kN。每个液压缸的最大推力 1805kN。管片安装模式下:伸出速度(4 液压缸)为2m/min、收回速度(4 液压缸)为 3m/min,推进液压缸的柱塞端安装在压力舱壁上,在活塞杆端由一个橡胶轴承支撑。推进液压缸的撑靴作用在由 5 + 1 块管片砌成的管片环上。推进液压缸可以单独控制或者分成 4 组由流量和压力控制推进速度和转向。在推进模式下,推进液压缸总共合并成 4 组,每个组配备一个行程测量系统,以便在受控制的方式下驱动掘进设备进入土中。借助安装的操作元件,操作员可以控制每个液压缸组的压力和所有液压缸的流量。

推进系统采用远程压力控制柱塞泵,由比例溢流阀控制出口压力,泵出口装有两级安全阀及压力传感器。系统将采集的四组推进阀组的推进压力传给可编程逻辑控制器(PLC),通过比较得出四组推进

阀组最大压力值 $P$,将 $P$ 值输入 PID 模块,得出泵出口压力,泵出口压力转换为比例溢流阀控制信号,最终 PLC 输出信号经过放大板放大后控制比例溢流阀动作,泵出口压力随之改变。

推进泵工作原理如图 3-25 所示。

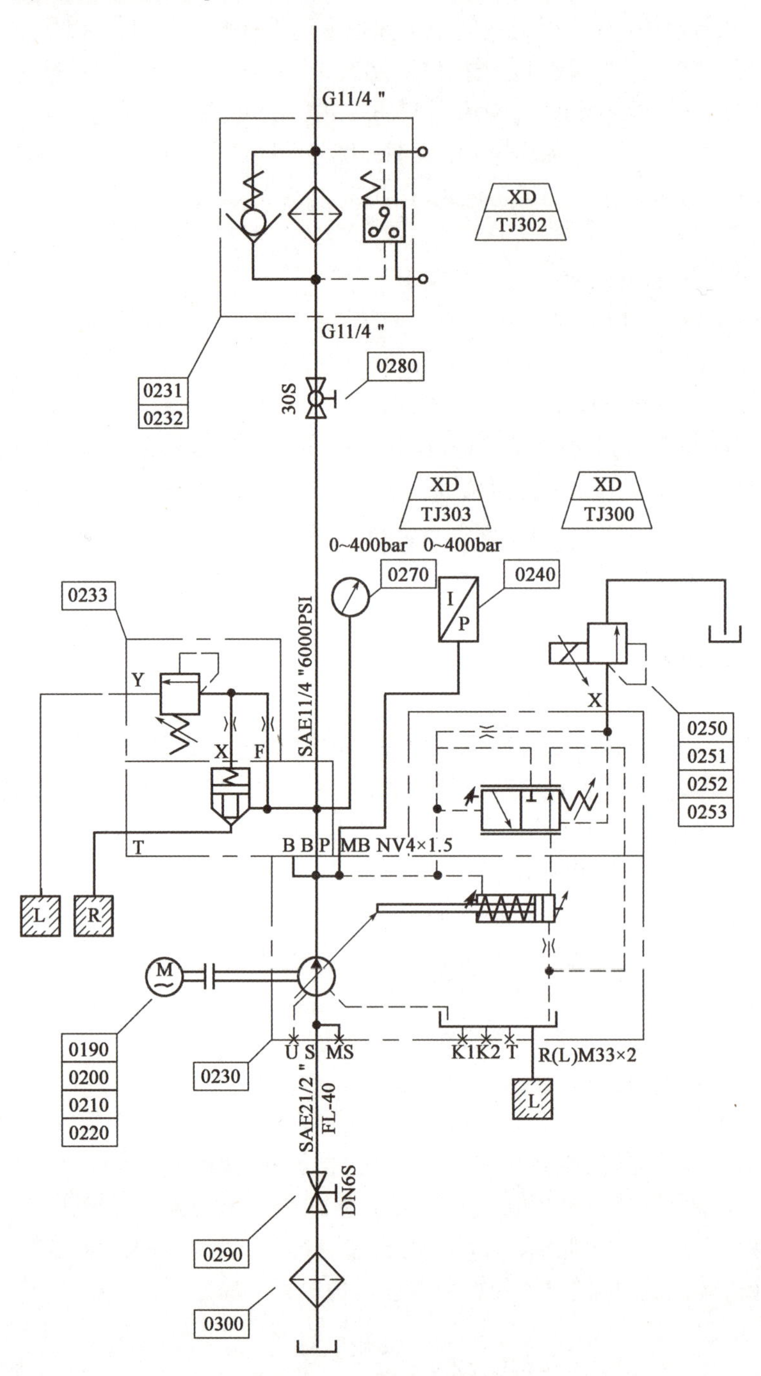


图 3-25 推进泵工作原理图

1)推进模式

推进模式工作原理如图 3-26 所示。

推进方向控制是在 4 组控制模块所建立的控制压力大小不同,产生的合成推力偏离盾体中心线时,产生转弯扭矩,迫使盾构机改变推进方向。

4 组控制压力由每组进口联上的比例溢流阀给定。

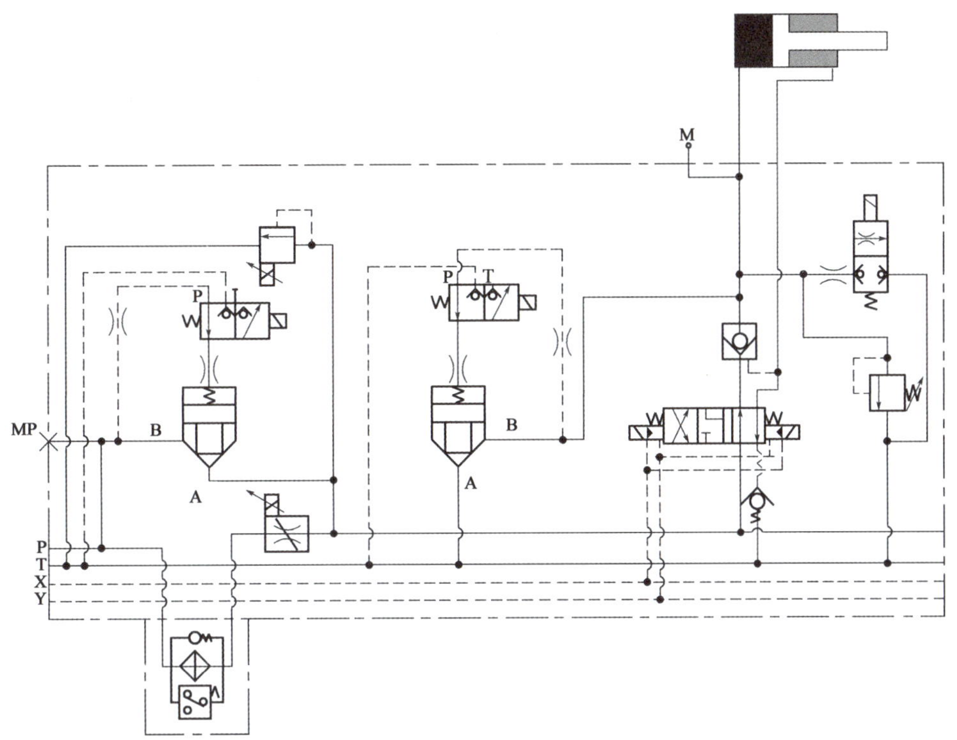


图 3-26　推进模式工作原理图

推进速度由每组进口联上的比例调速阀给定。通过调节控制面板上的推进速度电位计，PLC 输出控制信号到放大板（两块四通道），经过放大后的电流分别控制每组的调速阀动作。

此时比例调速阀、比例溢流阀以及三位四通换向阀得电，压力油经过滤芯、比例调速阀、换向阀及单向阀进入推进液压缸无杆腔，实现盾构机推进。压力由比例溢流阀决定。

2）回缩模式

回缩模式工作原理如图 3-27 所示。

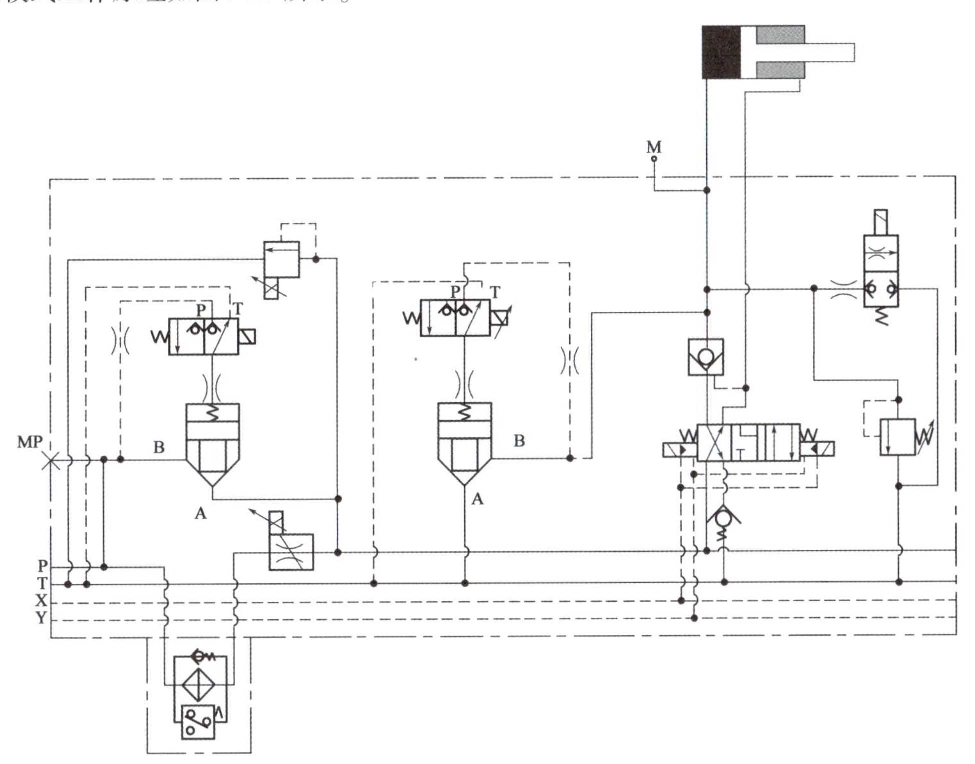


图 3-27　回缩模式工作原理图

3)管片拼装(快伸)模式

管片拼装模式工作原理如图 3-28 所示。

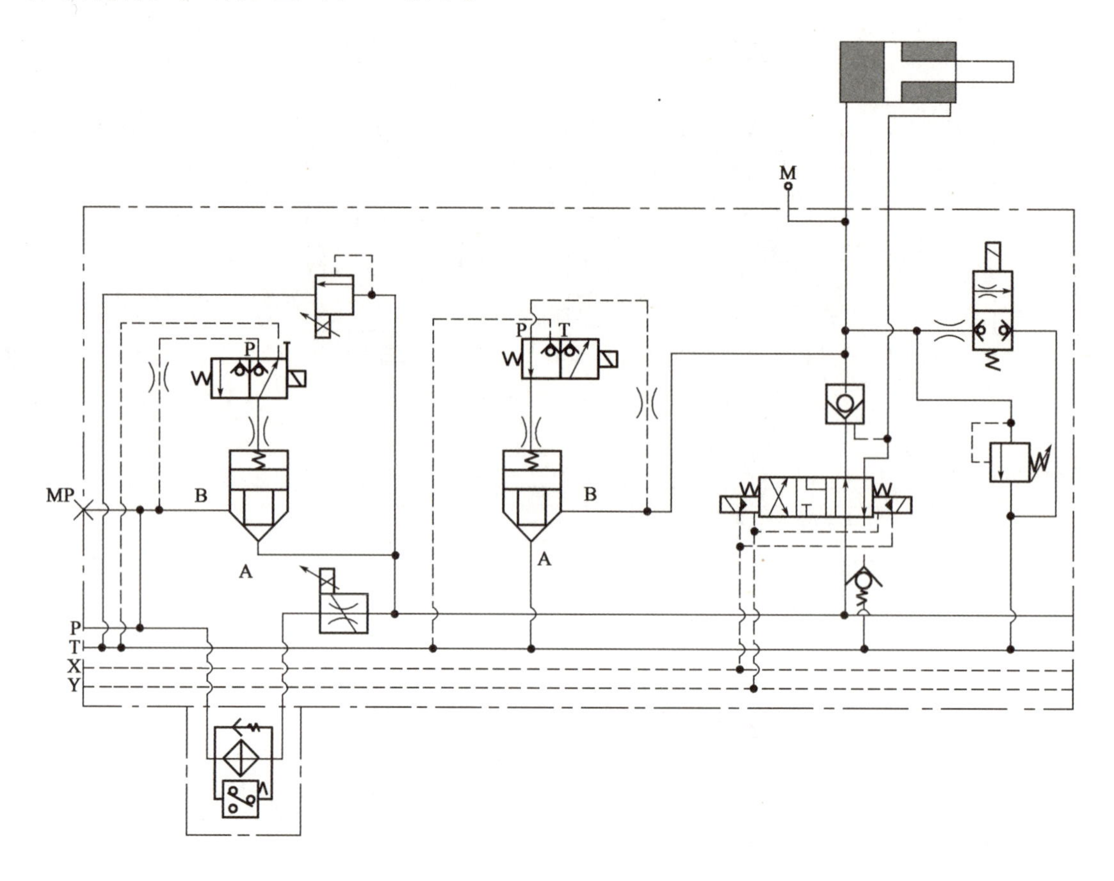


图 3-28　管片拼装模式工作原理图

此时三位四通换向阀得电换向,两个电磁球阀得电换向,从而两个大流量的插装阀开始工作。高压油经插装阀进入推进液压缸有杆腔,无杆腔油液经过中间位置的插装阀快速回油箱,实现了液压缸的回收。

管片拼装模式时,电磁阀得电,压力油经过插装阀、三位四通换向阀快速进入推进液压缸无杆腔,实现液压缸的快速伸出。(推进阀组配置的插装阀通油能力远大于比例调速阀)

## 3.4.3　铰接系统分析

铰接系统工作原理如图 3-29 所示。

铰接液压缸额定压力为 30MPa,两端铰接,并设有 4 个内置式位移传感器。

在直线段掘进过程铰接缸处于其行程的中间位置,铰接缸控制换向阀处于关闭状态,使铰接缸处于锁紧状态。

在转弯时,铰接缸处于中间位置,铰接缸的控制换向阀处于使铰接缸有杆腔和回油管路相通的位置,铰接缸浮动,在盾体转弯力矩的作用下,盾体转弯,且与盾尾逐渐形成转弯角度,铰接缸处于浮动状态,无法拖动盾尾和后配套产生跟进运动,所以铰接缸将不断伸出,在铰接缸的行程到极限位置时,操作人员应调整铰接缸的控制换向阀,使铰接缸在压力油的驱动下收回到大约中间位置,然后再返回到浮动状态,继续转弯操作过程。

在转弯过渡段完成以后,进入弯道掘进过程,铰接缸处于锁紧状态,这与直线掘进过程相同。

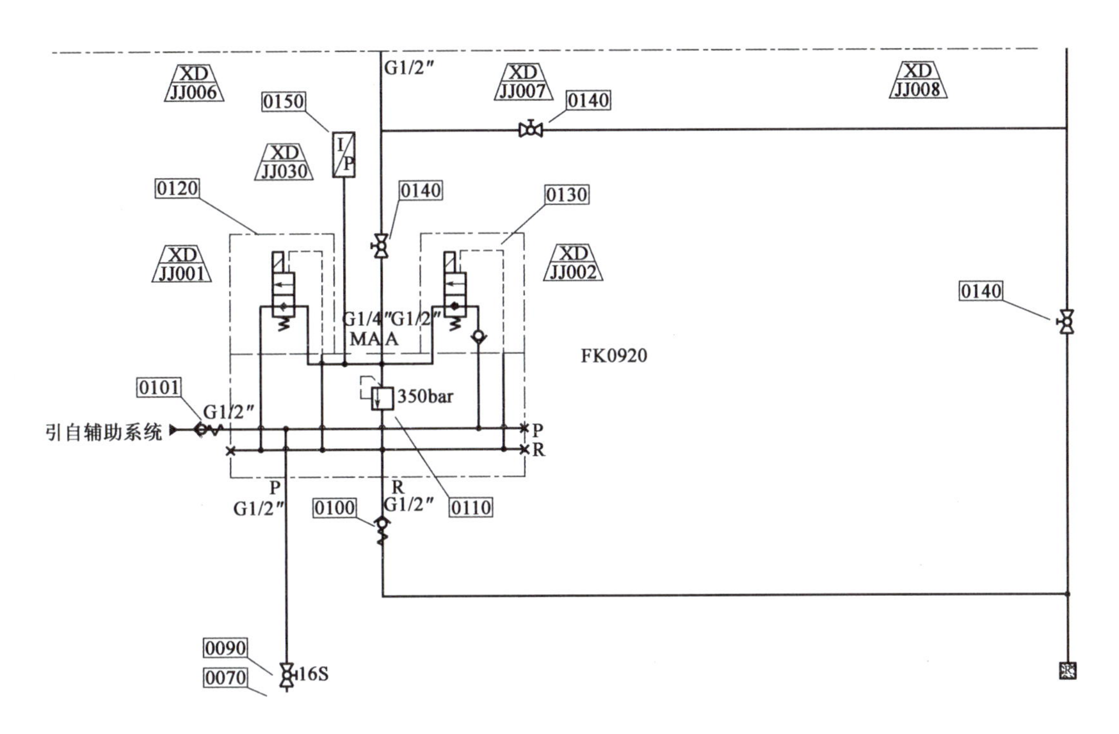


图3-29　铰接系统工作原理

## 3.4.4　螺旋输送机驱动及闸门液压系统分析

螺旋输送机的液压系统原理如图3-30所示。液压系统分为泵马达回路、后闸门控制回路、前闸门控制回路、伸缩门控制回路,分别由两个液压油源供油。泵马达回路:采用变量泵变量马达容积调速闭式系统,其中液压油源自带补油泵,以补充回路中的泄漏和对闭式回路进行冷却。用比例阀控制变量泵的排量。在未达到设定压力时,液压马达处于最小排量处,达到设定压力后,马达排量不变(保持最大排量),此时可作为定量马达考虑,故此时只能靠调节泵的排量来改变马达转速。液压马达上装有转速传感器,可以对螺旋输送机转速进行精确测控;液压马达的泄漏油管装有温度传感器,以监控油温情况。

马达上有背压阀和液控方向阀,可对液压马达进行冲洗和冷却。另外,还可实现对螺旋输送机的转向、转速及螺旋输送机螺杆伸缩进行远程控制。后闸门控制回路:油液经减压阀、三位四通电磁换向阀的左位、液压锁进入液压缸无杆腔,打开后闸门;若切换到换向阀右位可关闭后闸门。前闸门控制回路和伸缩控制回路相同。由溢流阀设定回路最高压力,工作过程同后闸门控制回路。

## 3.4.5　管片安装机液压系统分析

为了提高管片的拼装效率及避免拼装中的管片损坏,要求管片安装机液压系统要有一定的速度、准确的位置移动精度、足够的活动自由度及可靠的安全度。配置55kW的双联恒压变量泵来确保流量和速度,精度靠电液比例伺服阀控制,自由度有:管片的左右旋转、提升(可左右分别提升及同时提升)、前后水平六个自由度,并有管片的抓紧及绕抓举头水平微转、前后微倾的微调功能。

55kW的双联恒压变量泵为拼装机提供动力。当用快速挡时,双泵同时工作。低速挡时,只有单泵(1P002)工作。加载阀(C003、C004)由PLC控制,根据拼装机的工作速度可对其进行分别控制或同时控制。

管片安装机液压系统工作原理如图3-31所示。

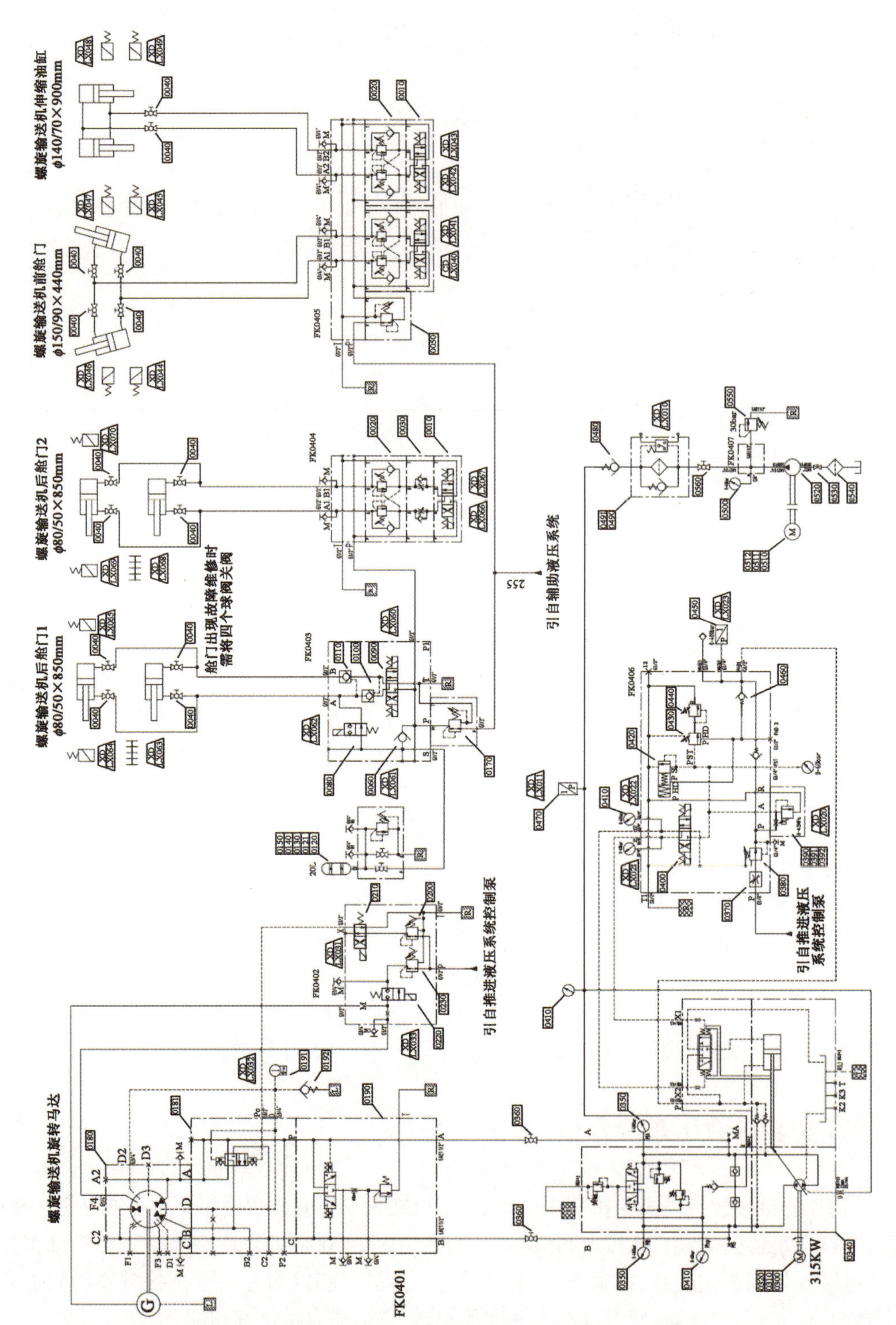


图3-30　螺旋输送机的液压系统原理示意图

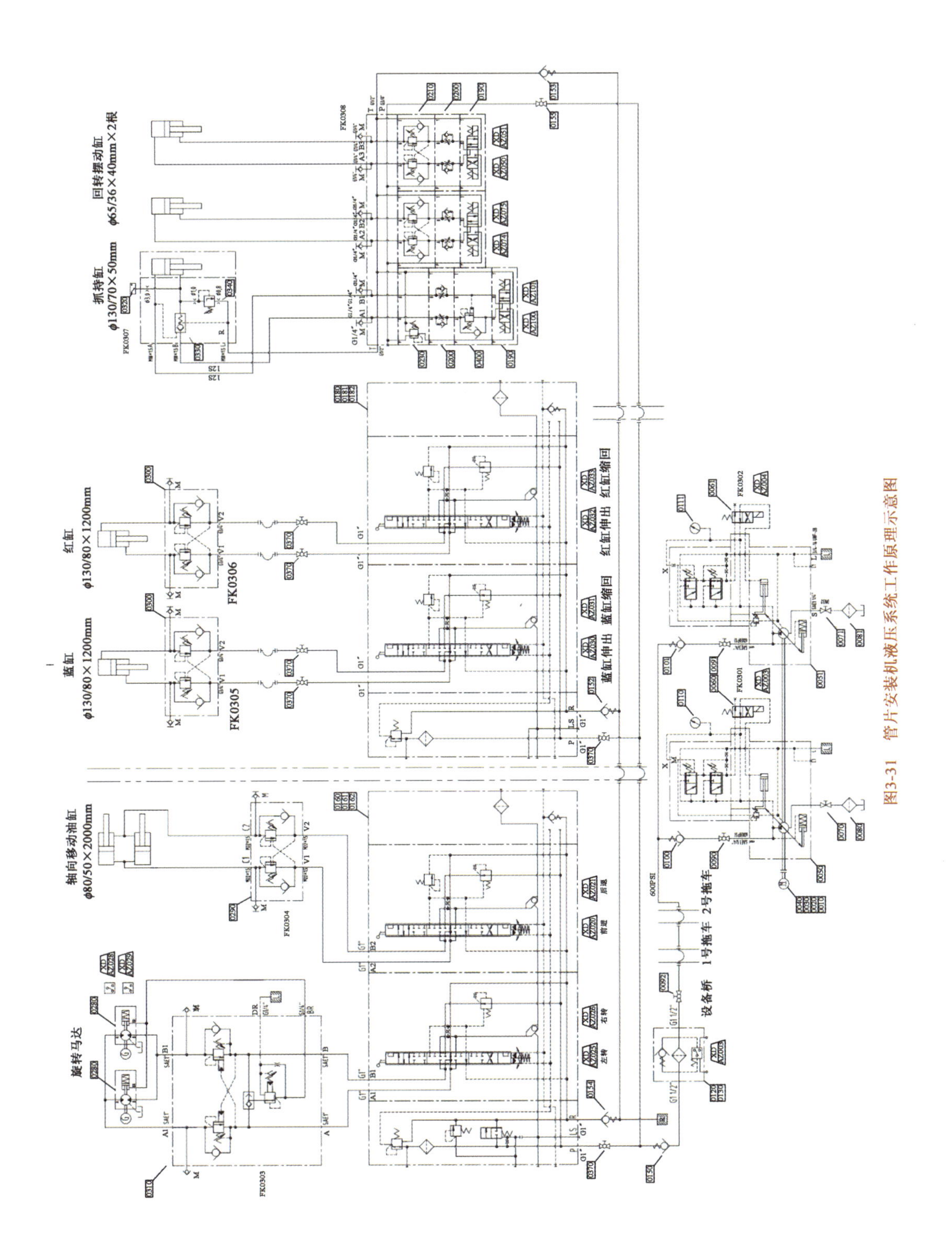


图3-31　管片安装机液压系统工作原理示意图

旋转控制:油泵输出的高压油一路经减压阀(DM)减至30bar到达电液比例阀,然后控制伺服阀,以达到控制流量来控制马达旋转速度。各阀的功能如下,DM为控制油减压阀,DBV2为控制油溢流阀,DBV1与插装阀组成主溢流阀,进入伺服阀前的减压阀经DUE4、DUE7节流阀后的反馈油控制,以达到动作启动时的平稳。D1、D4为反馈油溢流阀,F1、DUE2在停止动作时起泄油作用。

经控制阀控制后压力油分别进入两个并联的回转马达,高压侧的油一路经减压阀(1V001)减压后去控制制动,减压阀旁的单向阀起回转停止时制动的泄油作用。进入马达的油先经平衡阀(此阀进油时不起作用),驱动马达旋转,马达出来的油进入下一个平衡阀,该阀在进油有一定压力后经X口慢慢打开回油通路,并保证一定的背压,避免马达因惯性吸空,当旋转惯性过大时平衡阀右边的压力会增加,使阀芯左移以减少回油,来减小惯性产生的转速,当回油压力增大到最大设定值时平衡阀中的溢流阀工作,避免了液压元件损坏。

水平移动的控制与回转控制一样,从控制阀出来的油经平衡阀(1C004)进入水平移动液压缸,控制液压缸的前后移动。

提升控制:控制阀原理与回转控制相同,但在伺服阀反馈油出口处只在提升回路中设置了节流阀,下降反馈口没有设置,其目的是为了较快的提高伺服阀进口处减压阀的减压压力,以增加下降时的反应速度,同时也反映一个功率平衡问题。两个提升液压缸既可以单控,也可以同时控制,所以有两套单独的伺服控制阀。从控制阀出来的压力油先通过一个两位两通随动阀进入提升液压缸,当达到一定压力后,液压缸出油口的两位两通随动阀在进口压力的推动下打开,导通回油通道形成回路;反之亦然。

管片抓紧控制:压力油经减压阀减压,在经三位四通电磁换向阀换向,经液压锁、单向节流阀、B口端还有溢流阀。抓紧时,从A1口出来的油经过抓举液压缸进口处的液压锁进入抓举缸的有杆腔,当达到设定的抓紧力时液压缸旁的溢流阀溢流,并使液压缸旁的两位两通阀换向,切断通往压力开关(1S001)的油压,使压力开关信号改变。只有当压力开关的信号改变后,拼装机才有其他动作。否则视为管片没有抓紧,管片机不能动作。松管片时B1口的压力油进入抓举缸的无杆腔,一路打开液压缸边上的液压锁,使活塞下行。控制阀中的液压锁保持活塞位置,单向节流阀调整活塞动作速度,溢流阀起安全作用。水平微动和倾斜微动控制与抓举控制原理相同。

# 第4章　工程地质基础

本章节主要介绍了工程地质基础知识、我国不同地域的地质特征及不同地质条件下对盾构选型的影响，使施工一线技术人员了解掌握土木方面相关知识，保证设备与土木领域的合理衔接，以更好地适应地下复杂工程地质条件下全断面隧道掘进机顺利施工。

## 4.1　工程地质基础知识

工程地质是地质学的一个分支，其本质是一门应用科学，侧重于地质现象、地质成因和演化、地质规律、地质与工程相互作用的研究。各种工程的规划、设计、施工和运行都要做工程地质研究，才能使工程与地质相互协调，既保证工程的安全可靠、经济合理、正常运行，又保证地质环境不因工程建设而恶化，造成对工程本身或地质环境的危害。

工程地质学研究的内容包括土体工程地质研究、岩体工程地质研究、工程动力地质作用与地质灾害的研究、工程地质勘察理论与技术方法的研究、区域工程地质研究、环境工程地质研究等。

### 4.1.1　工程地质的分类

1）土的类别和特征描述

在建筑施工中，按土石坚硬程度、施工开挖的难易将土石划分为八类。土的类别及相关描述见表4-1。

土的类别及特征描述　　表4-1

| 土的分类 | 土的级别 | 土的名称 | 坚实系数 $f$ | 密度（$kg/m^3$） | 开挖方法及工具 |
|---|---|---|---|---|---|
| 一类土（松软土） | Ⅰ | 砂土、粉土、冲积砂土层；疏松的种植土、淤泥（泥炭） | 0.5～0.6 | 600～1500 | 用锹、锄头挖掘，少许用脚蹬 |
| 二类土（普通土） | Ⅱ | 粉质黏土；潮湿的黄土；夹有碎石、卵石的砂；粉质混卵（碎）石；种植土、填土 | 0.6～0.8 | 1100～1600 | 用锹、锄头挖掘，少许用镐翻松 |
| 三类土（坚土） | Ⅲ | 软及中等密实黏土；重粉质黏土、砾石土；干黄土、含有碎石卵石的黄土、粉质黏土，压实的填土 | 0.8～1.0 | 1750～1900 | 主要用镐，少许用锹、锄头挖掘，部分用撬棍 |
| 四类土（砂砾坚土） | Ⅳ | 坚硬密实的黏性土或黄土；汗碎石、卵石的中等密实是黏性土或黄土；粗卵石；天然级配砾石；软泥灰岩 | 1.0～1.5 | 1900 | 整个先用镐、撬棍，后用锹挖掘，部分用楔子及大锤 |

续上表

| 土的分类 | 土的级别 | 土的名称 | 坚实系数 $f$ | 密度 ($kg/m^3$) | 开挖方法及工具 |
|---|---|---|---|---|---|
| 五类土（软石） | Ⅴ~Ⅵ | 硬质黏土；中密的页岩、泥灰岩、白垩土；胶结不紧的砾岩；软石灰岩及贝壳石灰岩 | 1.5~4.0 | 1100~2700 | 用镐或撬棍、大锤挖掘，部分使用爆破法 |
| 六类土（次坚石） | Ⅶ~Ⅸ | 泥岩、砂岩、砾岩；坚实的页岩、泥灰岩、密实的石灰岩；风化花岗岩、片麻岩及正长岩 | 4.0~10.0 | 2200~2900 | 用爆破方法开挖，部分用风镐 |
| 七类土（坚石） | Ⅹ~ⅩⅢ | 大理岩、辉绿岩；玢岩；粗、中粒花岗岩；坚实的白云岩、砂岩、砾岩、片麻岩、石灰岩；微风化安山岩、玄武岩 | 10.0~18.0 | 2500~3100 | 用爆破方法开挖 |
| 八类土（特坚石） | ⅩⅣ~ⅩⅥ | 安山岩、玄武岩；花岗片麻岩；坚实的细粒花岗岩、闪长岩、石英岩、辉长岩、辉绿岩、玢岩、角闪岩 | 18.0~24.0以上 | 2700~3300 | 用爆破方法开挖 |

2）岩的分类和特征描述

根据岩石的成因，可以分为岩浆岩，沉积岩，变质岩，这三种岩石是最基本的岩石。

（1）岩浆岩

岩浆岩是直接由岩浆形成的岩石，具体是指由地球深处的岩浆侵入地壳内或喷出地表后冷凝而形成的岩石。其又可分为侵入岩和喷出岩（火山岩），主要包括花岗岩、闪长岩、辉长岩、辉绿岩、玄武岩等。岩浆岩产状如图4-1所示。

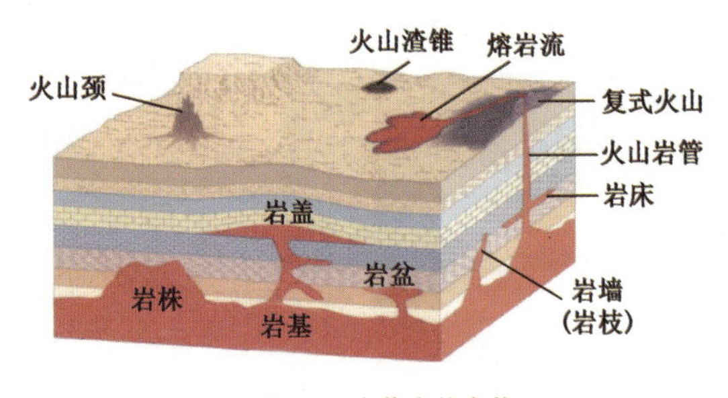


图4-1 岩浆岩的产状

（2）沉积岩

沉积岩是指由沉积作用形成的岩石，具体是指暴露在地壳表层的岩石在地球发展过程中遭受各种外力的破坏，破坏产物在原地或者经过搬运沉积下来，再经过复杂的成岩作用而形成的岩石。沉积岩的分类比较复杂，一般可按沉积物质分为母岩风化沉积、火山碎屑沉积和生物遗体沉积。沉积岩根据成因不同，主要分为硅质、泥质和灰质等，其分类见表4-2。

沉积岩的分类　表4-2

| 成因 | 硅质的 | 泥质的 | 灰质的 | 其他成分 |
|---|---|---|---|---|
| 碎屑沉积 | 石英砾岩、石英角砾岩、燧石角砾岩、砂岩、石英岩 | 泥岩、页岩、黏土岩 | 石灰砾岩、石灰角砾岩、多种石灰岩 | 集块岩 |
| 化学沉积 | 硅华、燧石、石髓岩 | 泥铁石 | 石笋、石钟乳、石灰华、白云岩、石灰岩、泥灰岩 | 岩盐、石膏、硬石膏、硝石 |
| 生物沉积 | 硅藻土 | 油页岩 | 白垩、白云岩、珊瑚石灰岩 | 煤岩、油砂、某种磷酸盐岩石 |

（3）变质岩

变质岩是经历过变质作用形成的岩石，具体是指地壳中原有的岩石受构造运动、岩浆活动或地壳内热流变化等内应力影响，使其矿物成分、结构构造发生不同程度的变化而形成的岩石。其又可分为正变质岩和副变质岩。

岩石坚硬程度按照表4-3进行划分。

岩石坚硬程度分类表　表4-3

| 坚硬程度 | 坚硬岩 | 较硬岩 | 较软岩 | 软岩 | 极软岩 |
|---|---|---|---|---|---|
| 饱和单轴抗压强度（MPa） | $f_r>60$ | $60\geqslant f_r>30$ | $30\geqslant f_r>15$ | $15\geqslant f_r>5$ | $f_r\leqslant5$ |

注：当无法取得饱和单轴抗压强度数据时，可用点荷载强度试验换算，换算办法按现行国家规范。

根据岩石质量指标 RQD,可分为好的(RQD > 90)、较好的(RQD = 75 ~ 90)、较差的(RQD = 50 ~ 75)、差的(RQD = 25 ~ 50)和极差的(RQD < 25)。

岩石按照完整程度分类,一般把岩石分为五类,分别为完整、较完整、较破碎、破碎、极破碎。岩石的完整程度指的是岩体压缩波速度与岩块压缩波速度之比的平方,具体分类见表 4-4。

岩石完整程度分类表　　表 4-4

| 完整程度 | 完整 | 较完整 | 较破碎 | 破碎 | 极破碎 |
| --- | --- | --- | --- | --- | --- |
| 完整性指数 | >0.75 | 0.75 ~ 0.55 | 0.55 ~ 0.35 | 0.35 ~ 0.15 | <0.15 |
| 坚硬岩 | Ⅰ | Ⅱ | Ⅲ | Ⅳ | Ⅴ |
| 较硬岩 | Ⅱ | Ⅲ | Ⅳ | Ⅳ | Ⅴ |
| 较软岩 | Ⅲ | – Ⅳ | Ⅳ | Ⅴ | Ⅴ |
| 软岩 | Ⅳ | Ⅳ | Ⅴ | Ⅴ | Ⅴ |
| 极软岩 | Ⅴ | Ⅴ | Ⅴ | Ⅴ | Ⅴ |

除此之外,岩石按照风化程度分为未风化、微风化、中风化、强风化、全风化五类;按软化程度分为软化岩石和不软化岩石,当岩石软化系数 $K_r \leq 0.75$ 时为软化岩石,$K_r > 0.75$ 时为不软化岩石;当岩石具有特殊成分的时候定性为特殊岩石,如溶性岩石、膨胀性岩石、崩解性岩石、盐渍化岩石等;按结构类型分为整体状结构、块状结构、层状结构、破裂状结构、散体结构五类。

## 4.1.2　地下水水位特征

1)地下水及其分类

埋藏在地表以下岩石(包括土层)的空隙(包括空隙、裂隙和空洞等)中的各种状态的水称为地下水。地下水的分布极其广泛,它和人类的生产生活密切相关。例如地下水常为农业灌溉,城乡人民生活及工矿企业用水提供良好的水源。因此,地下水是一种宝贵的地下资源。

地下水的运动和聚集必须具有一定的岩性和构造条件。空隙多而大的岩层能使水流通过(渗透系数大于0.001m/d),称为透水层。贮存有地下水的透水岩层,称为含水层。空隙少而小的致密岩层是相对的不透水岩层(渗透系数小于0.001m/d),称为隔水层。

地下水受诸多因素的影响,各种因素的组合更是错综复杂,因此,出于不同的目的或角度,人们提出了各种各样的分类。但概括起来主要有两种:一种是根据地下水的某种单一的因素或某种特征进行分类,如按硬度分类、按地下水起源分类等;另一种是根据地下水的若干特征综合考虑进行分类。根据地下水的埋藏条件可分为包气带水、潜水和承压水。不论哪种类型的地下水,均可按其含水层的空隙性质分为空隙水、裂隙水和岩溶水。地下水的类型及特征见表 4-5。

地下水的类型及特征　　表 4-5

<table>
<tr><th colspan="2">类　型</th><th>分　布</th><th>水力特征</th><th>补给区与分布区的关系</th><th>动态特征</th><th>含水层状态</th><th>水　量</th><th>污染情况</th><th>成因</th></tr>
<tr><td rowspan="3">包气带水</td><td>孔隙水</td><td>松散层</td><td rowspan="3">无压</td><td rowspan="3">一致</td><td rowspan="3">随季节变化,一般为暂时性水</td><td>层状</td><td rowspan="3">水量不大,且随季节性变化很大</td><td rowspan="3">易受污染</td><td rowspan="3">基本上为渗入形成</td></tr>
<tr><td>裂隙水</td><td>裂隙黏土、基岩裂隙风化区</td><td>脉状或带状</td></tr>
<tr><td>岩溶水</td><td>可溶岩垂直渗入区</td><td>脉状或局部含水</td></tr>
</table>

续上表

| 类型 | | 分布 | 水力特征 | 补给区与分布区的关系 | 动态特征 | 含水层状态 | 水量 | 污染情况 | 成因 |
|---|---|---|---|---|---|---|---|---|---|
| 潜水 | 孔隙水 | 松散层 | 无压或局部低压 | 一致 | 因素影响变化明显 | 层状 | 受颗粒级配影响 | 较易受污染 | 渗入形成 |
| | 裂隙水 | 基岩裂隙破碎带 | | | | 带状层状 | 一般水量较小 | | |
| | 岩溶水 | 碳酸岩溶蚀区 | | | | 层状脉状 | 一般水量较大 | | |
| 承压水 | 孔隙水 | 松散层 | 承压 | 不一致 | 受当地气象影响不明显，稳定 | 层状 | 受颗粒级配影响 | 不易受污染 | 渗入和构造形成 |
| | 裂隙水 | 基岩构造盆地、向斜、单斜、断裂 | | | | 脉状、带状 | 一般水量不大 | | |
| | 岩溶水 | 向斜、单斜、岩溶层或构造盆地岩溶 | | | | 层状、脉状 | 一般水量较大 | | |

2)包气带水

位于潜水面以上未被水饱和的岩土中的水，称为包气带水。包气带水主要是土壤水和上层滞水，如图4-2所示。

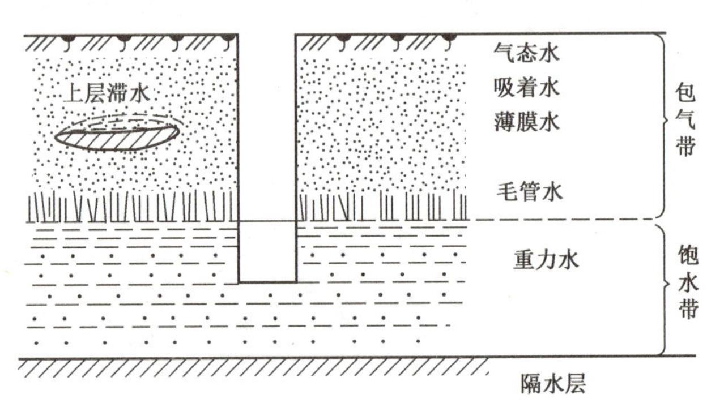


图4-2 包气带及饱水带示意图

(1)土壤水

埋藏于包气带土壤层中的水，称为土壤水。主要包括气态水、吸着水、薄膜水和毛管水。靠大气降水的渗入、水汽的凝结及潜水由下而上的毛细作用补给。大气降水向下渗入，必须通过土壤层，这时渗入的水一部分保持在土壤层中，成为所谓的田间持水量(土壤层中最大悬着毛管水含水率)，多余的部分呈重力水下渗补给潜水。

土壤水主要消耗于蒸发和蒸腾，水分的变化相当剧烈，主要受大气条件的控制。当土壤层透水性不好，气候又潮湿多雨或地下水位接近地表时，易形成沼泽，称为沼泽水。当地下水面埋藏不深，毛细管可达到地表时，由于地表水分强烈蒸发，盐分不断积累于土壤表层，则形成土壤盐渍化，从而危害农作物生长。所以，研究控制土壤层中的水分的变化，对农业生产和建筑物基础埋置具有重要意义。

(2)上层滞水

上层滞水是存在于包气带中，局部隔水层之上的重力水。上层滞水接近地表，补给区和分布区一致。接受当地大气降水或地表水的补给，以蒸发的形式排泄。雨季获得补充，积存一定水量，旱季水量逐渐消耗，甚至干涸。上层滞水一般含盐量低，但易受污染。根据上层滞水水量不大，季节变化强烈的特点，它只能用于农村少量人口的供水及小型灌溉供水。在松散沉积层中不仅埋藏有上层滞水，裂隙岩层和可溶岩层中同样也可以埋藏有上层滞水。

3)潜水

(1)潜水及其特征

潜水是埋藏于地面以下第一个稳定隔水层之上的具有自由水面的重力水，如图4-3所示。潜水一般多储存在第四系松散沉积物中,也可以形成于裂隙或可溶性基岩中,形成裂隙潜水和岩溶潜水。

潜水面任意一点的高程,称为该点的潜水位($H$)。潜水面至地面的距离为潜水的埋藏深度($T$)。自潜水面至隔水底板之间的垂直距离为含水层厚度($H_0$)。

根据潜水的埋藏条件,潜水具有以下特征:

①潜水具有自由水面。在重力作用下可以由水位高处向水位低处渗流,形成潜水径流。

②潜水的分布区和补给区基本上是一致的。在一般情况下,大气降水、地面水都可通过包气带入渗直接补给潜水。

③潜水的动态(如水位、水量、水温、水质等随时间的变化)随季节不同而有明显变化。如雨季降水多,潜水补给充沛,使潜水面上升,含水层厚度增大,水量增加,埋藏深度变浅;而在枯水季节则相反。

④在潜水含水层之上因无连续隔水层覆盖,一般埋藏较浅,容易受到污染。

(2)潜水面的形状及其表示方法

①潜水面的形状。

在自然界中,潜水面的形状因时因地而异,它受地形、地质、气象、水文等各种自然因素和人为因素的影响。一般情况下,潜水面不是水平的,而是向着邻近洼地(如冲沟、河流、湖泊等)倾斜的曲面。只有当盆地或洼地中潜水集聚而潜水面呈水平状态时,则形成潜水湖,如图4-4所示。

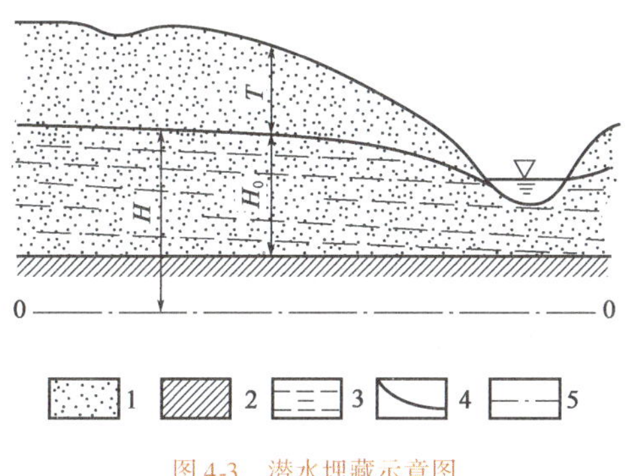


图4-3 潜水埋藏示意图

1-砂层;2-隔水层;3-含水量;4-潜水面;5-基准面;$T$-潜水埋藏深度;$H_0$-含水层厚度;$H$-潜水位

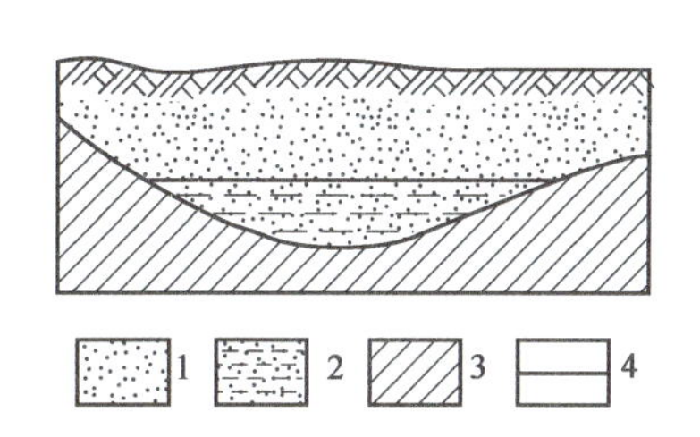


图4-4 潜水湖示意图

1-砂;2-含水砂;3-隔水层;4-潜水面

潜水面的形状与地形有一定程度的一致性,一般地面坡度越陡,潜水面坡度也越大。但潜水面坡度总是小于相应的地面坡度。其形状比地形要平缓得多。

当含水层的透水性和厚度沿渗流方向发生变化时,会引起潜水面形状的改变。在同一含水层中,当岩层透水性随渗流方向增强或含水层度增大时,则潜水面形状趋于平缓,反之变陡。

气象、水文因素会直接影响潜水面的变化,如大气降水和蒸发,可使潜水面上升或下降。在某些情况下,地面水体的变化也会引起潜水面形状的改变。

②潜水面的表示方法。

为清晰地表示潜水面的形状,常用两种图示方法,并且两种图常配合使用。

剖面图按一定比例尺,在具有代表性的剖面方向上,先根据地形绘制地形剖面,再根据钻孔、试坑和井、泉的地层柱状图资料,绘制地质剖面图。然后画出剖面图上各井、孔等的潜水位、连出潜水面,它也称为水文地质剖面图。从这种图上可以反映出潜水面与地形、含水层岩性及厚度、隔水层底板等的变化关系。

等水位线图在平面上潜水面的形状,可以用潜水面等高线图表示,此图称潜水等水位线图。其绘制方法与绘制地形等高线图基本相同,即根据在大致相同的时间内测得的潜水面各点(如井、泉、钻孔、试坑等)的水位资料,将水位高程相同的各点相连绘制而成。

潜水等水位线图一般在地形图上绘制。因为潜水面随季节时刻都在变化,所以等水位线图要注明测定水位的日期。通过不同时期内等水位线图的对比,有助于了解潜水的动态。

4)承压水

承压水是充满于两个隔水层(或弱透水层)之间具有静水压力的重力水。承压水含水层上部的隔水层,称为隔水顶板,下部的隔水层,称为隔水底板;顶、底板之间的垂直距离称为承压含水层的厚度($M$)。打井时,若未凿穿隔水顶板则见不到承压水,当凿穿隔水顶板后才能见到水面,此时的水面高程为初见水位;以后水位不断上升,达到一定高度便稳定下来,该水面高程称稳定水位,即该点处承压含水层的承压水位(测压水位)。承压水位高出地面的,称作正水头($H_1$),低于地面的称作负水头($H_2$)。在适宜的地形地质条件下,水可以溢出地表甚至自喷($H_1$)。

当两个隔水层之间的含水层未被水充满时,则称为层间无压水。

承压水的埋藏条件,决定了它与潜水具有不同的特征:

(1)承压水具有承压性能,其顶面为非自由水面。

(2)承压水分布区与补给区不一致。

(3)承压水动态受气象、水文因素的季节性变化影响不显著。

(4)承压水的厚度稳定不变,不受季节变化的影响。

(5)承压水的水质不易受到污染。

### 4.1.3 地质作用

地质作用是指由于受到某种能量(外力、内力)的作用,从而引起地壳组成物质、地壳构造、地表形态等不断的变化和形成的作用。

地质作用主要分为构造运动、岩浆活动、地震作用、变质作用、风化作用、斜坡重力作用、剥蚀作用、搬运作用、沉积作用和固结成岩作用等。

按照能源和作用部位的不同,地质作用又分为内动力地质作用和外动力地质作用。由内能引起的地质作用称内动力地质作用,主要包括构造运动、岩浆活动和变质作用,在地表主要形成山系裂谷隆起凹陷、火山地震等现象;由外能引起的地质作用称外动力地质作用,主要有风化作用、风的地质作用、流水的地质作用、冰川的地质作用、冰水的地质作用、重力的地质作用等,在地表主要形成戈壁、沙漠、黄土塬、洪水、泥石流、滑坡、岩溶、深切谷、冲积平原等现象。

### 4.1.4 地质灾害

地质灾害是指由地质作用对人类生存和发展造成的危害。地质灾害包括自然地质灾害和人为地质灾害。自然地质灾害是自然地质作用引起的灾害。例如地球内动力地质作用引起的火山爆发、地震和外动力地质作用引起的滑坡、崩塌、泥石流等。人为地质灾害是由人类工程活动使周围地质环境发生恶化而诱发的地质灾害。例如工程开挖诱发山体松动、滑坡和崩塌;修建水库诱发地震;城市过量抽取地下水引起地面沉降;水土流失加剧洪涝灾害等等。

1)隧道施工过程中常见的地质灾害

在隧道工程施工中,塌方、岩溶、塌陷、涌水和突水、洞体缩径、山体变形和支护开裂、泥屑流、岩爆是常见的地质灾害问题。

(1)围岩变形破坏

围岩变形破坏是隧道施工中最常见的地质灾害,表现为松散、破碎围岩体的冒落、塌方,软弱和膨胀性岩土体的局部和整体的径向大变形和塌滑,山体变形,支护和衬砌结构的破坏开裂,以及坚硬完整岩体中的岩爆等现象。其中,塌方是隧道施工中最常见的灾害现象之一,由于围岩失稳所造成的突发性坍塌、堆塌和崩塌,常会造成严重的安全事故。

这些灾害现象的形成和产生,主要取决于围岩体的岩性、岩体结构面和结构体的特征,同时与地应力和地下水的状况关系密切。其中,岩爆问题是深埋岩质隧道在无地下水条件下发生的常见现象,现场测试和研究表明,岩爆是脆性围岩体处于高地应力状态下的弹性应变能突然释放而发生的破坏现象,表现为片帮、劈裂、剥落、弹射,严重时会引起地震。而其他类型的围岩变形破坏,一般多发生在断层破碎带、膨胀岩(土)第四系松散岩层、接触不良的软硬岩接触面、不整合接触面、软弱夹层、侵入岩接触带及岩体结构面不利组合地段的地质环境中。

(2)涌水和突水

涌水和突水问题是隧道工程中的又一常见的地质灾害,其中尤以携带大量碎屑物质的涌水危害性最大。涌水和突水多发于节理裂隙密集带、构造形成的风化破碎带;突水灾害多发于岩溶洞穴、溶隙发育地段、含水层与隔水层交界面。据统计,我国1988年前已建成隧道中的80%在施工中遭遇突水灾害,总涌水量达10000$m^3$/d以上者达31座。京广线大瑶山隧道穿越9号断层时突水量达3万$m^3$/d,其竖井也曾因突水被淹,损失严重;成昆线沙木拉达隧道曾发生多次突水,最大达512万$m^3$/d,造成停工32d,通车后严重漏水,多年的整治耗资近千万元。

(3)地面沉陷和塌陷

地面沉陷和地面塌陷是伴随着隧道施工过程直至隧道完工之后一段时间内所出现的又一常见的地质灾害。地面沉陷一般发生在埋深小于30m的隧道、城市地铁和大型地下管道等工程开挖地段;地面塌陷主要因隧道内长期涌水或大量抽取地下水造成,多发于覆盖层厚度在5~20m的岩溶发育地区,少数地面塌陷也可以是隧道顶板冒落、塌方而引起。这类地质灾害除了给隧道线路的施工带来极大困难外,更严重的是将恶化工程地区地面的生态环境条件,引发地面建筑物的破坏及地表水枯竭等一系列环境问题。如大瑶山隧道岩溶涌水段上方的班古坳地区约610$km^2$范围内,就发生了200多个塌陷,造成了地表水的枯竭等灾害;襄渝线中梁山隧道因长期大量突水和涌水,造成隧道顶部地表48处井泉干枯,29个塌陷,8000亩(533万$m^2$)农田失水,居民和牲畜饮水短缺等恶化生态环境的严重问题。

(4)其他地质灾害

在隧道工程中,除了以上所述地质灾害外,还会发生岩溶塌陷、暗河、溶洞突水、淤泥带突泥、泥屑流、高地温、瓦斯爆炸和有害气体的突出等不同类型的灾害问题,对隧道的施工和人员设备的安全造成严重的威胁。

2)隧道地质灾害的防治

现代隧道工程规模和埋深比较大,遇到的地质条件比较复杂,尽管进行了详细的勘察研究,但开挖以后,有许多条件与勘察所得出的信息不同,有时差别较大。大量的实践表明,地面测得的大小断层仅为地下实际揭露的百分之几,地面测绘的精度再高也达不到施工的要求。这种情况下,施工过程中必然会出现预料不到的事故。这个问题可通过加强隧道施工中掌子面前方地质超前预测预报来解决。对于不同类型和不同原因引起的地质灾害,必须针对具体情况采取不同的防治措施。

(1)塌方

对松散、破碎围岩体隧道的塌方,可采用提高围岩的整体强度和自稳性的措施加以处理,如施工中常用的超前长管棚、超前锚杆及加固注浆、超前小导管注浆等施工措施预防隧道塌方。如杭州—金华—衢州高速公路新岭隧道采用长度为45m的$\phi$108mm@6mm超前长管棚+注浆预支护措施,避免了因公路浅埋隧道跨度大、结构受力复杂、施工难度大、围岩松散破碎、自稳能力差的特点而易发生的塌方事故。对于开挖断面较大的隧道,通过软弱围岩区域可采取分步开挖,减少围岩的暴露时间,开挖后应立即支护,从而可提高隧道围岩体的自稳性。南昆铁路某隧道在施工中多次发生严重的塌方事故,使隧道施工受阻7个多月,最终确定采用大管棚双液深孔预注浆固结岩体,结合小管棚补强的微台阶大断面开挖、全断面衬砌的施工技术,顺利通过塌方体。

(2)岩爆

对于岩爆问题,应加强预报监测,采用地应力卸除、短进尺多循环分步开挖、超前高压注水、岩面湿化、喷锚挂网等方法来解除或减弱岩爆发生的危害程度。太平驿电站引水隧洞在施工期间共发生了有记录的400多次岩爆,在岩爆区,采用分步开挖方法,在可能发生岩爆的地方打超前锚杆,在掌子面上打短的密集锚杆加固围岩,采用钢筋网、锚杆和喷混凝土的支护方法,使围岩处于三向压缩受力状态,从而大大减少了因剪切破坏而产生岩爆的可能性。利用现场的监测预报,可有效地预防岩爆发生所带来的危害。对于强度大的岩爆,西康线上的秦岭隧道采用了钻孔爆破应力卸载、预钻孔并配合向孔内灌注高压水、采用分部开挖等方案来防治。

(3)涌水、突水

对隧道施工中的涌水、突水问题应分别采用排、堵或排堵相结合的措施来处理。同时,要加强对临近暗河溶洞突水部位的监测工作,通过短期和工作面前的地质超前预报,准确地判断大溶洞和暗河部位以及和隧道的相交位置。对于严重涌水、突水的非岩溶深埋隧道可以采用排水导坑、钻孔疏干等措施。对于岩溶隧道、浅埋隧道应以堵为主,采用水泥—水玻璃双液注浆封闭,以最大限度地减少地下水位的下降,避免地面塌陷、井泉干枯等环境生态平衡的破坏。为了防止突水灾害,施工组织应尽量采用先隔水层后含水层的掘进工序,或采用超前引排、超前预注浆以减弱突水灾害的程度。在深圳市向西路人行地道施工中,为安全地穿越饱和含水砂层,采用了注浆法加固地层,虽然其埋深很浅且环境条件复杂,但最终获得成功。大瑶山隧道在班古坳岩溶段施工中,采用迂回导坑1100m进行排水和清淤,共排水267万t;在出口端F9断层上盘,为探明地质情况、减压排水,增设了570m平行导坑,最大排水量达218万t/天,总排水190万t。

(4)地表塌陷和地表沉陷

根据产生的原因差异,岩溶塌陷可对岩溶洞穴回填或建桥来绕避,对厚度不够的洞穴顶板进行加固,对隐蔽洞穴进行注浆加固,对突水点可采用双液注浆堵漏,以防止地面塌陷及井泉枯竭等环境问题的产生。浅埋隧道的地表塌陷,往往是由隧道塌方引起的,隧道开挖后立即进行喷锚初期支护,可有效地控制隧道轮廓的变形。对于城市近地表地铁隧道的施工,在施工支护方法的选择中要严格控制地面的沉陷,加强施工中隧道变形监测,以及地表沉陷监测。盾构法施工,由于其施工设备和工艺特点,在近地表土体及软岩隧道的开挖中可有效地控制地表沉降,是城市地铁隧道、穿越江河底部隧道的优选方法。

(5)其他地质灾害防治

当隧道线路穿越含煤地层时,存在发生瓦斯爆炸的可能性,探明这种隧道的工程地质条件非常重要。加强瓦斯含量的监测,从地质角度看,就是加强超前预报和短期预报。从瓦斯爆炸发生的物理条件来看,空气中瓦斯含量在5%~16%时极易发生瓦斯爆炸,所以工作面瓦斯安全含量应不超过1%。同时要加大含瓦斯隧道的工作面通风强度,及时稀释溢出的瓦斯,在钻爆法施工中,要注意加强防爆处理。淤泥带突泥是发生在我国南方岩溶发育地区隧道施工中的一种地质灾害,可采取类似于对暗河、溶洞突水一样的监测方法和治理措施,通过长期和短期超前预报,准确判断淤泥带与隧道交会的位置,并进行有效的防护。

### 4.1.5 工程地质图识图

工程地质图是反映一个地区各种地质条件的图件。它是将自然界的地质情况,用规定的符号按一定的比例缩小投影绘制在平面上的图件,是工程实践中需要搜集和研究的一项重要地质资料。要清楚地了解一个地区的地质情况,需要花费不少的时间和精力,通过对已有地质图的分析和阅读,可帮助我们具体了解一个地区的地质情况,这对我们研究路线的布局,确定野外工程地质工作的重点等,都可以提供很好的帮助。因此,学会分析和阅读工程地质图是十分必要的。

工程地质识图的主要内容包括:

(1)看图名、图幅代号、比例尺等图名和图幅代号可以告诉我们图幅所在的地理位置。一幅地质图一般是选择图面所包含地区中最大居民点或主要河流、主要山岭等命名的。比例尺告诉我们缩小的程度和地质现象在图上能够表示出来的精确度。此外,还应注意图的出版时间、制图人等。

(2)看图例通过图例可以了解制图地区出露哪些地层及其新老顺序等。图例一般放在图框右侧,地层一般用颜色或符号表示,按自上而下由新到老的顺序排列。每一图例为长方形,左方注明地质年代,右方注明岩性,方块中注明地层代号。岩浆岩的图例一般在沉积岩图例之下。构造符号放在岩石符号之下,一般顺序是褶曲、断层、节理、产状要素等。

(3)剖面线有时通过地质图相对图框上的两点画出黑色直线,两端注有AA′或II′…字样,这样的直线称剖面线,表示沿此方向已经作了剖面图。

(4)分析图内的地形特征如果是大比例尺地质图,往往带有等高线,可以据此分析一下山脉的一般走向、分水岭所在、最高点、最低点、相对高差等。如果是不带等高线的小比例尺地质图,一般只能根据水系的分布来分析地形的特点,如巨大河流的主流总是流经地势较低的地方,支流则分布在地势较高的地方;顺流而下地势越来越低,逆流而上越来越高;位于两条河流中间的分水岭地区总是比河谷地区要高。了解地形特征,可以帮助了解地层分布规律、地貌发育与地质构造的关系等。

(5)分析地质内容应当按照从整体到局部再到整体的方法,首先了解图内一般地质情况,具体如下:

①地层分布情况,老地层分布在哪些部位,新地层分布在哪些部位,地层之间有无不整合现象等。

②地质构造总的特点是什么,如褶皱是连续的还是孤立的,断层的规模大小,它发育在什么地方,断层与褶皱的关系怎样,是与褶皱方向平行还是垂直或斜交等等。

③火成岩分布情况,火成岩与褶皱、断层的关系怎样。

(6)在掌握全区地质轮廓的基础上,再对每一个局部构造进行分析。

①开始时最好从图中老岩层着手,逐步向外扩展,以免理不出头绪。

②对每一种构造形态,包括褶曲、断层、不整合、火成岩体等逐一详加分析。例如褶曲类型、断层类型、各构造组合关系等。

## 4.2　我国不同地域的地质特征

### 4.2.1　东部的地质特征(上海)

东部长江三角洲地区第四系早更新世、中更新世、晚更新世、全新世各时期岩相、古地理演化特征、岩相沉积分布及剖面图纵横向展布规律等。

上海位于长江三角洲东端。第四纪冲积层,厚度大而地质松软,地下水水位高。在这种地层下开挖隧道是一件很困难的工作。

(1)表土层(黏土层):全区段广泛分布,在黄浦江和吴淞江两岸局部地区缺失。为上海地区表土层一般厚度1~3m。该层岩性在平面展布上存在这差异,河口沙岛地区为粉质黏土夹砂质粉土,具水平层理。滨海平原东部海岸地区则以粉质黏土为主,中心城区则以黏土为主。湖沼平原以粉质黏土为主。垂向上以潜水面为界,上下工程地质差异明显,自上而下含水率增大、土性变软。上层为褐黄色黏性土层,稍湿~湿,可塑,中压缩性,见有植物根茎及铁锰质斑点或小结核。该层作为浅基础的持力层但基础宜浅埋。下层为灰黄色淤泥质黏性土层,很湿,软塑~流塑,中偏高~高压缩性。

(2)第一砂层(沙土、粉土层):主要分布在滨海平原海岸带、河口沙岛地区,以及黄浦江、吴淞江等古河道两岸地区,呈条带状分布,以灰色粉砂、粉砂夹砂质粉土为主。由于埋藏较浅,结构较松散,当地震基本烈度为7度时,易于产生轻至中等振动液化。

(3)第一硬土层(暗绿色黏性土层):分布于西部湖沼平原,即松江、青浦、金山区西部一带。颜色为黄绿至暗绿色,岩性以黏土为主,粉质黏土次之,上部为黄绿色黏性土,下部主要是为褐黄色黏性土,土性较硬。

(4)第一软土层:在市域范围内除崇明岛外广泛分布。第一软土层属天然含水率高、孔隙比大、压缩系数大、强度小的软黏性土,具中至高灵敏度,在一定外荷作用下流变特征明显。该层是上海地区主要压缩层次,亦是工程建筑地基基础的不良土层。

(5)第二软土层:全区亦分布广泛,岩性以灰色黏土或粉质黏土、灰色粉砂夹砂质粉土、灰色粉质黏土亚层为主。第二软土层亦属于天然含水率高、孔隙比大、压缩系数大、强度小的软黏性土,其力学特征比第一软土层稍好,亦属不良土层,并且该层在平面分布上厚度变化较大。

(6)第二硬土层:湖沼地区广泛分布。滨海平原区因被后期古河道切割成支离破碎,呈块状分布;河口沙岛地区则荡然无存。第二硬土层曾经受脱水固结,结构较致密,具天然含水率低、孔隙比小、压缩系数小、强度大等较为良好的工程地质特征,属中等压缩性土。

(7)第二砂层:分布较为广泛。在滨海平原的东南部地区与下伏第九层沟通。在嘉定、宝山、青浦、金山等区局部地区及河口沙岛地区缺失。本层从上至下颗粒逐渐变粗。岩性为黄色粉砂夹砂质粉土、青灰色细粉砂为主,稍密。矿物成分以石英为主,长石次之,暗色矿物少量,局部云母片富集。第二砂层具有中偏低压缩性、强度大等良好工程地质特征,可作为本区中—大型构(建)筑物的桩基持力层。

(8)第三软土层:主要分布于上海的嘉定、宝山、青浦、松江、金山、浦东等区及市区北部等地区,岩性为灰色粉质黏土夹薄层粉砂亚层、灰色粉质黏土与灰色粉砂互层为主、第三软土层俗称“千层饼”,其工程地质特性比第一、二软土层为好,但亦属易压缩的土层。

(9)第三砂层:区内广泛分布。岩性从上至下有细至粗的规律变化,上部为细砂,下部为含砾粗中砂或中粗砂,矿物成分以石英为主,次为暗色矿物,分选性较好,底部为中粗砂、砾石层,砾石直径一般2~5mm,磨圆度很好,呈半棱角状。密实,局部夹有薄层黏性土透镜体,见有水平层理,夹少量贝壳碎片。第三砂层具有低压缩性、强度大等良好工程地质特性,通常作为超高层桩基持力层。

上海地区在地表75m以下,还分布有第三硬土层、第四砂层、第四硬土层、第五砂层、第五硬土层、第六砂层、第六硬土层等土层,其分布较普遍、稳定。

### 4.2.2 西南及山地地域的地质特征(成都)

成都地处川西平原岷江Ⅱ级阶地、Ⅲ级阶地,为成都平原区与龙泉山低山丘陵区过渡带的成都东部台地区和侵蚀堆积地貌,地形平坦,上覆第四系全新统人工填土($Q_4^{ml}$),其下为第四系全新统冲积层($Q_4^{ml}$)粉土、砂土及卵石土,部分地段夹中砂透镜体;再向下为第四系上更新统冲,洪积($Q_3^{al+pl}$)卵石土;下伏白垩系上统灌口组($K_2^{g}$)泥岩。

第四系全新统冲洪积层:淤泥质粉质黏土、粉质黏土、粉砂、粗砂、圆砾、卵石;第四系上更新统冲洪积层:粉质黏土、粗砂、砾砂、卵石;第四系上更新统坡积层:粉质黏土、残积层、砂质黏性土、震旦系混合岩;震旦系混合岩:全风化混合岩、强风化混合岩、强风化混合岩、中等风化混合岩、微风化混合岩;全风化花岗岩、强风化花岗岩、中等风华花岗岩、微风化花岗岩。本区间重点为全断面砂卵石中密实砂卵石比率较高,对盾构机机性能要求较高,存在施工风险。

卵石含量高达55%~80%,卵石成分主要为中等风化的岩浆岩与变质岩,单轴抗压强度64.5~184MPa,最大值为206MPa。卵石粒径以30~70mm为主,局部80~120mm,地层中粒径大于200mm的漂石含量占0~22.3%(质量比),全线已发现最大漂石粒径达670mm,大粒径卵石含量较高且局部富集成群。

### 4.2.3　中部及平原地域的地质特征(郑州、武汉)

1)郑州地区

郑州地区地形比较平坦,地势由西南向东北倾,区内地貌类型复杂多样。本区第四纪地层发育,总厚60~300m,由西向东逐渐变厚,下伏为第三系。将各类土体类型及分布由老至新分别叙述如下:

(1)早更新世河相堆积物:仅在西南三李冲沟内有出露。一般厚40~50m。岩性以灰白色砂和砂砾石为主,夹棕色、灰色黏土和粉质黏土透镜体。砂层交错,层理发育,砂砾石分选较差,砾径1~7cm,与下伏第三系呈不整合接触。

(2)中更新世风积相堆积物:仅在西南部沟底有出露。厚30~40m。分布稳定,岩性单一,以粉质黏土为主。夹2-3层古土壤层及钙质结核层,垂直节理发育,裂隙面见铁锰薄膜浸染,具孔隙,孔径0.1~0.3mm,含铁锰质结核及蜗牛化石与下伏早更新世地层呈角度不整合接触。

(3)中更新世冲洪积相堆积物:顶板高程由西向东骤然降低,西薄东厚,西部厚20~50m,东部厚40~90m。岩性以棕色或棕黄色黏土、黄土状粉质黏土、黄土状粉土为主,下部夹黄色细砂、中细砂透镜体,局部富集成层,厚0.4~1.0m,结核直径0.4~5cm,大者可达30m,断面处可见铁锰质浸染斑块或小结核。与下伏早更新世地层呈不整合接触或侵蚀接触。

(4)晚更新世风积相堆积物:分布于沟谷,厚14~30m,西薄东厚。岩性单一,主要为黄褐色粉土,夹1-2层古土壤,垂直节理发育,大孔隙,孔径0.1~3mm,具锈斑,普遍含钙质结核和蜗牛壳化石。与下伏地层呈角度不整合接触。

(5)晚更新世冲洪积物:厚度西部18~24m,东部40~82m岩性主要以浅黄色,褐黄色黄土状粉土、粉质黏土为主,夹黏土透镜体,底部有中细砂、砂砾石透镜体。粒度由西向东逐渐变细,至东部相变为黏土,含钙质结核和钙质网纹,钙核呈散状分布。与下伏中更新世地层呈不整合接触和侵蚀接触。

(6)晚更新世冲积相堆积物(QH):分布在西部贾鲁河两侧。岩性为灰白色,灰色粉土,疏松具孔隙,微具层理,厚10~60m,含钙质结核及陆相蜗牛壳碎片。与下伏地层呈侵蚀接触。

(7)全新世冲积堆积物:分布于东部泛滥平原,西部仅在沟谷河床两侧有堆积。岩性主要为浅黄色、黄褐色粉土、粉质黏土、粉细砂层,局部有黑色、灰黑色淤泥质层和炭化层,沉积韵律明显,自上而下,由细渐粗,厚20~40m。与下伏晚更新世地层呈侵蚀接触。

(8)人工填土:分布于老城区(即管城区)。厚度一般为4~8m。上部2m以上为杂填土,其主要成分为黄褐色粉土,夹大量碎砖块、煤灰等建筑垃圾;埋深2m以下为素填土,黄褐色,以粉土为主,见少量碎砖屑,稍湿,稍密。

2)武汉地区

武汉市地处江汉平原东部边缘,属剥蚀残丘平原,地势南高北低,西高东低,中间凹谷呈Y字形切割成三块,称之为武汉三镇。武汉地区第四系地层主要可分为三个区:一般黏性土区、隐伏老黏土区、和老黏土区。

(1)一般黏性土区:主要分布在一级阶地、河漫滩及二、三级阶地的坳沟部位,以汉口地区及武昌、汉阳的沿江一带为主。该区地层具有明显的沉积相二元结构,上部为一般黏性土,厚1~12m,粉土夹粉质黏土、粉土或粉砂夹粉质黏土互层过渡层4~12m,中部为厚度30~45m厚的砂、卵砾石层,有厚度为30~40m粉砂、细砂过渡到中粗砂夹砾、卵石层(厚度2~8m,局部缺失),底部为基岩。局部地段分布人工填土、淤泥、淤泥质软土巨厚,如大兴路、武昌老护城河、紫阳湖、六度桥等地填土厚6~8m以上,沙湖、南湖、月湖、后湖、三眼桥——新华下路一带淤泥淤泥质土厚7~20m。

(2)隐伏老黏性土区:主要分布在剥蚀堆积平原的坳沟地区及一、二级阶地的结合部,如东西湖、汉阳、武昌残丘南麓的部分地区,一般黏性土最大厚度大于8m或湖积淤泥、淤泥质土最大厚度可大于20m,中部为老黏性土,底部基岩。

(3)老黏性土区：主要分布于武昌东南和汉阳大部分城区范围。属剥蚀堆积平原土层，厚度3～28m。残丘边缘部分存在坡积层，在武昌的长江古河道的第四系覆盖层厚度局部超过100m。

### 4.2.4 西北及高原地域的地质特征(兰州)

1)兰州地质构造背景

从区域地质构造位置看，兰州位于祁连山加里东褶皱系与秦岭印支褶皱系的复合区；从构造体系分析，兰州位于陇西旋扭构造内旋褶皱带与河西系庄浪河凹陷带的斜接复合部位。兰州市区是一个构造盆地，西端起自黄河上游的八盘峡，东至桑园峡，东西长约50km，南北宽2～15km，为一双侧不对称的压扭性断陷谷地。基底地层为前寒武系，在盆地北缘的关山、白塔山及桑园峡等地零星出露。中生代白垩系河口群砂岩及页岩，层理清晰，产状平缓，在八盘峡东岭、西固北山、宜家沟、虎头崖等地呈片出露。第三系(E1-3)、新近系(N1-2)红色泥岩、砂岩，在黄河南北两岸分布很广。

兰州盆地内黄河两岸发育了9～10级阶地，其中1、2级阶地较宽，是城区的主要建筑区。

Ⅰ级阶地分布广泛，是目前主要市区所在地，阶地面海拔高程为1510～1550m，主要为基座阶地。阶地下部卵砾石层厚5～10m，上覆全新世黄土。

Ⅱ级阶地分布局限，主要发育在安宁区沙井驿及罗锅沟口、砂金坪等地，阶地面海拔高度1560～1570m。以基座阶地为主，基座为新近系红层；石峡口-砂金坪为侵蚀阶地，底部砾石层厚5m左右，上覆10～15m的冲积黄土层，顶部为20m厚的风成黄土。

2)兰州主城区的岩土条件

兰州城区分布的主要土层岩性变化较大。自地表向下0～20m深度范围内，分别为填土、黄土状粉土(粉质黏土)局部夹粉砂、卵石，下伏基岩为新近系咸水河组砂岩与泥岩互层，产状近水平。以西固区、城关区与安宁区为例，第四系黄土状土(粉质黏土)厚度0.9～6.4m，层底深度4～12m。下部为砂层，再向下为厚度1～8m的卵石层。卵石层为中等-强富水性含水层。卵石层下为新近系砂岩、泥岩，厚度大于60m。

兰州主城区位于黄河Ⅰ～Ⅱ级阶地区，岩土层平面上变化小，具有相似性，现以城关区红楼时代广场为例对岩土层物理力学性质予以介绍。

(1)杂填土($Q_4^{ml}$)：灰黑色，主要由粉土组成，另含有较多碎石、碎砖和炉渣等建筑垃圾，局部含有少量生活垃圾，土质稍黑，稍湿～饱和、松散～稍密。土质不均，在拟建场地内均有分布，层厚1.6～6.5m，属挖除地层，层面标高1520.67～1521.45m。

(2)粉质黏土($Q_4^{al+pl}$)：浅黄色，土质较均匀，刀切面粗糙、摇振反应慢，稍有光滑，韧性低，干强度低。软塑～流塑。分布不连续，层厚不均匀。在Z15(T1)、Z17(T2)、Z19、Z24、Z25、Z27、Z28孔内揭露。埋深3.7～6.2m，层厚0.9～2.3m，层面标高1514.96～1519.35m。

(3)卵石($Q_4^{al+pl}$)：青灰色，母岩成分以花岗岩、石英岩、变质岩为主，一般粒径20～60mm，约占全重55%～65%以上，最大粒径约220mm，颗粒粒径磨圆度度较好，次圆状。场地内分布连续，厚度变化大，层面埋深变化大，偶夹薄层砂透镜体。钻进较困难，孔壁有坍塌现象，稍密～中密。埋深3.5～6.5m，层厚0.9～4.9m。层面标高1514.67～1517.61m。

(4)强风化砂岩(N)：黄红色，中粗粒结构，层状构造。岩芯较破碎，呈2～5cm左右的短柱状，泥质胶结。矿物成分以长石、石英为主，含少量云母。成岩作用差，遇水或扰动易崩解呈散砂状，暴露地表易风化，不经扰动时强度较高。层顶埋深4.4～10.6m，层厚6.0～7.6m，层面标高1510.51～1514.88m。

(5)中风化砂岩(N)：黄红色，中粒结构，层状构造。岩芯较完整，多呈5～8cm左右的短柱状，泥质胶结。矿物成分以长石、石英为主，含少量云母。成岩作用差，遇水易软化，扰动呈砂状，暴露地表易风化，不经扰动时强度较高。层顶埋深12.6～17.0m，层面标高1504.11～1508.68m。场地内主楼处10

钻孔穿透该层，层厚29.5～32.1m，平均厚度30.51m。根据钻探和超声波测试报告，自地面以下约44.5m处为中风化和微风化界线。

(6)微风化砂岩(N)：黄红色，中粒结构，层状构造。岩芯较完整，多呈8～10cm左右的短柱状，泥质胶结。矿物成分以长石、石英为主，含少量黑云母等暗色矿物。成岩作用较差，遇水易软化，扰动呈砂状，暴露地表易风化，不经扰动时强度较高。层顶埋深43.5～46.5m，层面标高1474.61～1477.78m。

3)地下空间施工受限的因素

黄土层薄，密实卵石层及下伏基岩开挖困难，地下水问题突出，是兰州市在黄河Ⅰ、Ⅱ阶地上的主城区，在地下空间开发时遇到与岩土地质条件有关的普遍问题。

黄河河谷Ⅰ、Ⅱ阶地区的卵石层厚度普遍在1～8m之间，因上覆黄土状土层薄，地下工程必然要开挖密实的卵石层，甚至其下部的基岩层。黄河卵石层以稍密、中密、密实为主，局部地段甚至因钙质淋滤而有胶结现象，机械开挖困难。

卵石层下伏基岩岩性以泥质粉砂岩与粉砂质泥岩为主，因其厚度较大，机械开挖难度大，常需爆破开挖，环境影响大，施工周期长，因此工程费用消耗大。

### 4.2.5　华南及沿海地域的地质特征(深圳、广州)

华南地区的大地构造单元属后加里东华南准地台，是中国大陆一块年轻的陆壳，年龄不超过$1.50\times10^9$ a。其发展简史是在早古生代之前($4.05\times10^8$ a前)沉积震旦纪和下古生界地槽相复理石建造、加里东造山运动褶皱上升、变质构成基底。晚古生代至三叠纪中期(至约$2\times10^8$ a年之前)沉积地台相盖层，印支运动褶皱上升，之后燕山期地壳运动等表浅化，形成大量陆壳重熔花岗岩及中生界沉积～火山沉积建造，红色盆地为特色，称之为地洼型建造。

华南地区的第四系地层主要有滨海相、三角洲相及陆相堆积。三角洲沉积主要发育于珠江、韩江、漠阳江、鉴江河口区。浅海相早期水下三角洲沉积特征：珠江口外水深<50m，宽170～190km，主要堆积物为粗砂、砂砾层，厚100m；韩江口外为水深35m以下。现代水下三角洲沉积特征：珠江口外水深15～45m，宽60～80km，沉积物以陆源碎屑为主，向外海粒度变细。三角洲沉积特征：珠江三角洲由海相粉砂质淤泥及河流相6层组砂层、砂砾层组成3个沉积韵律，厚一般30m；韩江三角洲由海陆交互9层组组成，厚可达10～70m。滨岸相主要沿海岸砂堤、砂坝、海积平原等分布。在雷州半岛区有湛江组滨海相为主的砂砾层、砂层、亚砂土及黏土，形成高程60～80m的台地，厚2～250m。之上为北海组亚黏土、砾石层夹透镜状亚砂土，厚>10m，组成高程20～30m的台地。陆相堆积以河流相为主。河流冲积可分为5级阶地，分别高出现代河水面55～60,42～45,25～40,15～25及5～15m，厚度分别为1.5～13.0,4.0～8.0,3.0～10.0,2.0～22.0及2.0～20.0m。各阶地沉积一般下部为砾石层、向上变成砂和砂质黏土。

华南片区岩浆岩出露面积约占全省陆地面积的近1/3，以粤中和粤东沿海最为集中，有超基性岩、基性岩、中性岩、中酸性岩、酸性岩、超酸性岩和碱性岩等。以酸性花岗岩占绝对优势，中酸性的二长花岗岩、花岗闪长岩、石英闪长岩其次，其余岩类极少。岩浆岩产状有岩基、岩株、岩瘤、岩墙、岩脉等。以大岩基体为主，其次为岩株体。岩墙、岩脉所占面积甚少，但属常见地质体。岩浆岩时代有加里东期、华力西～印支期、燕山期及喜马拉雅期。各时期岩石强度相当，主要差别在构造、地貌条件及风化程度上表现特征不同。

华南褶皱系其基底褶皱由震旦纪和下古生界变质岩系组成，以紧密线型褶皱为特征，轴线以NEE向为主。其中九连山—佛冈—郁南和蕉岭—增城—腰古—云开两条复背斜带，呈NE～EW～NEE向展布，略呈“S”形辗转弯曲，构成广东的重要构造骨架，对其后的构造变动、地层分布、岩浆活动和矿产的生成起着重要控制作用。泥盆系至中三叠统地台的盖层褶皱，以过渡型褶皱为特征，常与同向高角度断裂同步产出，组成“褶皱构造带”。褶皱轴线方向多变，但以NE向为主。上三叠统和侏罗系中的褶皱以宽展型的短轴背向斜为特征，而白垩系和第三系中则主要发育平缓的向斜、拱曲或单斜构造。

华南地区不良地质：华南地区残积土层在施工区域广泛分布，层厚较大，具有遇水软化、崩解，强度急剧降低的特点。

球状风化体，而且分布很不规律，盾构机掘进过程中遇到如处理不当易引起刀盘刀具磨损严重，易产生卡刀、斜刀、掉刀、刀具偏磨、线路偏移等，处理起来速度比较慢，严重影响施工进度，花费成本较高，经济效益差。

### 4.2.6 盾构施工中常见的复合地层地质特征

复合地层是指将开挖断面范围内和开挖延伸方向上，由两种或两种以上不同地层组成，且这些地层的岩土力学、工程地质和水文地质等特征相差悬殊的地层组合。

复合地层的组合方式是非常复杂多样的，但总的来说可分为三大类：一类是在断面垂直方向上不同地层的组合；一类是在水平方向上地层的不同组合；另一类是上述两者兼而有之。复合地层在垂直方向上的变化。最典型的垂直方向上的复合地层就是所谓"上软下硬"地层。即隧道断面上部是第四系的松软土层，而下部是坚硬的岩石地层；或者上部是软弱的岩层而下部是硬岩层；或者是在硬岩层中夹软层，或软岩层夹硬岩层等等。复合地层在水平方向上的变化。在一施工段当中，可能分布着不同时代、不同岩性或不同风化程度，从而表现出不同岩土性质的地层。

(1)砂层

主要分为砾砂、中砂、粗砂、细沙、粉砂。主要特性是不稳定，具有流动性，盾构机施工中容易造成地面塌方等。

(2)鹅卵石地层

卵石主要由颗粒大小不一、形状不规则、风化程度各异的岩石碎屑或石英、长石等原生矿物组成，成单粒结构及块状和假斑状构造，具有孔隙性大、压缩性低、透水性强、抗剪强度大的特点。

正是由于卵石土颗粒结构松散，粒径不均匀，胶结性差，钻进时冲击力强摩阻力较大，在这地层中钻进时钻具极容易出现磨损和断裂，还可能出现卡钻、埋钻、孔壁坍塌、漏浆，个别地还有钻进困难的问题。

(3)孤石

孤石是残留于风化岩体中，多为中～微风化状，周围岩体多为全风化状，主要是不均匀风化的产物(如花岗岩的球状风化)，孤石是独立存在的，一般处的位置不高；块石主要为坡洪积、崩积、滑坡堆积、倒石锥等形成，粒径大于20cm以的颗粒含量超过50%。

由于孤石的影响，盾构机施工过程中可能出现的主要问题有：刀具磨损严重、刀座变形、更换困难；刀盘磨耗导致刀盘强度和刚度降低，刀盘变形；刀盘受力不均导致主轴承受损或主轴承密封被破坏、刀盘堵塞、盾构机负载加大；被刀盘推向隧道侧面的大漂石甚至导致盾构机转向，偏离隧道轴线等。

(4)地质断裂带

垮落带上方的岩层产生断裂或裂缝，但仍保持其原有层状的岩层带，断裂带亦称"断层带"。有主断层面及其两侧破碎岩块以及若干次级断层或破裂面组成的地带。在靠近主断层面附近发育有构造岩，以主断层面附近为轴线向两侧扩散，一般依次出现断层泥或糜棱岩、断层角砾岩、碎裂岩等，再向外即过渡为断层带以外的完整岩石。

在盾构机穿越断裂带前要充分考虑附近的建筑物，对其基础情况等要建立分析表格，随时测量跟踪地表沉降情况。由于断裂带中岩石破碎，地下水丰富，盾构机穿越断裂带时易发生喷涌、掌子面坍塌等情况。为确保盾构机安全顺利通过断裂带，在盾构机掘进过程中采取掘进控制措施进行保证，以控制地面沉降及喷涌的发生。

(5)穿越富水层

富水砂层地质,地层稳定性差,容易被盾构机刀盘切削扰动发生坍落,且砂质地层为强透水层,容易出现涌水和流砂现象,从而引起开挖面失稳和地表下沉。在盾构机掘进过程中,当水量很大时,还易直接造成螺旋输送机出土口喷涌,进而引起地表下沉。此外,盾构机区间沿线建(构)物多、地下管线众多且年久失修,盾构机机在富水砂层中掘进施工引起地表沉降过大将进而导致自来水管、雨污水箱涵、煤气管等管线破损事故,给周围建(构)筑物的安全、道路交通以及周边居民的生活带来影响。地表沉降过大给盾构机掘进施工安全及周围环境带来了极大影响。施工中须采取一定的技术措施,避免盾构机机在富水砂层作业中出现地层沉降、隧道喷涌、盾构机姿态难控制等问题。

(6)穿越重要房屋、构筑物、桩基础

盾构机穿越既有建筑物施工过程中,首先要对既有建筑物进行调查,充分了解具体条件,分析可能产生风险的原因,并多次召集技术人员对施工方案进行探讨,最后组织专家对施工方案进行论证,同时制定出具有针对性的应急预案。在施工过程中,做到信息化施工管理,同时做好施工中的建筑物、地面监测工作,依据监测数据及时调整推进参数。

(7)穿越有害物质地层

为解决盾构机通过地表浅层有害气体段,有害气体突涌对盾构机施工产生的危害,从分析气体成因着手,通过预估盾构机通过期间的有害气体涌出量,并结合有害气体层压力分布及其与盾构机隧道间相互关系,提出盾构机施工期间采取提前地面钻孔释放、施工期间加强施工通风及有害气体监测等施工措施,成功解决盾构机通过有害气体段的施工安全问题。

## 4.3　不同地质条件下对盾构选型的影响

盾构是根据工程地质、水文地质、地貌,地面建筑物及地下管线和构筑物等具体特征来“度身定做”的,盾构不同于常规设备,其核心技术不仅仅是设备本身的机电工业设计,还在于设备如何适用于所应用工程的各类地质条件和环境条件。盾构施工的成功率,主要取决于盾构的选型,取决于盾构是否适应现场的地质条件和施工环境,盾构的选型正确与否直接决定着盾构施工的成败。

### 4.3.1　盾构的“类型”

盾构的“类型”是指与特定的盾构施工环境,特别是与特定的基础地质、工程地质和水文地质特征相匹配的盾构的种类。

根据施工环境,全断面隧道掘进机的“类型”分为软土盾构机、岩石掘进机(即TBM,主要用于山岭隧道或岩石地层隧道)、复合盾构机三类。

### 4.3.2　盾构的“机型”

盾构的“机型”是指在根据工程地质和水文地质条件,盾构所采用的最有效的开挖面支护形式。

盾构按支护地层的形式主要分为自然支护式、机械支护式压缩空气支护式泥水支护式、土压平衡支护式五种机型。

根据这个定义,盾构的“机型”主要有敞开式盾构(采用自然支护式和机械支护式))、压缩空气盾构(压缩空气支护式)、泥水盾构(泥水支护式)和土压平衡盾构(土压平衡支护式)等四种。目前,敞开式盾构和压缩空气盾构已基本被淘汰。

### 4.3.3 盾构选型的原则

盾构选型的原则是安全性、技术性、经济性相结合，其首要原则是安全第一，即以确保开挖面稳定为中心；为此应注意地质条件（种类、强度、渗透系数、细颗粒含有率、砾径）及地下水条件，同时应充分明确场地条件、竖井周边的环境条件、施工线路上的地上及地下建筑物条件、特殊场地条件等所要求的功能。在此基础上，还必须连同技术性和经济性等一同考虑，才能选出合适的盾构。盾构选型方法主要遵循盾构选型三角理论：以开挖面稳定为中心，以工程地质和水文地质为基本点；以地层粒径、渗透系数、地下水压力为依据，并综合考虑具体工程实际；确保所选择的盾构满足稳得住（平衡工作面）、掘得进（切削工作面）、排得出（排出渣土）的总体目标。

# 第5章　施工测量与导向系统

本章主要介绍了工程测量学基础、常用工程测量仪器、全断面隧道掘进机导向系统原理、掘进施工测量、全断面隧道掘进机导向系统设备软硬件组成及其维护与简单故障处理等知识，使施工一线人员了解掌握施工测量与导向系统方面相关知识，为全断面隧道掘进机正常掘进提供正确的施工路线。

## 5.1　测量学基础知识

### 5.1.1　测量学的任务和分类

测绘学研究的对象主要是地球的形状、大小和地表面上各种物体的几何形状及其空间位置，目的是为人们了解自然和改造自然服务。

测量学主要包括以下类别：

(1)地形测量学——如果要研究的只是地球自然表面上一个小区域，则由于地球半径很大，就可以将这块球面当作平面看待，研究这类小区域地表面各类物体形状和大小，属于地形测量学范畴。

(2)地图制图——利用测量所得的资料，研究如何投影编成地图，属于制图学范畴。

(3)大地测量学——研究的对象是地表面上较大区域甚至整个地球时，必须考虑地球曲率，这种以广大地区为研究对象的测绘科学，属于大地测量学范畴；分为常规大地测量与卫星大地测量。

(4)摄影测量学——利用摄影像片来研究地表形状和大小的测绘科学，属于摄影测量学；又分为地面摄影测量学和航空摄影测量与遥感学。

(5)工程测量学——城市建设、厂矿建筑、水利枢纽、农田水利及道路修建等在勘测设计、施工放样、竣工验收和工程监测等方面的测绘工作，称为工程测量学。主要有三方面任务：将地面上的情况描绘到图纸上，将图纸上设计的建筑物测设到地面上，以及为建筑物施工过程中和竣工后所产生的变化而进行的变形观测。

(6)海洋测绘学——对海洋及其相邻陆地和江河湖泊进行测量和调查，获取海洋基础地理信息，制作各类海图和编制航行资料，属于海洋测绘学范畴。与陆地测量相比，海洋测量在基本理论、技术方法和测量仪器等方面有许多特点。

(7)各种权属测绘——包括房产测绘(为房产产权和产籍管理、房地产开发利用、交易与征收税费、城镇规划建设而进行，其主要任务是采集和表述房屋及房屋用地的有关信息)、地籍测量(为征收土地税建立土地登记簿册而进行)、行政区域界限测绘(勘定公平合理的各级行政区域边界)。

(8)地理信息工程——在计算机软硬件及网络支持下，对有关地理空间数据进行输入、存储、检索、更新、显示、制图、综合分析和应用。

## 5.1.2 水准测量和水准仪

1)水准测量

水准测量是测量地面点高程的方法之一。

水准测量的基本测法:若有一个已知高程的 $A$ 点,首先测出 $A$ 点到 $B$ 点的高差 $h_{AB}$,则 $B$ 点高程 $H_B = H_A + h_{AB}$。

水准测量的原理:

在 $A$、$B$ 两点竖立两根水准尺,在 $AB$ 之间安置一台可以得到水平视线的水准仪。水准仪的水平视线在两根水准尺上的读数分别为 $a$、$b$,则 $h_{AB} = a - b$,如图 5-1 所示。

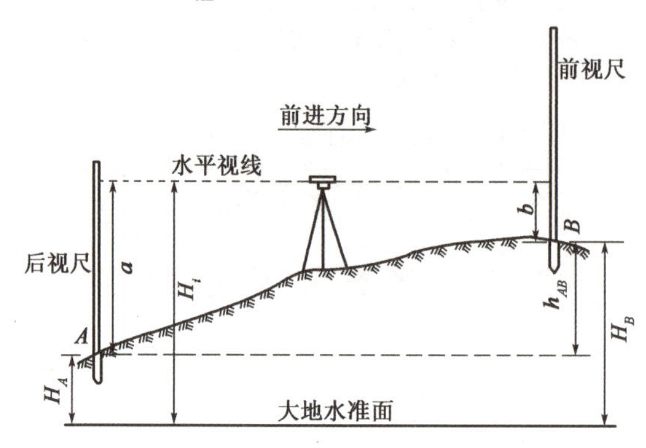


图 5-1　水准测量

如果 $A$、$B$ 两点距离较远或高差较大,仅安置一次仪器不能测出两点高差,这时需要加设若干个临时转点,用水准仪一次测出各转点之间高差,每安置一次仪器,称为一个测站。实际作业中,可先计算出各测站的高差,取它们的总和即得到 $h_{AB}$,如图 5-2 所示。

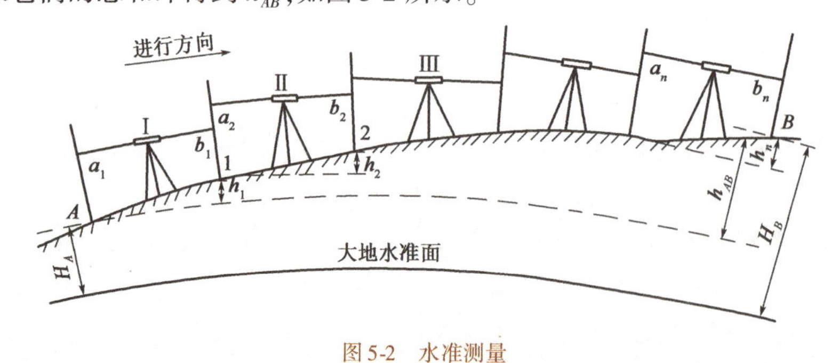


图 5-2　水准测量

2)水准仪

水准仪是建立水平视线测定地面两点间高差的仪器,主要部件有望远镜、管水准器(或补偿器)、垂直轴、基座、脚螺旋,如图 5-3 所示。

水准仪按结构分为微倾水准仪、自动安平水准仪、激光水准仪和数字水准仪(又称为电子水准仪,如图 5-4 所示);按精度分为精密水准仪和普通水准仪。

## 5.1.3 角度测量与经纬仪

1)角度测量

(1)水平角

水平角观测的概念:水平角是测站点 $O$ 至 $A$、$B$ 两目标方向线之间夹角在水平面上的投影。

图5-3　激光水准仪

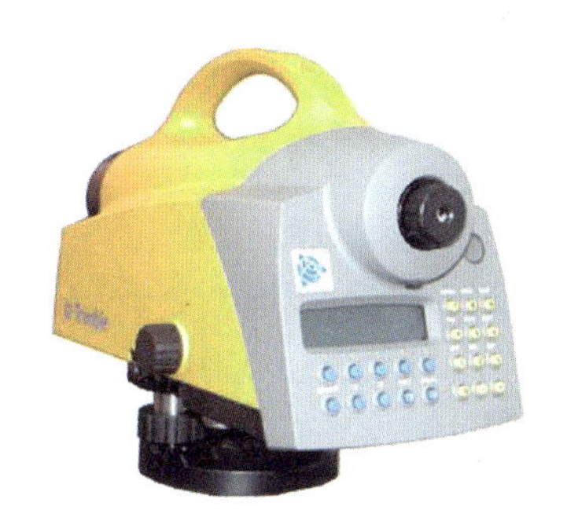
图5-4　电子水准仪

在测量中,把地面上的实际观测角度投影在测角仪器的水平度盘上,然后按度盘读数求出水平角值。它是推算边长、方位角和点位坐标的主要观测量。水平角是在水平面上由0～360°的范围内,按顺时针方向量取。水平角的测量如图5-5所示。

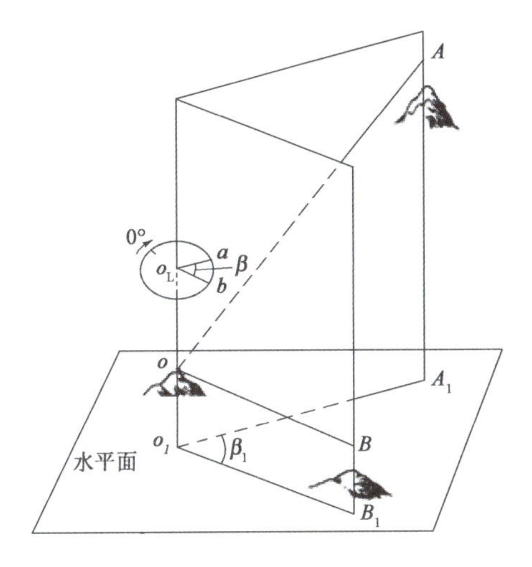

图5-5　水平角测量

(2)竖直角

在同一竖直面内,一点到目标的方向线与水平面之间的夹角称为竖直角(图5-6)。

在同一竖直面内视线与竖直线之间的夹角称为天顶距。

一般情况下,竖直角的角度范围在－90°～90°之间。视线在水平线之上的竖直角为仰角,符号为正;视线在水平角之下的竖直角为俯角,符号为负。

2)经纬仪

经纬仪是根据测角原理设计的用来测量水平角和竖直角的仪器,分为光学经纬仪(图5-7)和电子经纬仪,目前常用的是电子经纬仪。

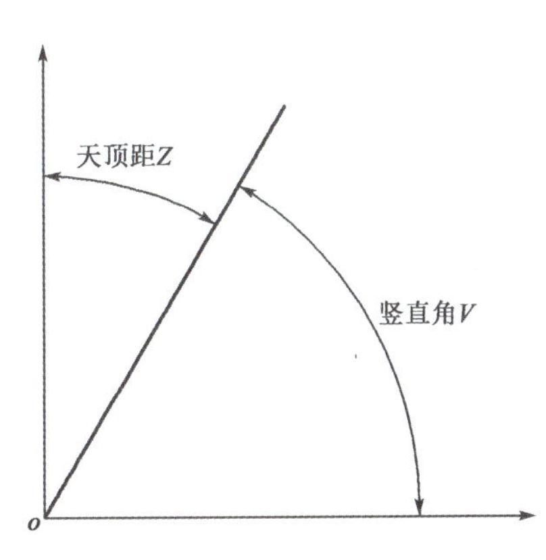

图5-6　竖直角和天顶距

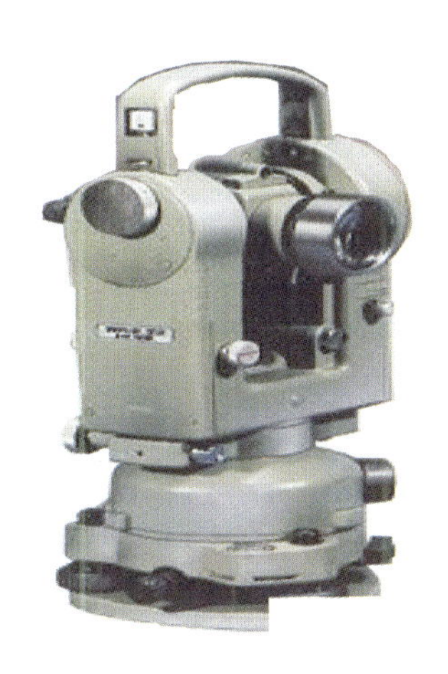
图5-7　光学经纬仪

经纬仪主要由以下关键部分组成。

(1)望远镜:观测水平角和竖直角的仪器,必须要有照准目标的瞄准设备——望远镜,它能上下转动形成一竖直面,还可绕一竖轴在水平方向内转动。

(2)水平度盘和竖直度盘:要测量水平角,需要有一个带分度的圆盘——水平度盘,将它安置成水平状态,分度中心与上述竖轴重合。

要测量竖直角,还要有一个竖直度盘,固定在望远镜旋转轴上,望远镜为寻找目标在竖直面内上下转动时,竖盘一起转动。

(3)读数设备:读取水平角和竖直角。

(4)基座:将仪器固定在脚架上,初步整平,精确对中。

(5)照准部水准管:精密整平仪器。

此外,对于不同形式的经纬仪,还有其他一些部件,如制动螺旋、微动螺旋等。

### 5.1.4 距离测量

距离测量是指测量地面上两点连线长度的工作。它是确定地面点的平面位置的基本要素之一,是测量工作中最基本的任务。通常需要测定的是水平距离,即两点连线投影在某水准面上的长度。

在许多测量工作中,都需要进行距离测量。距离测量的精度用相对误差(相对精度)表示。即距离测量的误差同该距离长度的比值,用分子为1的公式 $1/n$ 表示,比值越小,距离测量的精度越高。

距离测量常用的方法有量尺量距、电磁波测距、全站仪测距、视距测量、视差法测距等。

1)量尺量距

用量尺直接测定两点间距离,通常有皮尺、钢尺和铟瓦基线尺量距等方式。

皮尺量距误差较大;钢尺量距较为精确,精度一般高于1/1000;铟瓦基线尺量距精度最高,可达1/1000000。

施工测量中,如果需要用钢尺量距方法达到较高的精度时,则需要对钢尺进行检定,得出尺长方程式,丈量时的拉力与检定时的拉力相同,并现场测定温度,进行温度改正。

2)电磁波测距

电磁波测距的基本原理是利用电磁波作为载波,经调制后由测线一端发射,照射到另一端反射回来,测定发射波与回波相隔的时间 $t$,按下面公式算出距离 $D$。

$$D = \frac{1}{2}ct \tag{5-1}$$

式中:$c$——电磁波在大气中的传播速度。

测量常用的测距仪(全站仪)利用光波(可见光或红外线)作为载波,称为光电测距仪。测程一般可达5km,有的更长,测距精度可达到 $\pm 1 + 0.6\text{ppm}(1\text{ppm} = 1 \times 10^{-6})$。

3)全站仪测距

全站仪,是一种集光、机、电为一体的高技术测量仪器,是集水平角、垂直角、距离(斜距、平距)、高差测量功能于一体的测绘仪器系统。与光学经纬仪相比,其将光学度盘换为光电扫描度盘,将人工光学测微读数代之以自动记录和显示读数,使测角操作简单化,且可避免读数误差的产生。因其一次安置仪器就可完成该测站上全部测量工作,所以称之为全站仪。

用于盾构导向系统的全站仪,一般需要有马达驱动和目标识别(ATR)功能,部分导向系统还要求全站仪能够发射出激光。这种全站仪又叫作测量机器人,是一种集自动目标识别、自动照准、自动测角与测距、自动目标跟踪、自动记录和传输数据于一体的测量平台。

### 5.1.5 施工测量简介

1)任务和内容

施工阶段测量的主要任务,主要是保证各种建筑物能按照设计位置准确地建立起来。

施工测量是为工程建设服务的,按照服务对象来划分,其内容大致可分为:工业与民用建筑测量、水利水电工程施工测量、铁路公路管线电力线等线路工程施工测量、桥梁施工测量、隧道及地下工程施工测量、矿山施工测量等。

2)特点和原则

施工测量的精度与建筑物的大小、结构形式、建筑材料以及放样点的位置密切相关,精度要求较高。

施工测量是施工的重要组成部分,贯穿于整个施工过程,与施工密不可分,是设计与施工之间的桥梁。施工放样在实地上的标桩,是施工的依据。如果放样出错并没有及时发现纠正,将会造成极大的损失。这就要求施工测量人员在放样前应熟悉建筑物总体布置和各建筑物的结构设计图,并要校核设计图上轴线间的距离和各部位高程注记。对主要部位的测设一定要进行复核,检查无误后方可施工;在施工过程中,要加强监控,及时发现施工过程中的违规现象,并加以督促改正,以确保建筑物的最终位置。

由于施工测量的要求精度较高,施工现场各种建筑物的分布面广,且往往同时开工兴建。所以,为了保证各建筑物测设的平面位置和高程都有相同的精度并且符合设计要求,施工测量必须遵循"由整体到局部、先高级后低级、先控制后碎部"的原则组织实施。对于大、中型工程的施工测量,要先在施工区域内布设施工控制网,而且要求布设成两级,即首级控制网和加密控制网。首级控制网点相对固定,布设在施工场地周围不受施工干扰,地质条件良好的地方;加密控制网点直接用于测设建筑物的轴线和细部点。不论是平面控制还是高程控制,在测设细部点时要求一站到位,减少误差的累计。

## 5.2　全断面隧道掘进机导向系统简介

全断面隧道掘进机掘进施工时,因为作业面狭小、视线阻挡严重等原因,人工测量姿态的方法不能满足全断面隧道掘进机调向的要求,因此一般都配备有自动导向系统,用来连续测量盾构机姿态,显示在主控室电脑屏幕上;主司机根据全断面隧道掘进机姿态数据,调整掘进参数,使全断面隧道掘进机能够按照设计隧道轴线(Designed Tunnel Axis,简称DTA)精确掘进。

正常情况下隧道掘进机机总是存在有一定的姿态偏差,因此导向系统可计算出一个S形纠偏曲线,主司机参考该纠偏曲线,操纵全断面隧道掘进机使其能够从目前的偏差位置平滑地调整到设计隧道轴线(DTA)上。

### 5.2.1　导向系统工作原理及分类

国外的全断面隧道掘进机导向系统起步比较早,应用较广泛,主要有英国的ZED系统(模块化激光导向系统)、德国VMT公司的SLS-T系统(制导系统)、德国TACS公司的ACS系统(掘进管理系统)、德国PPS系统(导向测量系统)、日本演算工房的ROBOTEC系统(自动测量系统)等。

国产系统最近几年也开始起步,目前已成功应用于多个施工现场,主要有上海米度测控科技有限公司(简称上海米度)、上海力信电气技术有限公司(简称上海力信)等公司研制的导向系统。

1)陀螺仪原理

有些导向系统采用陀螺仪作为测量盾构方位角的方法,能自动测量方位角、倾斜角和滚动角,采用角度与距离积分的计算方法,对较长距离和较长时间推进后的盾构机方位进行校核。但因为陀螺仪零漂时间过长,精度偏低,在实际施工中仅作为辅助参考。目前已基本淘汰,在此不做更多介绍。

2)三棱镜原理

有些导向系统由安装在隧道洞壁托架上的全站仪和后视棱镜形成坐标基准,测量固定在盾构上的三个棱镜的三维坐标,经三维坐标转换计算,从而计算出盾构姿态,即为三棱镜原理。

三棱镜原理的导向系统,其硬件组成比较简单,成本低廉,故障率较低。但因需要较大的测量窗口,在施工过程中通视环境有限,特别是曲线掘进时很难保证三点通视,因此使用不广泛,目前已基本淘汰。

3)双棱镜原理

双棱镜+倾斜仪原理的系统,利用全站仪测量出盾构上一点的三维坐标,用双轴倾斜仪测量出盾构的坡度和滚动角。方位角的计算,需要根据两个棱镜的施工坐标,结合它在盾构上面的安装参数(盾构独立坐标)计算得出。

基于双棱镜原理的导向系统,有德国的 PPS 系统(马达棱镜 + 双轴倾斜仪)、日本演算工坊的 ROBOTEC 系统(调光棱镜 + 双轴倾斜仪)、上海力信(马达棱镜 + 双轴倾斜仪)、上海米度(调光棱镜 + 双轴倾斜仪)。

双棱镜原理的系统,缺点是两个棱镜的测量时间不同步,在两个棱镜安装距离较近时,测量误差会成倍放大。

4)激光靶原理

采用激光靶测量技术的导向系统,基本都是采用以下方法:全站仪发出激光,瞄准激光靶前屏,安装在激光靶内的工业相机,对激光靶后屏(和前屏)上的激光点拍照,将数据传输到电脑进行处理,计算出方位角。

双轴倾斜仪内置于激光靶中,测量坡度和滚动角。

激光靶系统测量精度最高,所需测量窗口也最小。

德国的 VMT、TACS、英国的 ZED 系统都采用激光靶技术;国内上海米度、上海力信和中铁隧道股份有限公司(简称中铁隧道股份)自行研制的系统也是基于激光靶原理。

## 5.2.2 导向系统硬件组成

下面对前述的几种导向系统硬件配置分别做出简单介绍。对于不同结构形式的盾构机导向系统的配置不尽相同。如对于敞开式 TBM,导向系统无须推进/铰接液压缸行程传感器数据,也不需要测量盾尾间隙。对于主动铰接形式的盾构机或双护盾 TBM,需要连接铰接液压缸/推进液压缸,甚至需要安装另一个激光靶和倾斜仪,才能测量出盾构机前体姿态。另外,全站仪的数据传输也有两种形式:有线或无线传输,相应的硬件配置也不相同。

1)PPS 系统

主要硬件:全站仪、工业电脑、双轴倾斜仪、马达棱镜(两个)、后视棱镜(图 5-8)。

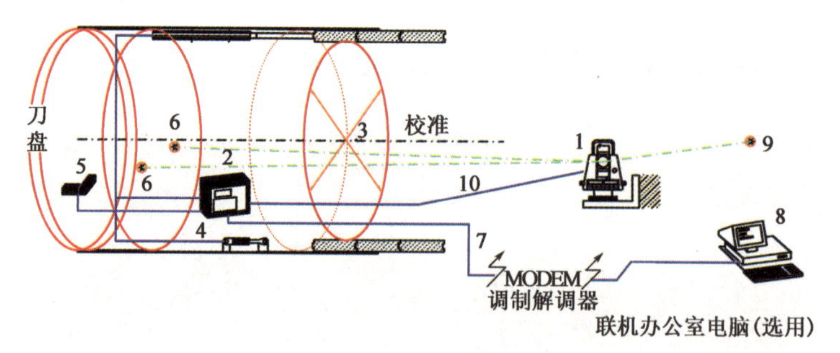


图 5-8 PPS 系统

1-机动经纬仪;2-计算机;3-为间隙测量(选用);4-推进液压缸数据传输(选用);5-倾斜与转动双轴倾斜仪;6-安装在盾构机上的棱镜;7-系列数据传输(选用);8-办公室电脑(选用);9-远程棱镜;10-无线电子连接

2)VMT SLS-T 系统

主要硬件:ELS 或 ALTU 靶、激光全站仪、盾尾间隙测量装置、工业电脑、后视棱镜、中央控制箱、黄盒子等(图 5-9)。

3)VMT 双护盾 TBM TUnIS 系统

主要硬件:ALTU 激光靶、SILTU 激光靶与激光发射器、外置双轴倾斜仪、激光全站仪、后视棱镜、工业电脑、中央控制箱、黄盒子等(图 5-10)。

4)ACS 系统

主要硬件:视频靶、激光全站仪、工业电脑、控制箱、后视棱镜等(图 5-11)。

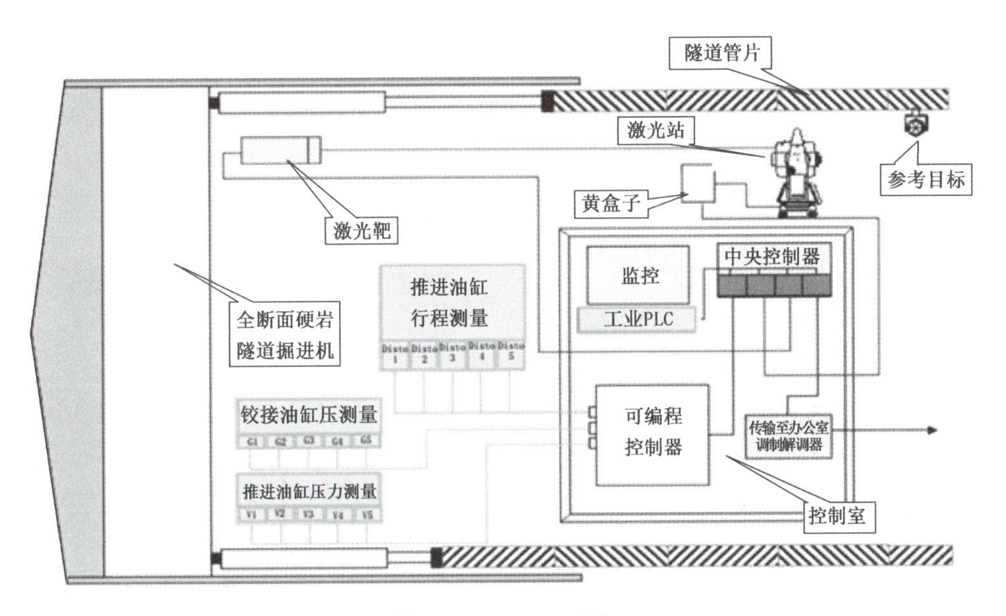


图5-9 VMT SLS-T系统

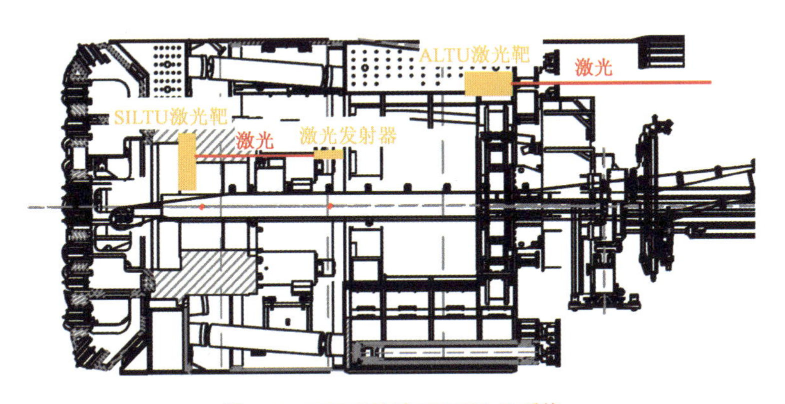


图5-10 VMT双护盾TBM TUnIS系统

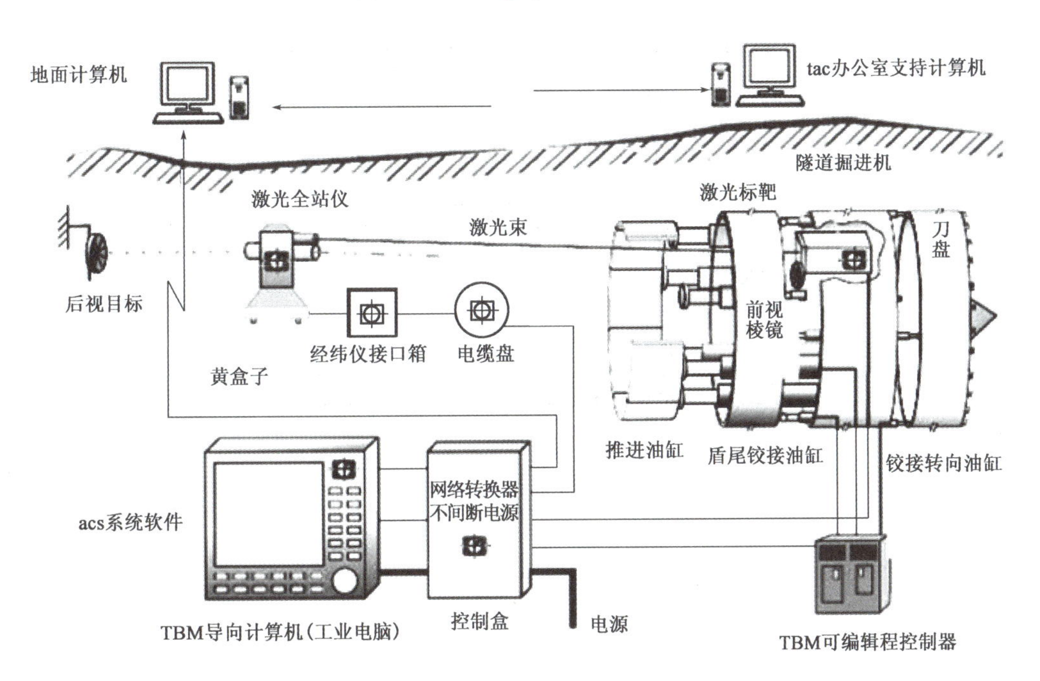


图5-11 ACS系统

5)演算工坊系统

主要硬件:LC 棱镜(三个)、全站仪、工业电脑、后视棱镜、电台(可选)、控制箱等。三个棱镜中,其中一个作为备用棱镜(图 5-12)。

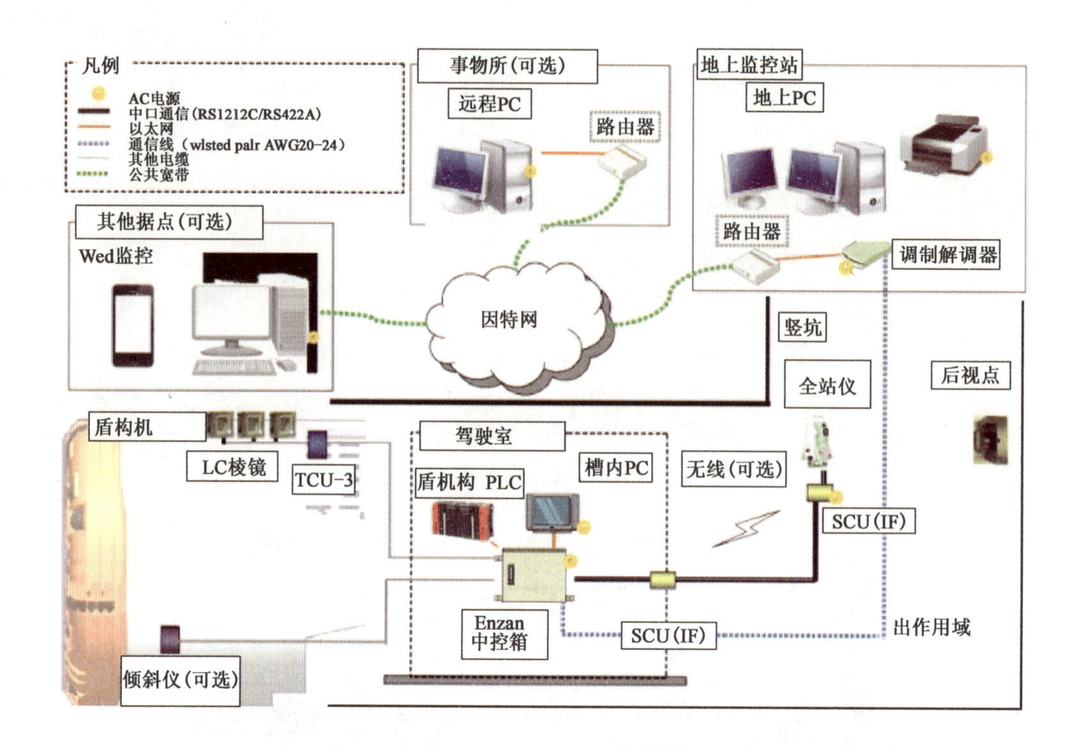


图 5-12　演算工坊系统

6)上海米度激光靶系统

主要硬件:激光靶、激光全站仪、工业电脑、电台、控制箱、后视棱镜等(图 5-13)。

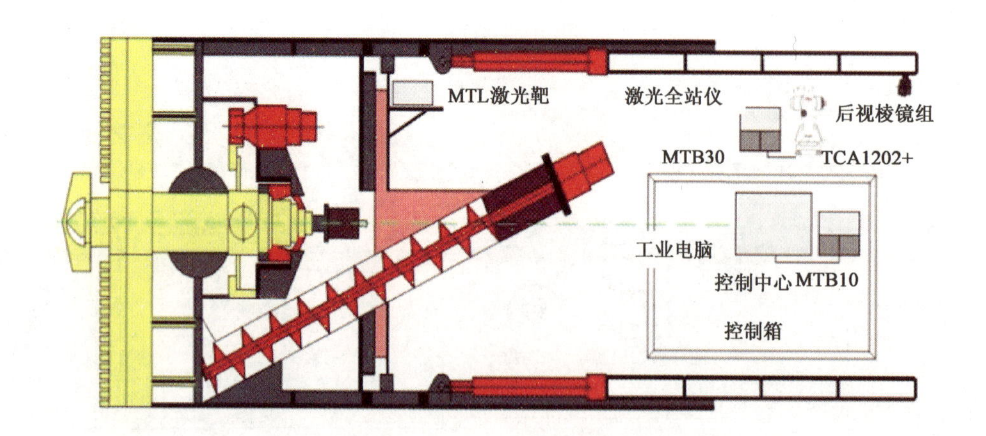


图 5-13　米度激光靶系统

7)上海力信三棱镜系统

主要硬件:三个前视棱镜、全站仪、工业电脑、电台、后视棱镜等(图 5-14)。

8)中铁隧道股份导向系统

主要硬件:激光靶、激光全站仪、工业电脑、中央控制箱、电台、后视棱镜等(图 5-15)。

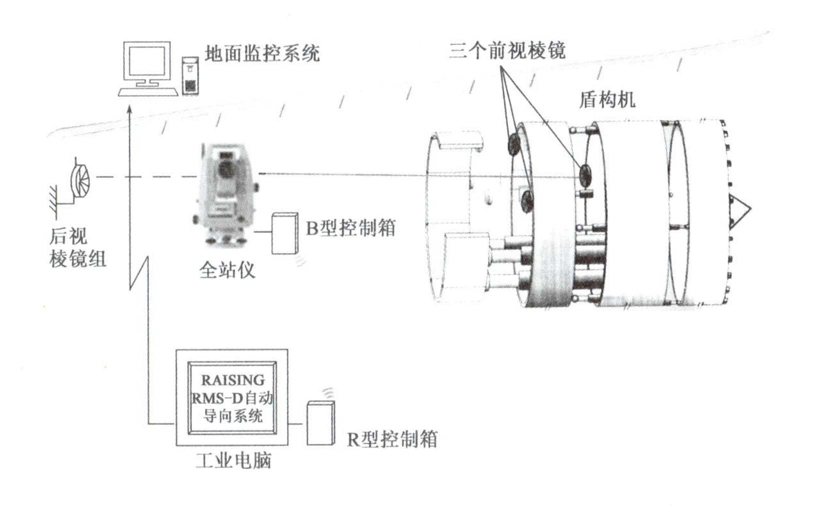


图 5-14　上海力信三棱镜系统

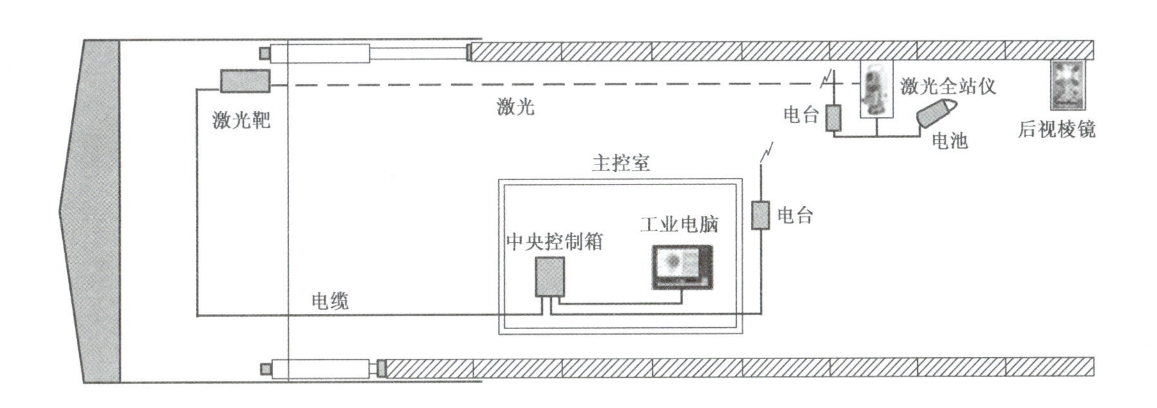


图 5-15　中铁隧道股份导向系统

### 5.2.3　导向系统的重要参数设置

每个导向系统都有自己独有的参数设置界面,即使同一个系统的不同软件版本,其形式也可能会有较大区别,但一般情况下都需要设置以下基本参数:设计隧道轴线(DTA)编辑、点位坐标编辑、盾构机尺寸、推进和铰接液压缸定义、激光靶(或马达棱镜)以及倾斜仪的原始安装参数等。

这些参数的任何变化,都可能会对测量结果造成较大的影响,甚至造成测量错误。因此,需对这些参数的设置界面加以密码保护,无关人员不得修改。

以 VMT 的 SLS-T 系统为例,简要介绍导向系统的参数设置界面。

1)设计隧道轴线(DTA)编辑器

根据设计图纸,将隧道轴线数据输入导向系统电脑中,数据分为平面要素和高程要素(图 5-16)。

2)点位坐标编辑

在点管理器中可以输入和编辑各基准点(全站仪、后视棱镜)坐标(图 5-17)。

3)盾构机尺寸与推进液压缸定义

TBM 设置表中添加的数据包括:盾头至前、后基准点和预测点的距离,盾头至导向液压缸和铰接液压缸的距离,推进液压缸的数量、液压缸到盾构机轴线的距离(半径)和安装角度,以及各行程传感器的测量偏差值(图 5-18)。

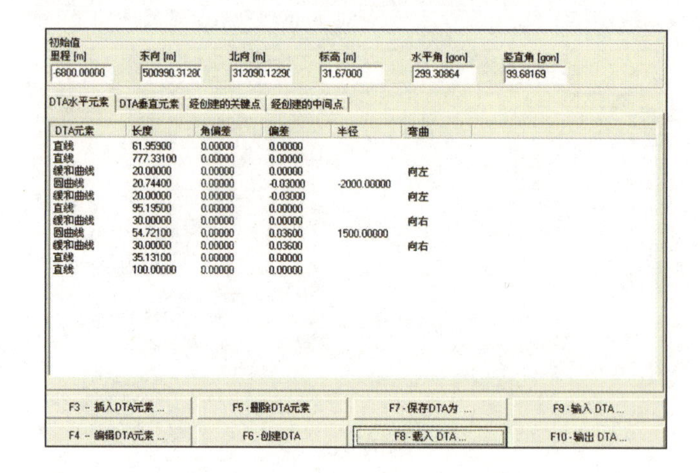


图 5-16　设计隧道轴线(DTA)编辑器

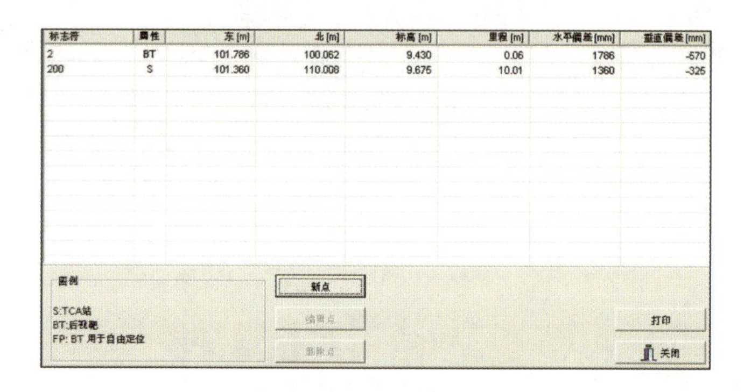


图 5-17　点管理器

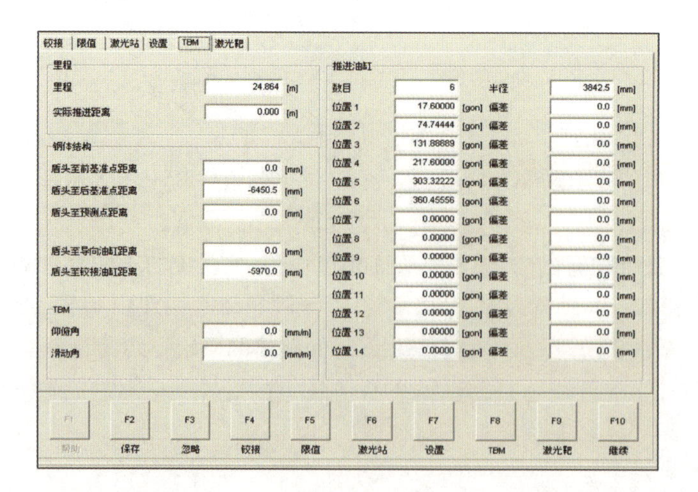


图 5-18　TBM 设置

4)铰接液压缸设置

输入铰接液压缸设置的数据有:行程传感器的数目、到盾构机轴线的距离(半径)、安装的角度位置等(图 5-19)。

5)激光靶设置

激光靶设置的数据包括:激光靶相对于盾构机的安装位置(三维坐标)、相对于盾构机轴线的角度安装偏差(偏航角、俯仰角和滚动角偏差)、激光靶棱镜相对于激光靶的安装位置等(图 5-20)。

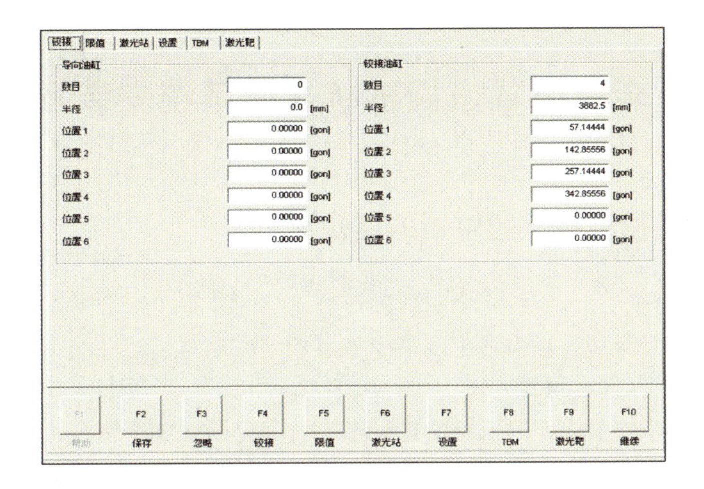


图5-19　铰接液压缸设置

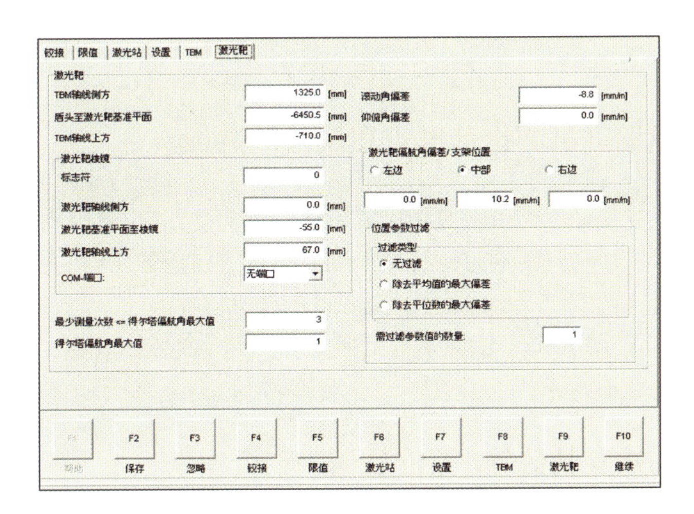


图5-20　激光靶设置

6)激光站设置

针对导向系统使用的全站仪具体型号和结构尺寸,输入激光到全站仪和激光轴线的距离、激光发射强度、距离比例尺等(图5-21)。

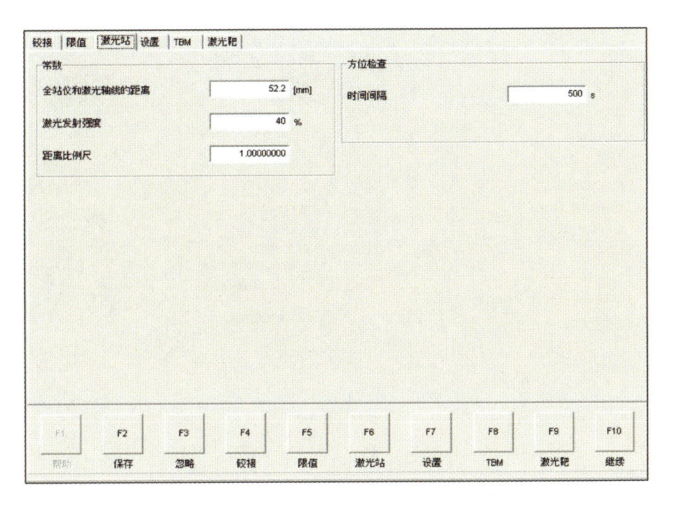


图5-21　激光站设置

# 5.3 全断面隧道掘进机导向系统安装及设置

## 5.3.1 全断面隧道掘进机空间位置的确定

测量全断面隧道掘进机姿态,需要将全断面隧道掘进机前体看作一个刚体,而刚体在空间有 6 个自由度。要测量刚体在空间的位置,必须确定刚体中一点的空间坐标($X,Y,Z$)和通过该点的刚体中一条轴线与空间坐标系三个坐标轴之间的夹角。

例如,如果能够测量出刀盘中心的三维坐标($X,Y,H$)和全断面隧道掘进机轴线与 $X$、$Y$、$H$ 轴之间的夹角 $\alpha$、$\beta$、$\gamma$(6 个互相独立的参数),就可以知道隧道掘进机的空间位置。通过刀盘中心的全断面隧道掘进机轴线称为全断面隧道掘进机的主轴线。

然后,将全断面隧道掘进机的空间位置与设计隧道轴线(DTA)进行比较,就可以计算出全断面隧道掘进机实际姿态。

## 5.3.2 全断面隧道掘进机测量基准点和轴线的选取

刀盘中心和主轴线只是全断面隧道掘进机上的一个理论概念,其位置因为设备阻挡的缘故,不能直接进行测量。因此,一般情况下,只能通过测量全断面隧道掘进机前体上的一个基准点以及通过该点的全断面隧道掘进机一条基准轴线,来确定出全断面隧道掘进机位置。

对于自动导向系统来说,激光靶 + 棱镜 + 内置倾斜仪(或两个马达棱镜 + 倾斜仪),就提供了一个供测量用的基准点和一条基准轴线。

## 5.3.3 导向系统初始安装数据(零位数据)

以上传感器初次安装到全断面隧道掘进机上以后,需要先测量出这个基准点和轴线与隧道掘进机主轴线之间的相对关系,即 6 个参数:3 个线元素(坐标差)和 3 个角度元素(角度差)。这个过程称为导向系统初始安装参数测量,或全断面隧道掘进机零位测量,这 6 个参数称为导向系统零位数据,实际上包括传感器的制造误差、检定误差和在全断面隧道掘进机上面的安装误差。零位数据设置界面如图 5-22 所示。

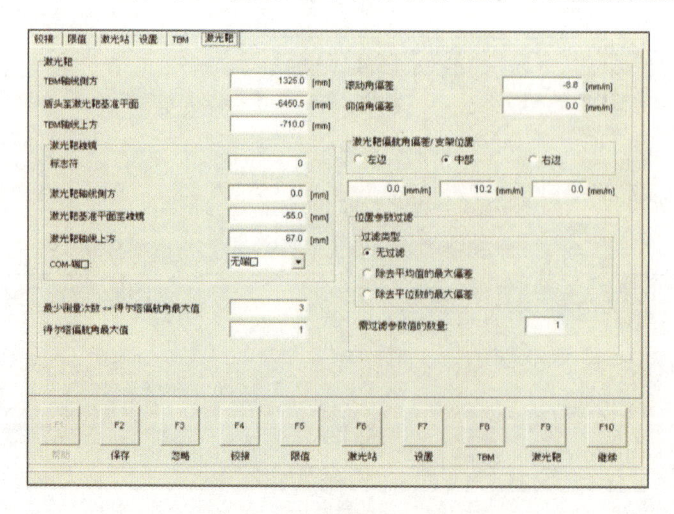


图 5-22 零位数据设置界面

测量出传感器提供的基准点和基准轴线的位置后，考虑零位数据改正，就可以计算出隧道掘进机主轴线的位置。

激光靶/倾斜仪、马达棱镜位置如果发生微量的变动，修理或者更换新配件后，都会影响零位数据，需要重新测量。

### 5.3.4　全断面隧道掘进机姿态

将上一步计算出的全断面隧道掘进机主轴线的位置，再与设计隧道轴线（DTA）进行比较，得出全断面隧道掘进机相对于设计隧道轴线（DTA）的各项姿态数据。

### 5.3.5　导向系统传感器的安装位置

1）盾尾铰接

城市地铁工地所使用的全断面隧道掘进机直径一般都有6米多，其盾体长度一般则为8m左右，甚至更长，难以在曲线段施工。为了提高全断面隧道掘进机机的操作性能，通常将其分成前后两个部分，中间用液压缸连接起来，形成一个铰接装置，这样可使隧道掘进机机的前后弯曲，便于曲线段掘进调向。

安装导向系统传感器时，应将其安装在铰接液压缸前面，这样导向系统测量出的姿态，能够直接反映刀盘的运动。

此时，如果需要知道准确的盾尾姿态，还需要测量至少3个铰接液压缸的行程传感器数据。实际上，由于管片安装位置一般距离全断面隧道掘进机中体不远，不考虑铰接液压缸行程传感器数据，姿态相差也不大。因此，使用的许多全断面隧道掘进机上，没有考虑这项因素。盾尾铰接如图5-23所示。

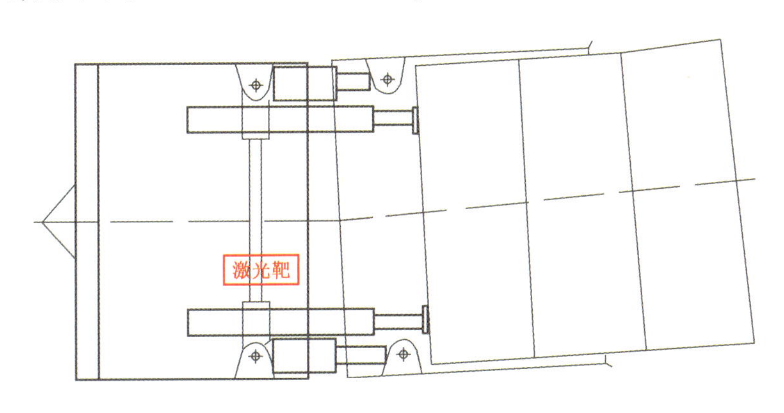


图5-23　盾尾铰接

2）敞开式TBM

对于敞开式TBM（图5-24），测量出刀盘中心与掘进趋势就可以了，盾尾姿态对隧道成形影响不大。

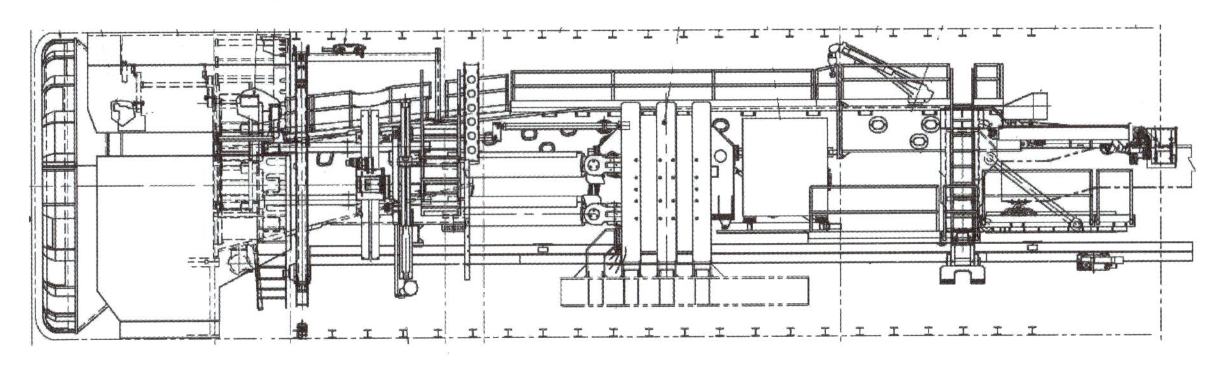

图5-24　敞开式TBM

3)传感器无法安装在全断面隧道掘进机前体时

大部分全断面隧道掘进机都能将导向系统传感器直接安装在全断面隧道掘进机前体上,使其随着全断面隧道掘进机刀盘一起运动(不考虑刀盘的转动),能够实时反映隧道掘进机姿态的变化。

对于一些主动铰接式全断面隧道掘进机,铰接装置布置比较靠前,由于设备阻挡,无法将导向系统传感器安装在全断面隧道掘进机前体上,只能将其安装在铰接后面的盾体上(图5-25)。

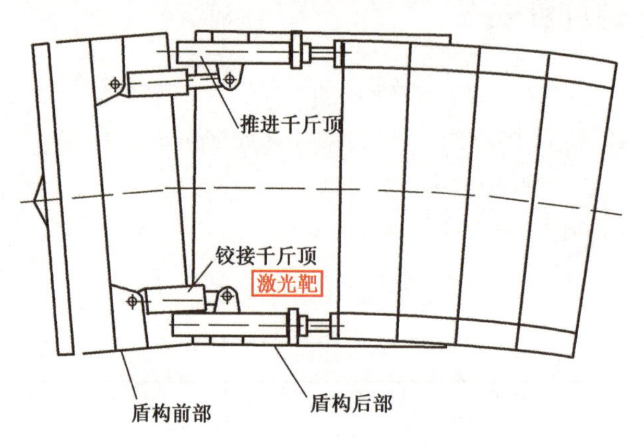


图5-25 传感器无法安装在全断面隧道掘进机前体

在这种情况下,想要测量出刀盘姿态,就必须考虑铰接液压缸行程传感器相关数据。

# 5.4 掘进中的施工测量

## 5.4.1 零位测量

导向系统传感器(激光靶/马达棱镜、倾斜仪)初次安装到全断面隧道掘进机上以后,需要先测量出这些传感器在全断面隧道掘进机上面的安装位置数据(零位数据),这个测量工作也叫作零位测量。

零位测量的结果,对于激光靶系统,是光靶中心在全断面隧道掘进机独立坐标系中的坐标 $a$、$b$、$c$,以及激光靶三个轴线 $x'$、$y'$、$h'$ 与全断面隧道掘进机独立坐标系三个坐标轴 $x$、$y$、$h$ 分别在 $h$、$y$、$x$ 平面上形成的三个夹角,如图5-26所示。

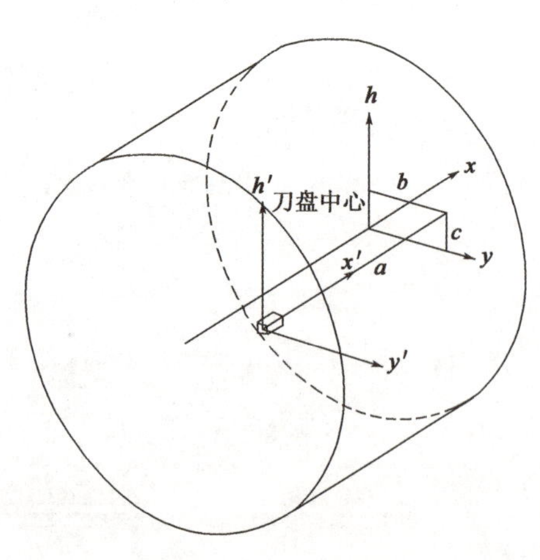


图5-26 零位数据

对于棱镜系统,是2个(3个)棱镜在全断面隧道掘进机独立坐标系中的三维坐标,以及双轴倾斜仪的两个轴分别与全断面隧道掘进机独立坐标系的 $y$、$x$ 平面的夹角。

测量出零位数据后,导向系统才能通过测量这些传感器的位置,结合零位数据改正,进而计算出全断面隧道掘进机的空间位置。

对于全断面隧道掘进机新机,零位测量工作一般由导向系统生产厂家完成。

在掘进过程中,有时会出现传感器安装位置发生变形的情况;或原安装位置不佳,需要挪移的情况;有时传感器出现故障需要修理,临时更换其他传感器;全断面隧道掘进机大修或改造后,全断面隧道掘进机结构尺寸也可能发生变化。这些情况下,都要重新进行此项工作,以确保零位数据准确无误,导向系统传感器能够准确反映全断面隧道掘进机的姿态。

此项工作应该由经验丰富的测量人员来完成。

### 5.4.2　全站仪、后视棱镜测量

全站仪和后视棱镜安装固定在隧道洞壁或管片上的托架中(图5-27)。要使导向系统开始工作,必须首先从已知控制点上对全站仪和后视棱镜坐标和高程进行测量。

图5-27　全站仪托架

### 5.4.3　管片拼装程序简介

选择管片拼装的顺序的基本原理概括如下:在新掘进一环完毕后,考虑盾尾中已拼装好的上一环管环的尺寸,程序进行计算,从所有可以作为当前参考管环的后续管环的管环类型中选出将要拼装的下一环管片的类型。

1)管片选型的要求

管片选型应满足以下几个方面的要求:

(1)盾尾间隙

在管片拼装中的一个重要的目的就是保持良好的盾尾间隙。在理想的情况下,沿盾尾四周的间隙值都相等。

(2)推进液压缸行程差

使拼装的管片前平面与全断面隧道掘进机轴线垂直,或者说使推进液压缸的伸长量对等。

(3)管片偏差

使管片中心与隧道设计轴线(DTA)的偏差尽可能小。一般情况是首先满足前两个目的的基础上,再考虑管片偏差。

2)管片选型要素

进行管片选型,需要明确相关的已知数据,数据来源如下:

(1)设计隧道轴线(DTA):工程开工前,人工输入工业电脑。

(2)全断面隧道掘进机的姿态数据,即水平及垂直方向上相对于设计隧道轴线(DTA)的偏差及趋势——导向系统测量结果。

(3)推进液压缸行程:工业电脑自动读取推进液压缸行程传感器数据。

(4)当前的盾尾间隙:人工现场量取,部分导向系统配备有自动获取盾尾间隙的传感器,但应用效果不良。

(5)铰接液压缸行程:在有铰接液压缸的隧道掘进机上,工业电脑读取铰接液压缸的行程数据。

管片选型要素如图5-28所示。

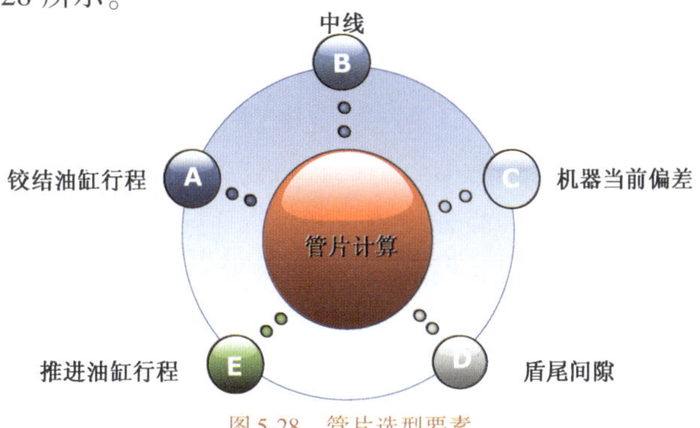


图5-28　管片选型要素

3)管片选型应用情况

管片选型涉及的测量数据较多,来源不一,任何一个数据缺失或误差较大,都会造成不理想或错误的选型结果,而且部分导向系统没有配备管片选型功能。

目前大部分工地都是凭经验并根据现场观察的实际情况,对后续管环的类型进行选型。

### 5.4.4 搬站

全断面隧道掘进机向前掘进时,全站仪和后视棱镜固定不动;掘进一段距离后,全站仪到激光靶/马达棱镜的距离逐渐变远,测量误差会慢慢变大;同时全站仪—激光靶/马达棱镜之间的测量窗口可能也会因各种原因,被后配套或隧道洞壁遮挡,此时就需要将全站仪和后视棱镜前移,这项工作被称为“搬站”。

搬站主要包括以下工作:

(1)记录搬站前的全断面隧道掘进机姿态,然后关闭导向系统。

(2)安装新托架。

(3)测量、计算新托架坐标。

(4)仪器、后视棱镜、电缆线及其他附件前移安装。

(5)输入新的全站仪和后视棱镜坐标。

(6)后视定向检查,运行导向系统,记录搬站后全断面隧道掘进机姿态。

(7)比较搬站前后全断面隧道掘进机姿态,超限时查找原因,必要时重测。

正常情况下,搬站测量方法有两种:第一种方法从控制点上开始测量。这种测量方法精度高,但工作量大、时间长,对于后配套较长的全断面隧道掘进机以及全断面隧道掘进机位于小半径曲线的情况,有时需要几个小时;第二种方法利用后面现有的托架直接向前引测,这种方法工作量小,一般需半小时左右。条件允许时,应采用第一种方法。

从关闭导向系统开始搬站,到搬站结束后再开机,整个过程中,隧道掘进机位置不能变化,这样才能对搬站前后姿态数据进行对比。如果搬站前后全断面隧道掘进机姿态发生较大变化(该限差由测量组把控),应及时查找原因,必要时重测。

搬站前后姿态对比,是全断面隧道掘进机测量最重要,也是最容易出现问题的一项复核工作。它既可以及时发现搬站过程中发生的错误,也能够发现较大的硬件误差和管片位移。

## 5.5 全断面隧道掘进机姿态控制及注意事项

### 5.5.1 姿态控制

根据导向系统测量的全断面隧道掘进机姿态偏差和掘进趋势数据,通过调整推进液压缸的几个分组区的推进油压的差值,并结合铰接液压缸的调整情况,使全断面隧道掘进机形成向着轴线方向的趋势,使全断面隧道掘进机三个关键节点(切口、铰接、盾尾)尽量保持在隧道设计轴线附近,将偏差控制在允许范围内,同时在掘进过程中进行全断面隧道掘进机姿态调整,确保管片不破损及较小的错台量。

掘进趋势:全断面隧道掘进机平面和高程趋势一般情况下不能太大,否则会造成急于纠偏的现象,大趋势变化由大方位变化而来。趋势要与管片楔形量调整大小相匹配,在管片能够调整的范围内进行调向,即要跟着管片方向进行调向;反之,则容易使管片与盾尾卡死,铰接力及行程增加。

1)职责分工

测量组负责导向系统测量结果的正确性和精确度,保证导向系统工作的连续性。

值班工程师协助测量组,保证导向系统能够连续工作,协助主司机进行全断面隧道掘进机姿态控制工作。

主司机负责调整全断面隧道掘进机姿态。

2)掘进偏差控制

偏差小于50mm时,正常掘进;偏差≥50mm,应立即停机,通知测量组,检查导向系统的正确性,查找其他可能的偏差原因。

掘进偏差接近设计预留的测量与施工误差时,及时与业主、监理单位及设计单位联系,确定偏差调整方案,然后按照工程部技术交底继续掘进。不可急于回调,从而引起全断面隧道掘进机蛇行、机器变形、管片不易安装、错台、掉块后配套通过困难、影响测量窗口、改线困难。

导向系统故障时,通知测量组,在测量组或值班工程师指导下盲推不得超过1环。

3)姿态预调整

正常情况下,调整姿态,使刀盘与盾尾姿态数据靠近设计隧道轴线(DTA),平面和高程趋势尽量为0。

特殊情况下需要姿态预调整,具体如下。

(1)管片上浮:经对管片姿态进行连续监测,发现存在管片上浮现象时,应将姿态进行预先压低。

(2)全断面隧道掘进机下沉:经对管片姿态进行连续监测,发现管片安装后,存在下沉现象时,可将隧道掘进机姿态预先抬高。

(3)小半径曲线掘进:全断面隧道掘进机在小半径曲线上掘进时,容易偏向曲线外侧,因此进入小半径曲线以前,建议有意识地将全断面隧道掘进机姿态提前向曲线内侧调整20~30mm。

区间贯通前,应对接收洞门进行测量复核,如果存在偏差,应调整全断面隧道掘进机姿态对准洞门,保证隧道精确贯通。

## 5.5.2　注意事项

1)曲线掘进

在小半径曲线上掘进时,容易偏向曲线外侧,因此进入小半径曲线以前,建议有意识地将全断面隧道掘进机姿态提前向曲线内侧调整20~30mm。

2)管片的位移、旋转和振动

在掘进过程中,靠近全断面隧道掘进机前方的管片,由于浆液不能及时凝固的原因,会产生位移、旋转和振动现象;尤其是在硬岩、小半径曲线、快速掘进时,对导向系统影响更大。

(1)管片位移

全站仪安装位置比较靠前时,全站仪会随着管片出现位移现象。一般来说,都是向曲线外侧移动;在一段时间内,位移方向也基本相同。这样,此项误差就不能抵消,会连续累积并呈数量级放大,以至于有时达到不可接受的程度。由于全断面隧道掘进机本身处在掘进状态下,管片位移的影响一般不能及时发现。

(2)管片旋转

管片旋转对全站仪的影响,一是随着管片的旋转,仪器平面位置和高程随着管片变化,这点与位移影响相同;二是造成仪器整平失灵;徕卡全站仪的自动补偿范围是4′,就是说,半径2.8m的管片,如果存在3.2mm的旋转,全站仪就会停止工作,从而使整个导向系统停止工作。而根据在某工地的现场监测结果,掘进一个循环后,前面第二环管片旋转了16.0mm,第八环也产生4.2mm的旋转。

(3)管片振动

管片振动对全站仪的影响,就是全站仪始终瞄不准测量目标,测不出结果。据现场观察,管片振动剧烈时,全站仪视野里的测量目标剧烈跳动,仪器显示的水平角跳动幅度达40′~50′之多,此时手动测量都测不出来,无人看管的自动测量也无法测出。

(4)隧道掘进机振动

全断面隧道掘进机掘进过程中自身的振动,会对导向系统传感器的测量精度和使用寿命带来影响,表现形式是全断面隧道掘进机刀盘姿态数据跳动幅度变大,而盾尾姿态跳动一般稍小。

## 5.6 导向系统维护与简单故障处理

### 5.6.1 导向系统使用维护

导向系统由激光靶(马达棱镜)、倾斜仪、全站仪、棱镜、工业电脑、控制箱、电台、天线、电池等部件组成,它们是精密的光学、机械和电子仪器,容易受到施工现场水、油、浆液、灰尘、振动和机械伤害。

大部分导向系统的全站仪需要通过电缆线与全断面隧道掘进机相连接,两者之间的相对运动,易造成电缆故障。

测量窗口的畅通与否,也直接影响导向系统能否连续工作。

导向系统大部分时间是自动测量,长时间连续工作,无人看管,要求定期对系统各部件包括电缆线进行日常检查维护和校正,以保证良好的使用状态和可靠性。

此项工作一般由测量组负责,但因为测量组不能 24 小时值班,因此,掘进过程中,主司机和值班工程师有责任提醒洞内相关人员对导向系统部件注意保护,并给导向系统提供尽量大的测量窗口。

导向系统的日常维护主要有以下内容:

(1)给导向系统各单元设置保护罩,使其减少受到水、灰尘、油、混凝土及机械伤害的危险。

(2)对激光靶/马达棱镜进行目视检查,擦拭掉屏幕/棱镜表面的水汽、灰尘、水泥等阻挡信号的污染物,可用腐蚀性不强的洗涤用品进行擦拭。

(3)检查激光靶/马达棱镜、倾斜仪的安装位置是否变形移动,连接螺栓是否损坏,电缆接头处是否有积水及其他污染物。

(4)测量窗口上是否有机器部件或新增物体阻挡视线、是否机器部件或其他障碍物影响测量设备安全通过及影响电缆线的顺利收放。

(5)检查各电缆接头和电缆线的布置。

(6)全站仪水准气泡是否偏离中心,擦拭仪器镜头、显示屏。对全站仪的各项指标定期检校。

(7)每周一次对机器姿态进行人工测量,并与导向系统结果进行比较。

(8)防止工业电脑过热、过潮,防止不稳定的电压对导向系统造成伤害。

(9)机器较长时间不掘进时,应关掉导向系统,延长使用寿命;导向系统闲置时间较长时,应定期保养、通电检查。

(10)导向系统电脑应设置密码,不相关人员不得操作;定期对导向系统各项参数进行核对,防止人为改动数据。

(11)在两个项目之间的空闲时间,联系导向系统生产厂家,对系统各部件包括全站仪进行全面的专业检查及大修。

(12)全断面隧道掘进机导向系统调转到新项目,在全断面隧道掘进机开始掘进、导向系统正常工作前,进行系统各部件的维修保养、在新工地全断面隧道掘进机上的安装调试、全断面隧道掘进机初始数据测量和原始数据输入、技术参数设置、对接收单位测量人员的导向系统培训等主要技术工作。

### 5.6.2 简单故障排除

一些外部影响因素可能会使导向系统不能正常工作,可判断原因,或简单排除:

(1)测量窗口被阻挡

测量窗口被临时阻挡是常见现象,不同的导向系统会给出不同的提示信息,可根据这些信息采取适当的措施。

(2)烟尘大

掘进时洞内烟尘较大时,由于影响测量视线的通视性,会造成全站仪寻找不到目标导致不能测量出全断面隧道掘进机姿态,导向系统对此也会给出相关提示。

(3)管片旋转和振动

管片的旋转和振动,使导向系统的测量基准设备——全站仪出现倾斜、位移和抖动情况,造成较大的测量误差;严重时,每次一开始掘进后几分钟,导向系统就停止工作。而且,在整个掘进过程中,都不能正常显示姿态,同时,强烈的振动也会对全站仪的使用寿命产生较大的影响。

可采取下列措施减弱其影响:

①最根本的解决办法是加强注浆措施,使管片尽快稳定。

②全站仪尽量往后装,安装在相对稳定的管片上。

③间歇停机,整平仪器,后视定向,待导向系统测出姿态后再继续掘进。

④刀盘轮流正反向掘进,同时观察软件界面上的仪器水准气泡(如果有的话),将仪器倾斜控制在允许范围内。

⑤关闭全站仪补偿器,在仪器倾斜超出其补偿范围时,继续工作。

⑥安装专用全站仪减振托架,可以大幅削弱振动影响。

⑦安装自动安平基座,可在一定范围内消除倾斜影响。

其中,第⑤项措施,虽然能够克服管片旋转带来的仪器倾斜,使系统能够在超出补偿范围时仍然继续测量,但此时测量误差较大,反映在测量结果上,就是在刀盘反转时,因管片倾斜方向同时改变,全断面隧道掘进机的方向偏差就出现跳动几厘米甚至更大的现象。

(4)电缆故障

导向系统出现的故障现象,大部分都是电缆故障引起的,因此要对电缆线包括电缆插接头加强日常巡视检查。不同的电缆故障,会出现不同的故障信息,一般都表示为相应的硬件连接故障信息。

(5)电脑故障

洞内的恶劣环境,对工业电脑的使用状态要求较高,因此会出现一些常见的工业电脑故障,导致导向系统不能正常工作。这种情况下,有时可通过重启工业电脑或重启导向系统软件的简单办法进行排除。

(6)其他

不同的导向系统、不同的工地可能会出现其他一些常见的故障现象,不清楚其原因和解决办法时,应及时询问测量组。平时应注意观察导向系统界面中的一些常用警示信号及其意义。

PART 2

# 第二篇

# 操作篇

# 第6章　全断面隧道掘进机概述

本章主要介绍了全断面隧道掘进机的分类和定义，全断面隧道掘进机分为盾构机、岩石掘进机(TBM)和顶管机，同时介绍了盾构机的起源和发展史，国外盾构机的起源和发展，同时重点介绍了国内盾构及使用及设计制造的发展情况。

## 6.1　全断面隧道掘进机分类及定义

### 6.1.1　全断面隧道掘进机分类

全断面隧道掘进机是指通过开挖并推进式前进实现隧道全断面成形，且带有周边壳体的专用机械设备。其主要包括盾构机、岩石掘进机(TBM)、顶管机等，详细分类见表6-1。

全断面隧道掘进机分类　　表6-1

| 组 | 类　型 | 产　品 |
|---|---|---|
| 全断面隧道掘进机 | 盾构机 | 敞开式盾构机 |
| | | 土压平衡盾构机 |
| | | 泥水平衡盾构机 |
| | | 多模式盾构机 |
| | | 其他盾构机 |
| | 岩石掘进机(TBM) | 敞开式岩石掘进机 |
| | | 单护盾岩石掘进机 |
| | | 双护盾岩石掘进机 |
| | | 其他岩石掘进机 |
| | 顶管机 | 敞开式顶管机 |
| | | 土压平衡顶管机 |
| | | 泥水平衡顶管机 |
| | | 其他顶管机 |

### 6.1.2 各种类型隧道掘进机定义

2017 年 11 月 17 日发布的国家标准《全断面隧道掘进机　术语和商业规格》(GB/T 34354—2017)详细说明了全断面隧道掘进机涉及的术语、定义和商业规格，对行业的各种术语进行了规范。本书各种术语严格遵守按照新发布的国家标准。

盾构机：在钢壳体保护下完成隧道掘进、出渣、管片拼装等作业，推进式前进的全断面隧道掘进机，主要由主机及后配套系统组成。

敞开式盾构机：开挖面敞开，无封闭隔板，不具备压力平衡功能的盾构机(图 6-1)。

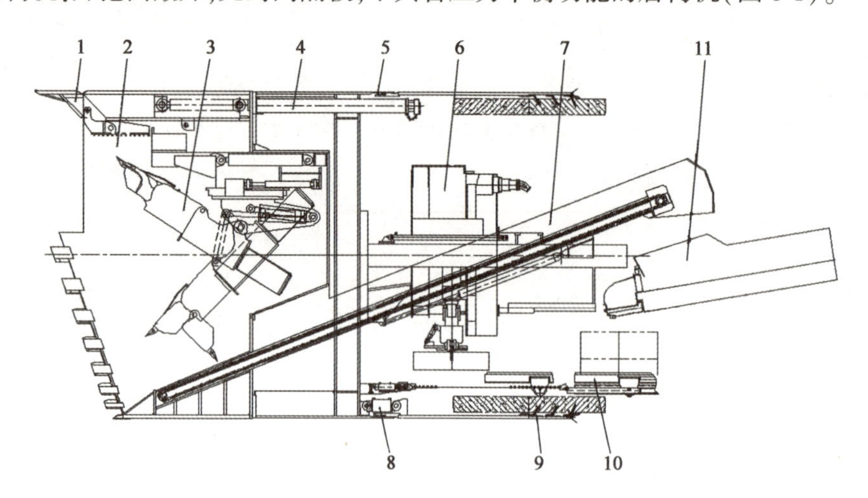


图 6-1　敞开式盾构机主机示意图

1-帽檐；2-盾体；3-挖掘装置；4-推进液压缸；5-铰接密封；6-管片拼装机；7-刮板输送机；8-铰接液压缸；9-盾尾密封；10-管片输送装置；11-皮带输送机

土压平衡盾构机：以渣土为主要介质平衡隧道开挖面地层压力，通过螺旋输送机出渣的盾构机(图 6-2)。

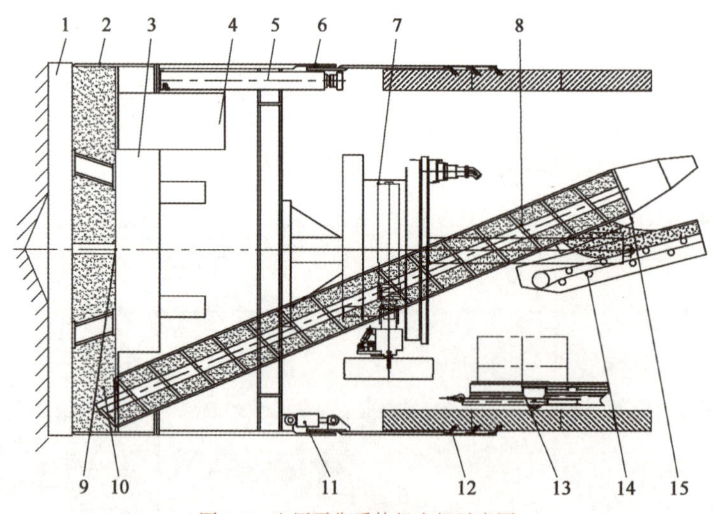


图 6-2　土压平衡盾构机主机示意图

1-刀盘；2-盾体；3-主驱动单元；4-人舱；5-推进液压缸；6-铰接密封；7-管片拼装机；8-螺旋输送机；9-中心回转接头；10-土舱；11-铰接液压缸；12-盾尾密封；13-管片输送装置；14-皮带输送机；15-螺旋输送机出渣闸门

泥水平衡盾构机：以泥浆为主要介质平衡隧道开挖面地层压力，通过泥浆输送系统出渣的盾构机(图 6-3)。

多模式盾构机：可进行平衡模式或出渣模式转换的盾构机(图 6-4)。

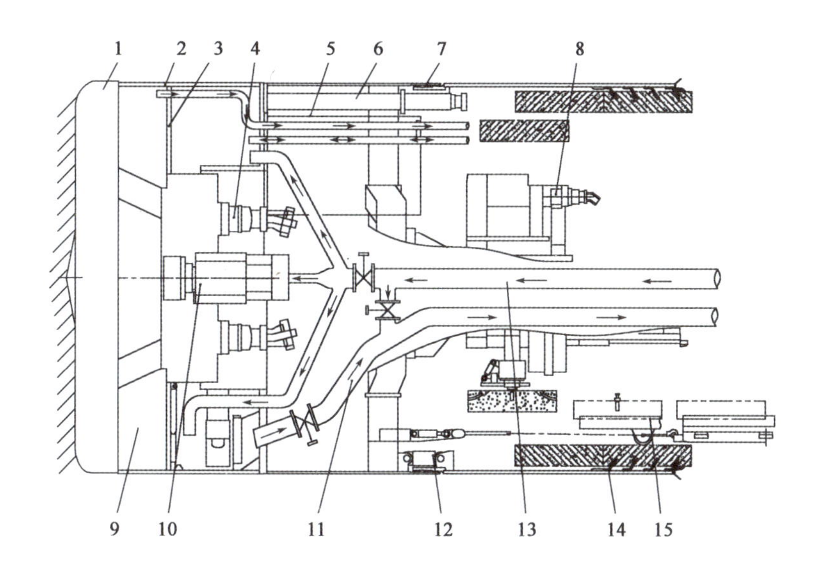


图6-3　泥水平衡盾构机主机示意图

1-刀盘;2-盾体;3-隔板;4-主驱动单元;5-人舱;6-推进液压缸;7-铰接密封;8-管片拼装机;9-泥水舱;10-中心回转接头;11-排浆管;12-铰接液压缸;13-进浆管;14-盾尾密封;15-管片输送装置

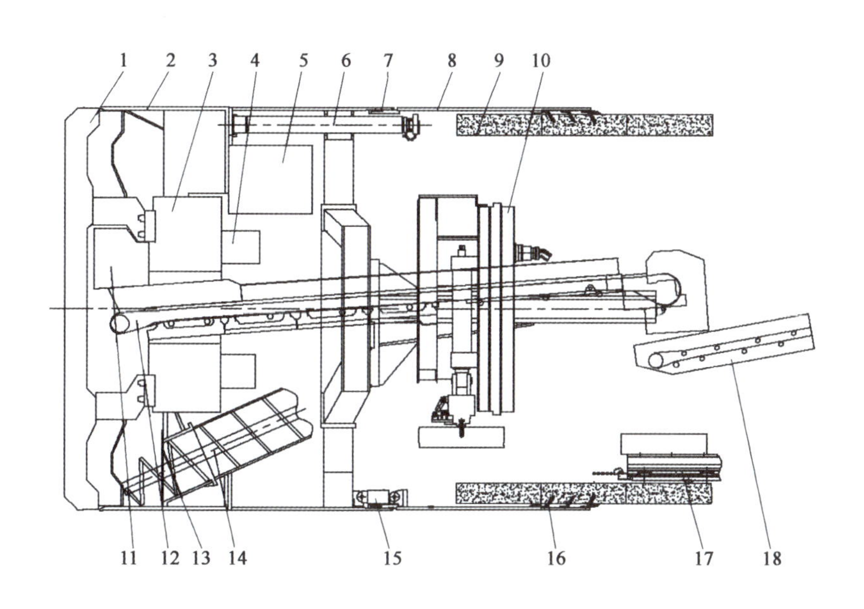


图6-4　多模式盾构机主机示意图

1-刀盘;2-盾体;3-主轴承;4-主驱动单元;5-人舱;6-推进液压缸;7-铰接密封;8-尾盾;9-管片;10-管片拼装机;11-溜渣槽;12-主机皮带输送机;13-螺旋机前闸门;14-螺旋输送机;15-铰接液压缸;16-盾尾密封;17-管片输送装置;18-皮带输送机

岩石掘进机(TBM):通过旋转刀盘并推进,使滚刀挤压破碎岩石,采用主机皮带输送机出渣的全断面隧道掘进机。

敞开式岩石掘进机:在稳定性较好的岩石中,利用撑靴撑紧洞壁以承受掘进反力及扭矩,不采用管片支护的岩石隧道掘进机(图6-5)。敞开式岩石掘进机根据支撑方式不同分为主梁式和凯式两种。

单护盾岩石掘进机:具有护盾保护作用、仅依靠管片承受掘进反力的岩石隧道掘进机(图6-6)。

双护盾岩石掘进机:具有护盾保护,依靠管片和/或撑靴撑紧洞壁,以承受掘进反力和扭矩,掘进可与管片拼装同步的岩石隧道掘进机(图6-7)。

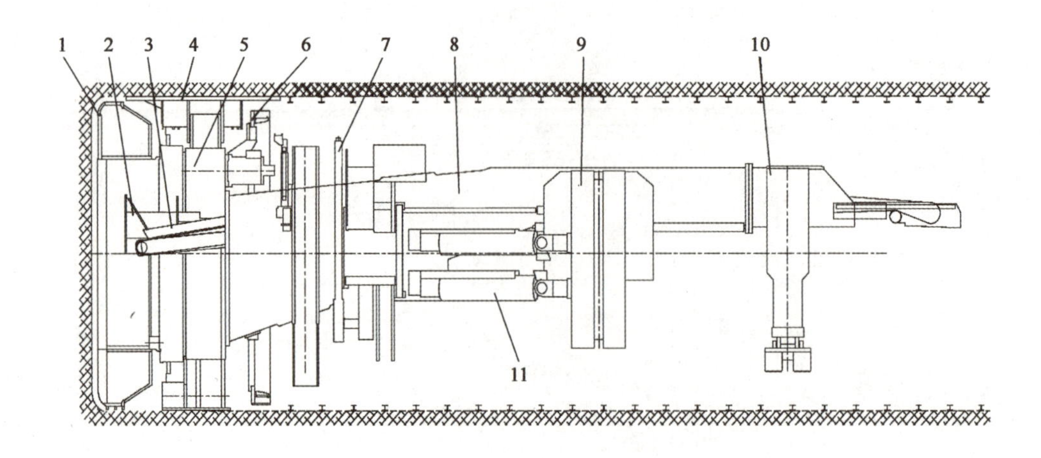


图 6-5　敞开式岩石隧道掘进机主机示意图

1-刀盘;2-溜渣槽;3-主机皮带输送机;4-护盾;5-主驱动单元;6-钢拱架安装器;7-锚杆钻机;8-主梁;9-撑靴;10-后支撑;11-推进液压缸

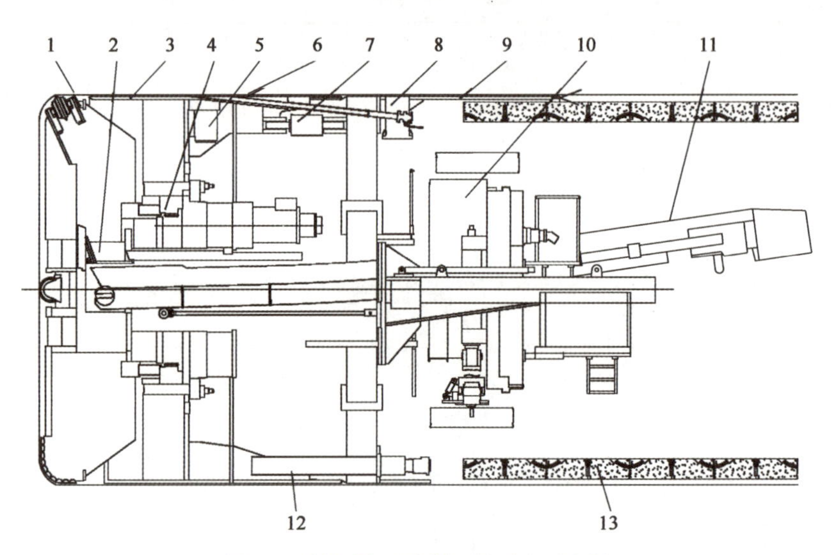


图 6-6　单护盾岩石隧道掘进机主机示意图

1-刀盘;2-溜渣槽;3-前护盾;4-主驱动单元;5-前护盾稳定器;6-中护盾;7-铰接液压缸;8-尾护盾稳定器;9-尾护盾;10-管片拼装机;11-主机皮带输送机;12-推进液压缸;13-管片

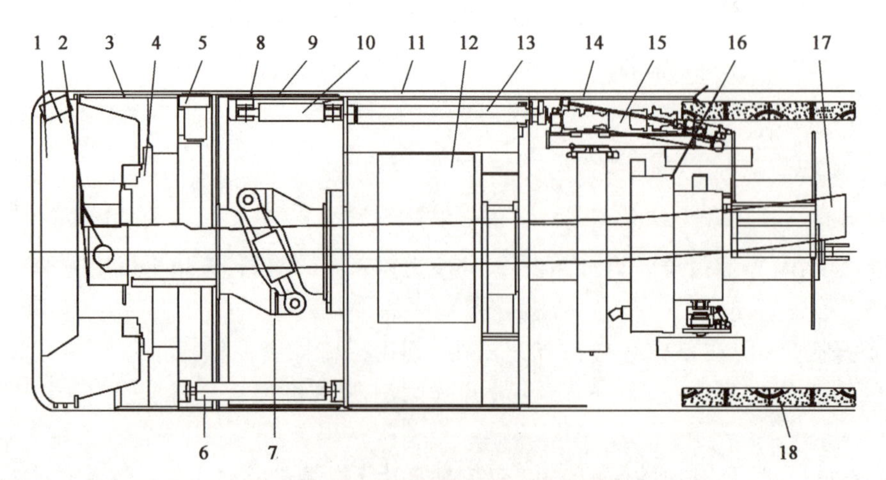


图 6-7　双护盾岩石隧道掘进机主机示意图

1-刀盘;2-溜渣槽;3-前护盾;4-主驱动单元;5-稳定器;6-推进液压缸;7-反扭矩梁;8-外伸缩护盾;9-内伸缩护盾;10-铰接液压缸;11-支撑护盾;12-撑靴;13-辅助推进液压缸;14-尾护盾;15-超前钻机;16-管片拼装机;17-主机皮带输送机;18-管片

顶管机:具有前部开挖、盾体支撑功能,通过顶推系统将管节和主机一同推进的全断面隧道掘进机(图6-8)。顶管机包括敞开式顶管机、土压平衡顶管机及泥水平衡顶管机。

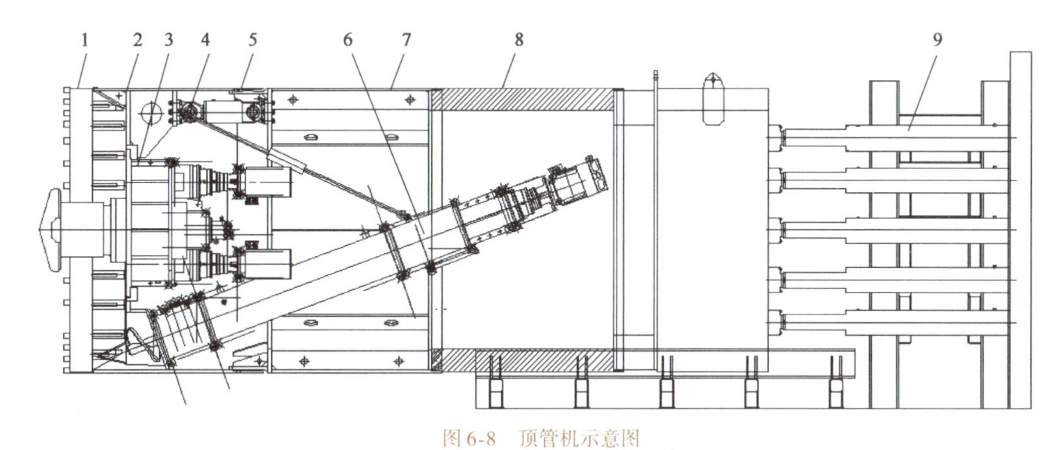


图6-8　顶管机示意图

1-刀盘;2-前盾;3-主驱动单元;4-纠偏液压缸;5-铰接密封;6-螺旋输送机;7-尾盾;8-管节;9-顶推装置

# 6.2　盾构机的起源及发展史

## 6.2.1　国外盾构机的起源及发展史

1818年,法国的布鲁内尔(M. I. Brunel)发现船的木板中,有一种蛀虫钻出孔道,蛀虫头部有外壳,在钻穿木板时,分泌出的液体涂在孔壁上形成坚韧的保护壳,用以抵抗木板潮湿后的膨胀,以防被压扁。从蛀虫钻孔并用分泌物涂在孔壁的启示下,布鲁内尔最早提出用盾构法建设隧道的设想,并在英国注册了专利。

1825年,他第一次在伦敦泰晤士河下用一个断面高6.8m、宽11.4m的矩形盾构机修建了世界上第一条盾构法隧道。布鲁内尔的矩形盾构机由12个邻接的框架组成,每一个框架分成3个舱,每一个舱里有一个工人,共有36个工人。此系统工作模式借助螺杆将鞍形框架压入前方的土中,此时从上部撤除隧道工作面上的木料,并掘土6英寸。然后,隧道工作面重新用木料覆盖并用螺杆支撑,盾构机后部砌砖作为整个机架的支座(图6-9)。

图6-9　第一台用于隧道施工的盾构机

1866年,莫尔顿申请了"盾构机"专利。盾构机最初被称为小筒(cell)或圆筒(cylinder),在莫尔顿专利中第一次使用了“盾构机”(shield)这一术语。1869 年,英国人格瑞海德(J. H. Greathead)用圆形盾构再次在泰晤士河底修建外径 2.2m、长 402m 的隧道,并第一次采用了铸铁管片。由于隧道基本上是在不透水的黏土层中掘进,所以在控制地下水方面没有遇到困难。格瑞海德圆形盾构(图 6-10)后来成为大多数盾构机的原型。

1917 年,日本引进盾构施工技术,是欧美国家以外第一个引进盾构法施工技术的国家。1963 年,第一台土压平衡盾构机(图 6-11)由日本 Sato Kogyo 公司研发出来。1974 年,第一台土压平衡盾构机由日本制造商 IHI(石川岛播磨)公司制造,盾构外径 3.72m,用于掘进日本东京 1900m 的主管线。

图 6-10 圆形盾构和铸铁管片

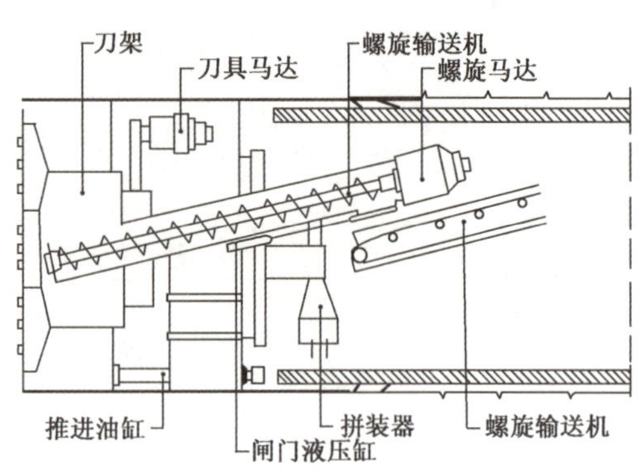


图 6-11 Sato Kogyo 公司土压平衡盾构机

1989 年,日本最引人注目的泥水盾构隧道工程开工——东京湾海底隧道。该隧道长 10km,采用 8 台直径 14.14m 泥水加压式盾构机施工(图 6-12、图 6-13),是当时世界最长的公路专用海底隧道。

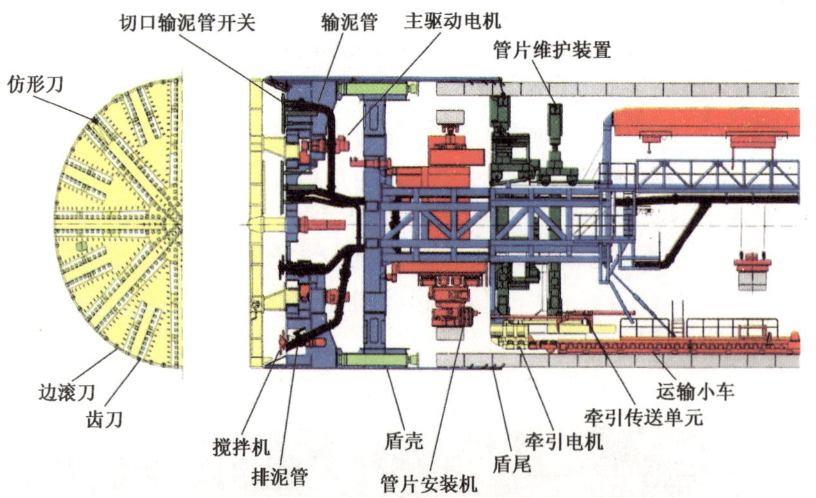


图 6-12 日本东京湾海底隧道盾构机示意图

图 6-13 日本东京湾海底隧道泥水式盾构机

国外盾构机的发展经历了4个阶段:一是以布鲁内尔盾构为代表的手掘式盾构机(1825—1876年);二是以机械式、气压式盾构为代表的第二代盾构机(1875—1964年);三是以闭胸式盾构为代表(泥水加压平衡式、土压平衡式)的第三代盾构机(1875—1984年);四是以大直径、大推力、大扭矩、高智能化、多样化为特色的第四代盾构机(1984年至今)。

## 6.2.2　国内盾构机的发展史

国内盾构机的发展历程,大体上可以分为三个阶段:一是起步阶段(20世纪60年代—80年代初期);二是平稳发展阶段(20世纪80年代中期—90年代末期);三是快速发展阶段(21世纪初期至今)。

1)起步阶段(20世纪60年代—80年代初期)

1962年2月,上海城建局隧道工程公司结合上海软土地层对盾构机进行了系统的试验研究,研制了一台直径4.16m的手掘式敞胸盾构机,在两种有代表性的地层下进行掘进试验,用降水或气压来稳定粉砂层及软黏土地层。在经过反复论证和地面试验后,选用由螺栓连接的单层钢筋混凝土管片作为隧道衬砌,环氧煤焦油作为接缝防水材料。隧道掘进长度68m,试验获得成功,采集了大量数据资料。

2)平稳发展阶段(20世纪80年代中期—90年代末期)

1980年,上海市进行了地铁盾构法隧道试验段施工,研制了一台直径6.41m网格式机械出土盾构机,采用泥水加压和局部气压来稳定地层的方法进行施工,总掘进长度为565m。同年11月,该盾构机应用于地铁试验段一期、二期的施工。此后,1983年6月又将其应用于地铁试验段三期施工,总试验施工长度1130m。

1987年,上海市修建南站过江电缆隧道工程,自主设计了第一台直径4.35m加泥式土压平衡盾构机(图6-14),由上海造船厂制造,于1988年1月正式开始用于过江电缆隧道工程的施工。该盾构机的特点是能够控制正面土压平衡并减少地面沉降,施工速度快,掘进长度达583m。

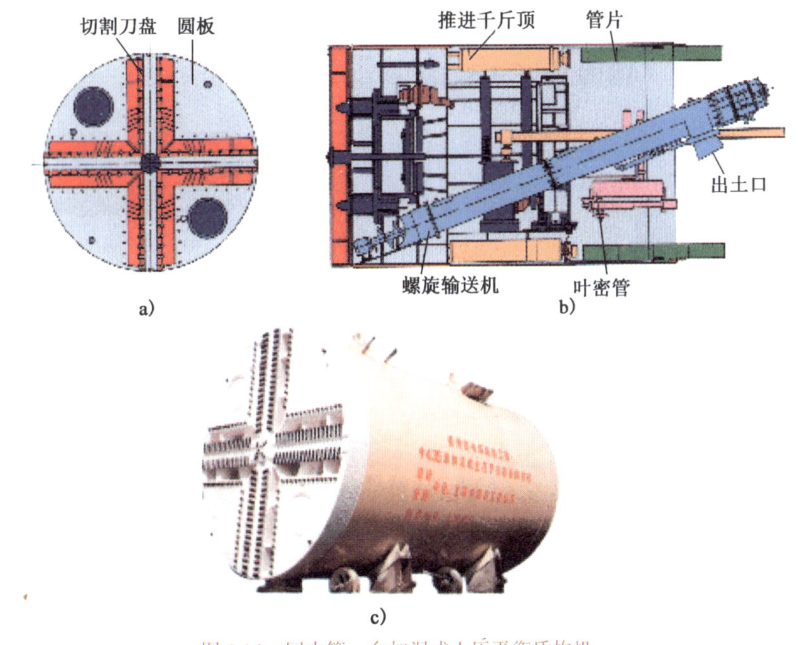


图6-14　国内第一台加泥式土压平衡盾构机

1990年12月,上海合流污水治理工程过江隧道采用直径5.17m的加泥式土压平衡盾构机(图6-15)。该盾构机自重190t,总推力28800kN,总功率500kW。

1994年10月,南京第一条秦淮河治理工程夹江隧道正式开工。采用中国与法国FCB公司联合研制的直径6.34m的土压平衡盾构机(图6-16)施工,于1995年2月5日顺利穿越江底,进入江心洲接收井。

图 6-15　直径 5.17m 的加泥式土压平衡盾构机

图 6-16　与法国 FCB 公司联合研制的直径 6.34m 的土压平衡盾构机

1995 年，国内开始研究矩形盾构隧道掘进技术。1996 年，上海隧道工程股份有限公司研制了一台 2.5m×2.5m 可变网格矩形盾构机（图 6-17），完成矩形隧道施工 60m，成功解决了推进轴线控制与纠偏、沉降控制、矩形盾构隧道施工等难题。

图 6-17　国内自主研发的可变网格矩形盾构机

3）快速发展阶段（21 世纪初期至今）

进入 21 世纪，随着国家经济、技术的迅猛发展为地铁建设带来了重大机遇，同时也为盾构技术应用和发展提供了广阔的平台和空间。国家有关部门已经规定了人口在 300 万人以上、GDP 值在 1000 亿元以上、年财政收入在 100 亿元以上的城市可以建地铁。

当前我国正处于轨道交通建设的繁荣时期，中国已经成为世界上最大的城市轨道交通市场。国内大部分百万人口以上的特大城市已开展城市快速轨道的建设或建设前期工作。已有成熟盾构施工经验的城市主要分布在长三角、珠三角和环渤海湾地区，如广州、深圳、上海、南京、北京、天津。近年来已开始盾构施工的城市有沈阳、成都、西安、杭州、武汉、郑州、长沙、南昌、南宁、昆明、兰州、贵阳、太原等。

目前，盾构法施工不仅仅在轨道交通建设中广泛应用，在穿江道路、越海铁路、输气、电力和市政排水隧洞等工程中也应用广泛。

2003 年 9 月上海轨道交通 8 号线采用国内首台双圆盾构机施工，见图 6-18。

2004 年 8 月，中铁隧道局集团有限公司（简称中铁隧道集团）承建的广州地铁 3 号线大石站—汉溪长隆站区间右线顺利贯通（图 6-19），施工过程中采用了 2 台海瑞克公司生产的编号 S179/180 的土压平衡盾构机。该工程最终获得中国土木工程詹天佑奖。

2006 年 9 月，中铁隧道集团承建了被誉为“万里长江第一隧”的武汉长江隧道，工程采用了两台 NFM 公司生产的直径 11.38m 的泥水平衡盾构机（图 6-20），开启了国内盾构施工“穿江越海”新时代。该工程获得中国土木工程詹天佑奖。

2006 年，全长 10.8km 的广深港客运专线狮子洋隧道开工建设，施工过程中采用 4 台 NFM 公司生产的直径 11.18m 的泥水平衡盾构机进行“相向掘进、地中对接、洞内解体”施工。被工程界专家誉为“中国铁路世纪隧道”，是引领国内隧道施工从穿江时代向越洋时代延伸的标志性工程。无论是长度、直径还是速度目标值，狮子洋隧道均可以比肩英法海峡隧道、东京湾海底隧道、丹麦瑞典海底隧道等世界级海底隧道，尤其是时速上，狮子洋隧道是后者的 2 倍以上。中铁隧道集团承担了该隧道 6.1km 的施工任务，并获得国际项目管理（中国）金奖。

2008 年 4 月 25 日，首台国家“863”计划自主研发的复合式土压平衡盾构机在河南省新乡市中铁隧道集团盾构产业化基地成功下线，这台最新研制的复合式土压平衡盾构机（图 6-21），是中铁隧道集团承担的第5个国家“863”计划的最新科研成果，采用了“自主设计、自主研发、全球采购、自主制造、自主组装调试”的国际化运作模式，并采用了“可靠、适用、经济、先进”的设计理念，实现了从盾构关键技术到整机制造的跨越，使国内的盾构机制造业迈入国际行列。

图6-18　2003年9月上海轨道交通8号线采用国内首台双圆盾构机施工

图6-19　广州地铁3号线大石站—汉溪长隆站区间使用的直径6.3m的土压平衡盾构机

a)　b)

图6-20　武汉长江隧道使用的直径11.38m的泥水平衡盾构机

2011年10月，中铁隧道集团有限公司承建的台山核电站取水隧洞贯通，盾构应用进入核电领域(图6-22)；2013年12月，中铁工程装备集团有限公司自主研发制造的世界最大矩形盾构机在郑州下线(图6-23)，用于郑州市下穿中州大道隧道工程，盾构施工已迈入多样化工程时代。

图6-21　首台国家“863”计划自主研发的直径6.42m的复合式土压平衡盾构机

图6-22　台山核电站取水隧洞贯通

2017年10月26日，我国自主设计制造15.03m超大直径泥水平衡盾构机(图6-24)在郑州郑铁装备工厂下线，该台设备用于由中铁隧道局集团有限公司承建的汕头海湾隧道项目，该台设备是迄今为止我国自主设计制造的最大直径的泥水平衡盾构机，采用先进的常压换刀、主驱动伸缩摆动、超高承压能力系统集成、双气路压力控制等技术，填补了国内技术空白，标志着我国全面掌握大直径盾构设计制造技术。

图 6-23　国内自主研发制造的世界最大矩形盾构机

图 6-24　国内自主研发制造 15.03m 超大直径泥水平衡盾构机

# 第7章　全断面隧道掘进机构造和原理

全断面隧道掘进机集光、机、电、液、传感、信息技术于一体，具有开挖切削土体、输送土渣、拼装隧道衬砌、测量导向纠偏等功能，涉及地质、土木、机械、力学、液压、电气、控制、测量等多门学科知识。本章节将对常见的盾构机、岩石隧道掘进机(TBM)及顶管机各系统进行详细介绍，以更好地熟悉全断面隧道掘进机的构造和原理。

## 7.1　盾构机分系统介绍

### 7.1.1　刀盘

盾构机刀盘设置在盾构机的前端，是通过旋转对地层进行全断面开挖的钢结构和刀具的总称。

1)结构形式

(1)主体结构

盾构机刀盘主体结构由辐条、面板、侧板、筋板、外缘板、后盖板、耐磨合金条和支撑梁等焊接成为盘形结构且带有开阔的进料口，整体性强，具有足够的刚度和强度用于支撑开挖面和承受掘进中的推力及扭矩，具有开挖、稳定掌子面及搅拌渣土三大功能。

常见的盾构机刀盘结构形式有辐条式和面板式两种，具体应用需根据施工条件和地质条件等综合因素决定。

对于面板式刀盘，开挖时渣土流经刀盘面板开口进入土舱时，开挖面的土压力与土舱内的土压力之间会产生压力降，且压力降的大小受刀盘面板开口大小的影响不易确定，导致开挖面的土压力不易控制；同时面板式刀盘与开挖面之间接触面积大，掘进时刀盘容易形成泥饼，但作业人员中途换刀时相对安全可靠，如图7-1所示。

对于辐条式刀盘，开挖面切削下来的土体直接进入土舱，没有明显压力损失，开挖面土压力相对容易控制；同时辐条式刀盘与开挖面之间接触面积小，掘进时刀盘不容易形成泥饼，但中途换刀安全性较差，一般需要辅助加固土体；辐条式刀盘对砂、土等单一软土地层的适应性比面板式刀盘较强，但由于其不能安装滚刀，在面对风化岩及软硬不均地层或硬岩地层时，宜采用面板式刀盘，如图7-2所示。

图7-1　面板式刀盘

图7-2　辐条式刀盘

(2)刀盘开口率

盾构机刀盘开口率是刀盘进渣口投影面积占刀盘开挖面积的百分比，需根据地质条件、开挖面的稳定性和挖掘效率来决定其形状、尺寸、配置。

图7-3　刀盘背面开口槽楔形设计

对于泥水盾构机，刀盘的开口率一般取10%～30%，土压平衡盾构机的开口率范围较宽，一般在35%以上；对于黏性土之类的高黏附性土质，宜加大开口率；对于易坍塌性围岩，开口率需慎重选择；刀盘开口位置应尽量靠近刀盘中心，以防止渣土在刀盘的中心部位流动不畅而形成泥饼。同时，由于刀盘中心部位的线速度较低，黏土、粉土、膨润土等黏稠土体在中心部位的流动性较差，黏性土容易在中心部位沉积，因此应适当加大中心部位开口率；刀盘开口槽一般设计成楔形结构，使开口逐渐变大，以利于渣土向土舱内流动，如图7-3所示。

(3)刀盘耐磨设计

通常采用适宜的材料与合理的工艺来提高盾构机刀盘的整体耐磨性：刀盘的面板焊接网状耐磨条；刀盘的外圈焊接高强度的耐磨复合钢板；对刀盘开口部位的表面进行硬化处理；刀盘搅拌棒的表面堆焊网状耐磨条，如图7-4所示。

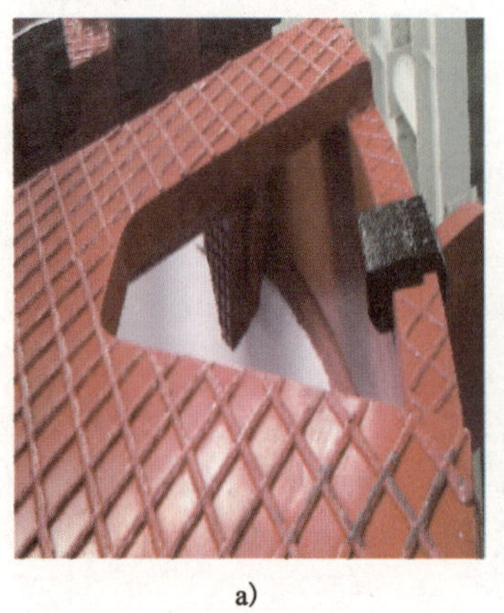

a)

b)

c)

图7-4　刀盘耐磨设计

2)刀具

盾构机刀具可根据运动方式、布置位置和方式及形状等进行分类。按切削原理划分,盾构机的刀具一般分为切削类刀具和滚刀两种,其余形式的刀具为辅助刀具(如超挖刀、保径刀),切削类刀具又分为齿刀、边刮刀和先行刀(如撕裂刀、鱼尾刀)等,如图7-5所示。

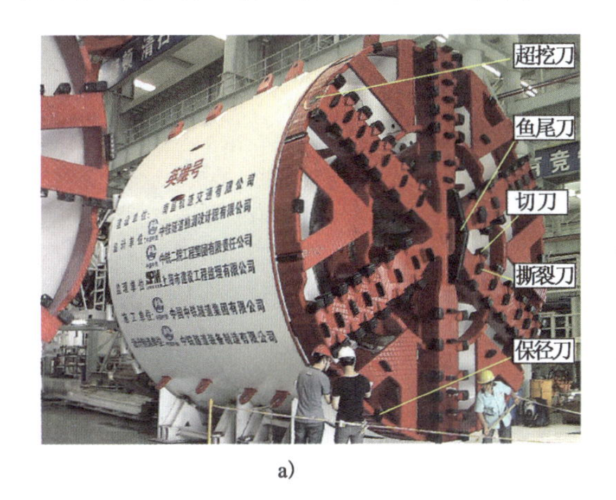


a)

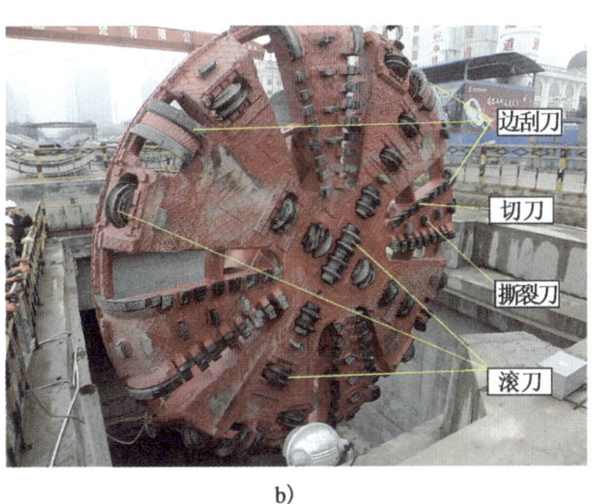


b)

图7-5　常见盾构机刀具

对于不同地层的开挖,盾构机的刀具通常采用不同类型:地层为硬岩时,一般采用盘形滚刀;地层为砂、黏土等单一软土或破碎软岩时,可采用切削类刀具;地层为软硬不均等复合地层时,一般将滚刀及切削类刀具组合使用。

3)中心回转接头

盾构机中心回转接头是将渣土改良添加剂、液压油、高压水等液体从固定位置输送到旋转刀盘上的装置,可将渣土改良用的泡沫、膨润土或水送到刀盘前面的喷口;中心回转接头主要分为回转部分、转子、定子,定子通过法兰连接在盾构机主驱动箱,如图7-6所示。

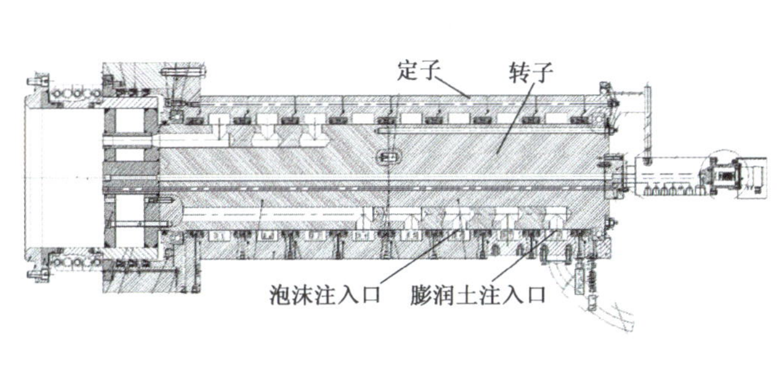


a)中心回转接头结构示意图

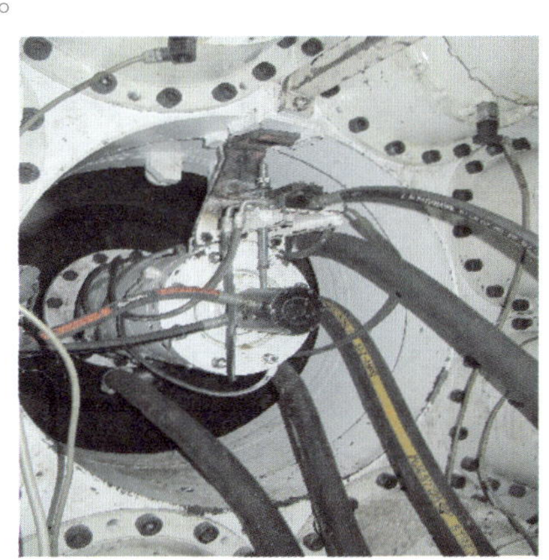

b)中心回转接头现场实物

图7-6　盾构机中心回转接头

## 7.1.2　盾体

盾体是盾构机中用于保护设备及人员安全的周边壳体,设置盾构外壳的目的是保护掘削、排土、推进、作衬等所有作业设备、装置的安全,故整个外壳用钢板制作,并用环形梁加固支撑。

1)前盾

前盾是盾体的前段,为刀盘、主驱动单元提供支撑座,由壳体、隔板、主驱动连接座、螺旋输送机连接座、连接法兰焊接而成;其位于盾构机的最前端,切口部分装有掘削机械和挡土机械,起开挖和挡土作用，施工时最先切入地层并掩护开挖作业，如图 7-7 所示。

a)

b)

图 7-7　盾构机前盾

2）中盾

（1）结构形式

中盾是盾体的中段，需要支撑盾构的全部荷载，在前、后方均设有环状图环形肋板和纵向加强筋来支撑其全部荷载；其上开有安装推进液压缸的圆孔，是具有良好刚性好的圆形结构；地层压力、推进液压缸的反作用力以及切口入土正面阻力、衬砌拼装时的施工荷载均由支撑环来承受；在中盾壳体外布置有膨润土润滑注入孔，配置独立的稠膨润土注入润滑系统，用于在不良地层中掘进减少盾体摩擦；中盾与前盾之间通过法兰环面进行螺栓连接，如图 7-8 所示。

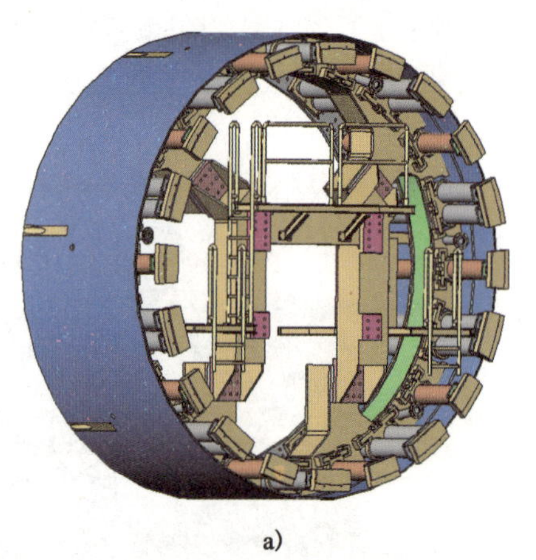

a)

b)

图 7-8　盾构机中盾

（2）铰接机构

中盾与盾尾之间大部分采用被动铰接连接形式，设计有两道密封，另一道为橡胶密封，另一道为紧急气囊密封。正常情况下，橡胶密封起作用；在异常情况下或橡胶密封需要更换时，使用紧急气囊密封。在密封环端部设置压紧块，在压紧块和橡胶密封之间设置挡条，在端部利用调节螺栓使挡条压紧橡胶密封，压紧的程度可用拧动螺栓进行调整。铰接部位设有三种注入口：A 孔，用于向铰接密封加注油脂，防止铰接密封渗透泄漏；B 孔，使用气囊式密封时，从 B 孔向气囊注入工业气体；C 孔，紧急情况下用于加注聚氨酯密封，如图 7-9 所示。

3）盾尾

（1）结构形式

盾尾是盾体的后段，由壳体、注浆管、油脂管和膨润土管及盾尾连接法兰组成，同时也是管片衬砌安装的地方，如图 7-10 所示。

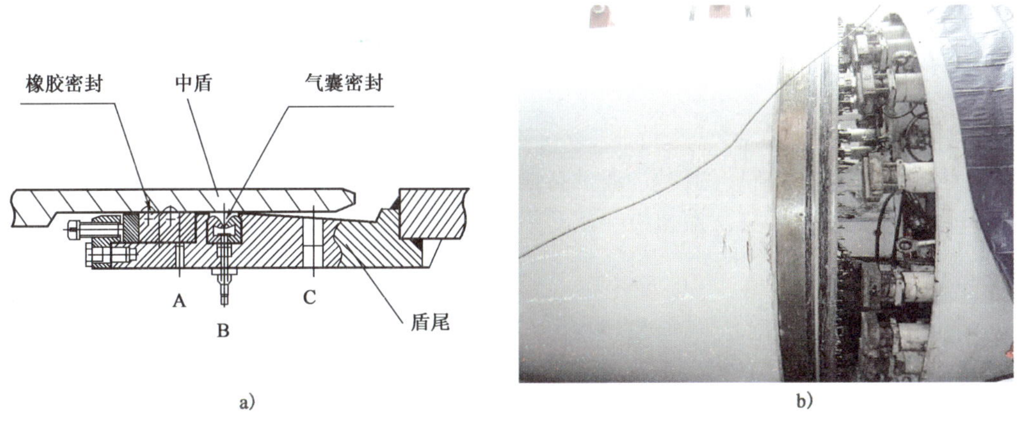


图7-9　被动铰接机构

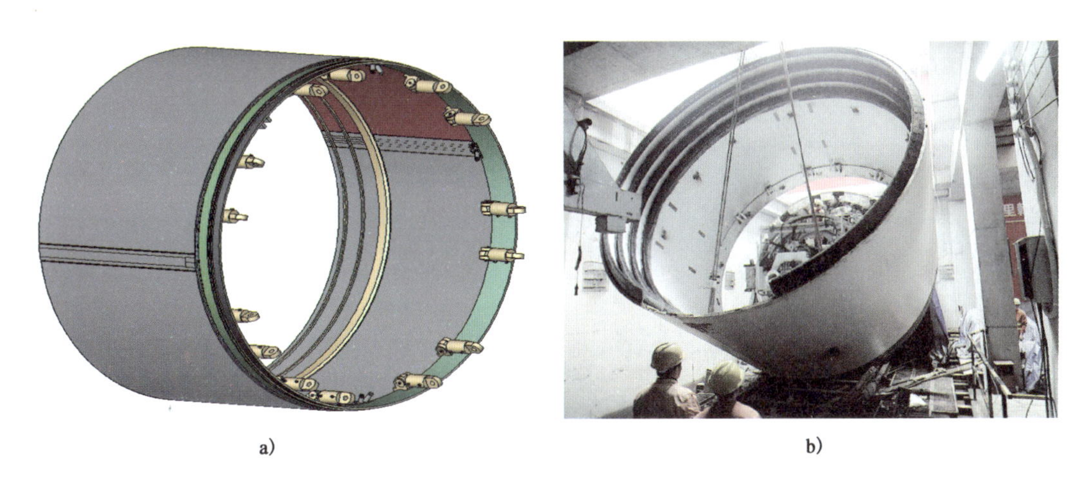


图7-10　盾构机盾尾

(2)盾尾密封

盾尾密封是管片与盾尾之间空隙的密封装置,主要包括密封刷、紧急密封装置和密封油脂;密封刷内充满了油脂,使其成为一个既有塑性又有弹性的整体,同时油脂也能保护密封刷免于生锈损坏,防止隧道地下水及注浆材料漏进盾体内部,在土压平衡状态时还具有保持压力的作用;随着盾构机的推进,盾尾油脂持续注入每道盾尾密封刷和管片外周边所形成的空腔内,始终保持管片外周边与盾壳之间的间隙密封良好,可保证在0.5MPa的压力下,盾尾不会出现渗漏水和渗漏泥浆,如图7-11所示。

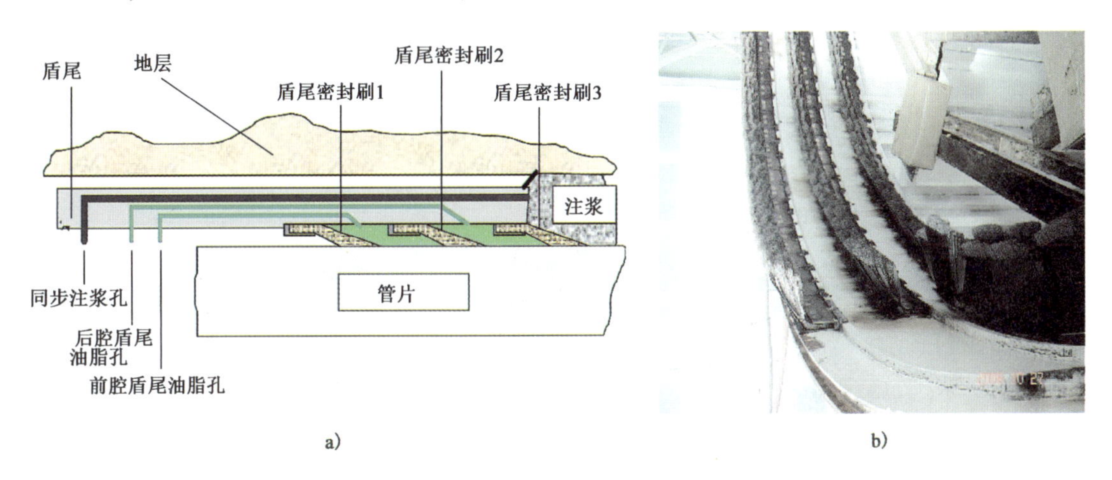


图7-11　盾构机盾尾密封

## 7.1.3 主驱动单元

1)驱动组成

主驱动单元是驱动刀盘旋转的装置,通过高强度连接螺栓安装在前盾上,为刀盘提供反扭矩,其传动路线为:电机或液压马达—三级减速机—驱动小齿轮—主轴承(含大齿圈)—刀盘,如图7-12所示。

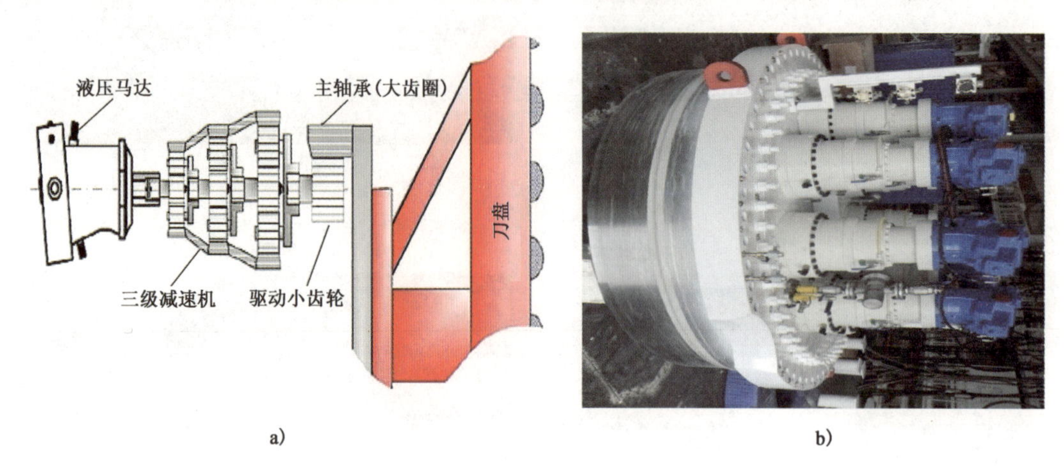


图7-12 盾构机主驱动单元

2)驱动方式

目前盾构机常用的刀盘驱动机构主要有变频电机、一般电机和液压驱动三种,其工作性能对比见表7-1。

盾构机常见主驱动方式性能对比表 表7-1

| 驱动形式 | 变频电机驱动 | 一般电机驱动 | 液压驱动 |
|---|---|---|---|
| 驱动部分外形尺寸 | 中 | 大 | 小 |
| 后续设备 | 少 | 少 | 较多 |
| 效率 | 0.95 | 0.9 | 0.65 |
| 启动力矩 | 大 | 较小 | 较大 |
| 启动冲击 | 小 | 大 | 较小 |
| 转速微调控制 | 好 | 不能无级调速 | 好 |
| 噪声 | 小 | 小 | 大 |
| 盾构温度 | 低 | 较低 | 较高 |
| 维护 | 易 | 易 | 较复杂 |

3)主轴承

主轴承是主驱动单元中用于支撑刀盘旋转并传递掘进推力的轴承,由滚子(含主推力滚子、径向滚子和反推力滚子)、保持架、内圈(含大齿圈)和外圈四部分组成,能同时承受轴向、径向荷载及倾覆力矩,如图7-13所示;主轴承是主驱动单元的关键部件,在工作中要求承受重载,能够长时间工作和较高的可靠性,一般要求主轴承的有效使用寿命在10000h以上。

4)主轴承密封系统

主轴承密封系统包括外密封系统和内密封系统,其中外密封系统负责主驱动齿轮箱内部油液以及土舱内渣土、水的密封,内密封系统用于防止外部灰尘进入主驱动齿轮箱。

常见的外密封共4道,设计为唇形密封,前3道密封唇口朝前,最后1道密封唇口朝后。其中,第1道密封前的迷宫环提供HBW密封油脂,通过周边分布的孔道注入,用以抵抗地下水的压力,将泥水和渣土阻挡在第1道外密封外部，是外密封系统最重要的防线；第1、2道密封之间提供EP2润滑油脂，通过周边分布的孔道来注入，主要起润滑和阻挡HBW油脂进入的作用；第2、3道密封之间提供齿轮润滑油，通过周边分布的孔道注入，起润滑作用；第3、4道密封之间为泄漏监测腔，通过沿周边分布的检查孔道外接隧道常压下的一个泄漏收集箱或透明胶管，从而对泄漏情况进行监测。由于唇形密封的密封单向性，可以保证EP2润滑油脂不会进入主轴承齿轮传动区，以免影响齿轮油的质量。

a)主轴承结构示意图　　b)主轴承实物

图7-13　盾构机主轴承

常见的内密封共2道，设计为钩形密封，第1道密封唇口朝前，第2道密封唇口朝后，将驱动小齿轮腔室与外界空气隔离开，两密封之间提供EP2润滑油脂，以降低摩擦。

盾构机主轴承内、外密封系统如图7-14所示。

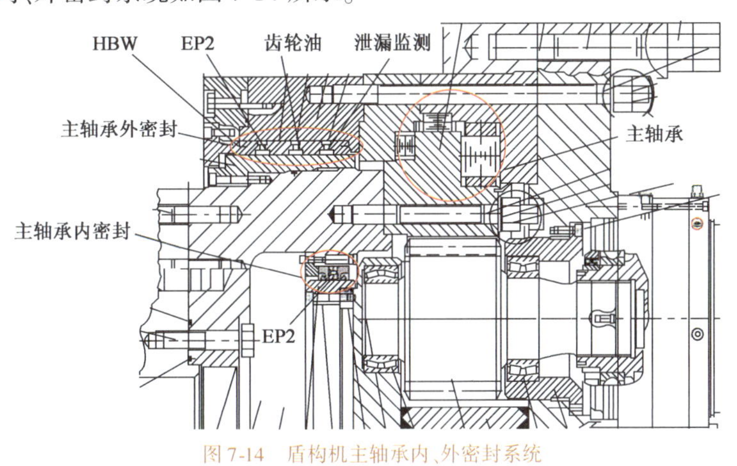


图7-14　盾构机主轴承内、外密封系统

5）主驱动润滑系统

主驱动润滑系统是用于主轴承、大齿圈、主驱动小齿轮及其轴承润滑的系统，由油箱、泵、管线、阀、传感器等组成，采用油浴润滑加循环喷淋模式，并设置过滤机冷却装置。为了进行控制，主驱动润滑系统安装了液位、流量和温度的控制装置，如图7-15所示。

## 7.1.4　推进系统

推进系统是盾构机前进的驱动系统，主要由推进液压缸、阀组、泵站、行程测量装置等组成。其中，推进液压缸沿盾构机中盾壳体内侧均匀分布，液压缸的布置在设计时考虑了避开管片接缝，封顶块（K块）在管片圆周的正常衬砌位置不会发生推进液压缸靴板同时压在两块管片之间接缝上的情况，如图7-16所示。

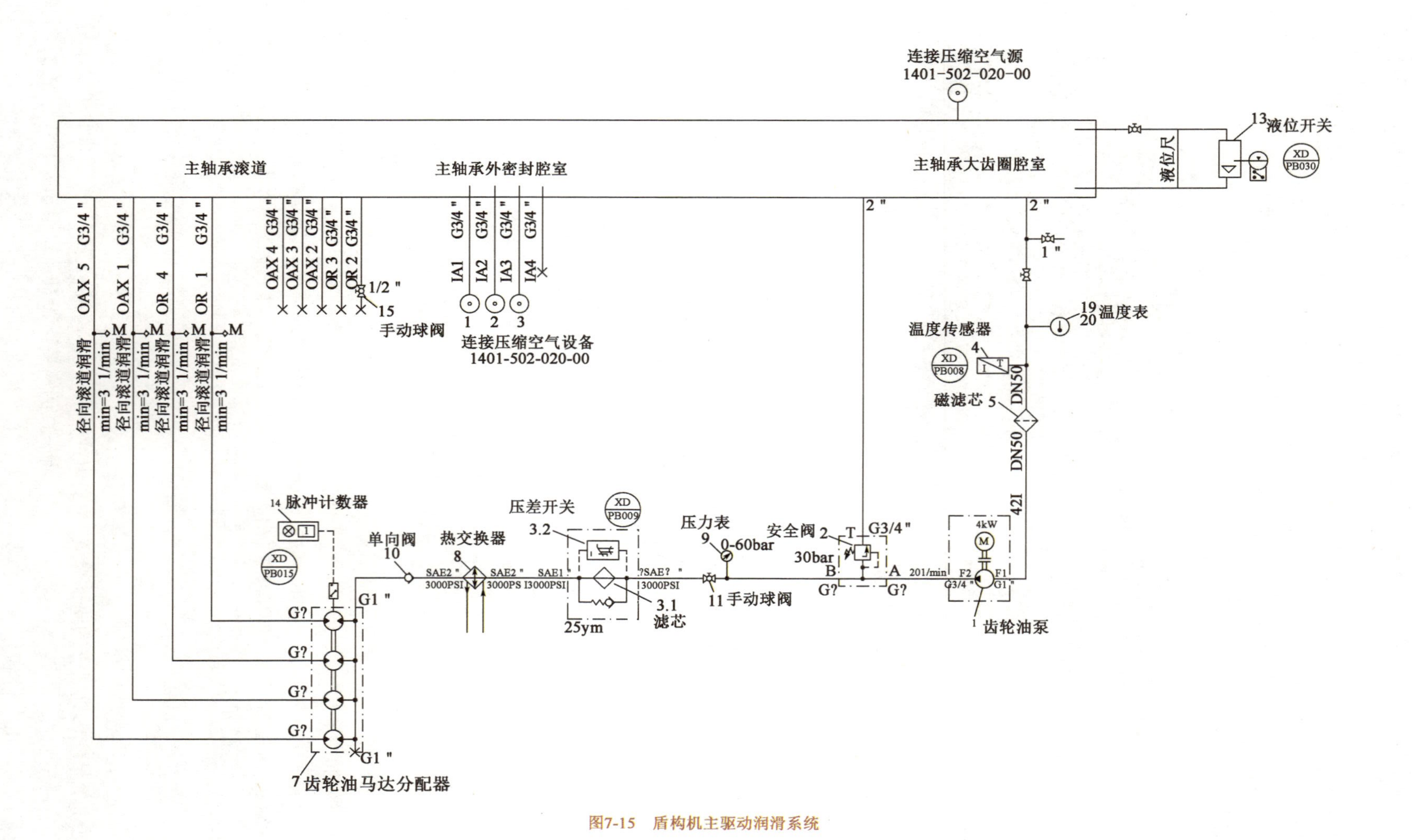


图7-15 盾构机主驱动润滑系统

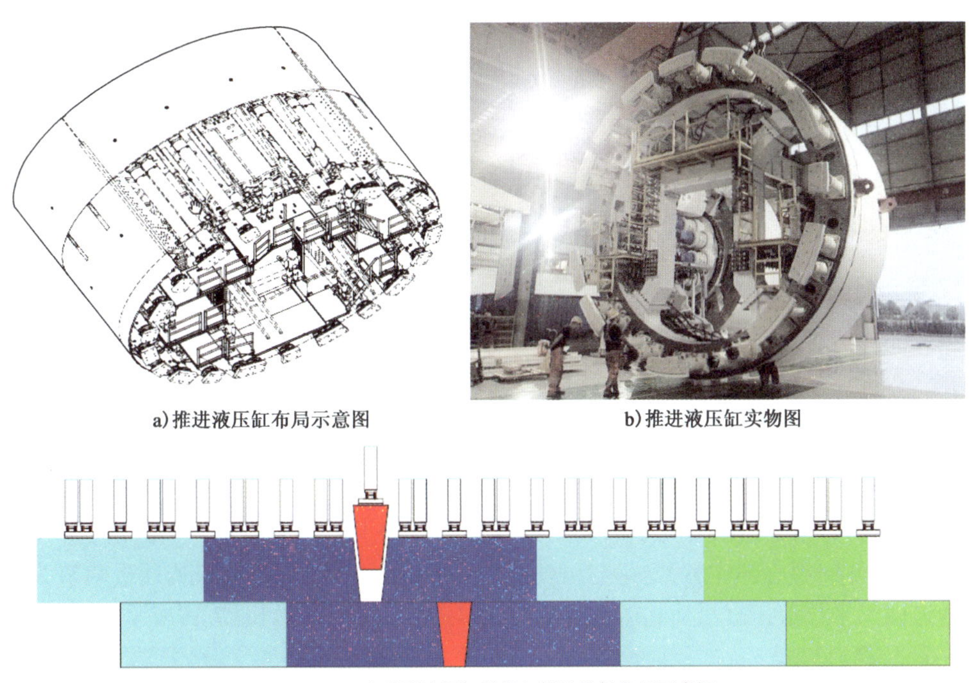

a)推进液压缸布局示意图　　b)推进液压缸实物图

c)推进液压缸撑靴与管片接触位置示意图

图 7-16　盾构机推进液压缸布置

由于地层变化频繁、软硬交错，盾构机经常通过掌子面软硬不均的地层，造成刀盘受力不均，从而使盾构机姿态产生偏转、抬头、低头的现象，导致盾构的掘进轴线与隧道设计轴线发生偏离；为了纠正盾构机姿态，将推进液压缸分组（常分成4组或5组），每组推进液压缸分别安装行程传感器，主司机可以单独调整每组推进液压缸的推进压力和所有液压缸的推进流量，这样就可以实现盾构左转、右转、抬头、低头或直行动作，如图 7-17 所示。

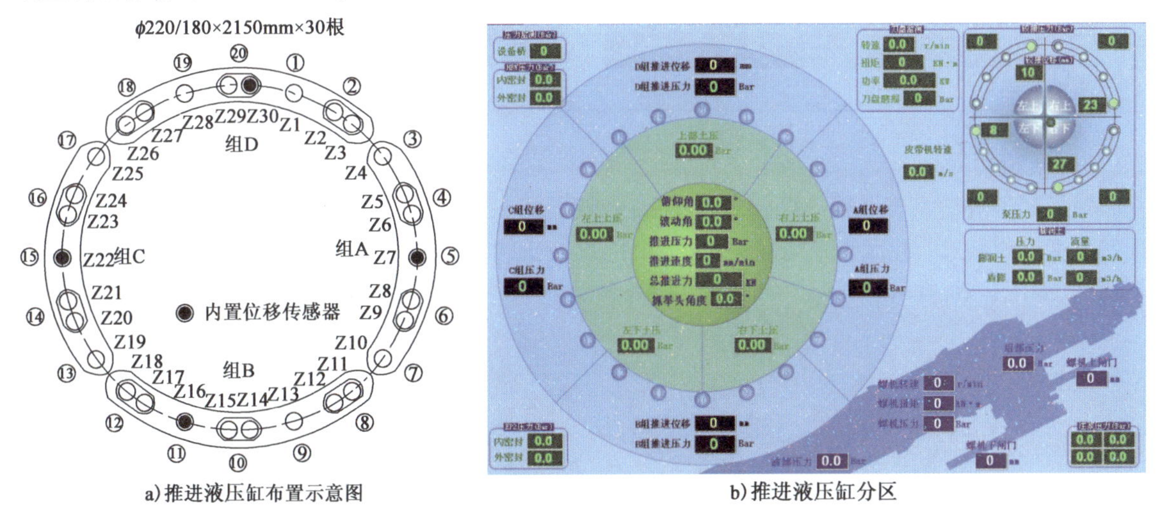


a)推进液压缸布置示意图　　b)推进液压缸分区

图 7-17　盾构机推进液压缸分区

## 7.1.5　管片拼装系统

1）管片拼装机

管片拼装机是用于管片抓取、平移、旋转、提升多个自由度运动的机械装置，主要由平移机构、旋转机构、举升机构、抓举装置等构成，具有6个自由度，各液压动作采用比例阀控制，可实现管片的精确定位，管片拼装机一般用无线遥控器控制，如图 7-18 所示。

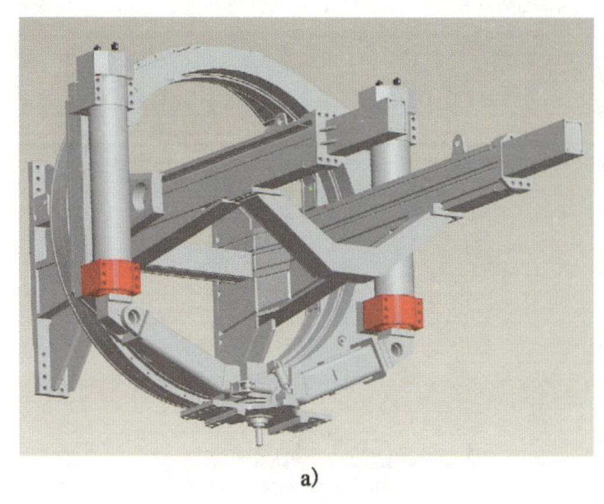

a)

b)

图 7-18 盾构机管片拼装机

(1)平移机构

管片拼装机的行走梁通过法兰与中盾的 H 梁(米字梁)连接,盾构机与拖车之间的所有管线连接均通过管片拼装机敞开的中心部位,行走梁与设备桥之间用液压缸连接;平移机构通过两组滚轮安装在行走梁上,可通过两个平移液压缸沿盾构轴线方向移动,实现平移动作,如图 7-19所示。

a)

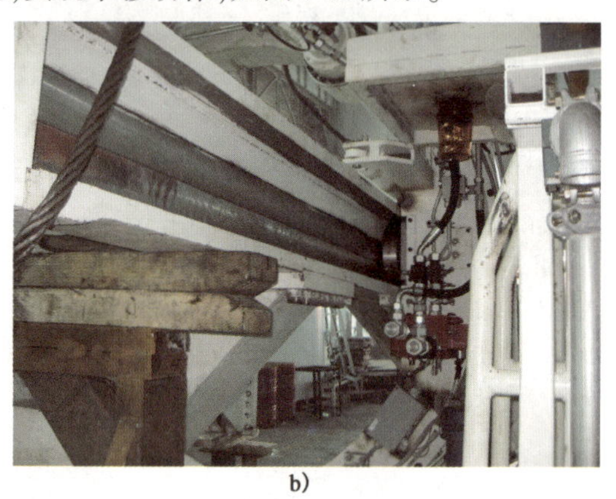

b)

图 7-19 管片拼装机平移机构

(2)回转机构

回转机架通过法兰与回转支撑的内齿圈连接,随平移机构一起平移,同时液压马达通过齿轮传动,使回转机架同回转支撑内齿圈一起实现回转动作,回转机构安装限位开关和角度编码器,确保双向旋转时不超限,如图 7-20 所示。

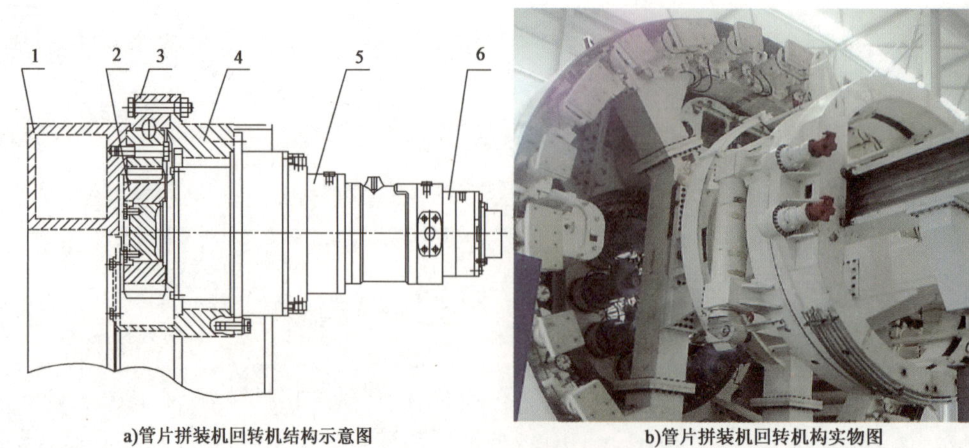


a)管片拼装机回转机结构示意图　　b)管片拼装机回转机构实物图

图 7-20 管片拼装机回转机构

1-回转机架;2-驱动小齿轮;3-安装机轴承;4-固定机架;5-减速机;6-液压马达

(3)举升机构

举升机构有两个独立的液压缸通过法兰与回转机构连接,液压缸的升缩杆和管片抓举装置铰接,能够实现升降功能,如图7-21所示。

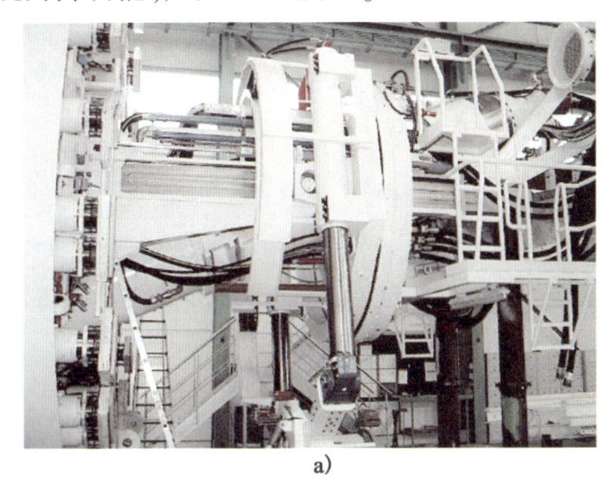

a)

b)

图7-21　管片拼装机举升机构

(4)抓举装置

管片抓举装置有两种抓举方式:机械抓举式和真空吸盘抓举式。通常开挖直径小于7m的盾构机采取机械抓举装置,大直径盾构机(开挖直径大于7m)则采用真空吸盘抓举装置。

机械抓举装置的抓举头通过关节轴承安装在举重钳上,抓举头上的抓持系统为机械式抓举,通过位移和压力双重检测,确保抓持可靠,同时还具有连锁功能;抓举头上的两个小液压缸能实现抓举头的俯仰和偏转,如图7-22所示。

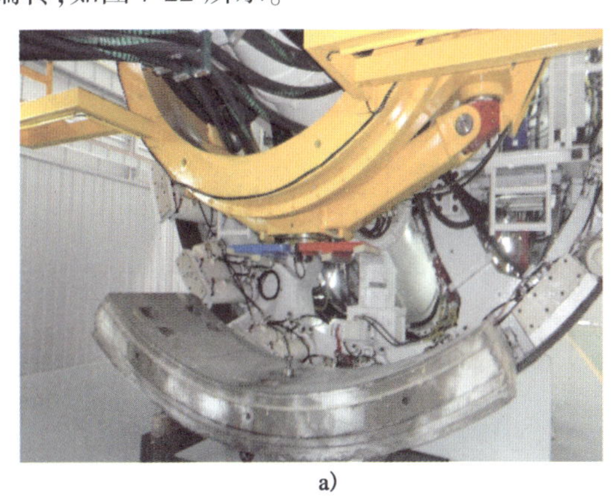

a)

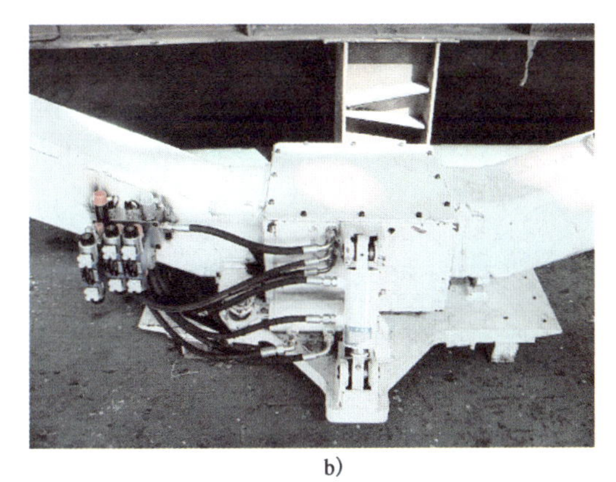

b)

图7-22　管片拼装机机械式抓举装置

真空吸盘式抓举装置使用真空吸盘吸取管片,在正常工作状态真空度为95%~98%;即使真空度低至80%,其产生的吸取力仍然大于要求设计的安全系数,甚至所有设备单元均出现故障,真空吸盘也可以把持住管片30min以上,主要取决于吸盘密封的状况;抓举盘的中心有抗剪销,它们可以吸收放置管片时产生的剪切力,以防止真空失效,如图7-23所示。

2)管片输送装置

管片输送装置是置于连接桥下方,可储存管片,并步进式前移管片的装置,将由管片吊机卸下的管片转运到管片拼装机抓取范围内,如图7-24所示。

3)管片吊机

管片吊机是将管片吊运到管片输送装置或管片拼装机下方的设备,按轨梁形式不同分为单梁式和双梁式;按行走形式不同分为齿轮齿条式、链轮链条式和摩擦轮式;按照起吊机构不同分为葫芦提升式和卷扬牵引式;管片吊机的管片吊取机构分为机械机构和真空吸盘机构,如图7-25所示。

a)

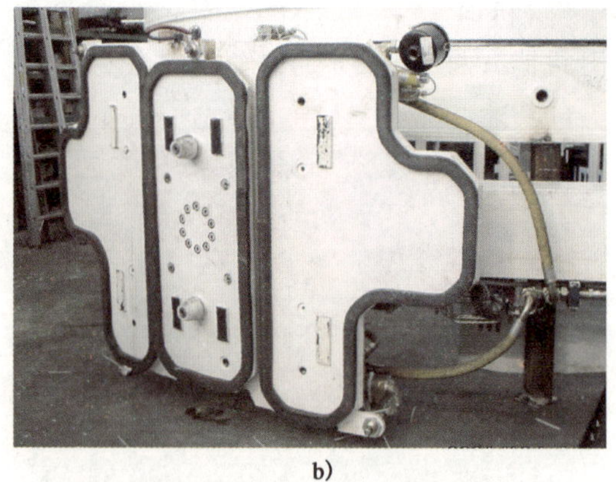

b)

图 7-23　管片拼装机真空吸盘式抓举装置

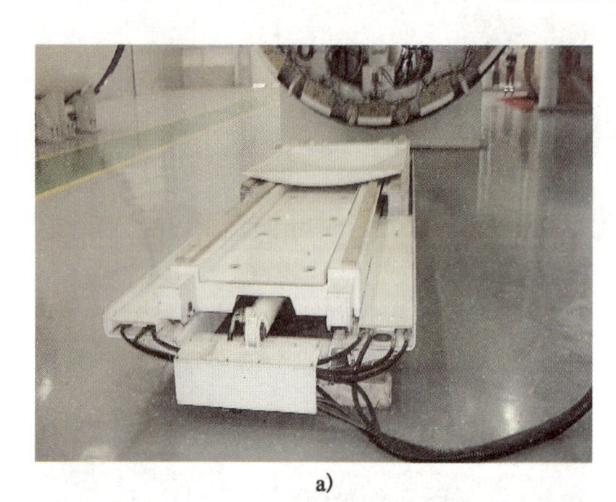

a)

b)

图 7-24　盾构机管片输送装置

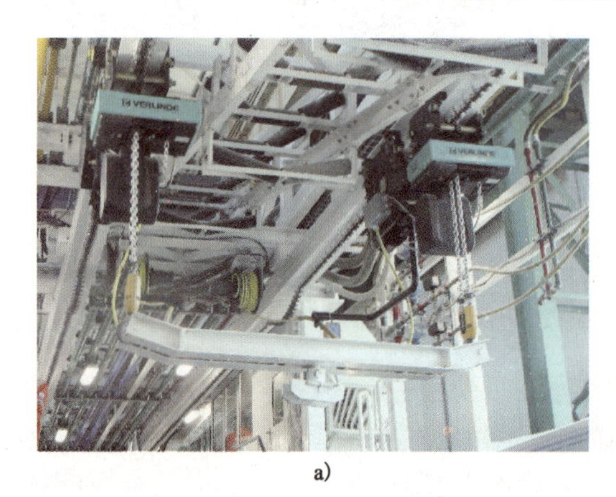

a)

b)

图 7-25　盾构机管片吊机

## 7.1.6　出渣系统

1）螺旋输送机（土压平衡盾构机）

（1）功能

螺旋输送机是采用螺旋叶片将渣土从土舱向后方输送的装置，主要功能包括：从土舱内将刀盘切削下来的渣土向外连续排出；渣土通过螺旋杆输送压缩形成密封土塞，阻止渣土中的水流出，保持土舱内水土压力稳定；通过改变螺旋输送机转速来调节排土量，即调节土舱内水土压力，使其与开挖面水、土压力保持动态平衡，确保土压平衡盾构机能够正常保压并向前掘进（备注：由于螺旋输送机自身结构限制，其水土保压压力一般不超过3bar，特别是高水压条件渣土易被稀释时，难以形成土塞效应），如图7-26所示。

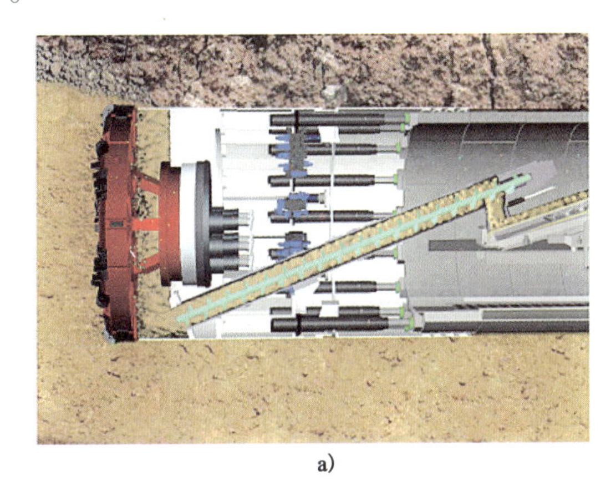

a)

b)

图7-26　土压平衡盾构机螺旋输送机

（2）类型

①按照螺旋叶片构造形式分类

按照螺旋输送机螺旋叶片构造形式的不同，分为轴式螺旋输送机和带式螺旋输送机，如图7-27所示。其中，轴式螺旋输送机的止水性能较好，容易形成土塞效应，通常用于富水砂层及黏土等地层，缺点是对排出的砾石大小有限制，一般可排出的砾石的最大直径为螺杆直径的0.7倍；带式螺旋输送机能排出的砾石粒径较大，但其止水性能较差，通常用于含水率小、粒径较大的砂卵石等地层。

a）轴式

b）带式

图7-27　螺旋输送机

②按照驱动方式分类

按照螺旋输送机驱动方式的不同，分为中间周边驱动、尾部周边驱动和尾部中心驱动三种方式。

中间周边驱动可预留接口，在驱动扭矩不足时便于增加液压马达，出渣口可以在底部，也可以在端部。缺点是中间驱动环部分有渣土直接经过，易导致驱动环磨损，从而造成驱动箱损坏。此外，中间驱动环采用的是滑动轴承（即铜套），在实际工况中不仅要承受部分径向力，还要承受相应的弯矩，受力状态存在一定缺陷，如图7-28所示。

尾部周边驱动可预留接口，在驱动扭矩不足时便于增加液压马达，出渣口只能设置在底部；尾部周边驱动采用两个圆锥滚子调心轴承背对背布置，既能承受径向力又能承受较大的轴向力，受力状态较好，减速机与螺旋轴通过合金钢轴连接实现扭矩传递，如图7-29所示。

尾部中心驱动也采用两个圆锥滚子调心轴承背对背布置，这样既能承受径向力，又能承受较大的轴向力，可允许螺旋轴在一定摆角内摆动，且其结构紧凑，便于相邻部件的布置，如图7-30所示。

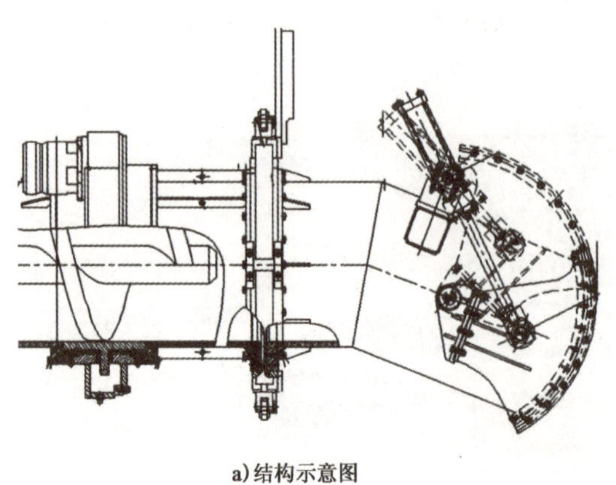

a)结构示意图

b)实物图

图 7-28　螺旋输送机中间周边驱动

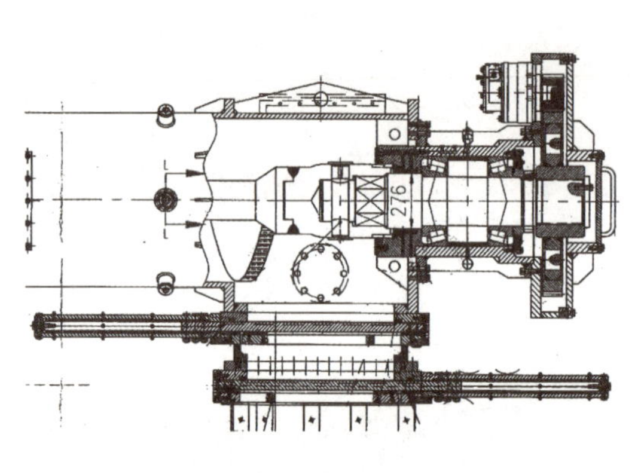

a)结构示意图

b)实物图

图 7-29　螺旋输送机尾部周边驱动

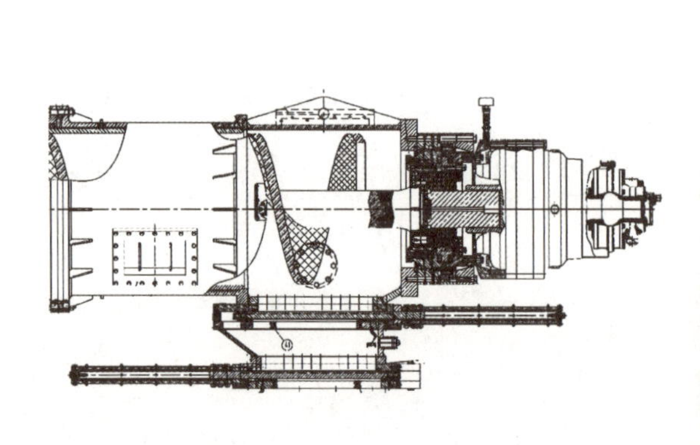

a)结构示意图

b)实物图

图 7-30　螺旋输送机尾部中心驱动

(3)构造组成

螺旋输送机是由前闸门、螺旋叶片(含轴)、筒体(含检修窗口)、后闸门、伸缩装置、驱动装置及渣土改良添加剂入口组成,如图 7-31 所示。

正常掘进时螺旋输送机螺旋前端是伸入土舱一定距离的,在紧急情况下需要封闭土舱时,必须先通过螺旋输送机的伸缩节将螺旋输送机前端全部缩回筒体内,然后才能关闭前闸门,如图 7-32 所示。

通过调节螺旋输送机后闸门开启度大小,可控制出渣量;针对富水地层,后闸门常设计为上、下双闸门结构,在掘进时时可交替关闭双闸门来限制出渣,可有效控制喷涌现象;此外,后闸门还具有紧急自动关闭功能,即当盾构机突然断电时,后闸门液压缸在系统储能器作用下,发生液压动作关闭后闸门,以防止土舱中的水及渣土在压力作用下进入盾构机和隧道,如图7-33所示。

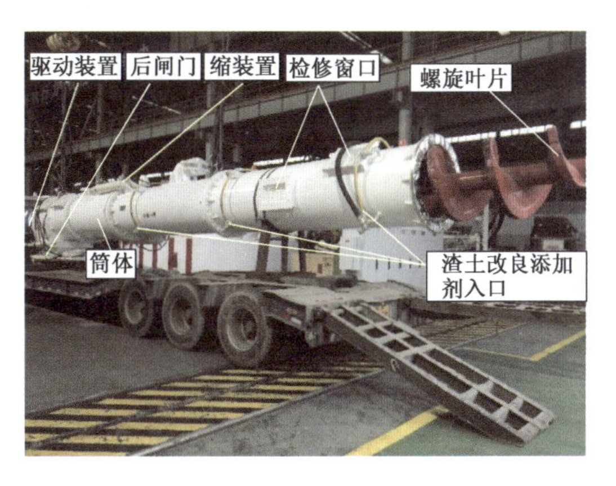


图7-31　螺旋输送机组成

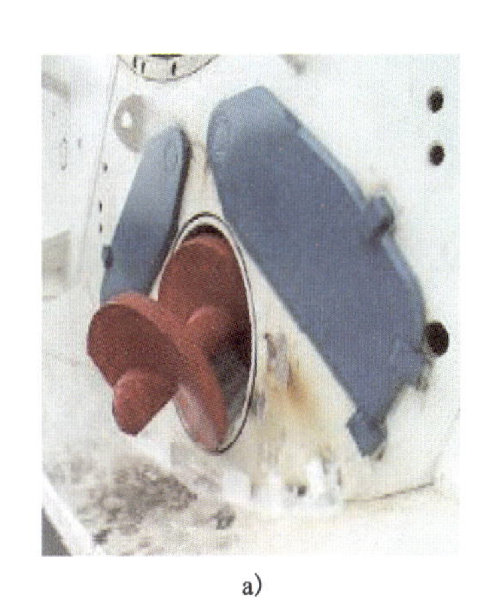

a)

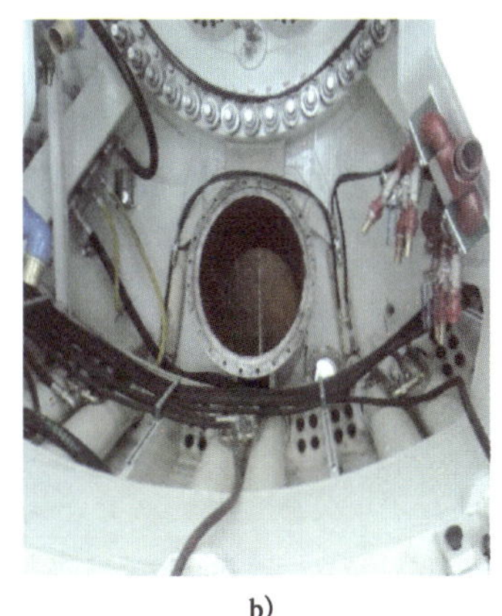

b)

c)

图7-32　螺旋输送机前闸门和伸缩机构

a)

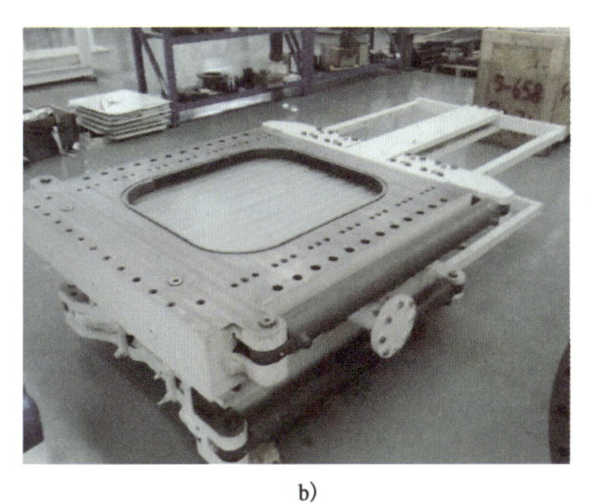

b)

图7-33　螺旋输送机出渣双闸门

螺旋输送机中螺旋带的支撑采用单侧轴承悬臂支撑法:当输送器壳体内充满渣土时,依靠渣土的悬浮能力,使螺旋带前端得到支撑和自动取得平衡;螺旋输送器是渣土排出的唯一通道,对螺旋输送器的磨损非常严重,通常在螺杆、螺旋叶片和外护筒内表面前端堆有耐磨焊条或耐磨合金粒,以增强其耐磨性,如图7-34所示。

2)后配套皮带输送机(土压平衡盾构机)

对于土压平衡盾构机,后配套皮带输送机是安装在后配套系统上,利用摩擦驱动以连续方式运输渣土的皮带输送机，由机架、输送带、托辊、滚筒、张紧装置、跑偏装置及驱动装置等组成，如图7-35所示。

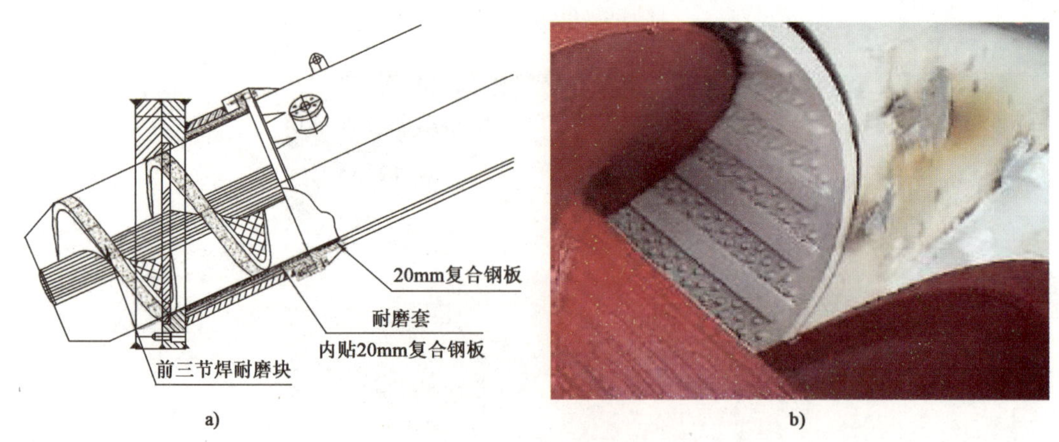


图7-34　螺旋输送机耐磨设计

a)　b)

图7-35　后配套皮带输送机

后配套皮带输送机驱动装置由变频电机、减速器、驱动滚筒、一二级清扫器等组成，驱动滚筒与胶带的传动为摩擦传动，如图7-36所示。

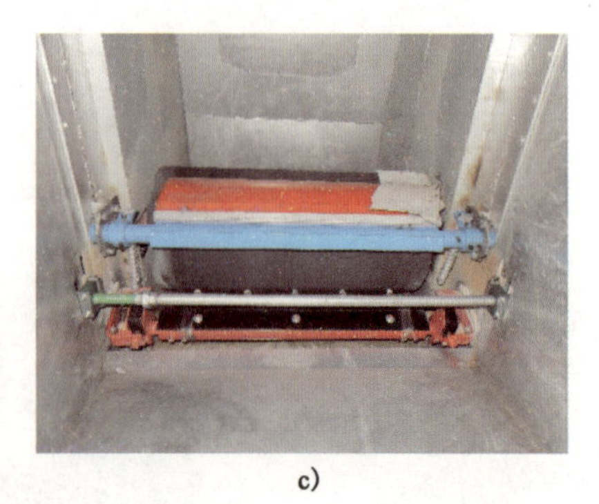

a)　b)　c)

图7-36　后配套皮带输送机驱动装置

为确保后配套皮带输送机正常安全运转，通常设置有皮带张紧装置、跑偏开关和拉线急停开关，如图7-37所示。

3)泥浆循环系统(泥水平衡盾构机)

对于泥水平衡盾构机，泥浆循环系统是为泥水舱输送泥浆并通过管路排出渣土，参与开挖面压力平衡控制的系统，主要由泵、阀、传感器、管道及延伸装置等组成，如图7-38所示。

(1)泥水舱与气垫舱

目前，国内常见的泥水平衡盾构机为间接控制型，由泥水舱和气垫舱组成。其中，泥水舱是泥水平衡盾构机开挖面与前隔板之间的舱室,气垫舱是泥水平衡盾构机前隔板与后隔板之间、利用压缩空气(气垫)稳定开挖面水土压力的舱室;气压作用在半隔板后面与泥浆的接触面上,由于接触面上气、液具有相同压力,因此只要调节空气压力,就可以确定和保持在开挖面上相应的泥浆支护压力,具有控制精度高、泥水压力波动小的优点,一般在 -0.05 ~ +0.05bar 之间变化,掌子面压力的变化被迅速、准确平衡,降低了对地层的扰动,如图 7-39 所示。

a)

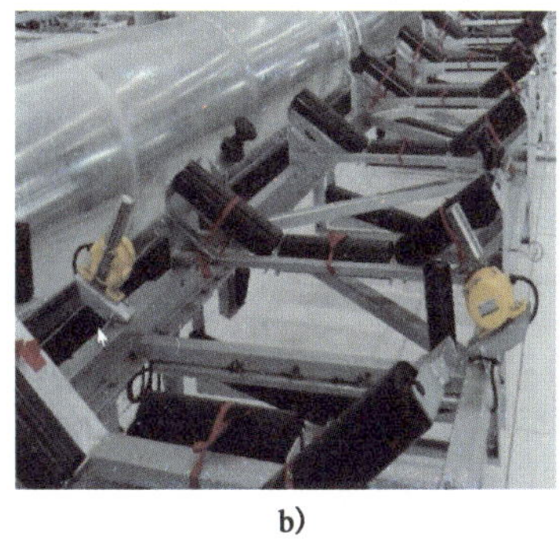
b)

c)

图 7-37　后配套皮带输送机张紧装置、跑偏开关和拉线急停开关

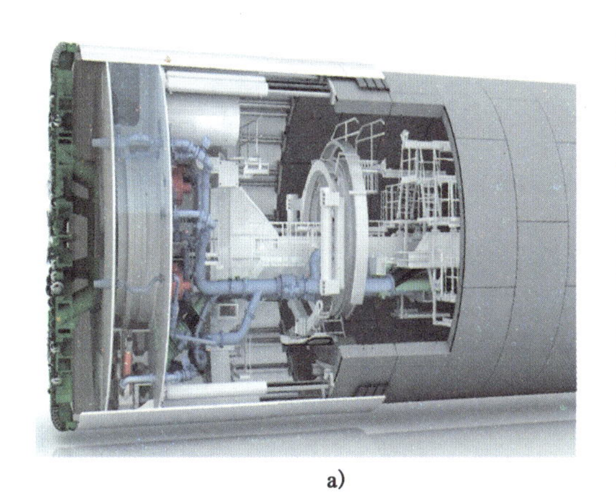
a)

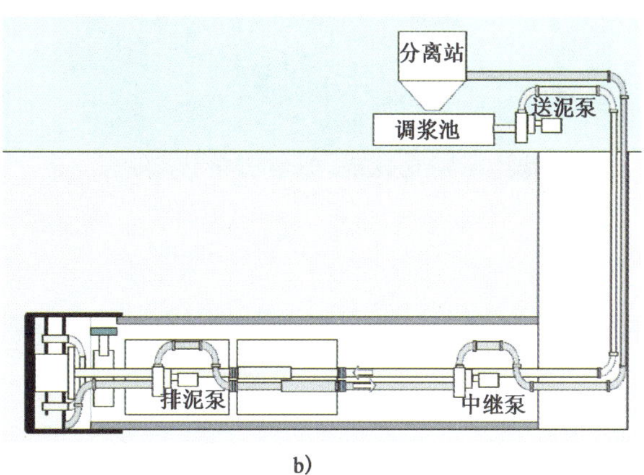

b)

图 7-38　泥水平衡盾构机泥浆循环系统

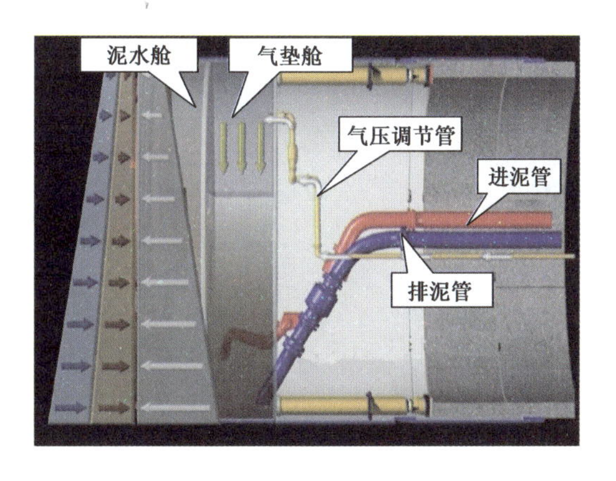


图 7-39　泥水舱与气垫舱

(2)泥浆门

泥浆门位于泥水舱前隔板的底部中间位置,正常掘进时处于开启状态;当其关闭时,用于分离泥水舱与气垫舱,开口的尺寸与破碎机可以操作的最大粒径相符;泥浆门采用液压缸驱动,并设有安全销,可以保证在气垫舱内安全进行检查和维修工作,如图 7-40 所示。

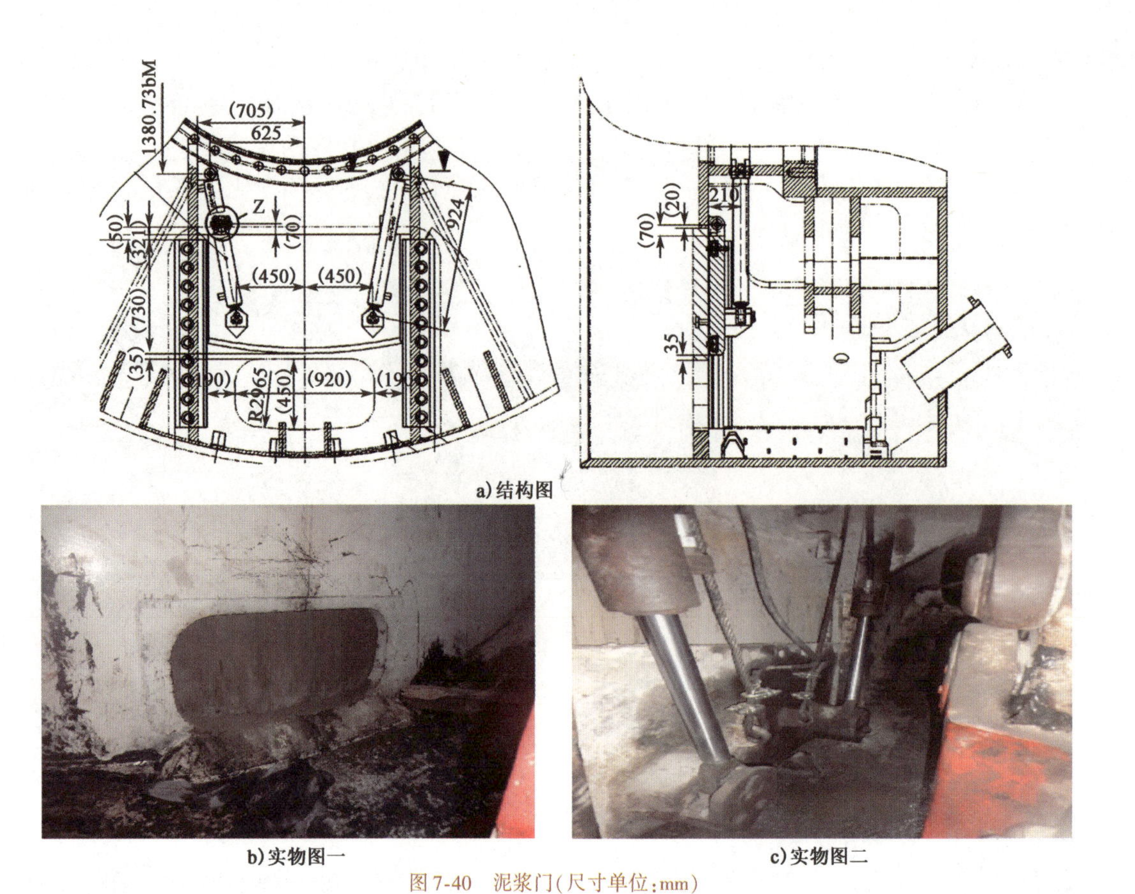

a)结构图

b)实物图一　　c)实物图二

图 7-40　泥浆门(尺寸单位:mm)

(3)破碎装置

破碎装置安装在盾构机中用于破碎岩块的装置,常见类型为液压动力颚式碎石机,安装在泥水平衡盾构机气垫舱底部中间位置,如图 7-41 所示。

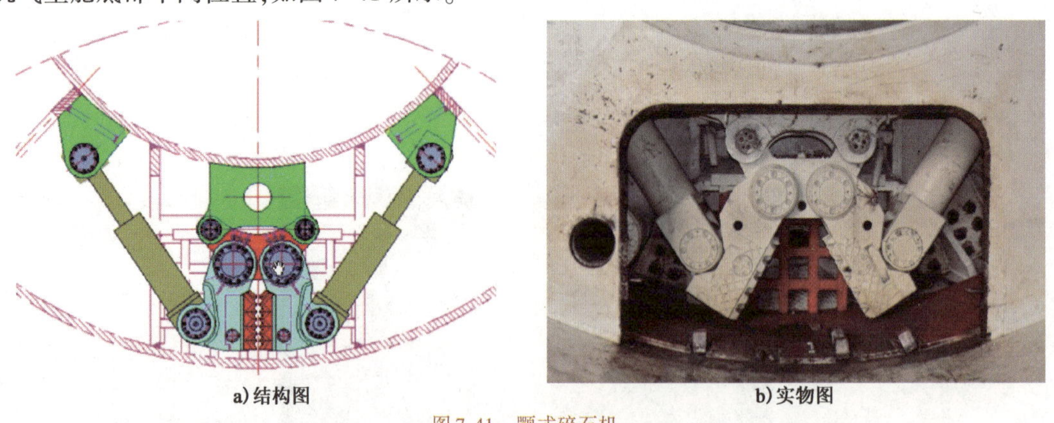
a)结构图　　b)实物图

图 7-41　颚式碎石机

碎石机动作有两种模式,即破碎模式和摆动模式。破碎模式作用是对大粒径石块进行破碎,摆动模式作用是对碎石机底部渣土进行搅拌,避免沉积、淤塞进浆口,如图 7-42 所示。

(4)格栅

在破碎机后补设计有格栅装置,通过格栅对石块粒径进行选择,保证通过石块粒径满足排浆泵能力要求,如图 7-43 所示。

(5)泥浆冲洗装置

针对泥水平衡盾构机施工工况,为避免刀盘结泥饼、泥水舱和气垫舱渣土堵塞滞排等不良情况发生,一般需设计专门的泥浆冲洗装置,并已有应用成功案例:

①在泥水舱隔板上的外环、中间位置配置有独立冲刷喷口,实现刀盘背部所有开口及滚刀都能被泥

浆冲刷轨迹覆盖到,可将黏附上的渣土及时冲刷掉,防止刀盘结泥饼,如图7-44所示。

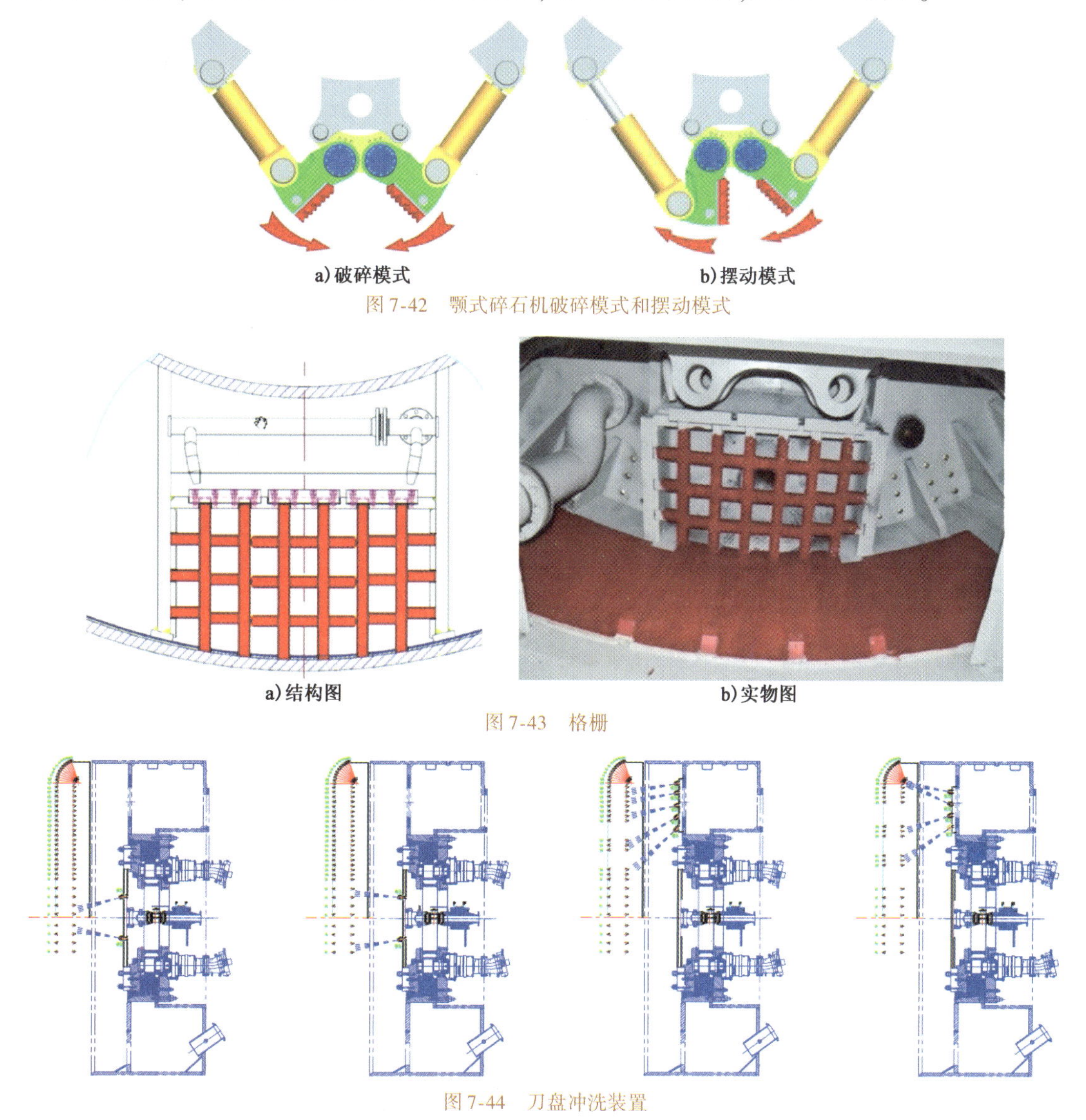

a)破碎模式　b)摆动模式

图7-42　颚式碎石机破碎模式和摆动模式

a)结构图　b)实物图

图7-43　格栅

图7-44　刀盘冲洗装置

②泥浆门前方两侧设置有冲刷管路,避免渣土在泥浆门前方沉积、淤塞;碎石机前方左、右两侧设置有冲刷管路,避免渣土在碎石机附近区域沉积、淤塞,如图7-45所示。

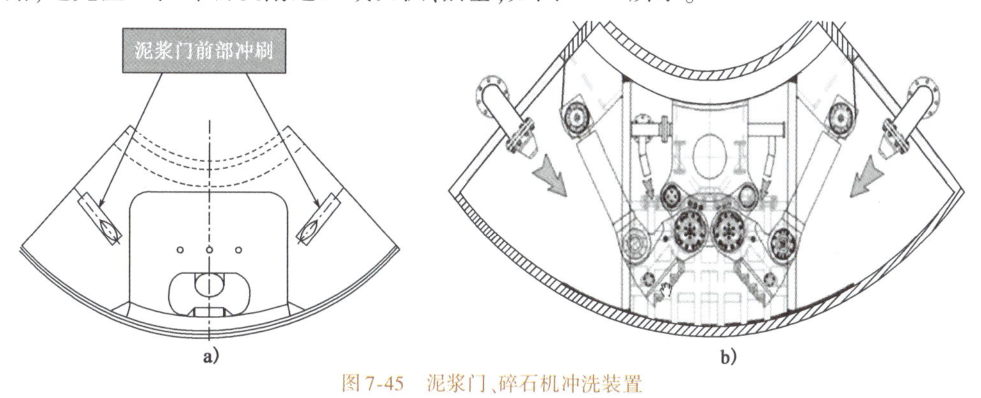


a)　b)

图7-45　泥浆门、碎石机冲洗装置

③格栅前部和后部各设计有两个冲刷喷口,可有效降低格栅位置渣土堵塞的概率,如图7-46所示。

(6)泥浆泵

泥浆泵是用于泥浆输送的装置,分为进浆泵和排浆泵;主要根据泥浆循环系统需要的流量和压力进行泥浆泵选型,在流量和水头压力损失等参数确定后便可确定泵的能力。针对掘进距离较长的隧道(至少1.5km),一般单个泥浆泵的能力(额定扬程)无法满足正常泥浆循环的需求,为避免管路中压力过高,可选择多个中继泵串联的方式,使管道内压力分布均匀,避免某段管路压力过高;对于隧道内部进、排浆管路上所有泥浆泵,间隔位置距离适中,能有效降低管路中的峰值压力。泥浆泵的结构示意图及实物图如图7-47所示。

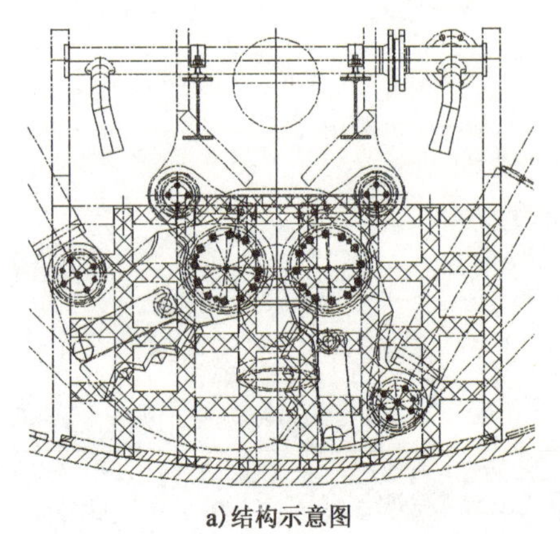

a)结构示意图　　b)实物图

图7-46　格栅冲洗装置

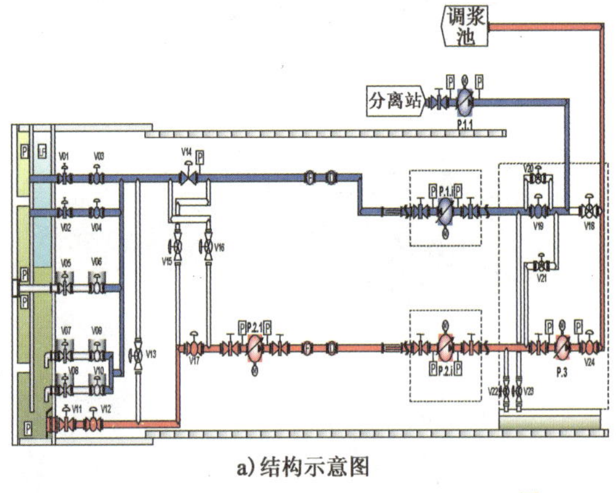

a)结构示意图　　b)实物图

图7-47　泥浆泵

(7)泥浆管路阀门

在泥浆循环系统管路中配置有泥浆管路阀门,作用是实时开启、切断某一段进、排浆管路,以达到泥浆循环模式转换及冲刷泥饼的目的,常见的阀门类型分为球阀和闸板阀,其驱动类型分为液动、气动及手动。泥浆管路阀门结构示意图及实物图如图7-48所示。

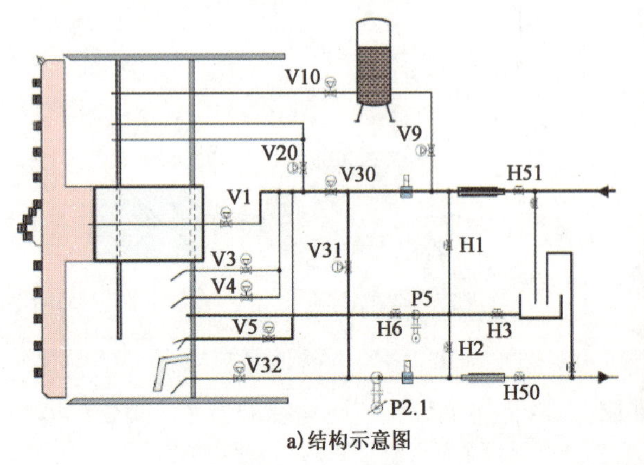


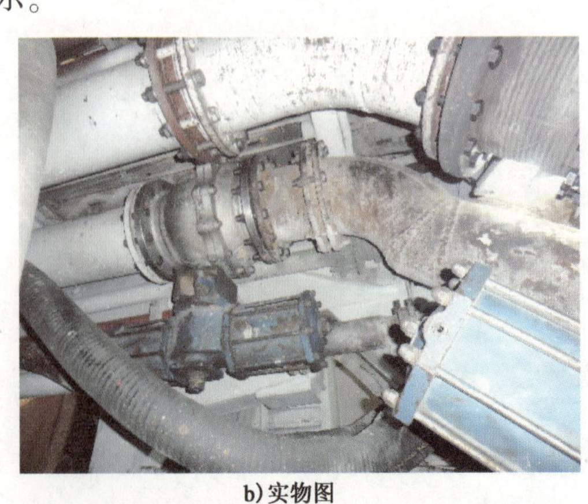

a)结构示意图　　b)实物图

图7-48　泥浆管路阀门

(8)泥浆管延伸装置

当掘进达到一定距离时,需要延伸隧道内的泥浆管路,泥浆管延伸装置是泥水平衡盾构机中用于进浆管和排浆管延伸连接的装置,目前常见有两种类型,即硬管伸缩式和软管延伸式。其中,硬管伸缩式延伸装置遇到小曲线掘进时伸缩套部位易发生憋管现象,而软管延伸式延伸装置是通过软管摆动来实现管路延伸的,可以适应较小弧度曲线的掘进,如图7-49所示。

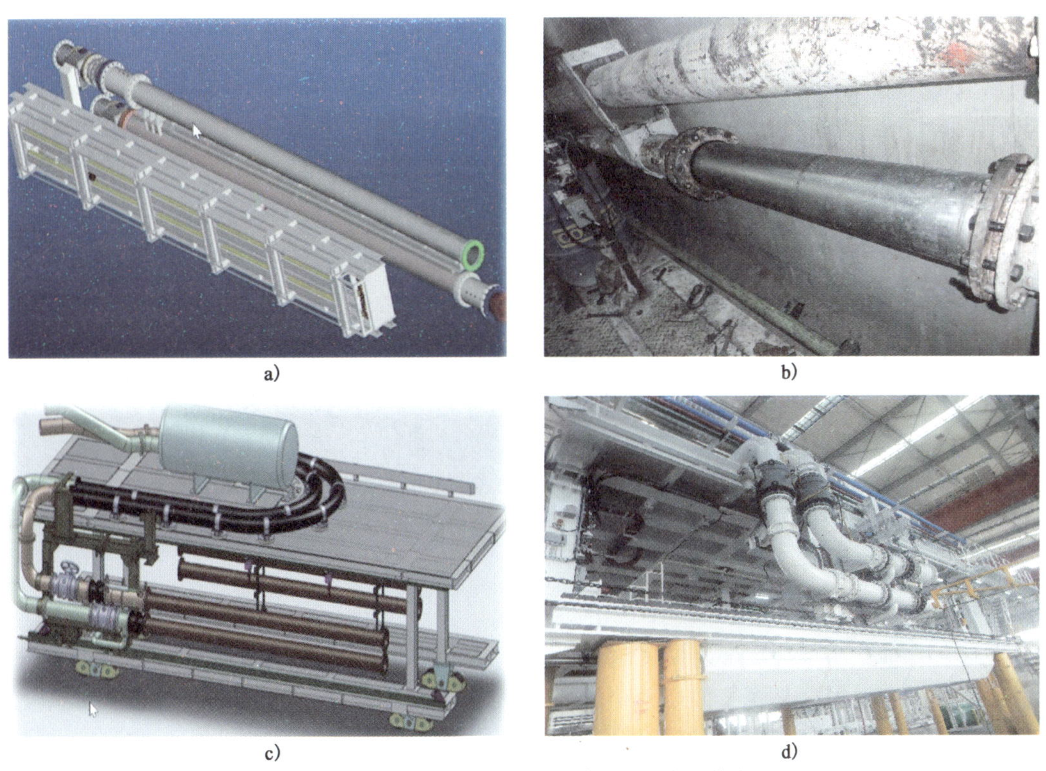


图7-49　泥浆管延伸装置(硬管伸缩式、软管延伸式)

(9)泥浆循环系统传感器

泥浆循环系统常见的传感器主要包括:泥水舱压力传感器、气垫舱压力传感器、气垫舱液位传感器、气垫舱液位开关、进排浆流量传感器及泥浆管路压力传感器,如图7-50所示。

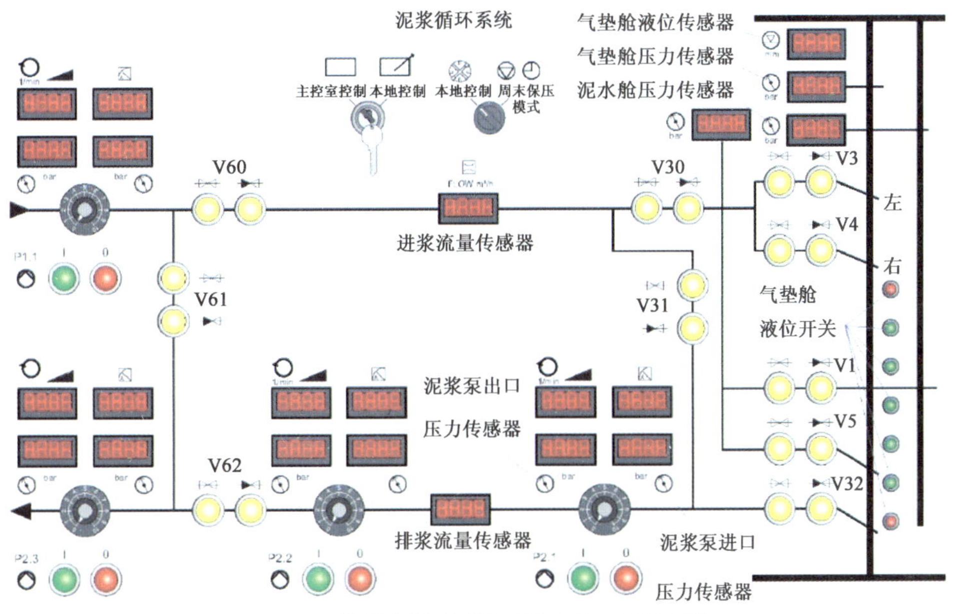


图7-50　泥浆循环系统常见传感器(压力、流量和液位)

为使开挖面稳定，须将开挖面的变形控制在最低限度以内，希望泥水相对密度要相当高，但相对密度过高的泥浆会使送泥泵处于超负荷状态，将导致泥水处理上的困难，同时容易引起刀盘结泥饼、堵舱等现象；而相对密度过低的泥浆虽具有减低泵的负荷等优点，但却产生了逸泥量的增加，推迟泥膜的形成，容易引起地面沉降、坍塌等现象，一般进浆相对密度在1.05～1.25、出浆相对密度在1.1～1.4较适宜。掘进时为实时监测泥浆循环系统进、排浆管路中的泥浆密度，通常在泥浆管路上配置有泥浆密度仪，目前常见的泥浆密度仪类型为γ射线接收仪器，因涉及放射性物质，在使用前须在政府环保部门进行放射源异地使用备案，如图7-51所示。

a)

b)

图7-51　泥浆密度仪

(10)泥浆循环工作模式

泥浆循环工作模式主要分为旁通模式、掘进模式、反冲模式、停机保压模式和泥浆管延伸模式等。

①旁通模式。旁通模式是泥浆循环系统的中间模式，其他循环模式进行切换时都需要经由旁通模式，主要在安装管片和舱外循环时使用此模式，如图7-52所示。

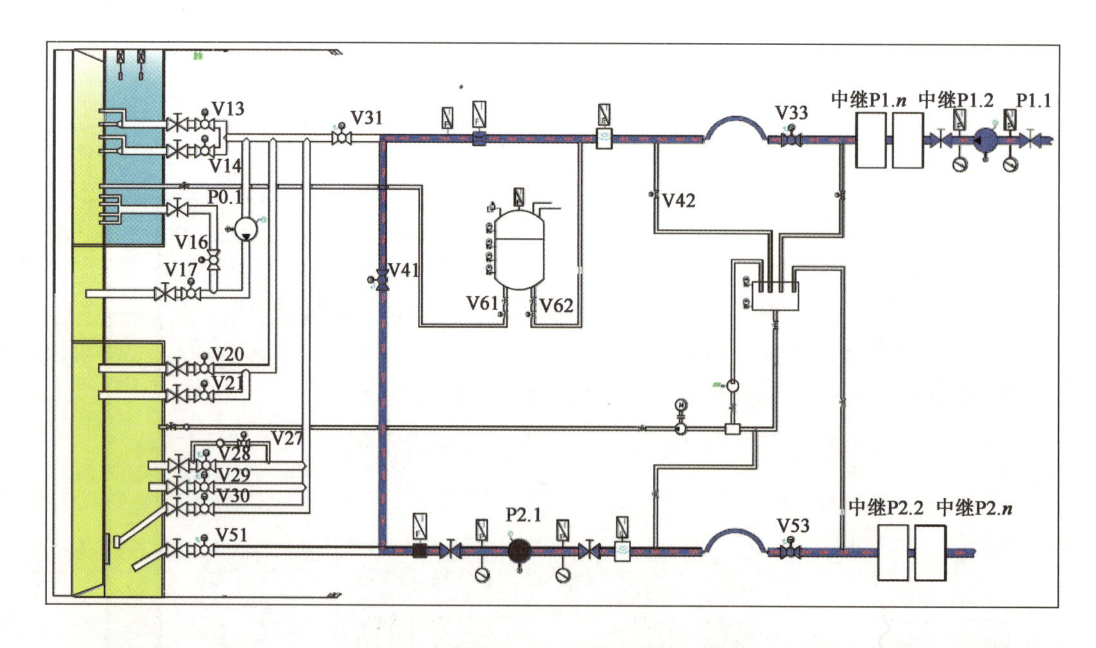


图7-52　旁通模式

②掘进模式。只能经由旁通模式才能切换到掘进模式，在掘进模式下，通过调节进、排浆泵的转速，达到要求的流量和压力，此流量和压力需要与掘进速度和地质条件相适应，主要在掘进出渣时使用此模式，如图7-53所示。

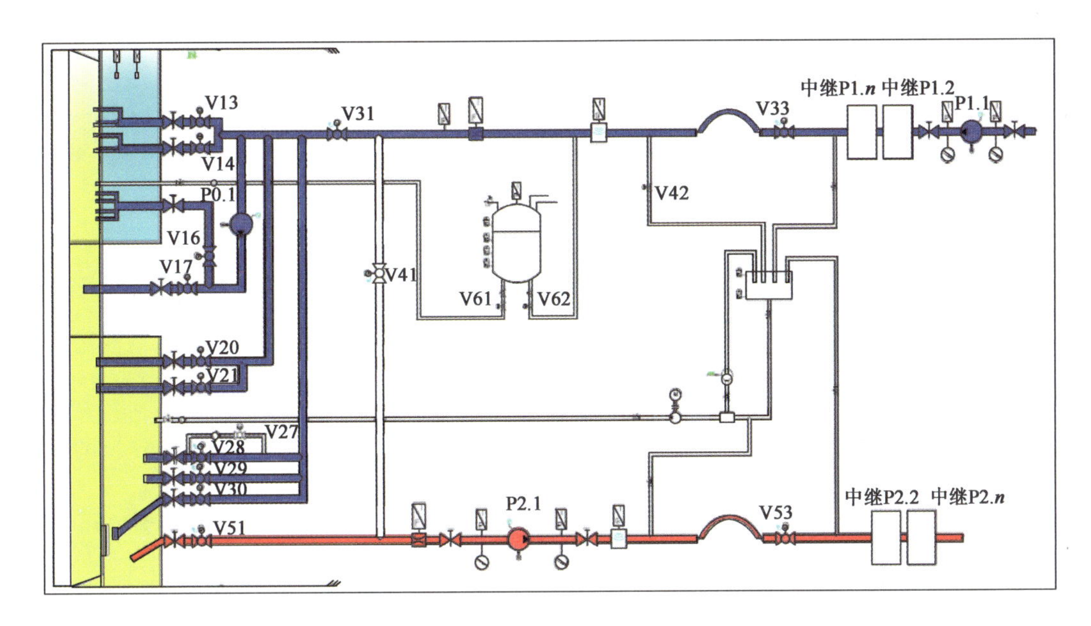


图7-53　掘进模式

③反冲模式。在泥水舱底部、气垫舱底部或主机段排浆管路发生严重堵塞时，使用反冲模式进行疏通，该模式可以实现持续冲洗直至堵塞疏通，如图7-54所示。

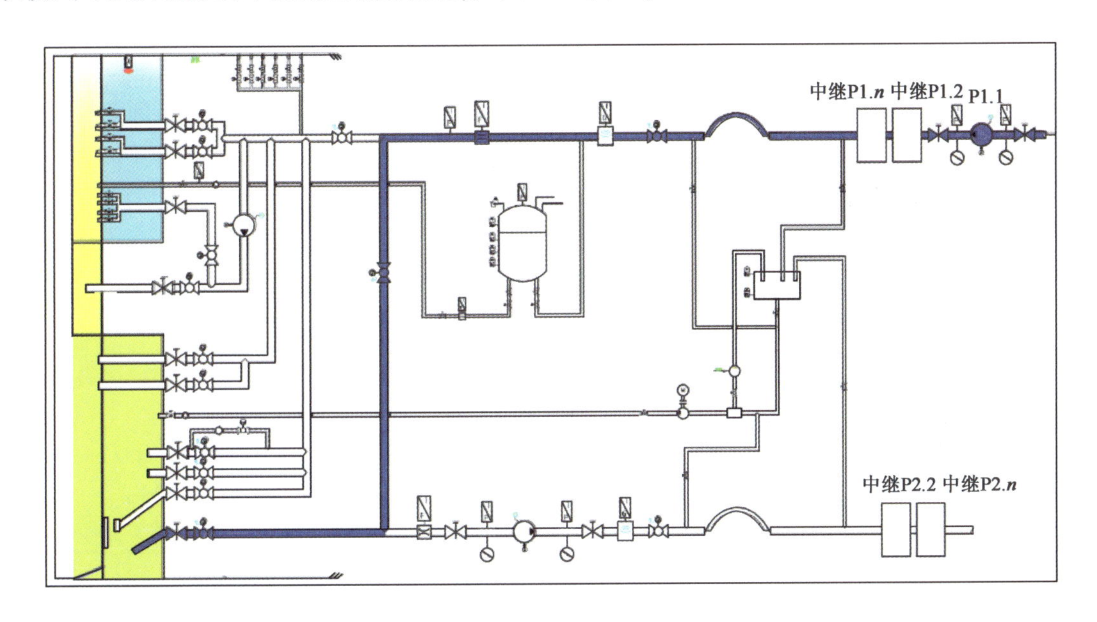


图7-54　反冲模式

④停机保压模式。泥水平衡盾构机长时间处于停机状态时，泥水舱内可能发生泥浆流失现象，可通过停机保压模式对气垫舱的泥浆液位进行控制，必要时进行泥浆补充，如图7-55所示。

⑤泥浆管延伸模式。为了能在掘进过程中对泥浆管进行延伸，需通过延伸装置周期性对进浆管/排浆管路进行加长，同时需要对泥浆管内的泥浆进行处理。系统设计有泥浆收集系统，将主进/排浆管道内的泥浆排送至气垫舱内，泥浆被有效回收利用，并实现了泥浆的零泄漏、零污染，如图7-56所示。

(11)泥水处理设备

泥水处理设备是提供泥浆调制和渣土分离的配套设备，目的是将泥水平衡盾构机切削下的土砂与泥浆混合物进行分离处理，以达到泥浆回收调整、再利用。

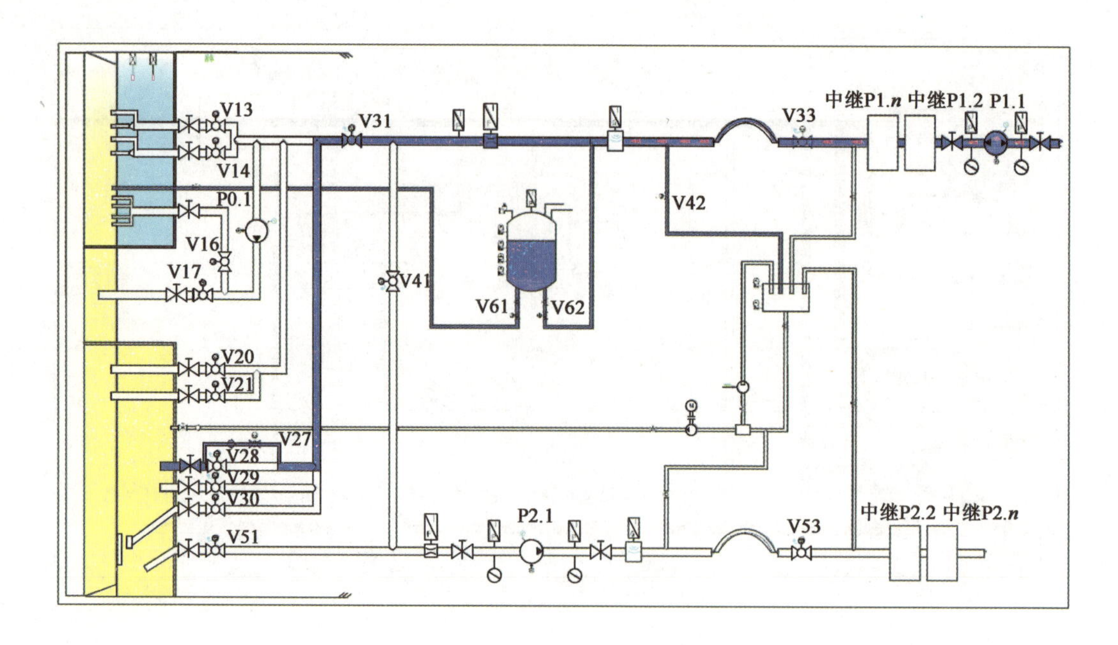


图 7-55 停机保压模式

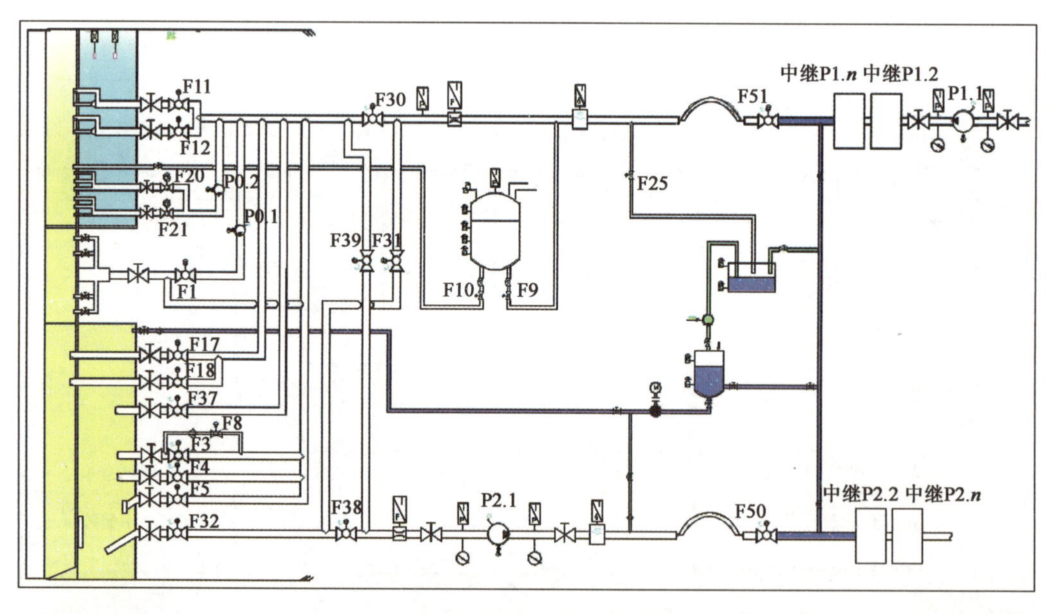


图 7-56 泥浆管延伸模式

常见的泥水处理设备分为筛分—旋流—沉淀三级处理流程。其中，粗筛最小分离固相粒径为2mm、一级旋流最小分离固相粒径为74μm、二级旋流最小分离固相粒径为20μm，最大单机处理能力为1100$m^3$/h；针对砂层、砂质岩层为主的地层，泥水处理设备通常加配压滤机；对于黏土、泥质岩层为主的地层，通常加配离心机。泥水处理设备如图 7-57 所示。

## 7.1.7 注浆系统

注浆系统是盾构机掘进过程中泵送浆液用于填充管片壁后开挖空隙的系统，可分为同步注浆系统、二次注浆系统等。

同步注浆与盾构机掘进同时进行，是通过同步注浆系统及盾尾的注浆管，在盾构机向前推进盾尾空隙形成时进行,浆液在盾尾空隙形成的瞬间及时将其填充,使周围的岩体及时获得支撑,可防止岩体坍塌,控制地表沉降,有利于隧道衬砌的防水。同步注浆系统包括砂浆罐、注浆泵、管道、压力传感器等设备,如图7-58所示。

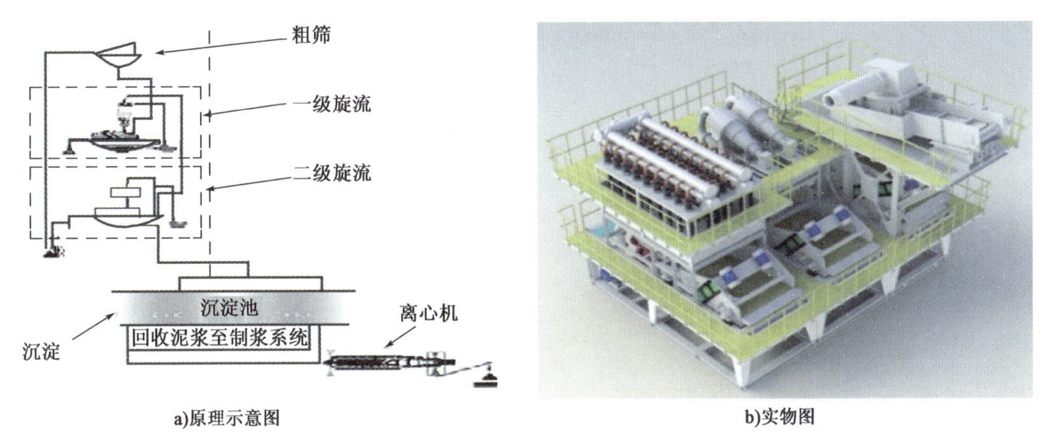


图7-57　泥水处理设备

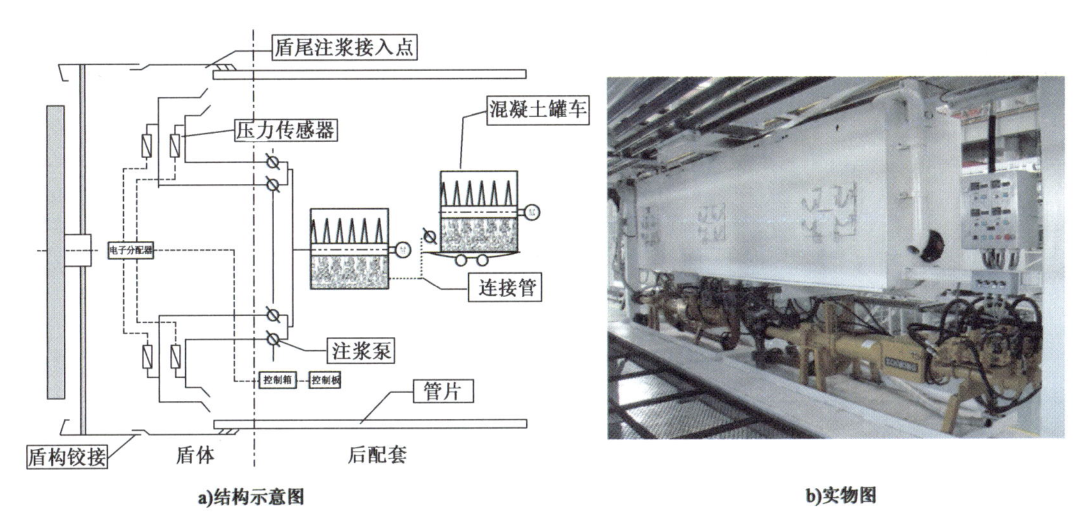


图7-58　盾构机同步注浆系统

同步注浆使盾尾建筑空隙得到及时填充,地层变形及地表沉降得到控制,在浆液凝固后,强度得到提高,但可能由于局部不够均匀或因浆液固结收缩而产生空隙,因此为提高背衬注浆层的防水性及密实度,必要时再补充以二次注浆,进一步填充空隙并形成密实的防水层,同时达到加强隧道衬砌的目的。二次注浆一般采用双液型浆液注浆,分为A液(水泥+水)、B液(水玻璃+水),如图7-59所示。

## 7.1.8　渣土改良系统

渣土改良系统是对开挖渣土进行流塑性改良的系统,可分为加水系统、泡沫注入系统、膨润土注入系统、高分子聚合物注入系统等。

1)泡沫注入系统

泡沫注入系统是由泡沫原液和水按一定比例先形成泡沫混合液,然后泡沫混合液经螺杆泵泵送至泡沫发生器内,最后与压缩空气充分接触发泡后形成泡沫。其中,一路通过中心回转接头注入刀盘前方,另一路通过土舱隔板注入土舱内,还有一路直接注入螺旋输送机筒体内部。

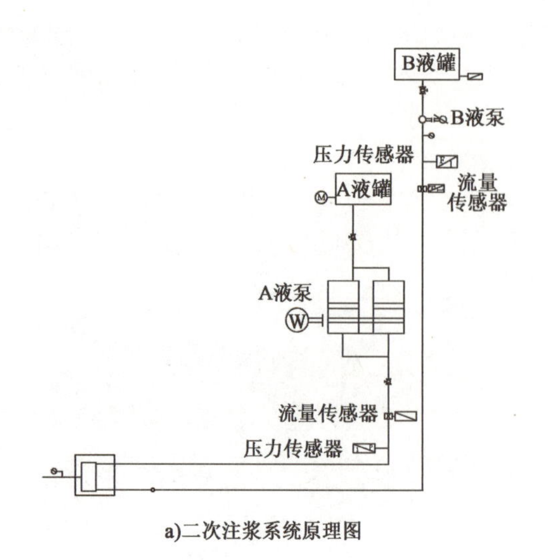


a)二次注浆系统原理图

b)双液注浆机实物图

图 7-59　盾构机二次注浆系统

目前常见的配置为单管单泵注入泡沫系统,在每路泡沫在喷口压力和管道阻力不同时,均能保证每路泡沫的注入效果,通常用于黏土、泥岩等地层的渣土改良,如图 7-60 所示。

a) 泡沫原液泵站实物图

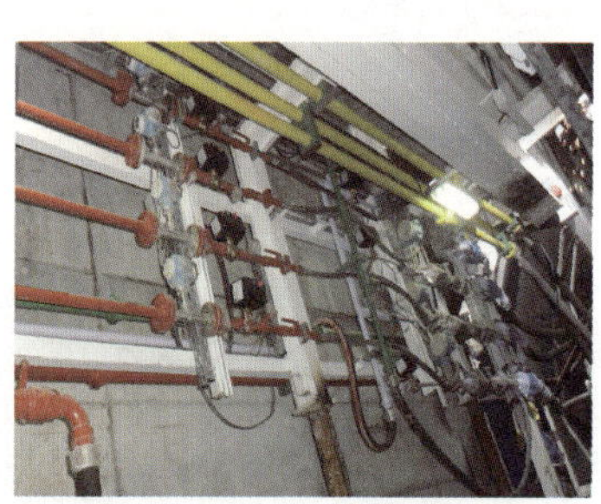

b) 发泡装置及注入管实物图

c) 刀盘泡沫喷出效果

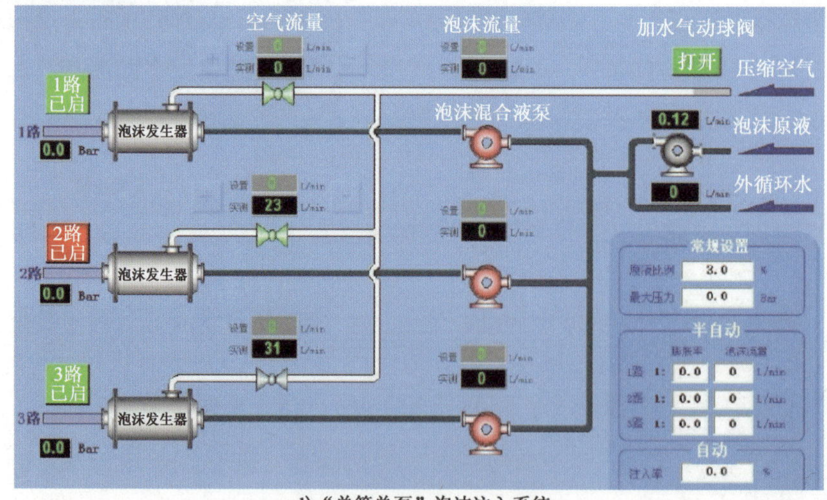


d) "单管单泵"泡沫注入系统

图 7-60　盾构机泡沫注入系统

2)膨润土注入系统

膨润土注入系统是膨润土罐中已经配比发酵好的膨润土浆液经挤压泵沿管路泵送至刀盘前方、土舱内、螺旋输送机筒体内及前盾、盾尾壳体外部。改良渣土膨润土注入系统主要由膨润土罐、膨润土输送泵、流量传感器、球阀等组成。当需要注入膨润土时,首先在主控室内打开盾体内的一路气动球阀,再启动对应的软管泵注入,通常用于砂层、砂卵石等地层的渣土改良。盾构机膨润土注入系统原理如图 7-61所示。

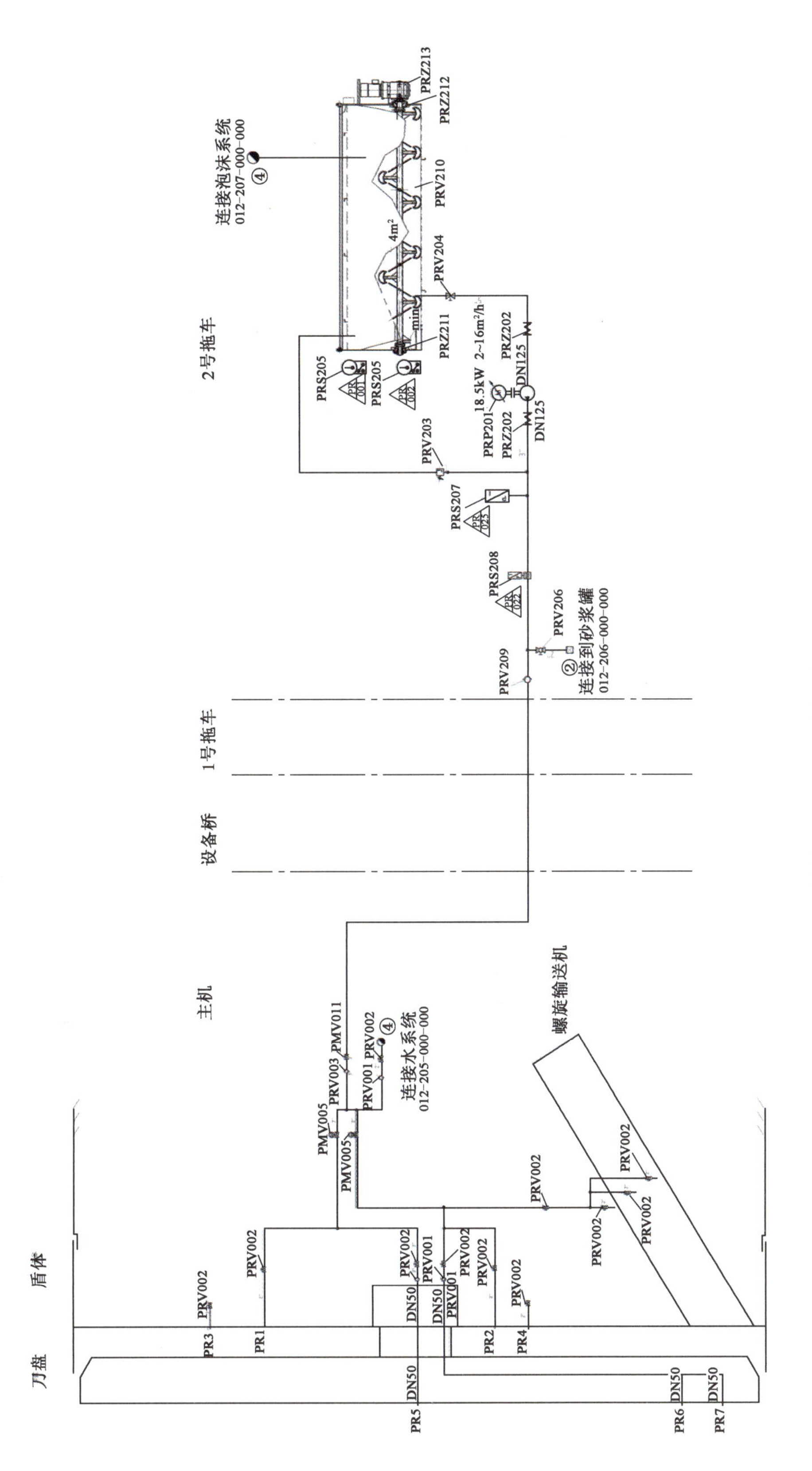


图7-61　盾构机膨润土注入系统原理图

3)高分子聚合物注入系统

聚合物通过螺杆泵注入土舱内和螺旋输送机的两侧,以满足在高水压富水地层的掘进需要,阻止喷涌的发生,如图7-62所示。

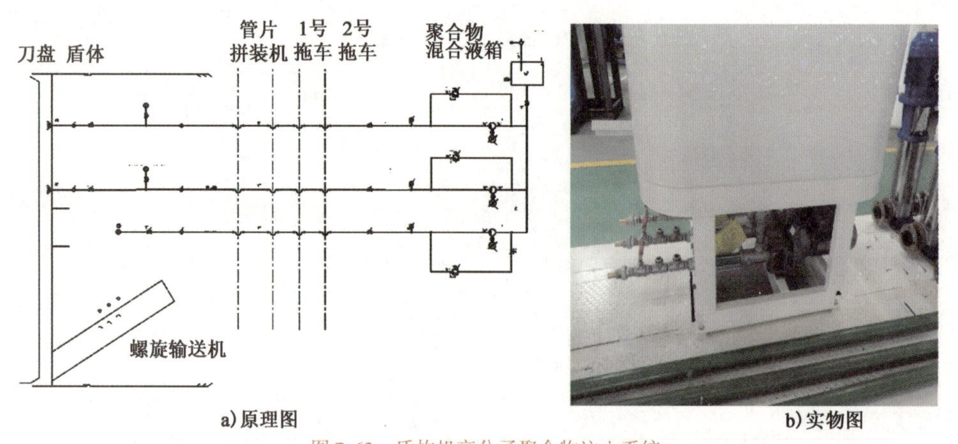


a)原理图

b)实物图

图7-62 盾构机高分子聚合物注入系统

## 7.1.9 油脂系统

油脂系统主要分为HBW油脂注入系统、EP2油脂注入系统和盾尾密封油脂注入系统。

1)HBW油脂注入系统

HBW油脂注入系统将HBW油脂用气动油脂泵经油脂管路泵送至主轴承外密封迷宫环及中心回转接头位置,中间环节通过HBW气动球阀和马达分配器进行切换、流量分配等控制,如图7-63所示。

a)

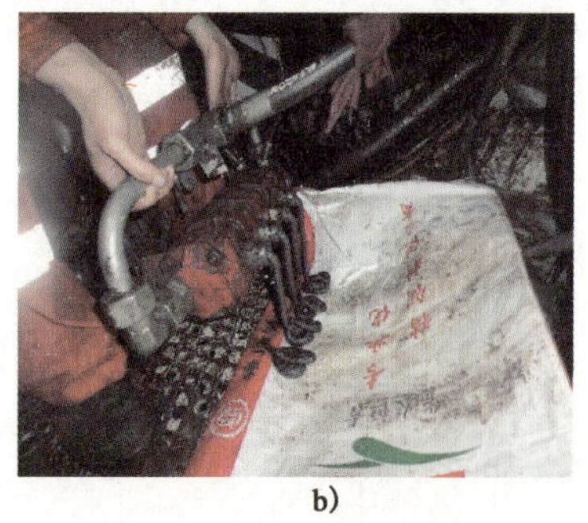

b)

c)

图7-63 盾构机HBW油脂注入系统

2)EP2油脂注入系统

EP2油脂注入系统是将EP2油脂用气动油脂泵经油脂管路先泵送至EP2多点泵油脂筒内,再由多点泵分配泵送至主轴承内、外密封EP2注入点位置,另一路经EP2油脂分配阀泵送至中心回转接头和螺旋输送机驱动密封、后闸门EP2注入点位置,如图7-64所示。

3)盾尾密封油脂注入系统

盾尾密封油脂注入系统是将盾尾密封油脂用气动油脂泵经油脂管路泵送至盾尾刷之间形成的腔室,中间环节通过盾尾密封油脂气动球阀和压力传感器进行注入点切换、压力监测等控制,如图7-65所示。

## 7.1.10 水系统

1)供排水系统

供排水系统是为全断面隧道掘进机提供施工、维护用水及污水排放的系统。

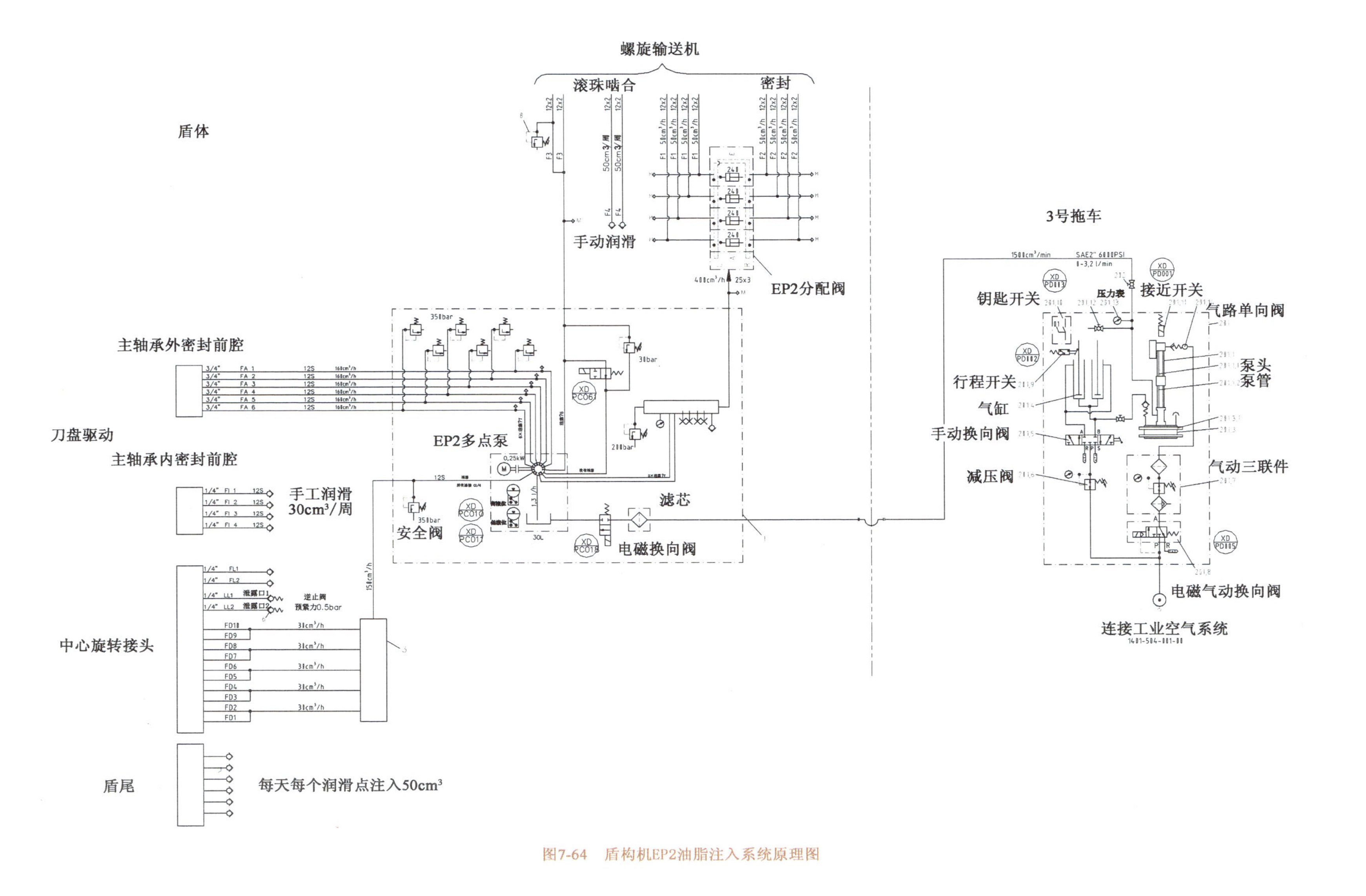


图7-64　盾构机EP2油脂注入系统原理图

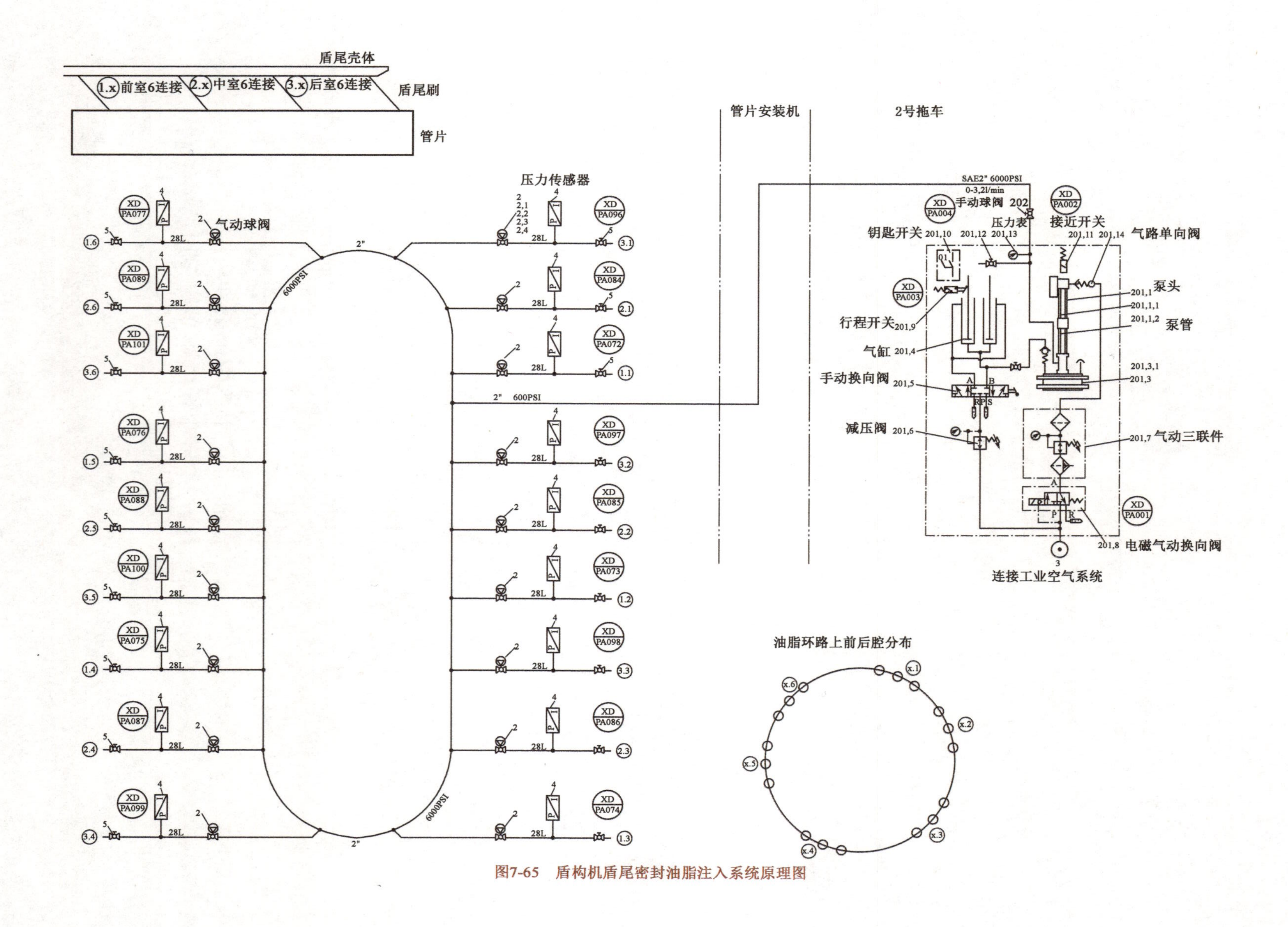


图7-65　盾构机盾尾密封油脂注入系统原理图

常见的盾构机供水系统配有水管延伸卷筒,可实现自动延伸及自动盘卷,并配置进、回水水管双联卷筒及报警装置;用于设备上的分散用水以及各种清洗作业。此外,盾构机排污系统主要由气动隔膜泵、污水泵、污水箱、球阀等组成,其中气动隔膜泵安装在主机下部,可将隧道中的污水输送到后配套拖车上的污水箱中,在污水箱中经过沉淀,再由污水泵将污水排放出洞外,如图7-66所示。

a)

b)

c)

图7-66　盾构机供排水系统

2)冷却系统

冷却系统是对全断面隧道掘进机设备进行冷却的系统,可以采取水冷或风冷等方式,常见的盾构机冷却系统包括开式循环系统和闭式循环系统。

闭式循环系统是在拖车上安装一个冷却介质罐,通过一台离心水泵对闭式循环系统进行加压循环,对设备的关键部件(如:主驱动电机、主减速机、主轴承齿轮油、主变频器、主配电柜、主泵站液压油及空压机等)进行冷却,闭式循环系统中的冷却介质为软水;开式循环系统采用洞外的工业水通过中间热交换器对闭式循环系统中的软水进行冷却。

盾构机冷却系统如图7-67所示。

## 7.1.11　压缩空气系统

压缩空气系统主要为盾构机上的气动设备和气动元件提供动力源,同时也给人舱和土舱加气和补气。目前常见的盾构机上常配置两台螺杆空压机并联供气,压缩空气系统包括空气压缩机、压缩空气罐、滤清器和保养装置,用气的单元主要包括经减压阀向铰接应急密封充气、土舱补气、气动闸阀(电控气)、泡沫系统、油脂系统、盾体和各拖车用气闸阀等,如图7-68所示。

## 7.1.12　通风系统

通风系统是为全断面隧道掘进机作业环境提供新鲜空气及进行散热的系统,隧道的通风采用洞外压入式通风,隧道通风管与拖车上的储风筒管连接,将洞外新鲜空气经过盾构机后配套拖车上的二次风机、硬风筒及其软连接后送入主机区域,如图7-69所示。

## 7.1.13　电气系统

电气系统主要由供配电系统(高压供电、低压配电)、控制系统、数据采集系统和远程监控系统组成。

1)供配电系统

供配电系统为全断面隧道掘进机用电设备提供电能,主要由开关柜、变压器、配电柜、电容补偿柜、电缆等组成。目前常见的盾构机通常采用高压 10kV 供电。通过 380V ~ 10kV 干式或箱式变压器供低压供电系统使用,低压供电系统在前盾、盾体、拖车上均安装配电柜来供主驱动、推进液压缸、液压泵站、注浆、管片拼装机、泥浆输送等用电,如图 7-70 所示。

a)冷却水泵站

b)主液压泵站冷却器

c)主驱动减速机

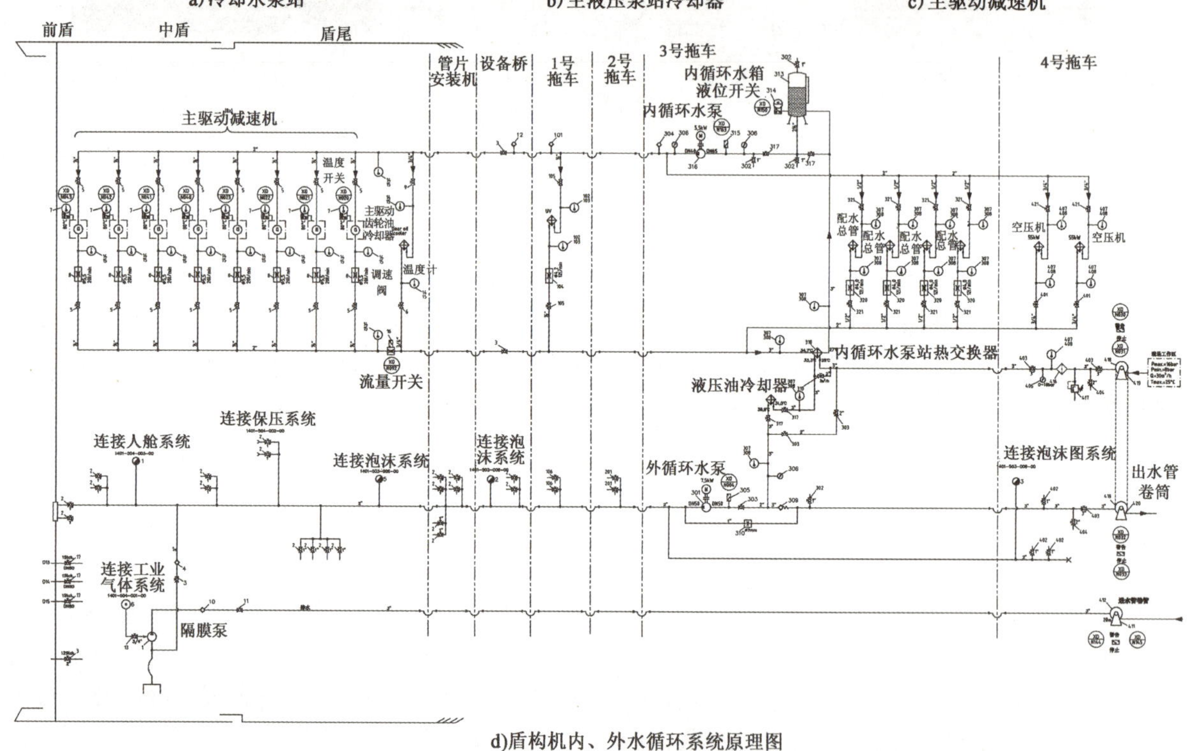


d)盾构机内、外水循环系统原理图

图 7-67 盾构机冷却系统

a)

b)

图 7-68 盾构机压缩空气系统

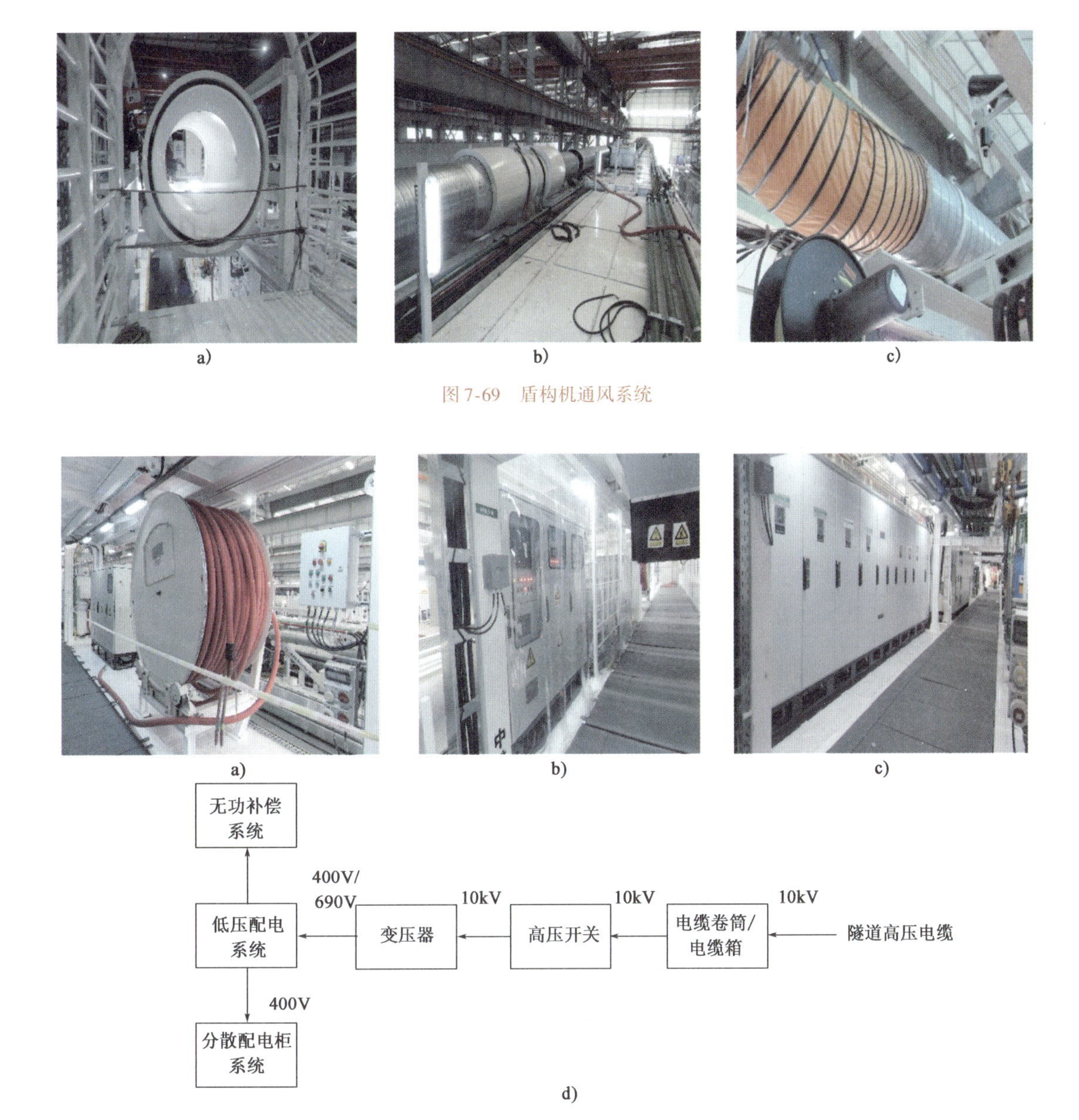


图7-69　盾构机通风系统

图7-70　盾构机高低压供配电系统

2)控制系统

控制系统是用于全断面隧道掘进机操作、监控的系统,包括数据采集系统、远程监控系统等,由各类传感器、检测元器件、电缆、控制柜、PLC、工业计算机等组成。

(1)PLC控制系统

目前常见的盾构机控制系统采用主从站、上下位机和PLC分布式I/O结构。上位机提供PC(个人计算机)和墙面式工控机组成的基于现场总线的计算机局域网络,下位机是以PLC为主站的可编程控制器系统。计算机控制系统主要用于参数设置和数据采集分析。工控机安装在盾构机主控室,由现场操作人员使用,用于人机对话、显示数据、设置和修改系统控制参数等。盾构机PLC控制系统原理如图7-71所示。

(2)主控室

主控室是盾构机操作及控制的中心舱室,所有的输入、输出信号和控制指令均在主控室汇总,包括所有的遥控设施、用于安全操作及环境安全的显示器,以及所有操作参数指示装置,其中按钮键可以控制盾构机的功能,如图7-72所示。

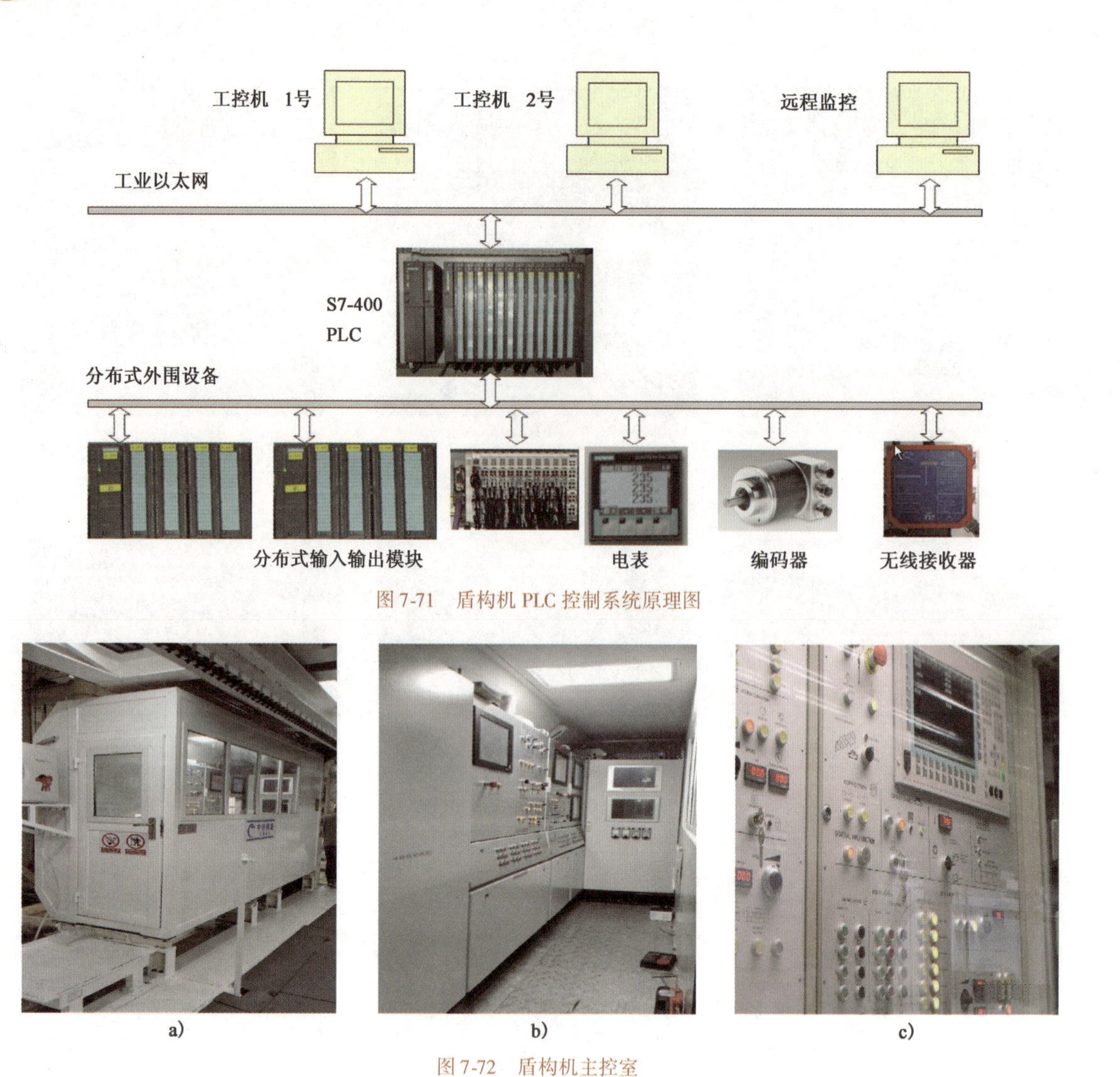


图 7-71　盾构机 PLC 控制系统原理图

图 7-72　盾构机主控室

3)数据采集系统

数据采集系统主要是读取和存储有监测传感器所获得的检测值。根据已记录的监测数据(如泥水压力、气压、流量、行程、转速等),对机器和机器上的工作过程进行完整的记录,以便在后续某时可以完整或部分地追溯隧道施工,如图 7-73 所示。

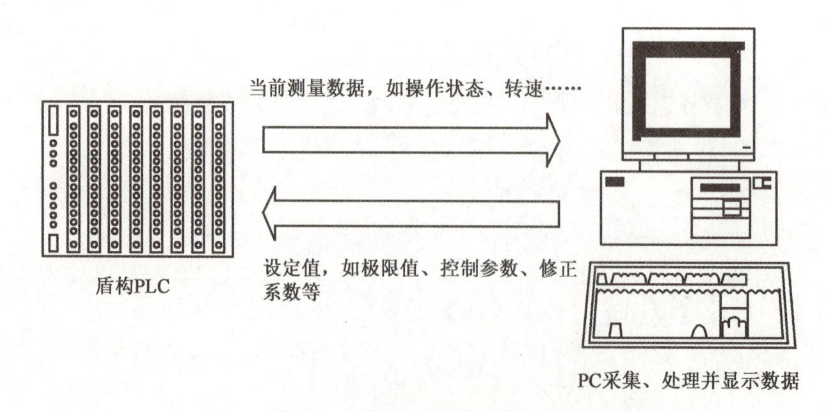


图 7-73　盾构机数据采集系统原理图

4)远程监控系统

数据采集系统与盾构机的控制系统进行集成,存储在控制系统的上位机,盾构机主控室是整台设备的数据流转中心,通过数据采集系统,实现盾构机状态的实时信息化管理,利用互联网将盾构机掘进状态数据传输至业主、监理、设计等相关单位,实现相关单位对设备状态实时远程监控,为整个工程的信息化管理提供重要的信息来源,如图7-74所示。

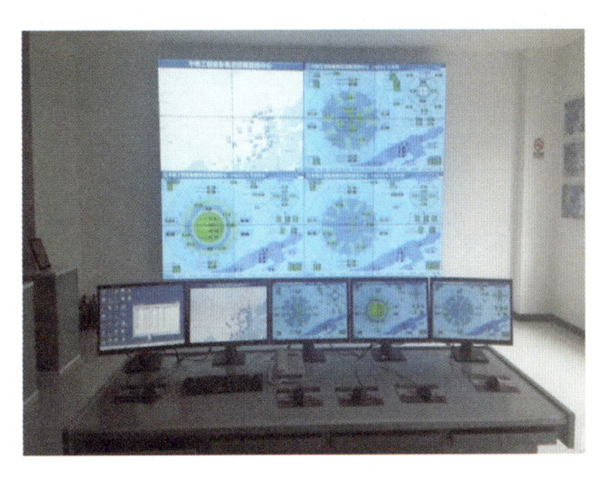

图7-74 盾构机远程监控系统

## 7.1.14 液压系统

液压系统一般包括刀盘驱动液压系统、推进液压系统、铰接液压系统、管片拼装机液压系统、螺旋输送机液压系统、辅助液压系统、液压油冷却过滤循环系统及超挖刀液压系统等,具体如下:

1)刀盘驱动液压系统

目前常见的盾构机刀盘驱动液压系统为变量液压泵、定量补油泵和多台并联的变量液压马达组成的闭式液压系统,可实现刀盘正反转、规定转速范围内无级调速、功率限定、压力限定及过载保护等功能,如图7-75所示。

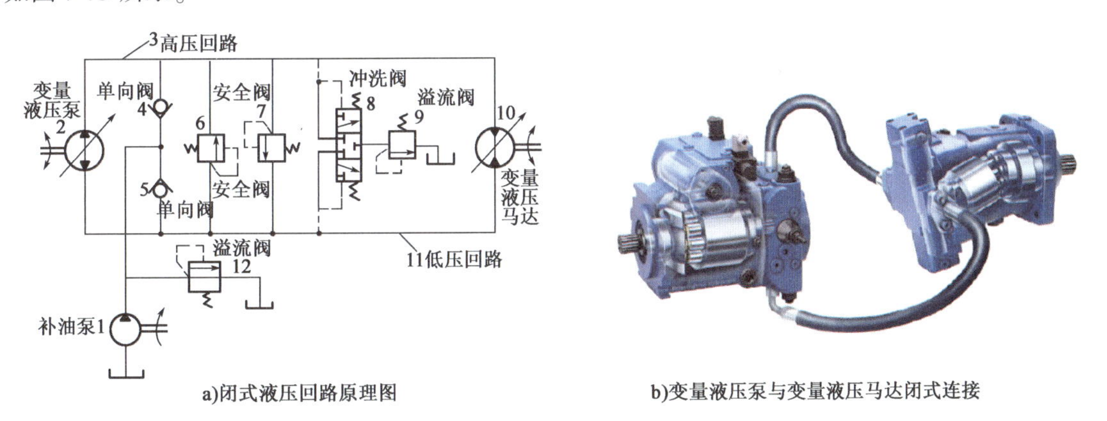


图7-75 盾构机刀盘驱动闭式液压系统

2)推进液压系统

推进液压系统是通过调整每组液压缸的不同推进压力来进行盾构纠偏和调向,通过比例溢流阀和比例调速阀,分别对每组推进液压缸的压力和流量进行控制;推进控制阀组上还设计大流量供回油回路,安装管片时,可以使推进液压缸快速伸缩,提高管片拼装效率;液压缸装配"压力锁"装置,确保操作时维持掌子面压力,如图7-76所示。

3)铰接液压系统

铰接缸的作用是可以更好地控制盾构机姿态,使盾构能够很好地适应蛇行前进,特别是更好地适应曲线掘进;并在换刀过程中可以使刀盘后退,获得足够的换刀空间。铰接液压系统由若干根铰接液压缸及控制阀组组成,泵源为高压定量泵,系统设定工作压力通常为350bar,如图7-77所示。

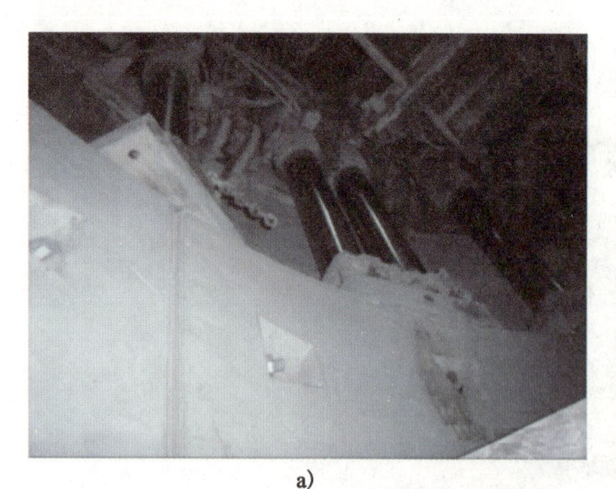

a)

b)

图 7-76　盾构机推进液压缸及推进控制阀组

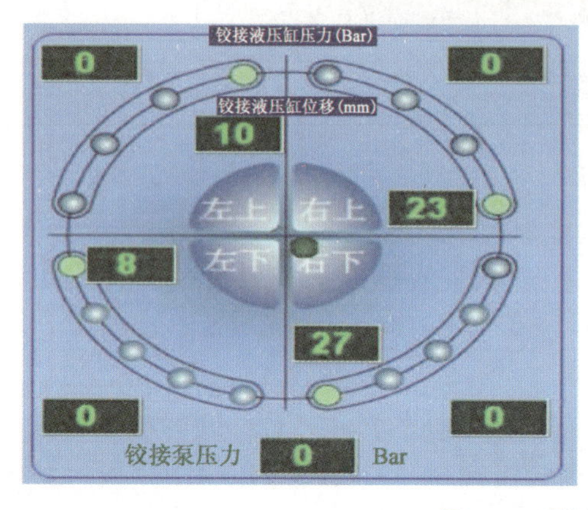


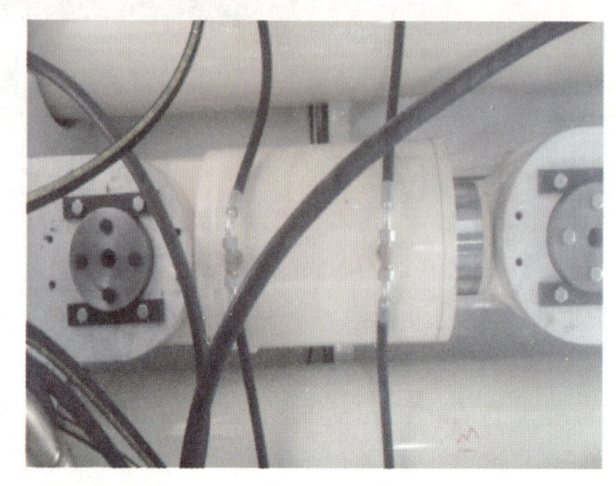

图 7-77　盾构机铰接液压系统

4)管片拼装机液压系统

管片拼装机周向回转运动采用两台马达作为执行机构,通过电液比例多路阀控制回转速度,多路阀带有进口压力补偿器,可使运行速度不受负载变化的影响,马达平衡制动模块的使用有效降低因管片质量较大而引起的超越负载的影响,减速机带有制动器,保证回转运动的安全可靠;管片拼装机的提升动作采用比例多路阀控制,每个提升液压缸可以通过遥控手柄单独控制伸缩,并且液压缸两腔设有自锁式它控平衡阀,可以解决负向负载和锁紧保持问题;管片拼装机轴向移动液压缸通过电液比例多路阀控制其伸缩,并设有安全保护阀,用来防止运动过程中出现挂拉卡死、损坏设备等现象;管片的摆动和回转运动分别由安装在抓举头上的两个小液压缸的伸缩来实现,平衡阀用来解决负向负载和锁紧保持问题,如图 7-78 所示。

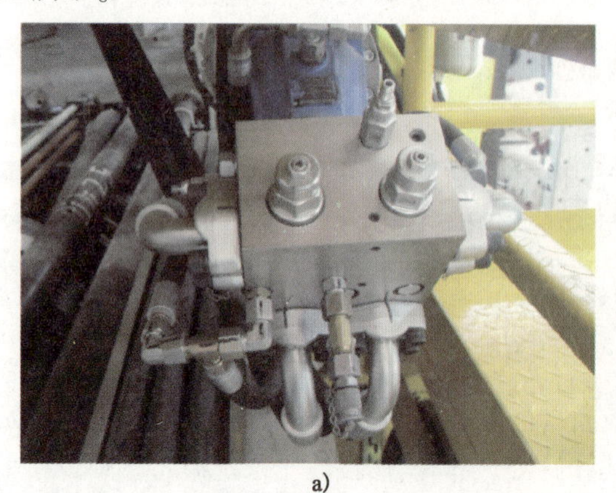

a)

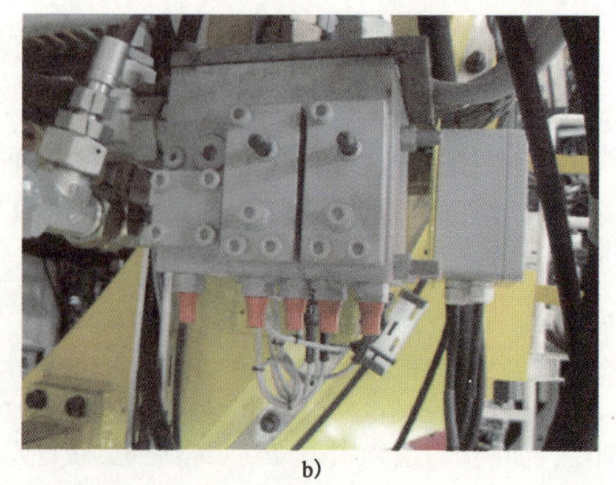

b)

图 7-78　盾构机管片拼装机液压系统阀组

5)螺旋输送机液压系统

螺旋输送机液压系统通过改变马达的排量,实现螺旋输送机两挡转速的切换。在两挡转速范围内,可实现无级调速。螺旋输送机可反转,在螺旋输送机被卡时配合螺旋轴的伸缩,实现螺旋输送机脱困。马达的泄油管路上设有温度传感器,提供给控制系统进行实时监控。在紧急断电情况下,后闸门自动关闭,从而有效防止涌渣现象的发生,如图7-79所示。

a)

b)

图7-79 土压平衡盾构机螺旋输送机驱动及后闸门液压元件

6)辅助液压系统

辅助液压系统主要为管片小车、碎石机、泥浆门、后配套拖拉液压缸、AB双液注浆开关曼特斯特门等系统提供动力源,如图7-80所示。

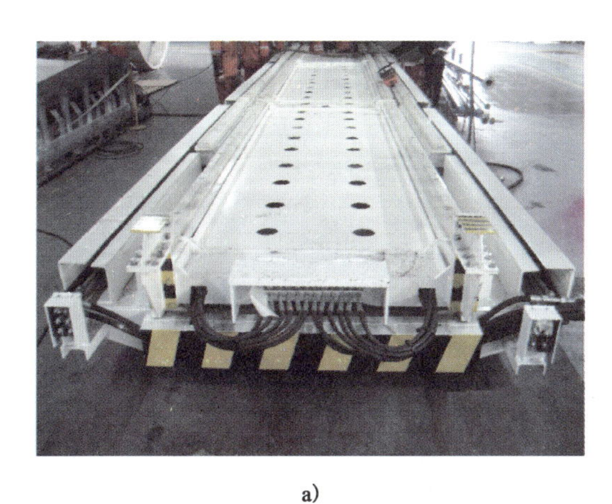

a)

b)

图7-80 盾构机管片输送器和拖拉液压缸辅助液压元件

7)液压油冷却过滤循环系统

主泵站液压油冷却过滤循环系统使用螺杆泵循环油液,通过换热器,让外水对液压油进行冷却。同时,在系统上面加了高精度的过滤器,持续对油箱里面的油液进行过滤,防止油液污染。在系统上面增加球阀,向油箱加油时,经过过滤器过滤完成后进入油箱,保证初装油的洁净度,从而保证系统的安全,如图7-81所示。

8)超挖刀液压系统

超挖刀伸出和缩回采用液压缸驱动。为了实现盾构机超挖刀伸出量的远程检测功能,在超挖刀液压缸控制回路上串联了一个检测液压缸,检测液压缸上装有位移传感器,利用检测液压缸位移信号通过计算得出超挖刀的位移量,如图7-82所示。

图 7-81　盾构机主泵站液压油冷却过滤循环系统元件

a)

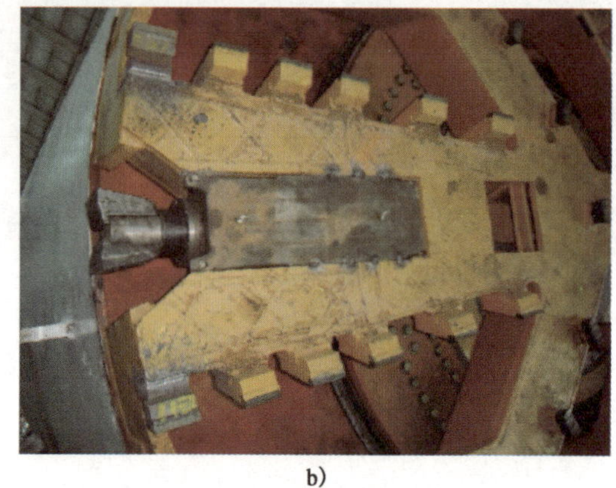

b)

图 7-82　盾构机刀盘超挖刀液压系统元件

## 7.1.15　气压调节系统

气压调节系统是用于盾构机调节和保持各压力舱压力的系统，主要由气源、气源处理组件、减压阀、气动控制器、气动压力变送器、气动执行器、气动定位器、气动调节阀等元器件组成，如图 7-83 所示。

a)

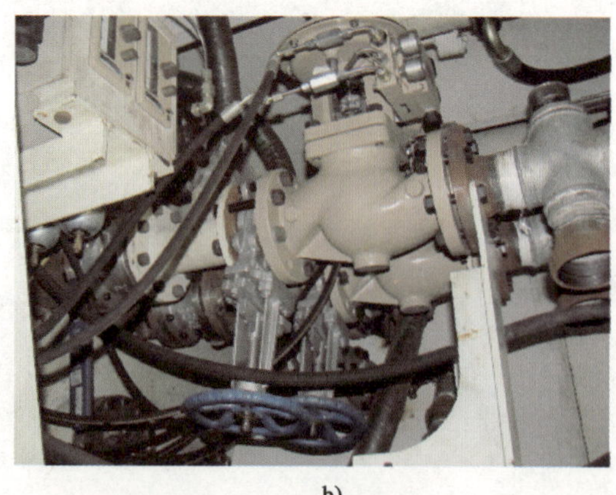

b)

图 7-83　盾构机气压调节装置

目前盾构机气压调节系统普遍使用的是德国 SAMSON 公司设计制造的一种全气动压力调节装置，其工作原理是：压力变送器实时检测土舱（或气垫舱）内的实际气压值，经气动控制器比较测得值与设定值，根据实际偏差值实时控制、修正进（或排）气阀的阀门开度，从而实现自动调节土舱（或气垫舱）

进、排气量的目的,最终使土舱(或气垫舱)实际气压值保持稳定在设定值范围。为了安全起见,盾构机一般提供两套气压调节系统,以确保一个部件发生故障时,备用系统能立即使用。此外,为了保证能够在断电的情况下使用,一旦断电,应立即启动提供气源设备,以保证为空气调节系统提供足够的气源,如图7-84所示。

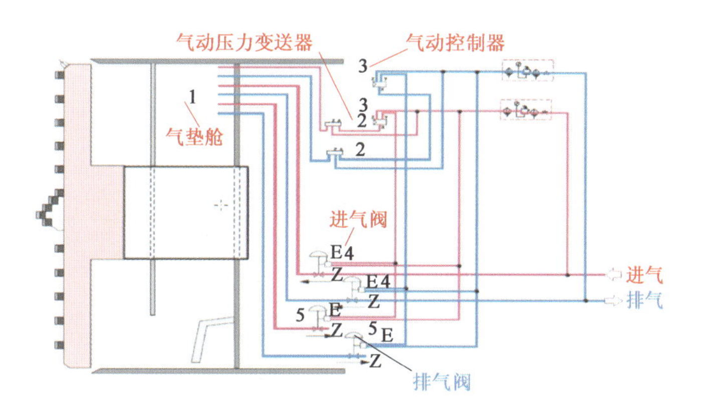


图7-84　盾构机气压调节系统原理图

## 7.1.16　导向系统

导向系统是实时动态测量和显示盾构机掘进位置和姿态的系统,主要由全站仪、激光靶板、后视棱镜、计算机等硬件及专用隧道掘进测量软件组成,所测量的数据传入盾构机主控室,由导向系统计算机及隧道掘进测量软件进行计算分析,可对盾构机在掘进中的各种姿态、盾构机掘进的方向和位置关系进行精确的测量和显示,如图7-85所示。

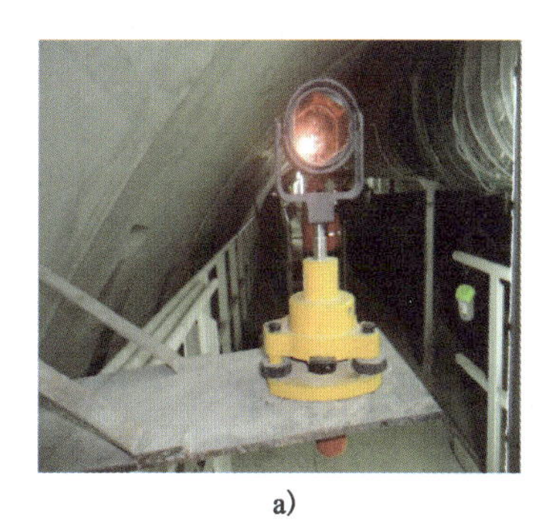
a)

b)

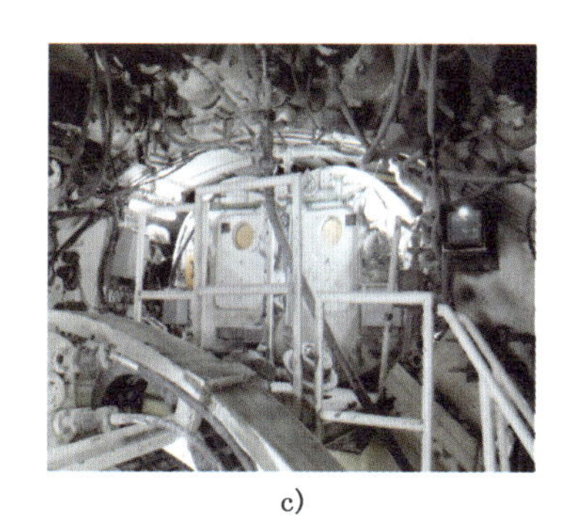
c)

图7-85　盾构机导向系统

## 7.1.17　气体监测系统

气体监测系统是监测盾构机作业环境中氧气、有毒有害气体浓度的系统,如图7-86所示。

## 7.1.18　视频监视系统

视频监视系统是监视盾构机施工关键区域(如管片拼装区域、皮带卸渣口及拖车尾部位置等)的可视系统,由摄像头、显示屏等组成,如图7-87所示。

图 7-86　盾构机气体监测装置

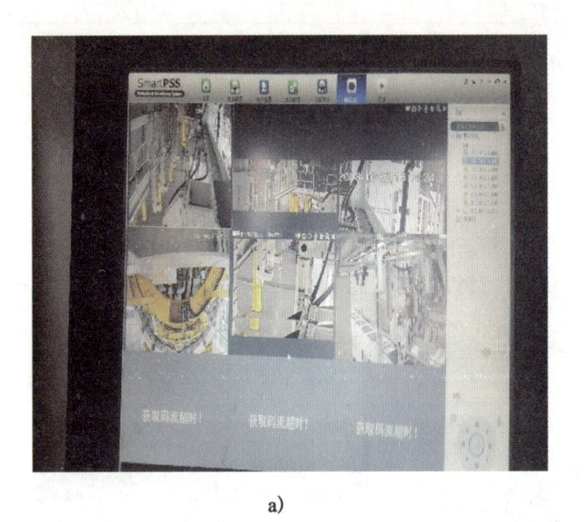


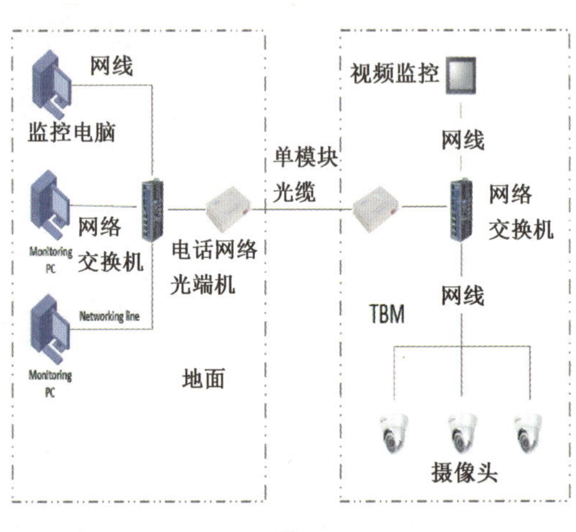


a)　　　　　　　　b)

图 7-87　盾构机视频监视系统

## 7.1.19　通信系统

通信系统是用于盾构机及隧道内外通信联络的系统，在盾构机主机及后配套系统上安装防爆电话（分别安装在人员舱内和人舱外）、声能电话（分别安装在人舱内和人舱外）及普通电话，防爆电话及普通电话采用分机号模式通话，并与地面连接，地面电话能直接联系盾构上人员；声能电话位于人舱，可实现对讲机功能；在主控室安装一套广播系统，方便操作人员及时传递设备的掘进信息，如图 7-88 所示。

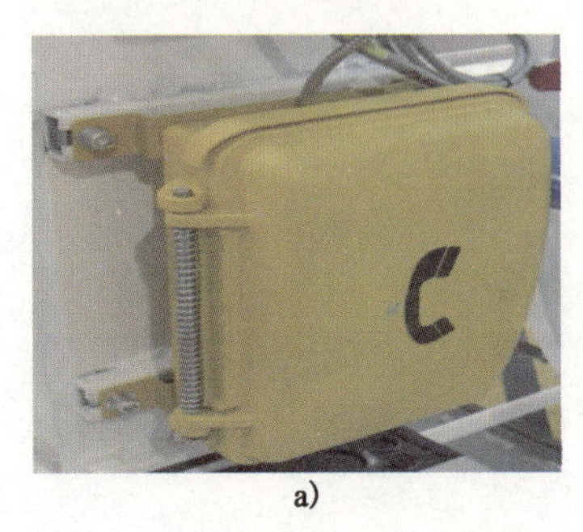

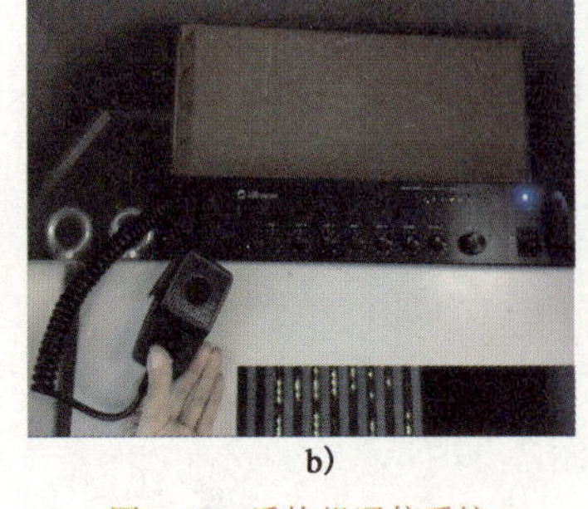

a)　　　　b)　　　　c)

图 7-88　盾构机通信系统

## 7.1.20 消防系统

盾构机上引起火灾的安全隐患主要有施工中动用明火，如电焊、割枪等引起易燃物着火，电气部件触头开关引起火花引起火灾，发热设备及电气部件等散热不良过热引发着火，不良行为如吸烟等引起火灾，等等。考虑到以上因素，在电气元(器)件的选用上采用具有优良防火性能的产品，电缆采用了具有耐油耐磨阻燃TPU材料，加强各发热设备及电气部件的冷却散热。同时每节拖车的左侧及盾体内分别布置手提式干粉灭火器。另外，在盾构机液压泵站和配电柜内设计自灭火装置，拖车尾部安装水幕装置，如图7-89所示。

a)

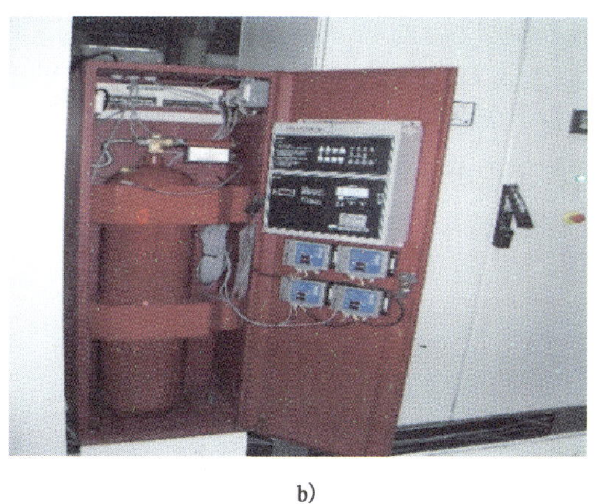

b)

图7-89　盾构机消防系统

## 7.1.21 人舱和材料舱

在盾构机隧道工程的施工过程中，为了进行维修工作，以及进行地质调查，工作人员需要进入开挖舱和掌子面区域，在一定的地质水文条件下，开挖舱内可能具有高于大气压的压力。为了能够使工作人员进入开挖舱和掌子面区域，且保障人身安全，不发生施工事故，一般在盾构机中都装配供人员进、出土舱或泥水舱的气压过渡舱(即人舱)及供材料和工具进、出土舱或泥水舱的气压过渡舱(即材料舱)，如图7-90所示。

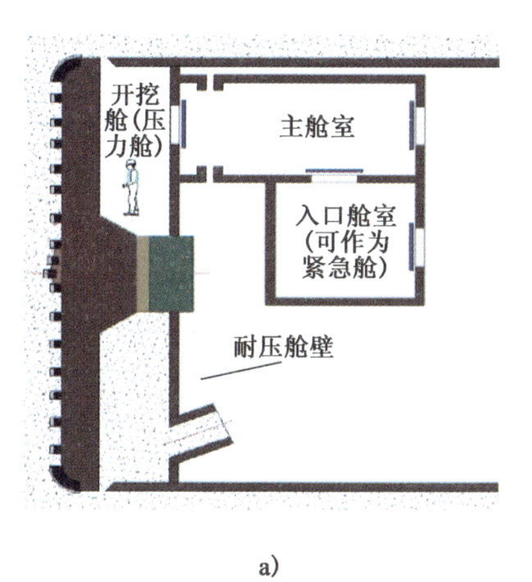


a)

b)

c)

图7-90　盾构机人舱与材料舱

# 7.2 TBM 分系统介绍

## 7.2.1 刀盘

TBM 刀盘为复杂的重型钢结构件，在不同半径位置上安装有若干后装式滚刀，沿着刀盘外围分布有铲斗用来铲起岩渣。刀盘主要由主轴承支撑，通过液压张紧螺栓与其旋转部件相连接。刀盘上安装了带有旋转喷头的喷水系统，用来控制掌子面的灰尘浓度和冷却刀具。刀盘上设有人闸孔，安装检修时可以进入刀盘前面和掌子面。刀盘采用平面设计，可有效减少平面摩擦，降低对岩石的扰动，更有利于稳定掌子面。一般大直径 TBM 刀盘为了运输方便，都采取分块设计结构，到现场后将分块用螺栓连接后再焊接在一起。TBM 刀盘总成如图 7-91 所示。

a)

b)

图 7-91　TBM 刀盘总成

1）刀盘主体结构

TBM 刀盘主体结构由钢板焊接而成，且钢板厚度大，刀盘前后面板纵向连接隔板很多且结构复杂，背面连接法兰需经机加工后用高强度螺栓连接。滚刀刀座焊接需要精确定位并机加工。刀盘厚度和焊缝尺寸要考虑动荷载影响，需采用加热、保温、气体保护焊接，焊接工艺要求很高。刀盘总体结构需考虑强度、刚度、耐磨性和振动稳定性，焊缝也需要足够强度，且在振动工况下不易开裂。

隧道开挖直径由刀盘最外缘位置的边滚刀控制，而通常刀盘结构最大直径设计在铲斗唇口处，一般铲斗唇口最外缘距离洞壁留有 25mm 左右的间隙。此间隙过大，则不利于岩渣清除；过小则容易造成铲斗直接刮削洞壁而损坏。

TBM 刀盘主体结构如图 7-92 所示。

2）刀盘刀座与滚刀

在 TBM 刀盘上焊接滚刀刀座前必须经过严格定位，刀座上用于滚刀的定位面和安装结合面都需要经机加工处理。盘形滚刀按在刀盘上安装的位置分为中心刀、面刀和边刀，其中中心刀一般为双刃滚刀，面刀和边刀则为单刃滚刀；滚刀现在基本都设计成后装式，这样在拆卸更换滚刀时有利于作业人员的安全。滚刀刀轴切面与刀座上的定位面贴合，用楔块和螺栓拉紧并固定滚刀刀轴，保证滚刀在刀座中安装可靠，如图 7-93 所示。

a)

b)

图7-92　TBM刀盘主体结构

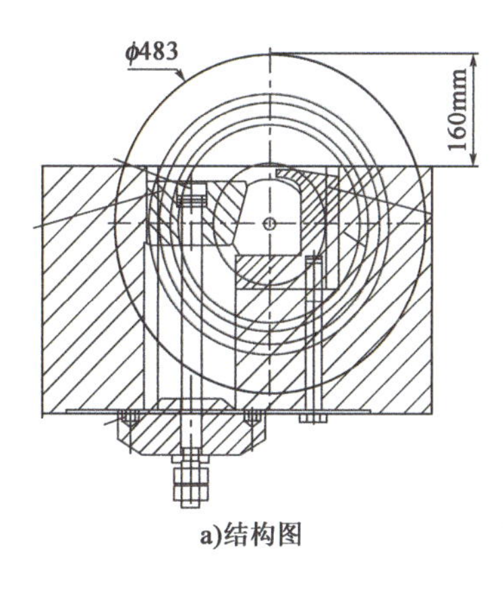


a)结构图

b)实物图一

c)实物图二

图7-93　TBM刀盘刀座与滚刀安装

3)刀盘铲斗总成

TBM铲斗开口一侧装有刀牙，另一侧装有若干垂直挡渣板；刀牙用螺栓固定在刀牙座上，在掘进时铲起渣石，其磨损或损坏后可更换。刀牙对面的垂直挡渣板，一方面防止大块渣石从铲斗开口进入刀盘内，进而到达主机皮带输送机上；另一方面，起到破碎大块岩石和保护刀牙的作用。

TBM刀盘铲斗总成如图7-94所示。

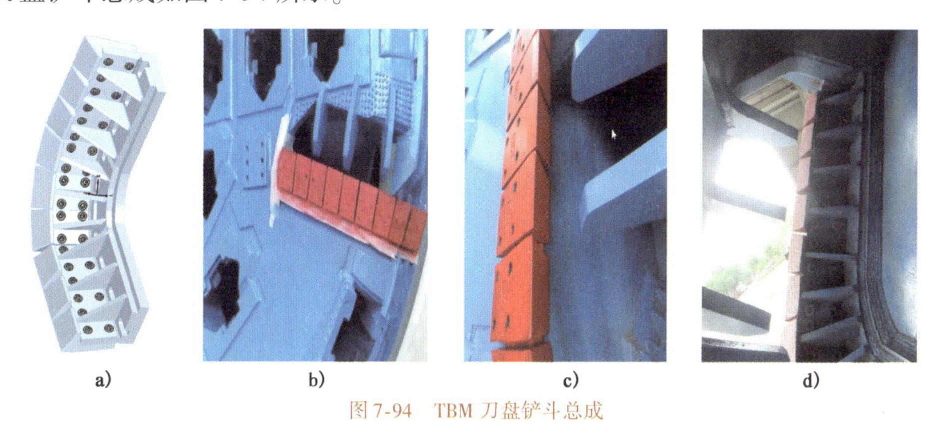

a)　b)　c)　d)

图7-94　TBM刀盘铲斗总成

4)喷水嘴与人孔

TBM刀盘上安装了带有旋转喷头的喷水系统，用来降低掌子面的灰尘浓度和冷却刀具，由TBM供水系统通过水管将水供到刀盘背部中心安装的旋转接头处，再通过刀盘内部供水管路通到刀盘面板的若干喷水嘴，喷水的实际流量可以根据地质条件调整。

此外，TBM刀盘上一般还设计有若干人孔，方便作业人员必要时进入掌子面进行刀盘检查和维护，如图7-95所示。

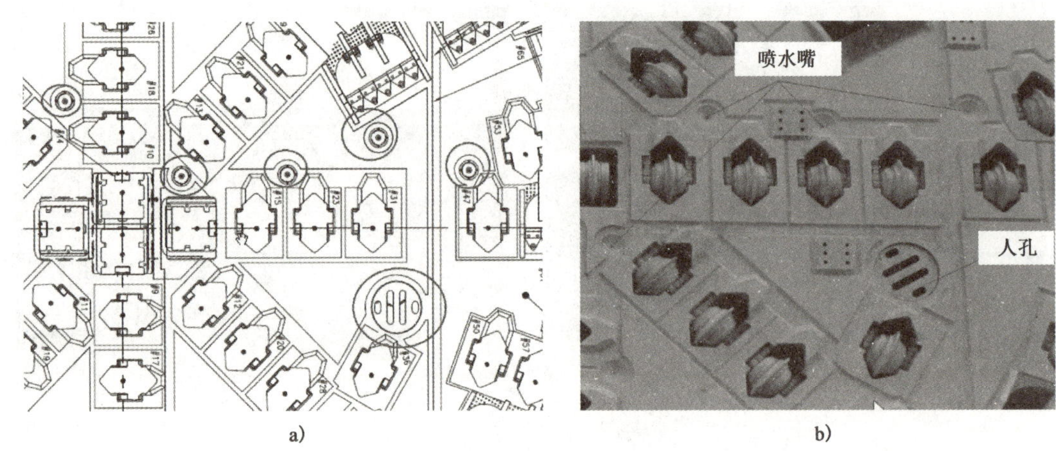

图 7-95 TBM 刀盘喷水嘴与人孔

5)耐磨设计

TBM 刀盘有针对性的耐磨设计,在刀盘的前面、圆弧过渡区、进渣口、锥板等部位,焊有耐磨复合钢板,以保护刀盘盘体,这些耐磨结构磨损后可更换或修复,如图 7-96 所示。

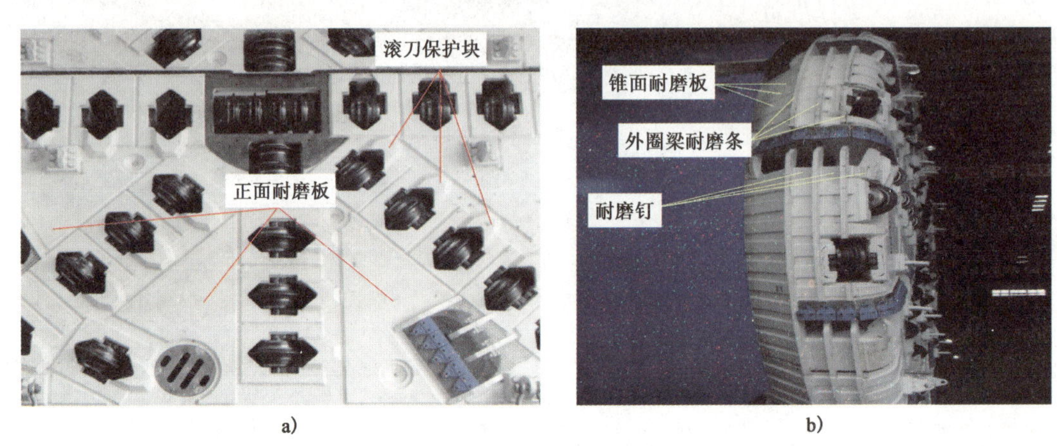

图 7-96 TBM 刀盘常见耐磨结构

6)扩挖设计

对于围岩变形较大的隧道需要考虑刀盘变径设计,以防止 TBM 被卡。目前,TBM 刀盘扩挖设计主要采用垫片方式或抬升机头架两种结构方式。垫片方式通过边刀刀座调整垫片,使边刀向外伸出来实现扩挖,此种方式结构简单,但扩挖量有限,通过抬升机头架,可实现长距离连续扩挖,但抬升作业时需要厂家专业人员指导操作。TBM 刀盘常见扩挖设计如图 7-97 所示。

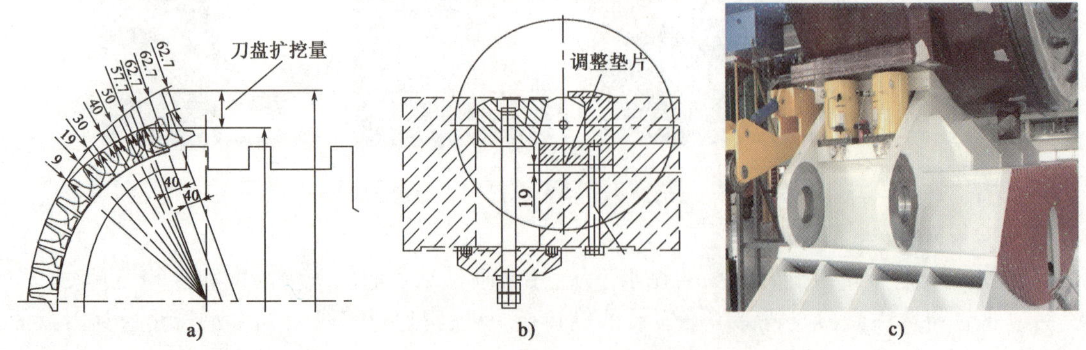

图 7-97 TBM 刀盘常见扩挖设计(尺寸单位:mm)

7)刀盘溜渣槽

TBM 刀盘溜渣槽是将刀盘开挖的岩渣导入主机皮带输送机的装置,如图 7-98 所示。

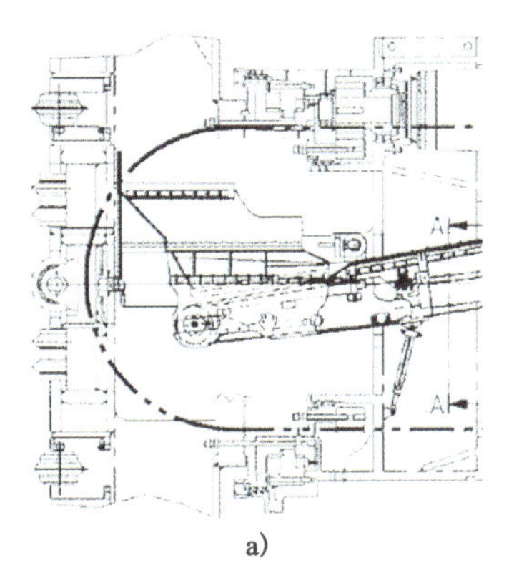

a)

b)

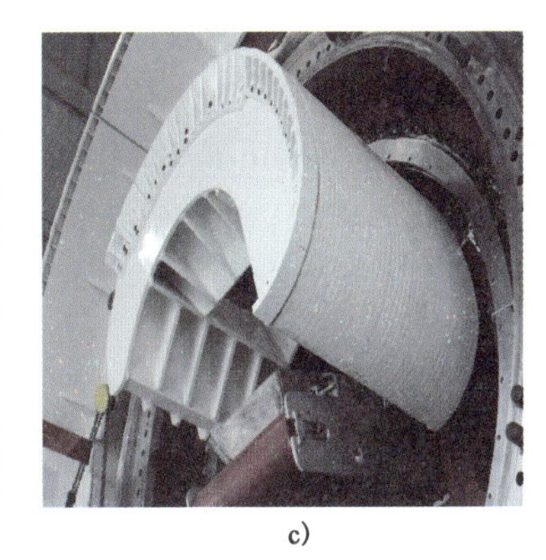

c)

图7-98　TBM刀盘溜渣槽

## 7.2.2　护盾

1)顶护盾(敞开式TBM)

对于敞开式TBM,顶护盾支座与机头架上部机加工面通过键和螺栓连接,顶护盾液压缸上部用销轴与顶护盾连接,下部与机头架上部用销轴连接。当顶护盾液压缸伸出或缩回时,可带动顶护盾沿着顶护盾支座4个侧边的机加工滑道上下滑行,如图7-99所示。

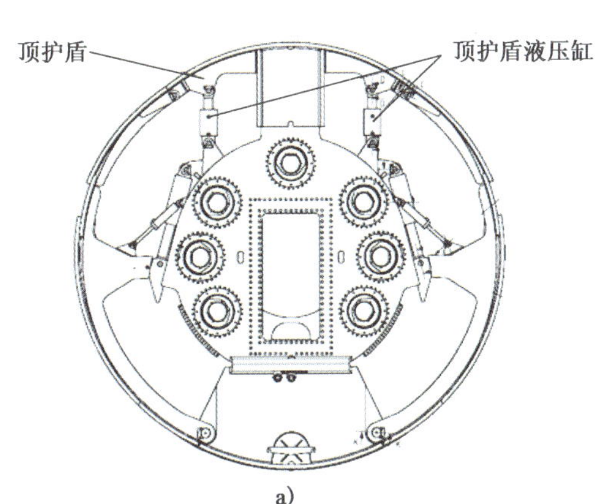


a)

b)

图7-99　敞开式TBM顶护盾

可伸展的顶护盾与洞顶完全接触,由顶护盾液压缸调节并尽可能接近洞顶壁,以减小振动,同时防止大块岩渣掉落在刀盘后部及主驱动变频电机处。顶护盾结构延伸到刀盘后方,提供了一个保护区,以利于工人作业。针对软弱破碎围岩,顶护盾结构上设计钢筋排储存舱和钢筋网片夹存装置,可及时对露出顶护盾的破碎围岩进行人工支护,如图7-100所示。

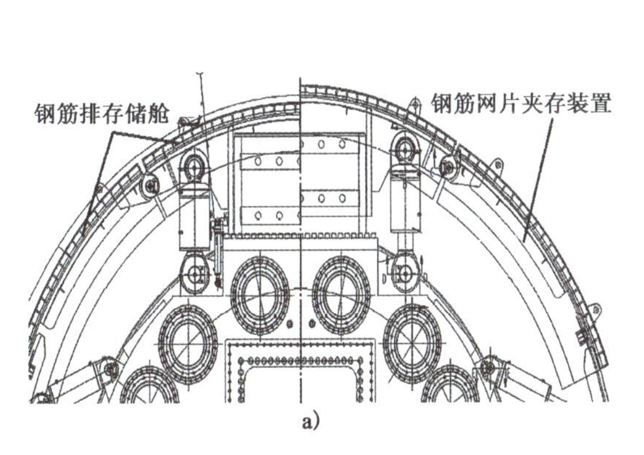


a)

b)

图7-100　敞开式TBM顶护盾钢筋排和钢筋网片存储设计

2)侧护盾(敞开式 TBM)

对于敞开式 TBM,侧护盾位于机头架左右两侧,通过销轴与之连接,由侧护盾液压缸来确定其位置。一旦位置定好后由楔块液压缸将侧护盾的位置牢牢锁定,在 TBM 掘进时能可靠地将荷载从机头架传递到洞壁,侧护盾与顶护盾联动保持机头架的稳定,如图 7-101 所示。顶护盾、侧护盾与机头架之间有较大空隙,需要护盾隔尘板,防止灰尘从空隙中进入主机后面。

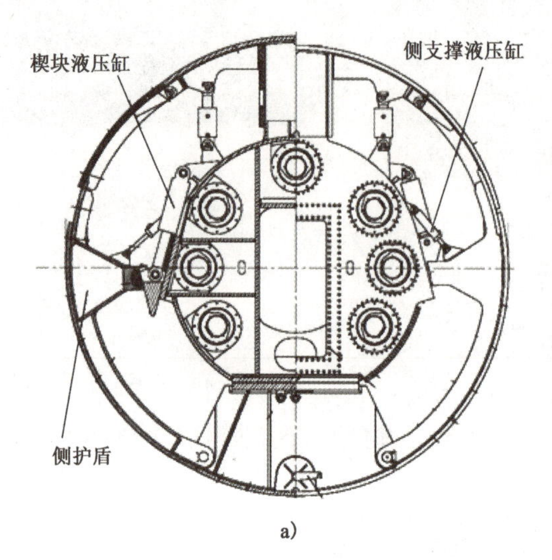


a)

b)

图 7-101 敞开式 TBM 侧护盾

侧护盾也是作为 TBM 水平调向的支点,但遇到需要 TBM 作较小的半径转弯时,可以使用侧护盾左右伸缩来协助常用的水平支撑调向系统。

3)底护盾(敞开式 TBM)

对于敞开式 TBM,底护盾其底部与洞底接触,上部与机头架底部平面接合并通过螺栓和键连接,中间有前后通孔,并布置通向主驱动润滑系统的管路;前支撑与左、右侧护盾之间通过销轴连接。底护盾作为 TBM 垂直调向的枢轴支点,如图 7-102 所示。随着 TBM 的掘进而向前移动,同时作为一个清扫器将前支撑底部前面刀盘后面的渣石推向前面,供铲斗铲起、倒进主皮带受料槽。

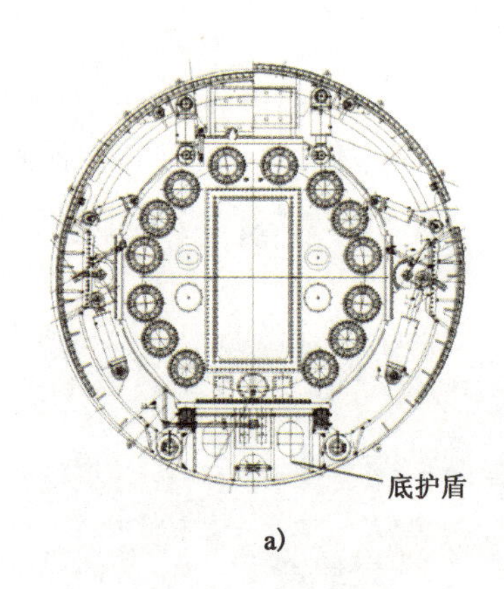


a)

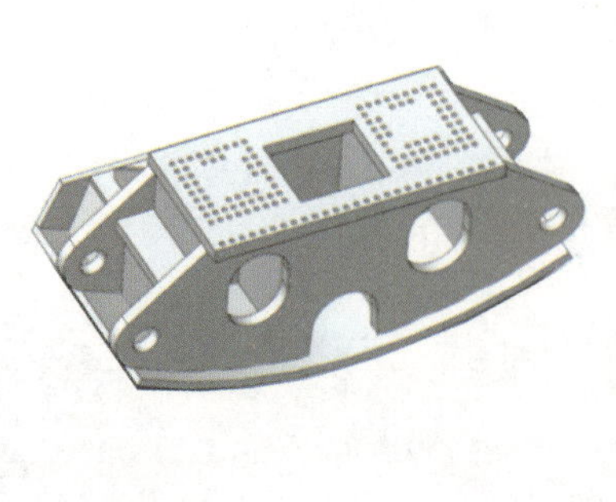

b)

c)

图 7-102 敞开式 TBM 底护盾

4)支撑护盾(双护盾 TBM)

对于双护盾 TBM,支撑护盾是用于安装撑靴、辅助支撑系统的盾体部件。其前端主要与推进缸相连接,同时还与伸缩套液压缸相连接;其中部装有水平支撑机构,与水平支撑靴板的外圆相一致,构成了一个完整的盾壳;其四周有成对布置辅助推进缸的孔位;其后部与管片拼装机相连接;其后部盾壳四周留有斜孔,以配合超前钻作业。双护盾 TBM 支撑护盾如图 7-103 所示。

a)

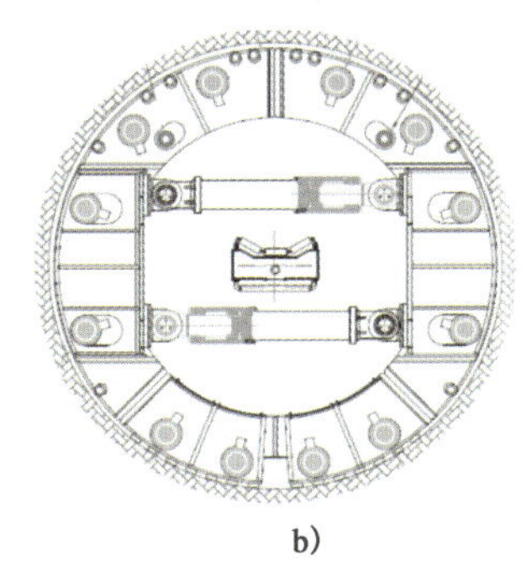

b)

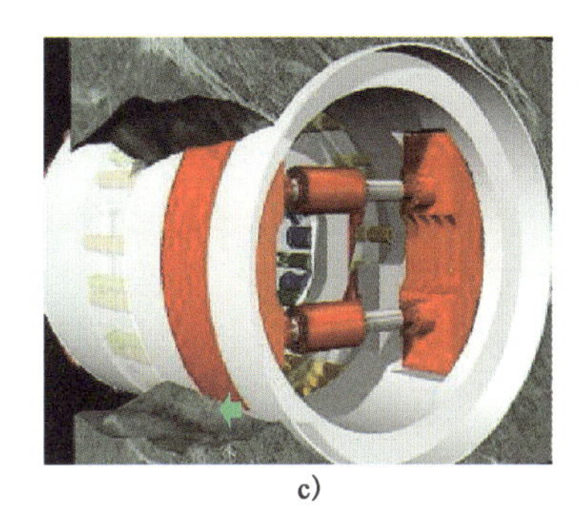

c)

图 7-103　双护盾 TBM 支撑护盾

5)稳定器(单护盾 TBM、双护盾 TBM)

稳定器是安装在盾体上,通过伸出动作支撑于洞壁或地层实现稳定盾体的装置,单护盾 TBM 稳定器如图 7-104 所示,双护盾 TBM 稳定器如图 7-105 所示。

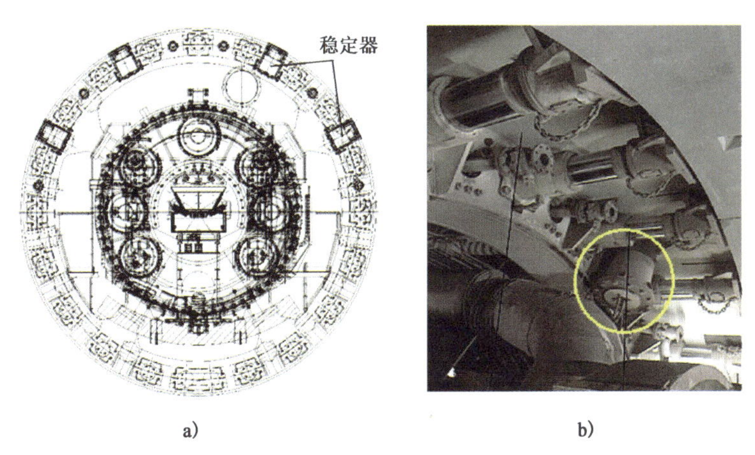


图 7-104　单护盾 TBM 稳定器

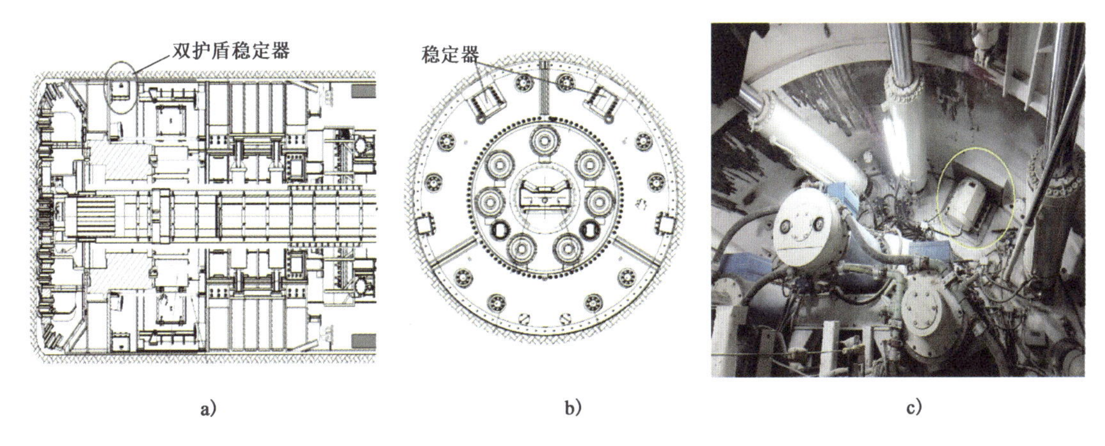


图 7-105　双护盾 TBM 稳定器

## 7.2.3　主驱动单元

1)主驱动方式

目前,TBM 主驱动普遍采用 VFD 变频电机驱动,驱动效率高,可在较宽范围内进行无级调速,以适应不同围岩掘进的要求。

2）主驱动单元组成

TBM主驱动单元由VFD变频电机、行星齿轮减速机、驱动小齿轮组件、大齿圈、主轴承及一组环件等组成，均安装在机头架内部，并通过主轴承内、外密封使整个主驱动结构成为封闭结构。主驱动单元传动路线：VFD变频电机—扭矩限制器—传动轴—行星齿轮减速机—大齿圈—主轴承—刀盘。由于大齿圈与主轴承转接座用拉拔螺栓连接，而刀盘背部法兰、主轴承内圈和主轴承转接座之间也用另一组拉拔螺栓连接，因此大齿圈、主轴承转接座、主轴承内圈和刀盘一起转动，如图7-106所示。

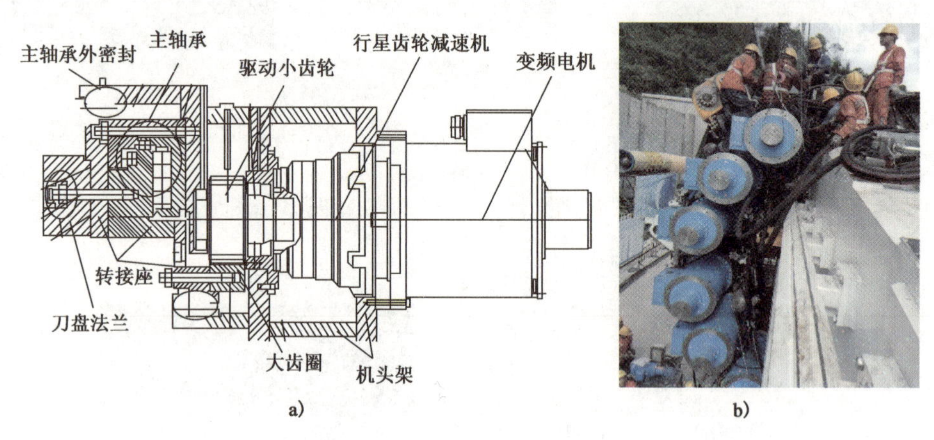


图7-106　TBM主驱动单元示意图

VFD变频电机尾部安装有扭矩限制器，用于过载时保护驱动齿轮。当正常掘进时，VFD变频电机转动，扭矩限制器闭合带动传动轴转动，传动轴两端为外花键结构，前端花键与行星齿轮减速机接合，后端花键与离合器接合，从而将电机动力传递到减速机上，如图7-107所示。

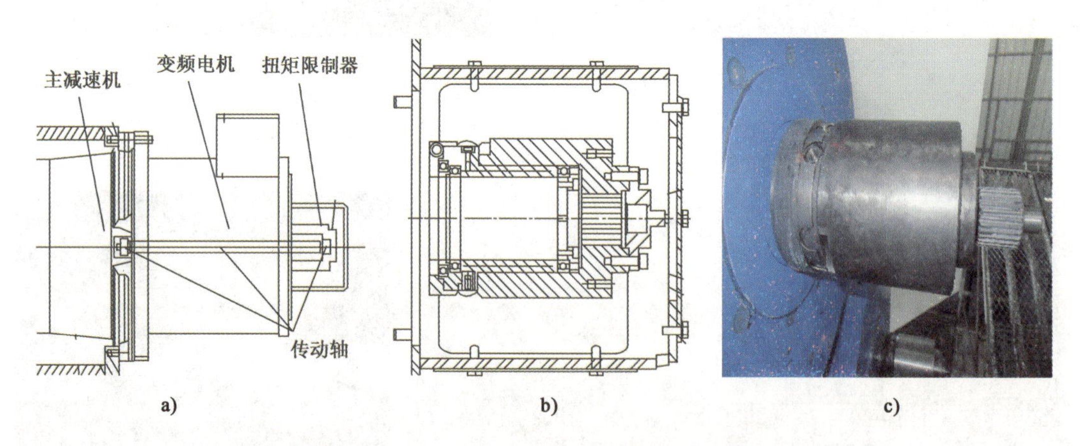


图7-107　TBM主驱动变频电机扭矩限制器及传动轴

扭矩限制器上装有安全阀，在安装时扭矩限制器内部注入达到一定油压的专用油，当过载超过设定扭矩值时，安全阀被剪断，高压油从安全阀中泄出，从而切断电机与传动轴之间的动力传递，如图7-108所示。

主驱动单元制动装置由制动液压缸、制动片及液压油管等组成，安装在主电机尾部扭矩限制器位置，与其形成配合。正常掘进时需用一定油压打开制动液压缸，使制动片处于松开状态；当油压释放后，制动液压缸复位，制动片会抱死主电机扭矩限制器，从而实现主电机制动作用，如图7-109所示。

3）机头架（敞开式TBM）

对于敞开式TBM，机头架是采用厚钢板的焊接结构件，所有的钢板和焊缝全部100%通过探伤检测，保证没有任何缺陷。

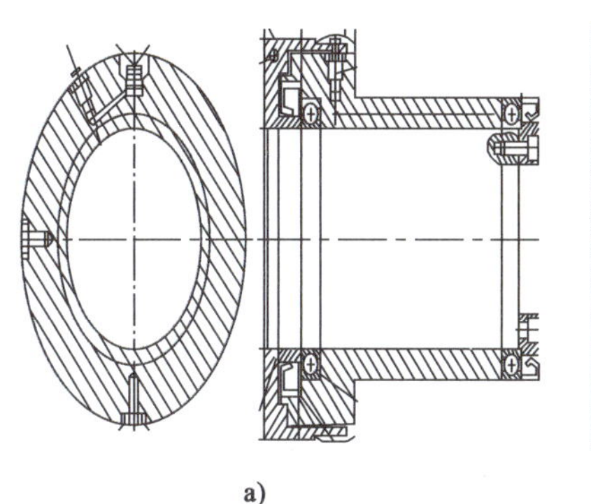

a)

b)

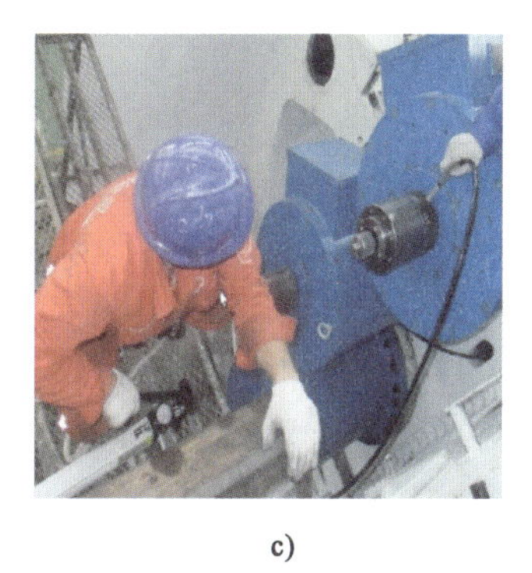

c)

图 7-108　TBM 主驱动变频电机扭矩限制器安全阀

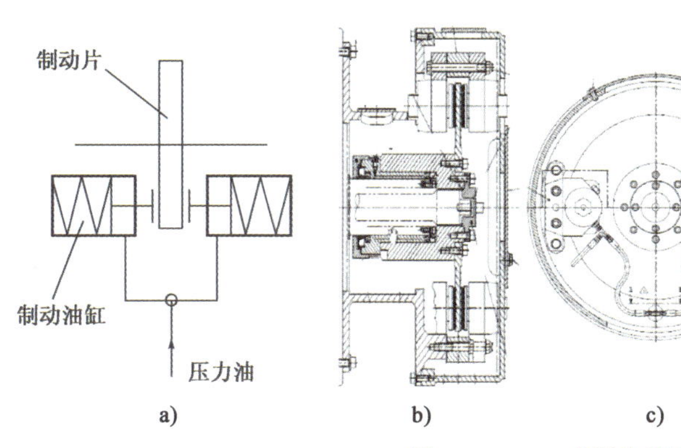


a)　b)　c)

d)

图 7-109　TBM 主驱动变频电机制动装置

机头架内部与主轴承外圈配合表面、内外密封安装表面、驱动小齿轮及减速机的座孔表面等是经过精密加工的。机头架中间空腔可使工作人员随时进入刀盘内,并在内壁上设有若干检查孔,检查孔上有封盖保护。为保证掘进时机架的稳定,机头架外提供了用于安装各种支撑的安装座,机头架上部安装顶护盾和顶护盾液压缸的支座,下部是与底护盾接合的平面,侧面是与楔块液压缸的楔块结合面,前面与主轴承内外密封压盖接合,后面与主梁接合,各接合面都是经过精密机加工的表面。机头架的周边还有大量的螺孔,连接润滑油管路。对于大直径敞开式 TBM,机头架本体结构件也设计除尘风孔和备用驱动孔,用于掌子面除尘和增加主驱动装置,如图 7-110 所示。

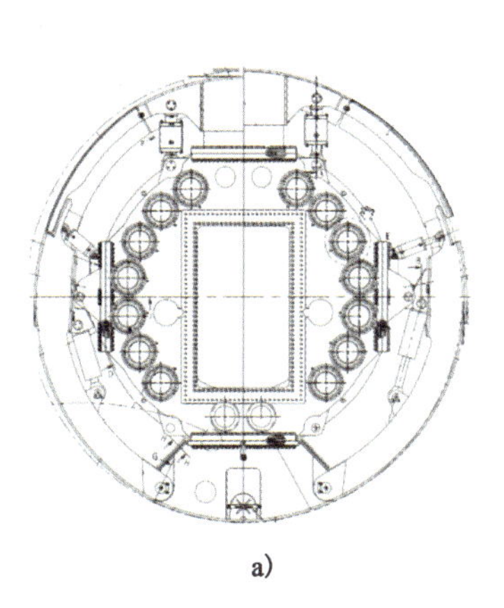

a)

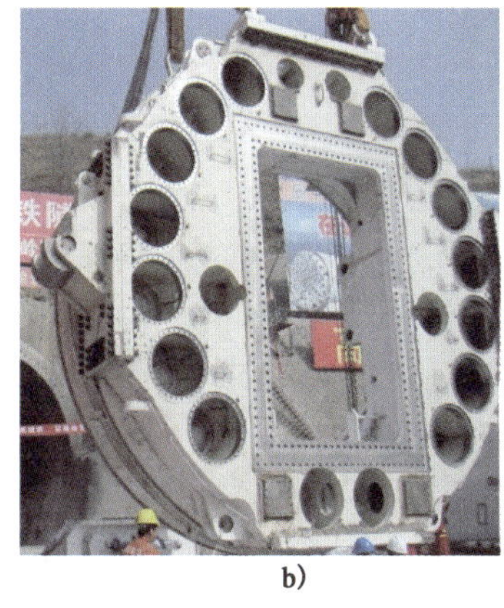

b)

c)

图 7-110　敞开式 TBM 机头架

4) 主轴承

主轴承是 TBM 的最关键部件,它的特殊性在于制造周期长,更换的时间超过 6 周以上,而且还需要具备相当的技术、装备和环境,因此把主轴承的寿命等同于掘进机寿命。虽然 TBM 具有不同类型和型式,但使用的主轴承型式基本相同,使用的是一个大直径、高承载能力、长寿命、高度精密制造的三轴滚子轴承,其主要由内圈、外圈、两排轴向滚子、一排径向滚子和保持架等构成。内圈为回转体,安装在主轴承转接座上,内圈、刀盘背部法兰和主轴承转接座用高强度拉拔螺栓连接在一起,大齿圈安装在主轴承转接座上,并用另一组高强度螺栓连接在一起。

TBM 的主轴承与大齿圈通常采用分体式设计,这样有利于主轴承与大齿圈各自的热处理工艺,不用"互相妥协"。此外,小齿轮的径向荷载通过与大齿圈啮合后不会直接传递到主轴承上,避免了在主轴承滚道上形成集中荷载集中点,提高了主轴承的使用寿命;最后,主轴承和大齿圈一旦发生故障也无须整体更换,节约了成本,缩短了制造周期。TBM 主轴承、转接座与大齿圈如图 7-111 所示。

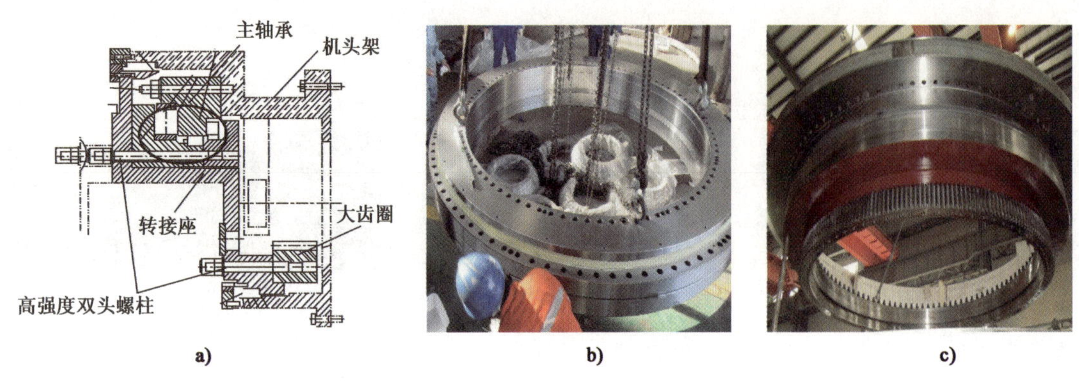


图 7-111 TBM 主轴承、转接座与大齿圈

5)主轴承密封系统

为防止污染 TBM 主轴承和大齿圈的油池都有特殊的密封系统,两套内外密封系统都包含一系列大断面、高偏转唇形的密封,如图 7-112 所示。

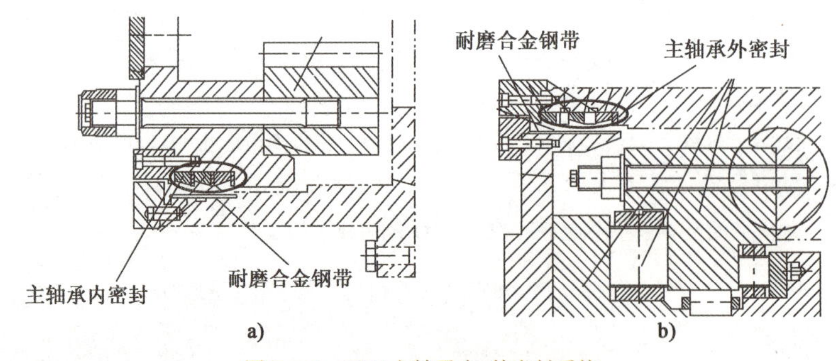


图 7-112 TBM 主轴承内、外密封系统

考虑到 TBM 作业环境十分恶劣,内、外密封都采用 3 道唇形密封。其中,第 1、2 道唇形密封朝外,需要注入润滑油(或润滑脂),以防止掌子面灰尘和水侵入;第 3 道唇形密封朝内,防止润滑油流出。内、外唇形密封安装在机头架的一个孔内,与密封条唇边接触处为一个具有高抗拉强度的耐磨合金钢带,这种合金钢带可以延长最大轴承连接体的寿命,而且在翻新时可以更换,这样远比新做一个便宜。在极少数情况下主轴承密封可能失效,此时可以在隧道内进行紧急更换。

6)主驱动润滑系统

TBM 主轴承和大齿圈的润滑使用一种干式的定向泵循环系统,供应给主轴承和大齿圈的润滑油经过筒式的过滤器。从主轴承和大齿圈返回的油必须首先经过一个磁性过滤器,有两套供油和回油过滤器可供切换,这样能够在掘进机运行的同时维护过滤器。润滑油的流量可被监控,如果润滑油不足会引起 TBM 自动停机。

主驱动润滑系统为外置单独的泵站和油箱,回油经过滤和冷却后由润滑油泵经滤芯、阀组、流量计等被喷向主轴承滚子、大齿圈、驱动小齿轮及内、外密封。其中,内、外密封唇形密封朝外的两道密封在TBM 掘进时需要不断注入润滑油,润滑油将从密封压盖迷宫中被挤出,由此也可以判断密封润滑系统是否正常工作。

TBM 主驱动润滑系统原理如图 7-113 所示。

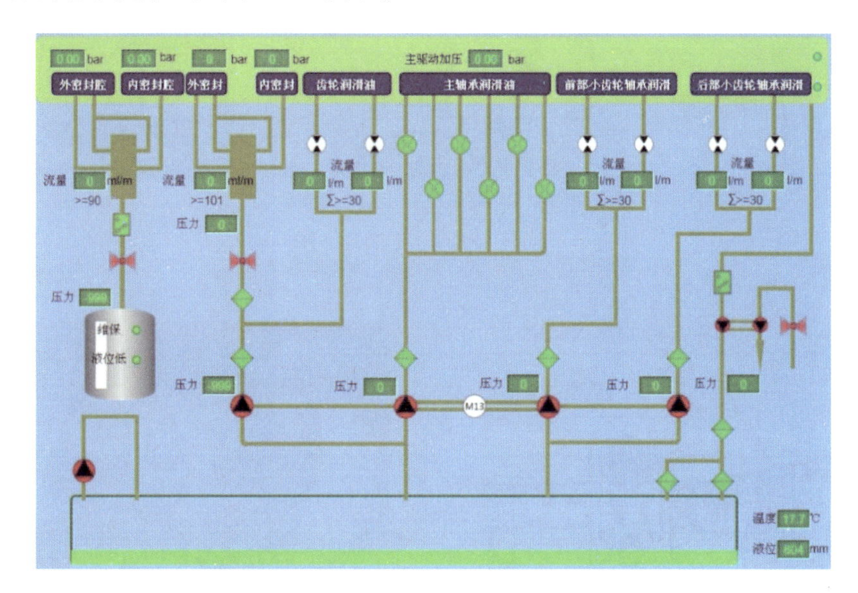


图 7-113　TBM 主驱动润滑系统原理图

## 7.2.4　推进系统

1)主推进系统(敞开式 TBM)

(1)主梁

对于敞开式 TBM,主梁为箱形钢结构,为了制造和运输方便,一般分为前主梁和后主梁,前主梁与机头架、后主梁之间用高强度螺栓连接,如图 7-114 所示。

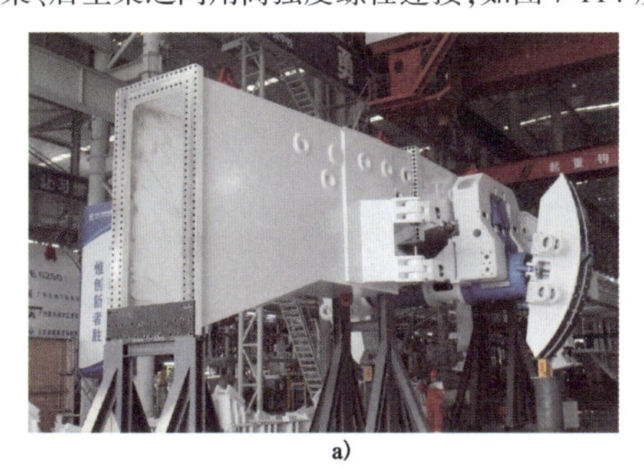

a)

b)

图 7-114　敞开式 TBM 主梁主体结构

主梁承受刀盘传递来的力和扭矩作用,并将之传递作用到洞壁,具有足够的强度和刚度,并具有其他结构功能:以主梁为结构平台,安装钢拱架拼装器、锚杆钻机、超前钻机、推进液压缸及鞍架等;靠近机头架位置的前主梁底部设计有进入孔,方便作业人员进入主梁内部和刀盘;主梁内部布置有主机皮带输送机,将刀盘渣斗处落下的渣石从主梁内运输至后配套系统皮带输送机,转移至隧道内连续皮带输送机运至洞外,如图 7-115 所示。

主梁也是敞开式 TBM 调向的控制梁,通过鞍架与撑靴系统作用在主梁尾部,再以底护盾、侧护盾为支点进行垂直、水平及滚动调向,如图 7-116 所示。

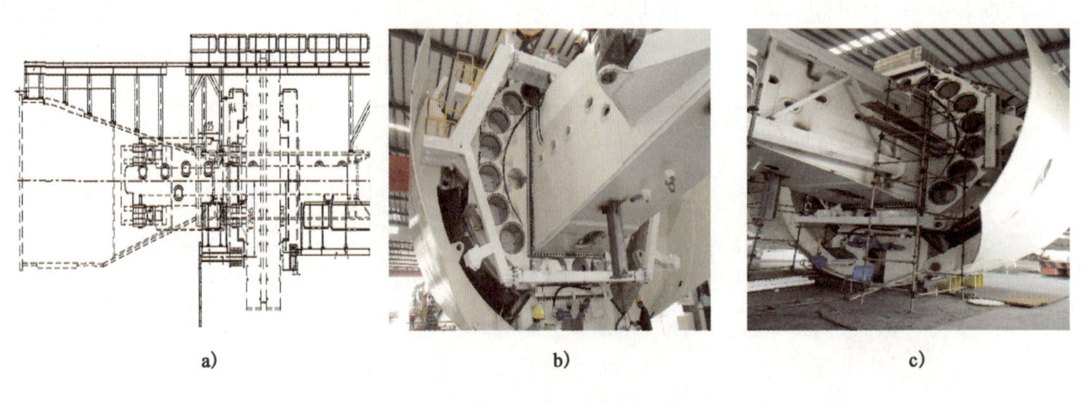


图 7-115 敞开式 TBM 主梁附属结构件

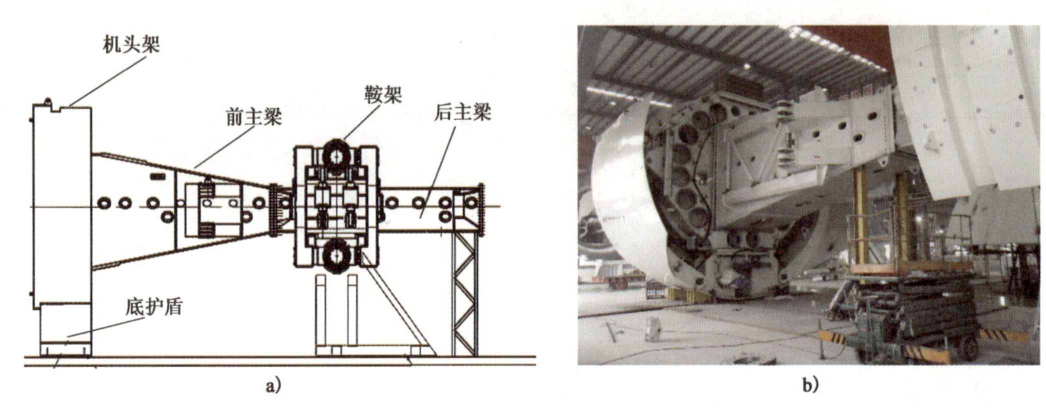


图 7-116 敞开式 TBM 主梁调向功能

(2)主推进液压缸

推进液压缸提供了敞开式 TBM 主机开挖所需要的推进力。推进液压缸为双作用缸,并具有行程测量功能。推进液压缸一端与主梁上焊接的耳座连接,另一端与撑靴装置连接,这样使得推进力能够直接通过撑靴装置传递到岩壁上,降低撑靴液压缸受到侧向力的风险。推进液压缸与主梁有一定的夹角,由于在实际工作过程中该夹角实时变化,且撑靴具备 360°偏转的自由度,因此为了降低推进液压缸的受力不平衡,推进液压缸的两端额外配备一套 U 形的铰接耳环,增加了液压缸两端的自由度,如图 7-117 所示。

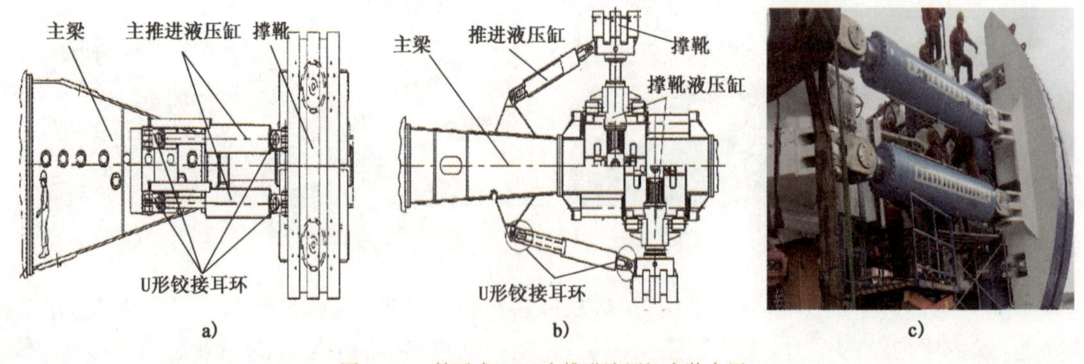


图 7-117 敞开式 TBM 主推进液压缸安装布置

对于单组撑靴液压缸 TBM,由于只有一组撑靴液压缸,推进液压缸及撑靴在重力作用下,会绕撑靴球头前后转动。为防止绕撑靴球头转动,设计并安装板簧,主要作用就是稳定撑靴的姿态,并起到缓冲减振作用,如图 7-118 所示。对于双组撑靴液压缸 TBM,由于撑靴上共有两组球头,因此撑靴不会绕任一个球头转动,一般不设置板簧,如图 7-119 所示。

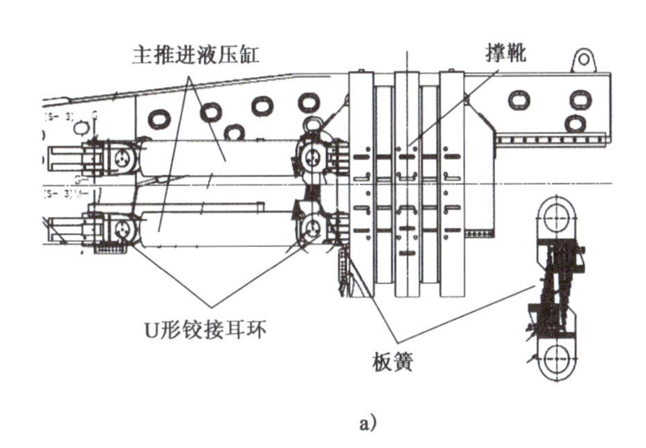


a)

b)

图7-118　上、下撑靴液压缸之间有板簧设计(单组撑靴液压缸)

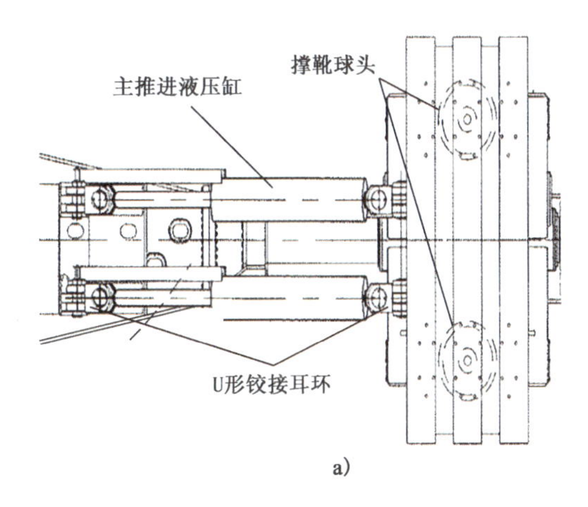


a)

b)

图7-119　上、下撑靴液压缸之间无板簧设计(双液压缸)

每个推进液压缸的上部安装液压缸保护装置,防止推进液压缸的活塞杆受到砸伤或者污损。该保护装置固定在活塞杆端,并且能够绕活塞杆端的销轴转动,从而当推进液压缸伸缩或者摆动时均能自动适应液压缸的轴线,如图7-120所示。

a)

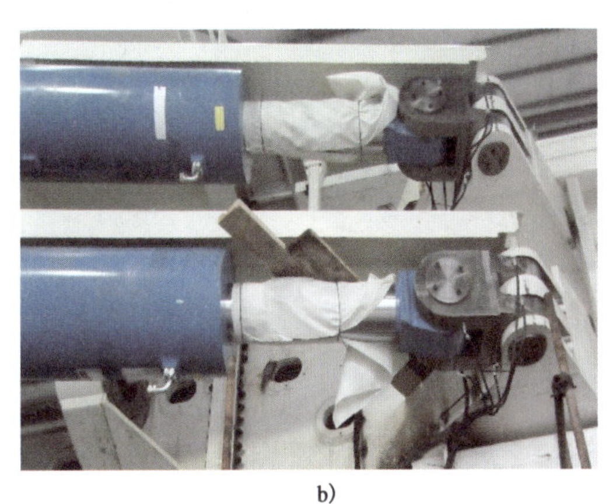

b)

图7-120　主推进液压缸活塞杆保护装置

2)辅助推进系统(双护盾TBM)

辅助推进系统是用于双护盾TBM在掘进与管片拼装同步作业时顶紧管片的系统,也可作为推进系统,主要由推进液压缸、阀组、泵站、行程测量装置等组成。辅助推进液压缸布置在撑靴盾圆周范围内,底部辅助推进液压缸设有液压调整机构,可预设使辅助推进液压缸与隧洞轴线成不同角度,这个角度作为杠杆臂,可矫正双护盾 TBM 的滚动趋势,从而抵抗扭矩,如图 7-121所示。

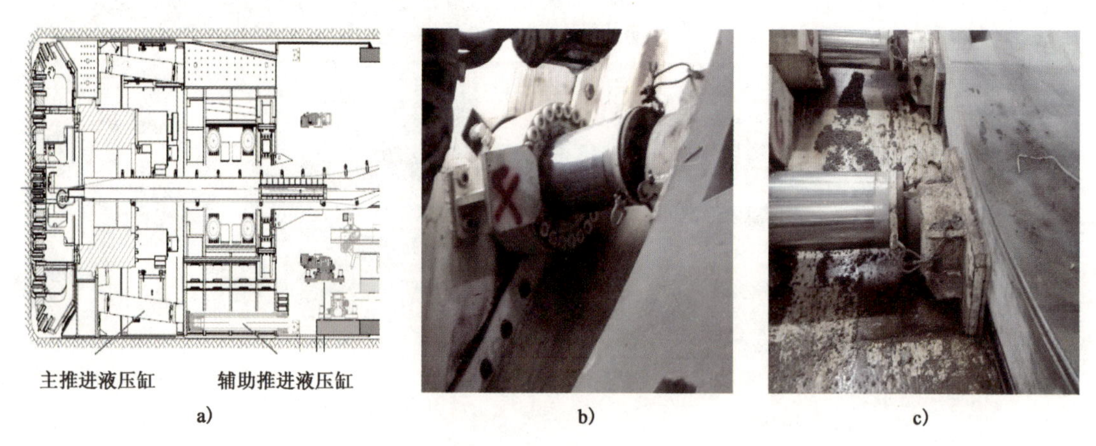


图 7-121　双护盾 TBM 辅助推进液压缸安装布置

## 7.2.5　撑靴系统(敞开式 TBM、双护盾 TBM)

对于敞开式 TBM 和双护盾 TBM,撑靴系统是可撑紧洞壁、承受掘进反力的系统,主要由钢结构架、液压缸、撑靴等组成。

1)鞍架

对于小直径的敞开式 TBM,鞍架包括两部分,分别安装在主梁的左右两侧,是连接撑靴液压缸和主梁的部件。每侧鞍架又分上下两块,两者之间用高强度螺栓连接,销钉定位。左右两侧鞍架上部通过滑槽与主梁的滑轨连接,下部通过连接架连接。通过调整连接架与鞍架之间的调节板,以保证鞍架的滑槽与主梁的滑轨能够正常贴合。前后两块连接架之间安装十字铰接装置,并且连接架与十字铰接装置之间使用另一种形式的调节板来调整。鞍架下侧安装缓冲弹簧及托板,并且托板始终与撑靴液压缸两侧特制的平面贴合。鞍架的滑槽两端安装清扫装置,在鞍架沿主梁滑轨前后移动过程中,清除滑轨表面的杂物和渣粒。清扫器拆卸方便,在磨损到一定程度后可以进行更换。小直径敞开式 TBM 鞍架如图 7-122所示。

a)

b)

c)

图 7-122　小直径敞开式 TBM 鞍架

对于大直径的敞开式 TBM,鞍架为马蹄形钢结构小车,安装在后主梁两侧的导向筒上,通过导向筒在主梁上前后滑动。在 TBM 掘进时,鞍架和撑靴支撑液压缸使机器保持固定状态,主梁在鞍架中的导向筒上向前滑动。当换行程时,主梁固定,撑靴支撑液压缸和鞍架沿着导筒向前滑动,如图 7-123所示。

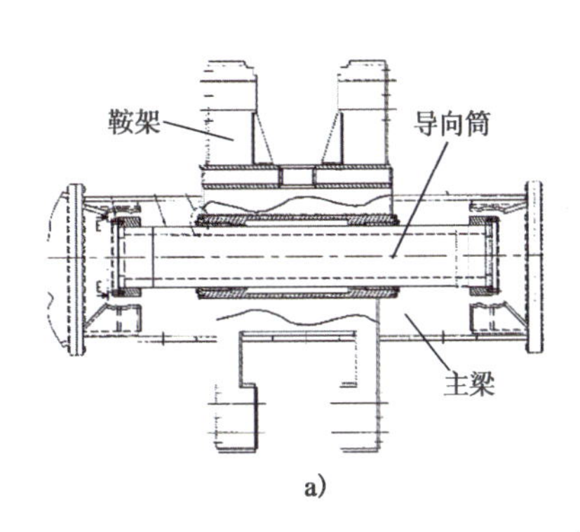

a)

b)

c)

图7-123　大直径敞开式TBM鞍架

2)撑靴支撑液压缸、扭矩液压缸及浮动支撑系统

撑靴支撑液压缸位于鞍架上下位置,其中上撑靴支撑液压缸中间结构通过十字销轴与鞍架上部中间位置连接,并分别通过左、右两侧的扭矩液压缸将上撑靴支撑液压缸悬挂在鞍架上,即扭矩液压缸上端用销轴与上撑靴支撑液压缸两端连接,下端用销轴连接在鞍架左右两侧,如图7-124所示。

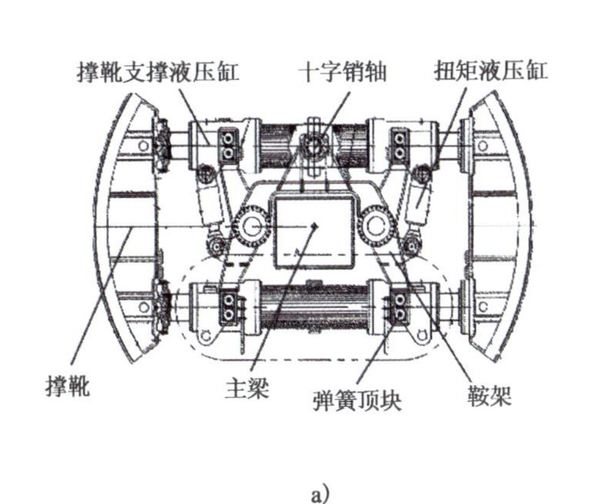

a)

b)

图7-124　敞开式TBM撑靴支撑液压缸与扭矩液压缸

十字销轴与鞍架用螺栓连接,并且鞍架内前后左右装有带弹簧的顶块,分别定在上、下撑靴支撑液压缸的前后侧,以避免其过于摇摆。该结构采用"浮动支撑"设计,可允许撑靴支撑液压缸在前后、上下、左右方位上有一定幅度的摆动和倾斜,以适应TBM调向需求,如图7-125所示。

撑靴支撑液压缸将左右撑靴撑紧在洞壁上,为TBM掘进提供支反力,同时通过调整撑靴支撑液压缸活塞杆腔压力,可实现TBM左右调向。扭矩液压缸一端与鞍架的上部连接,另一端与撑靴液压缸缸筒上焊接的耳座连接。其主要作用为传递主机开挖所产生的反扭矩,并为主机的垂直调向提供动力。扭矩液压缸分为两组,每组两个,在主梁的两侧安装。当撑靴装置与岩壁贴紧时,扭矩液压缸伸出,主梁的尾端就会上升,此时完成主机的向下掘进;反之,当液压缸缩回时,主梁的尾端向下移动,此时完成主机的向上转弯,如图7-126所示。

3)撑靴

撑靴为焊接钢结构件,为使TBM顺利通过断层和破碎带,要尽可能地加大撑靴板与洞壁的接触面积,使撑靴在保证足够的支撑力时对于洞壁的比压足够小,以适应软弱围岩的掘进。撑靴背部中间开槽以便于跨过钢拱架,背面安装若干圆锥钉,以增大撑靴在洞壁上的抓紧力,如图7-127所示。

撑靴与撑靴支撑液压缸端部采用球面副接触,并用螺栓连接,由一外球面套用螺栓固定在撑靴液压缸端部,撑靴内侧凸球面与球面套的凹球面相接触,与外球面套配合的法兰将撑靴用螺栓连接固定,这种球面副结构设计能允许撑靴在360°方向内都具备一定的摆角,以适应TBM姿态和洞壁不规则的需要。同时，在 TBM 换步时，为防止撑靴前后移动时摆动过大，撑靴内部凸球面周围设有几个稳定液压缸，加压后始终顶住球面套，如图 7-128 所示。

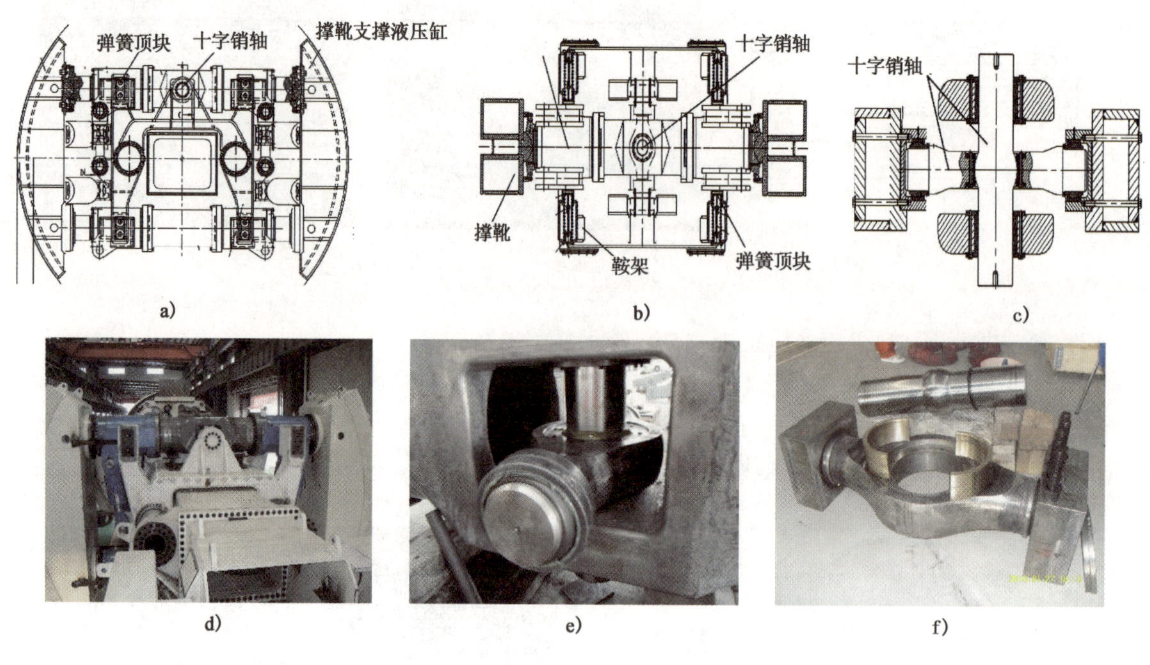


图 7-125　敞开式 TBM 浮动支撑系统

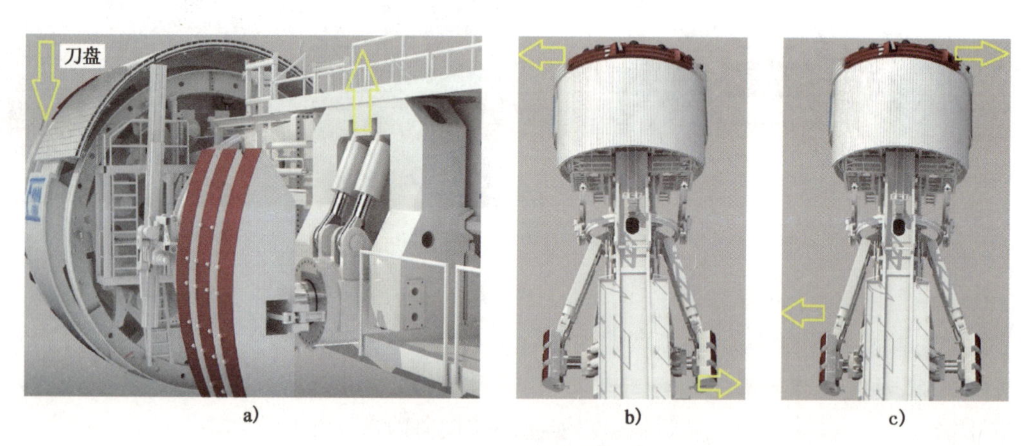


图 7-126　敞开式 TBM 调向原理

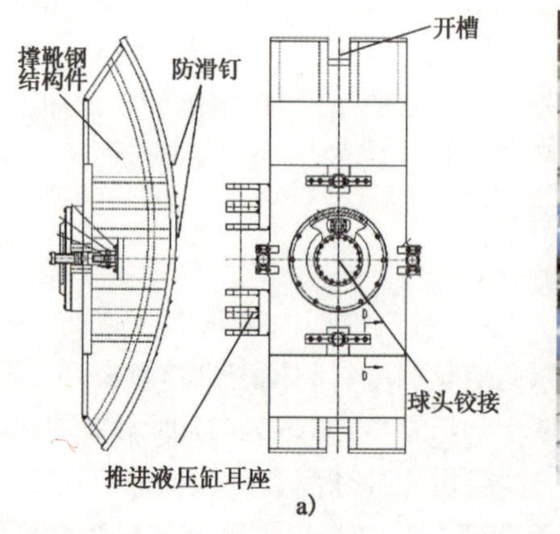

图 7-127　敞开式 TBM 撑靴

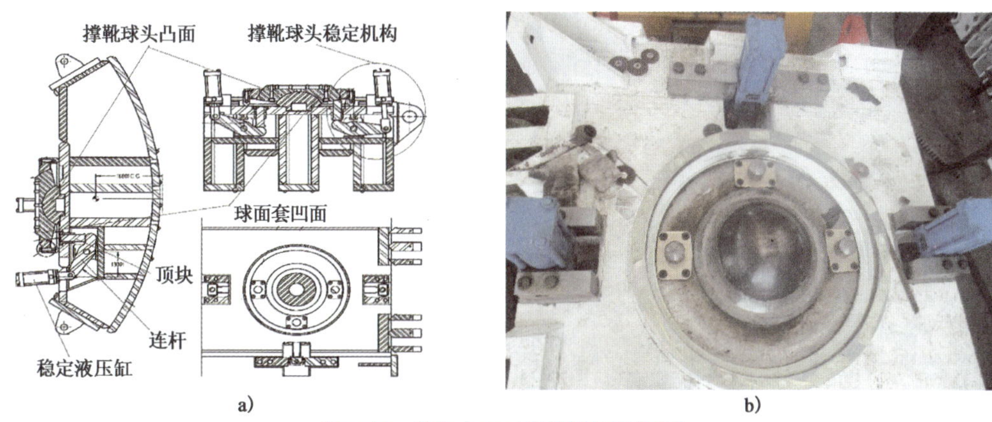


图7-128　敞开式TBM撑靴姿态稳定机构

## 7.2.6　后支撑系统(敞开式TBM)

后支撑与后主梁连接,在TBM换步时用来支撑主梁的重量,在TBM掘进时后支撑从隧道底板上缩回。后支撑有左、右两个后支腿,每个后支腿安装后支撑液压缸,通过液压缸伸缩带动后支腿升降。后支腿底部的靴板通过销轴与后支撑液压缸座连接,有一定的弧度和自由度,以适应洞底的不规则表面,如图7-129所示。

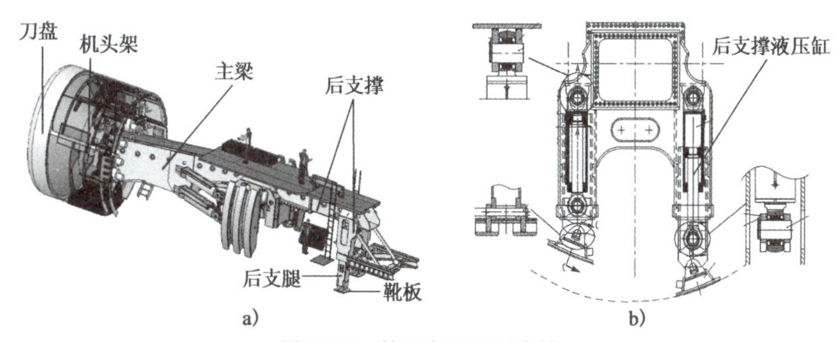


图7-129　敞开式TBM后支撑

## 7.2.7　皮带输送机系统

1)主机皮带输送机

TBM主机区域内布置有槽形主机皮带输送机,该皮带输送机将刀盘切削下来的岩渣经溜渣槽运到主机皮带驱动位置,然后转运至后配套皮带输送机上,主机皮带输送机的出渣能力与TBM的最大掘进速度相匹配并留有部分余量,如图7-130所示。

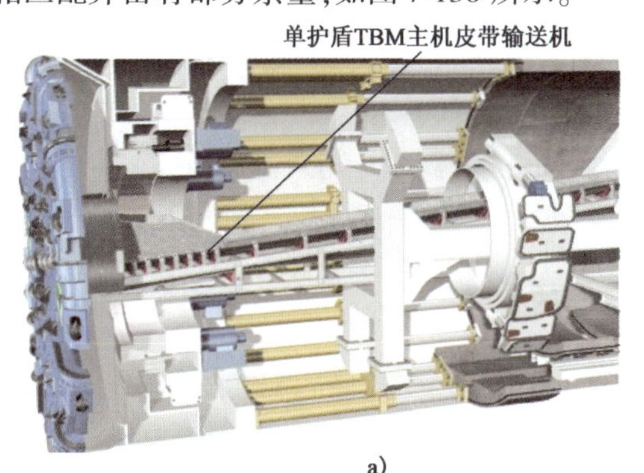

图7-130　护盾式TBM和敞开式TBM主机皮带输送机

主机皮带输送机主要由头部液压马达及驱动滚筒、尾部从动滚筒、皮带支架、托辊、皮带、一二级刮渣器、卸渣斗等组成,还设有皮带张紧装置,可通过伸缩液压缸调整主机皮带张紧程度,如图 7-131 所示。

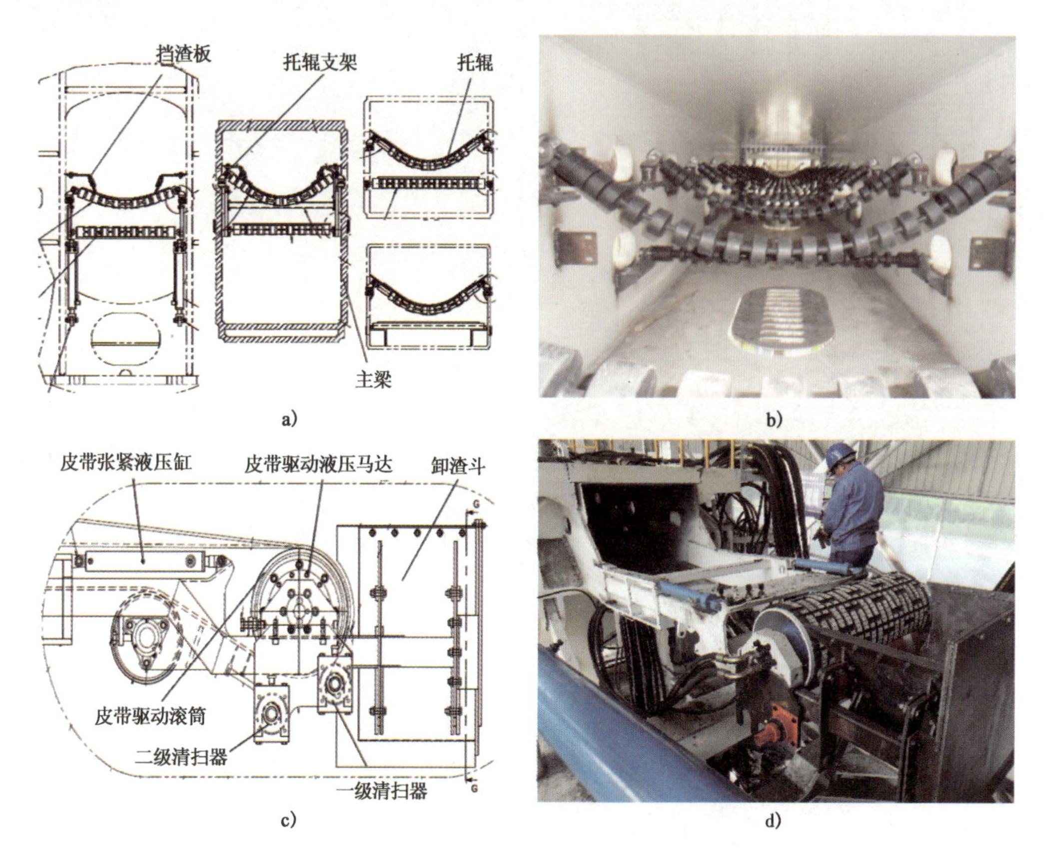


图 7-131　TBM 主机皮带输送机皮带托辊及液驱总成

为了方便作业人员进入刀盘,在主机皮带输送机尾部设置有顶升液压缸,通过顶升液压缸将主机皮带输送机尾部抬起一定距离而获得更大的高度空间,作业人员能够很方便地进入刀盘内,如图 7-132 所示。

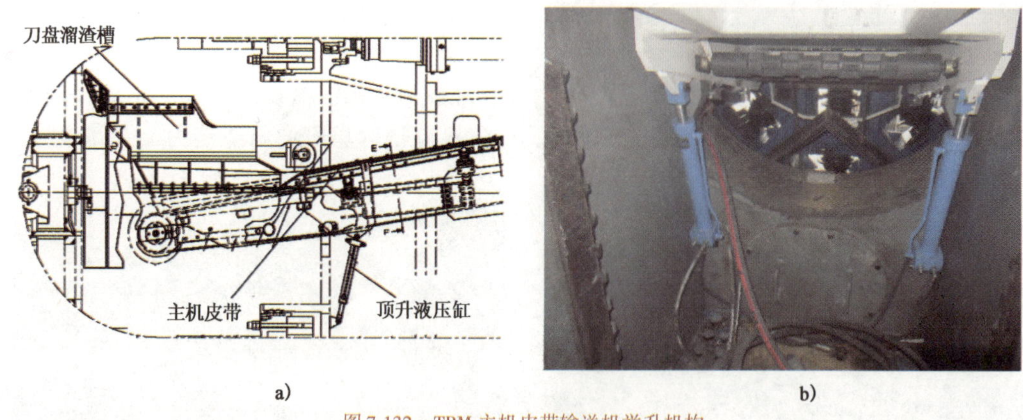


图 7-132　TBM 主机皮带输送机举升机构

2)后配套皮带输送机

TBM 掘进产生的石渣先从刀盘溜渣槽落入主机皮带输送机上,然后经后配套皮带输送机到连续皮带延伸装置后接上隧洞连续皮带输送机将石渣运至洞外,或直接经编组渣车由隧洞内有轨运输至洞外,如图 7-133 所示。

a)　　b)

图7-133　TBM后配套皮带输送机

后配套皮带输送机主要由胶带、驱动电机、驱动滚筒、从动滚筒、清扫器和托辊等组成。从动滚筒接渣处的托辊一般采用减振托辊，对于较长的桥架皮带输送机还要附加防偏托辊。为了满足运行及维护需要，后配套皮带输送机还设置皮带张紧机构、皮带速度开关及紧急拉线开关，如图7-134所示。

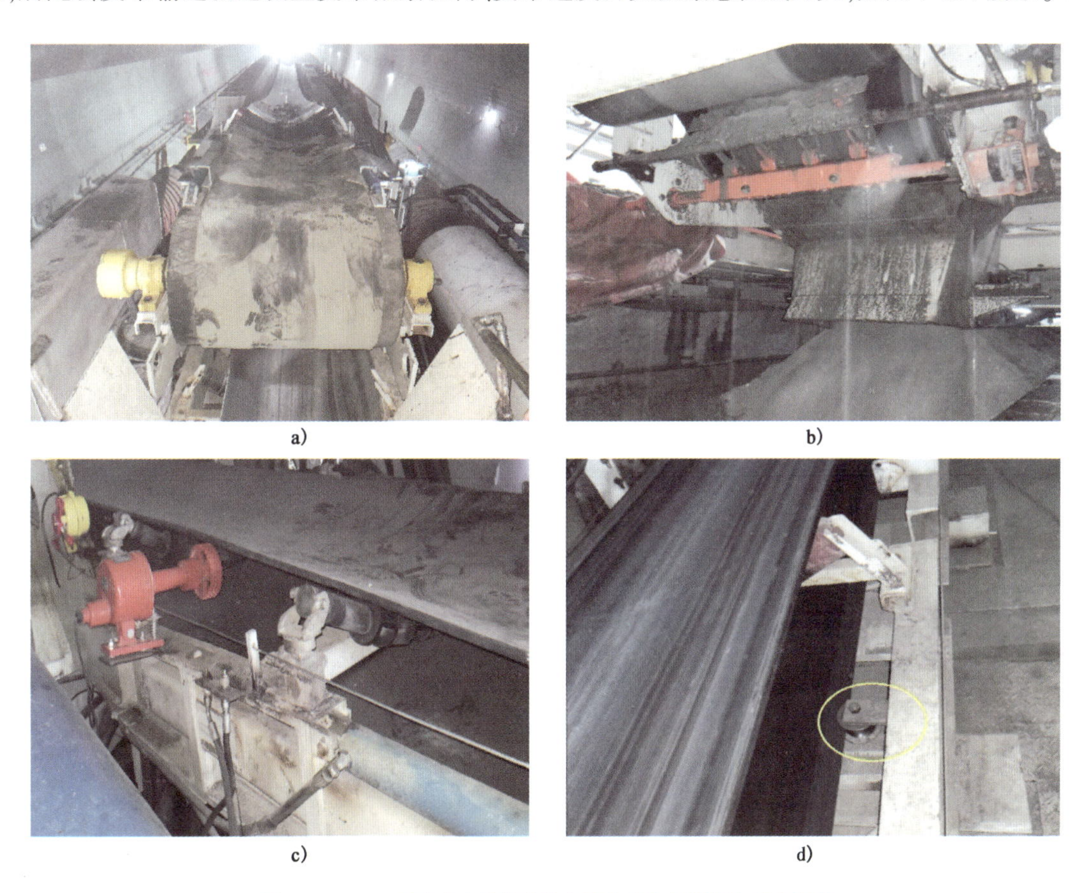

图7-134　TBM后配套皮带输送机电驱总成及皮带保护/维护附件

## 7.2.8　支护系统

1）钢拱架安装器（敞开式TBM）

对于敞开式TBM，钢拱架安装器是用于初期支护的钢拱架安装装置，常见结构形式有卷扬机牵引形式和环形梁形式。

针对小直径敞开式TBM，常采用液压马达卷扬机作为动力，通过钢丝绳牵引钢拱架在滑槽内旋转，自下而上逐步完成各段钢拱架的拼接。卷扬机牵引形式结构相对简单,拼装与撑紧结构为一体,所需空间较小,可以纵向移动,但只有顶部定位钢拱架安装位置,撑紧装置功能简单、不稳定、撑紧力较小,无操作平台、需底部安装,操作危险性相对较高,如图 7-135 所示。

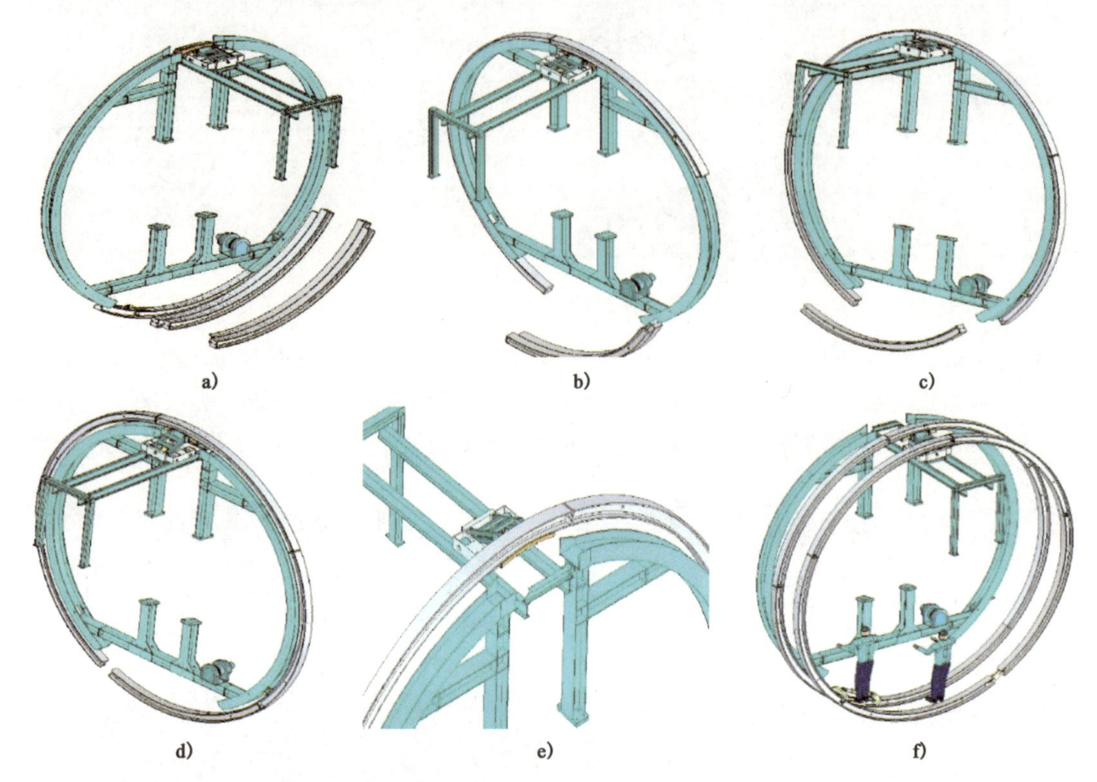


图 7-135 小直径敞开式 TBM 钢拱架安装器工作流程示意图

针对大直径敞开式 TBM,常采用拼装和撑紧相对独立的结构形式,这种结构的撑紧点较多,但结构复杂,空间布局困难,且结构布置需要的空间较大,配有操作平台,便于在立拱过程中人员操作方便,可以满足顶部安装,操作相对安全,适合安装多种类型钢拱架。该形式包括一个环形齿梁和多个轴向均布的夹持机构。安装拱架时,一榀钢拱架由型钢制作的多段钢拱片拼接而成,安装过程中需要完成旋转拼接、顶部和侧向撑紧、底部开口张紧封闭等动作,具体有以下主要功能:

(1)各段钢拱片先与拱架拼装机环形梁连接,采取齿轮齿圈啮合方式后旋转至指定位置,最后完成逐节拼接;

(2)设置顶升液压缸和侧撑紧液压缸机构,可实现将钢拱架垂直隧道轴线向顶部和侧面稳固地撑紧在洞壁上;

(3)拱架拼装机通过主梁上部或侧面布置拖拉液压缸及行走轮和轨道,来实现纵向一定范围内移动;

(4)各段钢拱片拼接撑紧在洞壁上后,底部预留一段开口,将开口张紧后用一节连接板将开口连接封闭。张紧装置可采用单独的张紧液压缸来实现。

大直径敞开式 TBM 钢拱架安装器工作流程如图 7-136 所示。

2)锚杆钻机及超前钻机(敞开式 TBM)

(1)锚杆钻机

对于敞开式 TBM,锚杆钻机是用于锚杆支护的钻孔工具,其组件主要包括:液压凿岩机、推进器、钻机底座、钻机环形梁、液压定位系统、钻机液压泵站、操作控制台、电气柜及连接软管等。

敞开式 TBM 通常配备两台锚杆钻机,分别位于主梁前部两侧,锚杆钻机可实现周向旋转、纵向移动及左右摆动,其中周向旋转通过布置在主梁环形钻架上的齿轮齿条驱动来实现,纵向移动通过钻机平台行走液压缸和主梁上左右两侧导轨来实现，左右摆动通过推进器固定机械臂和摆动液压马达来实现。每台钻机可在其控制台上单独操作，进行伸长、弯曲、定位、旋转、冲击、输送和返回运动，进行钻孔作业时可供水，如图7-137所示。

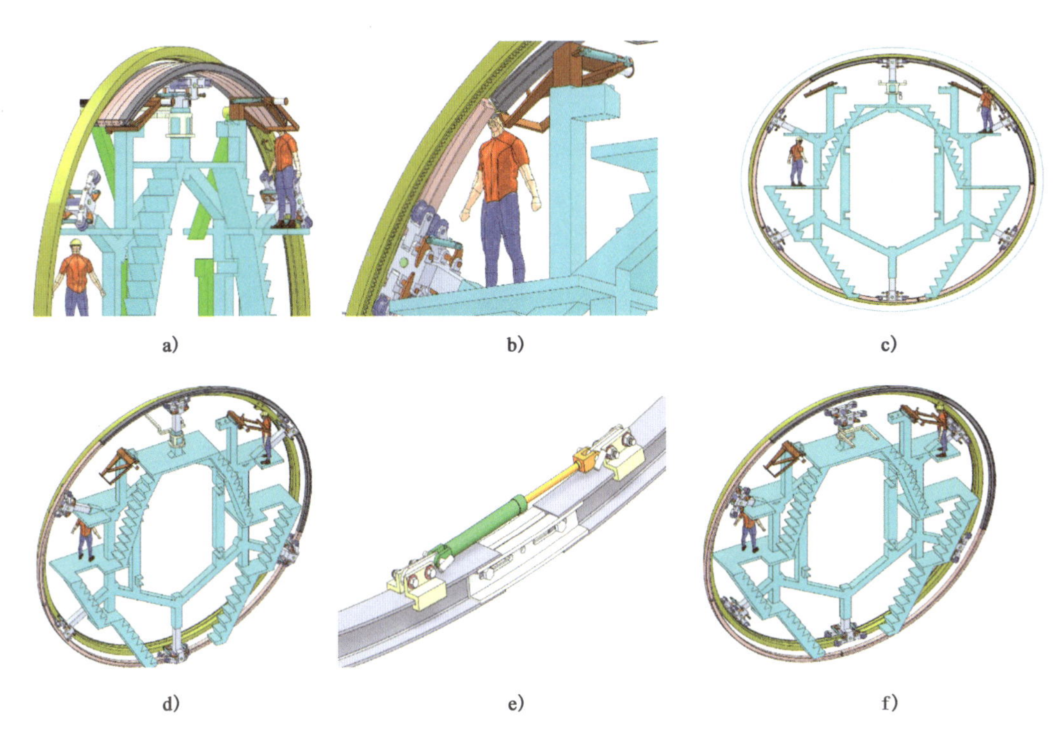


图7-136　大直径敞开式TBM钢拱架安装器工作流程示意图

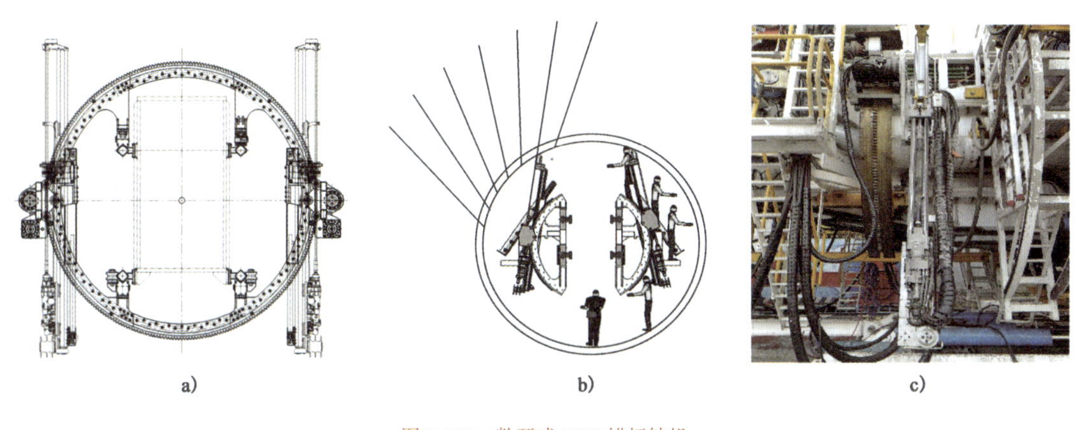


图7-137　敞开式TBM锚杆钻机

为了保证TBM掘进和锚杆钻机钻孔能够同步作业，钻机系统通过液压缸联动形式来实现，即主梁在前移的同时锚杆钻机平台会同步后退，从而实现在TBM掘进时锚杆钻机相对围岩是静止的，如图7-138所示。

(2)超前钻机

超前钻机一般布置在主梁上方，用于超前钻孔预探和超前注浆作业。超前钻机与隧洞轴线倾斜一个角度进行钻孔，一般在7°左右；钻进距离可达掌子面前方30m左右，钻杆穿过的护盾处有导向孔，钻机与护盾之间距离较远时须设置导向架；超前钻机作业时，TBM必须停止掘进；锚杆钻机也可作为超前钻机使用，此时配置有专门机构，使锚杆钻机能转到纵向方向，不需要超前钻时再回转。敞开式TBM超前钻机如图7-139所示。

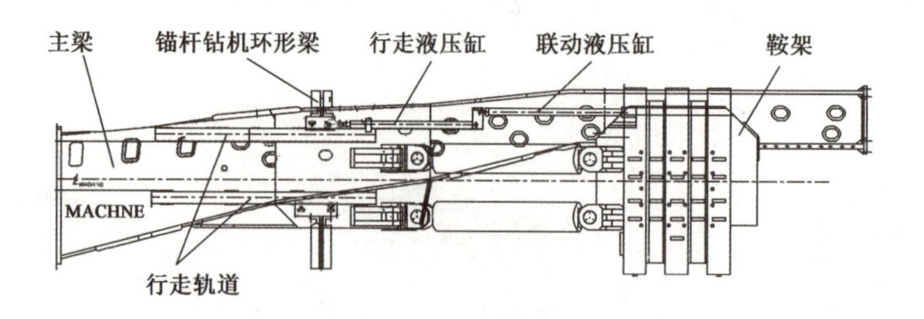


图 7-138　敞开式 TBM 锚杆钻机浮动设计

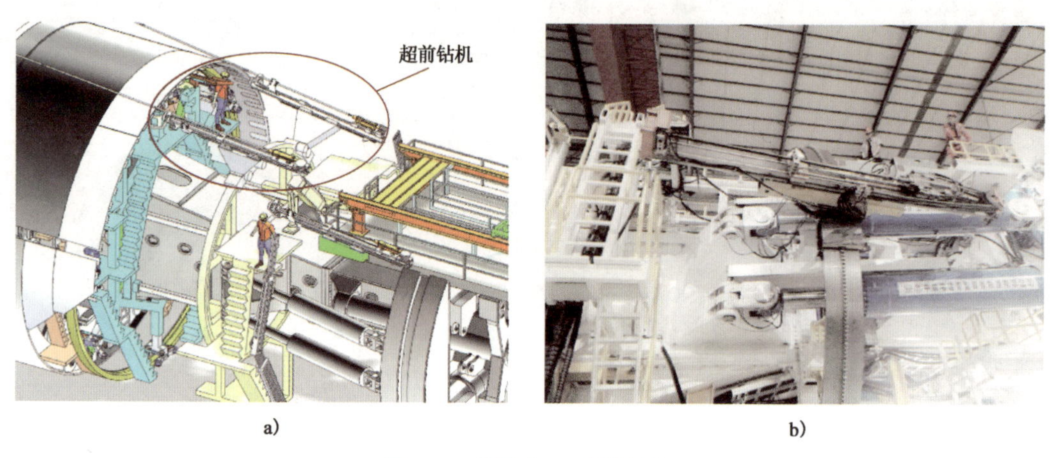


图 7-139　敞开式 TBM 超前钻机

3）混凝土喷射系统（敞开式 TBM）

（1）混凝土料罐车转运机构

对于敞开式 TBM，常见的混凝土料罐车转运机构有混凝土罐车平移装置和混凝土罐车吊机装置，均能方便地将混凝土罐车移动到指定位置。其中，混凝土罐车吊机装置自动化程度相对较高，工人劳动强度较低，如图 7-140 所示。

图 7-140　敞开式 TBM 混凝土罐车平移装置和吊机装置

（2）混凝土喷射系统组成及工作原理

对于敞开式 TBM，混凝土喷射系统是用于初期支护的喷射混凝土系统，主要由混凝土输送泵、喷浆机械手及其定位机构、速凝剂输送泵、空压机、喷浆机械手有线/无线遥控器、混凝土/压缩空气/速凝剂输送管路等构成。其中，混凝土输送泵具有振动、搅拌及正反泵送等功能，动力站和控制柜紧靠近输送泵布置。敞开式 TBM 混凝土喷射系统工作原理如图 7-141 所示。

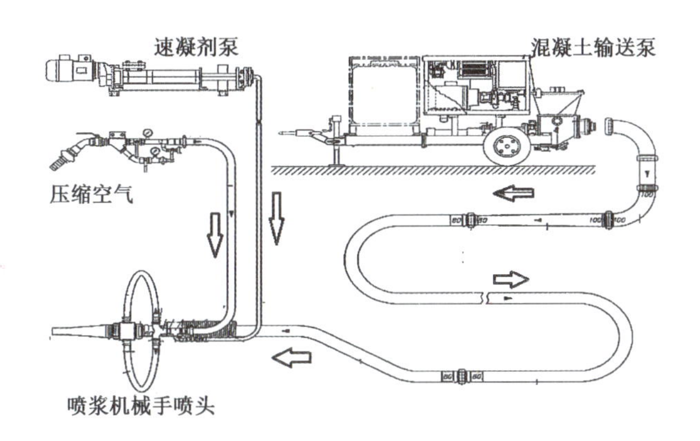


图7-141　敞开式TBM混凝土喷射系统工作原理

(3)喷浆机械手总成及其动作

喷浆机械手一般布置在桥架上且左、右各布置有一台,其液压动力站布置在桥架皮带下方,由操作手操作无线遥控器进行喷浆作业。喷浆机械手动作常见共有5种,具体如下:

①大车通过旋转液压马达输出齿轮和固定链条啮合带动其做圆周运动,两端装有旋转编码器,以保证大车两端同步运动;

②小车通过旋转液压马达输出齿轮和固定链条啮合实现前、后移动;

③喷头通过摆动液压马达实现左、右摆动和前、后摆动;

④喷头通过旋转液压马达实现锥形旋转;

⑤喷头通过液压缸的伸缩来实现上、下移动。

上述动作如图7-142所示。

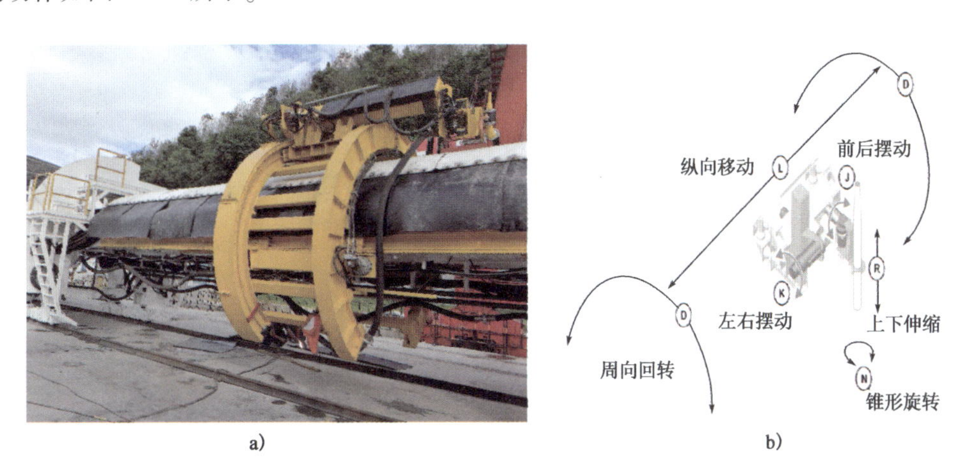


图7-142　敞开式TBM混凝土喷浆机械手总成及其动作

4)管片拼装机(单护盾TBM、双护盾TBM)

对于单护盾TBM和双护盾TBM,管片拼装机主要由机架、旋转机构、径向伸缩机构、纵向移动机构和管片抓举装置等构成,如图7-143所示。

## 7.2.9　豆粒石注入系统(单护盾TBM、双护盾TBM)

豆粒石注入系统是单护盾和双护盾TBM掘进过程中泵送豆砾石,用于填充管片壁后开挖空隙的系统。主要由豆砾石储存罐及豆砾石灌注系统组成,通过压缩空气将豆砾石吹入预先在管片上预置的开口进行豆砾石充填,如图7-144所示。

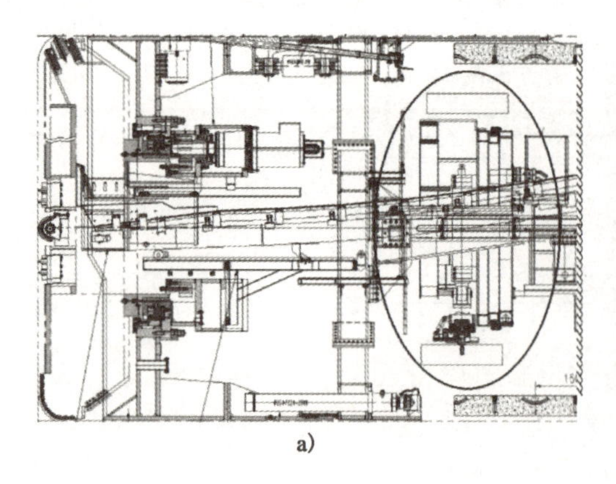

a)

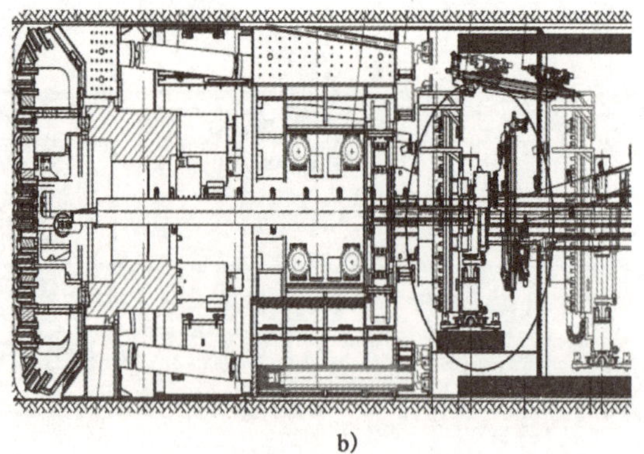

b)

图 7-143 单护盾 TBM、双护盾 TBM 管片拼装机示意图

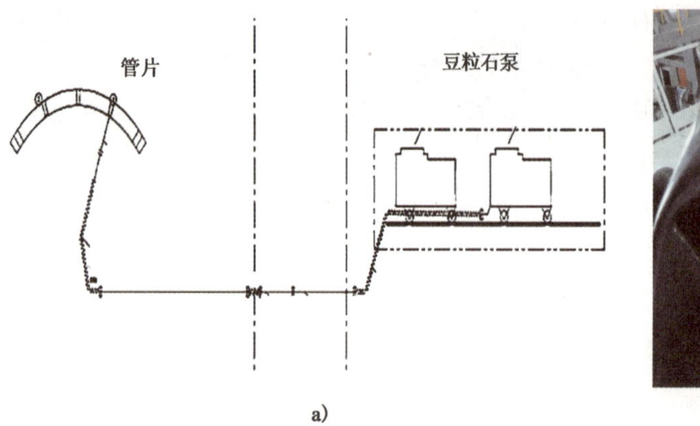


a)

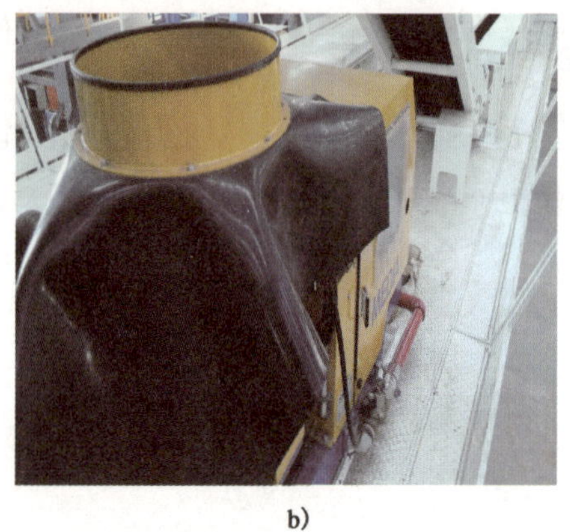

b)

图 7-144 单护盾 TBM、双护盾 TBM 豆粒石注入系统

## 7.2.10 水系统

1)供排水系统

TBM 供水系统主要由与隧洞水管相接的水管卷筒、外循环供水泵站、水箱过滤器、阀及相关管路等构成,主要有两方面用途:一方面用于供应工业消耗用水,如刀盘喷水、刀盘密封冲洗、皮带输送机卸渣口喷水、锚杆钻机用水、喷浆注浆区冲洗用水及设备清洗用水等;另一方面用于冷却内循环水系统,将其热量及时带走,如图 7-145 所示。

a)

b)

图 7-145 TBM 供水管卷筒及外循环水泵站

为解决隧道涌水及施工废水排放问题,保证 TBM 连续掘进不受影响,在近主机位置及距掌子面一定距离位置均设置一级排水泵,通过管路将污水排放到后配套拖车上的污水箱中,再由二级排水泵将污水通过排水管卷筒,直接与隧道排水管相连接,排至隧洞外,如图 7-146 所示。

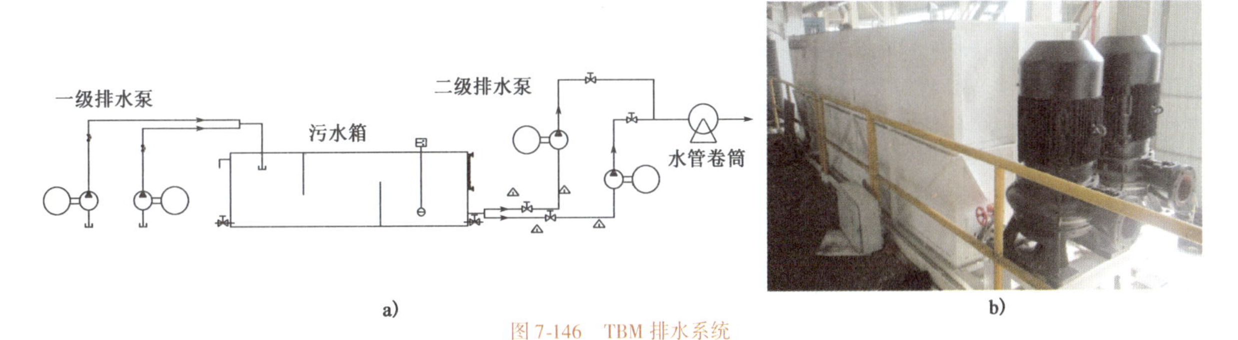


图 7-146 TBM 排水系统

2)冷却水系统

TBM 内循环冷却水系统是通过热交换器与空压机、液压泵站液压油、钻机泵站液压油与主驱动润滑泵站齿轮油等进行热交换,或直接循环冷却刀盘电机及减速箱,从而达到冷却目的。其中,主电机变频器单独配置了变频器冷却泵站(冷却介质:水与乙二醇配比)来直接冷却,外循环供水系统再通过热交换器来冷却主变频器冷却泵站,如图 7-147 所示。

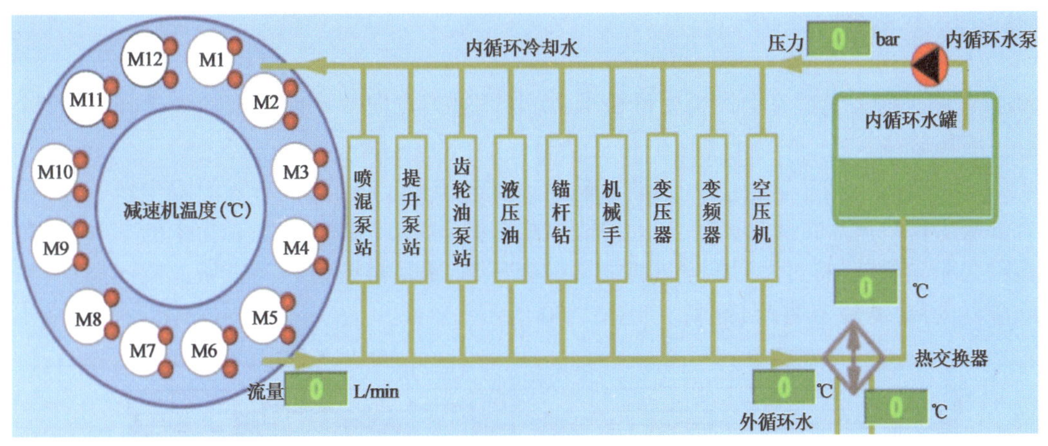


图 7-147 TBM 内循环冷却水系统示意图

## 7.2.11 空气压缩系统

TBM 空气压缩系统主要由空压机、储气罐、干燥器以及相关管路组成,主要为混凝土喷射系统、主轴承腔室(主轴承大齿圈空腔内保持一个低的空气压力,以进一步防止污染物进入)及气动工具(如气动扳手、气动抽水泵等)提供一定压力的压缩空气,如图 7-148 所示。

图 7-148 TBM 空气压缩系统

### 7.2.12 通风系统

TBM 通风系统主要由软风管储存筒、二次风机、硬风管及其连接等组成。软风管储存筒布置在后配套系统上层尾部，前面紧接风机、硬风管沿后配套系统上层平台一侧从助力风机一直通到 TBM 主机处，在拖车的末尾配有更换风管存储器的提升装置，随着 TBM 向前掘进，风管不断释放，释放完毕后再更换另一个软风管储存筒，如图 7-149 所示。

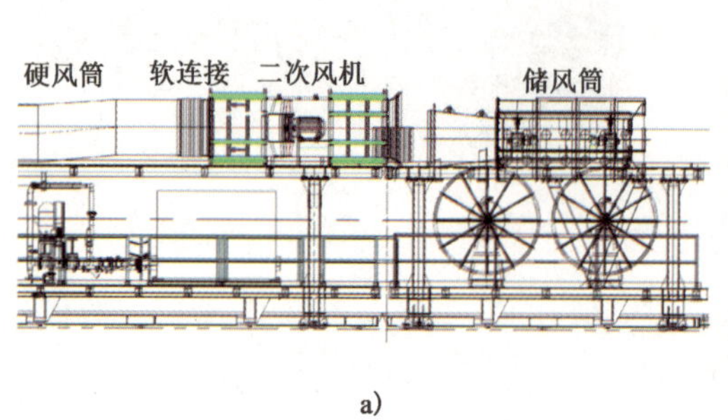


a)

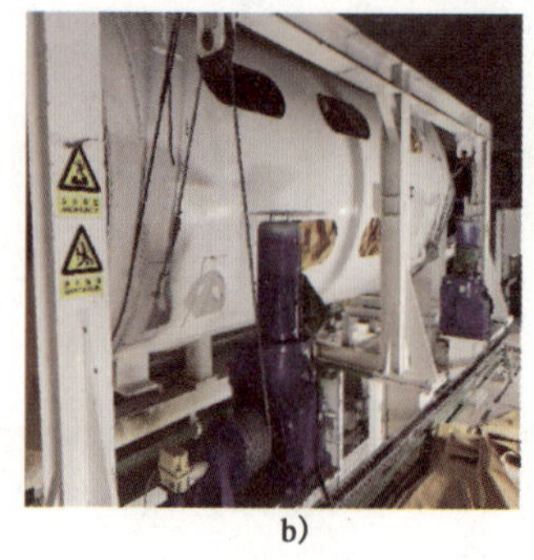

b)

c)

图 7-149 TBM 储风筒与二次风机

### 7.2.13 除尘系统

TBM 掘进施工时刀盘腔室会产生大量粉尘，需要通过刀盘向掌子面喷水降尘，同时通过除尘系统从刀盘腔室吸风降尘。

除尘系统主要由干式除尘器、除尘风管及除尘风机等组成，主梁两侧布置的除尘风管作为风道，从机头架背部吸尘窗口向后接除尘风管，通过除尘风机吸风，将刀盘腔室内含有粉尘的空气吸出，经过干式除尘器除去粉尘后，再将过滤后的空气排向后配套尾部，最后经隧道以一定风速流向洞外，粉尘则留在干式除尘器内部，需要定期人工清除，如图 7-150 所示。

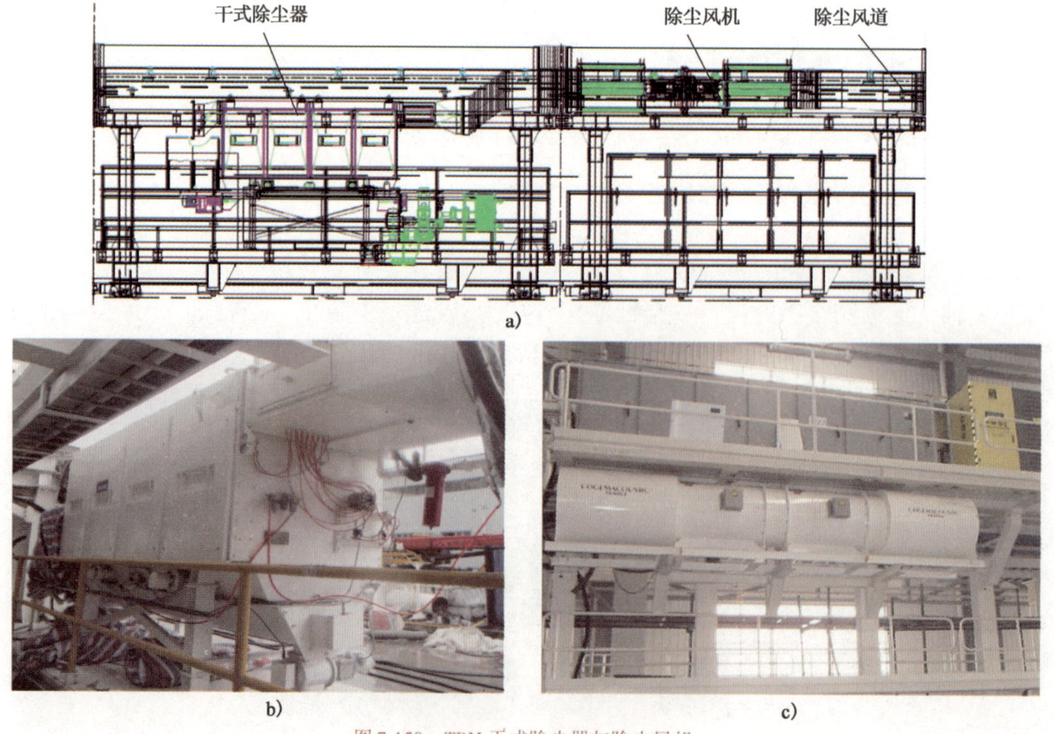


a)

b)

c)

图 7-150 TBM 干式除尘器与除尘风机

## 7.2.14 电气系统

1)供配电系统

TBM 本机供电系统主要由以下部分组成,如图 7-151 所示,具体如下。

(1)TBM 刀盘驱动电机供电

TBM 刀盘驱动电机功率较大,一般采用 690V(AC)电压供电。

(2)TBM 后配套系统供电

TBM 掘进除了刀盘驱动电机外,还需要很多额定电压为 400V(AC)的常规动力设备,例如液压泵电机、水泵电机、风机及注浆泵等。

(3)TBM 照明及安全保障设备用电供电

提供 TBM 主机和后配套照明用电的电源为 220V(AC)交流电源,涉及人员安全与设备安全的安全保障用电电源一般为 400V(AC)交流电源。

(4)TBM 直流电源及控制电源

TBM 直流电源提供 PLC 控制系统、传感器等各种弱电设备用电,一般为 24V(AC)直流电源;控制电源为 TBM 设备中继保护控制电路所用的控制电源,一般为 220V(AC)交流电源。

(5)TBM 后备应急发电

TBM 后备应急发电在电力网供电故障时提供必要的电力供应,主要包括照明及安全保障设备用电电源、直流电源及控制电源。

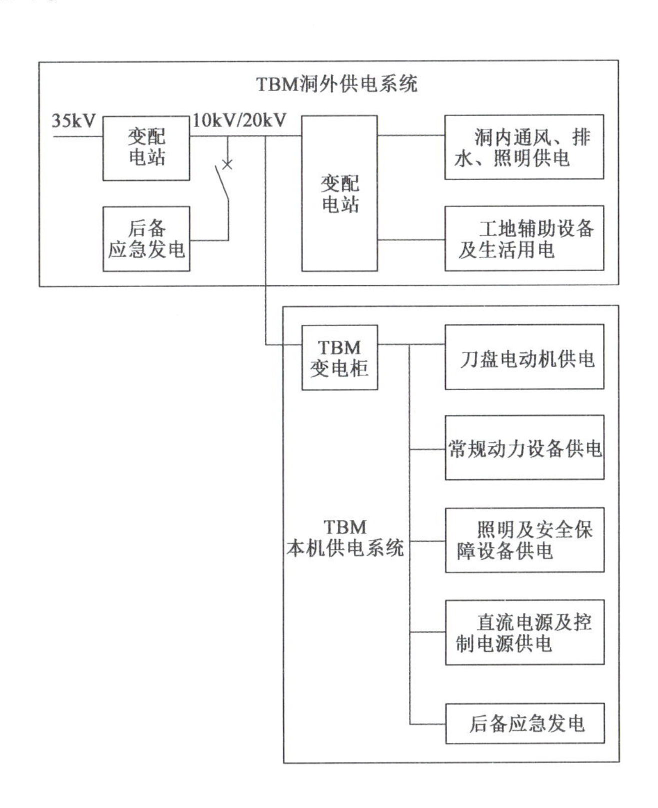


图 7-151　TBM 供配电示意图

2)电气控制系统

TBM 整机电气控制系统采用 Profibus(现场总线)控制技术,系统包括上位机(人机操作界面)、PLC 主机、交换机、PLC 输入输出模块及通信模块(分布在各控制柜),它们之间通过各自的 Profibus(现场总线)接口相互通信,从而构建成为全分散、全数字化的现场总线方式的电气控制系统,如图 7-152 所示。

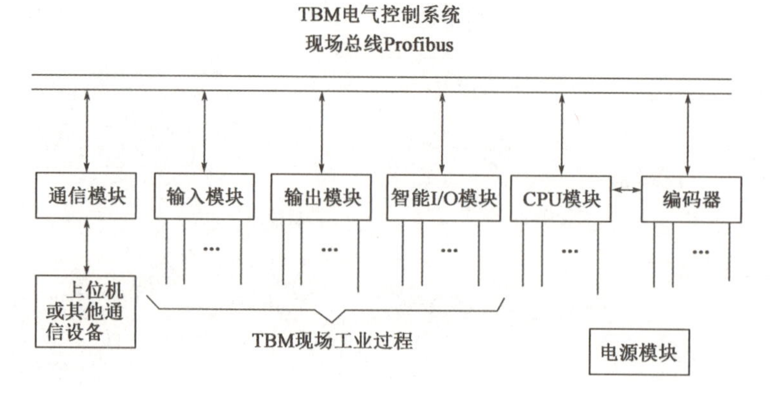


图 7-152　TBM 现场总线电气控制系统

3)数据采集系统

PLC 的输入信号来自操作人员的控制和安装在设备上的传感器(如:刀盘转速、扭矩、推进速度、推力、拉力、液压缸行程、支撑力、温度、压力、流量、有害气体浓度等均能传送到 PLC 上),PLC 的输出信号输出到 TBM 的操作显示台上(灯光、进尺、图表等),可根据系统的程序再输出到控制设备上。系统可显示和控制(通过程序控制或者操作人员的指令)液压、润滑、电气设备,并通过上位机送到控制台、显示器、PC 机,这些数据能同时记录和打印,在操作台的显示器能够以数字或图表曲线的形式来显示大多数信息,同时也可以显示故障信息。TBM 数据采集显示界面如图 7-153 所示。

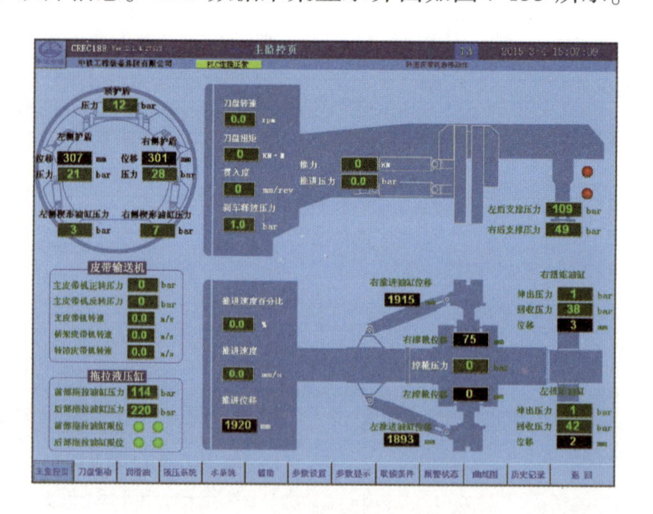


图 7-153　TBM 数据采集显示界面

4)远程监控系统

TBM 设备上一般配置数据采集记录系统软件,在 TBM 主控室内可存储、显示,并留有向洞外传输的接口,可以通过光纤等将 TBM 洞内施工数据、视频影像等传输到洞外调度室计算机上,进行存储、显示和监控处理,如图 7-154 所示。

## 7.2.15　液压系统

TBM 液压系统一般包括撑紧液压回路、推进液压回路、后支撑液压回路、调向液压回路、护盾液压回路及其他辅助液压回路等,具体如下:

(1)撑紧液压回路

该液压回路为水平撑靴提供必要的撑紧力以保持撑靴能够可靠地锁定在围岩两侧洞壁上。进行撑紧操作时,在撑靴接触洞壁前,撑靴要快速伸出即低压大流量模式,待撑靴接触洞壁后,液压回路转换为高压低流量状态,直至完成高压撑紧;复位时,撑靴高压低流量模式脱离洞壁后,撑靴液压缸再切换为低压大流量模式,实现快速回缩。

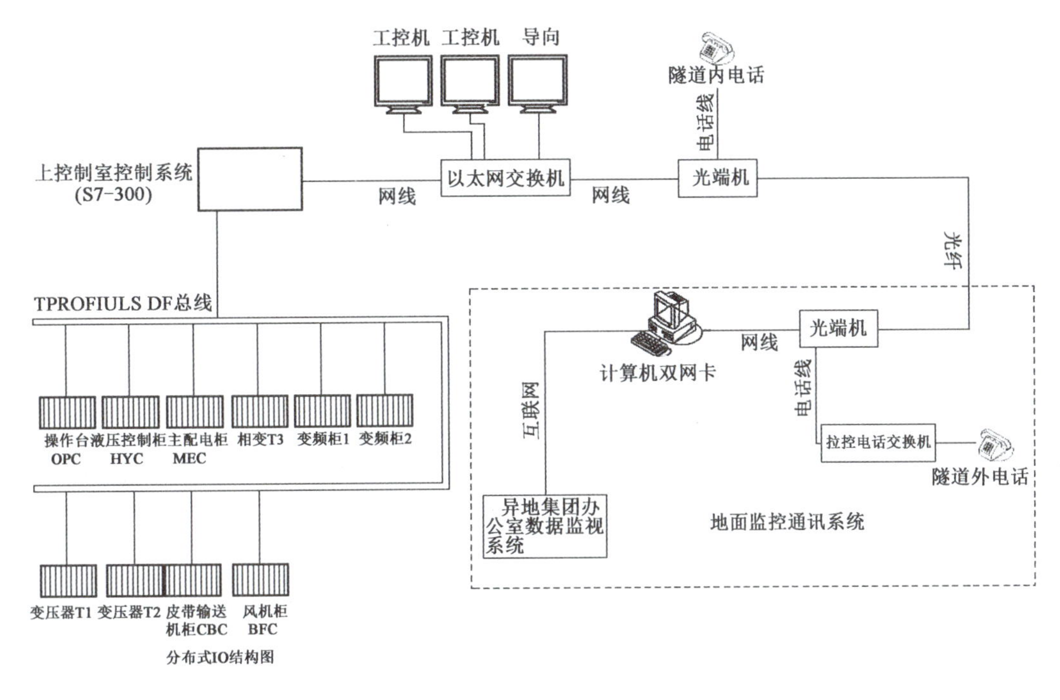


图7-154　TBM远程监控系统原理图

(2)推进液压回路

该回路使TBM在掘进过程中向前移动,为TBM刀盘提供推进力,克服护盾与围岩之间的摩擦力。该回路还用于水平撑靴收回时向前或向后移动撑靴鞍架。另外,该回路也可用于刀盘空载推进及后退。

(3)后支撑液压回路

水平撑靴液压缸在处于非撑紧状态时,后支撑液压回路用于支撑或升降主机尾部。

(4)调向液压回路

该回路可实现TBM掘进方向的控制:通过使主机后部升降以实现机器的竖向调向;通过使主机尾部左、右摆动以实现机器的水平调向;通过使主机主梁两侧扭矩液压缸的一侧升高而另一侧降低,以实现机器的滚动矫正。

(5)护盾液压回路

顶护盾及左、右侧护盾通过液压缸与机头架相连,通过液压缸的伸出及压力调整,以实现护盾对机头架及刀盘的稳定作用。

(6)其他辅助液压回路

其他辅助液压回路主要包括后配套拖拉回路、主机皮带驱动回路及提升回路、主驱动润滑回油回路等,这些辅助液压回路是根据TBM特殊功能需要而设置的。

## 7.2.16　物料转运系统

后配套物料转运系统的后勤组织主要包括围岩支护材料、TBM消耗能源材料的运输与存储(通过隧道内运输车辆进行),开挖渣料的输送转移(通过隧道皮带输送机进行),具体如下:

(1)刀具配送

刀具经运输车辆到达设备桥以后,通过设备桥物料吊机运送到主机后支撑,然后通过主机正下方的单轨吊机运输到第一段主梁下的人孔附近，再通过刀盘内部的吊机运送到刀盘内部，如图7-155所示。

a)

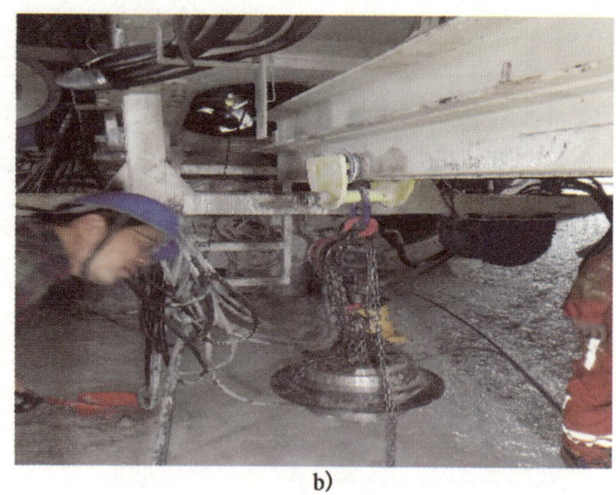

b)

图7-155　主梁下部滚刀单轨吊机

(2)钢拱架、网片及支护锚杆的运输

通过设备桥上的折臂吊机将材料运到设备桥上，其中钢拱架可由折臂吊机转运到暂存器上，通过钢拱架转运小车转运到主机前端，然后通过一个能垂直升降的平台依次将钢拱架放置正确位置完成安装。网片及锚杆质量较轻，人工即可运输。钢拱架折臂吊机、转运吊机、转运小车及升降平台如图7-156所示。

图7-156　钢拱架折臂吊机、转运吊机、转运小车及升降平台

(3)速凝剂罐及混凝土罐的运输

速凝剂罐直接通过拖车内部吊机进行吊运，混凝土罐车可通过平移装置或吊机直接将罐运输到指定位置，如图7-157所示。

a)

b)

图7-157　混凝土罐平移装置、吊机

(4)仰拱块及轨道的运输

仰拱块、轨道先用平板车运至设备桥处,再通过仰拱块吊机及轨道吊机运送到安装位置,如图7-158所示。

a)

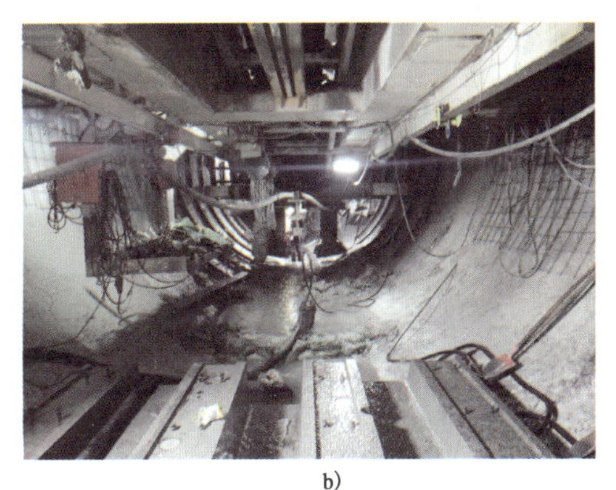

b)

图7-158　仰拱块吊机及轨道吊机

## 7.2.17　导向系统

TBM隧道施工中对隧道的贯通精度要求较高,TBM掘进必须严格按照设计的路线进行。配置的导向系统能够完成自动测量,并在界面上形成形象化的测量结果,显示隧道与设计轴线的偏差情况(水平偏差、垂直偏差、滚动角及趋势角),指导TBM下一步的调向操作,如图7-159所示。

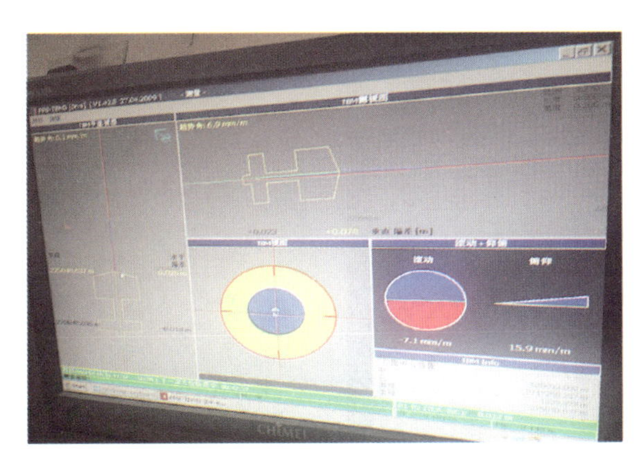

图7-159　TBM导向系统界面(PPS)

### 7.2.18 气体监测系统

TBM 上布设有气体监测系统感应及监测装置，能够对瓦斯、硫化氢、一氧化碳、粉尘、二氧化碳、氧等气体进行检测。探测传感器主要布置在主机护盾、主机皮带输送机落料区域、二次风机处及主控室附近。所有气体探测传感器集成于 PLC 控制系统中，当有害气体检测浓度达到预设值时，主控室上位机会报警；达到极限值时，会自动切断电源，同时启动应急照明灯和其他应急设备，如图 7-160 所示。

a)

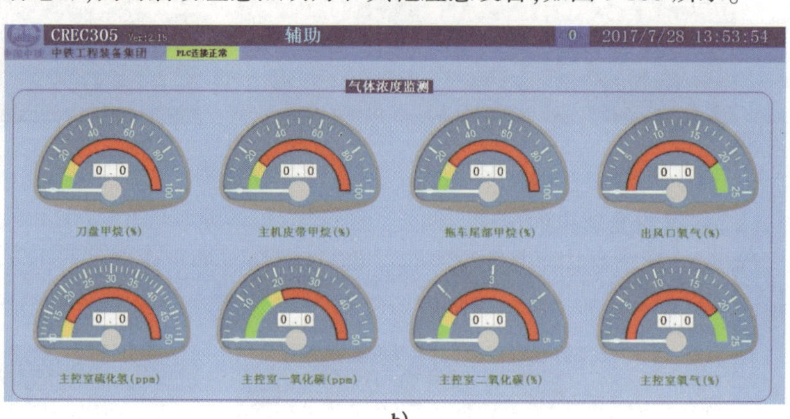


b)

图 7-160　TBM 气体监测装置及显示界面

### 7.2.19 视频监视系统

TBM 及其后配套系统较长，整个设备范围内分布了各种辅助作业工序及其设备，为了使 TBM 主司机在主控室内就能够了解其他工序设备的运转状态和进展，确保整个作业系统的安全和协调，在 TBM 上配置视频监视系统，监视器置于主控室内，摄像头则分布于需要监视的重要部位，对 TBM 主机撑靴、底部清渣区域、仰拱块安装区域、皮带输送机转渣处、卸渣处和后配套运行编组车辆的进出情况进行监视，如图 7-161 所示。

### 7.2.20 通信系统

TBM 及其后配套系统关键部位及主要作业点都安装有线电话，并与主控室电话相连，主控室电话与洞外调度室及其他任何电话都可相通。此外，还需要项目部配置手持对讲机，作为各点作业间的辅助通信设备，可以根据实际需求将手机信号引入洞内作为通信手段之一，同时也可在后配套拖车尾部设置移动通信信号发射器，使整条隧道内都有移动通信信号，并能实现隧洞内与洞外的无线通信，如图 7-162 所示。

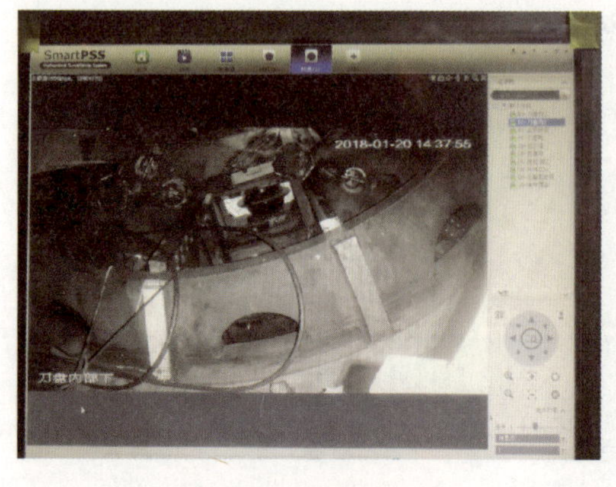


图 7-161　TBM 视频监控界面

图 7-162　TBM 机器移动信号基站

## 7.2.21　消防灭火系统

在TBM掘进施工中,用油、用电设备多,电气焊、气割等作业多,容易引起明火,所以TBM主机及后配套系统必须配置消防灭火系统。

如图7-163所示,消防灭火系统一般由三部分组成,即自动泡沫灭火系统、自动$CO_2$气体灭火系统和手持灭火器。其中,自动泡沫灭火系统布置在液压动力站旁边,其检测传感器及喷头布置在液压动力站上方,当检测到火情会自动喷射;自动$CO_2$气体灭火系统则布置在电气控制柜旁边,检测头位于电气控制柜内,检测到火情会自动喷射$CO_2$气体灭火;若干手持灭火器可沿着TBM主机至后配套系统分散布置,由人工操作灭火。

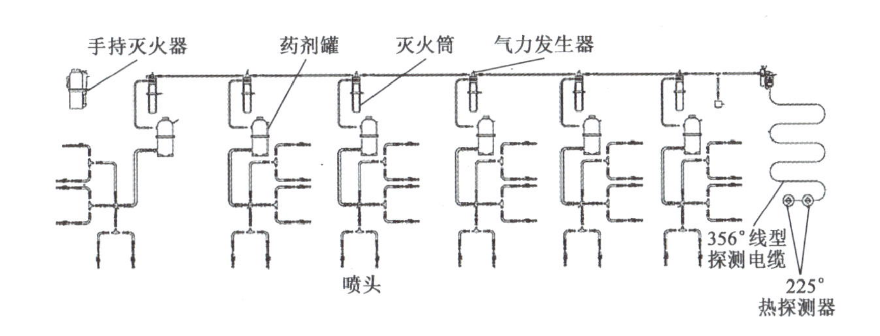


图7-163　TBM消防灭火系统原理图

## 7.2.22　超前地质探测系统

激发极化超前地质探测系统,如图7-164所示。刀盘上安装测量电极,通过液压驱动实现电极的伸缩;供电电极安装到护盾上,无穷远B电极、N电极通过围岩打孔安装;测量电极、供电电极、B极与N极通过线缆与主控室内的探测主机相连。

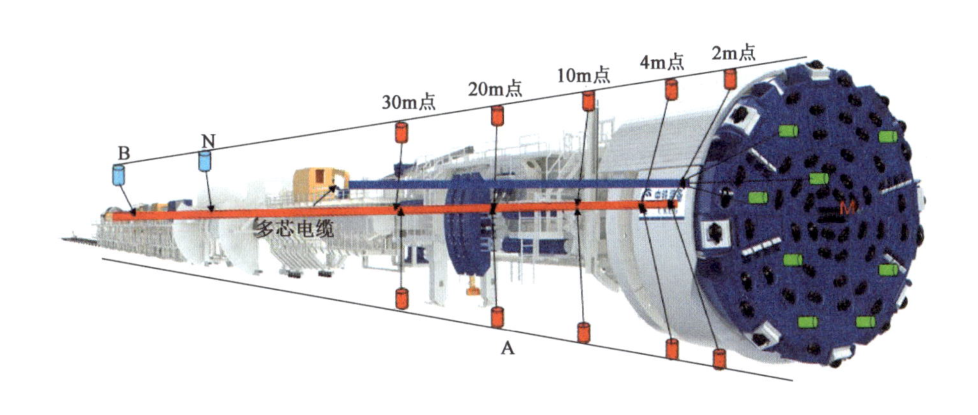


图7-164　TBM激发极化超前地质探测系统示意图

三维地震法超前探测系统,如图7-165所示。在距刀盘15~35m范围布置三分量检波器。距刀盘50~60m附近安装液压震源。震源通过TBM换步,移动震源激发位置,实现多个点位激震,实现三维地震一体化、集成化和自动化测量。检波点位于主梁,震源点位于设备桥和1号台车。

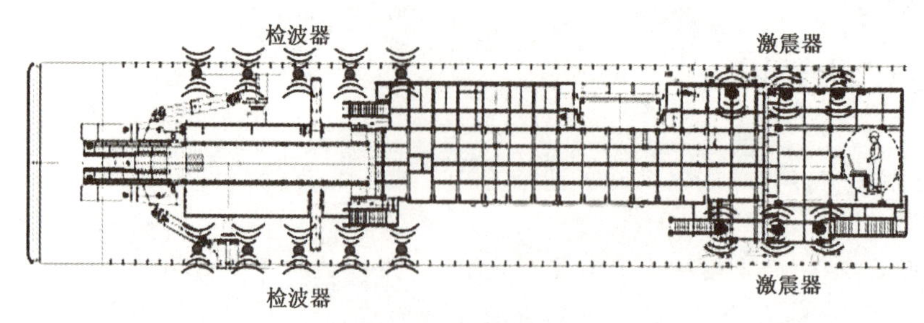


图 7-165 TBM 三维地震法超前探测系统示意图

# 7.3 顶管机分系统介绍

## 7.3.1 刀盘

1)主体结构

刀盘是顶管机的核心部件和掘进载体,根据隧道的断面尺寸并结合隧道掘进所穿越的地层,避免掘进过程中阻力过大,设计时应尽量减小开挖盲区。以郑州市下穿中州大道隧道工程为例,两种规格尺寸的矩形顶管机都配置了6个辐条式刀盘,采用品字形沿轴向3前3后平行轴式布置,相邻刀盘的切削区域相互交叉。刀盘与主轴通过渐开线花键连接,电机提供的扭矩通过减速机、小、大齿轮传递给刀盘,刀盘速度通过变频双向无级调节,如图7-166所示。

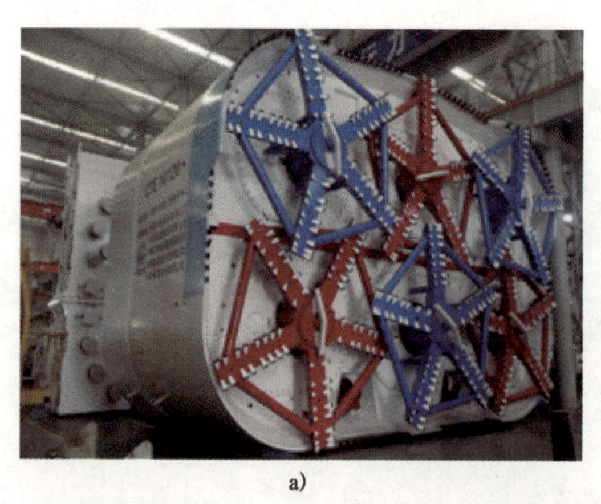

a)

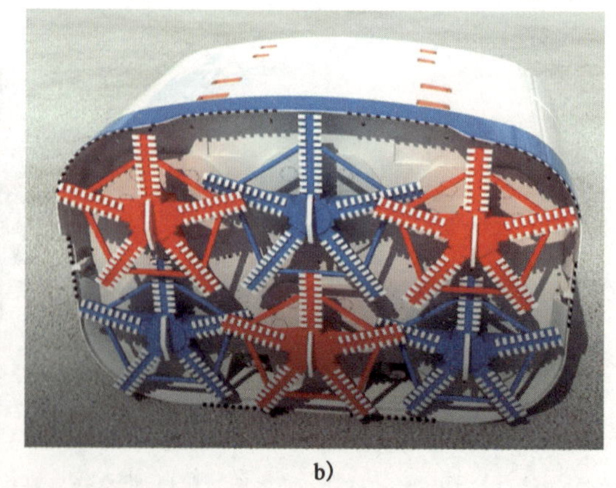

b)

图 7-166 矩形顶管刀盘布局图

每个辐条式刀盘结构主要由4个主刀梁组成,后面板、侧面板和连接钢管上堆焊有耐磨层,保护刀盘结构件,刀盘背面有主动搅拌棒,对土舱内渣土进行搅拌;刀盘设有渣土改良喷口,为单向结构,背部配有疏通管路;刀盘中心为鱼尾刀,正面配置镶硬质合金的切刀。顶管机刀盘示意如图7-167所示。

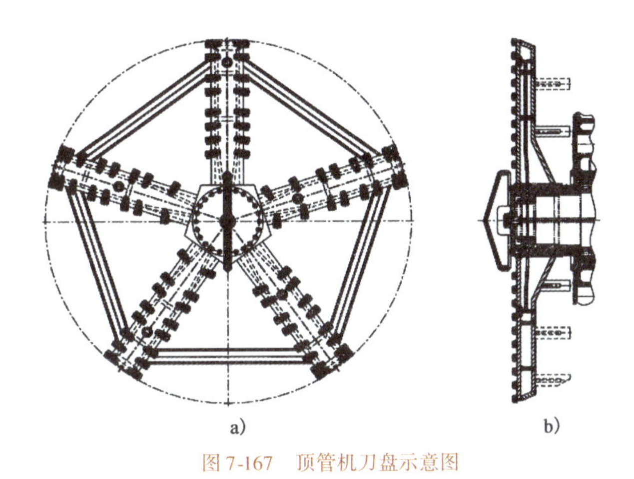


图7-167　顶管机刀盘示意图

刀盘维护应注意以下几点：

(1)定期进入开挖舱检查刀盘各部分的磨损情况，检查耐磨条和耐磨格栅是否过度磨损，必要时可进行补焊。

(2)检查刀盘背部的搅拌棒的磨损情况以及搅拌棒上的泡沫孔是否堵塞。

(3)在有条件的情况下检查刀盘面板、各焊接部位是否有裂纹产生。

2)中心回转接头

通过中心回转接头，渣土改良用的泡沫、膨润土或水被送到刀盘前面的喷口。中心回转接头主要分为回转部分(转子)与固定部分(定子)，定子通过法兰连接在主驱动箱上，不能转动，转子则通过轴上的花键与刀盘连接，随刀盘一起转动，如图7-168所示。

注意事项：

(1)经常检查回转中心的转动情况，若有异常，必须立即停机并进行处理。

(2)经常检查旋转接头的泡沫管是否有渗漏，若有渗漏应及时进行处理。

(3)每天对旋转接头部分的灰尘进行清理，防止灰尘进入主轴承内圈密封(此处是主轴承密封的薄弱环节，应特别注意)。

(4)检查旋转接头润滑脂的注入情况，若有堵塞应及时处理。

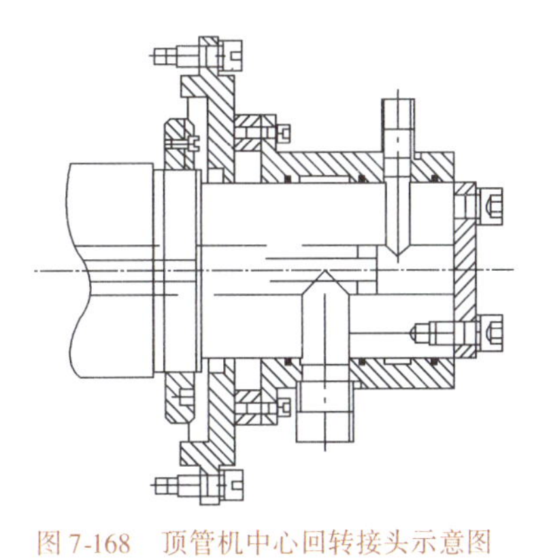

图7-168　顶管机中心回转接头示意图

3)刀具

针对不同的地质条件，可采用相应的刀具。中州大道下穿隧道所用的顶管机刀盘中心配备中心鱼尾刀；刀盘正面及盾体前端的切口周边方向上配备切刀，切刀结构分为刀体、硬质合金和耐磨层，切刀焊接在刀盘上及盾体前端的切口环圆周方向上，同时刀盘双向旋转(正/反)，有利于渣土的流动。对不同的刀具磨损情况进行检验时，必须使用专用的磨损量检验工具，并应注意以下几点：

(1)定期进入开挖舱检查刀具的磨损情况，并根据地质情况决定是否换刀。

(2)检查刮刀的数量和磨损情况，对于刀刃磨损至基体的刀具必须更换；若丢落刀具，必须安装新的刮刀。

4)刀盘冲刷

在土压平衡矩形顶管机的隔板上预留高压水接口，可以随时向刀盘及土舱注水改良或清洗；在遇到较硬的地层时通过向盲区部分注入高压水实现切割破碎功能，减小推进阻力，提高开挖覆盖率，如图7-169所示。

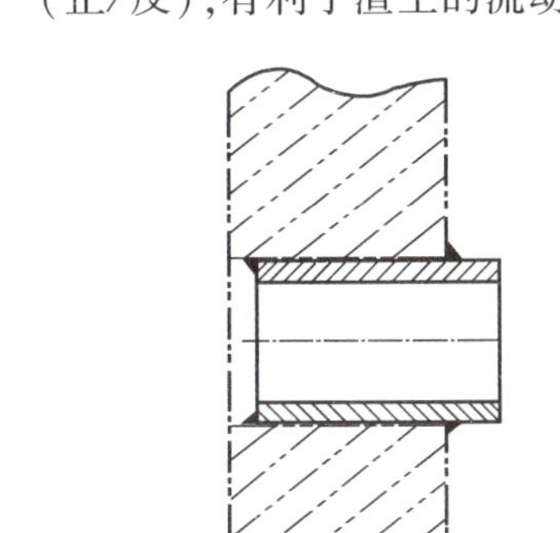

图7-169　顶管机刀盘加水孔示意图

## 7.3.2 盾体

盾体外形应根据隧道断面进行设计,如图 7-170 所示。以郑州市下穿中州大道隧道工程为例,盾体根据本工程工况设计为矩形,四角为圆弧且上部有弧度,前盾和尾盾之间采用铰接液压缸连接,如图 7-171 所示。

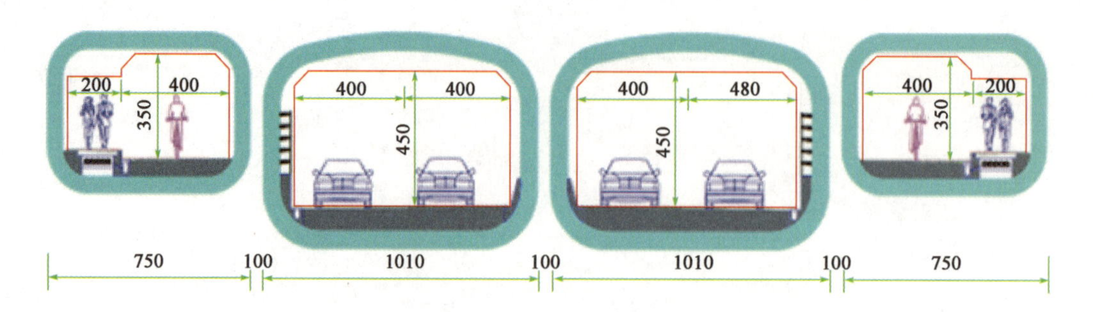


图 7-170 隧道断面示意图(尺寸单位:cm)

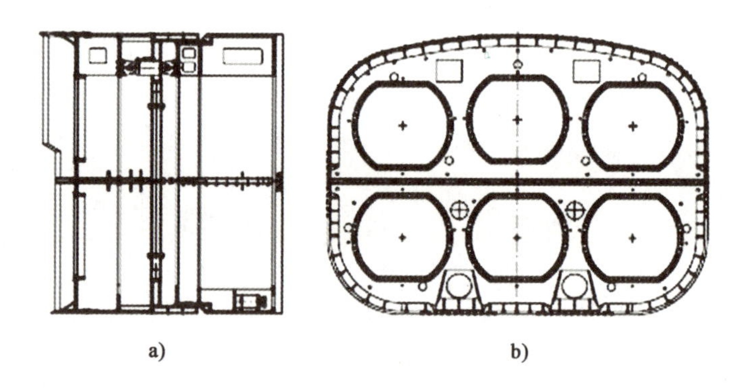


图 7-171 顶管机盾体示意图

1)前盾

前盾由上下两部分组成,采用螺栓组、定位销等定位组合。上下盾体分别由壳体、隔板、主驱动连接座、连接法兰等焊接而成,前盾尾部为防止变形,设计成箱体结构,增加壳体的强度和刚度。前盾盾体设计为矩形,上部起拱,并沿环周相应位置焊有盾体耐磨切刀,以增加顶管机的切土能力及耐磨性。土舱面板上部设有两个 680mm × 580mm 的人舱孔。工作人员可以通过人舱孔进入开挖舱,检查刀具及处理舱内出现的问题。开挖舱内配置了 9 个土压传感器,可将压力信号传输给 PLC,并直观显示在主控室内的显示屏上。同时在盾体四周布置了 4 个数显隔膜压力表,可以实时监测盾体周围的压力。在土压平衡矩形顶管机的隔板上预留注水孔、高压水冲洗孔,可以随时向刀盘及土舱注水改良或清洗;在遇到较硬的地层时通过向盲区部分注入高压水,实现切割破碎功能或处理开挖面异常,减小推进阻力。

2)尾盾

尾盾分为上下两部分组成,采用螺栓组、定位销等定位把合。尾盾由壳体、铰接密封环和分离液压缸组成。为了防止壳体与密封连接处发生变形,故将此处设计为类似箱体的结构。考虑到盾尾密封必须能承受住注浆压力和地下水压力,所以在进行矩形顶管设计时,要求盾尾密封必须具有良好的弹性。为了能使土压平衡矩形顶管机在出洞时顺利与管节脱离,尾盾后部设计 4 个分离液压缸(上下各两个),如图 7-172 所示。

## 7.3.3　主驱动系统

刀盘主驱动系统是通过渐开线花键连接刀盘，为刀盘提供扭矩。驱动扭矩的传动路线为：电机—减速机—小齿轮—大齿轮—主轴—刀盘，小齿轮两端设有调心辊子轴承；主轴后部设有推力调心辊子轴承，如图7-173所示。

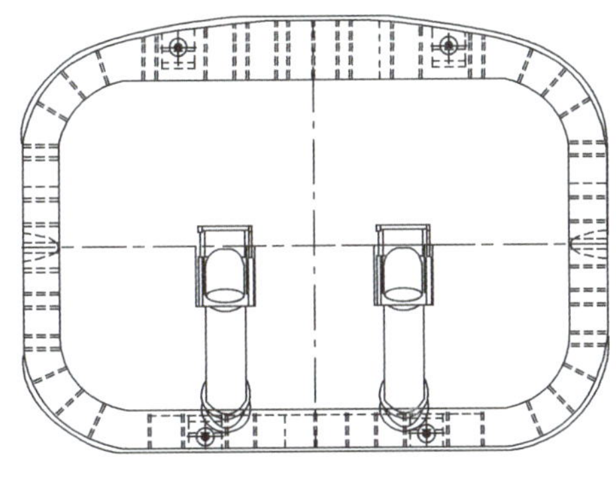

图7-172　顶管机分离液压缸示意图

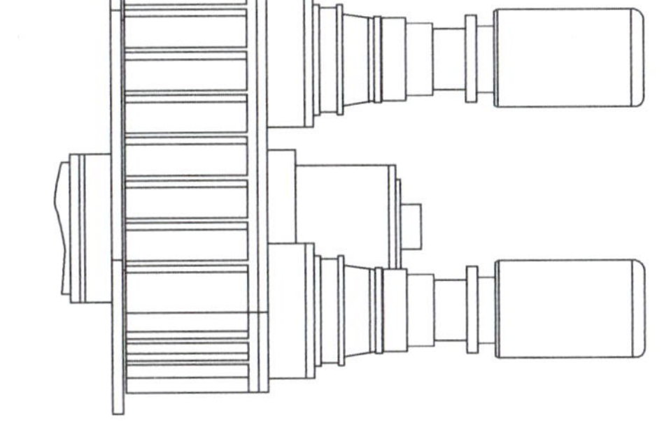

图7-173　顶管机刀盘驱动示意图

主轴的密封系统主要包括3道多唇形密封，2道O形圈密封，1道格莱圈密封及前部的迷宫密封（图7-174），主要是对主轴承的润滑及齿轮油密封。油脂注入系统包括3台电动集中润滑泵、3个递进式分配阀及相关管路。其中，两套管路将0号或者1号锂基脂注入主轴密封的3道多唇形密封及格莱圈之间的3个油脂腔中；另外一套管路注入螺旋输送机驱动密封中；自带低液位报警装置，可以实现主动定时润滑，经济有效。

刀盘驱动减速箱内的齿轮主要采用齿轮油油浸润滑，即将齿轮油加到上驱动中心线的位置，实现润滑功能。

## 7.3.4　铰接系统

前盾和尾盾之间采用主动铰接形式，设计两道截面形状不同的密封，前一道密封为馒头形密封，后一道密封为双唇形密封，正常情况下双唇形密封起主要的迷宫作用，尤其是在最大纠偏角度下，唇口仍能够压紧箱体，防止浆液内渗；当双唇形密封长期工作磨损失效后，通过调节螺栓、压紧压块来调节馒头形密封的高度，从而起到密封效果。同时，在铰接密封环的周向布置3种注入口，如图7-175所示。

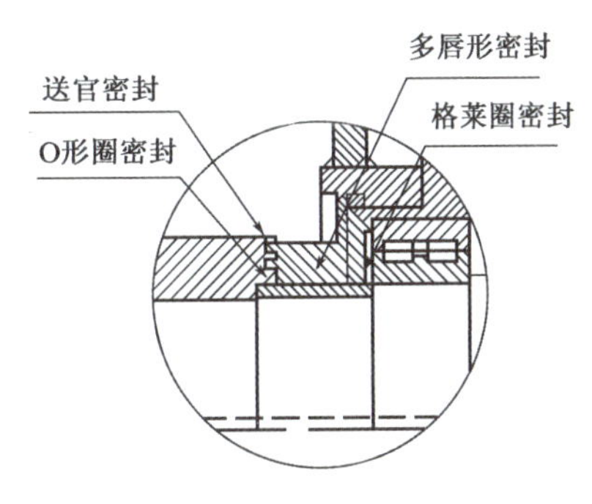


图7-174　顶管机主轴密封系统示意图

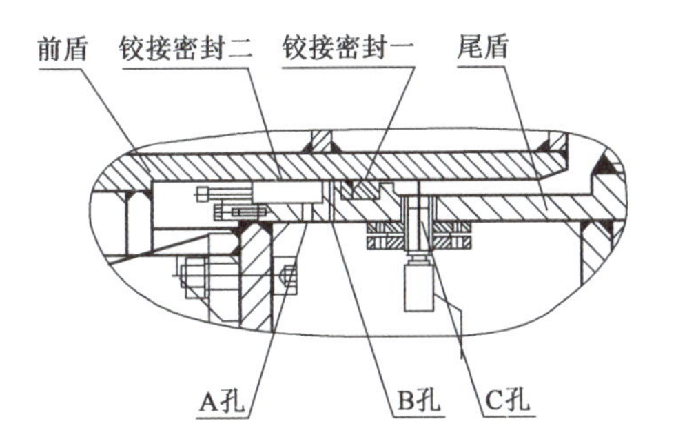


图7-175　顶管机铰接机构示意图

注：A、B孔用于向铰接密封加注油脂，防止铰接密封的渗透泄漏，润滑密封，沿周向有19个；C孔用于加注触变泥浆，沿周向有19个。

铰接液压缸的主要作用是在掘进过程中，若出现前盾偏离一定角度，则使用铰接液压缸进行纠偏，以纠正矩形顶管的姿态,铰接液压缸属于主动铰接,铰接液压缸的布置主要考虑结构合理,满足上下、左右纠偏的效果,如图 7-176 所示。

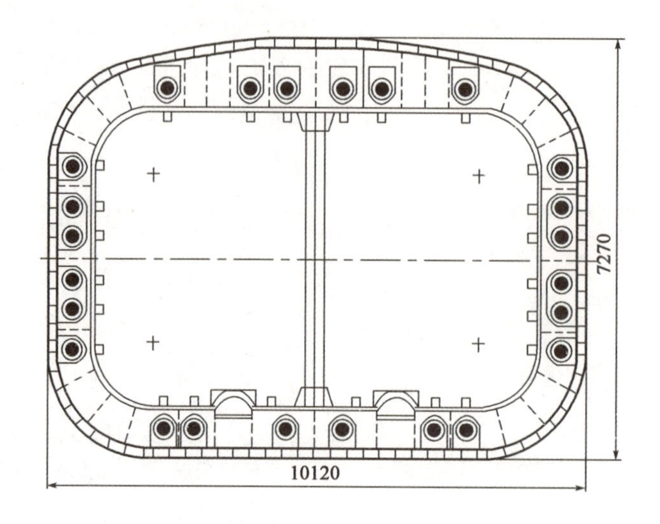


图 7-176　顶管机铰接液压缸布置示意图(尺寸单位:mm)

## 7.3.5　推进系统

推进系统主要由液压缸支架和顶推液压缸组成,如图 7-177 所示。

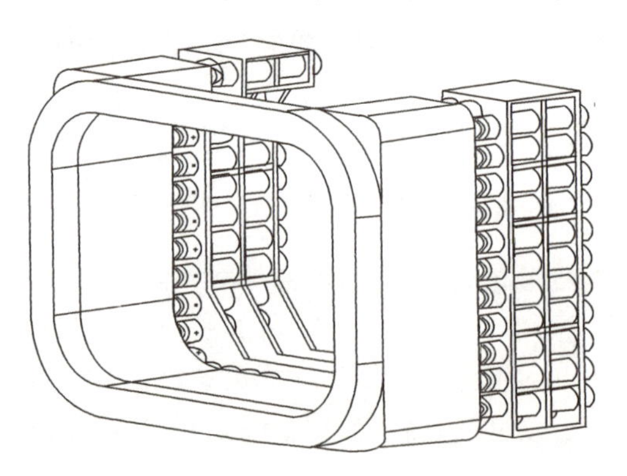

图 7-177　顶管机推进系统示意图

## 7.3.6　螺旋输送机

螺旋输送机结构由壳体、轴式叶片、驱动装置、尾部闸门组成,采用周边电机驱动、尾部出渣的结构形式。工作时可以根据掘进速度控制闸门的开启度,通过调节出渣量来实现土塞效应,形成良好的出渣止水效果,在土压平衡模式下掘进时,可起到调节土舱压力的作用。螺旋输送机安装在土压舱下部。

当发生螺旋轴卡住的现象时,可以通过控制驱动电机正反转来摆脱。必要时可以打开设置在螺旋输送机筒体上的观察门来对壳体内部进行清理。

筒体上预留土压传感器接口 2 个、渣土改良口 2 个、观察门 2 个,螺旋轴前端机叶片外圆焊有耐磨层。

注意事项:

(1)经常检查螺旋输送机的油泵有无漏油现象,若有漏油须停机并进行处理。

(2)检查螺旋输送机驱动及液压管路有无漏油现象,若漏油须立即进行处理,并注意清洁。

(3)检查螺旋输送机油泵电机温度是否过高,若温度过高,须立即查明原因并进行处理。

(4)检查变速箱油位,如果油位过低,须及时添加同等型号的齿轮油。

(5)检查轴承、闸门的润滑情况,及时清理杂物并添加润滑脂。

(6)检查叶片的磨损情况,如果磨损严重,应补焊耐磨层。

(7)使用超声波探测仪检查螺旋输送机筒壁厚度并记录检测数据,若有异常,应及时向主管部门汇报。

## 7.3.7 泡沫系统

泡沫系统是由1台泡沫原液泵、6台泡沫混合泵、1个泡沫原液箱、1个泡沫混合箱和泡沫管路等元器件组成,其主要部件为泡沫泵站与泡沫发生管路总成。系统运行时,清水和由泡沫原液泵提供的泡沫原液进入混合箱搅拌混合,混合均匀后通过泡沫混合泵泵送至泡沫发生器,与空气混合后形成泡沫,分别被泵送至刀盘面板上及隔板上的泡沫喷口喷出。在每一路管路中都预留了膨润土的注入接口,必要时可以接入膨润土注入管路,如图7-178所示。

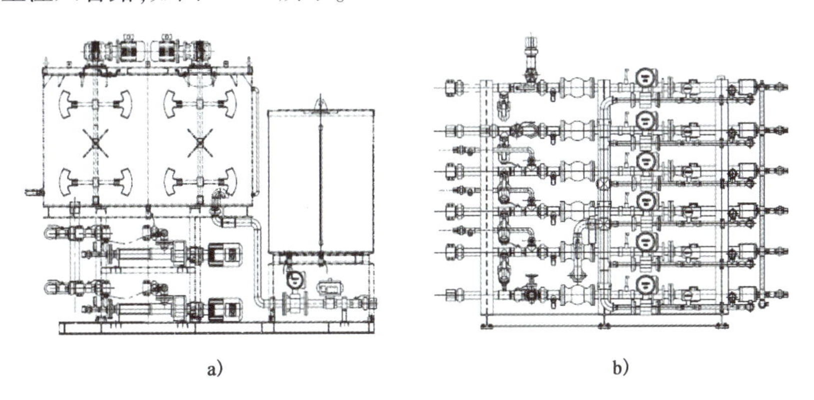


图7-178 顶管机泡沫泵站及泡沫发生管路总成示意图

## 7.3.8 触变泥浆注入系统

触变泥浆注入系统主要由施工单位提供的制浆设备、储浆膨化设备、注浆泵、管节预留的注浆口、注浆管路、与顶管机盾体上预留的触变泥浆注入单元组成。触变泥浆注入单元均匀地分布在盾体周围,其数量和间距依据开挖尺寸和浆液在地层中的扩散性能而定,有排气功能;同时注入单元具有足够的耐压和良好的迷宫性能;在注浆单元中设置了一个可更换的塑料单向阀,避免浆液管外的土倒灌而堵塞注浆孔,从而影响注浆效果,如图7-179所示。

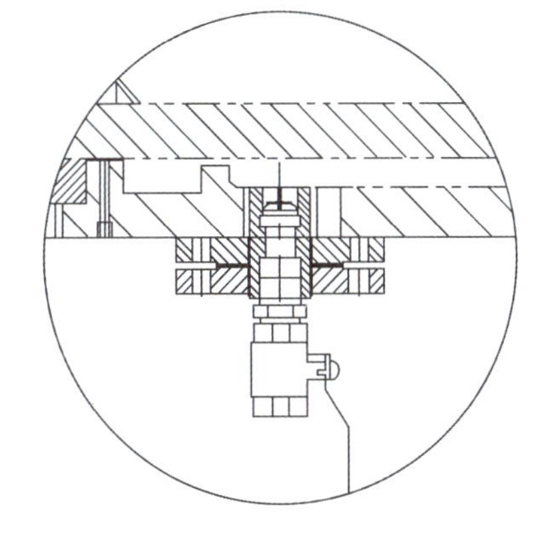

图7-179 顶管机触变泥浆注入单元示意图

## 7.3.9 电气及控制系统

顶管机的主控室设置在地面上,由操作平台、触摸屏、监视器及PLC等组成。通过Profibus协议与远程I/O模块组建顶管机的控制系统来实现对顶管机的各种操作。同时,选用工业电脑作为图形终端,通过以太网协议与PLC实现数据交流。

注意事项:

(1)经常清洁电气元件上的灰尘,检查电路接线端子有无松动,若松动,立即紧固。

(2)检查各按钮、继电器、接触器有无卡死、粘连现象,测试遥控操作盒,若有故障,及时处理。

(3)定期备份上位机上的程序。

(4)定期对控制面板上的LED显示屏进行校正。校正时要使用标准信号发生器,先校正零点再校正范围,两者要反复校正。

(5)定期对顶推液压缸和铰接液压缸的行程显示与液压缸实际行程进行测量校正,若有误差,应及时校准。

(6)定期检查传感器的防护情况,并采取防护措施,防止传感器损坏。

(7)定期用压力表对压力传感器在控制面板上的显示情况进行检查和校准。

### 7.3.10 油脂注入系统

油脂注入系统由3台电动集中润滑泵、3个递进式分配阀及相关管路组成。其中,2套管路将0号或1号锂基脂注入主轴密封的3道多唇形密封及格莱圈之间的3个油脂腔中;另外一套管路注入螺旋输送机驱动密封中;自带低液位报警装置,可以实现自动定时润滑,经济有效。

# 第8章　全断面隧道掘进机操作系统介绍

本章主要介绍隧道掘进机各系统的操作面板,使主司机能够熟悉并掌握隧道掘进机操控面板的布置、各按键的功能和操控原理。各盾构机制造厂家的操作面板不太一致,但总体控制和操控思路基本相同。本章以中铁装备生产的机为例,介绍土压平衡盾构机和泥水平衡盾构机操作系统;以市场上主流的罗宾斯岩石隧道掘进机(TBM)为例,介绍 TBM 操作面板和系统。

## 8.1　盾构机操作系统

盾构机操作是一项综合性较强的技术。它不但要求操作者对整个盾构机施工的各方面知识有一定的了解,更重要的是要非常熟练地掌握盾构机及其相关设备的各种操作方法及技巧,并具备处理施工中可能出现各种情况的能力。因此要求操作者必须充分理解盾构机的操作原理,完全掌握盾构机的操作技术,这样才能真正完成盾构机的操作任务。

### 8.1.1　土压平衡盾构机

土压平衡盾构机的操作包括多方面内容。土压平衡盾构机主要的控制系统安装在主控制室内,其中包括推进系统、铰接系统、主驱动系统、泡沫系统、螺旋输送机、皮带输送机、盾尾密封、超挖刀、膨润土系统等部分的控制,以及土压平衡盾构机操作中主要参数的设置,所以说主控制室内的操作是土压平衡盾构机操作的核心。

本小节主要内容是以中铁装备生产的盾构机为例,全面介绍土压平衡盾构机控制室的操作面板及上位机的操作界面,进一步介绍土压平衡盾构机操作的参数设置、具体步骤及操作要求等。要掌握土压平衡盾构机主机的操作,必须首先熟悉土压平衡盾构机的各种操作面板,然后学习土压平衡盾构机的相关操作知识,最后才能逐步掌握土压平衡盾构机的操作技术。

土压平衡盾构机主控制室的操作界面主要由琴台、上位机、导向系统和监视屏等组成。

1)上位机操作界面结构介绍

(1)上位机操作界面简介

上位机启动后需手动运行盾构机专用的监控软件。该软件是用于监测和控制盾构机施工各个功能系统的专业应用软件,它能够显示盾构机在施工中所有的重要参数,并根据需要对一些参数和功能进行设置和修改,从而使盾构机能适应地层变化的复杂性和多样性。

软件的主控制界面如图 8-1 所示。监控程序运行后将自动进入主监控页面,页面上方标题栏右侧除了显示系统时间及日期之外,还设置故障报警标记块,当控制系统有报警故障时,标记块显示为红色,在右上角闪烁指示，并显示报警故障数量。屏幕下方设置了上位机每个页面的切换按键，操作时可以根据需要在各页面之间任意切换。

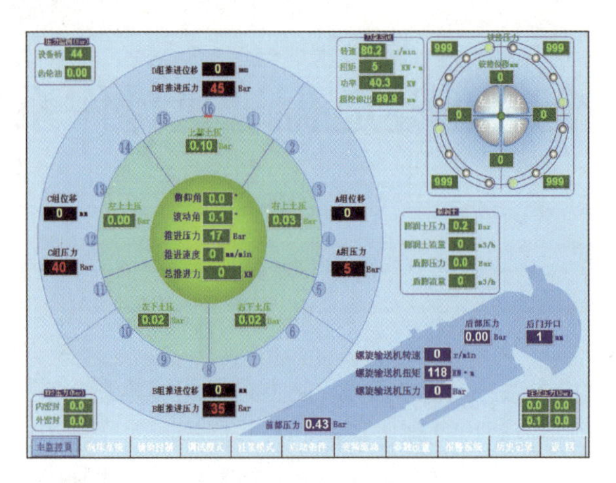

图 8-1　软件的主控制界面

(2)主监控界面

主监控界面显示盾构机各个功能系统所有的运行参数，包括铰接系统、注浆系统、推进系统、螺旋输送机系统、主驱动系统、膨润土系统、油温、土舱各位置压力及其他常规参数等。位于画面上部中间位置的"PLC 连接正常"提示上位机与 PLC 之间的数据交换状态，当为绿色时代表正常，红色时代表异常。画面上部显示当前环数与盾构操作状态等。

(3)泡沫系统界面

泡沫系统界面如图 8-2 所示，包括泡沫系统的控制及状态监视、土舱加水控制等。泡沫系统包括手动、自动、半自动控制和参数设置，以及各路空气及混合液的流量设置值及实际值；显示泡沫水泵及泡沫原液的流量及各路泡沫的压力，并设置有 3 路泡沫激活预选按键。泡沫注入分为 3 种模式：手动、半自动及自动模式。必须至少有一路启动按键按下，显示绿色表明被激活后，在琴台控制面板上才能启动手动或者半自动控制模式。自动控制模式必须四路泡沫均已被激活方可启动。

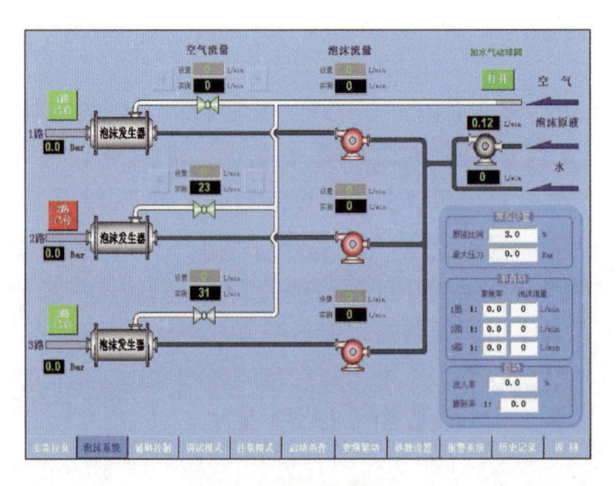

图 8-2　泡沫系统界面

(4)辅助控制界面

辅助控制界面如图 8-3 所示，主要实现除主控室面板实现的操作之外的其他系统的操作，以及盾体膨润土和盾尾密封的选择功能。

盾体膨润土系统：选择盾体膨润土控制模式(手动/自动，前提条件为盾体膨润土箱有足够的膨润土)。如果选择手动，需人为选取需要注入的点(分中盾和尾盾)；如果选择自动，将从"中盾上右"到"尾盾上左" 循环注入。

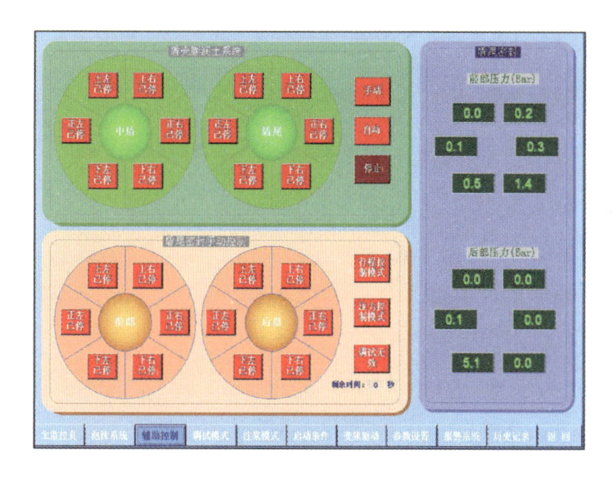

图8-3　辅助控制界面

盾尾密封系统:在主控室面板选择控制模式(手动/自动,前提条件为盾尾油脂桶有足够的油脂且控制盒处于工作模式)。如果选择手动,需在主控室面板按下"启动"按键,并在上位机上选择需要注入的点(前部或后部);如果选择自动模式,将按照"参数设置"界面中的"盾尾密封系统"的"注脂次数"和"等待时间",从"前部上右"到"后部上左"循环注入;如果选择"自动"且选择"行程控制模式",将按照"参数设置"界面中的"盾尾密封系统"的"行程距离",每到一个行程距离,循环注脂一次;如果选择"自动"且选择"压力控制模式",将按照"参数设置"界面中的"盾尾密封系统"的"最大压力"循环注脂,直到达到设定的压力。

(5)启动条件界面

启动条件界面如图8-4所示,显示常规条件以及刀盘驱动、推进、螺旋输送机、皮带输送机、泡沫等系统的启动条件。如果某项条件满足本系统启动要求时字体显示为绿色,否则显示为红色。每一系统对应的栏中所有条件都显示为绿色时,表示所有条件都已满足启动要求,相应的系统方可启动。

图8-4　启动条件界面

(6)变频驱动界面

变频驱动界面如图8-5所示,显示主驱动各台变频器的输出参数,包括电流、扭矩、频率、功率,用于监视各台变频器与电机的运行状态。给定频率在右上方显示出来,以便司机和维修人员参考。右下方为电机选择功能块,可以根据需要选择各台电机的启动使能。注意在选择电机启动使能时,至少要选择一对在位置上相对的电机,不能只选择同一侧的若干台电机。

(7)参数设置界面

参数设置界面如图8-6所示,显示各系统主要参数的设置。参数设置界面需要输入密码方可改变参数值。盾构机正常运行期间,需要盾构司机与土木工程师根据现场条件,共同制定各项参数值。设置的参数值必须在相应的范围内，如果超出预设范围，参数不能被改变。

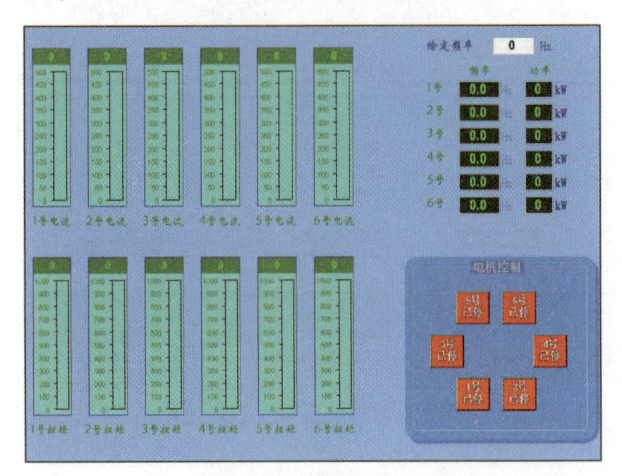


图 8-5　变频驱动界面

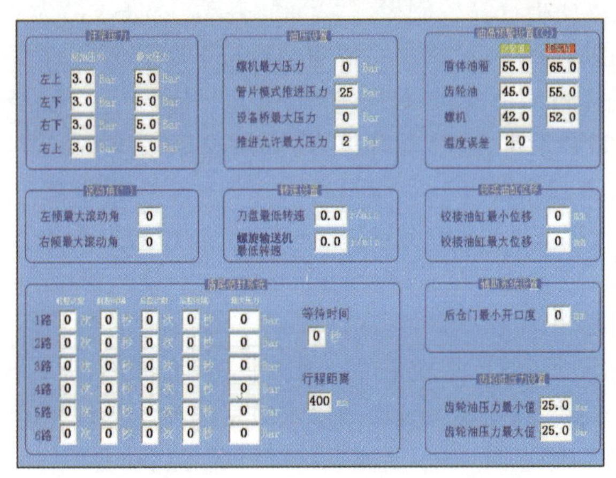


图 8-6　参数设置界面

注浆自动控制模式下的压力设置：在注浆自动控制模式下，当某一路注浆压力小于相应的起始压力设置值时，此路注浆被激活，系统按照此路设定的注浆速度进行注浆，直到此路注浆压力达到设置的最大压力，停止此路注浆。之后，随着推进的继续，此路相应的检测压力值将减小，当减小至小于设置的起始压力，此路注浆再次启动，周而复始。各路 都按这一模式进行工作，从而达到自动控制的目的。

螺旋输送机最大压力：通过设定螺旋输送机的最大压力，可以限定螺旋输送机液压泵的最大输出压力，当螺旋输送机油压达到最大设定压力后，螺旋输送机停止旋转进行卸载，从而保护螺旋输送机液压系统的安全性。

管片模式推进压力：在管片拼装模式下推进泵压力为一恒定值，其大小由此参数栏设置。

设备桥最大压力：当设备桥压力达到设定值，既不能控制后配套拖拉液压缸的伸出，也不能控制其回缩。

推进允许最大压力：通过设定推进允许最大压力，可以限定推进泵输出的最大压力，当推进泵压力达到最大设定压力并持续 3s 后，停止推进模式，从而保护推进泵液压系统的安全性（该参数通常设置为 350bar）。

后舱门最小开口度：螺旋输送机后舱门小于此栏设置的最小开口度时，螺旋输送机旋转不能启动，以防堵舱。

刀盘最低转速设置：刀盘转速小于此栏设置的最低转速时不允许推进，从而防止刀盘转动负载过大或卡死于掌子面。

螺旋输送机最低转速设置：螺旋输送机转速小于此栏设置的最低转速时不允许刀盘旋转。

铰接液压缸最小与最大位移：在推进模式或者铰接调试模式下后配套可以进行“拖拉”或“释放”操

作。但是当四组铰接任意一组位移小于此栏设置的最小位移值时,不允许后配套进行“拖拉”操作;当四组铰接任意一组位移大于此栏设置的最大位移值时,则不允许后配套进行“释放”操作。

盾尾密封自动注入参数设置:前腔(后腔)次数与时间设置为在行程控制模式下自动注入参数设置值,最大压力是在盾尾密封油脂压力控制模式下自动注入参数设置值。在行程控制模式下,在设置的推进距离内,每一路注入设定的次数即转入下一路注脂;时间间隔参数用于设置此路注入完毕后转入下一路注入时间的间隔。等待时间用于设定每路注脂最大允许的持续时间,如果此路注入达到设置的最大等待时间次数仍未达到,则跳转到下一路。在压力控制模式下,可以设定每一路注入的最大压力值,在自动控制模式下,程序依次对12路进行注脂,每一路注入启动后,当检测到压力值达到此路设置的压力时即停止注入,进行下一路的注入,循环往复。

油温参数设置:预警值用于设置上位机报警的门限值,报警值用于设置停机的门限值。当油温超过预警值,会通过上位机报警,蜂鸣器鸣响并闪烁提示操作司机。如果该油温超过报警值,相应泵启动条件不满足,则对应系统的液压泵将立刻停机。

温度误差:用于屏蔽传感器检测值的跳动,当检测值超过门限值加设置的误差值时,相应的报警才被激活;当检测值低于门限值减设置的误差值时,相应的报警才能被复位。

(8)报警系统界面

报警系统界面如图8-7所示,即时显示盾构机掘进期间发出的报警与故障信号,以方便操作,利于与检修人员及时获取设备工作状态与异常信息。当设备出现任何异常时,面板蜂鸣器发出报警提示音,并在此界面出现相应的报警内容。在故障未消除的情况下,如果按下复位按键,蜂鸣器将停止报警提示,但是此界面出现的相应报警内容不会消失。当故障消除后,按下琴台面板上的复位按键,提示音与相应的信息都将消除。此时按下“报警历史”按键,可以查询到所有已报警的信息条目。

2)掘进操作主控制室控制面板功能介绍

(1)主控室启动电机控制面板

启动电机控制面板及解析分别如图8-8、表8-1所示。

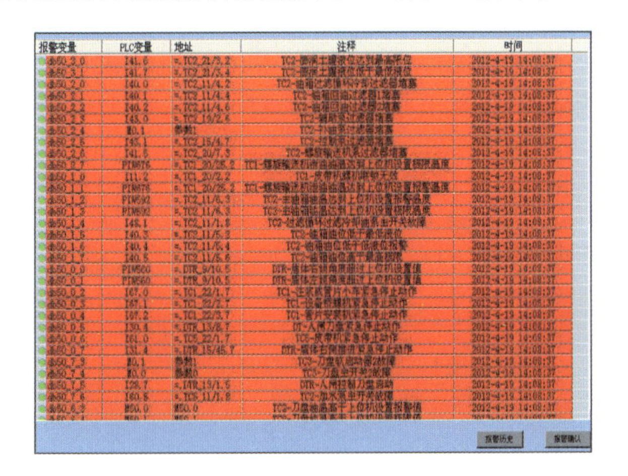

图8-7　报警系统界面

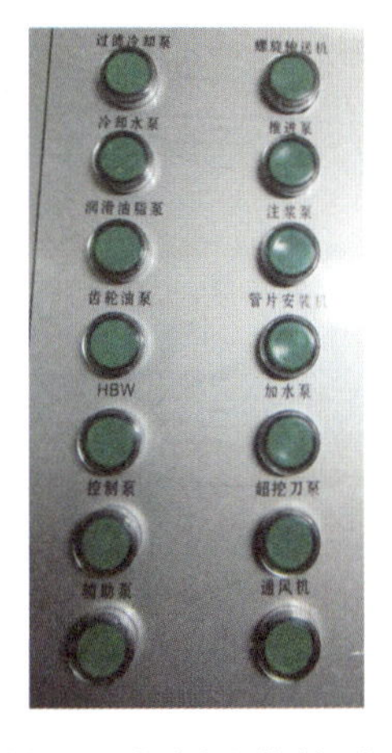

图8-8　启动电机控制面板

启动电机控制面板解析　表8-1

| 名　称 | 功　能 | 前提条件 |
| --- | --- | --- |
| 过滤冷却泵 | 绿色按键:打开和关闭液压油箱的过滤冷却管线(拖车2)<br>绿灯闪烁(快):故障<br>绿灯闪烁(慢):泵启动过程中<br>绿灯常亮:正常运行 | 1.液压油箱中有足够的油(不低于最低液位);<br>2.足够的冷却水和环境温度用于液压油冷却 |

续上表

| 名　　称 | 功　　能 | 前提条件 |
|---|---|---|
| 水泵(冷却水泵) | 绿色按键:打开和关闭冷却水泵(拖车3)<br>绿灯闪烁(快):故障<br>绿灯闪烁(慢):泵启动过程中<br>绿灯常亮:正常运行 | 内循环水箱有足够的水(不低于最低液位) |
| 润滑油脂泵(EP2) | 绿色按键:打开和关闭螺旋输送机和刀盘驱动的轴承润滑泵(盾体右)<br>绿灯闪烁(快):故障<br>绿灯闪烁(慢):泵启动过程或者调试模式等待中<br>绿灯常亮:正常运行 | 1. 气动泵进口手动球阀处于开启状态;<br>2. EP2 油脂桶内有足够油脂(不低于最低极限);<br>3. EP2 油脂润滑桶处于非换桶状态(油位正常,现场控制盒拨动开关处于工作状态) |
| 齿轮油泵 | 绿色按键:打开和关闭齿轮油泵(盾体)<br>绿灯闪烁(快):故障<br>绿灯闪烁(慢):泵启动过程或者调试模式等待中<br>绿灯常亮:正常运行 | 齿轮箱中有足够的油(不低于最低液位) |
| HBW | 按键:打开和关闭 HBW 的气动球阀<br>绿灯闪烁(快):故障<br>绿灯闪烁(慢):泵调试模式等待中<br>绿灯常亮:正常运行 | 1. 气动泵进口手动球阀处于开启状态;<br>2. HBW 油脂桶内有足够油脂(不低于最低极限);<br>3. HBW 油脂润滑桶处于非换桶状态(油位正常,现场控制盒拨动开关处于工作状态) |
| 控制泵 | 绿色按键:打开和关闭用于刀盘驱动及推进的控制泵<br>绿灯闪烁(快):故障<br>绿灯闪烁(慢):泵启动过程中<br>绿灯常亮:正常运行 | 1. 液压油箱中有足够的油(不低于最低液位);<br>2. 液压油箱油温不高于上位机设置的极限值 |
| 辅助泵 | 绿色按键:打开和关闭液压泵以便管片运输小车以及后配套推拉工作<br>绿灯闪烁(快):故障<br>绿灯闪烁(慢):泵启动过程中<br>绿灯常亮:正常运行 | 1. 液压油箱中有足够的油(不低于最低液位);<br>2. 液压油箱油温不高于上位机设置的极限值;<br>3. 推进注浆辅助急停系统正常 |
| 螺旋输送机 | 绿色按键:打开和关闭用于螺旋输送机的液压泵<br>绿灯闪烁(快):故障<br>绿灯闪烁(慢):泵启动过程中<br>绿灯常亮:正常运行 | 1. 液压油箱中有足够的油(不低于最低液位);<br>2. 液压油箱油温不高于上位机设置的极限值;<br>3. 螺旋输送机急停系统正常;<br>4. 皮带输送机正常工作 |
| 推进泵 | 绿色按键:打开和关闭液压泵以便推进液压缸<br>绿灯闪烁(快):故障<br>绿灯闪烁(慢):泵启动过程中<br>绿灯常亮:正常运行 | 1. 液压油箱中有足够的油(不低于最低液位);<br>2. 液压油箱油温不高于上位机设置的极限值;<br>3. 推进注浆辅助急停系统正常 |
| 注浆泵 | 绿色按键:打开和关闭液压泵以便注浆系统工作<br>绿灯闪烁(快):故障<br>绿灯闪烁(慢):泵启动过程中<br>绿灯常亮:正常运行 | 1. 液压油箱中有足够的油(不低于最低液位);<br>2. 液压油箱油温不高于上位机设置的极限值;<br>3. 推进注浆辅助急停系统正常 |
| 管片安装机 | 绿色按键:打开和关闭管片拼装机的液压泵<br>绿灯闪烁(快):故障<br>绿灯闪烁(慢):泵启动过程中<br>绿灯常亮:正常运行 | 1. 液压油箱中有足够的油(不低于最低液位);<br>2. 液压油箱油温不高于上位机设置的极限值;<br>3. 管片拼装机急停系统正常 |
| 增压泵 | 绿色按键:打开和关闭增压水泵<br>绿灯闪烁(快):故障<br>绿灯闪烁(慢):泵启动过程中<br>绿灯常亮:正常运行 | 增压泵入口处进水压力正常 |

(2)主控室螺旋输送机控制面板

螺旋输送机控制面板及解析如图8-9、表8-2所示。

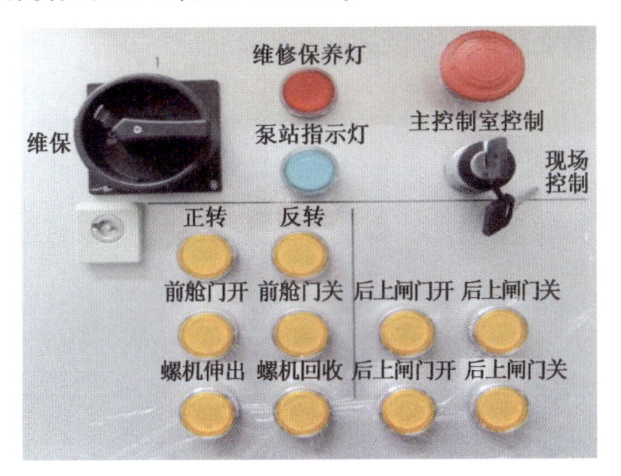


图8-9　螺旋输送机控制面板

螺旋输送机控制面板解析　表8-2

<table>
<tr><th>名　称</th><th>功　能</th><th>状态/操作</th></tr>
<tr><td>螺旋输送机土舱压力极限</td><td>LED信号灯<br>信号灯亮:土舱压力通过上位机设置</td><td rowspan="2">状态:<br>1. 过滤器和冷却泵工作状态;<br>2. 主轴承润滑油脂泵处于工作状态;<br>3. 螺旋输送机泵工作;<br>4. 皮带输送机工作;<br>5. 设备桥螺旋输送机紧急停止功能处于非工作状态</td></tr>
<tr><td>螺旋输送机压力极限</td><td>LED信号灯<br>信号灯亮:螺旋输送机压力通过上位机设置</td></tr>
<tr><td>前舱门开/关</td><td>黄色按键:打开和关闭螺旋输送机前舱门<br>常亮:指示是否开/关到位<br>按下闪烁:开/关过程中<br>常灭:开/关都没有到位</td><td rowspan="8">步骤:<br>1. 渣车空;<br>2. 调节旋转电位器到“0”;<br>3. “停止”灯灭;<br>4. 按“正转”按键;<br>5. 打开上闸门及下闸门(特定螺旋输送机型号有此闸门);<br>6. 打开后闸门;<br>7. 用电位器顺时针缓慢旋转,螺旋输送机旋转;<br>8. 调节旋转电位器到“0”;<br>9. 关闭后闸门;<br>10. 按“停止”键,停止旋转;<br>11. 按“反转”键;<br>12. 打开后闸门;<br>13. 用电位器顺时针缓慢旋转,螺旋输送机旋转;<br>14. 调节旋转电位器到“0”;<br>15. 关闭后闸门;<br>16. 按“停止”键,停止旋转;<br>17. 关闭上闸门;<br>18. 关闭下闸门</td></tr>
<tr><td>螺旋输送机伸出/回收</td><td>黄色按键:伸出和回收螺旋输送机<br>常亮:指示是否伸/缩到位<br>按下闪烁:伸/缩过程中<br>常灭:伸/缩都没有到位</td></tr>
<tr><td>上闸门开/关</td><td>黄色按键:打开和关闭螺旋输送机上闸门<br>常亮:指示是否开/关到位<br>按下闪烁:开/关过程中<br>常灭:开/关都没有到位</td></tr>
<tr><td>下闸门开/关</td><td>黄色按键:打开和关闭螺旋输送机下闸门<br>常亮:指示是否开/关到位<br>按下闪烁:开/关过程中<br>常灭:开/关都没有到位</td></tr>
<tr><td>后闸门开/关</td><td>黄色按键:打开和关闭螺旋输送机的泄渣仓门<br>常亮:指示是否开/关到位<br>按下闪烁:开/关过程中<br>常灭:开/关都没有到位</td></tr>
<tr><td>正转/反转</td><td>黄色按键:选择泄渣方式</td></tr>
<tr><td>停止</td><td>红色按键:停止泄渣<br>常亮:旋转条件不满足<br>常灭:旋转条件满足</td></tr>
<tr><td>高速(脱困)</td><td>黄色按键:特殊情况下螺旋输送机高速旋转</td></tr>
</table>

续上表

| 名　　称 | 功　　能 | 状态/操作 |
| --- | --- | --- |
| 速度控制(电位器) | 电位器:调节螺机旋转速度0~最大值 | |
| 主控制室控制/现场控制 | 主控制室:主控室操作螺旋输送机<br>现场控制:启动螺旋输送机现场控制面板,现场控制螺旋输送机,以便维护<br>指示灯灭:主控室控制<br>闪烁:主控室现场均不能控制<br>亮:现场维护控制 | |

(3)主控室刀盘控制面板

刀盘控制面板及解析如图8-10、表8-3所示。

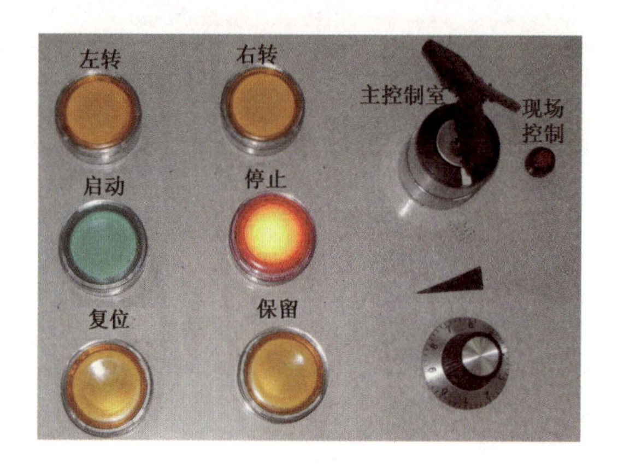


图8-10　刀盘控制面板

刀盘控制面板解析　　表8-3

| 名　　称 | 功　　能 | 状态/操作 |
| --- | --- | --- |
| 速度(电位器) | 电位器:调节刀盘转速 | 1. 过滤器和冷却泵工作状态;<br>2. 齿轮油泵工作;<br>3. 油脂润滑工作;<br>4. HBW 工作;<br>5. 控制泵工作;<br>6. 至少预选一组对称电机;<br>7. 主控室的控制面板处于工作状态;<br>8. 逆时针电位器到"0";<br>9. 选择左转或右转;<br>10. 按下启动按键,启动灯亮(闪烁表示制动未松开);<br>11. 顺时针调节电位器,调节转数;<br>12. 逆时针调节转数,转速归零;<br>13. 按"停止"键,停止刀盘旋转 |
| 左转/右转 | 按键:预选左或右旋转方向 | |
| 启动/停止 | 按键:启动和停止刀盘的旋转 | |
| 复位/保留 | 按键:复位变频器故障 | |
| 主控制室控制/现场控制 | 主控制室控制:正常工作状态<br>现场控制:控制启动刀盘,以便维护<br>指示灯:<br>灭:主控室控制;<br>闪烁:主控室现场均不能控制;<br>亮:现场维护控制 | |

(4)主控室推进液压缸控制面板

推进液压缸控制面板及解析如图 8-11、表 8-4 所示。

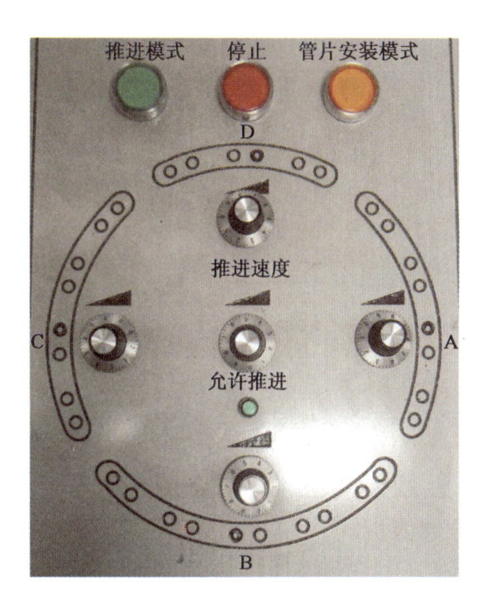


图 8-11　推进液压缸控制面板

推进液压缸控制面板解析　　表 8-4

| 名　称 | 功　能 | 状态/操作 |
|---|---|---|
| 推进速度(电位器) | 电位器:顺时针(0~最大值)调节前进速度 | |
| A~D 压力组压力(电位器) | 电位器:顺时针(0~最大值)调节前进压力 | |
| 推进模式 | 按键:选择盾构状态<br>在推进模式下,所有推进液压缸按掘进模式伸出。此操作通过主控室内的控制板实现 | 状态:<br>1. 过滤器和冷却泵工作状态;<br>2. 控制泵处于工作状态;<br>3. 推进泵处于工作状态;<br>4. 皮带输送机处于工作状态;<br>5. 螺旋输送机处于工作状态;<br>6. 盾尾油脂处于工作状态;<br>7. 刀盘达到上位机设置的最低转数;<br>8. 推进急停正常 |
| | | 步骤:<br>1. 将推进速度电位器调节到“0”;<br>2. 按“推进模式”按键;<br>3. 顺时针调节电位器,调节推进液压缸压力;<br>4. 顺时针调节电位器,调节推进液压缸速度;<br>5. 用“停止”按键停止掘进 |

续上表

| 名　称 | 功　能 | 状态/操作 |
|---|---|---|
| 管片安装模式 | 按键:选择管片拼装状态<br>在管片安装模式下推进液压缸为管片拼装服务<br>通过主控室内的按键将推进液压缸操作控制转移到管片拼装机控制板上 | 状态:<br>1. 过滤器和冷却泵工作状态;<br>2. 控制泵处于工作状态;<br>3. 推进泵处于工作状态;<br>4. 管片拼装机急停正常;<br>步骤:<br>1. 按“管片安装模式”按键;<br>2. 通过“停止”按键停止掘进 |
| 停止 | 按键:在掘进状态停止推进液压缸的运行模式 | |
| 允许推进 | 指示灯:<br>亮:推进条件满足;<br>灭:推进条件不满足 | |

(5)主控室盾体铰接液压缸控制面板

盾体铰接液压缸控制面板及解析如图8-12、表8-5所示。

(6)主控室盾尾密封控制面板

盾尾密封控制面板及解析如图8-13、表8-6所示。

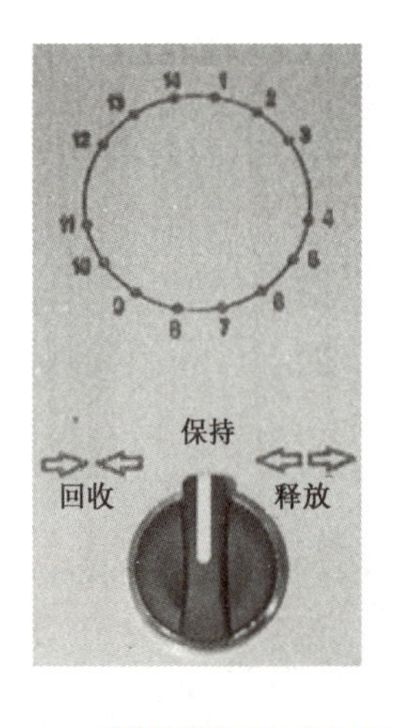


图8-12　盾体铰接液压缸控制面板

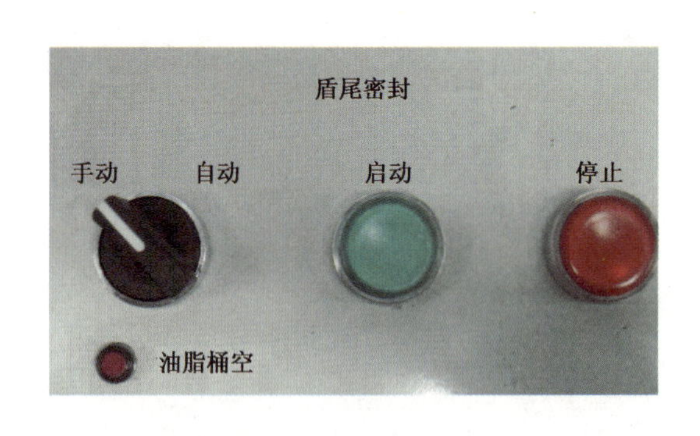


图8-13　盾尾密封控制面板

盾体铰接液压缸控制面板解析　表8-5

| 名　称 | 功　能 | 状态/操作 |
|---|---|---|
| 保持/回收/释放 | 两位选择开关:<br>切换到回收,使盾尾朝向盾壳;<br>切换到释放,释放铰接液压缸中的压力 | |

盾尾密封控制面板解析　表8-6

| 名　称 | 功　能 | 状态/操作 |
|---|---|---|
| 启动/停止 | 按键:打开和关闭油脂泵 | |
| 手动/自动 | 旋转开关:在手动和自动模式间选择 | |
| 油脂桶空 | 指示灯:指示油脂桶状态 | |

(7)主控室泡沫设备控制面板

泡沫设备控制面板及解析如图8-14、表8-7所示。

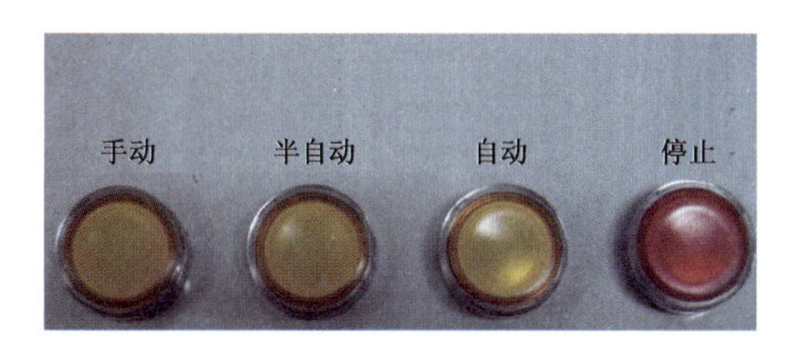


图8-14　泡沫设备控制面板

泡沫设备控制面板解析　　表8-7

| 名　称 | 功　能 | 状态/操作 |
|---|---|---|
| 手动 | 按键:用于手动模式下的空气和液体调节 | 状态:<br>足够的液体和压缩空气供应<br>步骤:<br>1.在上位机激活管路1~3;<br>2.预选"手动";<br>3.在上位机上实现对混合液及空气的流量控制 |
| 半自动 | 按键:用于半自动模式下的空气和液体调节<br>当管片拼装开始时泡沫设备将自动停止,操作员可重新打开它 | 状态:<br>足够的液体和压缩空气供应<br>步骤:<br>1.在上位机激活管路1~3;<br>2.预选"半自动";<br>3.在上位机上输入参数,设置泡沫流量及膨胀率;<br>4.当管片安装开始时泡沫设备自动停止 |
| 自动 | 按键:用于自动模式下的空气和液体调节<br>自动系统将自动调节泡沫注入量以适应掘进速度。通过泡沫设备和掘进的联系,当掘进停止时,它也将自动停止(例如管片拼装);当掘进重新开始时它将重新启动 | 状态:<br>足够的液体和压缩空气供应<br>步骤:<br>1.在上位机激活管路1~3;<br>2.预选"自动";<br>3.显示屏上输入泡沫膨胀率和注入率,当盾构机掘进时,泡沫设备自动注入 |
| 停止 | 按键:停止泡沫系统 | |

(8)主控室膨润土控制面板

膨润土控制面板及解析如图8-15、表8-8所示。

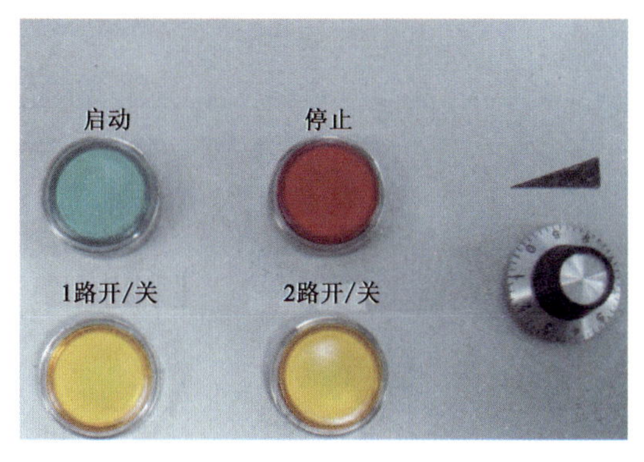


图8-15　膨润土控制面板

膨润土控制面板解析　　表 8-8

| 名　称 | 功　能 | 状态/操作 |
|---|---|---|
| 启动/停止 | 按键:打开和关闭膨润土泵 | 状态:<br>膨润土罐中足够的膨化后的膨润土<br>步骤:<br>1. 调节电位器到"0";<br>2. 按下"启动"按键;<br>3. 顺时针调节电位器调节流量;<br>4. 按"停止"键,停止注入膨润土 |
| 速度(电位器) | 顺时针调节电位器:膨润土流量调节 | |

(9)主控室皮带输送机控制面板

皮带输送机控制面板及解析如图 8-16、表 8-9 所示。

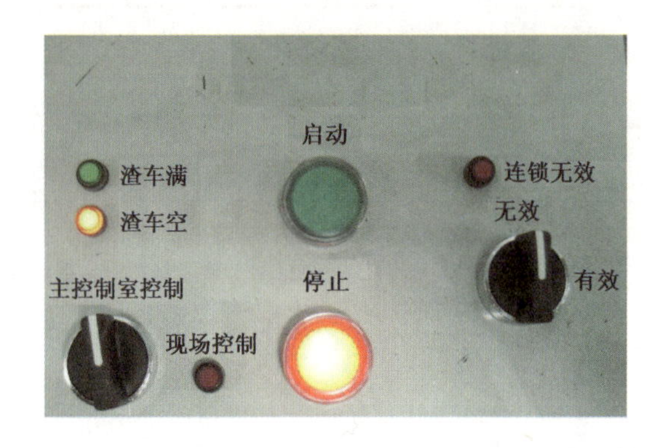


图 8-16　皮带输送机控制面板

皮带输送机控制面板解析　　表 8-9

| 名　称 | 功　能 |
|---|---|
| 启动/停止 | 按键:打开或关闭皮带输送机 |
| 渣车满/<br>渣车空 | 信号灯:显示渣车已满或是已准备好,由皮带输送机控制板控制 |
| 主控制室控制/现场控制 | 指示灯:闪烁为主控制室控制,灭为现场控制<br>主控制室控制:正常工作状态<br>现场控制/主控制室控制无效,启动现场控制面板 |
| 连锁 | 旋转开关:皮带输送机与螺旋输送机的连锁选择 |
| 连锁无效 | 指示灯:皮带输送机与螺旋输送机连锁无效时长亮 |

(10)一般性操作控制面板

一般性操作控制面板及解析如图 8-17、表 8-10 所示。

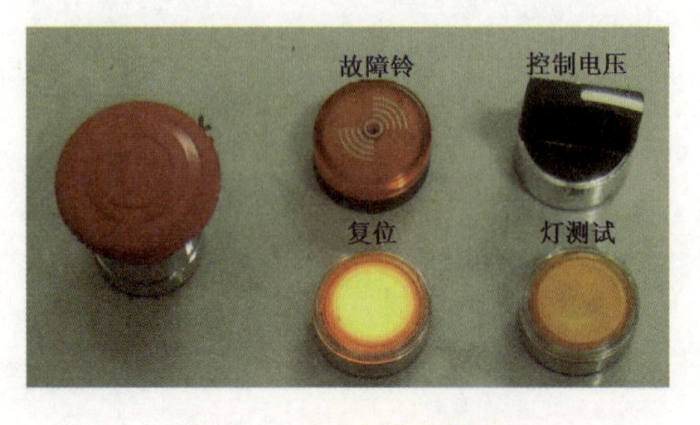


图 8-17　一般性操作控制面板

一般性操作控制面板解析　　表 8-10

| 名　　称 | 功　　能 | 状态/操作 |
| --- | --- | --- |
| 紧急停止 | 紧急停止功能按键:关闭机器的主要开关 | 此按键只在紧急情况时使用 |
| 控制电压 | 旋转开关:控制电压，为控制系统提供 24V 直流电压 | |
| 灯测试 | 按键:测试面板指示灯是否正常 | |
| 复位 | 按键:复位变频器、软启动器以及安全继电器 | |
| 复位蜂鸣器(故障铃) | 蜂鸣器:故障时发出声音 | |

## 8.1.2　泥水平衡盾构机

泥水平衡盾构机(以下简称“泥水盾构”)的操作包括多方面的内容。泥水盾构主要的控制系统安装在主控制室内,包括对推进系统、铰接系统、主驱动系统、泥水循环系统、盾尾密封等的控制,以及盾构机操作中主要参数的设置,所以说主控制室内的操作是泥水盾构操作的核心。

本小节主要内容是以中铁装备生产的泥水盾构为例,介绍控制室的泥水盾构操作面板及上位机的操作界面,进一步介绍泥水盾构操作的参数设置、具体步骤及操作要求等。要掌握泥水盾构主机的操作必须首先熟悉盾构的各种操作面板,然后学习泥水盾构的相关操作知识,最后才能逐步掌握泥水盾构的操作技术。

泥水平衡盾构和土压平衡盾构的区别主要是泥水循环系统,其他系统大致相同,本小节只单独介绍泥水循环系统操作界面及操作面板功能,其他系统操作界面和操作面板参照土压平衡盾构相关内容。

1)泥水循环系统界面介绍

泥水循环系统界面如图 8-18 所示,显示盾构机泥水循环系统的阀门状态、进浆阀开启数量、维修保压状态、泥浆泵状态、进排浆流量和密度、气垫舱液位监视、开挖舱及气垫舱压力监视等。

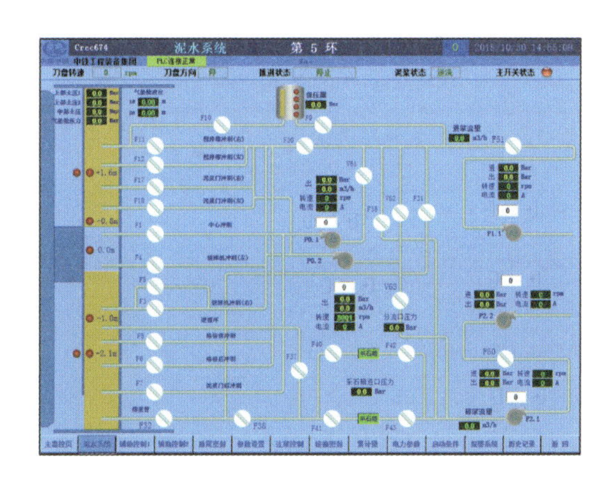


图 8-18　泥水循环系统界面

阀门状态:阀门有三种状态,分别代表阀门开、关和介于开关之间的状态。当形成通路时,将有水流效果。

进浆阀开启数量:统计进浆阀开启数量。

维修保压状态:显示维修保压罐压力及液位情况。

泥浆泵状态:显示泥浆泵设定速度、进出口压力、转速、电流等。

进排浆流量和密度:实时显示进排浆主管路的流量及密度。

气垫舱液位监视:配置连续量的拉绳液位计及开关量的液位开关,监视气垫舱液位。

开挖舱及气垫舱压力监视:实时监视开挖舱、气垫舱压力。

2)水系统操作面板介绍

(1)泥水循环系统操作面板及解析分别如图 8-19、表 8-11 所示。

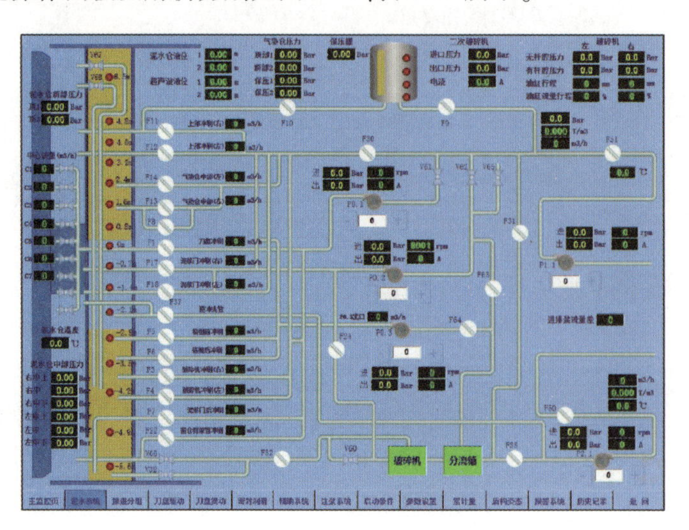


图 8-19 泥水循环系统操作面板

泥水循环系统操作面板解析 表 8-11

| 名 称 | 功 能 | 备 注 |
|---|---|---|
| 周末/掘进/逆冲洗 | 预选:<br>周末模式/正常掘进模式/逆冲洗模式 | |
| P1.1/P1.2 启动/停止 | 进浆泵 P1.1/P1.2 启动/停止 | 步骤:<br>1.将电位计调至"0"位;<br>2.启动泵;<br>3.通过电位计将泵调至所需转速操作时,绿色信号灯亮;故障时,红色信号灯亮 |
| P0.1/P0.2 启动/停止 | 进浆增压泵 P0.1/P0.2 启动/停止 | |
| P3.1 ~ P3.3 启动/停止 | 排浆泵 P3.1 ~ P3.3 启动/停止 | |
| F1 ~ Fn 打开/关闭 | 打开/关闭泥浆球阀,F1 ~ Fn 显示球阀状态 | 打开/关闭时,信号灯闪烁;停止在打开/关闭位置,信号灯亮 |
| 进浆管流速($m^3/h$) | 显示进浆管当前流量 | |
| 排浆管流速($m^3/h$) | 显示排浆管当前流量 | |
| 1 号支撑压力 | 显示泥水舱顶部当前压力值 | |
| 2 号支撑压力 | 显示泥水舱中部当前压力值 | |
| 工作舱压力 | 显示气垫舱内空气压力值 | |
| 气垫舱液位 | 显示气垫舱内当前液位值 | |
| 气垫舱液位开关 | 显示气垫舱泥浆液位,若泥浆液位达到相应位置,指示灯亮 | +1.6m—高液位极限;<br>+0.8m—高液位报警;<br>+0.0m—正常液位;<br>-1.0m—低液位报警;<br>-3.1m—低液位极限 |
| 维修保压罐压力 | 显示维修保压罐内空气压力值 | |
| 维修保压罐液位开关 | 显示维修保压罐内液位,若泥浆液位达到相应位置,指示灯亮 | 指示灯由上往下依次为高液位极限、高液位报警、低液位极限、低液位报警 |

续上表

| 名　称 | 功　能 | 备　注 |
| --- | --- | --- |
| 应急开关 | 在按下应急开关后，泥水循环所有球阀/闸阀以及排浆泵/进浆泵将会以可控的方式，设定在一个安全的状态下。<br>按下应急开关会导致掘进停止 | 关闭步骤：<br>1. 停止掘进；<br>2. 同时打开旁通球阀；<br>3. 关闭排浆泵和进浆泵；<br>4. 关闭主进浆球阀；<br>5. 关闭主排浆球阀<br>其余所有到气垫舱/泥水舱的闸阀/球阀在按下应急开关后，保持其最后状态不变。<br>开启步骤：<br>1. 解锁应急开关；<br>2. 启动排浆泵和进浆泵；<br>3. 泥水循环运行旁通模式；<br>4. 打开连接主进浆/主排浆球阀；<br>5. 关闭旁通球阀；<br>6. 掘进模式运行 |

(2)破碎装置控制面板、本地控制盒分别如图8-20、图8-21所示。

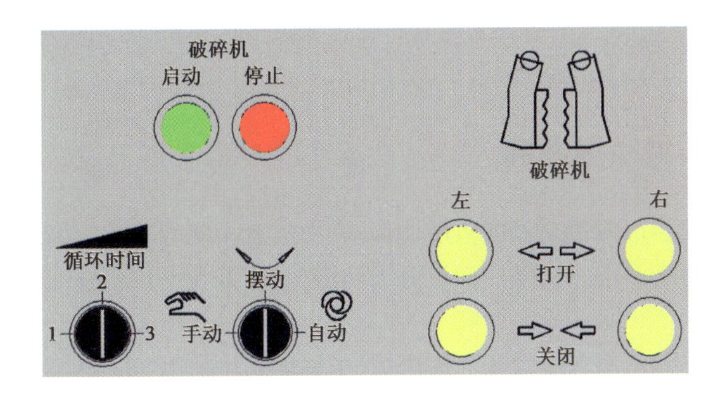


图8-20　破碎装置控制面板

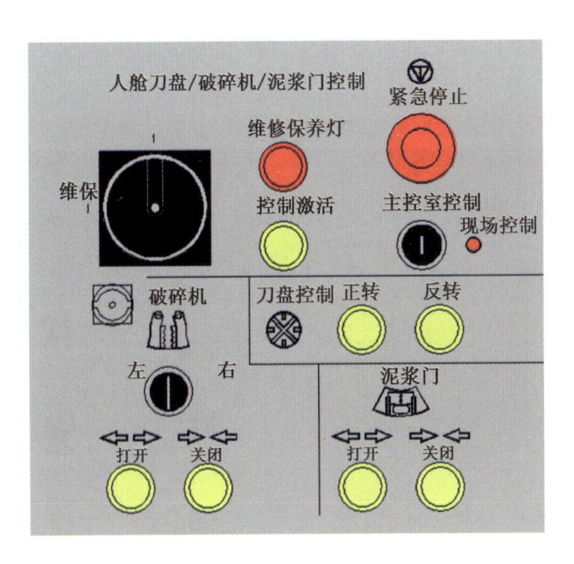


图8-21　破碎装置本地控制盒

破碎装置控制面板解析见表8-12。

破碎装置控制面板解析　　表 8-12

<table>
<tr><th>名　称</th><th>功　能</th><th>状态/操作</th></tr>
<tr><td>手动/自动/摆动</td><td>手动操作模式:按下按键,破碎装置打开/关闭;<br>自动模式:自动打开/关闭程序启动;<br>摆动模式:破碎装置按照相同的方向向左/向右摆动</td><td rowspan="4">状态:<br>1. 破碎装置泵启动;<br>2. 破碎装置润滑监控正常;<br>3. 破碎装置急停正常<br>步骤:<br>1. 手动模式:选择破碎装置左右侧的开关按键,长按 3s 进行开关操作;<br>2. 自动模式:选择适合的循环周期,按启动/停止按键进行启停自动程序;<br>3. 摆动模式:按启动/停止按键,进行启停摆动程序</td></tr>
<tr><td>循环周期</td><td>预选:周期 1/2/3;<br>时间间隔在上位机进行预设</td></tr>
<tr><td>左右打开/关闭</td><td>手动操作模式:<br>破碎装置左/右<br>打开/关闭</td></tr>
<tr><td>启动/停止</td><td>启动/关闭自动模式;<br>启动/关闭摆动模式</td></tr>
</table>

# 8.2　TBM 操作系统

岩石隧道掘进机也称为硬岩隧道掘进机或简称 TBM,其为通过旋转刀盘并推进,使滚刀挤压破碎岩石,采用主机皮带输送机出渣的全断面隧道掘进机。岩石隧道掘进机包含有敞开式岩石隧道掘进机、护盾岩石隧道掘进机等,为方便大家系统学习岩石隧道掘进机的主机操作,下面主要依据中铁装备产生的岩石隧道掘进机的特点,对岩石隧道掘进机的操作面板进行详细介绍。

## 8.2.1　敞开式岩石隧道掘进机

本节以大瑞铁路高黎贡山隧道工程项目所使用的 CREC305 型岩石隧道掘进机为例,对敞开式岩石隧道掘进机的操作面板进行介绍。其操作面板分为两部分,分别为上位机界面与操作平台。

1)上位机界面

上位机界面由多个显示不同功能的子界面组成,子界面具体如下:主监控界面、刀盘驱动界面、齿轮润滑界面、密封润滑界面、液压系统界面、水系统界面、辅助界面、参数设置界面、报警设置界面、曲线图查看界面、历史数据导出界面及返回退出界面。

图 8-22 为掘进时主监控界面,显示掘进过程中操作员需要时刻关注的 TBM 掘进主要参数,这些参数包括:护盾、楔块液压缸压力及左右侧护盾位移;皮带输送机速度及主机皮带输送机压力;拖拉液压缸压力、限位状态;刀盘相关参数;推进、撑靴系统压力及位移;扭矩液压缸压力及位移;后支撑压力及位置状态。

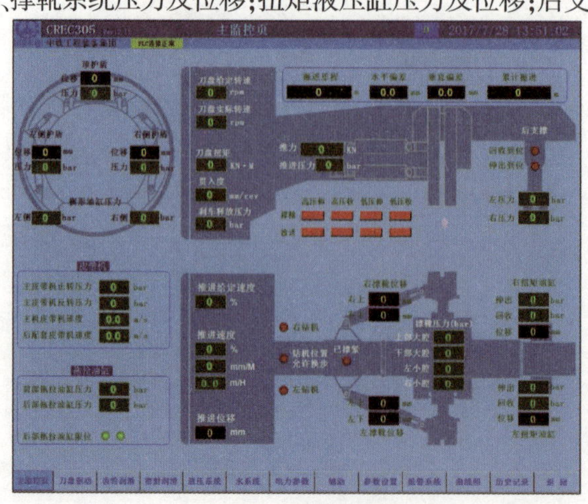


图 8-22　主监控界面

图8-23为刀盘驱动界面，显示主驱动刀盘电机控制及相关参数，同时也给出刀盘的连锁条件。这些参数包括：每个电机的当前电流柱状图显示（单位：A）；每个电机的当前输出扭矩柱状图显示（单位：N·m）；每个电机对应变频器的输出频率；刀盘连锁条件，条件满足时显示绿色；刀盘制动释放压力、刀盘转速、变频器给定的频率；电机预选使能。

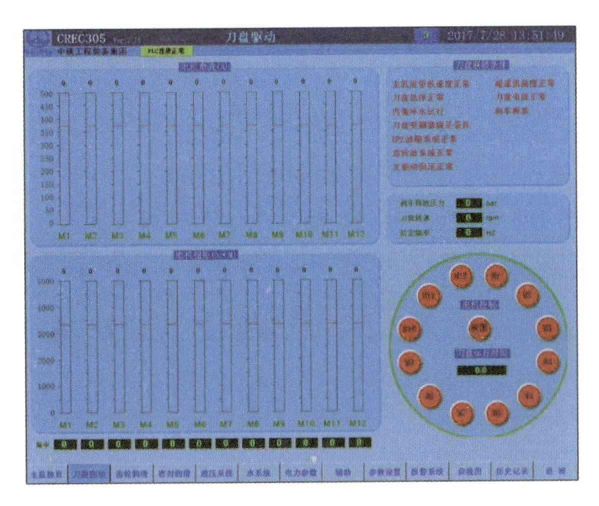


图8-23　刀盘驱动界面

电机预选条件见表8-13。

电机预选条件　　表8-13

| 名　称 | 功　能 | 备　注 |
| --- | --- | --- |
| 变频器无故障 | 变频器无故障报警 | 如出现变频器无故障报警，可按刀盘控制面板的复位按键进行复位 |
| 本地刀盘控制急停正常 | 刀盘急停正常 | 可查看刀盘连锁条件 |
| 所有变频器均不处于运行状态 | 所有变频器处于停止状态 | 所有变频器处于停止状态时才可选 |
| 电机温度正常 | 电机温度正常 | 电机内温度开关 |

连锁条件的功能见表8-14。

连锁条件　　表8-14

| 名　称 | 功　能 | 备　注 |
| --- | --- | --- |
| 主机皮带输送机速度到达设定转速 | 皮带输送机不处于调试模式，且皮带输送机处于正常运转模式 | 由于主机皮带输送机启动的先决条件是后面的皮带输送机正常运转，所以主机皮带输送机速度达到设定转速意味着皮带输送机系统运行正常 |
| 刀盘急停 | 本地控制面板急停按键及刀盘急停安全，继电器正常 | |
| 内循环水运行 | 启动内循环水泵 | 电机、变频器及减速机冷却 |
| 电机对称选择 | 选择的电机至少有两个是对称的 | 保证负载平衡 |
| EP2计数正常 | EP2脉冲计数正常 | 内外密封注入量满足最小流量要求 |
| 齿轮油正常 | 齿轮油润滑系统正常 | 1. 主驱动齿轮油箱液位正常；<br>2. 齿轮油泵运行；<br>3. 齿轮、小齿轮润滑油流量正常；<br>4. 主轴承润滑正常 |
| 减速机温度正常 | 减速机温度正常 | 温度不超过80℃ |

续上表

| 名　称 | 功　能 | 备　注 |
|---|---|---|
| 电机电流异常 | 此联锁只在电机运行后进行判断 | 电机运行过程中,程序会比较各电机的电流值,如果电流值最大相差超过 50A,则停止刀盘 |
| 撑靴泵运行 | 启动撑靴泵 | 提供刀盘制动控制油路 |
| 刀盘制动释放 | 刀盘电机制动释放 | 制动压力大于 30bar 且制动接近开关动作,说明制动释放 |

图 8-24 为齿轮油润滑界面,显示主驱动润滑关键部位的参数。这些参数包括:小齿轮轴承润滑,齿轮润滑,主轴承润滑,回油泵状态及参数,齿轮油箱参数,主驱动齿轮箱高低液位指示。

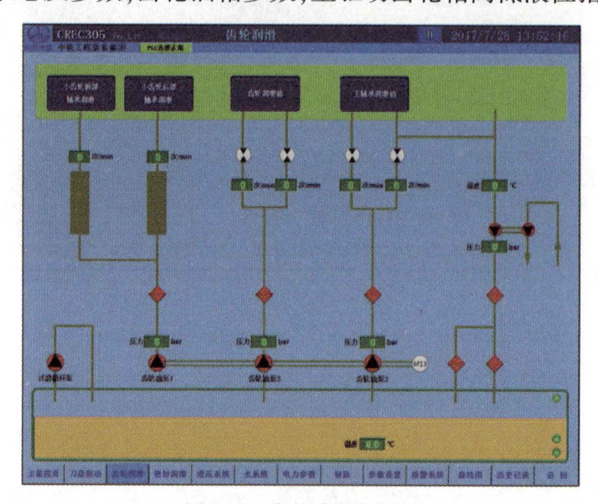


图 8-24　齿轮油润滑界面

图 8-25 为密封润滑界面,显示主驱动密封润滑关键部位的参数以及推进铰接、护盾铰接等处的自动润滑参数。这些参数包括: 外密封次数及状态, 内密封次数及状态,推进机构铰接次数及状态,护盾铰接次数及状态,多点泵油脂桶参数,气动油脂泵参数。

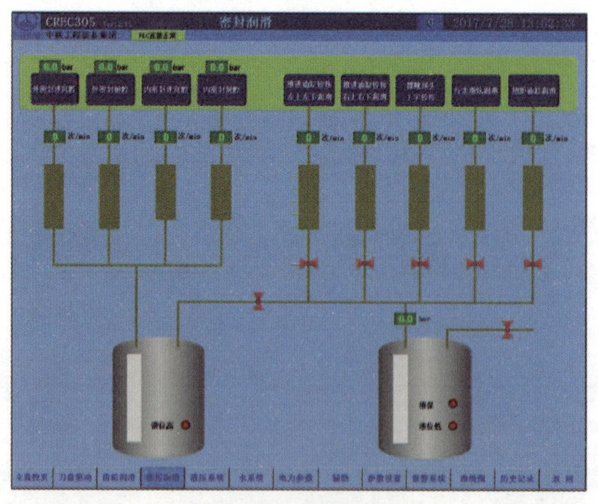


图 8-25　密封润滑界面

图 8-26 为液压系统界面,显示液压泵站运行状态相关参数。这些参数包括:各泵进油口球阀状态、泵的运行状态及出口压力,过滤器状态指示,系统关键回路压力,液压油箱相关参数。

图 8-27 为水系统界面,显示工业水系统运行状态相关参数。这些参数包括:电机冷却参数显示,内循环水系统构成及运行状态,暖水箱、冷水箱参数,污水系统参数,刀盘喷水状态及压力,降尘喷水控制,制冷机组的水泵控制。

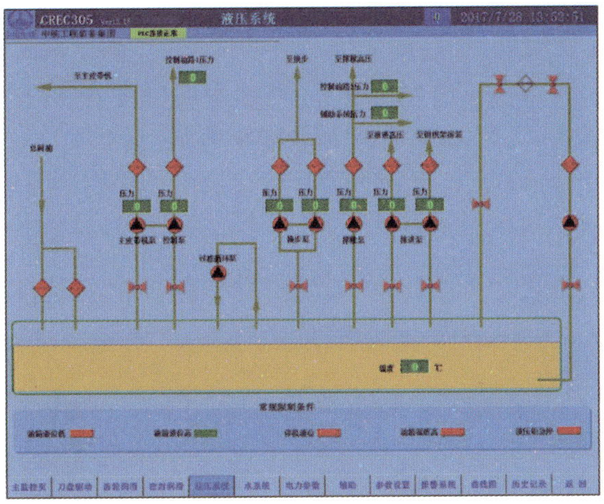

图 8-26 液压系统界面

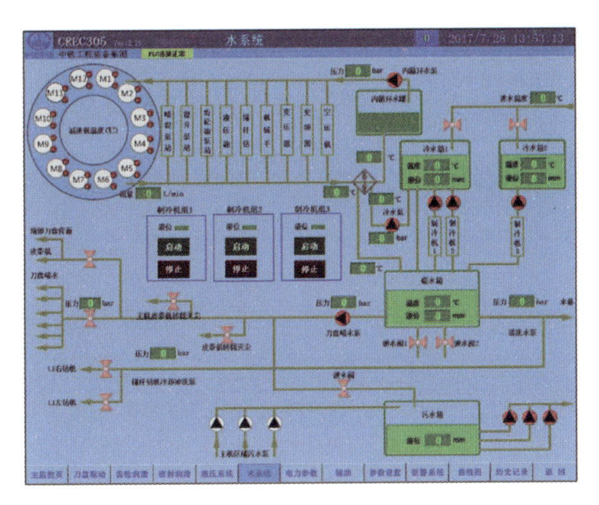


图 8-27 水系统界面

图 8-28 为辅助显示界面,显示辅助功能的状态。这些参数包括:各处气体检测浓度、通信节点状态、泵运行时间参数。

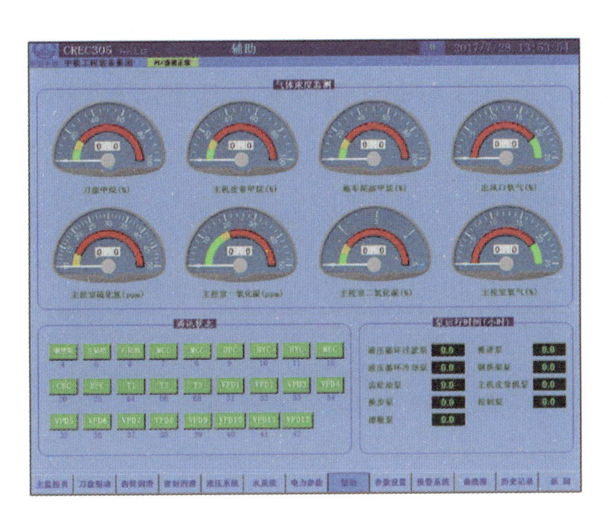


图 8-28 辅助显示界面

图 8-29 为参数设置界面,可在此界面设置部分参数。这些参数包括:温度的报警值及停机值;撑靴

压力设定模式(可设定撑靴压力);拖拉液压缸压力限制;允许推进的刀盘最低转速;贯入度超限报警;风机频率设置;暖水箱自动排水温度设置;皮带输送机调试模式(调试模式激活后,皮带可进行独立控制,不再受皮带间速度连锁制约);齿轮油刀盘模式(可选手动与自动,选择手动时润滑泵可单独启动,选择自动时,润滑泵将随刀盘启动);齿轮油与刀盘连锁有效/无效(激活后可暂时屏蔽齿轮油系统5min);EP2刀盘模式(可选手动与自动,选择手动时油脂泵可单独启动,选择自动时,油脂泵将随刀盘启动);钻机与换步连锁(只有钻机后退到限位位置时,才允许推进液压缸快收);加热控制;刀盘电机加热只允许在电机长时间不用、再次使用前加热用,电机运行时禁止加热。

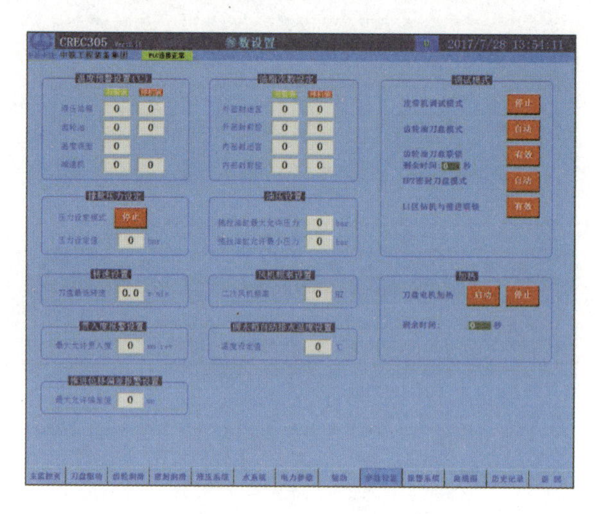


图 8-29　参数设置界面

图 8-30 为系统报警集中显示界面。显示当前报警状态,任何报警都应该引起足够重视。遇到任何故障,都应停止掘进,并检查故障原因,排除故障后方可进行掘进。报警变量列显示:PLC 内部变量,PLC 变量列显示对应的 PLC 点,地址列中给出该报警点在图纸中的位置,注释列中给出报警描述,时间列显示报警出现的时间。

图 8-30　系统报警集中显示界面

图 8-31 为曲线图查看界面,可通过选择要查看的变量名称及对应颜色曲线图进行查看。

图 8-32 为历史数据导出界面,也可以数值的方式查看所选择变量的历史记录值。可选择多个变量进行查看,数据可导出。

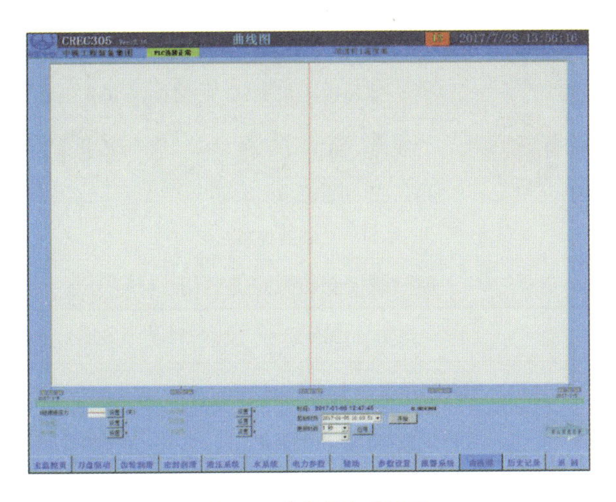


图8-31　曲线图查看界面

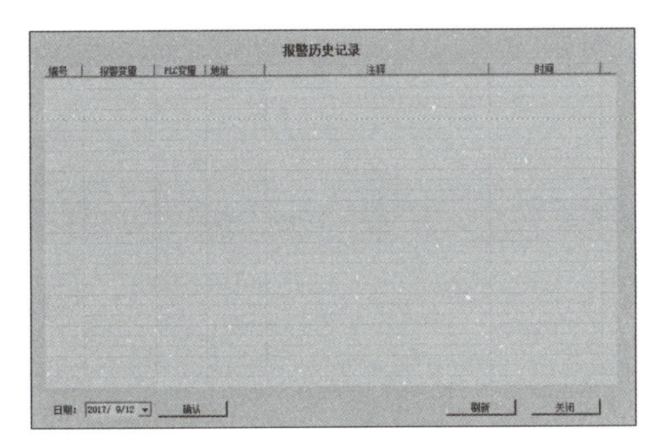


图8-32　历史数据导出界面

图8-33为返回退出界面，可选择“数据监视”进入上位机界面显示，也可以点击“退出系统”退出上位机。

图8-33　返回退出页面

2）操作平台

操作平台各控制面板如图8-34～图8-40所示，对应的按键说明分别见表8-15～表8-20。

**指示灯状态及含义**：启动键快速闪烁表示启动条件不满足，不能启动；启动键常亮表示运行中；启动键慢闪表示启动过程中等待启动完毕反馈；启动键灭表示启动条件满足。

图 8-34　控制器控制面板

控制器控制面板按键说明

表 8-15

| 名　称 | 功　能 | 备　注 |
|---|---|---|
| 紧急停止 | 在紧急情况停止设备运行 | 仅当紧急情况下使用 |
| 故障铃 | 在产生报警时发出警报声 | |
| 灯测试 | 检查所有指示灯,信号灯及声音信号 | 如有损坏,立刻更换 |
| 复位 | 复位紧急停止功能及故障 | |
| 操作电源 | 操作台及主 PLC 供电 | |

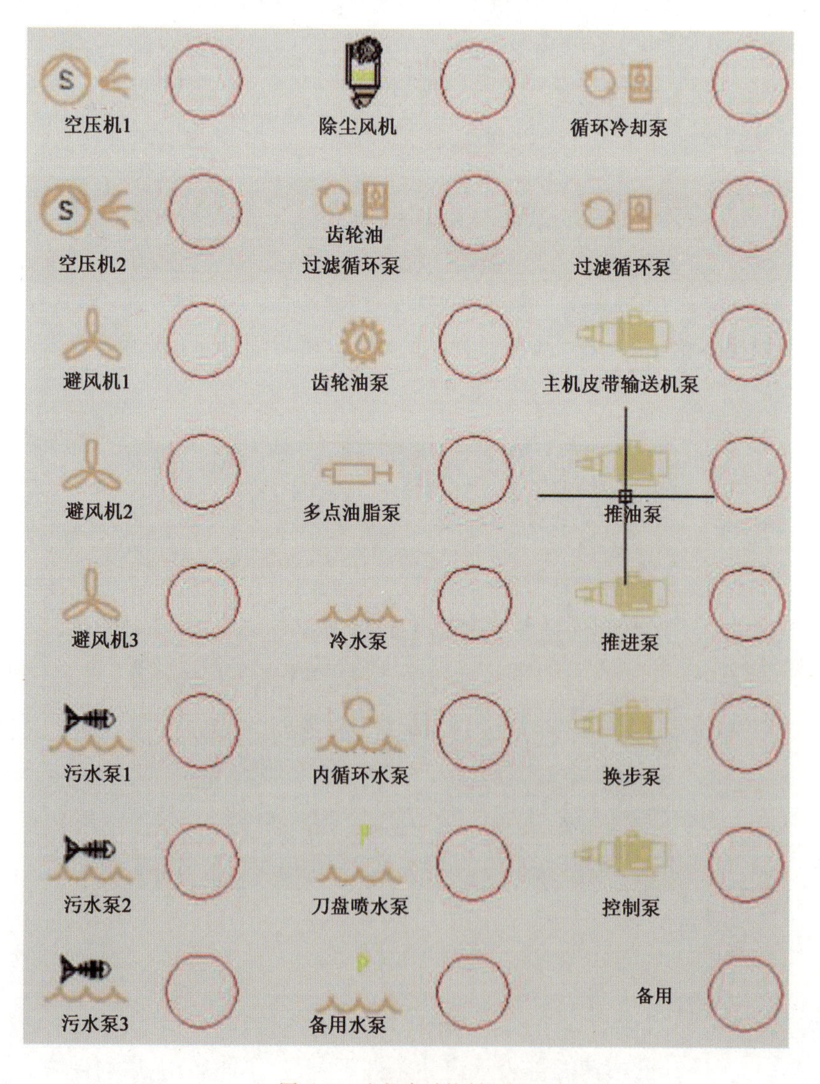


图 8-35　电机启动控制面板

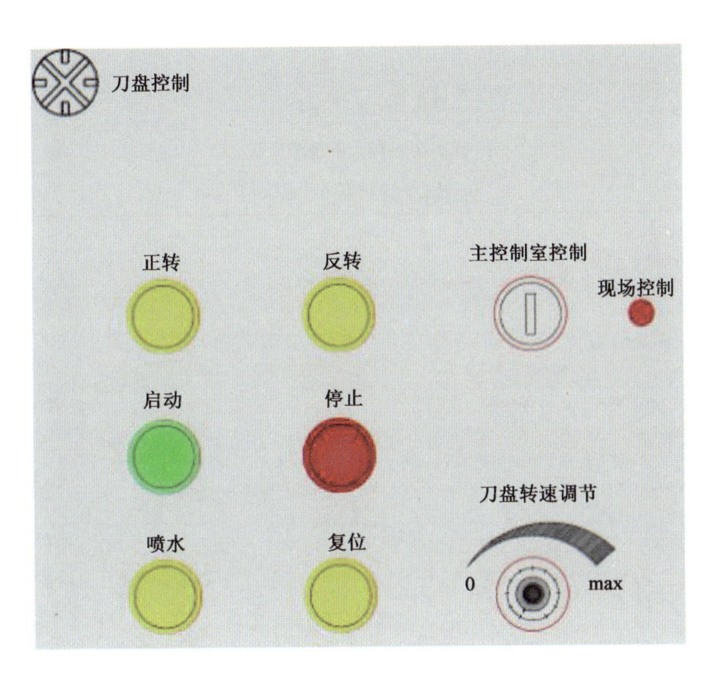


图8-36　刀盘控制面板

刀盘控制面板按键说明　表8-16

| 名　称 | 功　能 | 备　注 |
|---|---|---|
| 正转 | 选择刀盘旋转方向 | 正转,按下后灯亮 |
| 反转 | 选择刀盘旋转方向 | 主控室刀盘反转无效 |
| 启动 | 刀盘旋转启动 | 启动刀盘旋转 |
| 停止 | 刀盘旋转停止 | 停止刀盘旋转 |
| 喷水 | 刀盘喷水控制 | 刀盘由主控室控制时,喷水随刀盘转动自动激活 |
| 复位 | 刀盘故障复位 | 复位变频器及其他故障 |
| 刀盘转速调节 | 调节刀盘转速 | 调节刀盘转速 |
| 主控室控制/现场控制选择 | 选择刀盘控制模式 | |
| 现场控制指示灯 | 现场控制指示灯 | 在现场控制有效时常亮,主控室控制时不亮,如果本地与主控室选择不一致则闪烁 |

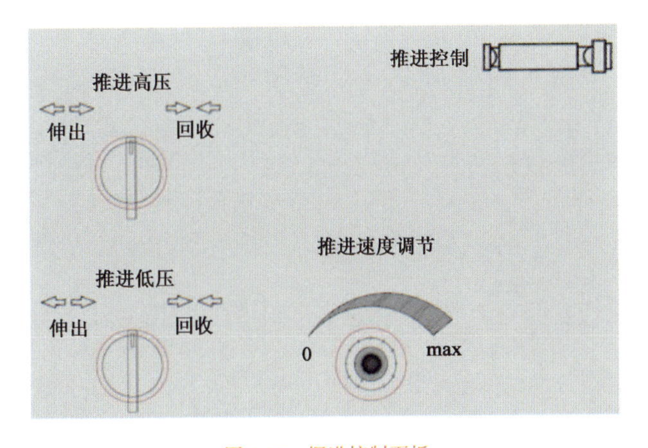


图8-37　掘进控制面板

掘进控制面板按键说明 表 8-17

| 名　称 | 功　能 | 备　注 |
|---|---|---|
| 推进高压伸出、回收 | 高压伸收推进液压缸 | |
| 推进低压伸出、回收 | 低压快速伸收推进液压缸 | |
| 推进速度调节 | 调整推进速度从0～最大值 | |

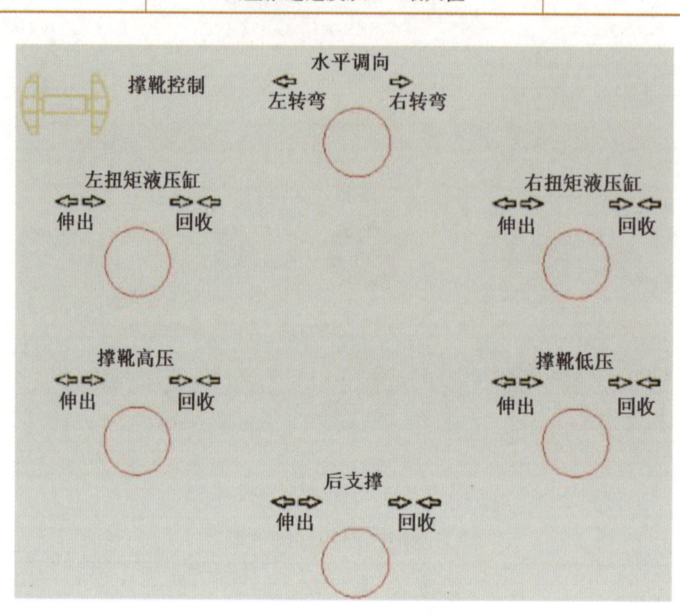


图 8-38　撑靴、后支撑及调向控制面板

撑靴、后支撑及调向控制面板按键说明 表 8-18

| 名　称 | 功　能 | 备　注 |
|---|---|---|
| 撑靴高压伸出,回收 | 撑靴高压伸收控制 | |
| 撑靴低压伸出,回收 | 撑靴低压伸收控制 | |
| 左转弯、右转弯 | 向左、向右调向 | |
| 左扭矩液压缸伸出、回收 | 左侧扭矩液压缸伸出、回收 | |
| 右扭矩液压缸伸出、回收 | 右侧扭矩液压缸伸出、回收 | |
| 后支撑伸出、回收 | 后支撑液压缸伸出、回收 | |

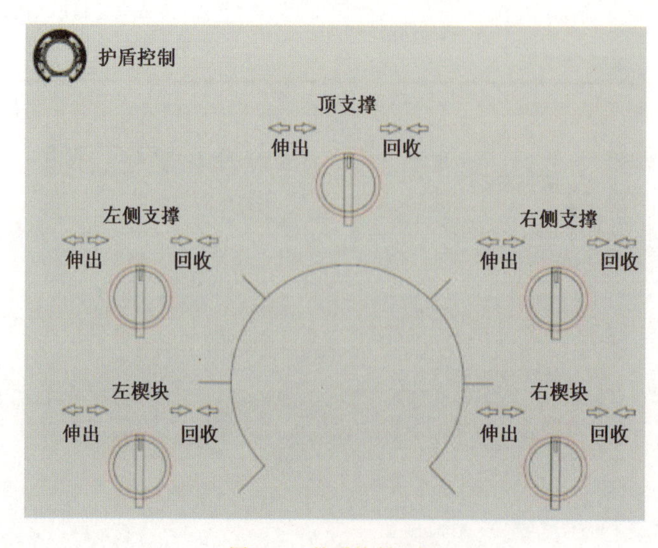


图 8-39　护盾控制面板

护盾控制面板按键说明　表 8-19

| 名　称 | 功　能 | 备　注 |
|---|---|---|
| 顶支撑液压缸伸出、回收 | 控制调整相关护盾支撑 | |
| 左侧支撑液压缸伸出、回收 | 液压缸伸收 | |
| 左侧楔块液压缸伸出、回收 | | |
| 右侧支撑液压缸伸出、回收 | | |
| 右侧楔块液压缸伸出、回收 | | |
| 后支撑伸出、回收 | | |

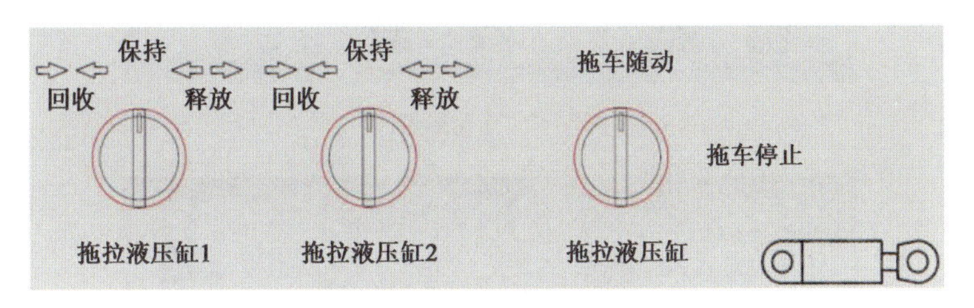


图 8-40　拖拉液压缸控制面板

拖拉液压缸控制面板按键说明　表 8-20

| 名　称 | 功　能 | 备　注 |
|---|---|---|
| 拖拉液压缸 1 回收、释放 | 前部拖拉液压缸控制 | |
| 拖拉液压缸 2 回收、释放 | 后部拖拉液压缸控制 | |
| 拖车随动、拖车停止 | 后部拖拉液压缸控制<br>随动:拖车随推进移动<br>停止:拖车不随推进移动 | |

## 8.2.2　护盾岩石隧道掘进机

本节以深圳城市轨道交通 10 号线 1011-3 标段所使用的 CREC287/288 型双护盾岩石隧道掘进机为例,对护盾岩石隧道掘进机的操作面板进行介绍。其操作面板共分为两部分,分别为上位机界面与操作平台。

1)上位机界面

上位机界面由多个显示不同功能的子界面组成,子界面具体如下:主监控界面、双护盾系统界面、单护盾系统界面、液压系统界面、润滑密封界面、水系统界面、电机驱动界面、辅助系统界面、气体测量界面、启动条件界面、报警状态界面、历史记录界面、曲线图界面、历史数据导出界面及返回退出界面。

图 8-41 为掘进时的主监控界面,显示掘进过程中操作员需要时刻关注的 TBM 掘进主要参数,这些参数包括:伸缩盾液压缸压力;拖拉液压缸压力及抓举头压力、角度;刀盘相关参数;推进速度、撑靴系统压力及位移;主机皮带输送机转速、压力及后配套皮带输送机速度;主推进系统压力、位移、前盾滚动及俯仰角度;辅助推进系统压力、位移、支撑盾滚动及俯仰角度;扭矩液压缸压力及稳定器液压缸压力和位置状态。

图 8-42 为推进时的双护盾系统界面,显示推进过程中操作员需要时刻关注的 TBM 掘进主要参数和操作按键,这些参数包括:推进系统各组液压缸压力、行程;预选推进系统各组推进压力;顶部液压缸伸缩压力;显示推进速度;总推力、推进平均压力和总回收压力。

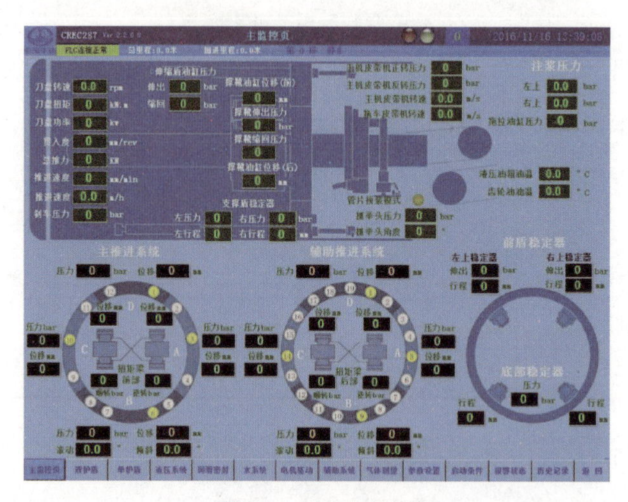

图 8-41　主监控界面

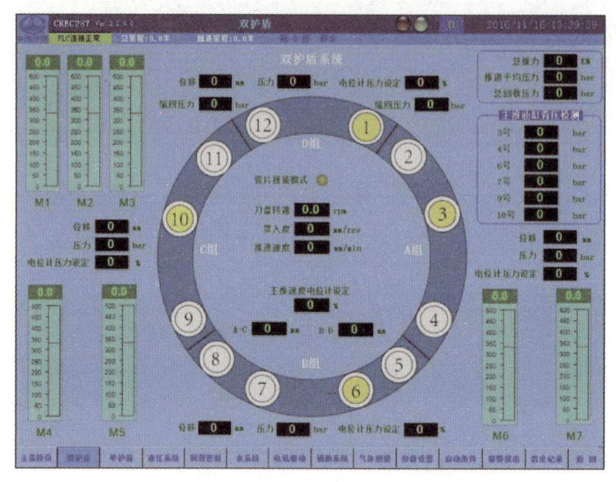

图 8-42　双护盾系统界面

图 8-43 为单护盾模式时的系统界面，显示推进过程中操作员需要时刻关注的 TBM 掘进主要参数和操作按键，这些参数包括：推进系统各组液压缸压力、行程；预选推进系统各组推进压力；调整液压缸行程；显示推进速度；辅推液压缸总压力。

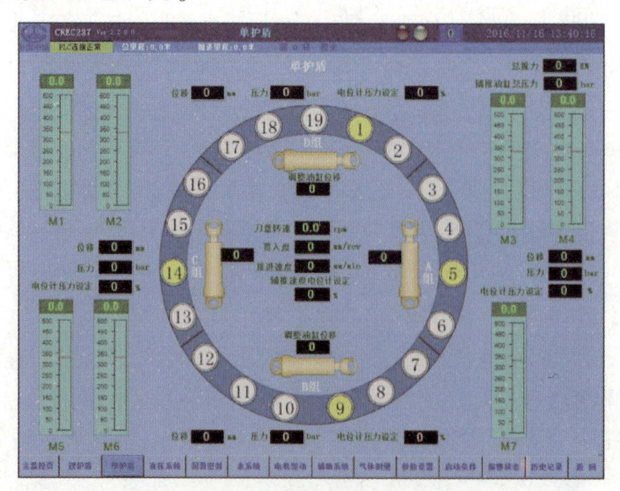

图 8-43　单护盾系统界面

图 8-44 为液压系统界面，主要显示液压泵站运行状态相关参数。这些参数包括：各个泵的运行状态及出口压力；过滤器状态指示；系统关键回路压力；液压油箱相关参数。

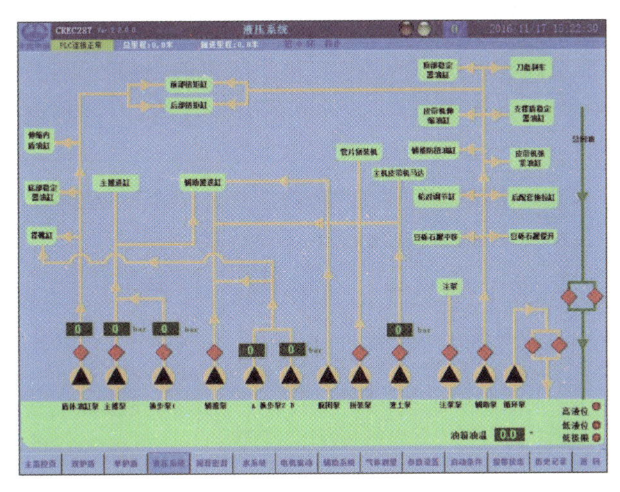


图 8-44　液压系统界面

图 8-45 为驱动润滑及密封界面，显示主驱动润滑及密封系统各关键部位的参数。这些参数包括：EP2 油脂系统运行状态及油脂泵次数；主驱动密封润滑内外密封压力、密封次数；主轴承齿轮箱液位状态、润滑次数；齿轮油过滤冷却泵和齿轮油润滑泵运行状态；过滤器状态。

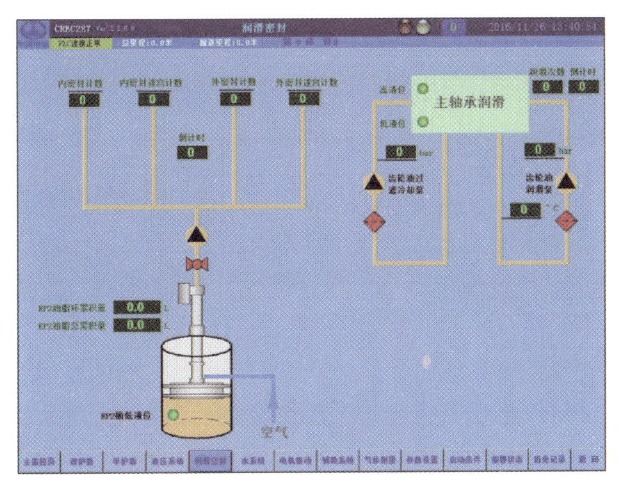


图 8-45　驱动润滑及密封界面

图 8-46 为水系统界面，显示工业水系统运行状态相关参数。这些参数包括：电机温度、减速机温度报警；内循环水系统构成及运行状态；内循环水箱参数；冷水箱参数；污水系统参数；刀盘喷水状态及压力。

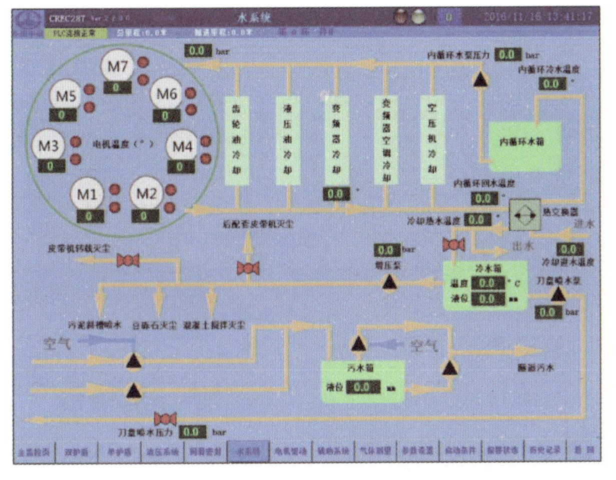


图 8-46　水系统界面

图 8-47 为刀盘驱动界面，显示主驱动刀盘电机控制及相关参数，同时也给出刀盘的连锁条件。这些参数包括：每个电机的当前电流柱状图（单位：A）；每个电机的当前输出扭矩柱状图（单位：N · m）；每个电机对应变频器的输出频率；刀盘连锁条件，条件满足时为绿色；刀盘制动释放压力、刀盘转速、变频器给定的频率；电机预选使能。

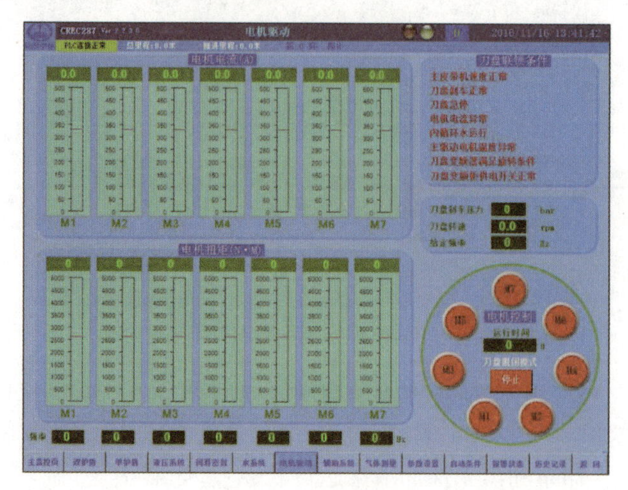


图 8-47　刀盘驱动界面

电机预选条件见表 8-21。

电 机 预 选 条 件　　表 8-21

| 名　称 | 功　能 | 备　注 |
|---|---|---|
| 变频器无故障 | 变频器无故障报警 | 如出现变频器无故障报警，可按刀盘控制面板的复位按键进行复位 |
| 电机温度小于设置停机值 | 电机温度正常 | 设置值参看参数设置界面 |
| 减速机温度开关无动作 | 减速机温度正常 | 可查看参数显示界面 |

连锁条件的功能见表 8-22。

连 锁 条 件　　表 8-22

| 名　称 | 功　能 | 备　注 |
|---|---|---|
| 主机皮带输送机速度到达设定转速 | 皮带输送机不处于调试模式，且皮带输送机处于正常运转模式 | 由于主机皮带输送机启动的先决条件是后面的皮带正常运转，所以主机皮带输送机速度到达设定转速意味着皮带输送机系统运行正常 |
| 刀盘急停 | 本地控制面板急停按键及刀盘急停安全继电器正常 | |
| 内循环水运行 | 启动内循环水泵 | 电机、变频器及减速机冷却 |
| 电机电流异常 | 此联锁只在电机运行后进行判断 | 电机运行过程中，程序会比较各电机的电流值，如果电流值最大相差超过 50A，则停止刀盘运转 |
| 液压泵组运行 | 启动液压泵组 | 提供刀盘制动控制油路 |
| EP2 内外密封压力正常 | EP2 内外密封压力不超过正常值 | 压力过大，说明堵塞 |
| 至少一组对称电机选择 | 选择的电机至少有两个是对称的 | 保证负载平衡 |
| EP2 启动 | 启动 EP2 油脂泵 | |
| EP2 计数正常 | EP2 脉冲计数正常 | 即流量满足最小流量要求 |
| 刀盘制动释放 | 刀盘电机制动释放 | 制动压力大于设定值，且制动接近开关动作，说明制动释放 |
| 变频器冷却正常 | 变频柜冷却回水温度不超过设置值 | 参看参数设置界面 |

图 8-48 为辅助系统界面，显示辅助功能的状态以及参数。这些参数包括：后配套皮带输送机电机运行电流；导向轮液压缸行程；导向轮启停控制；调试模式选择；导向系统基本参数。

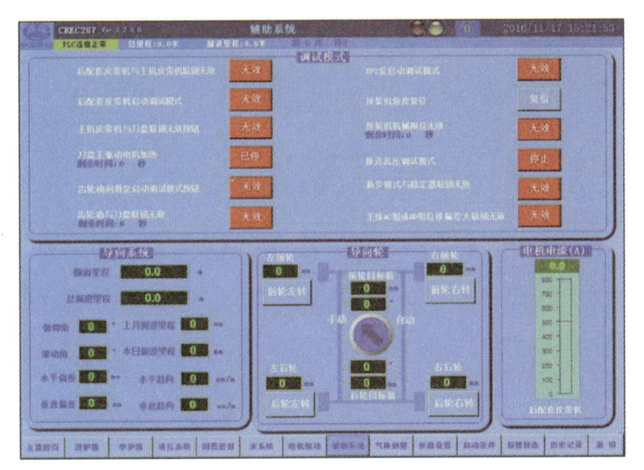

图8-48　辅助系统界面

图8-49为参数设置界面，包含油箱、变频柜回水及齿轮油等温度设置，润滑油脂和迷宫密封油脂的控制次数设置，拖拉液压缸压力设置，导向轮目标值设置，注浆压力设置，以及其他参数设置。

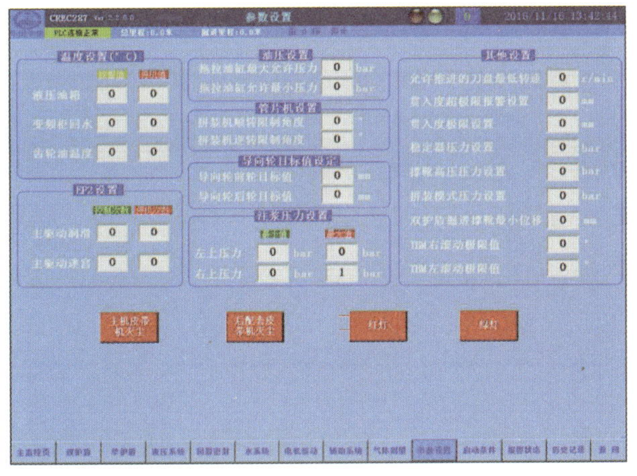

图8-49　参数设置界面

图8-50为气体测量界面，可在此界面设置部分参数。这些参数包括：主控室氧气、硫化氢、一氧化碳和二氧化碳气体浓度含量；盾体、主机皮带输送机尾部和出风口甲烷浓度含量；空气罐压力；除尘器和二次风机运行状态；空压机启动、停止。

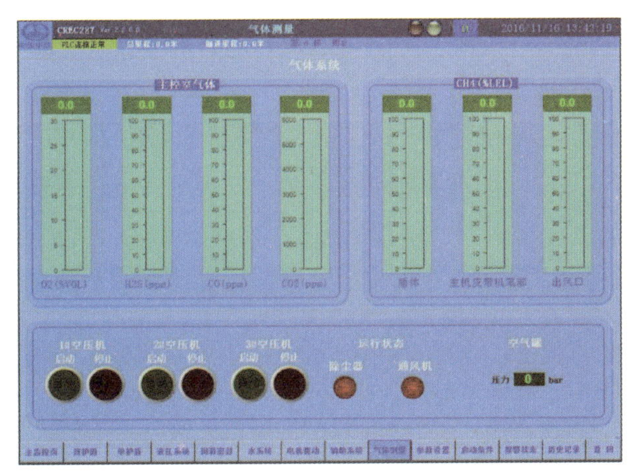

图8-50　气体测量界面

图8-51为启动条件界面1，此界面给出部分连锁条件，连锁条件不满足时为红色，满足时为绿色，包括急停状态指示、刀盘连锁、常规连锁条件。

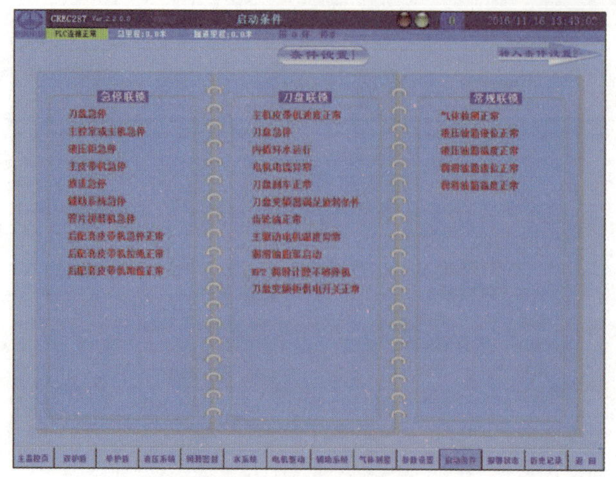

图 8-51　启动条件界面 1

图 8-52 为启动条件界面 2，此界面给出剩余部分连锁条件，连锁条件不满足时为红色，满足时为绿色。剩余部分连锁条件包括：主机皮带输送机连锁条件；后配套皮带输送机连锁；双护盾和单护盾掘进条件使能；撑靴模式连锁条件；换步使能连锁条件。

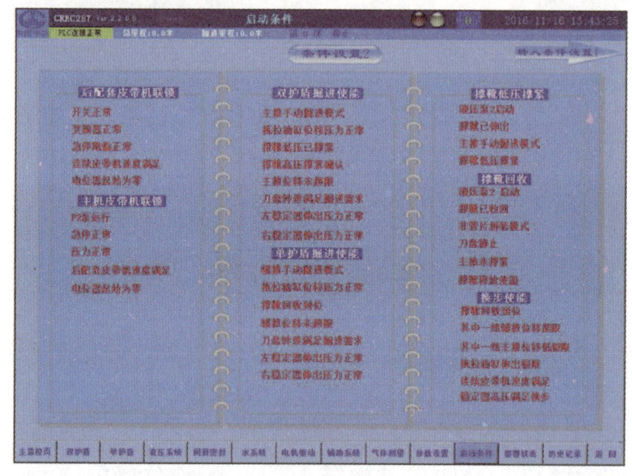

图 8-52　启动条件界面 2

图 8-53 为系统报警集中显示界面，该界面显示当前报警状态，任何报警都应该引起足够重视。遇到任何故障，都应停止掘进，并检查故障原因，排除故障后方可进行掘进。报警变量列显示 PLC 内部变量；PLC 变量列显示对应的 PLC 点；地址列中给出该报警点在图纸中的位置；注释列中给出报警描述；时间列显示报警出现的时间。

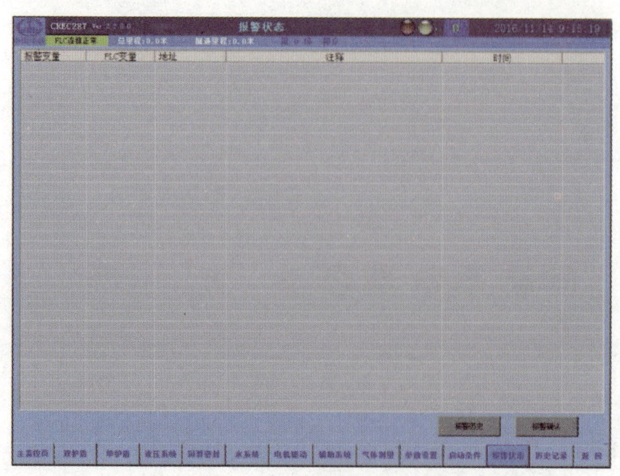

图 8-53　系统报警集中显示界面

图 8-54 为曲线图查看界面,可通过选择要查看的变量名称及对应曲线图颜色进行查看。不同的变量可通过不同的颜色查看。

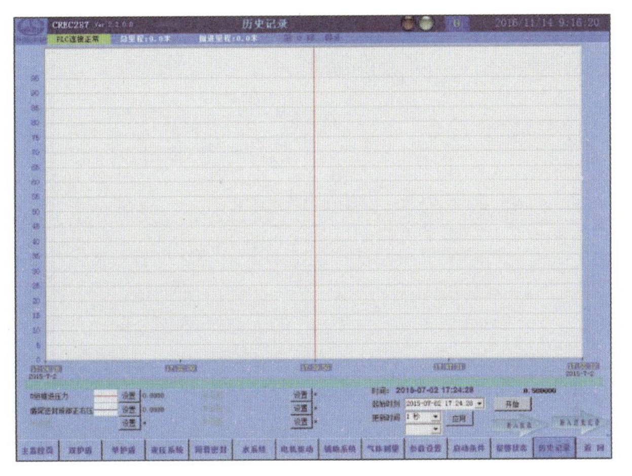


图 8-54　曲线图查看界面

图 8-55 为历史数据导出界面,也可以数值的方式查看所选择变量的历史记录值。可选择多个变量进行查看,数据可导出。

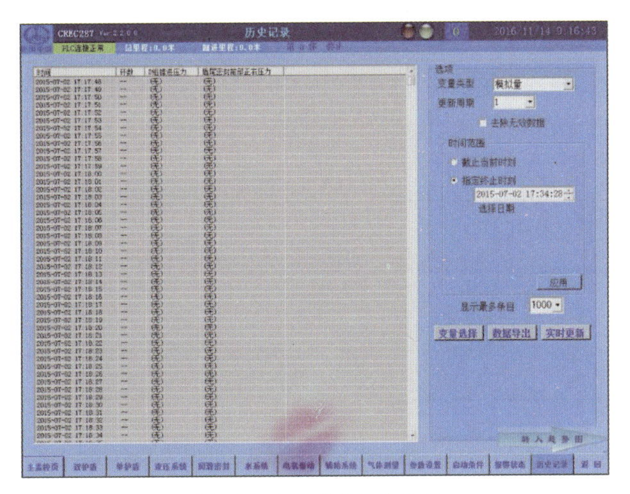


图 8-55　历史数据导出界面

图 8-56 为返回退出界面,可选择“数据监视”进入上位机界面显示,可以进行软件全局设置(环号等设置),也可以点击“退出系统”退出上位机。

图 8-56　返回退出界面

2)操作平台

操作平台各控制面板如图 8-57 ~ 图 8-65 所示,对应的按键说明分别见表 8-23 ~ 表 8-30。

**指示灯状态含义**:停止键闪烁表示启动条件不满足,不能启动;启动键常亮表示运行中;启动键慢闪表示正在启动中;启动键指示灯灭表示启动条件满足。

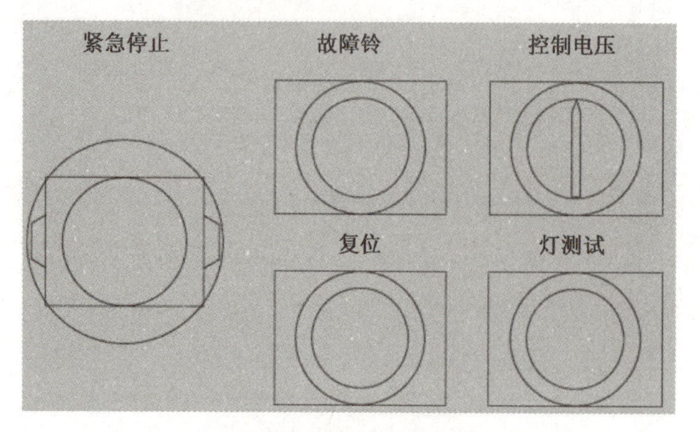


图 8-57 控制器控制面板

控制器控制面板按键说明 表 8-23

| 名　称 | 功　能 | 备　注 |
|---|---|---|
| 紧急停止 | 紧急停止按键 | 仅当紧急情况下使用 |
| 故障铃 | 在产生报警时发出警报声 | |
| 灯测试 | 检查所有指示灯、信号灯及声音信号 | 如有损坏,立刻更换 |
| 复位 | 复位紧急停止功能及故障 | |
| 操作电源 | 为操作台及主 PLC 供电 | |

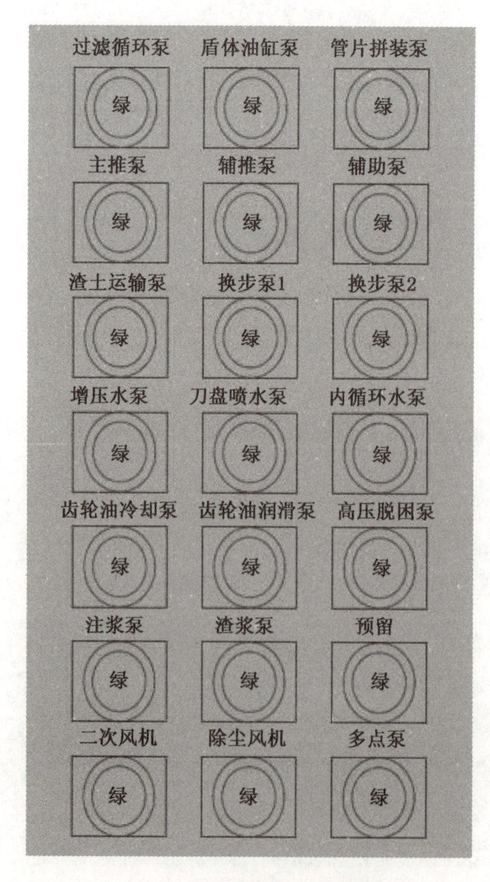


图 8-58 电机启动控制面板

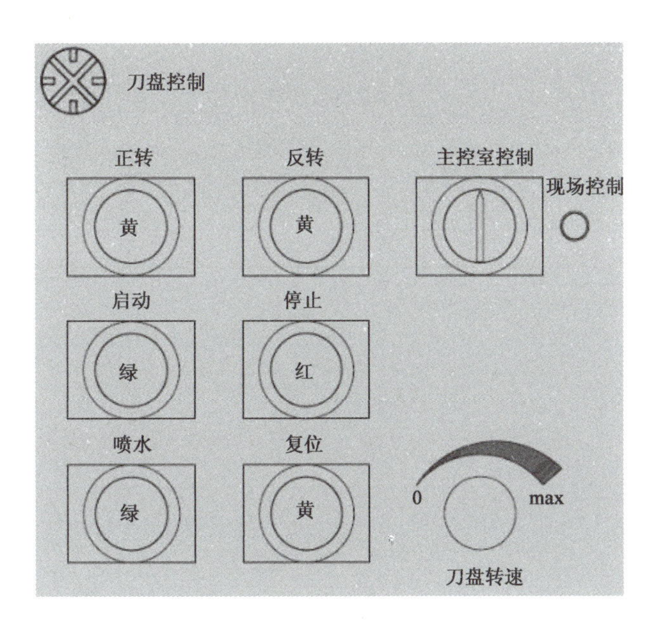


图 8-59　刀盘控制面板

刀盘控制面板按键说明　　表 8-24

| 名　称 | 功　能 | 备　注 |
|---|---|---|
| 正转 | 选择刀盘旋转方向 | 正转，按下后灯亮 |
| 反转 | 选择刀盘旋转方向 | 主控室刀盘反转无效 |
| 启动 | 刀盘旋转启动 | 启动刀盘旋转 |
| 停止 | 刀盘旋转停止 | 停止刀盘旋转 |
| 喷水 | 刀盘喷水控制 | 刀盘主控室控制时，喷水随刀盘转动自动激活 |
| 复位 | 刀盘故障复位 | 复位变频器及其他故障 |
| 刀盘转速调节 | 调节刀盘转速 | 调节刀盘转速 |
| 主控室控制/现场控制选择 | 选择刀盘控制模式 | |
| 现场控制指示灯 | 现场控制指示灯 | 在现场控制有效时常亮，主控室控制时不亮，如果本地与主控室选择不一致时闪烁 |

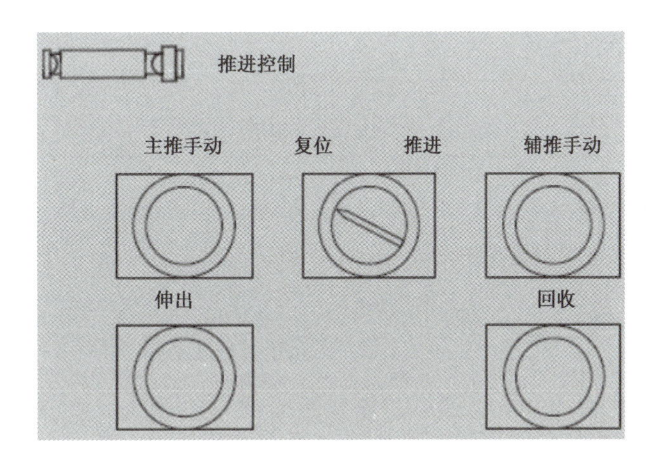


图 8-60　推进控制面板 1

推进控制面板 1 按键说明 表 8-25

| 名　称 | 功　能 | 备　注 |
|---|---|---|
| 主推手动 | 主推手动选择 | |
| 辅推手动 | 辅推手动选择 | |
| 伸出 | 主推/辅推液压缸伸出 | |
| 回收 | 主推/辅推液压缸回收 | |
| 复位/推进 | 复位/推进选择 | |

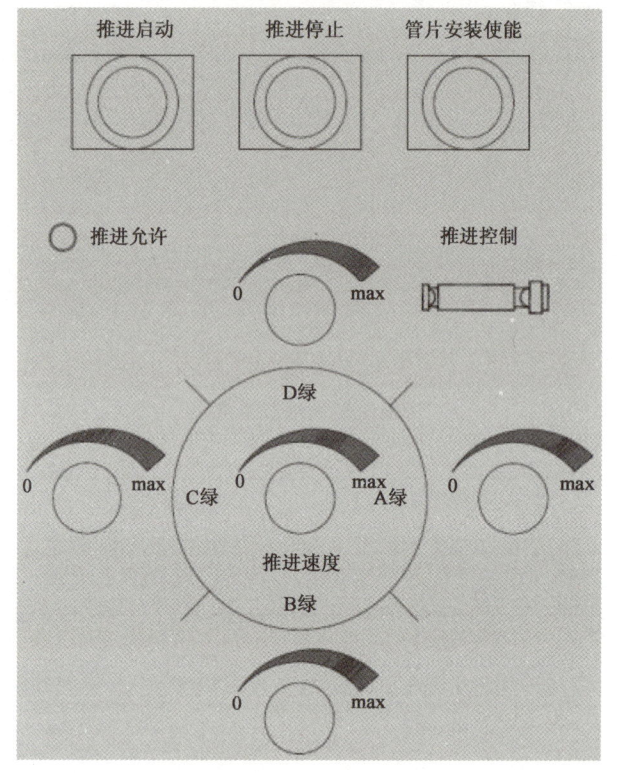


图 8-61　推进控制面板 2

推进控制面板 2 按键说明 表 8-26

| 名　称 | 功　能 | 备　注 |
|---|---|---|
| 推进启动 | 推进启动控制 | |
| 推进停止 | 推进停止控制 | |
| 管片拼装使能 | 管片拼装模式选择 | |
| 推进允许 | 推进允许指示灯 | |
| 推进速度 | 推进速度调节 | |
| 推进压力 | 各组推进压力调节 | |

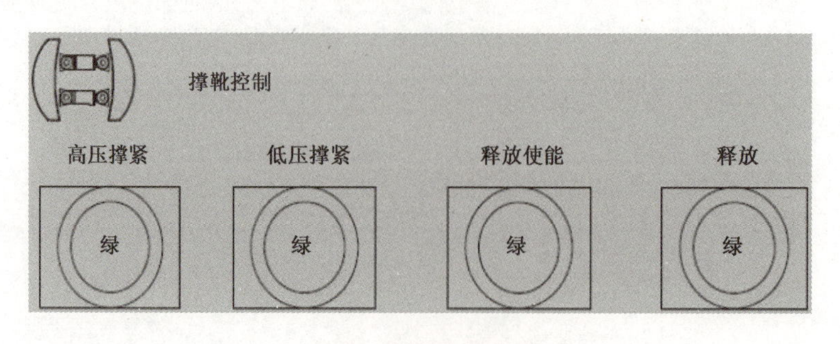


图 8-62　撑靴控制面板

撑靴控制面板按键说明　表8-27

| 名　称 | 功　能 | 备　注 |
| --- | --- | --- |
| 高压撑紧 | 高压撑紧控制 | |
| 低压撑紧 | 低压撑紧控制 | |
| 释放使能 | 释放选择 | |
| 释放 | 释放 | |

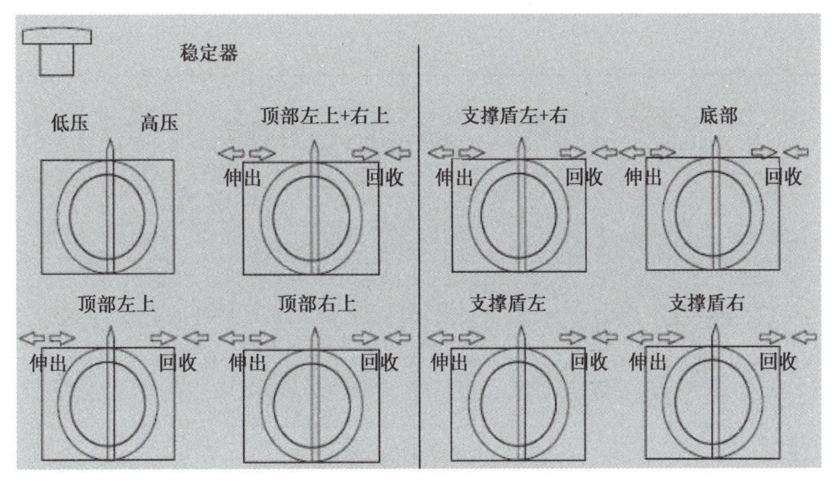

图8-63　稳定器控制面板

稳定器控制面板按键说明　表8-28

| 名　称 | 功　能 | 备　注 |
| --- | --- | --- |
| 高压/低压 | 高压/低压选择 | |
| 左上＋右上 | 左上/右上稳定器同时动作 | |
| 左上 | 左上稳定器动作 | |
| 右上 | 右上稳定器动作 | |
| 底部 | 底部稳定器动作 | |
| 支撑盾左 | 支撑盾左稳定器动作 | |
| 支撑盾右 | 支撑盾右稳定器动作 | |
| 支撑盾左＋右 | 支撑盾左/右稳定器同时动作 | |

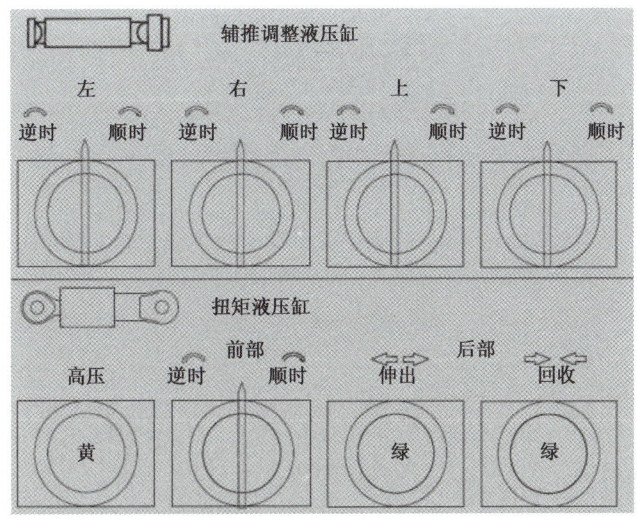

图8-64　辅推调整液压缸、扭矩液压缸控制面板

**辅推调整液压缸、扭矩液压缸控制面板按键说明** 表 8-29

| 名　称 | 功　能 | 备　注 |
| --- | --- | --- |
| 左 | 左调整液压缸顺时针/逆时针控制 | |
| 右 | 右调整液压缸顺时针/逆时针控制 | |
| 上 | 上调整液压缸顺时针/逆时针控制 | |
| 下 | 下调整液压缸顺时针/逆时针控制 | |
| 扭矩液压缸前部顺时针/逆时针 | 扭矩液压缸顺时针/逆时针控制 | |
| 扭矩液压缸后部伸出/回收 | 扭矩液压缸伸出/回收控制 | |

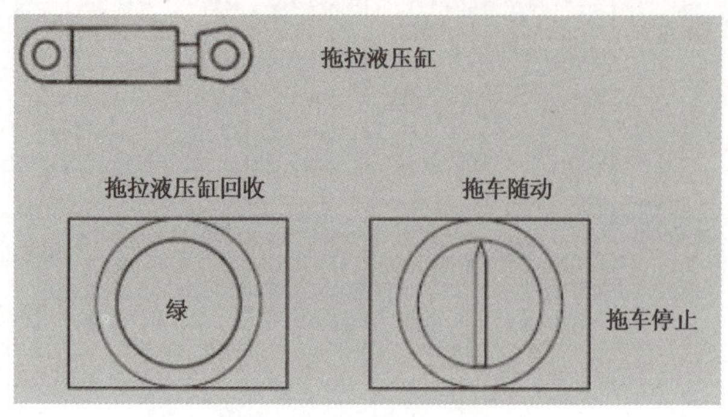


图 8-65　拖拉液压缸控制面板

**拖拉液压缸控制面板按键说明** 表 8-30

| 名　称 | 功　能 | 备　注 |
| --- | --- | --- |
| 拖拉液压缸回收 | 拖拉液压缸控制 | |
| 拖车随动、拖车停止 | 拖拉液压缸控制随动;拖车随推进移动停止;拖车不随推进移动 | |

# 第9章　全断面隧道掘进机操作

本章主要介绍全断面隧道掘进机操作,包含开机步骤、停机步骤、操作安全注意事项、各系统标准化操作流程等,使主司机能够掌握不同类型全断面隧道掘进机的基本操作。

## 9.1　盾构机操作

### 9.1.1　盾构机操作准备工作及运行注意事项

1)盾构机操作准备工作

在盾构机掘进操作前需要对设备进行机械、电、气和液压等系统的检查,确保各系统无故障或者无故障隐患时,方可进行掘进操作。具体需要进行检查和确认的项目如下:

(1)确保各操作系统的参数已设定在合理范围内。

(2)检查延伸水管、电缆连接是否正常。

(3)检查供电是否正常。

(4)检查循环水压力是否正常。

(5)检查滤清器是否正常。

(6)检查皮带输送机、皮带是否正常。

(7)检查空压机运行是否正常。

(8)检查油箱油位是否正常。

(9)检查油脂系统油位是否正常。

(10)检查泡沫剂液位是否正常。

(11)检查注浆系统是否已准备好并运行正常。

(12)检查后配套轨道是否正常。

(13)检查出渣系统是否已准备就绪。

(14)检查盾构机操作面板状态:开机前应使螺旋输送机前舱门处于开启位,螺旋输送机的螺杆应伸出,管片拼装按钮应无效,无其他报警指示。

(15)检查导向系统是否工作正常。

若以上检查存在问题,首先处理或解决问题,然后再准备开机。

(16)请示土木工程师并记录有关盾构机掘进所需相关参数,如掘进模式(敞开式、半敞开式或土压平衡式等)、土舱保持压力、线路数据、注浆压力等。

(17)请示机械工程师并记录有关盾构机掘进的设备参数。

(18)若需要修改盾构机参数,则根据土木工程师和机械工程师的指令进行。

2)盾构机运行注意事项

(1)掘进中必须特别注意的事项。

①掘进中,设备有时会突然侧滚,所以进入盾构机内时,须充分注意因突然侧滚造成的跌倒、滚落。

②高空作业时,必须佩戴安全带。

③因皮带输送机振动造成后续拖车的翻倒,存在伤及作业者的危险性,须切实装好防翻部件,并认真确认。

④由于电机风扇周围堵塞而不能散热,或内部损坏,有发生火灾的可能,因此,应保持电机风扇周围空气流通。

⑤推进液压缸靴撑和管片间有夹住手脚的危险,注意不要把手脚置于其间。

⑥进入开挖舱作业时,有被刀盘伤害的危险,须在进入开挖舱前确认刀盘启动开关置于人舱手动操作位置。刀盘启动时,一定要确认开挖舱内无作业人员,然后恢复主控室控制,再旋转刀盘。

(2)修正隧道设计路线:要时刻监视盾构机姿态(倾向、侧滚、偏转),发现偏离隧道设计路线时,要迅速修正。(延误修正有时会导致盾构机难以回到隧道设计路线)

(3)机器异常的早期发现。

①与通常掘进时的参数相比,推进液压缸推力、螺旋输送机扭矩、切削刀盘扭矩是否变化较大。

②特别在出现排出的渣土温度高、排土量异常少或多、螺旋输送机与土舱隔板的温度高、与设定值相比土舱内压力持续偏高情况之一时,要迅速停机处理,并分析原因。

(4)防止盾尾注浆材料流入土舱内。

①盾尾注浆的注入压力不要超过设定值。

②机器未掘进时,一般不要注浆。

(5)管片运输。

①管片车进入后配套区域时,有撞伤人员的危险,司机须按照指挥人员信号行车。

②如果行走范围内有障碍物,会有碰撞受伤的危险,因此不在行走、起吊范围内放置障碍物。

③在搬运、安装管片时,有碰撞作业人员的危险,搬运者应确认前方无人。另外,为防止发生意外,操作人员勿进入管片运输作业范围内。

④如果起吊或前后搬运的操作过猛,有起吊物脱落而造成伤害的危险,须将起吊冲击控制在最低程度,保持平稳操作。

⑤管片吊钩如未完全销好,有管片落下伤及作业者的危险,须确认吊钩完全销好后再起吊。

⑥管片起吊、放下时,有因管片晃动,夹住手脚的危险,须注意。

⑦管片等物起吊时,勿进入起吊物下方以防发生人身伤亡事故。

⑧搬运中的管片,有因晃动而碰撞身体的危险,须确认附近无人后再作业。另外,为了避免起重物摇动,须平稳操作。

⑨吊机应在额定起重量范围内使用,否则易造成人身事故。

⑩为防止吊机事故,必须定期检查。

(6)管片拼装机操作中注意事项。

①管片拼装机旋转时,有被旋转环、升降机架等旋转物挟住的危险,所以旋转过程中,勿靠近。

②管片拼装机操作中,如软管等被周边设备挂住而损伤,则有管片拼装机械手和管片落下伤人的危险,须注意保护软管,特别是超出旋转限度使用时,软管很有可能被拉断,须采取预防措施。

③管片拼装机停止时,管片拼装机抓举头要停在正下方的位置。

④在管片吊起状态和抓举头转到上方的状态时,勿长时间(3min以上)放置,以防坠落。

⑤组装管片上部时,为防物件落下伤及下边的作业者,作业时须勿在下边行走。管片定位时,有将手脚夹在管片间的危险,须确认作业者的安全后,操作管片拼装机。组装管片时,推进液压缸的伸缩动

作也会进行,作业者的手脚有被夹在突然动作的推进液压缸和管片间的危险,管片拼装机和盾构机推进液压缸的操作者,请明确联络口令,确认作业者的安全。

(7)后配套注意事项。

①保持后方通道清洁,如后配套拖车运行轨道及隧道上有障碍物时,会造成拖车脱轨、倾覆,可能造成人身伤亡事故,请确认有无障碍物。有障碍物时,请立即排除。

②掘进中,随着盾构机的掘进,后续拖车也前进,手指和身体有被车轮、车体夹住的危险,所以,掘进中勿接近车轮,勿倚在拖车上等。

③在弯道施工中,注意检查后续拖车和管片是否互相干扰。

3)盾构机操作基本要求

(1)盾构机操作必须一切从保证工程质量的要求为出发点,充分保证隧道的衬砌质量,保证线路方向的正确性,并尽量减小因盾构机施工而引起的地面下沉。所以必须做到:①注浆不能保证时不能掘进;②没有方向测量时不能掘进;③严格执行土木工程师提出的土压指令,对掘进中的出土量突现异常时要立即报告。有问题及时提出,特别当盾构机处于土压平衡或半敞开式掘进时要严格控制盾构机的出土量。

(2)操作盾构机时要充分合理应用盾构机的各种功能,严禁为了赶进度而拼设备;严格执行盾构机说明书上的各种安全操作要求,严格遵守机械工程师提出的参数指令。

(3)操作人员操作期间必须集中精力,不得与他人嬉戏、聊天。

(4)非操作人员严禁操作盾构机。

4)操作人员要求

(1)盾构机操作人员必须身体健康,能够适应较长时间的洞内工作,无色盲,具有较强的责任心。

(2)盾构机操作人员必须经过专门的专业培训,具有一定的机械、电气及土木工程知识,对盾构机械结构、电气配置及盾构机施工过程有一定的了解。

(3)盾构机操作人员必须经过专门的安全知识培训,并且熟悉盾构机及地下工程施工的相关安全知识。

(4)对于在盾构机内工作的不同专业工种人员,如电气、液压、机械等工作人员等,需遵守其专业内的安全规定,并取得合格的工作资质。

### 9.1.2　盾构机掘进系统操作

1)土压平衡盾构机掘进操作

(1)盾构机掘进前开机顺序。

①确认外循环水已供应,启动内循环水泵。

②确认空压机冷却水阀门处于打开状态,启动空压机。

③根据工程要求选择盾尾油脂密封的控制模式,即选择采用行程控制模式,还是采用压力控制模式。

④在“报警系统”界面,检查是否存在当前错误报警,若有,首先处理;否则可能会导致设备无法正常启动或运转,造成设备或人员伤害。

⑤将面板的螺旋输送机转速调节旋钮、刀盘转速调节旋钮、推进液压缸压力调节旋钮、盾构机推进速度旋钮等调至最小位。

⑥启动液压泵站过滤冷却泵,并注意泵启动是否正常,具体检查其启动声音及振动情况等。每一个泵启动时均须注意其启动情况。

⑦依次启动润滑脂泵(EP2)、齿轮油泵、HBW泵。

⑧上位机“变频驱动”界面选取“滑差控制”模式,至少选择一组对称电机。

⑨依次启动推进泵、辅助泵及控制泵。

⑩选择手动或半自动或自动方式启动泡沫系统。

⑪启动盾尾油脂密封泵,并选择自动位。注意以上掘进前按开机顺序依次操作,若开机顺序错误或步骤颠倒,可能会造成部分系统无法正常开启。

至此盾构机的动力部分已介绍完毕,下面根据不同的工序做进一步说明。

(2)土压平衡盾构机掘进操作顺序。

①启动皮带输送机。

②启动刀盘:根据导向系统面板上显示的盾构机滚动角选择盾构机旋向按钮,滚动角为正值时选择顺时针旋转,滚动角为负值时选择逆时针旋转。选择刀盘启动按钮,当启动绿色按钮常亮后,慢慢右旋刀盘转速控制旋钮,使刀盘转速逐渐稳定在值班工程师要求的转速范围。严禁旋转旋钮过快,以免造成过大的机械冲击,损坏机械设备。此时注意主驱动扭矩的变化,若因扭矩过大而使刀盘启动停止,则先把电位器旋钮左旋至最小再重新启动。

③启动螺旋输送机:慢慢开启螺旋输送机的后舱门。启动螺旋输送机按钮,并逐渐增大螺旋输送机的转速。

④按下推进按钮,并根据导向系统屏幕上指示的盾构机姿态,调整四组液压缸的压力至适当的值,并逐渐增大推进系统的整体推进速度。

以上操作顺序依次进行,若操作顺序错误或步骤颠倒,可能会造成部分系统无法正常开启,如皮带输送机没有启动、螺旋输送机后舱门没有开启,均无法启动螺旋输送机。

盾构机掘进作业工序流程如图 9-1 所示。

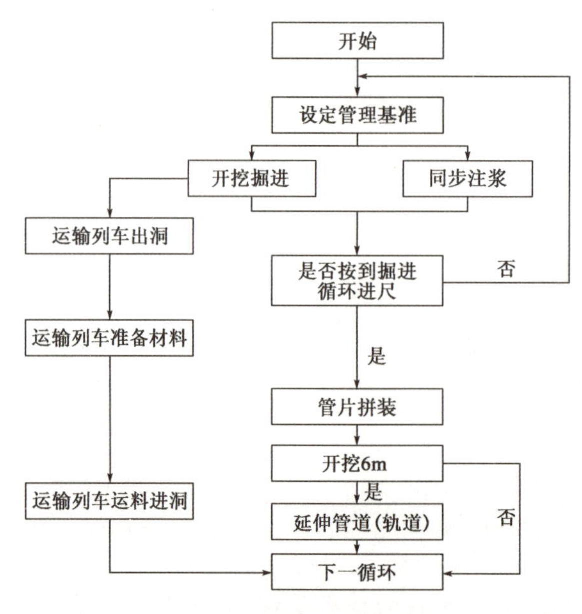


图 9-1　盾构机掘进作业工序流程图

(3)土舱压力调整。

①如果开挖地层自稳定性较好,则采用敞开式掘进,不用调整压力,以较大开挖速度为原则。

②如果开挖地层有一定的自稳性而采用半敞开式掘进,则注意调节螺旋输送机的转速,使土舱内保持一定的渣土量,一般约保持 2/3 左右的渣土。可以通过观察面板上土压传感器值,上部压力可以为 0,左中和右中压力值稍大于 0,左下和右下压力值为 1bar 左右即可。

③如果开挖地层稳定性不好或有较大的地下水时,需采用土压平衡模式(即 EPB 模式)。此时需根据前面地层的不同来保持不同的土舱压力,具体压力值应由土木工程师决定,但最大土舱压力值一般不能大于 3bar,否则有可能损坏主轴承密封。

④若压力大时可以采取以下措施来降低压力：

a. 增大螺旋输送机的转速，增加出渣速度，降低土舱内渣土的高度；

b. 适当降低推进液压缸的推力；

c. 降低泡沫和空气的注入量；

d. 适当的排出一定量的空气或水。

⑤若压力过小时可以采取以下措施来增大压力：

a. 降低螺旋输送机的转速，降低出渣速度，增加土舱内渣土的高度；

b. 适当增大推进液压缸的推力；

c. 增大泡沫和空气的注入量。

⑥土舱内的压力是通过几种方法的综合运用来调整的，调节时要综合考虑几种方法对盾构机施工的影响，如对掘进的速度、管片的保护以及是否会发生喷涌等是必须考虑的，具体有：

a. 长时间降低螺旋输送机的转速可能会使开挖速度下降；

b. 过量注入泡沫来保压不但不够经济，而且有可能发生喷涌；过少则可能造成刀盘扭矩增加；

c. 推进系统推力过大有可能破坏管片，使管片产生裂纹或变形；推进系统推力太小则无法掘进。

(4)推进方向的调整。

①自动导向系统和人工测量辅助进行盾构机姿态监测。自动导向系统配置了导向、自动定位、掘进程序软件和显示器等，能够适时显示盾构机当前位置与隧道设计轴线的偏差以及趋势。据此调整控制盾构机掘进方向，使其始终保持在允许的偏差范围内。随着盾构机推进，导向系统的测量仪器及后视基准点需要前移，必须通过人工测量来进行精确定位。为保证推进方向的准确可靠，每周进行两次人工测量，以校核自动导向系统的测量数据，复核盾构机的位置、姿态，确保盾构机掘进方向的正确。

②采用分区调整盾构机推进液压缸推力控制盾构机掘进方向。根据线路条件所做的分段轴线拟合控制计划、导向系统反映的盾构机姿态信息，结合隧道地层情况，通过分区操作盾构机的推进液压缸来控制掘进方向。盾构机方向的调整是通过推进系统几组液压缸的不同压力来进行调节的，调节的一般原则：使土压平衡盾构机的掘进方向趋向隧道的理论中心线。调节土压平衡盾构机推进液压缸每组压力，当盾构机液压缸左侧压力大于右侧时，盾构机姿态自左向右摆；当上侧压力大于下侧压力时，盾构机姿态自上向下摆，依次类推即可调整盾构机的姿态。在均匀地质条件下，保持所有液压缸推力一致；在软硬不均的地层中掘进时，则应根据不同地层在断面的具体分布情况，遵循硬地层一侧推进液压缸的推力适当加大，软地层一侧液压缸的推力适当减小的原则来操作。为了保证盾构机的铰接密封、盾尾密封工作良好，同时也为了保证隧道管片不受破坏，盾构机在调向过程中不能有太大的趋势值，一般在导向系统上显示的任一方向的趋势值不应大于10mm。通常盾尾位置每循环调节量不大于10mm。

③掘进姿态的调整与纠偏。在实际施工中，由于地质突变等原因盾构机推进方向可能会偏离设计轴线并达到管理警戒值。在稳定地层中掘进，因地层提供的滚动阻力小，可能会产生盾体滚动偏差。在线路变坡段或急弯段掘进，有可能产生较大的偏差。因此应及时调整盾构机姿态，纠正偏差。

(5)盾构机自转的调整。

盾构机自转可以通过改变盾构机刀盘的转向进行调整。为了保证盾构机在推进过程中，盾体滚动角不能超过上位机上设置的10°。改变盾构机刀盘转向按以下操作：按停止按钮停止掘进，将刀盘转速旋钮调至最小，重新选择刀盘转向，按开始按钮，并逐渐增大刀盘转速即可。

(6)掘进过程中检查和记录。

在盾构机的掘进过程中，应有一名司机随时注意巡检盾构机的各种设备状态，如泵站噪声情况，液压系统管路连接有否松动及是否有渗漏油，油脂及泡沫系统原料是否充足，轨道是否畅通，注浆是否正常等。操作室内主司机应时刻监视螺旋输送机出口的出渣情况，根据导向系统调整盾构机的姿态，发现问题立即采取相应措施。

(7)掘进报告的填写。

为了积累盾构机施工经验,更好进行盾构机施工的总结,以及留下必要的施工考证依据,在盾构机施工的过程中必须严格按照要求填写掘进报告。

对于简单的停机可以在掘进报告的给定位置简单说明,对于长时间影响掘进的故障或事故,必须记录清楚。

对于在掘进过程中发生的任何设备故障都应有详细的记录。

(8)掘进结束。

当掘进结束时,按以下顺序停止掘进:

①停止推进系统。

②逐步降低螺旋输送机的转速至零,停止螺旋输送机。

③关闭螺旋输送机后闸门。

④停止皮带输送机。

⑤若刀盘驱动压力较大,则可持续转动刀盘适当的搅拌土舱内渣土,当驱动压力降低至一定程度时减小刀盘转速至零,并停止刀盘转动,这样有利于下次刀盘启动时扭矩不至于太大。

⑥若立即准备安装管片,则按下管片拼装按钮。

⑦依次停止主驱动泵/电机、补油泵、螺旋输送机泵、控制泵、油脂密封系统、齿轮油泵、泡沫系统。

⑧若马上安装管片,可以暂不关闭推进系统油泵和辅助油泵,否则关闭。

⑨通知有关人员进行下一工序的工作。

⑩注意以上操作顺序依次进行,若操作顺序错误或步骤颠倒,可能会造成部分系统异常损坏,如在螺旋输送机没有停止状态下关闭螺旋输送机后,闸门容易导致螺旋输送机堵舱乃至损坏;刀盘没有在停止状态下停止油脂密封系统,统容易导致主驱动密封损坏。

2)泥水平衡盾构机掘进操作

(1)泥水平衡掘进操作步骤。

①开启分离设备:泥水分离厂首先要进行调制浆工作,在盾构机开始掘进前盾构机控制室电话通知泥水处理厂开启泥水分离设备。注意没有浆液循环,泥水平衡盾构机将无法进行掘进出渣。

②旁通循环:启动 P1.1 泵、P2.1 泵开始旁通循环,一定要确保旁通阀是打开的,否则会发生严重后果,将导致泥浆循环受阻,严重的可能会导致进浆管路及系统部件损坏,甚至造成人员伤亡。泥浆管延伸到一定距离加设 P2.2 泵后,还要开启 P2.2 泵。

③掘进循环:首先开启进浆阀和出浆阀,然后关闭旁通阀开始工作泥浆循环,一定要注意阀的开关顺序,否则会引起管路破裂。

④启动刀盘。

a. 根据测量系统面板上显示的盾构机目前滚动值选择刀盘旋转方向。滚动值为正选择正转,滚动值为负选择反转,否则将导致盾构机滚动角过大,造成设备损坏。

b. 按下刀盘启动按钮。

c. 旋动刀盘加速按钮慢慢给刀盘加速,转速要分几次加上去,以免造成过大冲击,损伤设备。

⑤推进:

a. 使盾构机进入掘进模式。

b. 打开推进控制按钮。

c. 旋动推进速度控制按钮把速度定在一定的速度,开始掘进。

d. 掘进时要根据盾构机姿态调整液压缸的推力,保持盾构机姿态与隧道设计轴线保持一致,避免盾构机掘进偏离。

e. 掘进期间主司机要时刻注意气垫舱的液位和顶部压力,控制进、排浆的流量。

f. 掘进过程中要同步注入砂浆。

(2)泥水平衡盾构机掘进过程中泥水循环操作。

泥水循环系统既具有保持掌子面压力的作用,也具有排渣的作用,但保持掌子面压力的作用是首要且必须满足的。为保证施工安全,当液位监视显示气垫舱液面已经达到低液位时,便需停止从气垫舱排出泥浆的工作,且所有相关球阀必须设定到各自相应的位置。同样,当气垫舱达到高液位时,气垫舱/泥水舱的进浆停止,且所有相关球阀必须设定到各自相应位置。上述情况下,各泥浆泵按设定要求运行。一旦气垫舱液面再次达到所需标准值,操作人员必须检查球阀的位置,然后才可以运行掘进模式。如果液位必须完全降低,可将液面监视功能通过上位机显示屏上的一个开关予以切断。

泥水循环模式转换必须按照图9-2进行。

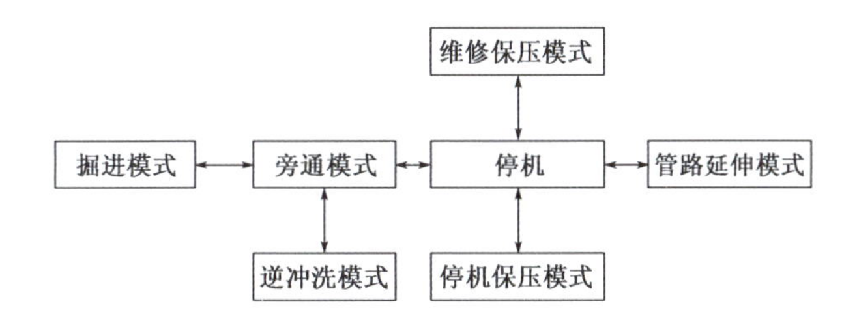


图9-2　泥水平衡盾构机模式转换图

①旁通模式(图9-3)。旁通模式为中间过渡模式,通过调节进浆泵和排浆泵的转速来控制进浆管和排浆管的流量、压力,同时将隧道内的排浆泵/进浆泵同步调整至需要的转速和流量。

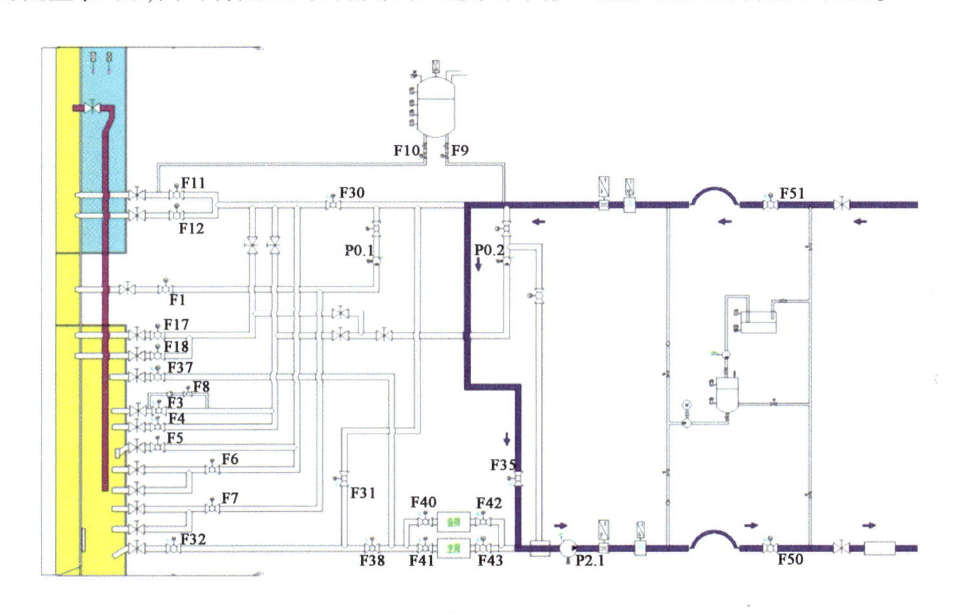


图9-3　旁通模式示意图

②掘进模式(图9-4)。掘进模式需通过旁通模式切换,通过调节进/排浆泵转速调节达到要求的流量和压力,此流量和压力与推进速度、地质条件相适应。

③逆冲洗模式(图9-5)。逆冲洗模式需通过旁通模式切换。通过进/排浆液流向的切换对气垫舱底部滞排区域和P2.1泵前方堵塞管路进行冲洗。该模式可以实现持续冲洗,直至堵塞区域疏通。

(3)压力调整。

①气垫式泥水平衡盾构机的压力是靠气体保压系统自动控制,掘进前需根据前面地层的不同设定不同的土舱压力,具体压力值应由土木工程师决定。掘进过程中需要控制调节的是气垫舱泥浆液位。

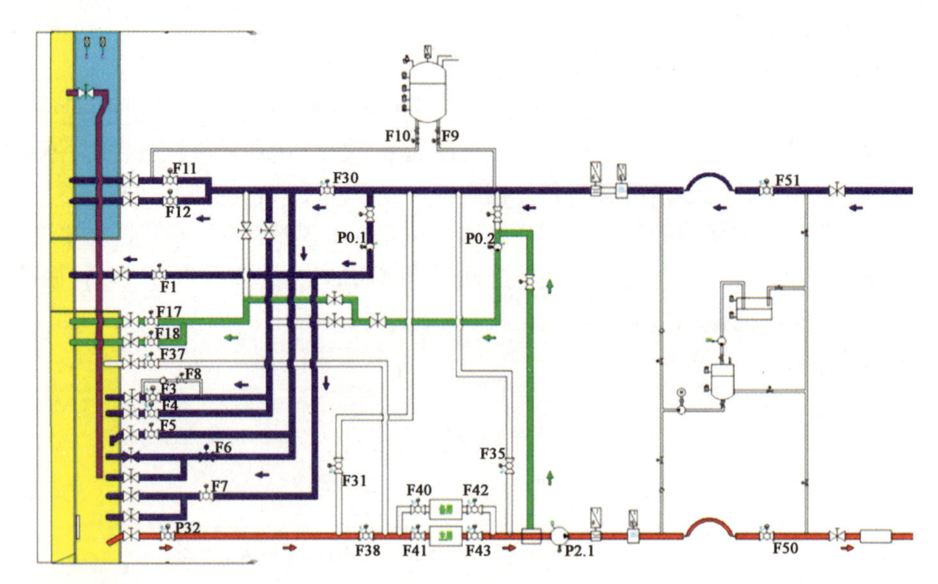


图 9-4　掘进模式示意图

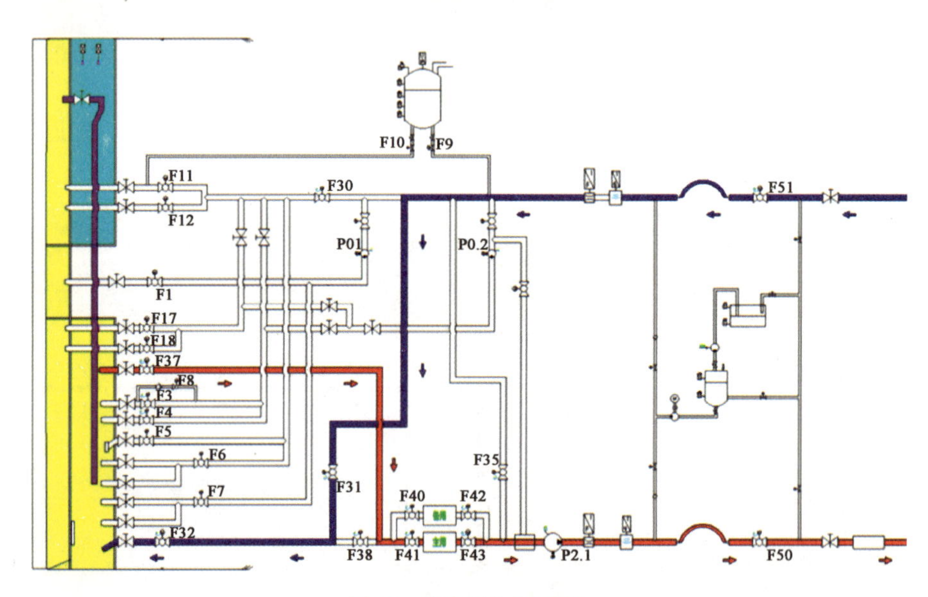


图 9-5　逆冲洗模式示意图

②液位低时可以采取以下措施。

方式一:保持排浆泵流量,增加进浆泵流量。

方式二:保持进浆泵流量,降低排浆泵流量,同时降低推进速度,配合出浆流量。

方式三:增加进浆泵流量,降低排浆泵流量。

③液位高时可以采取以下措施。

方式一:保持排浆泵流量,降低进浆泵流量。

方式二:保持进浆泵流量,增加排浆泵流量。

方式三:增加排浆泵流量,降低进浆泵流量。

(4)盾构机姿态的调整。

①采用自动导向系统和人工测量辅助进行盾构机姿态监测。自动导向系统配置了导向、自动定位、掘进程序软件和显示器等,能够适时显示盾构机当前位置与隧道设计轴线的偏差以及趋势。据此调整控制盾构机掘进方向,使其始终保持在允许的偏差范围内。

②盾构机掘进方向控制。根据线路条件所做的分段轴线拟合控制计划、导向系统反映的盾构机姿

态信息，结合隧道地层情况，通过分区操作盾构机的推进液压缸来控制掘进方向。盾构机方向的调整是通过推进系统几组液压缸的不同压力来进行调节的。泥水盾构机掘进方向调节要始终保持盾构机的掘进方向接近隧道的理论中心线。当盾构机处于水平线路掘进时，应使盾构机保持稍向上的掘进姿态，以纠正盾构机因自重而产生的低头现象。在上坡段掘进时，适当加大盾构机下部液压缸的推力。在下坡段掘进时则适当加大上部液压缸的推力。在左转弯曲线段掘进时，则适当加大右侧液压缸推力。在右转弯曲线掘进时，则适当加大左侧液压缸的推力。

(5)盾构机自转的调整：为了保证盾构机在推进过程中正确的受力状态，盾构机不能有太大的自转，一般不能大于导向系统面板上的显示的转动值10°。通过调整盾构机刀盘的转向可以调整盾构机的自转。

(6)掘进结束。当掘进结束时，按以下顺序停止掘进：

①停止推进系统。

②待扭矩减小到一定值后停止刀盘。

③减小P1.1、P2.1、P2.2泵的功率。

④打开旁通阀，快速关闭通往前面的所有阀，进入旁通循环。(注：一定要注意顺序)

⑤继续慢慢减小P1.1、P2.1、P2.2泵的功率直至关闭。

⑥关闭碎石机泵。

⑦泥水分离厂逐渐关闭各设备。

⑧若立即准备安装管片，则使盾构机进入安装模式。

⑨通知有关人员进行下一工序的工作。

⑩管片拼装完毕进行下一循环掘进，如果泥浆管、钢轨、水管、风筒用尽，则要延伸相应泥浆管、钢轨、水管、风筒后再掘进。

⑪注意按以上操作顺序依次进行，若操作顺序错误或步骤颠倒，可能会造成部分系统异常损坏，如一定要在打开旁通阀后再关闭其他前面的所有阀，避免造成泥浆管路憋压。

### 9.1.3 管片运输及安装操作

管片从地面存放处由门式吊机吊运到管片小车上，由机车运送到盾构机1号拖车，再由管片吊机吊运至盾构机设备桥下方，将管片旋转90°后放置在管片输送小车上，然后由管片输送小车将管片输送到管片拼装机可抓取范围内，由管片拼装机进行拼装。

在进行管片吊装和安装时管片拼装附近属于危险区域，非必要人员禁止在此区域通过、停留。管片拼装机操作司机在操作时一定要能够看到管片拼装机附近的工作人员，确保管片拼装机旋转范围内没有人员，并保证周围人员的安全。

1)管片运输

管片吊机一般位于盾构机1号拖车处，负责从管片小车到管片输送小车的管片运输，它由一对电驱动吊链起重装置、一对电驱动行走装置和控制系统组成，起重装置和行走装置都有快、慢两挡，以调节运行速度。

机车将管片运输至盾构机1号拖车位置后，按照管片拼装的循序，在管片吊装孔上安装好吊装螺栓后采用销子与管片吊机扁担梁锁紧，将管片一次吊装至管片小车上，调运管片时严禁顺时针转动管片，否则可能造成管片掉落或损坏吊装孔螺纹。

管片输送小车在盾构机设备桥下方，它起着管片运输和中间储备的作用。盾构机掘进时，管片输送小车由一根链条连接到盾构机中盾盾体上，随着盾构机的掘进而前进。既可在管片输送小车本地控制盒上操作管片输送小车，也可在管片拼装机遥控器上操作管片输送小车。

由管片吊机吊装管片至管片小车的过程中，需要将管片调整至管片拼装的方向，平稳放置在管片小车上。管片小车有起升和前进功能,将管片放置在小车上后,操作小车向前按钮,当小车前进液压缸到位后,操作小车起升按钮,将管片提升起来,然后将前进液压缸缩回,完毕后将小车起升液压缸缩回,再进行小车前进液压缸的操作;如此循环,将管片运送至管片拼装机可以夹持的位置。

2)管片拼装

管片拼装机位于盾尾内部,用来安装单层管片衬砌。它的运动与施工现场的要求相适应,能将管片准确地放到恰当位置上。管片拼装机的结构在这里不在叙述,下面介绍管片拼装的操作过程。

(1)管片拼装机启动前的准备。

①确认遥控器紧急停止按钮未按下,否则将无法进行遥控器的操作。

②检查管片拼装机遥控器面板右下角电量闪烁指示灯为绿色,否则如果显示为红色,表明电池电量不足,应及时更换周转电池。

③检查所有控制开关处于原始位置,避免误操作导致人员或设备损伤。

④按下遥控器右侧的“复位”(电铃)按钮。

⑤在主控制室琴台按下“复位”按钮。

⑥确认管片拼装机泵满足启动条件,在主控制室琴台启动管片拼装机泵。

⑦待泵完全启动,泵指示灯变为常亮即可操作。

(2)管片拼装步骤。

①将管片按正确顺序放在管片运输小车上,如果管片放置顺序不正确,将导致管片无法正常安装,造成返工。

②依次启动过滤冷却泵、辅助泵、推进泵、管片拼装机泵。

③将盾构机工作模式转换到管片拼装模式下。

④收第一块管片拼装区的推进液压缸。

⑤运输小车将第一块管片输送到拼装机下方。

⑥管片拼装机抓牢管片后,通过调整大液压缸、旋转马达、抓举头翻转等,将其准确定位到最终位置。

⑦在需要安装螺栓的孔内穿上螺栓并戴上螺帽,但暂时不要拧紧。

⑧将相应的推进缸伸出,顶紧已到位的管片。必须保证在每个A、B、C管片至少有2个(对)液压缸对称顶紧管片,避免管片滑落造成人员或设备损伤。

⑨用风动扳手将螺栓紧固,风动扳手的风压要满足规定的扭矩要求。

⑩松开抓取头,进行下一块管片的安装。

⑪按照以上的步骤依次安装除封顶块以外的其余管片。安装封顶块时,要使封顶块从梯形头的大端向小端慢慢移动来进行定位。

⑫管片拼装完成后,应将管片拼装机的抓取头向下放置,并将盾构机切换到掘进模式。

⑬根据需要将本环管片的安装信息输入导向系统。

(3)管片拼装方式:一般情况下,衬砌环采用错缝拼装,封顶块的位置在正上方或偏离上方±22.5°。管片拼装时应从底部开始,然后自下而上左右交叉安装,最后插入封顶块管片成环。此外可采用全功能环模式安装,根据实际需要封顶块可以在圆周的上、下、左、右任一位置安装,如可以把左转弯环管片上下倒过来安装,用作右转弯环管片,此时封顶块应安装在下部,还可以把右转弯环同样用作左转弯环等。

(4)管片运输安装注意事项。

①安装管片之前,应将盾尾杂物清理干净,否则将会损坏盾尾密封以及影响管片拼装质量。

②由于管片拼装作业区狭小、危险,操作人员必须熟悉安全操作规程,注意操作人员之间的相互协调,一定要保证人身和设备安全。

③管片拼装机工作时,严禁管片拼装机下站人,严禁非工作人员进入工作区。

④安装管片过程中,伸推进液压缸时,一定要把推进液压缸压力适当减小,以避免在安装过程中推力过大而造成单片管片失稳或破坏管片。

⑤当正在安装的管片接近已安装好的管片时,要注意不能快速接近,以免碰撞而破坏管片。接近后要利用转动与翻转装置进行微调,保证管片块间的连接平顺。

⑥安装管片过程中,要保证密封条完好,否则应更换。

⑦安装完成后应对已完成的管片质量进行检查,并进行记录。

### 9.1.4 铰接系统操作

根据盾构机铰接操作方式的不同,铰接系统一般可以分为主动铰接和被动铰接两种。

1)被动铰接

被动铰接可以进行三个模式的操作:

(1)保持模式:这是被动铰接最通用的模式。选择该模式,盾尾通过在铰接液压缸的液压油来保持盾尾的平均位置,液压缸中液压油的压力由盾尾的拖拽产生。

(2)释放模式:这种模式允许打开铰接,通过前盾向前运动来实现。铰接液压缸被动伸展,由于推进液压缸的动作,前盾向前移动,盾尾停留在原位。

(3)回收模式:这种模式能够关闭铰接或为了更换刀具(利用前部压力)后缩回前盾。

2)主动铰接

主动铰接的液压缸布置方式与推进系统类似,一般分为4个区域,每个区域可以进行独立操作。在上位机上可以进行每个区域的伸出或缩回操作,根据盾构机的姿态和隧道转弯的要求,进行每个区域铰接液压缸伸出量的调整。主动铰接系统有两种工作模式:自由模式和分组模式。自由模式是铰接最常用的模式,掘进过程中,铰接液压缸4个区的行程基本相当,主司机无须对铰接液压缸做任何操作。分组模式可以选择一组或者多组处于低压状态,转弯方向一侧液压缸缩回,另一侧伸出。动作由PLC程序控制。

### 9.1.5 密度仪操作

在泥水盾构机中,泥浆具有维持开挖面稳定和运送弃土的作用。泥水盾构机施工时稳定开挖面的机理:以泥水压力来抵抗开挖面的土压力和水压力以保持开挖面的稳定,同时,控制开挖面变形和地基沉降,在开挖面形成弱透水性泥膜,保持泥水压力有效作用于开挖面。泥浆作为一种运输介质将开挖下来的弃土以流体形式输送,经泥水分离处理设备滤除废渣,将泥水分离。泥浆的密度和黏度等性能决定其稳定开挖面和携带渣土的能力。

1)泥浆密度

为保持开挖面的稳定,即把开挖面的变形控制到最低限度,泥浆密度应比较高。从理论上讲,泥水密度最好能达到开挖土体的密度。但是,泥浆密度大会引起泥浆泵超负荷运转以及泥水处理困难。泥浆密度小虽可减轻泥浆泵的负荷,但因泥粒渗走量增加,泥膜形成慢,对开挖面稳定不利。因此,在选定泥浆密度时,必须充分考虑土体的地层结构,在保证开挖面的稳定的同时,也要考虑泥水分离设备的处理能力。一般情况下,在砂层中,泥浆密度要求偏大一些,在1.20~1.25g/cm$^3$;在黏土层中泥浆密度应当偏小一点,一般在1.10~1.15g/cm$^3$。

2)泥水黏度

泥水必须具有适当的黏性,以收到以下效果:

(1)防止泥水中的黏土、砂粒在土舱内的沉积,保持开挖面稳定。

(2)提高黏性,增大阻力,防止逸泥。

(3)使开挖下来的弃土以流体形式输送,经泥水分离处理设备滤除废渣,将泥水分离。泥浆黏度低,达不到携带弃土能力和稳定开挖面的要求;黏度太高会影响它的运输能力,易形成堵管。在掘进过程中,一般情况下,在全断面4-1、4-2砂层中,黏度控制在35~40s;上部有4-1、4-2砂层、中低部为少量4-1黏土时,黏度控制在25~30s;中上部是4-1黏土层,下部有6、7、8号层时,黏度控制在20~25s。在实际掘进中应当结合地层分布情况、泥水分离系统的出渣情况、进出口泥浆黏度及密度的差值、环流系统是否顺畅、地表沉降等综合考虑黏度值。

### 9.1.6 人舱操作及注意事项

1)人舱操作规程

在掘进地质比较差的地段,在进行刀盘检查和刀具更换时可实行带压进舱。用压力舱的工作压力来与刀盘前方的掌子面相平衡,防止掌子面围岩的坍塌,或突然涌水。盾构机带压舱一般由人舱、准备舱、土舱共同组成。为了检查刀盘和刀具,更换刀具,测试压力传感器和检查掌子面,人员必须定期进入开挖舱。

(1)必须遵守我国有关压力舱升压和降压的规定及人舱管理员制定的规定。

(2)人舱的操作应由受过训练的人舱管理员执行。所有人舱管理员需要用到的操作和显示元件均设在人舱的外面。

(3)只有通过压缩空气测试并经过相关培训的人员才可进入人舱。人舱中配备了同样的元件(压力表、时钟、电话等)。

(4)操作人舱时必须遵守下列条件:

①必须遵守和执行所有安全规则;

②必须严格执行各国有关人舱升/降压的规定;

③必须定期检查所有部件(显示仪表、记录仪、加热系统、钟、温度计、各种阀门)的功能。

2)压力舱工作压力的调试

压力舱的工作压力由盾构机的保压系统来确定,因此带压进舱之前保压系统的调试是非常重要的。保压系统一般由空压机组、管道、球阀、PID空气站、蝶形控制阀、反馈回路等组成。PID空气站用来进行舱内压力的控制;整个保压系统的控制采用了闭式、比例、积分、微分控制,能有效保障舱内具有恒定的工作气压。

3)加压操作程序

人舱的加减气压可按《空气潜水减压技术要求》(GB 1251—1990)所规定的原则进行,不得随意调整。

(1)作业人员进入主舱室。

(2)查看主舱上的双倍记录仪,并检查它是否能正常工作。

(3)关闭主舱的人舱门,并确保它正确锁好。

(4)压力挡板上的卸压球阀关闭(在EPB模式下一般都是关闭的)。

(5)人舱管理员要通过电话一直与坐在主舱中的人员联系。

(6)人舱管理员慢慢打开球阀,严格按照20L/min的流量增加主舱室的压力,直至到达操作压力值。作业人员也可以根据自己身体的实际状况,在人舱内操作球阀来增加主舱室压力,但流量不得超过20L/min。

(7)加压过程中,打开主舱外的卸压球阀,以保证主舱内一定的通风量。通风量必须保证至少500L/min。

(8)主舱室内的人员可根据舱内温度调节加热系统。

(9)当主舱室的压力等于盾构机土舱的压力时,主舱内人员缓慢打开主舱和土舱之间的卸压球阀。

(10)在主舱和土舱之间进行压力补偿之后,作业人员打开压力挡板的门,进入土舱。按照检查刀盘及换刀作业程序进行工作,并详细填写刀盘检查情况及刀具磨损损坏情况。

(11)加压完成后人舱管理员停止运行记录仪。

4)减压操作程序

减压程序一般分为主舱减压(人舱减压)和减压舱减压(带压进舱附属设备),减压术语参照国家《空气潜水减压技术要求》(GB 1251—1990)的规定。

(1)工作人员进入主舱后,人员舱管理员根据工作人员的工作时间和工作压力选择减压方案。

(2)关闭压力挡板上的小窗和压力补偿用压力挡板上的球阀。

(3)主舱内的人员通过电话与人舱管理员联系。

(4)人舱管理员打开记录仪。

(5)人舱管理员通过球阀开始逐渐降低主舱中的压力至第一停留期压力,同时观察流量表和流速计。

(6)人舱管理员通过球阀卸压阀开始人舱的通风,但此时不应再升高压力。

(7)调节球阀和卸压阀直到通过给主舱通风的方法,使得压力能稳定而缓慢的下降。在降压过程中流速计的值至少为0.5$m^3$/(min·人)。

(8)当主舱的内压力到达了第一停留期的压力,人舱管理员通过调节球阀和卸压阀将压力保持,并记录时间。此外,管理员还要定期检查流速计,以检查人舱的通风情况。

(9)压力保持期内减压操作程序必须重复进行,直到周围的压力变为正常。在降压过程中工作人员可打开加热系统,推荐的温度范围在15~28℃之间。

(10)第一停留期结束后,人舱管理员通过球阀开始逐渐降低主舱中的压力至第二停留期压力,操作方法和第一停留期减压方法相同。以此类推,直至减压结束。此时,可打开主舱通往大气压室的人舱的门。

(11)人舱管理员停止运行记录仪。

5)安全注意事项

(1)一定要先关闭螺旋输送机后闸门。如果螺旋输送机的前舱门没有关闭,则加入的空气有突然从螺旋输送机泄漏的危险,这将导致掌子面丧失稳定性(渣土坠落或涌水)。压力突然下降和掌子面丧失稳定性都可能导致严重的人员伤亡。

(2)掌子面有部分坍塌的可能,所以检查掌子面是非常危险的,检查过程中必须一直密切关注掌子面和水位的变化情况。

(3)只有遵守所有安全规定并确保工作材料不坠落或滚走,才可能保证运输工具的安全。

(4)所有要求的吊装工具都必须经过荷载测试,以保证操作安全。

(5)所有需要的平台和荷载工具都必须固定在中隔板或盾壳上。

(6)所有人员必须系好安全带(尤其是在刀盘上工作时),并将其固定在提供的固定点上。

(7)人舱过渡舱必须保持其空间,以便工作人员随时可以进入,作为紧急藏身处。管线、电缆或其他材料不能堵塞门。

(8)必须定期检查电话和紧急电话是否能按照规定要求工作。

(9)患有感冒或流感的人不能进入人舱,因为可能有耳膜破裂的危险。

(10)人员进出人舱时必须穿干衣服。

(11)必须遵守人舱前部和内部的警示和信息标志,其他规定和限制也应遵守。

(12)检查门密封和密封面是否干净和损坏,必要时更换密封。

(13)使用人舱时测试记录仪是否正常工作。

### 9.1.7 泡沫、膨润土、油脂等辅助措施操作

1)泡沫操作

泡沫混合液中的水量和压缩空气的流量,由流量传感器进行检测,PLC控制空气电控阀门的开度,得到最佳的混合比例。泡沫发生器出来的泡沫压力由压力传感器进行检测,反馈到PLC。泡沫系统由控制台设置或维持操作,具体操作方式如下。

(1)手动控制:完全由主司机根据经验来调节水、气的压力和流量,以满足注入需要。

(2)半自动控制:在半自动操作方式中,泡沫流量将根据土压舱中的支承压力注入。因此,电动调节阀将一直调节到要求的设定值,并显示在指示表上。

(3)自动控制:在系统自动操作中,泡沫生产可以自动实现,不需外部干涉,仅依据掘进速度,泡沫公式土压舱中的压力条件。

2)膨润土操作

膨润土装置用来改良土质,以利于盾构机的掘进。膨润土装置主要包括膨润土箱、膨润土泵、气动膨润土管路控制阀及连接管路。需要注入膨润土时,膨润土被膨润土泵沿管路向前泵至盾体内,操作人员可根据需要,在控制室的操作控制台上通过控制气动膨润土管路控制阀的开关,将膨润土加入开挖室、泥土舱或螺旋输送机中。

当需要使用膨润土时,首先要在洞外将膨润土搅拌好并输送到洞内的膨润土罐内,然后启动搅拌泵和输送泵,并调整膨润土的泵送流量。停止输送时直接停止输送泵,但当罐内还有膨润土时一般不要停止搅拌泵。盾构机的膨润土注入系统一般可以分为刀盘膨润土注入系统和盾壳膨润土注入系统,可以根据实际需要开启。膨润土的注入流量可以通过旋转流量旋钮进行调节,而控制上位机上的膨润土注入气动球阀,可以将膨润土注入刀盘、螺机或者盾壳上的不同点位。

3)盾尾油脂系统操作

在主控室面板选择控制模式(手动/自动,前提条件是盾尾油脂桶具有足够的油脂,且控制盒处于工作模式)。如果选择手动模式,需在主控室面板按下"启动"按钮,并在上位机上选择需要注入的点(前腔和后腔)。如果选择自动模式,将按照"参数设置"界面中的"盾尾密封系统"的"冲程数设定"和"等待时间设定",从"前腔右上"到"后腔左上"循环注入。如果选择"自动"且选择"行程控制模式",将按照"参数设置"界面中的"盾尾密封系统"的"行程距离",每到一个行程距离,循环注脂一次。如果选择"自动"且选择"压力控制模式",将按照"参数设置"界面中的"盾尾密封系统"的"最大压力",循环注脂,直到达到设定压力。

油脂桶内油脂用完后需要更换油脂桶,满油脂桶通过电瓶车运输至油脂泵区域,利用油脂吊机吊下放到合适的位置。油脂桶更换操作顺序如下:

(1)将油脂泵送系统控制旋钮旋转至维修挡。

(2)调节气缸压力至6bar,打开油脂桶通风阀,将气锤操作手柄上抬,提升气锤,将气锤从空油脂桶中提出。

(3)搬开空的油脂桶,将满桶正放在气锤下方。

(4)拧开气锤上的放气螺杆,关闭油脂桶通气阀,下压气锤操作手柄,将气锤压入油脂桶中。

(5)一旦气锤进入油脂桶,调节气锤压力,气锤压力降至不高于2bar,将泵送手动阀拧至手动工位,可听见油脂泵频率很高的"啪啪"声,这时可以打开油脂泵放气阀,放出油脂桶内的空气,待其频率降低后,即表示已开始注脂,关闭放气阀。

### 9.1.8 同步注浆操作

盾构机施工过程中,因盾尾前进而产生的空隙若不及时充填,则管片周围的土体将会松动,甚至发

生坍塌，从而导致地表沉降等不良后果。为此必须采用注浆手段，及时将盾尾空隙加以充填。同时，同步注浆还可提高隧道的止水性能，使管片所受外力均匀分布，确保管片衬砌的早期稳定性。鉴于注浆工作的重要性，注浆工作的系统组织十分重要。砂浆在制浆站生产完毕，通过编组列车上的储浆罐车运至工作面，再将浆液输入盾构机配备的带有搅拌器的储浆罐中。随着盾构机的掘进，由注浆泵经注浆管路将浆液注入管片衬砌背后，达到填充盾尾空隙的目的。

1)注浆参数设定

注浆参数仅注浆压力一项可以在上位机"参数设置"页面进行设定。其数值应根据工程实际综合地质、注浆量等情况考虑。压力参数设定后，当注浆压力达到设定的最大停止压力，则注浆泵自动停止。只有随盾构机的继续掘进、浆液流动、压力减小到设定的启动压力时，注浆泵才可能再次启动。

2)操作程序

(1)首先做好一切准备工作，比如接好注浆管路、传感器等。

(2)连接好砂浆运输罐车与盾构机自备储浆罐间的注浆管，启动砂浆车输送泵向储浆罐中输入砂浆，输砂浆的同时应启动砂浆搅拌器，使其搅拌砂浆防止砂浆发生固结。

(3)选择工作模式(一般均采用手动模式，由注浆司机进行浆液注入的人工控制，避免注浆过程中出现异常情况，导致设备损坏或工程事故)。

(4)掘进开始后，启动A、B注浆泵准备注浆。

(5)根据掘进速度选定适当的注浆速度，启动3个注浆泵进行注浆，并通过速度调节器调好速度。

3)过程数据的收集

这里所指的过程数据主要包括注浆量和注浆压力。注浆量可根据脉冲计数器的显示数据来推算，操作人员可先根据储浆罐储浆量和对应的注浆行程获得一个经验系数。另外，注浆量也可根据注浆前后的储浆罐储浆量之差来确定，注浆压力则直接按压力显示器的显示数值收集即可。这些过程数据应及时按对应环号做好记录备查。

4)浆液的运输和储存

浆液拌制好后，输入编组列车的罐车中与列车一同进入工作面，随后利用罐车上的输送泵将砂浆输入盾构机拖车上的自备储浆罐中并立即开始搅拌。运输、储存时间不宜过长，以防止浆液发生初凝；若因特殊情况需较长时间运输、储存，则应考虑加入缓凝剂。若浆液发生沉淀、离析，应进行二次搅拌。浆液运输与储存设备应经常进行清洗。

5)注浆施工的过程控制

(1)注浆量：同步注浆量的确定是以盾尾建筑空隙量为基础，并结合地层、线路及掘进方式等考虑适当的饱满系数，以保证达到充填密实的目的。注浆应紧跟盾构机的掘进进行，应准备足够的砂浆，施工中做到不注浆、不掘进。施工中必须按确定的注浆量来控制注浆，保证每环填充饱满，但应当明确：施工中达到设定的注浆量，也只能保证盾尾建筑空隙理论上的填充饱满，实际的填充情况则取决于注浆压力。

(2)注浆压力：注浆压力是一个非常重要的参数，其值的确定也是注浆施工中很重要的一个方面，过大可能会损坏管片，反之浆液又不易注入，故应综合考虑地质情况、管片强度、设备性能、浆液性质、开挖舱压力等，确定完全充填且安全的最佳值。施工中操作人员务必要将压力传感器接好，并检查其工作情况，确保传感器能正常工作。坚决杜绝在无压力传感器的情况下继续注浆，以防由于注浆压力过大而损坏管片。注浆压力是评估盾尾建筑空隙填充情况的重要参数，施工中应以此控制每环的注浆量。

(3)注浆速度：注浆速度应与盾构机的掘进速度相适应。注浆速度过快可能会导致堵管；注浆速度过慢则会导致地层的坍塌或使管片受力不均，产生偏压。

6)注浆施工中应注意的事项

(1)操作人员应经常对注浆设备进行彻底的清理、检查，要保证注浆泵能正常工作，注浆管路畅通，压力显示系统准确无误。

(2)当采用即时注浆方式时,浆液要从管片的对称位置注入,防止产生偏压,使管片发生错台或损坏。

(3)注浆过程中要密切关注管片的变形情况,若发现管片有破损、错台、上浮等现象,应立即停止注浆。

(4)当注浆量突然增大时应检查是否发生泄漏或注入掌子面的现象,若发生前述现象应停止注浆,妥善处理后再继续注入。

(5)注浆过程中若发生管路堵塞,应立即处理,以防止管中浆液凝结,尤其盾尾内置管路一定要及时进行清理。

(6)注浆泵上的清洗水箱应保持有足够的水,以防止污物进入,从而影响泵的使用。

7)同步注浆系统清洗

(1)注浆泵的清洗:注浆泵通过异形连接管和砂浆罐相连,连接段还包含清洗口。注浆泵直接装在砂浆罐的下方,用于提高注浆泵的效率。安装清洁水箱,泵的活塞部分浸在水箱内,以便于活塞杆的清洗。每次注浆完成后,将注浆管路填满膨润土浆液,以防管路堵塞。

(2)管路的清洗:在设备桥设置有加水口和加气口,从工业水系统及工业空气系统连接管路。关闭手动球阀往后冲洗整个管路,直至泵出口从打开的球阀回到砂浆罐。继续冲洗内置管部分,直至管片背部。每个回路均设置手动球阀,必要时打开清洗。要求每次注浆完用水清洗,如果管路堵塞,清洗效果不好,则打开空气接口,利用压缩空气冲开堵塞点;如果仍然冲不开,则需要拆开管路逐段清洗。管路使用快速接头且在设备桥位置钢管没有固定,拆卸方便。

### 9.1.9 管线延伸操作

1)循环水管延伸

在盾构机的掘进中操作员需要将管线沿隧道壁循环安装直到最后一节拖车。在掘进中为了便于管线延伸,循环水管延伸可使用卷筒。延长管线时机器上和隧道里管道的阀门都必须关闭。在管线解除压力后可以打开管道并安装另一段管道。最后,所有的阀门重新打开。注意在拆卸前必须检查管线是否已经卸压。

2)风管延伸

(1)从零环开始,每隔3m在每环管片最顶部纵向螺栓孔位置安装一个风管挂钩,然后挂上风管延伸用的钢丝绳。

(2)拆除负环后,将钢丝绳固定到风机出口,风管与风机连接,保证不泄漏。再把风管挂到延伸用钢丝绳上,依次延伸至储风筒处。

(3)盾构机每掘进3m,需要在管片的最顶部螺栓孔位置安装一个风管挂钩,风管挂钩安装必须牢固,螺栓无松动,然后把延伸风管用的钢丝绳挂到风管上。

(4)每当盾构机掘进达100m时,需要重新在储风筒上套上新的风管,套新的风管时应先把风机关闭。

(5)将旧储风筒放在运输小车上运出洞外。

(6)将新储风筒运到后配套储风筒安装区域。

(7)连接新储风筒并按相反工序安装。

(8)将风管拉到新储风筒的外面,并与隧道的另一接头连接起来。

(9)延伸过程中注意防滑和高处坠落。

3)泥浆管路延伸

管路延伸模式(图9-6)需在停机情况下切换。整个施工周期内对泥浆管进行加长,同时需要对泥浆管内浆液进行收集处理。

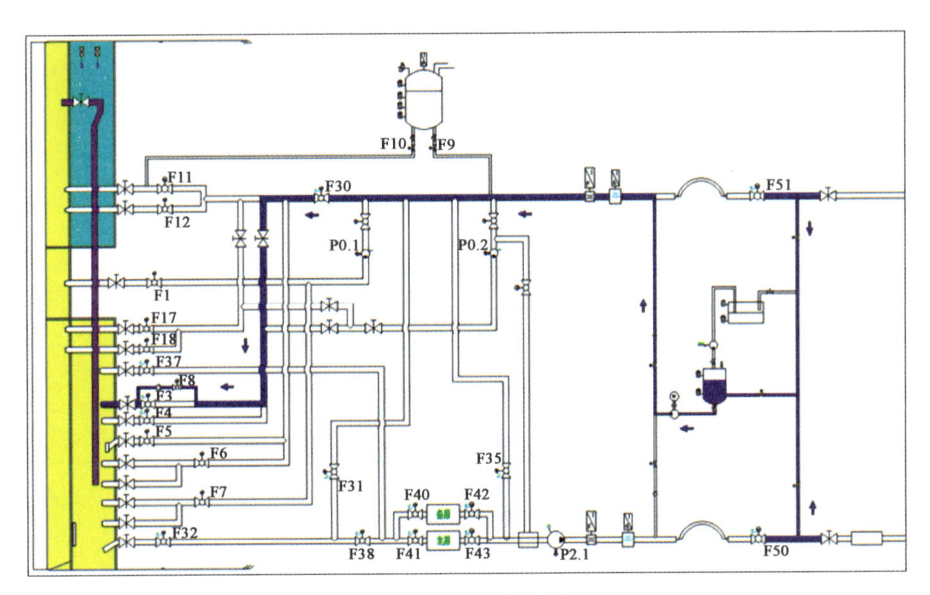


图 9-6　管路延伸模式示意图

(1)泥浆收集操作。

①泥水循环系统停止前降低气垫舱内液位(允许范围内)。

②泥水循环系统已停止运行。

③关闭球阀。

④关闭隧道内进/排浆管路上最近的闸阀。

⑤手动打开进/排浆管路2个进气球阀。

⑥打开收浆管路上的3个气动闸阀。

⑦打开真空罐上部的排气球阀,将管内泥浆排入真空罐内。

⑧待真空罐内泥浆达到高液位时,真空罐上部排气球阀自动关闭。

⑨启动收浆泵,将管内泥浆泵送至气垫舱内。

⑩排空管内泥浆后,收浆泵自动停止。

⑪关闭进/排浆管路2个进气球阀。

(2)泥浆管路延伸操作。

①拆卸隧道泥浆管和盾构机泥浆管连接螺栓,将泥浆管分离。

②向前移动延伸小车,使小车与泥浆管之间超过单根泥浆管路长度的距离,能够满足新管道安装要求。

③使用泥浆管吊机,将新泥浆管安装在延伸小车前移留下的空间内,需要使用泥浆管液压缸进行微调对位,紧固连接螺栓。

④打开球阀及隧道内闸阀,泥浆管延伸完成。

(3)安全注意事项。

管道只能在运输车辆静止时才能进行装卸。在装载过程中,装载区域必须清场。操作人员与装载人员必须保持密切联系。

## 9.1.10　数据采集系统操作

1)PDV 通信方式

PC 测量数据采集系统通过工业以太网及调制解调器保持不间断联系,它可以从盾构机的 PLC 上获得所有关于机器状态的相关信息。此外,双向连接使得 PC 测量数据采集系统可以通过工业以太网将信息传至相应的PLC。

PDV通信模式如图9-7所示。

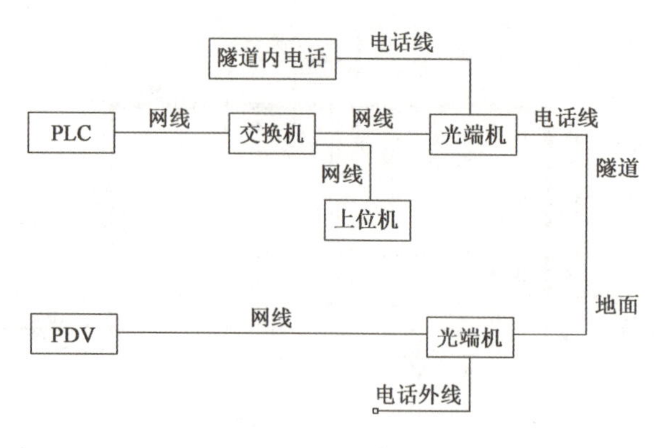


图9-7 PDV通信模式示意图

2)客户端与服务器的连接

OPC是PLC与PC数据交换的接口,而西门子OPC只能通过Simatic NET软件来实现。Simatic NET起到OPC服务器的作用。OPC原理示意如图9-8所示。

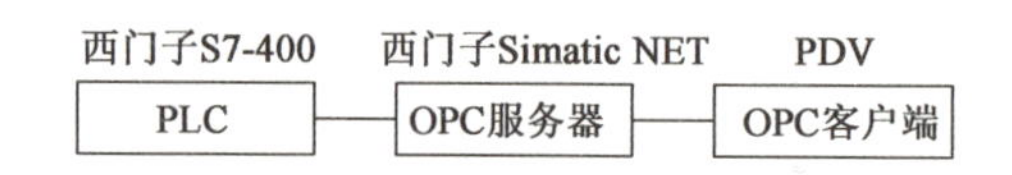


图9-8 OPC原理示意图

OPC服务器和OPC客户端都置于计算机中。为了能让OPC服务器访问PLC,必须在计算机中安装Simatic Step7和Simatic NET两套软件,需要同时对它们进行设置。只有专业人员才能安装和设置OPC服务器。一旦安装OPC服务器的计算机崩溃,需要重新安装系统时,必须联系制造商。要正常运行PDV,应当先启动PDV服务器。该服务器在安装了OPC服务器的计算机上。启动界面见图9-9。

界面中有两个按钮:启动服务器/关闭服务器,激活定时器/取消激活定时器。当激活定时器并看到右侧滚动条闪烁以及响应代号为GOOD时,就表明PDV服务器已工作正常。在线信息显示了所有已连接本PDV服务器的所有客户端,包括C/S客户端和浏览器客户端。客户端启动后需要输入授权信息和服务器的IP地址和端口号,端口号默认为10088。通过对PDV服务器中Config下的HmiPassword.xml设置来初始化可以访问的用户名和密码。

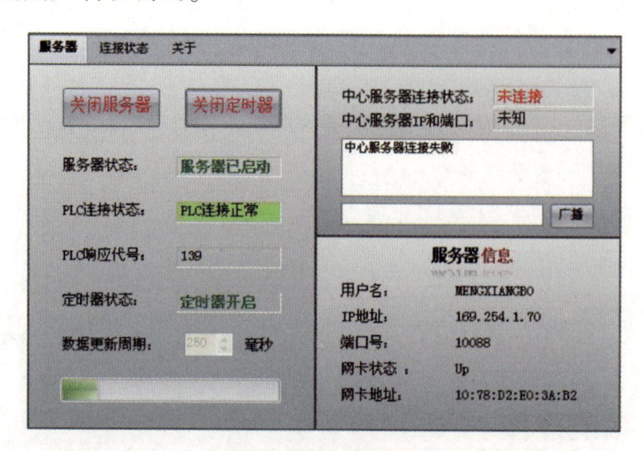


图9-9 启动界面图

3)程序数据的显示

数据显示是PDV用户和程序本身交流的界面。数据采集系统在没有操作员在场时也能自行工作,因此图形用户环境并不是最为急需的。但为了潜在用户对机器的运行数据有一个了解，当前重要测量数据的显示又是十分必需的。

(1)图形用户环境的结构。图形用户环境的结构很简单，在下部边线有一个长方形区域(所显示的每张图片上均有)，它作为图片的标题并包括当前机器运行状态，当前日期、时间、PLC连接状态，当前故障总数目。在状态时间显示的右侧有一个区域用于显示盾构机的故障信息。若出现故障信息，此区域会不断闪动；若无故障信息，则此区域呈静止的蓝色。最右边是个滚动条，用于表示网络状态，当该条闪烁一次，表明已从PLC获取了一次数据；当闪烁停止时，表明可能连接已被意外中断，屏幕显示的不是最新的数据。

(2)显示界面。在菜单的"画面"中可以选择显示的画面。图9-10为主驱动画面。

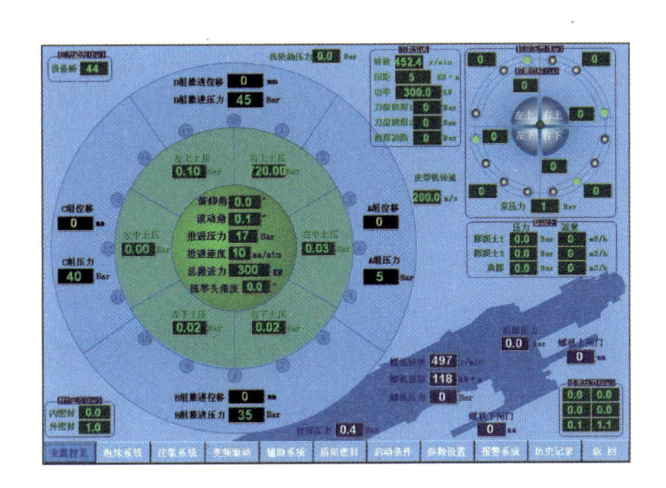

图9-10　主驱动画面图

(3)历史数据。历史数据每秒记录一次，可以通过菜单中"数据分析"来查看它们，如可以一次设置多条需要显示的记录，设置显示起始点，并可动态缩放大小。

4)测量数据的评估与存档

测量数据的评估可以通过两种不同的方法来实现：一是，通过掘进报告进行，只要打印机和电脑PDV进行了连接，掘进报告就会自动被打印出来；二是，通过测量数据进行人工图表评估。

因为测量数据以Microsoft Office Access格式储存，常用的大多数计算程序或数据库都可以读取这些数据。

测量数据以天为单位存储，每秒存储一次数据，存储在Data\DataArchive目录下。应该经常将该目录下的文件备份到其他计算机或移动存储设备上，以防止安装PDV的电脑因意外崩溃而导致原始数据永久性丢失。

5)地面监控的多客户端模式

地面监控设计为多客户端模式，即允许多台计算机同时访问盾构机的数据。采用C/S(客户端/服务器)和B/S(浏览器/服务器)模式并存的方式构造地面监控网络。

6)地面监控数据采集系统使用注意事项

(1)盾构机的数据采集系统是一个比较完善的机器状态采集与监控系统，它的正常使用为以后积累盾构机的掘进历史进程提供了极好的工具，并且地面监控系统也为盾构机的远程控制与远程状态分析、远程维修提供了可能。所以无论如何，应充分保证PDV系统的正常运行。

(2)地面监控计算机在盾构机正常施工阶段应保持每天24h开机，任何人不得无故停、关机。为了保证PDV计算机系统能连续工作，地面监控机房应保证室温不高于28°C，环境清洁卫生。

(3)严禁对地面监控计算机系统进行任何软、硬件方面的改动。

(4)由于地面监控采集系统是通过程控电话系统来对隧道内的 PLC 系统进行连接的,所以应对地面监控系统的连接电缆进行日常检查与保养,发现问题应立即解决。

(5)地面监控计算机存在随时损坏的可能,应定期对计算机的采集数据与地面监控软件系统数据进行备份。

(6)当通过远程控制系统对地面监控计算机进行监控时,应严格执行远程管理的授权,否则可能意外破坏地面监控系统。

(7)对系统的下列修改可导致对程序数据记录和显示系统功能的影响:

①对 PC 硬件的修改,如 CD 刻录机、网卡等;

②外部程序的并行执行,如测试处理或图形应用程序;

③外部程序的安装。

(8)若在未与制造商协商前对系统作出了修改,制造商不能保证整个系统的正常工作。此外,若对系统操作不当,制造商也不能保证该系统正常运行,如人为删除或改动软件或数据。

### 9.1.11 盾构机操作安装注意事项

1)基本安全注意事项

(1)遵守岗位安全规程

①盾构机操作、维修人员必须接受过专业训练,具备盾构机操作、维修资格。

②进行设备操作或维修时,遵守相关的安全规则、注意事项。

③身体不适、服用药物(含催眠成分)及酒后不允许操作。

④共同作业时,一定要设指挥员,根据所制定的方案工作。

(2)穿戴正规的服装和保护用品

①不得穿着过于肥大的服装,禁止佩戴饰品等,以免被设备上的部件钩住而发生意外伤害。

②如使用的工作服装和劳保用品附着易燃品,应及时更换,以免着火烧伤。

根据工作情况穿戴保护眼镜、安全帽、安全靴、口罩、手套等,特别是用锤子敲打销子等物体时,金属片、异物可能飞溅,必须使用保护眼镜、安全帽、手套等保护用具。另外,确认附近无人后再进行作业。

③各种保护用具,在使用前确认其性能,检查有无损伤。

(3)禁止随意更改设备的设定参数

①为防止电气火灾,勿变更热继电器等设定值。

②为防止盾构机损伤,勿变更溢流阀压力等液压设定值。

(4)确保施工架、高空作业时注意事项

①为了确保施工架安全,不要在作业台上放置不必要的物品。

②现有作业台在拆卸或改造时,有坠落的危险,不要拆卸。

③从作业台向外探出作业时,有坠落的危险,必须佩戴安全带。

④作业台锈蚀劣化时有坠落的危险,应进行日常检查,有劣化的部分要更换、修补。

⑤作业台上用螺栓固定的地方,有因螺栓松动而发生连接部分脱落、坠落的危险,应经常检查螺栓是否有松动。如松动,按照技术要求及时紧固。

⑥有从作业台开口部坠落的危险,须注意。

⑦在作业台的扶手上方上下时有坠落的危险,勿攀登。

⑧在作业台栏杆低的地方工作时,有坠落的危险,须系上安全带后作业。

⑨从作业台上掉下的零件和工具类,有伤害下面作业者的危险,须注意不要掉落此类物品。

⑩用扶手、台阶时,须用三点支撑身体(双脚单手或单脚双手)。

(5)油、油脂处严禁烟火

①烟火接近油、油脂有着火的危险。

②勿将烟头、火柴等明火接近可燃物。

③存放油品容器的盖及塞子一定塞紧。

④将油品在指定的地方保管,除有关人员外不许接近。

⑤在适当的温度下使用推荐牌号的油品。

(6)高温时操作注意事项

盾构机运行过程中,液压油、齿轮油等液体温度高,并蓄有压力。在这种状态下,开盖或加油、换滤芯时可能发生高温油喷出灼伤事故。为防止事故发生,按以下顺序操作:①停泵;②等到油温降低后;③缓慢松开盖,并在压力消失后再打开。

(7)不使用超容量的设备

如在插座上插入超过许可负载的设备时,有发生火灾的危险,勿使用规定负载以上的设备。

(8)注意高压电

盾构机使用高压电时,如漏电或触电将会发生重大事故,并有人员死亡的危险,因此须确认电气配线是否损伤和漏电保护器是否正常工作。

(9)不得用手触摸齿轮等旋转物

①齿轮等旋转物有夹手的危险,运转中勿将手靠近。

②在卸下保护罩时勿开机。

(10)检查可能落下的物体

①螺栓、球阀的柄等因振动等引起松动时,有坠落造成伤害的危险,须对螺栓、球阀柄等紧固情况进行日常检查。

②推进液压缸靴撑连接件如损坏,落下时会对下方正在工作的人员造成伤害,须定期检查连接件是否正常。

2)紧急情况发生时的注意事项

(1)应急逃生

①设想发生火灾紧急逃离的情况,掌握逃生要领。

②确认应急路线是否畅通。

(2)泥水平衡盾构机出现故障时关闭泥浆阀门

如不熟悉出现故障时关闭泥浆阀门的方法,就可能造成气垫舱液位满舱,很危险,需要全体作业人员熟知发生紧急情况时关闭泥浆阀门的操作。

(3)土压平衡盾构机出现故障时关闭螺旋输送机后闸门

如不熟悉出现故障时关闭螺旋输送机后闸门的方法,就可能造成土舱与隧道连通,有涌水涌浆风险,需要全体作业人员熟知发生紧急情况时关闭螺旋输送机后闸门的操作。

(4)确认紧急停止开关

请确认发生紧急情况时各设备急停开关的位置,以便在紧急情况下,能立即采取对策。

(5)确认应急灯状态

停电时,有看不见后撤通道的风险,须定期检查应急灯工作状态(停电时亮灯)。

(6)备齐灭火器和急救箱

①设置灭火器,以应对可能发生的火灾。有关使用方法通过阅读灭火器标签获得。

②确定急救箱的保管地点,并配置急救箱。

③确定火灾、事故的处理方法。

④事先确定与急救单位的联络方式,并记住电话号码。

## 9.2 TBM 操作

### 9.2.1 操作准备工作及运行注意事项

1)敞开式 TBM 操作准备工作及运行注意事项

为保证掘进顺利进行,相关的支持及输送系统(如皮带输送机等)必须保持良好的操作状态,并排除任何已经出现或可能出现的故障。在开始掘进前,操作司机需要检查以下项目:

(1)滚刀、刮刀及刀盘的基本状态。

(2)确保无人处于刀盘内或者无人处于刀盘危险区域内。

(3)撑靴已经完成换步,处于行程前端并且已经撑紧洞壁。

(4)后支撑已经缩回。

(5)调整盾体(如有必要)。

(6)保证皮带输送机正常运行。

(7)设备处于正确位置(通过测量系统的显示器显示)。

(8)检查高压电缆、水管、风管、轨道的延长情况。

(9)检查掘进参数(设定及显示)。

(10)检查故障信息(显示)。

(11)检查液压油、齿轮油、油脂的油量。

(12)检查掘进需要的耗材量(如喷浆料等)。

2)单护盾 TBM 操作准备工作及运行注意事项

在掘进操作前需要对设备进行机械、电、气和液压等系统进行检查,确保各系统无故障或者无故障隐患后,方可进行掘进操作。

(1)确保各操作系统的参数已设定在合理范围内。

(2)检查延伸水管、电缆连接是否正常。

(3)检查供电是否正常。

(4)检查循环水压力是否正常。

(5)检查除尘器运行是否正常。

(6)检查滤清器是否正常。

(7)检查皮带输送机是否正常。

(8)检查空压机运行是否正常。

(9)检查油箱油位是否正常。

(10)检查油脂系统油位是否正常。

(11)检查豆粒石系统是否已准备好并运行正常。

(12)检查注浆系统是否已准备好并运行正常。

(13)检查后配套轨道是否正常。

(14)检查出渣系统是否已准备就绪。

(15)检查 TBM 操作面板状态:开机前应使接料斗闸门处于开启位,皮带输送机处于运行状态,管片拼装按钮应无效,无其他报警指示。

(16)检查导向系统是否工作正常。

若以上检查存在问题,应首先处理或解决问题,然后再准备开机。

(17)请示土木工程师并记录有关 TBM 掘进所需要的相关参数(如线路数据、注浆压力等)。

(18)请示机械工程师并记录有关 TBM 掘进的设备参数。

(19)若需要修改 TBM 参数,则根据土木工程师和机械工程师的指令进行。

3)双护盾 TBM 操作准备工作及运行注意事项

(1)详细了解上一班机器运转情况及遗留问题,观察各仪表显示是否正常。

(2)检查风、水、电润滑系统的供给是否正常。

(3)观察分析围岩类别,选择合理的掘进参数。

(4)了解上一班开挖中线高程的偏差情况。

(5)了解上一班管片拼装、豆砾石充填及回填灌浆完成情况。

(6)经过上机前检查,设备一切正常,才可以进行掘进作业。

(7)启动液压泵站及水系统泵。

(8)启动通风除尘系统和空压机系统。

(9)先将刀盘转速降低至 0.2r/min。

(10)依次启动 3 号、2 号、1 号皮带输送机。

(11)待所有皮带输送机运转正常后,启动刀盘,并根据电机电流变化的平稳性来逐渐增加刀盘转速。

(12)选择合理的掘进参数进行掘进。

上述操作顺序不能更改,否则会损坏设备。

4)操作人员要求

(1)为确保隧道挖掘可靠和安全操作,减少停工时间,并避免设备受损及人员伤害,操作人员必须熟悉了解设备操作说明书相关要求,必须遵守相关安装设备的操作说明。

(2)操作人员必须经过专业的技能培训与指导,并具备一定的机械、电气、流体及土木专业知识后,方可进行 TBM 操作工作。

(3)操作人员必须经过专业安全知识培训,熟悉 TBM 及地下工程施工相关安全知识,掌握必备的防护技能。

(4)在操作 TBM 之前操作人员必须了解:安全设备、安全装置、逃生通道、潜在危险、如何应对危险情况、对受伤人员的救助措施、紧急措施。

(5)操作人员必须对 TBM 机械结构、电气、液压的基本工作原理及 TBM 施工有一定的了解。

(6)操作人员必须严格遵守相关安全规则及章程。

(7)操作人员必须坚持做好隧道开挖日志。

(8)操作人员发现可能产生较大影响的异常现象时,要及时上报。

(9)操作人员身体不适、服用药物(含催眠成分)及饮酒后不允许进行维护作业。

## 9.2.2　敞开式 TBM 掘进操作

1)设备启动

(1)将主控钥匙插入主操作台电源通/断钥匙开关,并将之旋至开通位置。

(2)按下面板控制主页面上的复位按钮。

(3)确认液压与润滑功能系统无压力显示,且电气系统面板式仪表读数为 0。

(4)按下面板控制按钮——水系统页面上标有水系统的启动控制按钮,即可启动水系统,同时启动循环水泵和水泵。只要主驱动电机在运转,就会有水流过刀盘电机;若无水流过电机并持续 10s,则刀盘将停止运转。

(5)刀盘开始运行后,变频驱动冷却系统电机将自动启动。

(6)液压泵和润滑泵均可单独或成组启动。成组启动时,3部电机中每两部接续启动的电机之间都会有3s延时。

(7)将撑靴低压选择开关设为伸出,让撑靴接触隧道壁,松开选择开关,使其处于中位。

(8)将撑靴高压选择开关设为伸出。撑靴压力表上显示的撑靴压力将增至345bar,然后稳定在该值。

注意:在掘进循环中,应将撑靴高压选择开关停留在伸出位置。已对撑靴高压系统做了修改,在其中增列了一项压力比例控制模式。启用此模式后,控制器将操作人员的流量设定,且推进压力被控制在撑靴压力的90%以内。此操控界面设在控制面板的比例推进压力模式下。

(9)短暂地将左侧垂直调向和右侧垂直调向选择开关置于向下位置,从而将设备的重量转移到撑靴上。(后支撑压力指示器上的压力值将略有降低,以表明部分重量已转至撑靴上)

(10)将后支腿选择开关设至回缩状态,直至后撑靴脱离隧道底面,从而为钢拱架留出足够空隙。

(11)将左侧护盾与右侧护盾选择开关设为伸出状态,直至侧护盾撑住隧道壁。确保两个护盾的伸出量与面板控制中的掘进页面上柱状图所示数值相等。

(12)将左侧护盾楔块与右侧护盾楔块选择开关设为伸出状态,直至相关楔块倚住侧护盾,然后将该选择开关置于中位。

(13)短暂地将左侧护盾与右侧护盾选择开关设为回缩状态,从而将侧护盾锁定到位,然后将该选择开关置于中位。在后继的启动中,侧护盾已然将停置在与此前掘进循环相契合的位置上。侧护盾更进一步的操作将在设备调向中介绍。

注意:随着边刀圈逐步磨损,需要对侧护盾和顶护盾进行调整,以抵消所掘隧道直径的缩减。

(14)在稳固的地面环境下,确认顶护盾回路中的针形阀已关闭。将顶护盾选择开关设为伸出状态,将压力控制阀设为35bar,从而将阀阻力控制到最小。只要地面保持稳固,此项设置将始终保持合适状态。

(15)若隧道顶部不稳,则应操控顶护盾选择开关,将顶护盾至于所需位置。

(16)皮带输送机的启动。要先启动连续皮带输送机,再依次按下面板上的3号、2号、1号皮带输送机启动控制按钮,等待报警器先鸣响约10s后,皮带输送机开始启动。皮带输送机启动前应核实皮带输送机运行区域已清空所有人员。长按报警喇叭约10s,以警示人们待命中的刀盘将要启动了。

(17)如欲开启刀盘自动水冲洗系统,应确认刀盘驱动冲洗控制按钮已启用。

(18)按下运转刀盘面板的启动控制按钮,以启动各刀盘电机。这些电机将由变频驱动VFD系统控制,同时启动并加至全速。切换面板控制中的刀盘驱动页面,以核验各部电机均正常运转,并观察电机的工作状态。如有故障导致一部或多部主电机停运,相关面板将变成红色并显示故障。

(19)检查设备旋角,并使用定位设备实施定位。如必要,可通过反向操控垂直调向液压缸,来将设备旋至水平位,以给其正位。例如:要顺时针旋转设备,可同时将左侧垂直调向选择开关设为向上位置,将右侧垂直调向选择开关设为向下位置。

(20)同时,还可抬高或降低设备后部,以实现预期的线路和坡度。

(21)通过操控侧向调向选择开关至适宜方向来侧向移动设备后部。

注意:调向选择开关标注的方向指的是刀盘的移动方向,而非设备后部的移动方向。

(22)将推进高压选择开关设至伸开位置,通过推进流量选择开关将设备推进速率调至期望水平。

2)掘进速度

刀盘掘进速度是由推进压力和液压泵排量决定的。其对大多数地面条件下均适用的限制因素是主驱动电机负荷电流。电机负荷电流与转动刀盘所需的扭矩直接相关。

在对刀盘电流的保持持续监测的同时,顺时针旋转推进流量选择开关以逐步加大推进压力。通过面板控制中的刀盘驱动页面还可监测单部电机的电流。假如设备无过大振动,可将推进压力置于使电机负荷电流达到但不超过最高水平位置上。

3)换步循环

若推进液压缸已伸出至其行程极限(约1.8m),则必须先将设备停机,以便按如下步骤对撑靴重新定位及换步。

(1)将推进高压选择开关旋至回缩位置,直至推进压力降至接近0,且刀盘向后退1cm左右(视掌子面围岩情况而定),然后将选择开关置于中位。

(2)将后支撑选择开关置于伸出位置,待压力达到200bar左右,将其置于中位。与此同时,让刀盘继续旋转数圈,以振落其上及渣斗上的岩屑,然后按下停止运转刀盘控制按钮。确认1号皮带输送机上已清空负载,然后选中按下1号皮带输送机停机控制按钮将其停止。

注意:如需检查刀盘,则先要将设备后部抬起。此时必须使刀盘保持旋转,同时必须将推进高压选择开关置于回缩位置才能把刀盘从岩壁上撤开。切不可利用低压推进来完成上述动作,否则将致使刀盘严重受损。

(3)将撑靴高压选择开关设至回缩位置,直至撑靴压力降至100bar左右。然后将该选择开关置于中位。

(4)将撑靴低压选择开关旋至回缩位置,让撑靴从隧道壁上缩回75~100mm。

注意:如果撑靴收缩幅度过大,行程柱状图会显示报警,此时需要将撑靴伸出,并且将低压推进选择开关置于收缩位置,直到报警消除。为了避免此类现象发生,在收缩撑靴的同时,可以点动向前收下推进液压缸。

(5)将推进复位选择开关设至回缩位置,令推进液压缸完全缩回。与此同时,确认扭矩液压缸已置于中位。

(6)将撑靴低压选择开关设至伸开位置,直至撑靴触到隧道壁。将选择开关置于中位。

(7)将撑靴高压选择开关置于伸出位置,以将回路压力提高到345bar左右。

(8)将后支撑选择开关设至回缩位置,直至后支撑脱离隧道底拱足够距离,从而为设备在下一掘进循环内前移清除障碍。

(9)启动1号皮带输送机,并确认其工作正常。报警喇叭将鸣响10s,以警示人们待运状态下的皮带输送机即将启动。

(10)待皮带输送机以额定速度运转时,按响报警喇叭数秒,以警示人们刀盘即将启动。选中控制面板掘进页面上的运转刀盘面板,并短暂按下启动控制按钮以启动刀盘。待10个主电机电流趋于稳定时,增加刀盘转速至3r/min左右。(视前方掌子面岩石而定)

(11)将高压推进选择开关置于伸出位置,并逐渐增加流量,即增加推进压力至合适值,开始下一循环的掘进。

4)掘进报告的填写

为积累施工经验,更好地进行施工总结,以及留下必要的施工考证依据,在设备施工的过程中必须严格按照要求填写掘进报告。对于简单的停机可以在掘进报告的给定位置简单说明;对于长时间影响掘进的故障或事故,必须记录清楚。对于在掘进过程中发生的任何设备故障都应有详细的记录。其他岩石掘进机在完成每一操作循环同样应遵循本项要求。

5)安全注意事项

(1)在掘进周期内,操作人员必须随时监视和调整主控制室内操作台上的各项功能、仪表和控制装置。

(2)不要忽视反常的指示信号。如果指示器显示的故障无法通过正常的互锁装置自动停机,须主动停机调查。忽视故障指示有可能会导致机器损坏或人员伤亡。

(3)当设备处于一个掘进周期时,必须注意以下几点:①机器是否平稳、安静地运行,如有任何不明原因的移动或噪声,应立即停止机器并排除产生故障的原因;②皮带输送机出渣情况及渣粒性质;③不间断地观察显示器故障信息显示,以便对随时产生的故障信息及时处理,保护人员、机器不受损害;④无论何时机器运转的声音或振动有所改变,以及产生奇怪的气味,显示屏上机器参数急剧升高或降低,或者有其他任何异常产生,操作司机必须立即查找原因,以确保机器不受损伤或预防损伤。

### 9.2.3 敞开式 TBM 机步进操作

1)步进前准备

(1)空推,将 TBM 推至步进小车上面。

(2)立拱架进行断面的支护。

(3)拆除拖拉液压缸,在此位置安装拉杆。

(4)准备步进小车。

(5)安装步进推进液压缸。

(6)安装护盾两侧的液压缸支撑。

(7)安装步进架。

(8)保护推进液压缸(由于推进液压缸与撑靴连接销拆卸困难,将液压缸的进、出油管通过装有液压油的油桶相连通,从而形成回路,减小液压缸的拉伤程度),并连接各油路油管。

2)步进推进步骤

步进与掘进的工作原理相似,在撑靴液压缸下面的 4 个安装座上安装步进架,作为撑靴使用。通过操作手柄,操作前支撑、步进架、后支撑和推进液压缸。

(1)开始推进时,要先将步进泵开启并加载,收起后支撑与前支撑,步进架自然就与地面接触。

(2)观察步进架左右两边与地面是否均接触紧密,否则需要在与地面有空隙的一边加垫木板,这样才能保证步进架两边受力较为均匀,减少对步进架的伤害。检查没有问题后,再向前推进。

(3)在步进的过程中,需要经常观察步进架是否有打滑及拉伤等情况的发生。如果有此情况发生,立即停止步进,检查没有问题后,再继续步进。

(4)一个循环结束后(一般前进 1.5m 左右为一个循环),将后支撑和前支撑都放下来,使其与地面接触,将步进架升起一定高度,再将步进架向前推进,完成换步操作。

(5)进入下一个循环推进。

3)步进操作过程中注意事项

(1)当支撑液压缸不能正常缩回或伸出时,可能是电磁阀被卡住了,这时可以通过操作手柄方向,再缩回或撑出液压缸。如果还不能解决问题,可以采取手动操作对应的电磁阀,来实现相关操作。

(2)有时也会因为地面不平,导致前支撑卡住,推进困难。这时,要将前支撑液压缸收完,如果顶起的地方不是太严重,可以慢慢推过去,否则要将不平处处理掉,或者将刀盘垫起来,这样才能保证前支撑顺利过去。

### 9.2.4 单护盾 TBM 掘进操作

1)设备启动

(1)启动皮带输送机(要确保溜渣槽门已经打开、主机皮带输送机在最前端位置)。

(2)启动刀盘:根据导向系统面板上显示的设备目前旋转状态选择设备旋转按钮,一般选择能够纠正设备转向的旋转方向。选择刀盘启动按钮,当启动绿色按钮常亮后,慢慢右旋刀盘转速控制旋钮,使刀盘转速逐渐稳定在值班工程师要求的转速范围。严禁旋转旋钮过快,以免造成过大机械冲击,损坏机械设备。此时注意主驱动扭矩变化,若因扭矩过高而使刀盘启动停止,则先把电位器旋钮左旋至最小,再重新启动。

(3)按下推进按钮,并根据导向系统屏幕上指示的设备姿态,调整4组液压缸的压力至适当的值,并逐渐增大推进系统的整体推进速度。

(4)至此设备动力部分启动完毕,开始掘进。

2)掘进过程中

(1)在TBM的掘进过程中,应有一名司机随时注意巡检设备的各种设备状态,如泵站噪声情况,液压系统管路连接有否松动、是否有渗漏油,油脂系统是否充足,轨道是否畅通,回填系统是否正常等。操作室内主司机应时刻关注皮带输送机出口的出渣情况,根据导向系统调整设备的姿态,发现问题,立即采用相应的措施。

(2)掘进过程中主司机必须严格按照要求记录相关部门规定的各种数据表格,以及详细的故障及故障处理办法。

(3)过程中的注意事项:

①调整推进液压缸的掘进速度时,必须先让刀盘旋转,并确实接触开挖面后,再慢慢调整推进速度。

②推进液压缸停止后,再停止刀盘旋转。

③变更刀盘旋转动方向时,先要使刀盘完全停下来后,再变更旋转方向。

④为防止主轴承密封破损,要密切注意油液质量。

⑤掘进前必须保证主驱动齿轮油温度在65℃以下。如在65℃以上运行,有可能损坏密封。

⑥机器发生异常时,请立即中止掘进,进行检查、维修。

3)掘进结束

当掘进结束时,按以下顺序停止掘进:

(1)停止推进系统。

(2)停止皮带输送机。

(3)逐渐减小刀盘转速至零,并停止刀盘转动,这样有利于下次刀盘启动时扭矩不至于太大。

(4)若立即准备安装管片,则按下管片拼装按钮。

(5)依次停止推进泵、控制泵、铰接泵、主机皮带输送机泵、齿轮油泵、齿轮油回油泵、刀盘喷水、主机皮带输送机喷雾降尘球阀。

(6)若立即安装管片,可以暂不关闭推进系统油泵和辅助油泵;否则关闭之。

(7)通知有关人员进行下一工序的工作。

4)操作要求

(1)设备操作必须一切从保证工程质量的要求为出发点,充分保证隧道的衬砌质量,保证线路方向的正确性,并尽量减小因设备施工而引起的地面下沉。所以必须做到:回填系统不能保证时不能掘进;没有测量方向时不能掘进;严格执行土木工程师提出的土压指令,对掘进中的出渣量出现异常时要立即报告;有问题及时提出。

(2)要充分合理地应用设备的各种功能,严禁为了赶进度而拼设备。要严格执行设备说明书上的各种安全操作要求,严格遵守机械工程师提出的参数指令。

(3)操作人员操作期间必须集中精力,不得与他人嬉戏、聊天。

(4)非操作人员严禁操作设备。

### 9.2.5　双护盾TBM掘进操作

主要根据设备的施工特点,结合所在地层围岩的完整性、围岩强度等选择双护盾TBM相应的掘进模式。通过对工程的地质资料分析和推断,设备拟在Ⅲ类围岩洞段选用双护盾模式掘进,Ⅳ、Ⅴ类围岩洞段选用单护盾掘进模式掘进。

1)单护盾模式掘进操作

(1)设备掘进

刀盘在主推进液压缸的推力作用下,伸缩盾伸开,刀盘向前推进,辅助推进液压缸顶推到已安装好的管片上,为掘进机提供掘进反力,后配套拖车停在隧洞中,刀盘破岩切削下来的渣土随着刀盘铲斗和刮板转动,从底部到顶部,然后沿溜渣槽到达刀盘顶部后,进入刀盘中心的皮带输送机上,主机皮带输送机和后配套皮带输送机将渣土运送到等候在后配套上的编组渣车上,与此同时,成洞段进行豆砾石充填及回填灌浆等工作。当刀盘向前掘进一环管片距离时,完成一个循环的掘进。

(2)管片拼装

当刀盘推进完成一个行程后,完成一个循环的掘进,设备停止掘进,在尾盾的保护下,开始进行管片的安装。管片拼装利用设备上的管片拼装机完成。

(3)换步

管片拼装时,辅助推进液压缸缩回,每安装完成一块管片后,辅助推进液压缸伸出顶推到已安装完成的管片上,直至该环全圆管片拼装完成,辅助推进液压缸全部顶推到位,换步完成。

单护盾模式掘进工艺流程如图 9-11 所示。

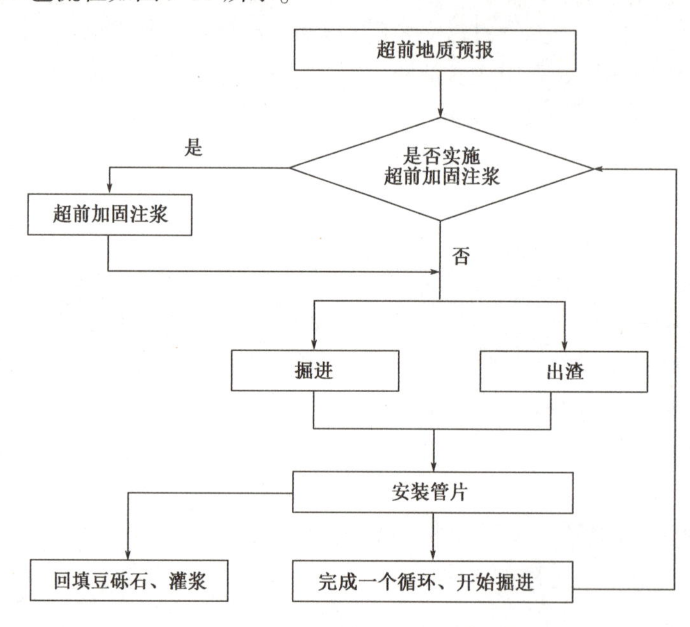


图 9-11 单护盾模式掘进工艺流程图

2)双护盾模式掘进操作

(1)设备掘进

刀盘在主推进液压缸的推力作用下,伸缩盾伸开,刀盘向前推进,撑靴撑紧在洞壁上为掘进机提供掘进反力,后配套拖车停在隧洞中,刀盘破岩切削下来的渣土随着刀盘铲斗和刮板转动从底部到顶部,然后沿溜渣槽到达刀盘顶部后进入刀盘中心的皮带输送机上,主机皮带输送机和后配套皮带输送机将渣土运送到等候在后配套上的编组渣车上,与此同时,在盾尾的保护下进行预制管片的安装、豆砾石充填工作。当刀盘向前掘进一环管片时,完成一个循环的掘进。

双护盾模式掘进工艺流程如图 9-12 所示。

(2)换步

当主推进液压缸达到最大掘进行程时,TBM 需要停机换步。此时刀盘停止转动,将撑靴慢慢收回,主推进液压缸牵引和辅助推进液压缸顶推提供反力使 TBM 向前移动,直至主推进液压缸完全处于收缩状态,然后撑靴再度撑紧洞壁,开始下一个循环的掘进,换步完成。

双护盾模式换步流程如图 9-13 所示。

超前地质预报
否
设定掘进参数
掘进
管片安装
豆砾石充填、灌浆
是否掘进两个循环进尺
否
是
渣车出洞
翻渣材料准备
渣车材料进洞
是否达到掘进循环进尺
否
是
换步作业
进入下一循环掘进

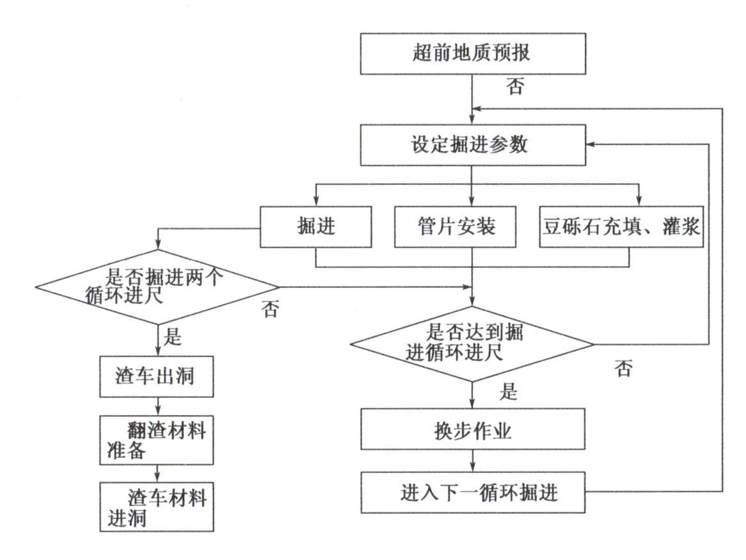

图9-12　双护盾模式掘进工艺流程图

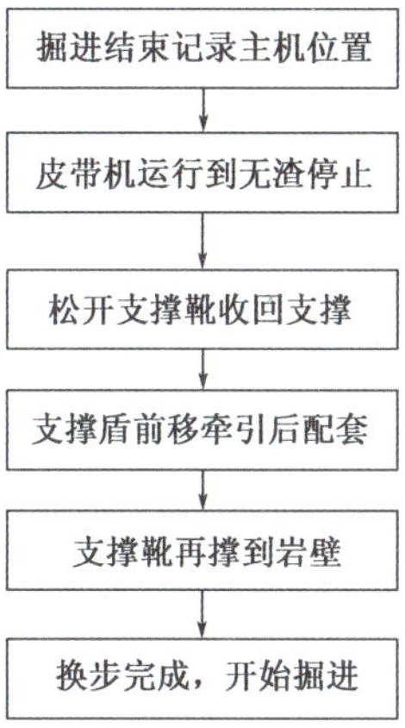

掘进结束记录主机位置
皮带机运行到无渣停止
松开支撑靴收回支撑
支撑盾前移牵引后配套
支撑靴再撑到岩壁
换步完成，开始掘进

图9-13　双护盾模式换步流程图

## 9.2.6　设备纠偏和调向

1)敞开式TBM调向与纠偏

正确调向是TBM操作中的关键环节。实现设备正确调向可将由轴承或刀圈磨损引发的刀具故障减少。刀盘、刀盘支撑、铲斗前缘与护栅条的负荷过重以及损坏通常是由过度频繁调向导致的。

(1)设备调向原理

调向操作是由撑靴液压缸与鞍架上的扭矩液压缸共同实现的。

水平调向则是通过对撑靴液压缸加压来移动设备后部实现的,具体为:向左侧撑靴液压缸加压,设备后部向左移动将使刀盘右调;向右侧撑靴加压,设备后部向右移动则使刀盘左调。

垂直调向是通过鞍架上的左右两侧的扭矩液压缸的伸缩来垂直移动设备后部完成的,具体为:左右两侧的扭矩液压缸杆同时伸出上移设备后部将使刀盘下调;相反,左右两侧的扭矩液压缸杆同时缩回下移设备后部则使刀盘上调。在垂直调向中,通常必须同时同向操控上述两侧的扭矩液压缸。

(2)垂直方向调向

垂直方向调向是通过调节左右两侧扭矩液压缸的控制按钮实现的。调节时必须同时操控这两个控制按钮,并根据具体需要将其置于向上或向下位置。选择向上位置,将使设备后部下沉,即向上调向;反之,选择向下位置则将抬高设备后部,即向下调向。

(3)水平方向调向

水平方向调向是通过侧向调向控制按钮实现的。将其向左侧扭动会使机器后部右移,即向左调向;向右侧扭动则会使机器后部左移,即向右调向。

(4)滚动的调节

执行滚动角度调节时,必须使撑靴撑紧隧道壁并将后支撑抬起。根据需要顺时针或逆时针方向操作左侧及右侧垂直调向控制按钮(即调节扭矩液压缸),将设备的滚动值控制在0左右,通常认为不小于-0.07即可。

(5)正确调向

正确调向是指保持正确的掘进线路和坡度,不使隧道壁出现任何因调向修正而导致的偏移。如能保持正确调向,则隧道壁上就不会出现明显的脊凸与凹槽。如隧道壁上出现脊凸和/或凹槽,则可以认为有过度调向或错误调向发生,应采取措施以防类似情况再度发生。

正确调向还取决于对侧护盾的正确使用。不恰当地使用侧护盾，可能导致刀圈过度磨损、刀具过早损坏、渣斗前缘磨损以及过大的掘进线路与坡度的误差。

侧护盾、垂直支撑与顶护盾一起，起到在掘进作业中稳定设备前部的作用。此外，侧护盾还提供了侧向调向所需的旋转作用反作用力点，并且可以加以调节，以补偿边刀磨损。

除开掘有一定曲率的隧道外，侧护盾均应伸展至与隧道理论直径等同的位置，以确保设备中线准确并保证掘进目标与边刀常量的对应关系。如果一支侧护盾的伸展程度超出另一支，就会造成边刀实际行进路径上的误差。

如果两支侧护盾均回缩至某个使其与隧道壁相脱离的位置，则设备将在掘进中处于松脱状态。设备机顶将出现振动，并引发刀圈磨损与刀具过载，且会失去侧向调向移动中的反作用力点。

侧护盾上有用以显示正常工作位置的指示器。使用全新的边刀圈时，应将侧护盾置于零位，而且即使刀具开始磨损，通常仍应将其继续留置在上述位置。随着刀具进一步磨损且侧护盾常置于零位，整个设备会产生爬升的倾向。

为抵消上述作用，应抬高设备后部。如果侧护盾与隧道顶部距离过小，可能需要先将其回缩约1/8英寸(3mm)，以部分脱离顶合状态。随着刀具磨损继续增大，将需要更进一步回缩，但每次均应以两侧护盾等量且以较小增量的方式实施。

注意：将设备从一侧向另一侧移动并非侧护盾的设计用途，此类做法可能导致设备损坏。

(6)调向限制

设备调向须在刀盘仍处于旋转的状态下进行。此外建议将推进高压选择开关设为回缩状态，以便在实施调向修正前释放刀盘推进压力。在每次调向后，至少先掘进25mm，再进行第二次调向操作，从而为边刀留出开掘新路径的时间和余地，也避免对边刀造成过多磨损。每一循环调向次数最好不多于4次。

2)单护盾TBM调向与纠偏

(1)采用自动导向系统和人工测量辅助进行TBM姿态监测

①自动导向系统配置了导向、自动定位、掘进程序软件和显示器等，能够适时显示TBM当前位置与隧道设计轴线的偏差以及趋势。据此调整控制TBM掘进方向，使其始终保持在允许的偏差范围内。

②随着TBM的推进，导向系统的测量仪器及后视基准点需要前移，必须通过人工测量来进行精确定位。为保证推进方向的准确可靠，每周进行两次人工测量，以校核自动导向系统的测量数据，并复核TBM的位置、姿态，确保TBM掘进方向正确。

(2)采用分区调整TBM推进液压缸推力控制TBM掘进方向

①根据线路条件所做的分段轴线拟合控制计划、导向系统反映的TBM姿态信息，结合隧道地层情况，通过分区操作TBM的推进液压缸来控制掘进方向。TBM方向是通过推进系统几组液压缸的不同压力来进行调整的，一般调整的原则是使TBM的掘进方向趋向隧道的理论中心线。

②调节TBM推进液压缸每组压力对TBM掘进方向的影响一般方法是：当TBM液压缸左侧压力大于右侧时，TBM姿态自左向右摆；当上侧压力大于下侧压力时，TBM姿态自上向下摆。依次类推即可调整TBM的姿态。

③当TBM处于水平线路掘进时，应使TBM保持稍向上的掘进姿态，以纠正TBM因自重而产生的低头现象。

④在上坡段掘进时，适当加大TBM机下部液压缸的推力；在下坡段掘进时则适当加大上部液压缸的推力；在左转弯曲线段掘进时，则适当加大右侧液压缸推力；在右转弯曲线掘进时，则适当加大左侧液压缸的推力。

⑤在均匀的地质掘进时，保持所有液压缸推力一致。在软硬不均的地层中掘进时，则应根据不同地层在断面的具体分布情况，遵循硬地层一侧推进液压缸的推力适当加大，软地层一侧液压缸的推力适当减小的原则来操作。

⑥为了保证TBM的铰接密封工作良好,同时也为了保证隧道管片不受到破坏,TBM在调向过程中不能有太大的趋势值,一般在导向系统上显示的任一方向的趋势值不应大于10mm/m。

⑦通常盾尾位置每循环调节量不大于10mm。

(3)掘进姿态的调整与纠偏的方法

①在实际施工中,由于地质突变等原因,TBM推进方向可能会偏离设计轴线并达到管理警戒值。在稳定地层中掘进,因地层提供的滚动阻力小,可能会产生盾体滚动偏差。在线路变坡段或急弯段掘进,有可能产生较大的偏差。因此应及时调整TBM机姿态,纠正偏差。

具体TBM纠偏方法见表9-1。

TBM纠偏方法　表9-1

| 类型 | 滚动纠偏 | 竖直方向纠偏 | 水平方向纠偏 |
|---|---|---|---|
| 现象 | 当滚动超限时,TBM会自动报警 | 出现下俯,上仰 | 左偏、右偏 |
| 纠偏方法 | 此时采用TBM反转的方法纠正滚动偏差。允许滚刀偏差≤2°;当超过2°时,TBM报警,提示操纵者必须切换刀盘旋转方向,进行反向纠偏 | 控制TBM方向的主要因素是液压缸的单侧推力,当TBM出现下俯时,可加大下侧液压缸的推力,进行纠偏;当TBM出现上仰时,可加大上侧液压缸的推力来进行纠偏 | 与竖直方向纠偏原理相同,左偏时应加大左侧液压缸的推力,右偏时则加大右侧液压缸的推力 |

3)双护盾TBM调向与纠偏

(1)姿态监测

采用自动导向系统和人工测量辅助进行TBM姿态监测,自动导向系统配置了导向、自动定位、掘进程序软件和显示器等。该系统能够全天候地动态显示TBM当前位置、与隧洞设计轴线的偏差以及趋势。据此调整控制TBM掘进方向,使其始终保持在允许的偏差范围内。

随着TBM推进,导向系统后视基准点需要前移,导向系统大约每100m延伸一次,基准点必须通过人工测量来进行精确定位。为保证推进方向的准确可靠,拟每周进行两次人工测量,以校核自动导向系统的测量数据,并复核TBM的位置、姿态,确保TBM掘进方向正确。

主司机可根据显示的数据及时调整掘进机的掘进姿态,图9-14所示为主机控制室导向系统数据显示器及屏幕内容,使得掘进机能够沿着正确的方向掘进,使其始终保持在允许的偏差范围内。显示内容包括切口里程、纵向坡度、横向旋转角、平面偏离值、高程偏离值。

(2)姿态方向调整

由于主推液压缸为位置液压缸,分区布置在前盾与支撑盾之间,共分为4个区,上面2个液压缸、左右各2个液压缸、下面4个液压缸。根据推进液压缸布置的特点,并根据所做的分段轴线拟合控制计划、导向系统反映的TBM姿态信息,结合隧洞地层情况,通过分区操作TBM的推进液压缸来控制掘进方向。

TBM向上坡段掘进时,适当加大TBM下部推进液压缸的压力。

在均匀的地质条件下,保持所有液压缸推力一致。在软硬不均的地层中掘进时,则应根据不同地层在断面的具体分布情况,遵循硬地层一侧推进液压缸的推力适当加大,软地层一侧液压缸的推力适当减小的原则来操作。其操作界面如图9-15所示。

双护盾掘进模式下,应该随时注意围岩的地质情况,及时调整掘进参数,特别是在掘进模式转化的过程中要注意撑靴处的支撑,防止打滑。刀盘前面围岩不均匀时,也需要密切注意对掘进方向的控制。

(3)TBM纠偏

在实际施工中,由于地质突变等原因TBM推进方向可能会偏离设计轴线并达到管理警戒值。在稳定地层中掘进,因地层提供的滚动阻力小,可能会产生机体滚动偏差。因此,应及时调整TBM姿态、纠正偏差。掘进方向偏差的控制:利用导向系统控制方向,遵循“及时、连续、限量”的原则,逐环小量纠偏,对掘进机姿态进行调整。

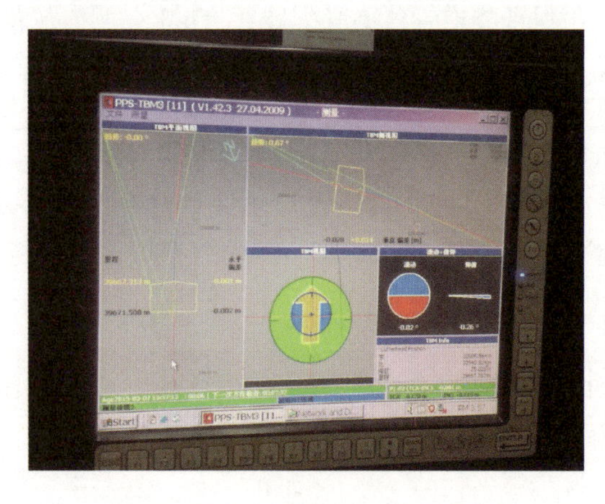

图 9-14　导向系统数据显示器及屏幕内容

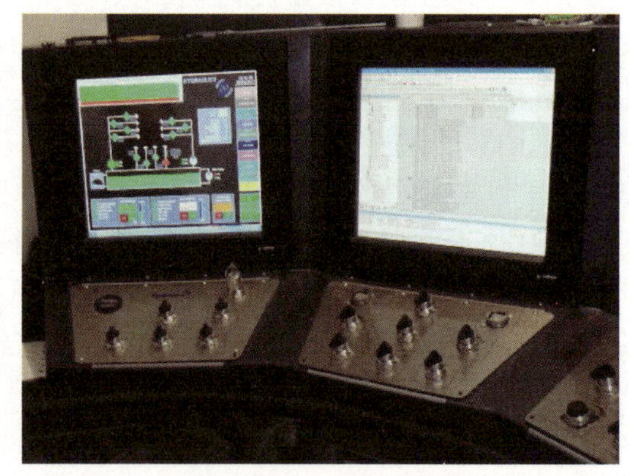

图 9-15　掘进操作界面图

①滚动纠偏。当滚动超限时,TBM 会自动报警,此时应及时纠正滚动偏差。通过分别控制奇偶数主推液压缸来调整前盾滚动角,一般将滚动角控制在 ±3mm/m 左右。如果滚动角为负值,适当增加偶数推进液压缸的压力(一般增加 2 个单位左右,视情况可增减)。滚动角为正值,适当增加奇数推进液压缸的压力(增加量情况同上)。

②竖直方向纠偏。控制 TBM 方向的主要因素是主推液压缸的单侧推力。当 TBM 出现下俯时,可加大下侧推进液压缸的推力;当 TBM 出现上仰时,可加大上侧推进液压缸的推力来进行纠偏。它与 TBM 姿态变化量间的关系非常离散,需要靠主司机的经验来掌握。

③水平方向纠偏。与竖直方向纠偏的原理相同,左偏时应加大左侧推进液压缸的推进压力,右偏时则应加大右侧推进液压缸的推进压力。

(4)方向控制及纠偏注意事项

①根据掌子面地质情况应及时调整掘进参数,调整掘进方向时应设置警戒值与限制值。达到警戒值时就应实行纠偏程序。

②蛇行修正及纠偏时应缓慢进行,如修正过程过急,蛇行反而更加明显。在直线推进的情况下,应选取 TBM 当前所在位置点与设计线上远方的一点作一直线,然后再以这条线为新的基准进行线形管理。

③严格控制纠偏力度,防止 TBM 发生卡壳现象。

④TBM 始发、到达时方向控制极其重要,应按照始发、到达掘进的有关技术要求,做好测量定位工作。

## 9.2.7　管片拼装和豆粒石操作

1)管片拼装

(1)管片拼装前的准备

①确认推进液压缸行程至少大于管片长度。

②确认管片拼装设备能正常工作,液压及控制系统工作正常。

③所需要的安装工具及设备,如风动扳手、紧固螺栓等准备完成。

④确认由相关技术人员决定的管片类型及管片拼装的环向位置。

⑤检查运输进隧道内的管片类型是否符合要求。

⑥清理管片拼装区域的渣土、泥水、杂物等。

(2)管片拼装步骤

①将管片按正确顺序放在管片运输小车上。

②依次启动过滤冷却泵、辅助泵、推进泵、管片拼装机泵。

③将 TBM 工作模式转换到管片拼装模式下。

④收第一块管片拼装区的推进液压缸。

⑤运输小车将第一块管片输送到拼装机下方。

⑥管片拼装机抓牢管片后，通过调整大液压缸、旋转马达、抓举头翻转等，将其准确定位到最终位置。

⑦在需要安装螺栓的孔内穿上螺栓并戴上螺母，但暂时不要拧紧。

⑧将相应的推进缸伸出，顶紧已到位的管片。必须保证在每个 A、B、C 管片至少有两个(对)液压缸对称地顶紧管片。

⑨用风动扳手将螺栓紧固，风动扳手的风压要满足规定的扭矩要求。

⑩松开抓取头，进行下一块管片的安装。

⑪按照以上的步骤依次安装除封顶块以外的其余管片。安装封顶块时要使封顶块从梯形头的大端向小端慢慢移动来进行定位。

⑫管片拼装完成后，应将管片拼装机的抓取头向下放置，并将 TBM 切换到掘进模式。

⑬根据需要将本环管片的安装信息输入导向系统。

(3)管片拼装方式

一般情况下，衬砌环采用错缝拼装，封顶块的位置在正上方或偏离上方 ±18°。管片拼装时应从底部开始，然后自下而上左右交叉安装，最后插入封顶块管片成环。

此外，可采用全功能环模式安装，根据实际需要，封顶块可以在圆周的上、下、左、右任一位置安装，如可以把左转弯环管片上下倒过来安装用作右转弯环管片，此时封顶块应安装在下部，还可以把右转弯环同样用作左转弯环等。

(4)管片拼装注意事项

①安装管片之前，应将盾尾杂物清理干净，并将事先预制好的垫块放置在确定位置，否则将会影响管片拼装的质量。

②由于管片拼装作业区狭小、危险，操作人员必须熟悉安全操作规程，注意操作人员之间应相互协调，一定要保证人身和设备安全。

③管片拼装机工作时，严禁管片拼装机下站人，严禁非工作人员进入工作区。

④安装管片过程中，伸出推进液压缸时，一定要适当减小推进液压缸压力，以免在安装过程中推力过大而造成单片管片失稳或破坏管片。

⑤当正在安装的管片接近已安装好的管片时，要注意不能快速接近，以免碰撞而破坏管片。接近后要利用转动与翻转装置进行微调，保证管片块间的连接平顺。

⑥预拼装的管片在运输小车的摆放角度，应保证管片上将被推进液压缸推压的端面与上一环管片的推进液压缸推压端面平行。若不平行时，应调整好管片角度后再吊装。禁止依靠使用拼装机的平移液压缸将管片与上一环管片强行撞击来调整管片角度。

⑦应保证抓举头的尼龙板清洁。定期检查尼龙板的磨损量，若磨损量过大时，应及时更换尼龙板。

2)豆砾石操作

(1)豆砾石系统工作原理

豆砾石系统是将小于 20mm 鹅卵石经豆砾石泵在高压空气的推动下，通过豆砾石输送管道经管片预留孔注入管片与隧道壁面之间的空隙中，起到填充空隙的作用。

(2)豆砾石注入系统控制

豆砾石泵的控制分本地控制和遥控器控制两种方式。

①本地控制：在豆砾石泵上设置控制按钮，操作人员可以在豆砾石泵旁对豆砾石泵进行操作。

②遥控器控制：豆砾石泵随机配套遥控器(有线)，可以在施工位置进行远程遥控控制豆砾石泵。

当选用遥控控制操作豆砾石泵时,本地控制失效。

## 9.2.8 隧道支护

硬岩初期支护主要进行锚杆施工、喷混凝土支护,局部挂钢筋网施作网喷支护。软岩支护主要由挂钢筋网喷锚支护、钢支撑支护,并视围岩情况根据设计要求,采用超前小导管或超前锚杆等超前支护。施工支护所用材料均在洞外加工,喷射混凝土材料由大型自动拌合站生产供应。

1)喷混凝土施工

喷混凝土支护由TBM自带的喷射系统完成,混凝土使用有轨混凝土运输罐车进行运送。

TBM自带的喷混凝土系统喷射机械手可以在喷混凝土区域作纵向和横向移动,操作人员通过操作控制手柄完成设计所要求的喷混凝土作业。机械喷射手转动频率稳定,喷头距受喷面距离固定不变,作业人员只要掌握操作规程,喷射混凝土的回弹量和平整度均可达到优良水平。

若遇软弱破碎围岩,需要在护盾后初喷混凝土尽快封闭围岩,此时将TBM后配套上喷混凝土区域的混凝土输送管路接长,延伸至护盾后(混凝土输送泵具备相应能力),采用人工喷射混凝土方式进行初喷作业。待该段进入机械喷混凝土区域后,采用机械喷射方式复喷至设计厚度。

2)锚杆施工

锚杆施工的工艺流程与钻爆法完全相同,施工操作时由TBM主机上配备的两台凿岩机,实现设计支护范围内的锚杆钻孔施工。

(1)中空注浆锚杆施工

隧道拱部120°采用中空注浆锚杆支护,运用TBM上配备的锚杆钻机进行钻孔。

(2)螺纹砂浆锚杆施工

隧道边墙采用$\phi$22螺纹砂浆锚杆支护,同样使用TBM上配备的锚杆钻机进行钻孔。

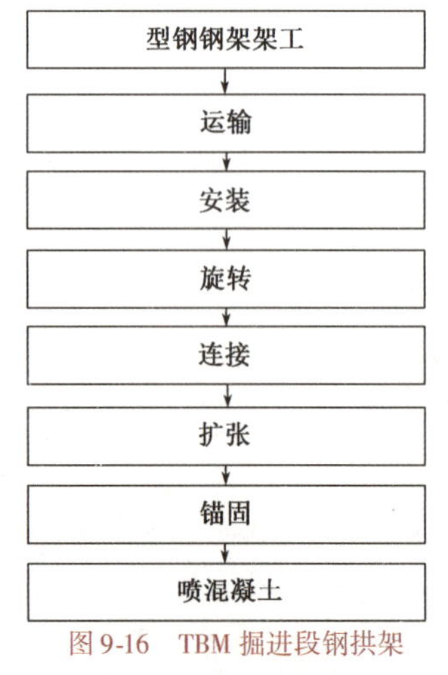


图9-16 TBM掘进段钢拱架施工工艺流程图

3)钢筋网施工

根据设计支护参数的要求,在相应的围岩地段进行钢筋网施工。钢筋网在洞外预制加工,现场通过TBM自带的钢筋网安装器进行安装,人工配合固定。钢筋网与锚杆(或钢架)绑扎连接(或点焊焊接)牢固(钢筋网和钢架绑扎时,应绑在靠近岩面一侧,确保整体结构受力平衡)。钢筋网喷混凝土保护层厚度不小于2cm。

4)钢拱架施工

(1)钢拱架施工工艺

TBM掘进段钢拱架施工工艺流程如图9-16所示。

(2)钢拱架施工方法

①钢拱架。TBM型钢拱架采用I16工字钢制作,采用型钢弯曲机进行弯制成环,为便于运输和安装,每榀钢拱架按设计要求进行分段,每段端头焊接连接钢板,采用人工焊接加工成形,安装连接时采用螺栓连接。钢拱架采用TBM自带的钢拱架安装器进行安装。加工好后的钢拱架单体根据设计要求进行试拼检查,合格后集中进行存放并标识清楚。

②钢拱架的运输和安装。钢拱架通过材料运输车运送到TBM吊机附近,由吊机运送到拱架安装器的上方或下方,钢拱架安装器夹住钢拱架后,导向轨旋转安装器,直至下一段钢拱架可以用螺栓固定在前一段的尾端,重复这个过程直至整环完成。当一环完成后,由拱架安装器上的张紧机构将钢拱架向外扩张,并与岩面楔紧。

③钢拱架的锚固。钢拱架的扩张与岩面楔紧后利用锚杆钻机钻孔施作锁脚锚杆,按设计要求进行锁定,然后通过$\phi$22的螺纹钢筋与上一榀钢拱架纵向焊接相连,环向间距符合设计要求。

(3)技术措施

①钢拱架按《锚杆喷射混凝土支护技术规范》(GB 50086—2001)的要求施工。

②在岩石破碎软弱地段安装钢拱架,钢拱架应装设在衬砌设计断面以外,如因某种原因侵入衬砌断面以内时,须经报批方可施作。钢拱架安装后,需对断层破碎带的围岩稳定性进行监测,遇到危险情况,及时加强钢拱架或采取其他加强措施。

③钢拱架安装前,先检查钢拱架制作的质量是否满足设计要求。安装过程中钢拱架须与岩面之间楔紧,相邻钢拱架之间的纵向连接筋必须焊接牢靠、连接成整体,安装完毕后用喷射混凝土将其覆盖。钢支撑与岩面之间的空隙须用喷混凝土充填密实。

5)安全注意事项

(1)钻探过程中存在物体打击、噪声危险因素,作业过程中应佩戴头盔及耳塞。

(2)人员应避免靠近正在旋转的机器部件等危险区域。

(3)开始操作混凝土喷射器相关设备之前首先检查管路及电缆所有连接,避免管路破损点喷射出液压油或破损电缆造成人员伤亡、设备损坏。

(4)在应急混喷凝土操作时,注意对主机区域设备进行防护。

(5)钻探作业会产生大量的渣石与水,因此所有位于钻探区域内的精密液压及电气设备必须加以被保护(遮盖)。

## 9.2.9　隧道出渣

采用连续皮带输送机进行隧道出渣,洞渣通过 TBM 主机皮带输送机运输至连续皮带输送机,通过连续皮带输送机运至洞外后二次转运至弃渣场。

1)皮带出渣运输

连续皮带输送系统由可移动的皮带输送机尾部、皮带存储及张紧机构、变频控制的皮带输送机驱动装置、助力驱动装置、皮带托滚及支架、调心轮、皮带输送机卸载机构、输送带、皮带打滑探测装置、皮带接头、变频控制系统、拉索、皮带硫化机等组成,每掘进 250m 需要在皮带储存机构内装入新的皮带,把原有皮带切开,在新皮带的两端与旧皮带进行硫化连接,保证皮带输送机继续延伸,隧道内连续皮带输送系统如图 9-17 所示。

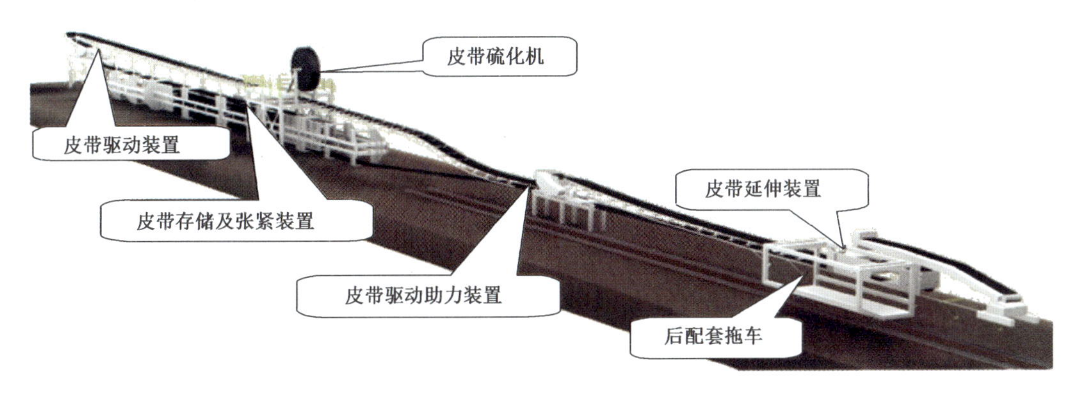


图 9-17　连续皮带输送系统

计划采用三角支架式连续皮带输送机固定在隧道边墙上,设计本着固定形式简单、易于装卸的原则,便于同步拱墙衬砌时拆除,衬砌后皮带支架可重复使用至成洞段。

2)渣土二次倒运

岩渣在隧道出口转至无轨运输系统,采用溜渣装置直接卸渣于自卸汽车上,15t 自卸汽车运输到指定弃渣场。同时,考虑车辆故障或其他意外情况,溜渣槽下的自卸汽车不能及时到位时,设置一条应急皮带输送机,将岩渣用皮带输送机倒运到溜渣槽一侧的临时倒运场,装载机装渣,自卸汽车运输至指定弃渣场。

3)安全注意事项

(1)缓慢移动的机器部件、机器传送带滚动区域、旋转的滚筒均存在肢体挤伤的危险,不要在危险区域内逗留。

(2)如发现任何缺陷/故障,则立即修理,尤其需要确保该区域有足够的照明,防止跌倒造成严重伤害。

## 9.2.10 超前地质勘探与加固

1)超前地质勘探

(1)超前钻机地质勘探。超前探测钻机用在TBM前面打探测孔,打探测孔时,TBM必须停止掘进。超前钻机安装在外凯氏机架上、前后支撑靴之间,钻孔时,移动至TBM护盾的外边,以微小的仰角在TBM前方钻孔。刀盘护盾上有导向圆锥孔,用于引导和稳定钻杆。超前钻机的动力由锚杆钻机的动力站提供。

(2)激发极化超前地质探测系统。刀盘上安装12个测量电极,通过液压驱动实现电极的伸缩。2圈供电极安装到护盾上,其他3圈供电极通过围岩打孔安装,无穷远B电极、N电极通过打孔安装。2条多芯电缆,其中1条连接12个测量电极,1条连接20个供电极,探测仪器安装在TBM主控室,电缆连接到的仪器。

探测时,刀盘后退少许(5~10cm),使刀盘与掌子面不接触,供电电极与测量电极通过液压伸缩装置接触围岩与掌子面,开始测量。测量结束后,供电电极与测量电极通过液压装置收缩到刀盘与护盾中。

超前地质预报如图9-18所示。

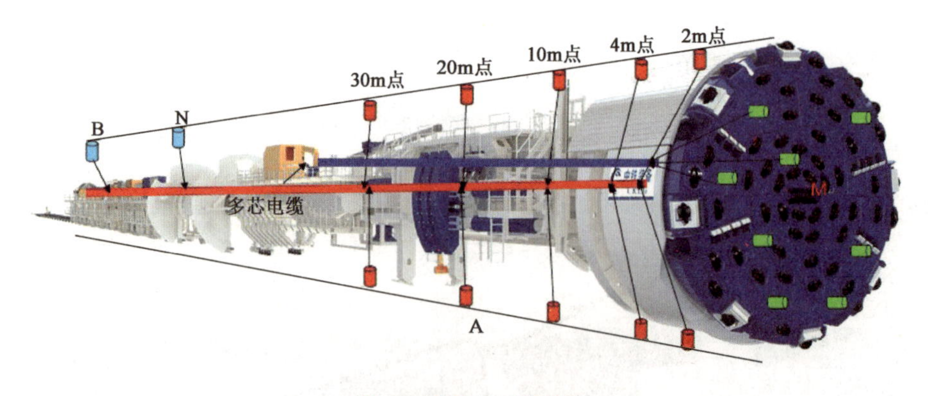


图9-18 超前地质预报图

2)超前地质加固

根据前方的地质情况判断是否适合TBM掘进,若适合,则继续向前掘进;反之,则需对前方不良地质地段进行加固,或采用其他方法通过。如与其他方案在工期、经济性等方面进行比较后认为预加固方案可行,则利用TBM直接向前方断层破碎带等不良地质地段进行加固处理。

利用TBM所配备的超前钻机,结合TBM自身配备的注浆设备,对隧道前方断层破碎带的围岩进行超前预注浆和超前管棚注浆加固。在钻孔前,为防止掌子面出现围岩坍塌和漏浆,利用TBM自身配备的喷射系统在刀盘开挖后喷射一层混凝土,但严禁刀盘后退,以防塌落卡死刀盘。在进行注浆前,先用水冲洗钻孔,注浆时,为防止串浆和漏注,先从两侧的钻孔向拱顶对称注浆。注浆参数根据围岩的工程地质和水文地质(如围岩孔隙率、裂隙率、渗透系数、涌水量、水压等)并结合试验来选择确定。

### 9.2.11　辅助操作

1)高压电缆延长

TBM使用单位负责TBM的高压电供应。为了在掘进过程中调整高压电缆的长度,机器配置控制高压电缆收放控制箱。

在对高压电供应之前,以下条件必须全部满足:

(1)给系统断电。

(2)确保不会意外接通。

(3)核实电缆卷筒没有通电。

(4)为系统进行短接并接地。

(5)防护临近的有电部件。

操作步骤如下:

(1)停止掘进。

(2)根据计划表完成所有操作指令。

(3)按操作规程关闭电脑显示及数据获取系统。

(4)关闭低压。

(5)启动应急发电机。

(6)切断高压电时,遵守安全指南。

(7)断开高压延长电缆。

(8)在保持用于连接线耳的同时,解开电缆卷筒上的高压电缆并注意排好。

安全注意事项:

(1)注意高压危险,带电的部位或破损的电缆容易造成电击,危及生命,因此绝不接触带点部件或皮损电缆。

(2)若采用电缆卷筒收回电缆时不要靠近,避免旋转的电缆卷筒挤压,造成肢体伤害。注意只有电缆卷筒停止时方可进行维护工作。

2)风筒吊机

如果最后一节拖车上的储风筒用完,则必须用新的储风筒进行更换,操作步骤如下:

(1)按下同落按钮,同时将储风筒下降,并将其置于准备好的运输车上。

(2)更换新的储风筒。

(3)使用安全设备固定储风筒。

(4)拉出风管并使用匹配的法兰,将其同隧道通风管相连。

安全注意事项:

(1)注意只可以在标明的工作区域内进行起重机作业,不得进入悬吊重物下面,不得停留在起重系统或提升设备的危险区域。

(2)必须确保起重操作人员和辅助人员之间可以互相看到。

(3)高空作业时注意跌落危险,须使用安全绳。

3)更换油脂桶

当油脂桶空时,油脂泵随即停止,且在控制室显示相关故障信息,维护人员必须立即更换油脂桶,具体操作步骤如下:

(1)将维护开关旋至“维护”位置。

(2)从油脂桶中将仿形圆盘提升出来。

(3)使用吊机或者吊链将新油脂桶从运输小车上吊上拖车。

(4)移走空桶并使用吊机或吊链将其放置在运输小车上。

(5)将新油脂桶装在油脂泵位置上。

(6)打开桶并打开排气口。

(7)将仿形圆盘压入桶中。

(8)在气体排空后关闭排气口。

(9)将维护开关旋回“操作”位置。

4)主机清渣皮带输送机

主机皮带输送机运行中,会有部分泥渣从皮带上滑落,为了清除主梁内堆积的泥渣,在主梁和设备桥前端安装清渣系统,皮带在主梁底部运行,将主梁内堆积的泥渣清出,具体操作步骤如下:

(1)液压滚筒驱动开关打开,皮带拉出,泥渣由皮带清扫器清理干净。

(2)观察皮带拉出距离,皮带加紧装置露出主梁时开关停止,注意皮带加紧装置不能被完全拖出主梁,以免不能正常收回。

(3)液压绞车驱动开关打开,皮带收回。

(4)皮带收回到位后,开关停止。

## 9.2.12 仰拱块吊机

仰拱块吊机沿皮带桥下的双轨移动,它吊起仰拱块运向安装位置。仰拱块吊机可以沿水平、垂直方向移动。移动方式采用链传动。仰拱块由洞外运至 TBM 设备桥下仰拱吊机处,利用该吊机起吊,激光定位,每块安装约需 7~8min。仰拱块安装后与围岩的间隙,通过仰拱块上的注浆孔在 0.3~0.4MPa 压力下,注入 C18 细石混凝土,每 5~7 块进行一次,保证基底的密实。每安装 7 块仰拱块需延伸一次运输轨道。施工中必须加强同洞外行车调度的联系,保证仰拱块及注浆料的及时供应。

仰拱安装过程如下:

(1)仰拱块车进入连接桥下装卸区后,在回转台上人工回转 90°,然后由 TBM 下的仰拱块吊机,用 3 个链式吊钩把仰拱块从车上吊起,向前运至所需要安装的位置。

(2)仰拱块安装左右偏差通过仰拱块安装吊机左右调整位置,仰拱块前后高程由吊机调整准确后,在仰拱块下部用木屑垫牢固。仰拱块安装完成后,仰拱块接缝之间及时粘贴止水带,并用锚固剂抹平。

(3)仰拱块底部的岩渣及废料由人工清理至渣斗内,通过单轨吊斗卸到刀盘后的皮带输送机上,由皮带输送机输送到刀盘前面。

(4)利用安装在仰拱块中心水沟的激光指向仪和水平道尺控制仰拱块的位置。(用激光光线检查放在须铺的仰拱块中心水沟中靶的位置;用道尺检测仰拱块的水平)

(5)利用 TBM 上的导向系统确定、校核、调整激光指向仪的激光方向。

## 9.2.13 数据采集系统操作

数据显示是地面监控用户与程序本身交流的界面。数据采集系统在没有操作员在场时也能自行工作,因而图形用户环境并不是最为急需的。但为了潜在用户能对机器的运行数据有了解,当前重要测量数据的显示是十分必需的。

1)图形用户环境的结构

图形用户环境的结构很简单。在下部边线有一个长方形区域(所显示的每张图片上均有),它作为图片的标题并包括当前机器运行状态,当前日期、时间、PLC 连接状态,当前故障总数目。

在状态时间显示的右侧有一个区域用于显示 TBM 的故障信息。若出现故障信息,此区域会不断地闪动;若无故障信息,则此区域呈静止的蓝色。最右边是个滚动条,用于表示网络状态,当该条闪烁一次,表明已从 PLC 获取一次数据。当闪烁停止时,表明可能连接已被意外中断,屏幕显示的不是最新的数据。

2)显示界面

在菜单的"画面"中可以选择显示的画面。

3)历史数据

历史数据每一秒记录一次,可以通过菜单中"数据分析"来查看它们。可以一次设置多条需要显示的记录,设置显示起始点,并可动态缩放大小。

4)测量数据的存档

因为测量数据以自定义 sd 格式储存,读取和显示历史数据要用中铁装备开发的 HmiTools 工具进行打开。小工具不但集成了上位机和地面监控上曲线图、历史记录表格查询功能,还提供了转换工具,可以将老版本的 mdb 格式历史数据转为 sd 格式,sd 格式导出生成 Excel 表格等。

测量数据以天为单位进行存储,每一秒存储一次数据,存储在 Data\DataArchive 目录下。应经常备份该目录下的文件,文件可备份到其他计算机或移动存储设备上,以防止安装地面监控的电脑因意外崩溃而导致原始数据永久性丢失。

5)使用注意事项(同盾构机的数据采集系统)

## 9.3　全断面隧道掘进机操作手基本要求

隧道施工行业是一个危险系数、技能系数相对较高的行业,所以对于隧道掘进机操作人员而言,更需要有较高的职业素养和过硬的技术水平,同时更需要对自身安全和职业病有深入系统的防护。

### 9.3.1　职业素养

职业素养是职业内在的规范和要求的综合,是在从事某种职业过程中表现出来的综合品质,是员工素质的职场体现。职业素养包含职业道德、职业价值观、职业技能、职业规范等方面的内容。在工程领域,职业素养体现着一名技师或工程师在职场中成功的素养及智慧。

对从事工程相关工作的人员来说,应深入了解工程相关知识,并能考虑技术、政治、经济、环境等因素综合解决工程问题。隧道掘进机主司机应具备以下职业素养:

(1)工作严谨、细致:这是最基本的素质之一,技术工作不同于其他工作,必须保持清醒的头脑,往往在技术细节上的失误,可能导致质量问题、成本增加、工期延误、效率降低,技术的责任尤为重要。

(2)精于沟通、协调:技术工作总脱离不了环境的影响、制约,善于做好与内部、外部的协调、沟通,那么就会收到"事半功倍"效果。

(3)善于分析、总结:技术工作应不断总结、积累,成功的经验和失败的教训同样宝贵。

(4)富有创新意识:当今科技高速发展,新材料、新工艺、新技术层出不穷,应保持与社会发展同步,大胆尝试,推陈出新。

(5)具有自学能力:能不断学习,保持不断求知的欲望。

(6)保持与社会的紧密联系:多承担一些自己认为有意义的工作,开阔自己的视野,提高综合素质。

### 9.3.2　职业基础知识

作为一名工程技术人员,必须具备专业理论知识和技术能力,以满足工作岗位要求,这是职业的立身之本。隧道盾构机操作岗位更是需要多方面的知识进行支撑,才可以更准确地操作盾构机,能够快速处理施工过程中遇到问题,及时避免可能存在的隐患。

隧道掘进主司机应具备以下基础知识:

1)隧道掘进机基本知识

(1)不同类型隧道掘进机的原理和结构组成。

(2)隧道掘进机的基本参数。

(3)隧道掘进机施工参数的含义及相关成因。

(4)一般性地质知识。

(5)渣土改良知识、各种注浆知识、有害气体检测知识。

(6)管片和其他支护方式。

(7)明确施工过程中各种耗材。

(8)电气安全知识。

2)隧道掘进机常用材料知识

(1)金属、非金属材料的种类、牌号、性能及应用。

(2)液压、润滑油(脂)的牌号、性能及选用知识。

(3)注浆材料的性能及选用知识。

(4)盾构油脂牌号、性能及选用知识。

(5)渣土改良材料的性能及选用知识。

3)机械基础知识

(1)机械制图的国家标准。

(2)识读零件图与部件装配图的知识。

4)电工与电子基础知识

(1)基础电路类型。

(2)电子电路基础知识。

(3)常用基本元件基本知识。

(4)计算机基础知识。

5)液压与液力传动基础知识

(1)液压与液力传动基本原理。

(2)液压元器件结构类型及其应用。

(3)液压图基本知识。

6)法定计量单位基本知识

(1)《中华人民共和国计量法》(2017 年修正版)。

(2)《量和单位》(GB 3100 ~ GB 3102)。

7)安全生产与环境保护知识

(1)安全作业及安全操作规程。

(2)安全防火知识。

(3)环境保护及污染物排放法规知识。

(4)急救与救援常识。

8)相关法律法规知识

(1)《中华人民共和国劳动合同法》的相关知识。

(2)《中华人民共和国产品质量法》的相关知识。

(3)《中华人民共和国安全生产法》的相关知识。

(4)《中华人民共和国建筑施工安全管理条例》的相关知识。

(5)《中华人民共和国环境保护法》的相关知识。

(6)盾构机产品、隧道施工相关标准知识,如:《地铁隧道工程盾构施工技术规范》(DG/TJ 08-2041—2008)、《盾构法隧道施工及验收规范》(GB 50446—2017)、《铁路隧道全断面岩石掘进机法技术指南》《掘进机械　类组划分、术语和定义》(T/CCMA 0031—2015)。

### 9.3.3　安全作业规程

全断面掘进机操作人员必须经过专业培训,并取得上岗证书,同时应具有较强的责任心,并熟悉设备上的所有安全保障设施,严格遵循安全规程作业。全断面掘进机主司机操作安全规程具体如下:

(1)操作人员只能是可靠的、有合格资质、经过培训的人员。

(2)操作人员必须明确自己的操作、装配、维护和维修机器的责任。

(3)确保只有经过授权的操作人员在机器上作业。

(4)正在接受培训的人员必须在有经验人员的全程监督下才能在盾构机上作业。

(5)操作人员必须拒绝来自对安全不利的第三方的任何指令。

(6)操作人员操作前必须阅读指导书和交班记录,掌握该掘进段详细地质资料、水文、地面建筑物、地面沉降、管片测量等情况。

(7)操作人员在启动前应检查:

①冷却循环水管、污水管、高压电缆、低压电缆等的长度,避免在掘进中拉断;

②冷却循环水的温度、水压,空压机的气压、温度是否正常;

③盾尾油脂泵、EP2 泵、HBW 泵的压力、轴承的温度是否正常;

④液压油箱的液位高度是否正常,电机、泵头的温度是否过高,液压管,泵头是否渗油、漏油;

⑤膨润土箱的液位高度是否正常,电机、泵头的温度是否过高,液压管,泵头是否渗油、漏油;

⑥注浆泵水箱的水是否干净,注浆泵是否正常注浆,浆罐中是否有浆液,管路是否畅通;

⑦油脂阀、泡沫阀、膨润土阀是否正常工作;

⑧泄漏仓是否泄漏,齿轮油冷却水阀是否打开;

⑨皮带是不是跑偏,出土口下的皮带内是否夹有砂土、石块;

⑩查看一下是否有故障记录,参数是否正常,试启动一下系统,是否有异常;

⑪确保皮带输送机上无人员,蜂鸣器正常;

⑫确保无维修人员作业;

⑬查看各液压油温是否正常。

(8)在正式掘进前,各岗位人员就位。

(9)正式掘进时,派专人在盾构机内巡逻,查看机械元件是否正常,有不正常现象,及时报告操作人员。

(10)操作人员应按以下要求操作:

①必须按各系统规定性能使用,严禁不合理使用;

②使用时要保证人身及机械安全,不准超负荷使用;

③掘进机使用的润滑油、液压油必须符合规定,电压等级必须符合铭牌规定;

④掘进机操作人员必须听从队长的指挥,正确操作,保证作业质量,与施工人员密切配合,及时完成任务;

⑤禁止对盾构机可编程控制系统中的程序进行更改,禁止司机对系统参数擅自更改,当需要更改时,必须请示机电部或主管领导,并将修改结果写入交接班记录中;

⑥盾构操作应严格按照操作说明书进行;

⑦在启动和运行盾构机各系统时,确保无人处于危险区域中;

⑧在运转不正常时，立即停止盾构机，并排除故障，待故障排除后方可继续推进；

⑨在进行拼环作业时禁止收回过多的顶推液压缸，防止盾体在土压作用下后移，造成塌方；

⑩在启动盾构铰接处紧急密封装置后，禁止盾构机向前推进；

⑪掘进机发生设备事故时，必须如实上报机电部或主管领导，由机电部责成相关部门对事故进行调查，查明原因后，按事故性质严肃处理；

⑫在操作过程中防止结泥饼、喷涌事故；

⑬掌握地质资料，判断掌子面渗水情况和地下水水位变化，建立土压，防止在掘进过程中地面下沉；

⑭建立土压时防止盾尾密封被击穿；

⑮巡逻人员随时检查盾构机大轴承密封，检查大齿轮圈、刀盘转动有无异响；

⑯随时查看注浆压力，防止地表严重沉隆或地表冒浆；

⑰以检测数据为指导，实行信息化掘进。

(11)遵守关于盾构机机器部件的所有说明、警告、注意事项。

### 9.3.4 职业病防护

以"三级教育"为原则，全断面掘进机主司机在上岗前进行职业卫生培训和在岗期间定期接受职业卫生培训，普及职业卫生知识，遵守职业病防治法律、法规、规章和操作规程，学会使用职业病防护设备和防护用品。全断面掘进机主司机上岗前、在岗期间和离岗位时都可要求公司对其进行职业健康检查，并将检查结果如实告知本人。以下是隧道施工职业病危害职业风险因素及应对措施。

1)噪声

危害因素：长时间处于噪声环境，会引起听力减弱、下降，时间长可引起永久性耳聋，并引发消化不良、呕吐、头痛、血压升高、失眠等全身性病症。听力损失在25dB为耳聋标准，26～40dB为轻度耳聋，41～55dB为中度耳聋，56～70dB为重度耳聋，71dB以上为极度耳聋。

理化特性：声强和频率的变化都无规律、杂乱无章的声音。

防护措施如下：①控制声源，采用无声或低声设备代替发出强噪声的机械设备；②控制声音传播，采用吸声材料或吸声结构吸收声能；③个体防护，佩戴耳塞、耳罩、防声帽等防护用品；④健康监护，进行岗前健康体检，定期进行岗中体检；⑤合理安排工作和休息，适当安排工间休息，休息时离开噪声环境。

应急处置：①使用防声器，如耳塞、耳罩、防声帽等，并立即离开噪声场所；②如发现听力异常，及时到医院检查确诊。

2)粉尘

健康危害：长期接触生产性粉尘的作业人员，当吸入的粉尘量达到一定数量即可引发尘肺病，还可以引发鼻炎、咽炎、支气管炎、皮疹、眼结膜损害等。

理化特性：无机性粉尘、有机性粉尘、混合型粉尘。

防护措施：必须佩戴个人防护用品，按时、按规定对身体状况进行定期检查，对除尘设施定期维护和检修，确保除尘设施运转正常，作业场所禁止饮食、吸烟。

应急处理：将患者移至阴凉处、通风处，同时垫高头部、解开衣服，用毛巾或冰块敷头部、腋窝等处，并及时送往医院。

3)电焊烟尘

健康危害：吸入这种烟尘会引起头晕、头痛、咳嗽、胸闷气短等，长期吸入会造成肺组织纤维性病变，即焊工尘肺，且常伴有锰中毒、氟中毒和金属烟热等并发症。

理化特性：在温度高达3000～6000℃的电焊过程中，焊接原材料中金属元素的蒸发气体在空气中迅速氧化、凝聚，从而形成金属及其化合物的微粒烟尘，这种烟尘含有二氧化硅、氧化锰、氟化物、臭氧、各种微量金属和氮氧化物的混合物烟尘或气溶胶，逸散在作业环境中。

防护措施:①改善作业场所的通风状况,在封闭或半封闭结构内焊接时,必须有机械通风措施;②加强个人防护,焊接人员必须佩戴符合职业卫生要求的防尘面罩或口罩;③强化职业卫生宣传教育,自觉遵守职业卫生管理制度,做好自我保护;④加强岗前、岗中职业健康体检及作业环境监测工作,提前预防和控制职业病;⑤提高焊接技术,改进焊机工艺和材料。

应急处理:电焊作业中如发生不适症状或中毒现象,应立即停止工作,脱离现场,到空气新鲜处,并及时送医院就医。

4)电焊弧光

健康危害。对视觉器官的影响:强烈的电焊弧光对眼睛,会产生急、慢性损伤,会引起眼睛畏光、流泪、疼痛、晶体改变等症状,致使视力减退,重者可导致角膜结膜炎(电光性眼炎)或白内障。对皮肤组织的影响:强烈的电焊弧光对皮肤会产生急、慢性损伤,出现皮肤烧伤感、红肿、发痒、脱皮,形成皮肤红斑病,严重可诱发皮肤癌变。

理化特性:焊接过程的弧光由紫外线、红外线和可见光组成,属于电磁辐射范畴。光辐射作用到人体上,被体内组织吸收,引起组织的热作用、光化学作用,易导致人体组织发生急性或慢性损伤。

防护措施:①焊工必须使用镶有特制护目镜片的面罩或头盔,穿好工作服,戴好防护手套和焊工防护鞋;②多台焊机作业时,应设置不可燃或阻燃的防护屏;③采用吸收材料用作室内墙壁饰面,以减少弧光的反射;④保证工作场所的照明,消除因焊缝视线不清,点火后再戴面罩的情况发生;⑤改革工艺,变手式焊为自动或半自动焊,使焊工可在焊接地作业。

应急处理:轻症无须特殊处理;重者可用丁卡因滴眼、牛奶滴眼。

5)一氧化碳

危害健康:如空气中的一氧化碳浓度过高,可经呼吸道进入人体,主要损坏神经系统。轻度急性中毒,表现为头痛、头晕、心悸、恶心,进而症状加重,出现呕吐、四肢无力等症状,严重者可能危及生命,长期接触浓度高的一氧化碳,可致头痛、头昏、耳鸣、乏力、失眠、多梦、记忆力减退及心电图改变。

理化特性:一氧化碳是一种对血液和神经系统毒性很强的污染物,为无色、无味、无刺激的气体,易扩散,微溶于水,易燃、易爆,与空气混合有爆炸危险。

防护措施:①加强有限空间排风;②做好个人防护,根据需要正确佩戴防护用品;③定期和实时监测作业所空气环境。

应急处理:将患者移至阴凉、通风处,同时垫高头部,解开衣服,用毛巾或冰块敷头部、腋窝等处,并及时送医院。

6)手传振动

健康危害:对人体是全身性的影响,长期接触较强的局部振动,可以引起外周和中枢神经系统的功能改变;自主神经功能紊乱;外周循环功能改变,外周血管发生痉挛,出现典型的雷诺现象,典型临床表现为振动性白指(VWF)。

职业接触限值:手传振动4h等能量频率计权振动加速度限值$5m/s^2$。

防护措施:在可能的条件下以液压、焊接、黏结代替铆接,设计自动、半自动操作或操纵装置防止直接接触振动;机械设置隔振地基,墙壁装设隔振材料;调整劳动休息制度,减少接触振动时间;就业前体检处理禁忌证者。

应急处理:根据病情进行综合性治疗,应用扩张血管及营养神经的药物,改善神经末梢循环,必要时进行外科治疗。患者应加强个人防护,注意手部和全身保暖,减少白指的发作。

7)二氧化碳

健康危害:人进入高浓度二氧化碳环境,会导致急性中毒在几秒内迅速昏迷倒下,生理反射消失、瞳孔扩大或减小、大小便失禁、呕吐等,更严重者出现呼吸停止及休克,甚至死亡。经常接触较高浓度二氧化碳者,可有头晕、头痛、失眠、易兴奋、无力等神经功能紊乱等慢性影响。

理化特性:二氧化碳无色、无臭、无味,是一种窒息性气体。

应急处理:若吸入,迅速脱离现场至空气新鲜处,保持呼吸道畅通。如呼吸困难,及时输氧;如呼吸心跳停止,立即进行人工呼吸和胸外心脏按压术,就医。

防护措施:必须佩戴个人防护用品,按时、按规定对身体状况进行定期检查,对通风设备(设施)定期维护和检修,确保通风设备(设施)运转正常。

8)二氧化硫

健康危害:二氧化硫易被舒润的黏膜表面吸收生成亚硫酸、硫酸。对眼睛呼吸道黏膜有强烈的刺激作用。大量吸入可引起肺水肿、喉水肿、声带痉挛而窒息。

理化特性:二氧化硫无色,常温下为无色、有刺激性气味的有毒气体,密度比空气大,易液化,易溶于水。

应急处理:若二氧化硫与皮肤接触,立即脱去污染的衣服,用大量流动清水冲洗,及时送医;若二氧化硫与眼睛接触,提起眼睑,用流动清水或生理盐水冲洗,及时送医;若二氧化硫吸入口腔,迅速脱离现场至空气新鲜处,保持呼吸通畅。如呼吸困难,及时输氧;如呼吸停止,立即进行人工呼吸,及时送医;若误食二氧化硫,则用水漱口,饮牛奶或生蛋清,及时送医。

防护措施:必须佩戴个人防护用品,按时、按规定对身体进行定期检查,对通风设备(设施)进行定期维护和检修,确保通风设备(设施)运转正常。

# 第10章　不同地质情况下掘进参数选择

本章主要介绍土压平衡盾构机常见掘进模式、不同地层掘进参数选择和掘进模式转换技术，另外对TBM在不同围岩情况下掘进参数的选择及不良地质段TBM掘进施工注意事项也进行了介绍。

## 10.1　盾构机掘进参数选择

### 10.1.1　盾构机掘进模式

土压平衡盾构机有三种，即土压平衡模式、半敞开式、完全敞开式，土舱压力是根据地质条件所选择的掘进模式而确定的，掘进时土舱压力必须达到规定值。

土压平衡模式，即刀盘土舱内压力与刀盘前方掌子面的压力相等，以防止掌子面坍塌。该掘进模式适用于不能自稳的软土和富水地层。土压平衡模式是将刀盘切削下来的渣土充满土舱，并通过推进液压缸推进产生与掌子面土压力和水压力相平衡的土压压力来稳定开挖面地层和防止地下水渗入。该掘进模式主要通过控制盾构推进速度和螺旋输送机的排土速度来产生压力，并通过土舱压力传感器随时调整、控制盾构推进速度和螺旋输送机转速。

半敞开式又称为局部气压模式，该模式适用于具有一定自稳能力和地下水压力不太高的地层。其防止地下水渗入的效果主要取决于压缩空气的压力，掘进中土舱内的渣土未充满土舱，一般1/2～2/3，部分空间由压缩空气充填，通过向土舱内输入压缩空气与舱内渣土共同支撑开挖面和防止地下水渗入。

完全敞开式适用于地层自稳性好、地下水少的全断面中风化、微风化等岩层，土舱内不需要保持压力，刀盘切削下来的渣土进入土舱后被螺旋输送机排出，土舱内基本处于清空状态。由于盾构掘进施工技术的快速发展，土压平衡盾构机在全断面硬岩掘进过程中往往采用气压平衡模式，其目的是为了保证同步注浆的饱满、管片安装成形质量、足量的浆液填充，能很好地控制住全断面硬岩掘进施工中的管片上浮。

### 10.1.2　各掘进参数的相对关系

由于土压平衡盾构机掘进是在埋深较深和封闭的环境下进行，当掌子面自稳能力差而采用土压平衡模式掘进时，土舱内的压力大小直接关系地表是否沉降。所以土舱压力是土压平衡盾构机施工中一项特别重要的参数。在特定地质条件下，掘进参数的选择对土压平衡盾构机施工至关重要，选择得当可以有效控制地表沉降，保证施工安全，延长刀具寿命，并保证土压平衡盾构机良好的工作状态。

土压平衡盾构机掘进中至关重要的参数有土舱压力、掘进速度、刀盘转速、扭矩、液压缸推力、螺旋输送机转速和扭矩等。刀盘转速及液压缸推力可以通过调节刀盘对掌子面的切削速度,从而调整切削的渣土量;螺旋输送机转速可以调整出渣速度,通过刀盘转速、液压缸推力及螺旋输送机转速等参数调节来控制出渣速度及出渣量,同时影响刀盘扭矩、土压平衡盾构机掘进速度及土舱压力的变化。在土压平衡盾构机掘进中需要根据地质情况对上述参数进行综合调整,以保持掌子面的稳定,掘进模式的改变以适应地层条件为前提。

下面就 $\phi$6280mm 土压平衡盾构机在软土、岩层,软硬不均、孤石、砂卵石层,黏性土层等地质条件下的掘进参数的选择进行分析。

### 10.1.3 软土地质下的掘进参数选择

土压平衡盾构机在软土地层掘进时,由于掌子面自稳性较差,需要在土舱内堆积足够的渣土及维持足够的盾构推力,以抵抗掌子面的水土压力,使土舱压力能够与掌子面的压力相抗衡、平衡,避免在掘进过程中造成掌子面坍塌而导致地表沉降或隆起,因此软土中掘进必须采用土压平衡模式进行。掘进中需要调整好掘进速度和出渣速度,控制好土舱内压力,以保持舱内压力平衡。

1)刀盘转速的选择

软土中地质松软,地下水一般较为丰富,渣土多为砂土、黏性土或淤泥质土,在这种地质条件下掘进一般无须配置滚刀,地层主要靠刮削类刀具直接对土层进行剪切破坏来进行切削的,刀具的磨损一般情况下较小,扭矩也较小,所以刀盘的转速一般选择低转速,可在 1.0 ~ 1.4r/min 之间进行调节,以减少地层扰动为准则。

2)土舱压力的选择

由于软土地层中渣土的流动性、流塑性较好,稳定性较差,掌子面容易引起坍塌,因此土舱内需要足够的土舱压力来平衡掌子面的水土压力,并防止地下水进入土舱。土舱内压力需要根据地层埋深、水土压力等进行综合理论计算及判定,并在掘进过程中进行修正调整。一般软土地中掘进土舱上部压力以大于地层埋深 0.1 ~ 0.3bar 为宜,比如地层埋深 10m,上部土舱压力控制在 1.1 ~ 1.3bar。

3)液压缸推力的选择

在土压平衡盾构机掘进中土舱压力及掘进速度的控制是掘进参数调整的最终目的。软土地层中土压平衡盾构掘进可以保持较高的掘进速度,速度控制在 50 ~ 80mm/min,推力控制在 8000 ~ 12000kN 为宜,掘进速度不宜过快,要保证同步注浆量的饱和;同时,液压缸推力也是控制刀盘扭矩的重要手段,在掘进中根据土舱压力、刀盘扭矩、螺旋输送机出渣速度和推进速度等关系,综合调整盾构机液压缸推力。

4)螺旋输送机转速的选择

螺旋输送机转速是除盾构机推进液压缸推力外调整推进速度的另一重要手段,提高出渣速度可以使掘进速度大幅度提高,螺旋输送机转速也是调整土舱压力的重要手段,软土中掘进速度较快时,螺旋输送机转速也要随着掘进速度的加快同步进行调整,螺旋输送机的转速调节必须与推进速度相匹配,它们之间比例为 1:1,即螺旋输送机的出渣量和刀盘开挖渣土量保持一致。螺旋输送机转速在软土掘进时一般控制在 10 ~ 22r/min。

5)软土地层掘进参数选择不合理造成的后果

城市轨道建设一般都会沿路线敷设,沿线路面行人和车辆较多、周边建筑物、市政环网、电力、通信光缆、燃气管道、自来水管道、排污管道以及箱涵等较多,地面环境复杂多样,管线错综复杂,如果土压平衡盾构机在掘进过程中的掘进参数选择不合理,安全得不到保障,影响较大,造成的后果极其严重。

刀盘转速过快会造成土体的扰动,破坏地层的结构。土舱压力过高会导致地面隆起或者击穿路面,泥浆会溢出路面,如果上方有管道,极有可能会造成因压力的冲击造成变形破坏,造成泥浆堵塞市政排污管道,老旧的自来水管破裂,燃气管道损坏等;如果土舱压力过低,会导致路面坍塌,建筑物倾斜倾倒、开裂破损,市政管线破裂,严重者会因路面塌陷造成行人及车辆掉落等情况发生。所以,在掘进过程中必须摸清地质和埋深情况,必须摸清地面管线和周边建筑物情况,必须严格控制土舱压力,使之处于稳定状态,不宜出现忽高忽低的现象。在软土地层中土压平衡盾构掘进时,控制好土舱压力平衡稳定是土压平衡盾构掘进过程中最为重要的一环。

6)软土地层掘进时的注意事项

(1)掘进过程中严格控制土舱压力和每环的出渣速度、出渣量,保持土舱压力、掘进速度、出渣速度相匹配,防止由于土舱压力低、出渣多而引起的地表沉降,以及因为土舱压力高、出渣少引起的地表隆起。土压的控制值根据地质条件在适当范围内进行调整;最佳控制值根据地表监测及地表沉降、隆起的情况进行调节。

(2)掘进速度不易太快,以保证盾构掘进过程中有足够的注浆量,掘进速度过快会导致注浆量不足而引起地表沉降,管环拖出盾壳后浆液填充不饱和,造成止水效果差、隧道成形效果也大大降低。

(3)软土地层中掘进盾构机下部推进液压缸压力一般要比上部推进液压缸压力大,用来克服盾构机由于自重而引起的"栽头"。推进液压缸压力的调节在掘进过程至关重要,操作不当的情况下会造成掘进方向跑偏,超过设计最大限值后,纠偏就比较困难,这种现象在土压平衡盾构掘进过程中时常发生。所以控制好推进液压缸压力是保证土压平衡盾构掘进方向的主要手段。实践证明,推进液压缸压力调节不好,导致方向跑偏,在纠偏过程中,会造成隧道设计线形发生较大变化,由于在纠偏过程中推进液压缸压力的不正常调整,上部、下部、左部、右部的推进液压缸压力差值较大,造成尾盾有效间隙变小,局部受力小,挤压力不够引起管片错台、破损,止水橡胶结合面错位、损坏漏水现象的发生。

(4)掘进速度过快时,盾构机姿态及方向调整较为困难,同时盾构姿态调整要缓慢频调,在转弯半径较小或急转弯情况下调整盾构姿态时,盾构掘进速度不宜过快。

(5)土压平衡盾构在软土地层中掘进,必须严格控制同步注浆的注入量,保证管片背部填充及时饱满,以防止或减少地表沉降,注浆方式必须按注浆量和注浆压力双重指标准进行控制。

(6)进行合理的渣土改良工作,密切注意渣土温度变化和渣土改良效果,合理选择泡沫剂及水的添加量;刀盘扭矩增大,螺旋输送机渣土呈大块、泥饼状,螺旋输送机扭矩增大,渣土温度升高,螺旋输送机出土不畅时,应立即向土舱压力舱加入适量泡沫剂及水进行渣土改良。渣土改良在土压平衡盾构机掘进过程最为重要,如果渣土改良不好,改良效果不佳,很容易造成刀盘形成泥饼,土压舱内中心位置出现泥饼,堵住螺旋输送机卸渣口,造成出渣困难,甚至导致掘进施工无法进行。所以,在软土地层中掘进,必须保证泡沫系统管路畅通,一旦出现一条管路或者多条管路堵塞,应立即保压停机,对泡沫系统管路进行疏通后,才能恢复掘进施工。

### 10.1.4　岩层地质的掘进参数选择

土压平衡盾构机在硬岩地层掘进时,由于掌子面自稳性好,一般为全断面中风化或微风化岩石,不易发生坍塌,掘进可以在半敞开或完全敞开模式下进行,掘进时不易引起地表沉降,所以可保持较小的土舱压力进行掘进。

1)刀盘转速的选择

在硬岩中由于整个断面的岩石硬度较高,在掘进中滚刀滚压破岩时刀具受到的压力较大,为减少刀具在瞬间受到的冲击力不超过安全荷载(17″滚刀为250kN),应适当控制刀盘的转速在1.5～3r/min。

2)土舱压力的选择

硬岩中由于掌子面的自稳性较好,切削面较为完整,无需外力来支撑掌子面,所以土舱内可以保持较低的压力进行掘进,一般上部土压可以保持在0.5～1.5bar,下部土压保持在1.0～1.8bar,土舱内渣土可以保持在1/2～1/3之间;若地层含水率较大时,根据地层埋深,加大工业气体流量,让上部土压力高于地层埋深0.1～0.3bar,这样可将地层水与开挖舱隔离,减少掌子面的渗水量,从而降低地层水损失,控制地表沉降。

3)液压缸推力的选择

硬岩中盾构掘进时,采用滚刀进行破岩,其破岩形式属于滚刀滚压破碎岩石,滚刀滚压产生冲击压碎和剪切碾碎的作用,以达到破碎岩石的目的。一般情况下,滚刀滚压破碎岩石盾构推力是主要参数,决定了刀盘扭矩、滚刀扭矩及其他参数,同时液压缸推力也是控制盾构掘进速度的重要手段,硬岩中掘进速度一般控制在10~25mm/min,在兼顾扭矩与盾构掘进工效的同时对盾构推进液压缸推力进行调节,一般硬岩中盾构推进液压缸推力控制在10000~15000kN较为合适。

4)螺旋输送机转速的选择

在硬岩中掘进由于掘进速度慢且土舱内渣土量较少,螺旋输送机转速的调节对掘进速度的调节、影响作用不大,主要用于调节土舱压力,一般可将螺旋输送机转速控制在6~10r/min。

5)硬岩中掘进时的注意事项

(1)随时观察渣土的切削形状和温度,来判断确定渣土的石质,并根据渣土的切削形状和温度来判断刀具的状况,结合液压缸推力、掘进速度、刀盘扭矩等主要技术参数来判断前方地层的状况及刀具磨损情况,及时进行掘进参数调整。

(2)控制好刀盘前方注入的膨润土、泡沫剂和水的用量,使其既可以冷却刀盘刀具,减少刀盘刀具磨损,同时进行渣土改良,使渣土具有良好的流塑性。

(3)硬岩掘进时盾构机一般处于长时间高负荷状态下运转,盾构机液压系统油温、电气设备的冷却和洞内通风至关重要。

(4)硬岩盾构施工过程中,刀盘刀具的开舱检查维护工作不可避免,每次开舱舱内有害气体监测必不可少。

(5)硬岩掘进时盾构姿态变化幅度较大,掘进过程中需要及时调整,同时做好同步注浆工作,及时将拼装成环的管片稳定成形,减少管片错台或破碎。

### 10.1.5 软硬不均地质下的掘进

1)掘进模式的选择

软岩与硬岩兼有是一种特殊的地质,以广州、深圳为典型代表的珠江三角洲地区为例,该地区地层即具有软岩的不稳定性,又具有硬岩的强度,在这种地层中硬岩有可能强度很高,而软岩又是全风化软岩。考虑到地表沉降和施工安全因素,这种地质条件下盾构机掘进必须采用土压平衡模式。

2)掘进参数的选择

(1)刀盘转速的选择

在软硬不均地质条件下掘进中,地层局部岩石硬度较高,滚刀破岩受力较大,所受冲击也大,而软岩(软土)部分只需要对其进行切削即可破坏地层。由于局部硬岩强度高,对刀盘、刀具的冲击损伤较大,所以在这种地层中施工应适当降低刀盘转速,使刀具受到的瞬时冲击荷载小于安全荷载(17″滚刀为250kN),刀盘转速一般控制在0.8~1.2r/min之间为宜。

(2)土舱压力的选择

在软硬不均的地层中掘进,如果只考虑保护刀盘刀具,仅仅按照硬岩模式掘进势必造成超挖和地表沉降,甚至坍塌,因此掘进中必须保持较高的土舱压力以平衡掌子面的水土压力,即在完全密闭式土压平衡模式下掘进。目前国内已建和在建项目软硬不均地层土舱上部压力一般保持在略高于地层埋深的0.1~0.3bar(说明:土舱压力的选择必须根据所建项目的实际工程地质条件、水文条件、隧道埋深、周边工程环境综合判定和选择)。

(3)液压缸推力的选择

由于地层中局部存在硬度较高的岩石,对刀具的冲击、磨损、破坏较为严重,因此应减少刀具在连续工作时所受到的冲击力来保护刀具,而刀盘扭矩就是刀具在受到冲击力后的直接表现,所以降低刀盘扭矩实际上就是减少刀具所受的冲击力，在这类地层中掘进速度应控制在15mm/min以内较为合适，推力控制在20000kN以内较为合适。

(4)螺旋输送机转速的选择

在软硬不均的地层中，土舱内压力平衡的保持至关重要，由于软岩地层非常容易产生坍塌，同时硬岩地层的硬度较高不易被破碎，为保护刀盘刀具而降低盾构掘进速度，单循环长时间的掘进对软岩地层的稳定极为不利，因此为了保持掌子面的稳定，必须保持较高的土舱压力，这就要求螺旋输送机的出渣量、出渣速度需要严格控制，严禁多出土，以保证土舱内压力波动不大，目前转速一般控制在3～8r/min较为合适。

3)软硬不均地质条件下掘进时注意事项

(1)对即将进入软硬不均的地质做出准确判断，盾构司机需要掌握第一手资料，掘进中密切注意掘进参数的变化和出渣情况，进行综合分析，预判地质情况，如果刀盘扭矩的变化幅度突然加大，液压缸推力也很不均衡，则前方土体软硬不均，此时必须减小液压缸推力，同时降低刀盘转速。

(2)在软硬不均地层中掘进，必须降低液压缸推力、降低刀盘转速及调整其他掘进参数，以达到最佳掘进效果。

(3)在软硬不均地层中掘进，严格控制土舱压力、刀盘扭矩、推进速度、螺旋输送机转速、同步注浆压力及注浆量等主要施工技术参数，施工中出土速度必须与推进速度相匹配，严禁多出土，严控土舱压力波动，同时按设计要求注浆量严格进行同步注浆。

(4)在软硬不均地层掘进过程中，若出现盾构掘进速度很低、扭矩很高、渣土温度很高等问题，应立即停机检查刀盘刀具磨损情况，及时更换刀具，以保护刀盘不受损伤。

## 10.1.6　掘进模式的转换技术

掘进模式转换的关键在于对地层稳定性的判断、掘进中的渣土改良效果的判断以及盾构掘进参数变化的判断。掘进模式的转换主要由掌子面的稳定性和地表环境对地层沉陷的要求控制出渣量，确保土舱压力稳定。

掘进模式转换主要决定因素：掘进速度、排渣速度、供气速度、土舱压力控制、渣土改良。转换掘进模式的方法主要通过调节螺旋输送机的出土量和盾构机的掘进速度来实现。在掘进模式转换过程中，通过调节出渣速度来达到控制土舱内渣土量、满足其掘进模式的要求，同时根据地层状况和掘进模式，不断调整掘进参数，使其与对应掘进模式相适应，从而达到盾构掘进效率最大化、成本最优化的目标。

掘进模式的确定主要根据盾构掘进所穿越的地层稳定性和地下水状况，并结合隧道上部的环境来决定。在盾构掘进施工过程中，一般在编制实施性施工组织设计时，根据设计给出的地质条件初步确定各施工段的掘进模式及各掘进模式下的掘进参数，但是由于地下工程地质的复杂性和多变性，以及对地质认知手段的局限，对隧道所穿越的地质情况很难完全掌握，因此在盾构施工掘进过程中，这些初步确定的掘进模式和掘进参数在实际施工中应进行优化和调整。

掘进模式转换的关键问题：如何判断地层稳定性？转换为何种掘进模式？如何调整掘进参数达到新的掘进模式？以下对几种掘进模式的转换进行分析。

1)敞开式模式转换其他模式

在敞开模式下掘进，如掘进速度突然提高说明工作面地层变软，土舱内压力突然增大说明地层不稳定，甚至局部出现了坍塌，此时应尽快转换成土压平衡模式掘进。如掘进速度有所增大，但土舱内土压力变化不大而渣土中含水率明显增加，说明地层完整性发生变化，其节理裂隙发育，地下水渗入土舱，此时须转换到半敞开模式掘进，局部建立气压，以防止地下水的流失。

2)土压平衡模式转换其他模式

在土压平衡模式掘进过程中，如掘进速度突然降低，通过对刀具的磨耗分析，刀具的磨损量还没有达到须更换的程度,说明掘进工作面地层变硬。此时,若掘进方向无大的变化且易于控制,那么可将掘进模式渐渐转换成半敞开式模式掘进。若掘进方向变化大且不易控制时,则说明掘进地层可能会是软硬不均地层,此时不宜转换掘进模式,而应调整掘进参数。任何时候都不宜直接从土压平衡模式转换到敞开式模式掘进。

3)半敞开式模式转换其他模式

在半敞开式模式掘进过程中,在供气速度正常的状况下,若发现土舱压力升高,或螺旋输送机出料口发生喷涌现象,说明地层变软,甚至局部出现了坍塌,或者气压不足以阻止地下水渗入土舱,则应快速转换到土压平衡模式掘进。若发现掘进速度突然降低,且渣土比较干和松散,则说明掘进工作面的地层进一步变硬,此时可转换到敞开式模式掘进。

4)转换掘进模式总结

(1)任何掘进模式的转换,都必须清楚已掘进地段的地表沉降量和变化情况,并由此判断掘进模式的转换可能对地层沉降带来的影响。

(2)转换掘进模式的主要方法通过调节螺旋输送机的出土量和盾构机的掘进速度来实现,即调节土舱内的渣土量,使之达到满舱渣土、2/3 渣土、半舱、1/3 渣土,其相应的掘进模式为土压平衡模式、半敞开式、敞开式。在掘进模式转换的过程中,掘进参数也必须进行相应的调整,使之与掘进模式相适应,以保证掘进的顺利进行。

(3)掘进模式转换的关键技术在于对地层稳定性的判断、掘进出来的渣土性能的判断以及盾构掘进参数的协调性和掘进效率的判断。在主控制室的电脑上,一般都可以显示盾构掘进时扭矩、推力、土压、液压缸行程、速度和螺旋输送机的转速、出料口的开启度与土舱内的压力值等相关数据,而掘进模式转换的最终表现形式是以土舱内的压力来判断,更具体来说,转换的结果是看土舱内渣土量是否与掘进模式的要求量相吻合。对于盾构掘进施工来说,其开挖直径为6.3m($R=3.15$m),因此根据掘进速度可计算出单位时间内切削的渣土量 $Q=k\pi r^2 v$($m^3$/min),$k$ 为松散系数,据统计分析,$k=1.3\sim1.8$,岩石地层松散系数大,土质地层松散系数相对较小。另外,可对出渣速度进行统计分析,判断出渣量与掘进进度的关系,并使之达到基本平衡。在掘进模式转换过程中,调节出渣速度控制土舱内渣土量,满足其掘进模式的要求,同时根据地层状况和掘进模式,不断调整掘进参数,使盾构掘进达到效率最大化、成本最优化的目标。

5)敞开式模式与半敞开式模式的相互转换

敞开式向半敞开式转换主要要确保土舱内能够保住气压,如地层的性状和隧道覆土厚度,而在土舱内要有较多的渣土,以确保压缩空气不会通过渣土沿着螺旋输送机逃逸。根据国内外的大量工程经验与实践,如果地层和渣土的渗透系数大于 $1.0\times10^{-4}$cm/s,则无法保持气压,土舱内的渣土在满足渗透性的要求下,土舱内的渣土还必须具有一定的高度,以满足在螺旋输送机旋转出渣时,螺旋输送机进料口上部的渣土能够保持土舱内的气压,土舱内的渣土高度应高出螺旋输送机进料口的上部1~3m。

在转换过程中,应先将螺旋输送机的转速适当调低,使出渣量小于掘进速度所切削下来的渣土量,使土舱内的渣土高度升高到气压平衡所需的高度,同时向土舱内注入压缩空气,建立所需土压值,及时调节压缩空气的流量,使气压值相对稳定。由于土舱内压力的提高,为了保持掘进速度应适当增大推力。如果在敞开式模式掘进时的刀盘转速较高,则应降低刀盘转速,且刀盘转速不宜过快,应控制在1.2~1.5r/min以内,防止刀盘转速快造成对地层的扰动,以确保土压的稳定。在半敞开式模式掘进中,由于上部主要为压缩空气,压缩空气相对来说比较容易泄漏,因此在施工过程中要密切关注土舱内的压力变化,特别是在停机检修和安装管片的时候更应注意。压缩空气的压力发生变化的主要原因有如下几个方面:压缩空气随螺旋输送机出渣时排出、沿地层空隙逃逸、沿盾构铰接密封处泄漏、充填因壁后注浆体收缩的空间,等等。在盾构掘进施工过程中经常发生管片安装时土舱内气体压力下降的事件,造成地表沉降高出正常值,有的操作司机及值班人员不重视,造成了严重的后果。半敞开式模式掘进时一般都需要不断向土舱内补充压缩空气,以稳定土舱压力。

半敞开式模式向敞开式模式转换主要是要尽快降低土舱内的压力，同时降低土舱内的渣土高度，因此要加大螺旋输送机的转速，并将螺旋输送机出料口的开启度加大，以利于渣土的排出。在确定进行模式转换后，应首先减小向土舱内供气量，然后调整螺旋输送机的排渣速度，降低土舱内的压力，直至土舱内压力降低到既定值为止。一般来说，半敞开式模式向敞开式模式转换比较简单，但要注意对掘进推力进行控制，因为在半敞开式模式掘进时，大部分推力是抵消土舱压力对盾构前进的阻力，而敞开式模式掘进时的推力主要用于刀盘滚刀破岩。即使是在敞开式模式下掘进，也应在土舱内保留一些渣土，这样利于渣土改良、便于螺旋输送机出渣，通常应保持土舱内的渣土高出螺旋输送机进渣口的高度。

6)敞开模式与土压平衡模式的相互转换

敞开模式向土压平衡模式转换的过程中要尽快建立所需的土压。此转换过程一般是减小螺旋输送机出渣速度，让渣土尽快填充敞开模式土舱内的空间，尽快建立土舱压力支撑掌子面，以支撑地层，保持稳定。当土压达到设计土压值后，螺旋输送机进行正常排土出渣，并使出渣速度与土压平衡模式的掘进速度相平衡，以保持土压的稳定。如果在转换过程中土压力建立缓慢，应立即关闭螺旋输送机的出渣口，以尽快建立设计土压值，确保掌子面稳定。

敞开式向土压平衡模式转换时，极容易在刀盘前方和土舱里形成泥饼，因此对渣土改良必须高度重视，既要注意渣土的流动性，又要注意渣土的止水性。一般从敞开式向土压平衡模式转换，说明地层发生了较大的变化，存在局部岩层与局部土层的过渡面，岩面与土层的接合面是地层渗水的主要通道，因此水容易流入土舱内，当压力建立后容易发生喷涌现象，从而造成土舱压力不稳定，极可能会造成地层坍塌。

如果渣土改良的流动性不好，由于土舱内的渣土较多和渣土偏干，刀盘前方的渣土难以进入土舱，因而在刀盘前方挤压，刀具与工作面摩擦致使温度升高，刀盘前方的渣土固结成泥饼黏附在刀具周围，致使滚刀无法滚动而产生弦磨，导致刀盘驱动扭矩增大和掘进速度降低，严重时造成刀盘扭矩增大、困死，致使切刀被泥饼糊死，切入不进土体内，会将刀盘的开口堵塞，前方的渣土无法进入土舱，致使泥饼在刀盘面板上的范围加大，直至掘进被迫停止。特别是在刀盘中心部位由于开口小，更容易形成泥饼，图10-1为刀盘中心形成泥饼的状况。

a)

b)

图10-1　刀盘中心结泥饼

图10-2为土压平衡模式向敞开式模式转换的各掘进参数变化过程曲线，主要的变化为土舱压力明显降低，掘进扭矩也相应降低，掘进推力有所增加，但变化不大。

相反，土压平衡模式向敞开式模式转换的关键是尽快降低土舱内的土压力。此转换过程中主要采取的技术措施为加大螺旋输送机的转速，在容许的范围内尽可能加大螺旋输送机的转速，以加大出渣速度，降低土舱内的压力，同时有利于掘进切削下来的渣土能顺利进入土舱，减小渣土对刀具二次磨耗，降低刀盘转动所需的扭矩以便于加大刀盘的转速，降低总推力而有效加大掘进推力，提高掘进效率。

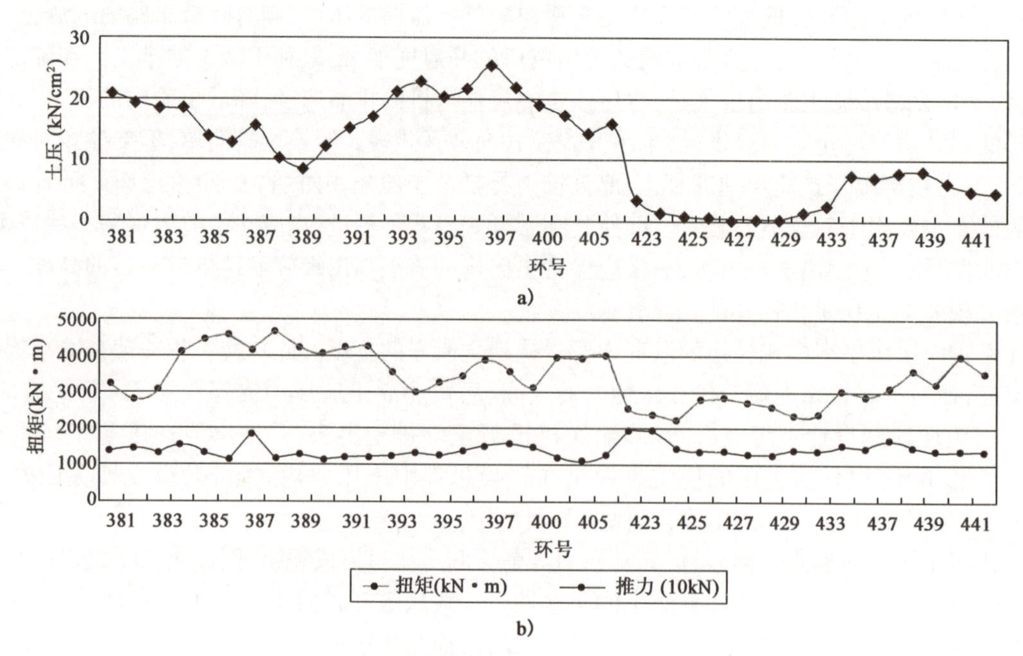


图 10-2　土压平衡模式向敞开式模式转换的各掘进参数变化过程曲线

7）半敞开式模式与土压平衡模式的相互转换

半敞开模式向土压平衡模式转换的主要目的：一是防止地下水渗入土舱，因为在一定的情况下压缩空气不足以阻止地下水的渗入；二是在地层不稳定时要提供足够的平衡压力，因为压缩空气的压力有时不足以平衡工作面的土压。因此必须将土舱内压缩空气所占住的空间用渣土替换，转换过程应减小螺旋输送机的出渣速度，以加大土舱内的压力，使土舱内的空气以逃逸的方式进入地层，从而建立土压平衡模式。半敞开式模式向土压平衡模式转换过程中，有时可能会产生暂时的喷涌现象，此时要注意控制出料口的开启度，同时协调好螺旋输送机的转速，必要时可以停止螺旋输送机的转动进行掘进。

如何判定半敞开式模式向土压平衡模式转换的成功比较困难，而此压力值既可能是气压，也可能是土压，因此必须认真分析，一方面要分析土舱内压力从上到下的压力梯度是否符合规律，要特别注意土舱顶部传感器的压力值，且半敞开式模式掘进时上部的压力值波动小而频繁，而土压平衡模式的压力基本平稳；另一方面要观察渣土的性状，一般来说在半敞开模式下掘进时渣土较松散，渣土的含水率要高于土压平衡模式。掘进模式的最终要求是确保满足工作面稳定、满足周边环境的地层沉降要求，这也是掘进模式转换的关键性指标。

图 10-3 为半敞开式模式向土压平衡模式转换的各掘进参数变化过程曲线，主要的变化为土舱压力明显升高，其掘进扭矩和掘进推力变化不大。从土舱压力上看，半敞开式模式掘进时，压力变化幅度较小且相对稳定，而土压平衡模式掘进时，土压变化较大，且波动较频繁，从而也导致掘进扭矩频繁变化。

土压平衡模式向半敞开式模式转换则反之，主要是用压缩空气置换出土舱上部的渣土，因此一般是要缓慢地加大螺旋输送机的转速，以加大出渣速度，从而降低土舱内渣土的高度；同时要向土舱内注入压缩空气，以使土舱内的最小压力不低于设计值。因此在空气与渣土的置换过程中，出渣速度要与掘进速度所切削下来的渣土量和注入压缩空气的量之和相匹配。此外要控制总体的出渣量，以防止出渣量过多致使土舱内的渣土高度不足以密闭气体，造成压缩空气沿螺旋输送机泄漏。一般来说，半敞开式模式盾构掘进所需的扭矩相对要低一些，因此土压平衡模式向半敞开式模式转换过程中，盾构掘进的扭矩或转速会发生一些变化。

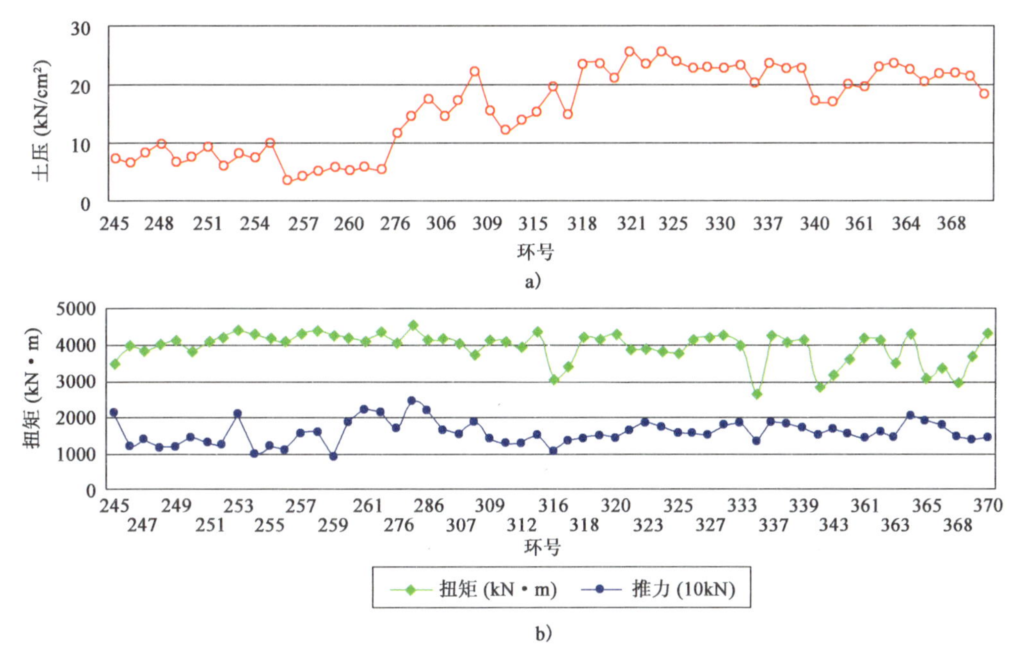


图 10-3　半敞开式模式向土压平衡模式转换的各掘进参数变化过程曲线

## 10.1.7　掘进参数对盾构掘进的影响

滚压破岩的掘进参数主要有推力、扭矩和刀盘转速,对于盾构机来说滚压破岩主要是推力受刀具的设计负荷的限制,掘进扭矩一般来说都有一定的富余;切削破岩的参数主要表现为推力和扭矩,对于盾构机来说切削破岩主要是受刀盘驱动扭矩的设计负荷的限制,掘进推力一般来说都有一定的富余;掘进参数对掘进的影响主要表现为破岩效率、刀具磨损等。

## 10.1.8　滚压破岩的掘进参数

掘进推力是盾构施工中最主要的掘进参数,推力对破岩的影响很大。推力越大,贯入度越大,因而岩石破碎量也越大。对于岩石存在临界推力值,推力小于该值时滚刀几乎不能压入岩石,滚压的结果仅仅在岩石表面留下一条痕迹;当推力大于该临界值后,单位破碎量随推力的增加而增加,增加率取决于岩石的物理性能。提高滚压破岩效率的主要途径是加大掘进贯入度,而刀具的直径对破岩体积的影响远远小于对贯入度的影响。要使贯入度提高,则相应的掘进推力也要增大,而且贯入度越大,对刀具的单位长度运行轨迹的磨耗量越大,但是刀具的磨损与其滚动行程更密切;一般来说,刀具的长期工作负荷不宜超过设计荷载的 80% ,所以滚压破岩的贯入度应该以此作为控制标准。

掘进扭矩与掘进推力密切相关,也是盾构掘进中的一个主要参数。根据上述滚压破岩的理论模型分析可知,掘进扭矩还与贯入度、刀具半径以及岩石的性质有关。刀盘转速的限制主要是机械设计的问题,在掘进过程中平常所说的高转速、低扭矩主要实现转动的功率平衡,实际上掘进过程的驱动扭矩主要由掘进推力和被掘进地层的岩性及其物理力学指标决定。掘进时刀盘转速的调整只能是以满足必需的扭矩为前提,在设备的驱动性能曲线上进行转速的调整,转速高有利于提高掘进效率。

盾构机刀盘的旋转速度是决定其掘进性能的重要因素之一。刀盘的旋转速度应根据定位滚刀的允许旋转速度、刀盘驱动密封的允许线速度、排渣能力、刀盘振动情况而定。其中,滚刀允许线速度的确定应在考虑了内部轴承寿命及发热影响的基础上进行。

### 10.1.9 切削破岩的掘进参数

切削破岩的掘进参数主要是确保掘进扭矩控制在设计限值内，因为掘进推力在设计限值内是富有足够的余量，一般来说切削破岩主要受扭矩的限制；而影响扭矩的岩土特性和刀具几何形状在掘进中是不可调整的，因此通常通过控制推力来控制切削深度，从而实现对掘进扭矩的限制；一般来说在切削破岩掘进中，不可能采用较高的刀盘转速掘进，大多数情况采用的转速为1.5～1.8r/min，而切削深度视地层情况达到20～30mm。如果采用滚刀和切刀进行混合破岩，由于滚刀具有分割岩土的作用，对降低掘进切削扭矩有较大的作用，因此此时的切削深度可能会达到更高，但是为了保护滚刀，切削深度一般不宜超过50mm。

### 10.1.10 刀具的更换

刀具的更换主要依据两方面进行判断，一是刀具是否适应被掘进的地层岩性；二是刀具的磨损量是否达到了设计磨损量和刀具是否损坏。对于前者，一般结合工程地质剖面图进行初步分析，通过对掘进的渣土剥离情况分析判断刀具的适应性，必要时可以开舱进行验证。盾构掘进开挖的渣土情况根据围岩的龟裂状态及岩石种类而不同。在比较硬的、龟裂少的岩层中，岩土主要由刀刃部粉碎的岩粒和刀具间剥离的岩片组成。岩石越硬剥离的岩片越薄。在龟裂多的岩层，岩土多呈带有棱角的块状岩片，这种情况下的岩片大小与围岩的龟裂状况有关，岩片大小一般在10cm左右。在正在风化的岩层中，岩土中细粒成分增多，剥离的岩片减少。如对这些特性认真加以研究，就可从开挖下来的矿渣状况了解把握围岩。表10-1为根据众多工程施工的经验和统计分析得到的不同围岩类型与矿渣形状，可以此为参考，对在土压平衡盾构施工中被掘进的围岩进行初步判断，并以此作为是否更换刀具的依据。

围岩类型与矿渣形状　　表10-1

| 围岩状况 | 堆积岩 | 火成岩与变成岩 |
|---|---|---|
| 硬岩 | 切削产生的岩片较多，带有龟裂面（平面的）的岩片也较多。粉碎状岩块占1/3。皮带输送机的矿渣排出量较规则稳定 | 切削产生的扁平状岩片占1/3～1/2，时而可见长形刀状岩片。其他薄小岩片及粒～粉状矿渣基本上不超过10cm。矿渣排出量基本稳定 |
| 中硬岩～软岩 | 带原有龟裂面的角状岩块增多。2～3cm垫片状岩块也有所增加 | 扁平状岩片减少，带有龟裂面的大型块状岩片及数厘米左右的岩片增加。另外，粒状和粉状岩块也有所增加 |
| 软岩～不良地质 | 围岩龟裂，岩片与土沙化岩块混在一起。根据围岩状况的不同，有时还会出现很多20cm以上的块状岩片。岩块多呈湿润状。岩块的排出量可能会发生很大波动 | 根据不同的围岩状况，有时岩块呈土砂状，有时以方块状为主，并含有部分土砂状岩块。刀盘卸渣时会出现30cm以上的大型岩块。<br>由于围岩坍落，岩块大量聚集，导致排出量增大。在黏土围岩中，黏附于刀盘和卸渣槽上的岩块易引起堵塞，故有时排出量呈减少趋势 |

对于刀具磨损量的分析，首先结合不同地层刀具的基本磨损量和掘进时的掘进效率进行判断，再通过开舱进行检测，以此作为更换刀具的依据。盾构刀具设计磨损极限为：边滚刀15mm、正滚刀20mm。

刀圈的过度磨损不仅会降低开挖效率，而且还会损伤整个刀盘和刀具。而损伤的刀具如不及时更换可导致刀盘受损，所以定期对刀具进行检查是非常必要的。检查主要采取目视检查，检查的同时还要顺便看一下刀具螺栓是否松动脱落。检查刀圈的磨损量要使用专用的测量工具，此外还要用手旋转一下刀圈，看是否有偏磨。

土压平衡盾构施工首先要考虑的是如何提高设备的使用率，刀具的更换必须服从整体的设备效率，因此刀具更换通常采取将几个或十几个刀具一起更换的“成批更换”方法。新更换的刀具刀刃与其相邻的原有刀具刀刃的“突缘差”,可能会导致新刀具破损(在特硬岩地层中),因此刀具要有选择性地更换。

在现场施工的刀具更换:首先根据刀具在被掘进地层的经验磨损指标进行磨耗量估算,推断刀具的可掘进长度,如果在可掘进的长度内具有工作面稳定的条件,应开舱对刀具进行检查,以验证估算结果;如不具备开舱条件,必要时可带压进行检查验证。通过上述验证,选择和确定合适的换刀位置。当无法选择具有稳定的工作面进行换刀时,应事先对地层进行加固或采用带压状态进行换刀,以确保换刀安全、顺利进行。

# 10.2　TBM 掘进参数选择

## 10.2.1　TBM 掘进参数的选择

TBM 的掘进参数主要有 8 个:刀盘转速、刀盘扭矩、电机电流值、推进力、推进缸压力、实际掘进速度、贯入度(每转进尺)和推进速度电位器选择值。其中,电机电流值与刀盘扭矩、推进缸压力、推进力成正比,实际掘进速度 = 刀盘转速 × 贯入度。

在选定刀盘转速后,TBM 主司机唯一能直接控制的就是选择推进速度电位器的值。由于围岩情况不同,掘进所需的扭矩和推力不同,实际达到的掘进速度也不尽相同,主司机需根据刀盘扭矩、推力的情况及刀盘振动、出渣情况等综合选择推进速度电位器选择值的大小,如图 10-4所示。

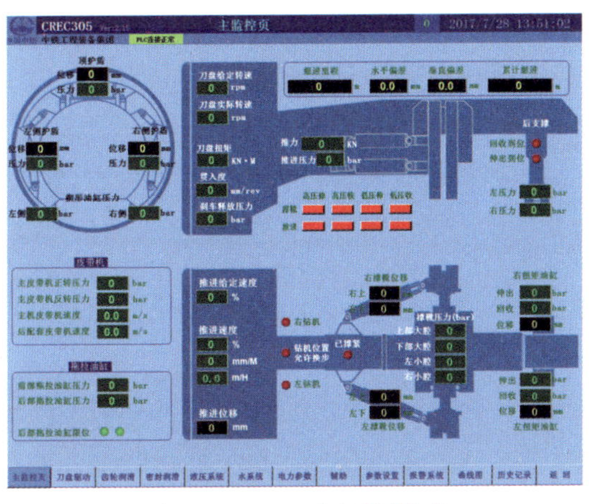


图 10-4　TBM 上位机掘进监控

1)刀盘转速

一般刀盘转速越高,对周围岩体振动越大,越容易引起围岩松动。因此,在地质条件较差的洞段,易采用低转速、高扭矩掘进。在围岩完整性较好的洞段,宜采用高转速、低扭矩掘进。

2)刀盘扭矩(电机电流值)

主电机平均电流值反映了 TBM 掘进过程中刀盘扭矩的情况,通过调整主电机平均电流值可以改变刀盘扭矩的大小,从而达到调整 TBM 掘进速度的目的。在均质硬岩条件下主电机平均电流值与 TBM 掘进速度之间的关系如图 10-5 所示。当主电机平均电流达到某一数值后,TBM 掘进速度随电流值的增加而增大。在节理较发育的中硬岩条件下两者之间的关系如图 10-6 所示,基本呈正比关系。在围岩条件较差,特别是断层破碎带和不良地质洞段,主电机平均电流值不宜采用较大值,并且变化范围不能过大，避免围岩情况发生变化时产生局部轴向荷载，影响刀具寿命。

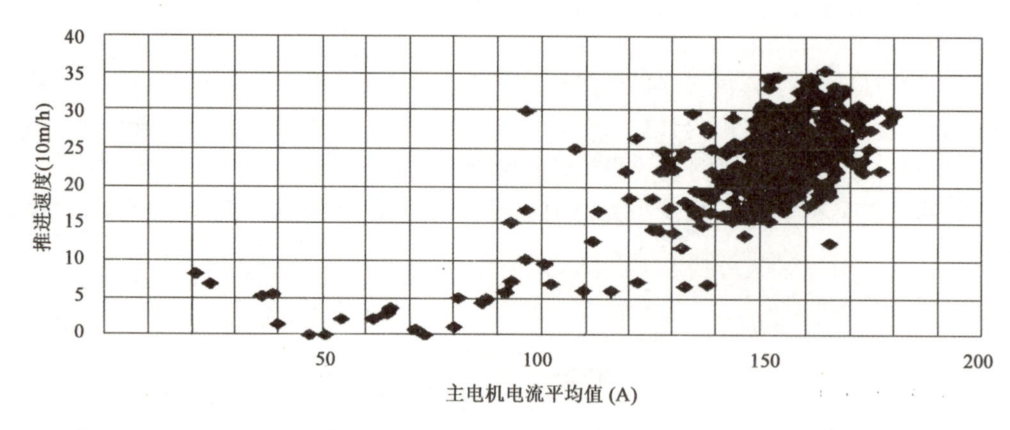


图 10-5　均质硬岩下主电机电流平均值与 TBM 掘进速度的关系（刀盘转速 5.9r/min）

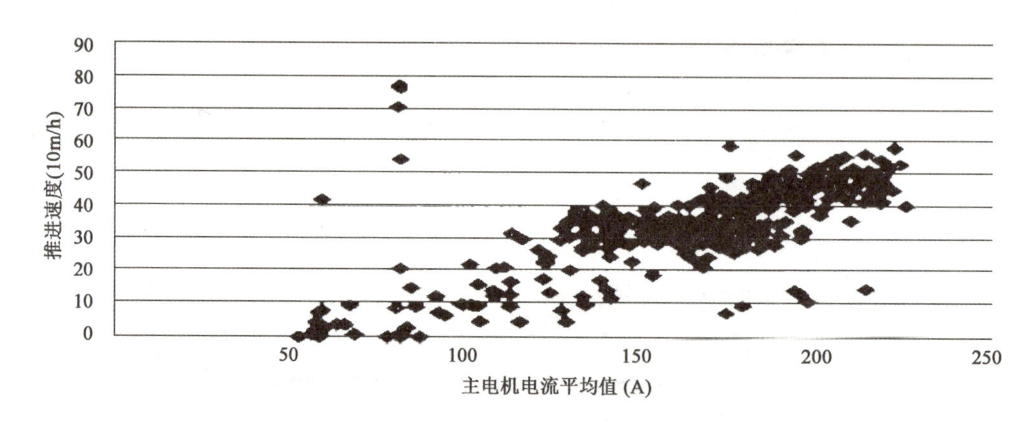


图 10-6　节理较发育的中硬岩下主电机电流平均值与推进速度的关系（刀盘转速 5.9r/min）

3）推进力

推进液压缸压力值一般根据岩石的抗压强度设定，推力过大，会导致刀具承受荷载过大而引起刀具的不正常损坏；推力过小，则刀具的破岩效果不理想，同时也会导致刀具磨损过快。在相同围岩条件下，选择具有较大的推力刀具，切入深度也会增加，对提高掘进速度有利；掘进速度随推进液压缸压力的增大而增加，但随着岩石强度的增高，掘进速度随推进液压缸压力增加的趋势会逐渐变缓。

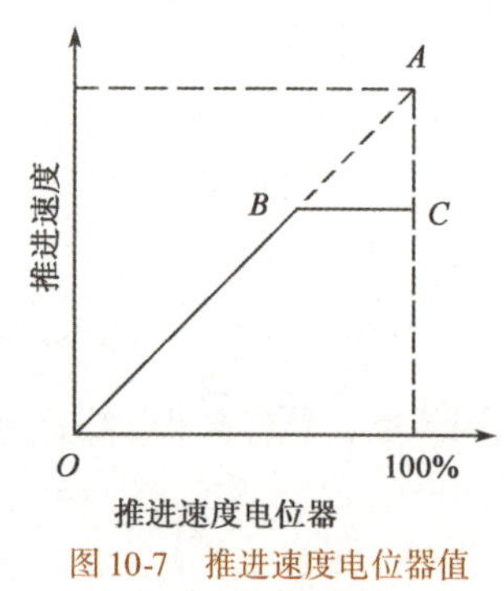


图 10-7　推进速度电位器值与推进速度关系

4）掘进速度

实际掘进速度 = 刀盘转速 × 贯入度

推进速度电位器一般控制推进液压缸主进油回路比例阀开度，理论上掘进速度电位器值与推进速度呈线性关系，图 10-7 中线段 *OA* 表现为理论上的线性关系，但由于溢流阀的作用，如果岩石太硬，在推进速度电位器未调制 100% 时已达到溢流压力，则关系应为图 10-7 中折线段 *OBC*。

5）贯入度（每转进尺）

贯入度，又称为净切深，也就是通常所说的切深，即定义为刀盘每旋转一圈的前进距离，是研究掘进机推进力与推进速度之间关系的主要参数。

6）各掘进参数之间的相互关系

通常认为影响掘进机性能的机器因素包括：每把刀具的推进力、刀具的磨损程度、刀间距、刀具直径、扭矩、转速、刀盘直径和曲率、TBM 推进力、后配套设备、机器处理大块岩石的能力以及抗冲击和振动的稳定性等。由于刀盘及刀具的几何尺寸在机器制造后已经确定，不能更改，所以对于掘进机工作性能影响可控的主要因素只能为推进力、转速，或者为受以上两种因素影响的掘进机推进速度和扭矩。

在开挖隧道时掘进机刀间距保持不变，同时掘进机可提供的刀盘推进力和扭矩有一定限值，所以其开挖能力受到一定的限制。首先，刀盘推进力对掘进机推进速度的限制作用。在一定的切深范围内，掘进机刀盘的切深随着推进力的增大，将不断增大。但是对特定的掘进机，其推进力是有限的定值，所以，切深必将受到最大推进力的限制。其次，在软岩中开挖时，开挖性能将受到掘进机扭矩的限制。当在硬岩中开挖时，开挖性能将受到掘进机推力的限制。

(1)每转切深与刀盘推力的关系

刀盘推力是产生刀盘切深和一定推进速度的主要因素之一。根据掘进试验可知：

①刀盘每转切深随刀盘推力的提高而逐渐增大，且切深增大率高于推力的提高率；

②刀盘转速较大时的每转切深明显低于低转速时的刀盘切深。

掘进机的推进速度等于刀盘每转切深与刀盘转速之积，即推进速度与切深成正比。因此，推进速度与岩石强度及刀盘推力的关系与每转切深的关系是相同的。

(2)刀盘扭矩与切深的关系

刀盘扭矩是在刀盘施加推力后产生的，一开始主要是摩擦产生的扭矩，随切深的增大，滚刀对岩石产生切割压碎作用，扭矩逐渐增大。根据掘进试验可知：

①刀盘扭矩与切深呈线性增长关系；

②当岩石强度低时，刀具切深较大，掘进时表现出的刀盘扭矩总体高于岩石强度高的地层，因为岩石强度较低，刀具易切入岩石获得较大的切深，刀盘旋转阻力增大，需要较大的扭矩。

## 10.2.2　TBM典型地质围岩掘进参数的选择

1)较完整均质硬岩层

对于均质硬岩，掘进过程中大多显示出扭矩较小，而所需推力较大，在此类围岩情况下，宜采取自动推进模式。

(1)刀盘转速的选择

此类围岩刀盘转速选择快速转速，一般控制在6.0r/min。

(2)推进力(推进液压缸压力)选择

同类岩石选择推力较大时刀具切入深度也同时增加，对掘进速度有利；推进速度随推进液压缸压力增大而增大，但当岩石硬度增高，推进速度随着推进液压缸压力增加趋势变缓。推力过大时，刀具所承受荷载过大会引起刀具不正常损坏；推力过小时，刀具破岩效果较差，同时造成刀圈磨损过快。推力根据岩石抗压强度设定，一般选择不小于设定推力的95%为主控值。

(3)刀盘扭矩(电机电流值)的选择

刀盘扭矩的大小主要通过主电机平均电流值调整，此类围岩电机电流值一般控制在额定电流值的35%～45%。图10-8是刀盘转速为5.9r/min、推进液压缸压力为3700psi(1psi=6.85kPa)时推进速度与刀盘扭矩的关系。

2)节理较发育软硬不均岩层

此类围岩因岩石强度变化较大且岩体节理裂隙较发育，需要操作者不断调整掘进参数。合适的掘进参数可以减少设备振动，防止刀具及主轴承损坏，同时可获得较好的掘进速度，此时必须选择手动控制模式。

(1)刀盘转速的选择

当遇到围岩不均匀、强度变化较大时，首先将刀盘转速降低至5.5r/min，根据地质情况选择是否提高刀盘转速，待围岩变为相对均匀时，再将刀盘转速提高至6.0r/min。

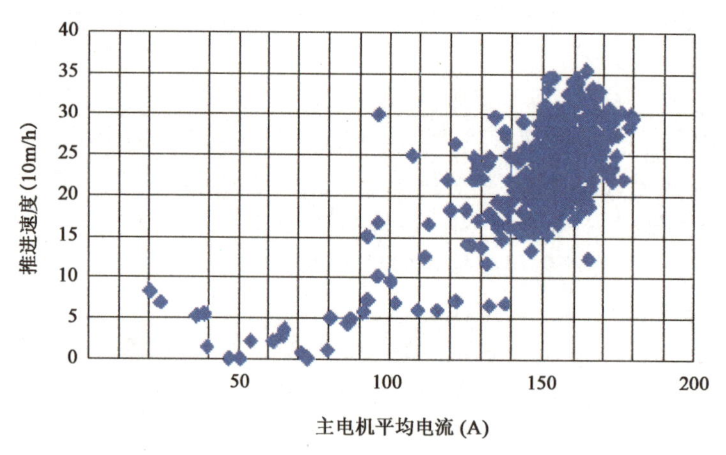


图 10-8 推进速度与刀盘扭矩关系(较均质硬岩)

(2)推进力(推进液压缸压力)的选择

TBM 在此类围岩掘进时推进液压缸压力不宜过大,以改善主轴承及刀具的受力状态。在围岩强度变化较大时,将推进液压缸压力控制在 2000psi 左右,待围岩变均匀后再增大推力。

(3)刀盘扭矩(电机电流值)的选择

此类围岩掘进时主电机平均电流值变化较大,但应控制在额定电流值 60% 以内,待围岩均匀后,再将主电机平均电流调至高速时的电流。

3)断层破碎带和不良地质段

当 TBM 遭遇断层破碎带甚至不良地层时,必须严格控制掘进参数,对推进力和刀盘转速控制范围都要加以限制,缓慢前进,尽量减少对围岩的扰动。

(1)刀盘转速的选择

由于此类围岩稳定性较差,极易造成塌方,因此在此类围岩掘进时,应将刀盘转速调至低速状态,一般在 3.0r/min 左右,最大不应超过 5.0r/min。

(2)推进力(推进液压缸压力)的选择

破碎带液压缸推力选择范围较小,推进速度控制在 25mm/min 以内,推进液压缸压力控制在 1300psi 左右,最大不超过 1700psi。

(3)刀盘扭矩(电机电流值)的选择

此类围岩掘进时主电机电流值控制在额定电流值 30% 左右,变化范围控制在 10A 以内。

### 10.2.3 TBM 不良地质段掘进施工注意事项

1)敞开式 TBM 在不良地质段施工注意事项

敞开式硬岩掘进机由于破岩机理与结构形式的限制,造成了对地质条件的适应性较差,特别是难以适应较长距离软弱围岩洞段的施工,这也是制约其在国内施工领域推广的一个重要方面。如果能够根据工程地质和水文地质条件合理选择施工方法、选择适当的 TBM 操控方法,则可以大大提高其对破碎带软弱围岩洞段的适应性。

(1)拱墙坍塌洞段的施工方法

对于小范围拱墙坍塌洞段,可以通过调整掘进参数来保证通过;稍严重的洞段可以采取锁定部分撑靴液压油路、控制极少数撑靴与洞壁接触的方式通过,此时撑靴与洞壁的总接触面积要减小,同样需要相应调整掘进推力与掘进速度,以确保 TBM 顺利通过。同时,要及时做好掘进后的初期支护,这一点非常重要,可避免坍塌的进一步扩大。

如果拱墙处发生较大坍塌时,虽然前方掘进后在刀盘后部及时采取立钢拱架、挂网、喷锚等支护方式,但仍然可能造成TBM一侧的撑靴无法支撑,即使锁定相应部位的部分撑靴液压缸,也难以通过,此时有两种方式可供选择。

一是坍塌比较严重时,可将受影响部位的撑靴液压缸全部锁定。此时由三组撑靴将机架稳定住,由于三点支撑时,坍塌侧撑靴是悬空的,另一侧撑靴会对机架产生推力,从而使刀盘有向一侧运动的趋势(如果悬空的是前撑靴,则会使刀盘有向坍塌侧运动的趋势;如果悬空的是后撑靴,则会使刀盘有向非坍塌侧运动的趋势)。在一个行程开始时如不注意此问题,那么很可能在行程结束后,掘进方向会发生较大偏差。针对这种情况,要求在掘进开始调向时,要考虑此因素,对机器的方向适当调整,或者在保证撑紧的前提下在非坍塌侧撑靴液压缸中相应锁闭几个液压缸,从而减少对机架的推力,保证机器掘进的方向尽量不偏离隧道设计轴线。

二是在严重坍塌洞段,采取上述方式仍无法通过时,则必须停机,对坍塌洞段进行回填。回填方法可根据坍塌状况灵活选择,如果深度不大,可采取枕木临时回填,让TBM先通过,之后再施作混凝土永久回填;如果坍塌很严重,深度大,影响范围广,就必须及时采取混凝土回填,待强度满足要求后再继续掘进。

无论采取哪一种施工方法,掘进过程中必须严格控制推进速度,以免过大冲击导致围岩的更大坍塌。

(2)拱顶坍塌洞段的施工方法

岩石开挖后在顶护盾处出现部分崩塌或局部掉块。所采取的工程措施为加密锚杆,挂双层钢筋网,并在锚杆端部焊接纵向加强筋,之后及时喷锚支护。此时对掘进没有大的影响,只要适当控制掘进参数即可。

岩石开挖后在刀盘或顶护盾处出现小型坍塌。处理措施为加密锚杆,挂双层钢筋网,架设槽钢拱片。槽钢拱片利用锚杆固定,其作用与钢拱架类似。每根锚杆在锚固后1h强度可达到30kN,3d后强度达到100kN以上。架设一片槽钢拱片约需半小时,此时必须停机。

岩石开挖后在刀盘或顶护盾处出现较大坍塌,此时必须停机架设钢拱架。钢拱架为封闭圆环,由5块组成(隧道断面不同,则分块情况也有区别),通过螺栓连接。架设一榀钢拱架约需0.5~1h。工作过程如下:停机清理危石,进行初步支护→主机底部清渣→拼装钢拱架→钢拱架就位、扩张→在钢拱架之间焊接6mm厚钢板封闭裸露、坍塌部位围岩,并焊接纵向加强筋→向已封闭的塌方洞穴内灌注混凝土。

(3)破碎带软弱围岩洞段的施工方法

通常情况下,如果破碎带影响不是很严重,通过调整掘进参数,减小撑靴撑紧压力、减小推进力与推进速度,或采取与处理拱墙或拱顶坍塌相类似的措施,便可以顺利通过,继续掘进。

对于比较严重的围岩破碎段,可以充分利用TBM自身所配置的地质超前预报、超前管棚、注浆设施。视围岩自稳能力,必要时进行超前预注浆或超前管棚注浆加固,待围岩稳定后再掘进。预注浆参数的选择根据围岩工程地质和水文地质情况,如围岩孔隙率、裂隙大小、渗透系数、涌水量、水压等,通过试验确定。

2)双护盾TBM在不良地质段施工注意事项

双护盾TBM相对于敞开式TBM对地质条件的适应性大大提高,但在不良地质条件下施工时,必须采取适当的施工方法,才能更好地发挥其优势,取得更好的综合进度与成洞质量。

(1)掘进中的地质监测与地质预报

在正常掘进时,可以利用TBM自身配备的监控设备对岩渣的岩性、块度、成分和岩石变化实施监控并做出趋势判断。施工过程中,TBM监控系统可以对包括推进液压缸的压力、主电机的电流、刀盘转速、推进速度等进行实时监控。根据这些参数的变化对前方的岩层做出判断。操作人员可以根据监控结果选择相适应的施工参数。

TBM施工中必须定期对设备进行例行的检查和保养,此时通过TBM护盾上的观测窗口,地质工程师可以观测到围岩状况并做出判断,也可以通过刀盘进入掌子面对围岩进行观察并做出判断。特别是在不良地质洞段,根据需要在施工停机整备间隙利用 TSP203 地质超前预报仪等设备和 TBM 本身配备的超前钻机对前方的围岩进行探测,也可采用更为先进的 BEAM 系统进行地质监测。

(2)断层破碎带施工

在 TBM 的施工过程中,可能遇到断层构造带和裂隙发育带,对 TBM 掘进施工影响不大的较短断层可以直接掘进通过,但遭遇到较大的破碎带时,由于可能出现较大范围的塌方现象,严重时会因刀盘卡滞和皮带输送机负荷太大造成停机事故,使 TBM 掘进受阻或掘进方向偏移,甚至导致管片衬砌出现较大的错台和裂缝,此时采取相应的施工对策是十分重要的。

根据设计文件和地质超前预报结果,确定断层破碎带的具体情况,并根据断层的宽度、填充物、地下水的情况选用相应的施工方案(预案)。施工时尽量减少停机时间,并加快各工序的衔接,快速通过,以防止出现大塌方,造成施工困难。

(3)塑性围岩洞段的施工

由于泥质粉砂岩、碳质泥岩、泥岩均可能产生塑性变形,掘进到这种岩层时,有可能造成 TBM 机身被卡和头部下沉,可采取的主要预防、处理措施如下:

①施工时用扩挖刀加大开挖直径。

②如 TBM 被卡,则加大掘进推力,并在护盾与围岩之间强行注入润滑剂尽快通过,或者从 TBM 盾体上开工作窗口扩挖。

③对已经安装的管片进行加固,在塑性围岩洞段使用配筋量大的重型管片,以确保洞室长期稳定。

④解困后迅速将扩挖部分回填,以防止围岩继续变形,影响隧道质量。

⑤如有下沉倾向,首先将 TBM 后退到软弱区外,校正其姿态,用混凝土或枕木对软弱岩体进行置换,加固区域岩体强度达到 TBM 通过要求后再继续掘进。当塑性变形严重时,采用锚喷、钢拱、灌注混凝土联合支护方式处理后,再掘进通过。

(4)富水洞段的施工

针对隧道工程富水洞段地质特征,首要的问题是最大限度地避免大流量涌水,因为高压涌水一旦被揭露,将严重损坏施工设备,并需要消耗大量的时间和资金来处理,且处理难度很大。最有效的预防措施是及时进行超前探测,并根据探测结果有效进行超前注浆。

(5)高地应力洞段施工措施

在高地应力隧道施工中,以地质预报为先导,并提前做好准备工作。

硬岩洞段高地应力施工措施:

①在已有的刀盘喷水设施基础上增设喷水设备,增加掘进过程中掌子面的喷水量,降低开挖面的岩石温度和脆性,以减少岩爆发生的可能性。

②对局部出露的岩石及时喷洒高压水,降低岩石的强度,增强其塑性,减弱其脆性,以降低岩爆的剧烈程度,同时可以起到降温、除尘的作用。

③岩爆强烈洞段可利用超前钻机施作应力释放孔。

④岩爆非常剧烈时,人员在安全距离进行躲避,直至岩爆平静。重新开始掘进施工时,检查伸缩护盾位置是否存在影响护盾伸缩移动的剥落岩石,如有影响须及时清除。在岩爆洞段施工中,首先要由具备施工经验的专职安全员来重点监测岩石的状况,施工人员和设备要采取必要的防护措施,以确保施工安全。

软岩洞段高地应力施工措施:根据超前地质预报结果,如果软岩变形轻微,可以一边进行掘进一边进行处理;对于变形严重的洞段,必须停止掘进,对岩层进行超前加固处理;加固达到要求强度后才能继续掘进。

(6)塌方处理

①对于 TBM 刀盘正前方开挖断面以内出现的围岩坍滑,一般不影响 TBM 施工,但是这种情况下的坍滑、坍塌容易扩展,管片拼装完毕后应及时填充豆砾石并尽快注浆。

②如果 TBM 刀盘前上方呈锅底状并随时有岩石掉落,围岩岩面多呈自然斜坡状,坍滑、坍塌区域通常扩展到开挖断面以外,可利用超前钻机施作超前管棚,使其在隧道拱部约 120°范围内形成稳定支护区。

③施工中原则上不允许出现大塌方现象,但当通过区域性的大断层、不可避免出现大塌方时,需施工旁洞进行处理。

# 第11章　盾构机姿态控制及管片选型

盾构机姿态控制主要根据主机相对于隧道设计轴线的偏差进行调整,控制内容有水平位置偏差、竖直位置偏差和旋转位置偏差。通过导向系统将掘进过程中盾构机的控制姿态显示至上位机,盾构机操作人员根据隧道设计轴线及时纠正偏差,使盾构机的掘进方向与隧道设计轴线的偏差符合规范要求。

## 11.1　姿态控制目标

### 11.1.1　盾构机姿态控制

盾构机姿态控制可以通过调节 4 个区域的推进液压缸压力进行调整,当下部推进压力与上部推进压力基本相同时,盾构机保持向前;若左侧推进压力大于右侧推进压力,则盾构机将产生向右的趋势;反之盾构机将产生向左的趋势。高程方面,由于盾构机顶部所承受的土体压力不同,所以在直推时下部推进压力应当稍大于上部的推进压力,此时应根据实际推进时的盾体应产生向上的趋势调整上下部推进压力存在差值,反之盾构机将产生向下的趋势。一般在进行直线段推进过程中,应尽量使盾构机切口的位置保持在隧道轴线的 -10 ~ +10mm 范围之间,在盾构机姿态不好需进行纠偏时,可适当放大切口位置范围,但也应尽量控制在隧道轴线的 -20 ~ +20mm 范围之间,最大不应超过 30mm,以免对盾构机的姿态造成进一步偏移或损伤盾构机部件;在进行转弯或边坡段掘进施工中,应提前对切口偏移位置进行预算,并在推进的过程中适当调节各分区推进液压缸的推进压力差,以保证盾构机切口在推进过程中始终保持在隧道轴线的允许偏差范围内。一般情况下会将允许偏差范围向曲线的中心方向作适当的偏移,以保证盾构机能够较好地控制在隧道轴线附近,即若施工曲线为 $R$400m 的右转弯段,则应尽量使盾构机切口的位置保持在隧道轴线的 -5 ~ +15mm 范围之间,依此类推。总之,在进行盾构机切口位置的调整过程中,应始终使盾构机保持在靠近轴线趋势中,即使在盾构机姿态不好的情况下,也应将盾构机的切口位置控制在隧道轴线附近,切忌使盾构机切口位置大幅度超出允许范围内进行推进,由于盾构机在土体内处于悬浮状态,盾构机的切口就是整台盾构机的方向引导,只有切口处于正确的位置,才能使整台盾构机向着正确的方向掘进,否则将造成盾构机整体方向失控,极大地影响盾构机的姿态以及隧道质量。

### 11.1.2　盾构机盾尾位置的控制

由于盾构机在土体内处于悬浮状态,而成形的隧道则处于相对稳定的状态,盾构机的盾尾直接与成形的隧道末端接触,后几环管片的位置状态直接限制了盾尾的位置状态,盾构机的盾尾位置是不能通过操作推进液压缸来进行调整的，它的位置状态多数取决于盾尾内拼装管片的未知状态，所以调整好管片的姿态，对盾尾的位置控制及整个隧道的整体质量都起着至关重要的作用，只要把管片拼装的位置控制在设计范围内，则盾尾的位置也必然能够满足后续掘进的设计要求。对管片位置的调整主要通过对管片换面粘贴楔形软木衬垫的方法来实现，根据调整幅度的不同，可以粘贴1.5～1.6mm等规格的楔形衬垫，但对于楔形衬垫的级数差以及粘贴部位需严格控制，以保证管片姿态调整的有效性；如果管片的平面姿态偏差较大，可以通过更换不同的管片类型来实现。

### 11.1.3　盾构机铰接位置的控制

对于被动式铰接来说，铰接基本处于自由状态，前盾及盾尾的姿态趋势决定了铰接的位置状态，一般来讲，如果前盾和盾尾的位置状态控制好的情况下，则铰接的状态会比较理想；如果铰接位置偏离隧道轴线较小，不需要作刻意的调整，只需要使前盾保持在隧道轴线附近进行推进，再控制好盾尾的姿态，铰接也可以回到隧道轴线附近；如果铰接偏离隧道轴线较大，需要通过调整推进方向进行调整，一般采取梯形的推进方法进行调整，即以靠近隧道轴线的趋势推进一段距离，然后再以平行隧道轴线的趋势推进一段距离，以此方法重复进行一段距离的推进后，铰接的位置状态一般情况下可以在较短的距离内调整到隧道轴线附近。

## 11.2　影响盾构机姿态的因素

控制土压的设定：土压力的设定值是根据覆土厚度、土体内摩擦角、土体容重来确定的，一般在纠偏时土压力的设定值比较大，这样有利于土体对机头的反作用力将机头托起或横移。

土质变化：盾构机在黏土层掘进时，盾构机姿态较易控制，在砂土层时往往容易造成盾构机机头下栽。

地下水含量的变化：地下水含量丰富时，造成土体松软，盾构机往往偏向松软土体或地下水丰富的河道一边。

同步注浆位置的改变：如果注浆位置在左侧，可使该管片环位置右移；换之则相反。

推进速度的大小：推进速度过快，盾构机姿态不易控制，一般在调整姿态时，推进速度控制在15mm/min以内。

转弯管片的合理利用：盾构机在曲线上掘进时，随着盾构机的掘进，通过使用楔形管片数量和相邻环之间的转角拟合出一条光滑曲线，尽量使其与盾构机掘进半径相同，保证必要的盾尾间隙量；否则管片与盾尾相制约，摩擦阻力增大，极不利于盾构机姿态的控制。

管片拼装的平整度：如果管片拼装环面平整度较差，会造成盾构机掘进困难，影响盾构机姿态。

施工连续性：盾构在掘进过程中途停止时，一旦遇上土质比较松软，会造成盾构机下沉而影响盾构机在后续掘进中的盾构机姿态。

测量误差：由于背部管片的位移或人的操作等问题，易引起测量误差，操作管理人员应根据前后环的测量数据进行推断判定，以便于及时纠正。

## 11.3 不同设计轴线下的盾构机姿态控制

隧道的轴线设计一般会涉及以下几种曲线要素：直线、缓曲线和圆曲线。一般平面上的轴线设计会比较复杂，一般都会是1~2个，甚至更多个圆曲线以及缓和曲线与直线之间的结合，而竖曲线方面则会比较简单，一般只包括直线以及圆曲线，圆曲线只起到变坡的作用。

### 11.3.1 平面曲线上的姿态控制

在直线段的推进时，应尽量控制切口位置保持在轴线附近，正常施工时的误差不应超过±10mm，最大应控制在±20mm之间，左右两侧的A、C组推进液压缸推力应始终保持一致，并根据实际的刀盘受力情况作微小调整，使两侧推进液压缸行程保持一致，左右推进液压缸行程差差值最大不应超过8mm，拼装标准环管片、环面贴等厚软木衬垫，并视实际施工情况控制好环面平整度及喇叭度，合理控制铰接及盾尾位置，使之位置偏差控制在±20mm的偏差范围之内，如出现超出偏差范围的情况，应及时作纠偏处理，纠偏时切口位置亦要保持在±20mm的偏差范围之内，严禁在纠偏过程中过大的调整切口位置，造成后续推进中的姿态失控；铰接推进液压缸的行程应始终控制在69~90mm的范围之内，并且左右铰接推进液压缸行程差不应超过10mm，如果超出偏差范围，应及时做纠偏处理，以保证铰接部位能够起到正常的保护调整作用，避免铰接部件局部受损。

### 11.3.2 圆曲线段的姿态控制

在进行圆曲线段的推进时，应提前计算好左右推进液压缸行程的超前量，超前量的值可以通过计算得出，也可以通过AutoCAD绘图直接量取。在推进过程中，切口的控制中心应向着圆曲线的圆心方向作出一定量的偏移，偏移量的大小视圆曲线的半径大小而定，半径越小偏移量越大，推进中应控制切口位置保持在设定的控制中心附近，正常施工中的误差不应超过±10mm，最大应控制在±20mm之间；左右两侧的A、C组推进液压缸推力应始终保持一定的差值，并根据实际的刀盘受力情况作微小调整，使两侧推进液压缸行程差值与提前计算得出的超前量的值保持一致，左右推进液压缸行程差值与超前量之间最大误差不应超过10mm，按照设计部门给出的曲线段的管片排列图进行管片选型拼装，并视具体的施工情况进行管片处理，通过楔形传力衬垫对管片姿态进行微量调整，并控制好环面平整度及喇叭度，合理控制铰接及盾尾位置。盾尾的控制中心应向着圆曲线的圆心方向作出一定量的偏移，偏移量的大小视圆曲线的半径大小而定，半径越小偏移量越大，铰接的控制中心应向着背离圆曲线圆心的方向作出一定量的偏移，推进中应控制盾尾及铰接位置保持在设定的控制中心附近，位置偏差控制在±20mm的偏差范围之内，如出现超出偏差范围的情况，应及时作纠偏处理，纠偏时切口位置要保持在±20mm的偏差范围内，严禁在纠偏过程中过大的调整切口位置，造成后续推进中的姿态失控；铰接推进液压缸的行程应始终控制在40~110mm的范围之内，如出现超出范围的情况，应及时做纠偏处理，以保证铰接部位能够起到正常的保护调整作用，避免铰接部件局部受损。以半径为$R$350m的右转弯曲线段为例，通过AutoCAD绘图确定出左右推进液压缸行程差值约为20mm左右，如图11-1所示，控

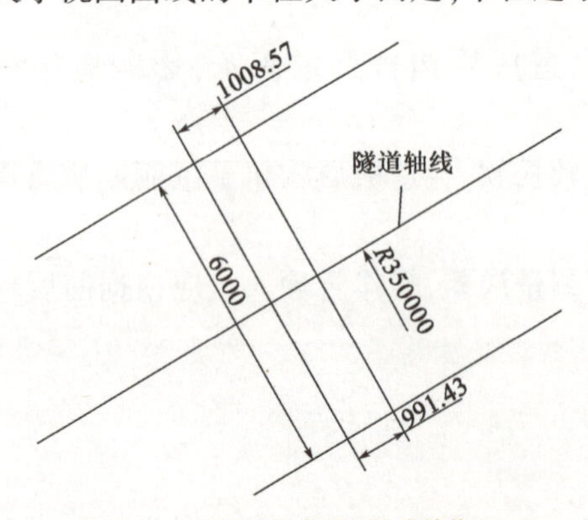


图11-1 超前量示意图(尺寸单位：mm)

制中心向右作5mm左右的偏移,切口及盾尾的位置应控制在-5~+15mm的偏差范围之内,铰接的位置应控制在-15~+5mm的偏差范围内,左侧推进液压缸区域推进油压超出右侧约30~50bar,进行推进,每环推进中左右推进液压缸伸长量的差值控制在20mm左右,铰接推进液压缸行程控制在40~110mm的范围之内。

### 11.3.3 缓曲线段的姿态控制

缓曲线一般应用于平面曲线中,是由直线到圆曲线,或由圆曲线到直线,或由一种半径的圆曲线到另一种半径的圆曲线变化的一段半径渐变的一种特殊曲线。缓曲线的起点半径等于起始曲线的半径,终点半径等于终点曲线的半径,例如由直线到半径为 $R$ 的圆曲线之间的缓曲线,一般称为直缓曲线段,其起始半径为0,终点半径为 $R$,半径按一定的规则由0到 $R$ 进行渐变,在施工中,一般按等分长度渐变的原则进行计算,对于盾构法施工,分段的长度可以取每环管片的宽度进行计算。在进行缓曲线段的推进时,应提前计算好每一环管片所对应缓曲线的半径,再根据当前环的曲线半径,计算出当前环推进时的左右推进液压缸行程的超前量,计算方法与圆曲线的计算方法相似;由于轴线的半径是始终渐变的,所以在推进过程中,应提前考虑下一环管片的轴线半径变化趋势,对盾构机姿态进行控制,使盾构机向着下一环推进有利的方向进行微小偏移,控制的方法与圆曲线的控制方法相似;切口的控制中心应向着当前环圆曲线的圆心方向作一定量的偏移,偏移量的大小视圆曲线的半径大小而定,半径越小偏移量越大;推进中应控制切口位置保持在设定的控制中心附近,正常施工时的误差不应超过±10mm,最大应控制在±20mm之间;左右两侧A、C组推进液压缸推力应始终保持有一定的差值,并根据实际的刀盘受力情况作微小调整,使两侧推进液压缸行程差值与提前计算得出的超前量的值保持一致,左右推进液压缸行程差值与超前量之间的差值不应超过10mm。盾构机的姿态控制包括机体滚转控制和前进方向控制其控制原则主要有以下两条:①滚动角应控制在±20mm/m以内,如滚动角值越大盾构机姿态则越差,影响管片拼装的质量;②如果盾构机水平方向右偏,则需要提高右侧推进液压缸分区的推力,反之亦然。

## 11.4 盾构机姿态控制细则

### 11.4.1 缓和曲线段及圆曲线段

在一般情况下,盾构机的方向偏差应控制在±20mm以内,在缓和曲线段及圆曲线段,盾构机的方向偏差控制在±30mm以内,曲线半径越小控制难度越大,这将受到地质条件、设备条件和施工操作方面原因的影响。当盾构机遇到上硬下软土层时,为防止盾构机头下垂,要保持上仰状态,反之则保持下俯,掘进时要注意上下或者左右分区推进液压缸行程差不能太大,一般控制在±20mm以内,特殊情况下不能超过±60mm。

### 11.4.2 复合地层曲线段

当开挖面内的地层左右软硬相差很大而且又处在曲线段时,盾构机的方向控制比较难,此时可降低掘进速度,合理的分配各区推进液压缸的推力,必要时可将水平偏角放宽到10mm/m,以加大盾构机的调向力度。当以上操作无法将盾构机的姿态调整到设计要求位置时,将考虑使用仿行刀。在曲线掘进时,管片易往曲线外侧偏移,因此,一般情况下让盾构机往曲线内侧偏移一定量,根据曲线半径不同,偏移量通常取 10~30mm。即盾构机进入缓和曲线和曲线前，应将盾构机水平位置调整到 0mm，右转弯掘进逐步增加至 +20mm，左转弯则调整至 -20mm，以保证隧道成形后与设计轴线基本一致。

在盾构机姿态控制中，推进液压缸的行程控制是重点，对于 1.5m 宽的管片，原则上推进液压缸的行程在 1700~1800mm 之间，行程差控制在 0~50mm 之间，行程过大管片脱离盾尾较多，变形较大，易导致管片姿态变差，盾尾与盾体之间的夹角增大，铰接液压缸行程差加大，盾构机推力增大，同时造成管片的选型困难。

铰接液压缸的伸出长度直接影响掘进时盾构机的姿态，应减小铰接液压缸的长度差，尽量控制在 30mm 以内，将铰接液压缸的行程控制在 40~80mm 之间为宜。

## 11.5 盾构机的纠偏措施

盾构机在掘进时总会偏离设计轴线，按规定必须进行纠偏，纠偏要有计划、有步骤地进行，切忌一出现偏差就猛纠猛调，盾构机的纠偏措施如下：

(1)盾构机在每环推进的过程中，应尽量将盾构机姿态变化控制在 ±5mm 以内。

(2)根据各段地质情况对各项掘进参数进行调整。

(3)尽量选择合理的管片类型，避免人为因素对盾构机姿态造成过大影响，严格管片拼装质量，避免因管片拼装错台错缝引起的对盾构机姿态的调整。

(4)注意控制盾构机的滚角值，在纠偏过程中掘进速度要放慢。

(5)当盾构机偏离理论较大时，纠偏和俯仰角的调整力度控制在 5mm/m，不得猛纠猛调。

(6)姿态偏离轴线时，调整推进液压缸压力和行程逐步纠偏。

(7)纠偏时要注意盾构机姿态，控制在设计轴线中心 ±20mm 以内，间隙要均匀平衡。

## 11.6 管 片 概 述

### 11.6.1 管片的定义

管片是盾构隧道施工的主要装配构件，是隧道的最外层屏障，承担着抵抗土层压力、地下水压力以及一些特殊荷载的作用。盾构管片质量直接关系隧道的整体质量和安全，影响隧道的防水性能及耐久性能。

### 11.6.2 管片类型

管片是隧道预制衬砌环的基本单元。管片的类型主要有钢筋混凝土管片、钢纤维混凝土管片、钢管片、铸铁管片、复合管片等。

### 11.6.3 管片分类

管片按拼装成环后的隧道线形分为：直线段管片(Z)、曲线段管片(Q)及既能用于直线段又能用于曲线段的通用管片(T)三类。曲线段管片又分为左曲线管片(ZQ)、右曲线管片(YQ)和竖曲管片(SQ)。

### 11.6.4　形状与规格

管片根据隧道的断面形状可分为圆形(Y)、椭圆形(TY)、矩形(J)、双圆形(SY)等。常用管片规格见表11-1。

常用管片规格(单位:mm)　　表11-1

| 名　称 | 厚　度 | 宽　度 | 内　径 |
|---|---|---|---|
| 公称尺寸 | 300、350、500<br>550、600、650 | 1000、1200、1500<br>1800、2000 | 3000、5400、5500<br>12000、13700 |

注:本表给出的是常用管片规格。

### 11.6.5　管片的主要原材料

(1)水泥

宜采用强度等级不低于42.5的硅酸盐水泥或普通硅酸盐水泥。

(2)集料

细集料采用中砂,细度模数为2.3~3.0,含泥量不应大于2%;粗集料宜采用碎石或卵石,其最大粒径不宜大于30mm。

(3)混凝土外加剂

混凝土外加剂的质量应符合《混凝土外加剂》(GB 8076—2008)的规定,严禁使用氯盐类外加剂或其他对钢筋有腐蚀作用的外加剂,混凝土外加剂的应用应符合《混凝土外加剂应用技术规范》(GB 50119—2013)的规定。

(4)钢筋

钢筋直径大于10mm时应采用热轧螺纹钢筋,其性能应符合《钢筋混凝土用钢　第2部分:热轧带肋钢筋》(GB/T 1499.2—2018)的规定;直径小于或等于10mm时应采用低碳钢热轧圆盘条,其性能应符合《低碳钢热轧圆盘条》(GB/T 701—2008)的规定。钢筋弯曲成形后不得出现裂纹、鳞落及撕裂现象,钢筋焊接前须消除焊接部位的铁锈、水锈和油污等,钢筋端部的扭曲处应矫直或切除,施焊后焊缝表面应平整,不得有烧伤、裂纹等缺陷。

(5)钢纤维

如使用钢纤维,钢纤维应符合《钢纤维混凝土》(JG/T 472—2015)的规定,并应进行相关钢纤维混凝土耐久性试验。

(6)混凝土

混凝土原材料计量偏差:水泥、水、外加剂、掺合料≤1%;粗细集料≤2%。混凝土应搅拌均匀、色泽一致,和易性良好。应在搅拌或浇筑地点检测坍落度。

## 11.7　管片选型

管片作为隧道掘进施工的一次衬砌,是隧道的衬砌是隧道的临时支护或永久支护的一部分。隧道的衬砌支护一般有预制混凝土管片和挤压混凝土衬砌两种形式。管片属于技术含量高、工艺和品质要求都特别高的钢筋混凝土构件,其强度、抗渗性、几何尺寸、外观质量等方面的要求都非常严格。采用预制混凝土管片组装隧道衬砌具有质量易于保证、便于机械化操作等优点,因而得到广泛应用。

## 11.7.1　影响管片选型的主要因素

1)隧道设计线路

隧道设计线路各要素的特征原则上决定了管片拼装成环后横断面的走向,也在总量上限制了管片在一个施工合同段中的综合类型分布。

2)曲线地段

曲线地段线路的曲线要素、纵向坡度的大小、不同衬砌环和组合特征(楔形量、锥度、偏移量等)决定了要安装的管片类型。

线路所要求提供的圆心角:

$$\alpha = \frac{180L}{\pi R} \tag{11-1}$$

式中:$L$——段线路中心线的长度;

$R$——线路曲线半径。

K块(封顶块)不同位置时管片锥度的计算:

$$\beta = 2\arctan\frac{\delta \times \cos\theta}{2D} \tag{11-2}$$

式中:$\beta$——管片成环后的锥度,标准环为0;

$\delta$——转弯环楔形量,即转弯环管片12点位时水平方向内外宽度差;

$D$——管片外径;

$\theta$——K块所在位置对应的角度,见表11-2。

K块管片位置对应角度　　表11-2

| K块位置 | 10:00 | 11:00 | 12:00 | 1:00 | 2:00 |
|---|---|---|---|---|---|
| $\theta$(°) | 72 | 36 | 0 | -36 | -72 |

最终追求的是实现$X$环不同类型及封顶块的组合提供的锥度$\beta'$和$X$环管片长线路所需要的圆心角$\alpha$相等的$X$环不同类型的组合,管片选型时应按这种组合为基准来实施。

衬砌环任意位置宽度的计算公式如下:

$$J = L \pm r \cdot \delta \cdot \sin\theta / D \tag{11-3}$$

式中:$J$——衬砌环特定位置宽度;

$L$——衬砌环基本宽度;

$r$——特定位置所在弧面半径;

$\delta$——衬砌环楔形量,标准环$\delta = 0$;

$\theta$——特定位置与铅垂线夹角;

$D$——衬砌环外径。

3)直线地段

直线地段原则上安装标准环,只是在适当的时候靠转弯环来完成线路的纵向坡度,以及调整盾构机掘进过程中偏离中线的偏移量。

## 11.7.2　盾构机姿态

盾构机姿态在某种程度上决定了管片选型。在选择要安装的管片类型时,一定要考虑盾构机的趋势、盾构机偏移中线在水平和竖直方向的程度,以及计划好要在以后几环中调整盾构机到隧道中心线上。比如盾构机竖直方向偏移中线16mm,每环转弯换使下一环向下低头4mm,则最少需要4环转弯换才能调整过来,但调整一定要与线路的水平特性、盾构机上下趋势等相结合。

## 11.7.3 盾尾间隙

管片拼装是在盾尾壳体的支护下完成,安装完的管片应处于盾尾的正中央,也就是说,管片外壁和盾尾内壁之间的孔隙是均匀的,所以盾尾姿态也限制了管片选型。盾尾与管片示意如图11-2所示。

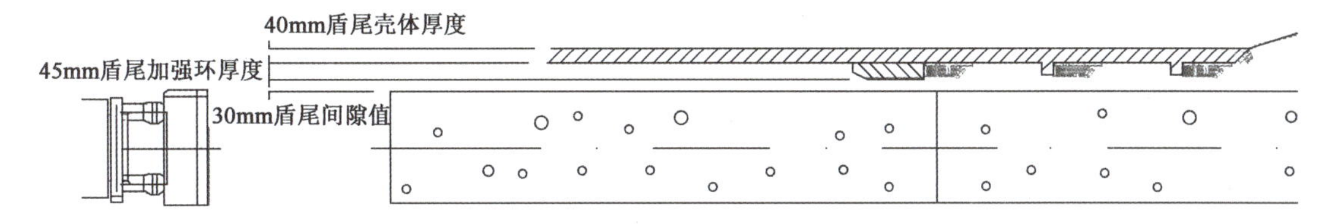


图11-2 盾尾与管片示意图

如果管处片选型不注意盾尾姿态,盾尾间隙过小,则盾尾就要摩擦管片,使盾构在掘进的过程中摩擦力增大,降低掘进速度,严重时压破管片边角,甚至压破管片。

## 11.7.4 工程地质

刀盘范围内地质软硬不均,掘进不易控制方向,甚至盾构机自行低头或抬头,使掘进偏离隧道中心线或盾尾不规则倾斜,这样也直接影响到管片选型。在地质条件复杂特别是下软上硬的地质情况下要更周到地考虑管片选型。

## 11.7.5 管片选型的基本原则和步骤

1)管片选型的基本原则

(1)拟合线路

管片选型基本上是在隧道线路要素的指导下进行的,特别是在曲线地段是以折线(最短折线长度为一环管片的宽度)来代替设计的光滑曲线,应该先根据上面提供的方法,计算出具体的管片类型组合来决定要使用的管片。

(2)管片适应盾尾间隙

进行下一环管片选型的当务之急就是不能使盾尾间隙过小,否则,在掘进时盾尾就有可能破坏管片结构,且对盾构向前推进造成很大的摩擦阻力。

盾尾和盾构机中体连接的铰接液压缸的不均匀伸缩,是造成盾尾间隙不均匀的直接原因。施工过程中一定要时刻注意铰接液压缸行程差,过大时要在限界范围内指导主司机向有利的方向偏移,使盾尾顺应管片,有必要时可以人工手动控制,接回液压缸。

管片成圆度不好也会导致盾尾间隙不均匀。这就要在管片选型时,尽可能平缓地过渡到最佳状态,安装管片时按规程及时的上好连接螺栓,为下一环管片的选型和安装创造条件。

(3)结合盾构机姿态

管片选型时,特别是综合考虑下几环管片选型时一定要结合盾构机姿态。在盾构施工过程中管片在某种程度上也影响盾构机掘进的易难。如果盾构机在左右或上下液压缸行程差很大,使盾构机趋势过大甚至偏离中心,且使推进液压缸的撑鞋不能和管片面接触而形成线接触,要完美地控制盾构沿隧道中线掘进是不容易的，而且使推力在管片上分解出一个接近于径向的分力，此分力可以通过管片及连接螺栓传递到前一环甚至后几环，如果这个分力超过管片混凝土的抗剪极限，管片就要破损。在实际的施工中，这种情况发生的很多。

盾构机推进过程中液压缸行程差过大，也是造成小半径曲线隧道和隧道超挖过大的一个重要原因，使隧道背衬注浆在管片四周厚度不均、防水困难等。

所以在管片选型时要尽可能地缩小液压缸行程差，并且考虑每掘进完一环线路所形成的液压缸行程差，做到预测下几环的管片类型。

(4)结合特殊管片的要求进行管片选型

在地铁线路中，一般两站间区间隧道长度大于1000m时，上下行隧道间设有联络通道，以使区间隧道在列车发生火灾等意外事故时，乘客能就地下车，并通过通道安全疏散至另一条平行隧道内。在联络通道和隧道连接处往往是一些特殊要求的管片。另外有些人防设施处也需安装特殊管片。所以，在进行特殊管片附近管片选型时一定要结合特殊管片的特殊要求，进行合理选型。

(5)与盾构机操作司机协调

在施工过程中主司机应清楚现在和将来的线路走向和工程地质情况，以及下一环要安装的管片所能够提供的偏移量、抵消的液压缸行程差等，以便主司机在掘进过程中有明确的目标，从而按理论的管片组合来掘进。

当盾构机掘进方向偏离中线较大时，土木工程师在管片选型时要和主司机共同研究，做到掘进操作和管片选型统一，以便更好地调整姿态。

2)管片选型基本步骤

步骤一，先量好盾尾间隙，知道哪块间隙最小，选型管片时，从小间隙向大间隙转(管片最大楔形量位置在小间隙位置)；步骤二，看上环拼装为什么点位，避免通缝的情况下，选型调整最大的楔形量的点位；步骤三，结合线路情况，盾构机姿态和铰接液压缸的行程。

## 11.8 管片拼装的点位

### 11.8.1 成都地铁管片拼装

1)成都地铁管片设计

成都地铁管片内径为5400mm、外径为6000mm、厚300mm，管片环宽1500mm/1200mm。每环管片组成为3+2+1，即三块标准块($B_1$、$B_2$、$B_3$)、两个邻接块($L_1$、$L_2$)、一个封顶块(F)。为满足曲线地段线路拟合及施工纠偏的需要，专门设计了左、右转弯楔形环，通过与标准环的各种组合来拟合不同的曲线。楔形环采用双面楔形式，楔形量38mm。

2)管片点位

通常情况下习惯以时间12个点位来说，去掉12点位和6点位，剩余为10个点位，该处稍有不同，以一个圆360°每36°一个点，平分为10个点位，1点位以正上方为准，右转18°；顺时针每隔36°为一个拼装点位。

左、右转弯环拼装相应的位置，理论上左、右转弯环可互换。例：左转弯管片拼装为3点时，管片右边楔形量最大(38mm)，右转弯管片拼装为8点位时，管片左边超前量最大(38mm)。但管片K块应尽量安装在顶部180°范围内，特殊情况下可适当调整。图11-3所示为左转弯10个点位拼装图。

管片采用错缝拼装，为避免下环与上一环拼装通缝，下环的管片允许拼装的管片如图11-4所示。

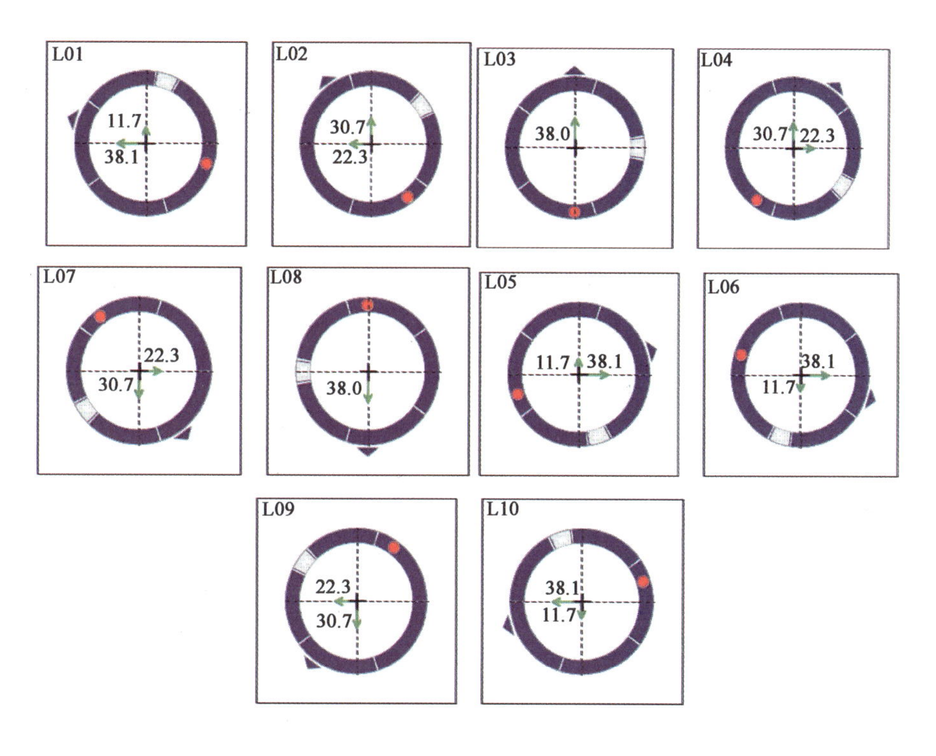


图11-3　成都地铁管片点位拼装图

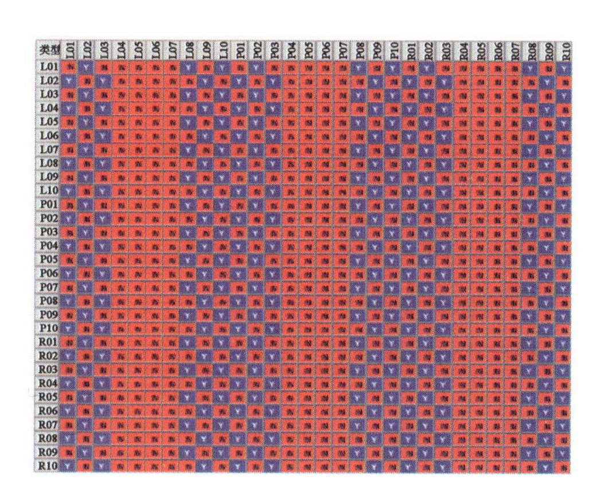

图11-4　允许拼装的后续管片图示

注:L-左转弯环;P-标准环;R-右转弯环;Y-可以拼装;N-不能拼装。

## 11.8.2　北京地铁管片拼装

1)北京地铁管片设计

北京地铁管片内径为5400mm、外径为6000mm、厚300mm,管片环宽1200mm/1500mm。每环管片组成为3+2+1,即三块标准块($A_1$、$A_2$、$A_3$)、两个邻接块($B_1$、$B_2$)和一个封顶块(C)。管片为双楔形,楔形量48mm,包括标准环、左转弯环和右转弯环三种类型。

2)管片点位

北京地铁管片点位是指每环管片C块所在的位置。每环管片块与块通过12支螺栓连接成环,环与环之间通过16支螺栓连接。因此管片分16个点位,从管片正上方开始沿顺时针每旋转22.5°是一个点位,由正上方顺时针旋转22.5°为1点位,其他点位以此类推。管片拼装点位如图11-5所示。

图 11-5　北京地区管片拼装点位图

左转弯管片拼装为 1 点位时，管片右边超前量最大(48mm)，右转弯管片拼装为 15 点位时，管片左边超前量最大(48mm)，理论上左右转弯环可互换。管片 C 块应尽量安装在顶部 180°范围内。

根据设计施工以及盾构施工人行踏板支架、水管支架安装要求，管片采用错缝拼装，标准环要求拼装在 1 点位或 15 点位；转弯环尽量安装在 1 点位、4 点位、12 点位和 15 点位位置。不同管片点位拼装后错缝情况见表 11-3。

不同管片点位拼装后错缝情况表　　表 11-3

| 管片点位 | 缝隙点位 | | | | | | | | | | | | | | | |
|---|---|---|---|---|---|---|---|---|---|---|---|---|---|---|---|---|
| | 1 | 2 | 3 | 4 | 5 | 6 | 7 | 8 | 9 | 10 | 11 | 12 | 13 | 14 | 15 | 16 |
| 1 | √ | √ | | | × | | | × | | | × | | | × | | |
| 2 | | √ | √ | | | × | | | × | | | × | | | × | |
| 3 | | | √ | √ | | | × | | | × | | | × | | | × |
| 4 | × | | | √ | √ | | | × | | | × | | | × | | |
| 5 | | × | | | √ | √ | | | × | | | × | | | × | |
| 6 | | | × | | | √ | √ | | | × | | | × | | | × |
| 7 | × | | | × | | | √ | √ | | | × | | | × | | |
| 8 | | × | | | × | | | √ | √ | | | × | | | × | |
| 9 | | | × | | | × | | | √ | √ | | | × | | | × |
| 10 | × | | | × | | | × | | | √ | √ | | | × | | |
| 11 | | × | | | × | | | × | | | √ | √ | | | × | |
| 12 | | | × | | | × | | | × | | | √ | √ | | | × |
| 13 | × | | | × | | | × | | | × | | | √ | √ | | |

续上表

| 管片点位 | 缝隙点位 | | | | | | | | | | | | | | | |
|---|---|---|---|---|---|---|---|---|---|---|---|---|---|---|---|---|
| | 1 | 2 | 3 | 4 | 5 | 6 | 7 | 8 | 9 | 10 | 11 | 12 | 13 | 14 | 15 | 16 |
| 14 | | × | | | × | | | × | | | × | | | √ | √ | |
| 15 | | | × | | | × | | | × | | | × | | | √ | √ |
| 16 | √ | | | × | | | × | | | × | | | × | | | √ |

注：表中“管片点位”是指每环管片C块所在位置。“缝隙点位”是指缝隙所在的点位，缝隙点位的1点定义为由正上方顺时针旋转11.25°的位置，2点由1点顺时针旋转22.5°得到，以下点位以此类推。“√”表示与C块相邻的缝隙，“×”表示除去C块相邻的两道斜缝以外的其他4道直缝。

表格使用方法：

以管片拼装在1点位为例。此时管片缝隙的点位出现在1、2、5、8、11、14点位，其中1、2点位的缝隙是与C块相邻的斜缝，表中以“√”表示，5、8、11、14点位的缝隙是4道直缝，表中以“×”表示。假如下环管片拼装3点，从表11-3中可以看出3点位的管片缝隙会出现在3、4、7、10、13、16点位，不会形成通缝。假如下环管片拼装4点位，从表11-3中可以看出4点位的管片缝隙会出现在1、4、5、8、11、14点位，这时在1、5、8、11、14点位会形成通缝。

综合考虑各项因素，可知：①标准环拼装点位（1、15点位）；②转弯环要求尽量避免偏转角大于90°，即C块位置要处于隧道圆断面的上半圆；③不形成通缝；④人行道板支架的固定，水管支架的固定；⑤管片拼装的易操作性和隧道成环的美观。最终选用1、4、12、15四个点位作为管片拼装的主要点位，在管片拼装较困难时可以考虑7、9点位，其他点位暂时不予考虑。

## 11.8.3 重庆地铁管片拼装

1）重庆地铁管片设计

重庆地铁管片内径为5900mm、外径为6600mm、厚350mm，管片环宽1500mm。每环管片组成为3+2+1，即三块标准块（$B_1$、$B_2$、$B_3$）、两个邻接块（$L_1$、$L_2$）和一个封顶块（F）。每环纵向共10根M27螺栓，环向共12根M27螺栓。重庆地铁管片设计为通用楔形环，采取错缝拼装，楔形量311.6mm。

2）管片点位

管片点位与成都地铁管片点位一样，同样分10个点位，每36°一个点位。但只是最大楔形量的位置不同，成都管片最大楔形量为K块旋转90°的位置，而重庆的管片最大楔形量为K块相对应的位置，即K块旋转180°的位置。因此施工过程中，管片选型时要格外注意。

重庆地铁管片拼装点位如图11-6所示。

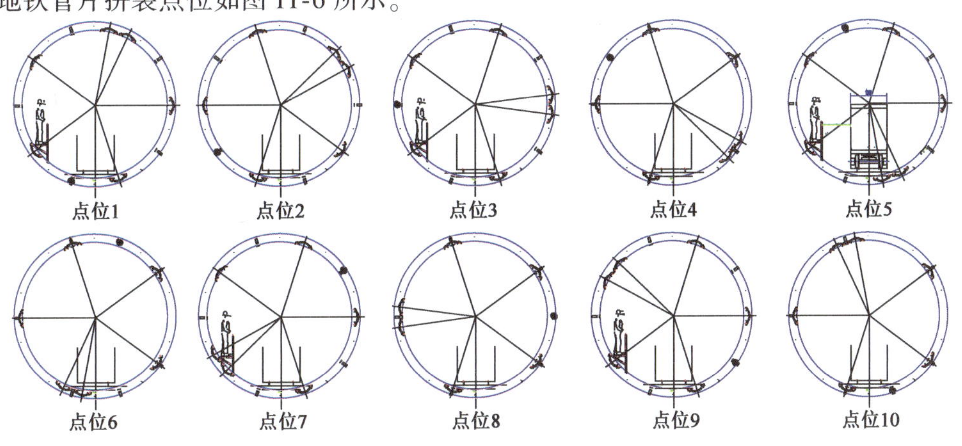


图11-6 重庆地铁管片拼装点位图

注：拼装点位分为10个，每36°一个，楔形量39.6mm，黑点代表为楔形量最大位置。

## 11.9 推进液压缸推力对姿态的影响

掌握好左右两侧液压缸的行程差,尽量地减小整体推力,盾构机是依靠推进液压缸顶推在管片上产生的反力向前掘进的,每一个掘进循环这四组液压缸的行程的差值反映了盾构机与管片的平面位置之间的空间关系,可以看出下一个掘进循环盾尾间隙的变化趋势。当管片平面不垂直于盾构机轴线时各组推进液压缸的行程就会有差异;当这个差值过大时,推进液压缸的推力就会在管片环的径向产生较大的分力,从而影响已拼装好的隧道管片以及掘进姿态。通常以各组液压缸行程的差值的大小来判断是否应该拼装转弯环,在两个相反的方向上的行程差值超过 40mm 时,就应该拼装转弯环来纠偏。通过转弯环的调整左右与上下的液压缸行程差值就控制在 30mm 以内,有利于盾构机掘进及保护管片不受破坏。

铰接液压缸可以被动收放,有利于曲线段的掘进及盾构机的纠偏。同样铰接液压缸的行程差也影响管片的选型。这时应将上下或左右的推进液压缸行程差值减去上下或左右的铰接液压缸行程差值,最后的结果作为管片选型的依据。

# 第12章　全断面隧道掘进机维护

全断面隧道掘进机必须保持良好的安全运行与备用状态，才能更有效地发挥设备的效率，形成最为全面合理的掘进运行方式。为提高全断面隧道掘进机设备的完好率和利用率、延长设备使用寿命，需要重视和执行好隧道掘进机维护工作，本章将重点介绍全断面隧道掘进机（盾构机和TBM）各系统维护内容及其注意要点。

## 12.1　全断面隧道掘进机维护总体要求

### 12.1.1　总体原则

全断面隧道掘进机的维护应坚持“预防为主、状态检测、强制保养、按需维修、养修并重”的原则，按照“清洁、润滑、调整、紧固、防腐”作业法实施。

(1)清洁就是要求机械各部位保持无油泥、污垢、尘土。

(2)润滑就是依照设备使用说明书要求对运动部件加注润滑油(脂)，以保持机械运动零件间的良好润滑，减少零件磨损，保证机械正常运转，润滑是机械保养中极为重要的作业内容。

(3)调整就是对机械众多零件的相对关系和工作参数，如间隙、行程、角度、压力、流量、松紧、速度等及时进行检查调整，以保证机械的正常运行。

(4)紧固就是要对机体各部位连接件及时检查紧固。机械运动中产生的振动，容易使连接件松动，进而导致漏油、漏水、漏气、漏电等故障发生，部分关键部位的紧固螺栓松动，会改变部件的受力分布，进而导致零件变形，更严重者会出现零件断裂、分离，导致操纵失灵而造成机械事故。

(5)防腐就是要做到防潮、防锈、防酸，防止腐蚀机械零部件和电气设备。

### 12.1.2　主要内容

全断面隧道掘进机保养一般分为日常保养和定期保养，定期保养细分为周保养、月保养、季度保养、半年保养、年保养，各种保养的侧重点有所不同。

日常保养就是对全断面隧道掘进机各系统部件运转情况进行外观目测和仪表数据观测，采用视、听、触、嗅等手段，检查盾构及后配套设备的运转情况，观测主控室的运转参数，检查机件的异响、异味、温度、裂纹、锈蚀、损伤、松动、油液色泽、油管滴漏等，初步判断设备的工作状态，并及时进行调整、紧固、润滑、防腐等保养工作。

(1)日常保养与维修具体内容:

①各系统部件外观清洁,各润滑部位供油、供脂情况检查并添加。

②供电变压器温度、油位检查,各系统电源电压检查。

③电气开关、按钮、指示灯、仪表、传感器运转情况检查并处置。

④各系统驱动电机振动、异响、温度情况检查。

⑤液压系统油箱油位检查及补充。

⑥设备各系统液压油、润滑油、润滑脂、水、气体的异常泄漏检查及处理。

⑦滤清器污染状况检查确认及处理。

⑧液压系统、水系统压力、流量情况检查。

⑨异响、温度、油位等情况检查及修复。

⑩各部件连接螺栓、螺母松动检查及紧固。

⑪机械结构件存在磨损、裂纹、脱焊情况检查。

⑫安全阀设定压力检查并确认。

定期保养分为周、月保养与维修及长时间停机保养与维修,具体内容如下:

(2)周保养与维修的主要内容:

①各系统部件外观清洁,检查各润滑部位供油和供脂情况检查,若油、脂不足应及时添加。

②检查液压系统油箱油位,检查液压油滤清器有无泄漏。若油位不足,及时补充;若滤清器泄漏,应及时处理。

③检查旋转接头运转情况并进行润滑。

④对刀盘驱动箱油样进行油水检测分析。

⑤检查各驱动部件减速箱温度、油位、异响情况。

⑥检查推进液压缸,润滑关节轴承。

⑦检查螺旋输送机前后伸缩及后闸门开关工作情况。

⑧检查铰接液压缸、管片拼装机、管片吊机、管片输送机的工作情况,并对各润滑点进行润滑油加注,润滑所有轴承和滑动面。

⑨检查进、排浆泵密封及管道的磨损情况。

⑩检查空压机冷却系统、润滑系统、干燥器等工作情况。

⑪检查皮带运输机各滚筒转动、刮板磨损情况。

⑫检查注浆系统管路密封情况。

⑬检查并清洁主控室 PLC 及控制柜,检查旋钮、按钮和 LED 显示的工作情况。

⑭检查并清洁风水管卷筒及控制箱、热交换器、高压电缆卷筒及控制箱、传感器及阀组、接线盒及插座盒、进排浆泵站、照明系统等。

⑮检查变压器的油温、油标,清除变压器上的水污,监听变压器运行声音。

⑯检查刀具的磨损情况,当刀具磨损达到一定程度或由于地层条件变化时,进行刀具更换。刀具更换必须在确保安全的前提下进行,并做好更换记录。

(3)月保养与维修的主要内容:

①各系统部件外观清洁,检查各润滑部位供油和供脂情况,若油、脂不足,及时添加。

②检查螺旋输送机的筒壁厚度及螺旋叶片磨损情况。

③检查皮带运输机变速器油位和皮带张力。

④液压系统液压油取样检测,按质换油,检查或更换滤芯。

⑤各部件连接螺栓、螺母松动检查及紧固。

⑥检查空压机皮带、空滤器、油滤器,检测溢流阀,按质换油、按需更换配件,并紧固电气接头。

⑦润滑后配套拖车行走轮的调节螺栓和轮轴。

⑧电气开关、按钮、指示灯、仪表和传感器运转情况检查并处置。
⑨检查蓄能器运转情况。
⑩检查液压系统、刀盘驱动齿轮油系统等冷却系统工作情况。
⑪检查循环水回路的水质并清洁过滤装置。
⑫润滑进排浆泵轴承,并检测进排浆管及进排浆泵泵壳壁厚,按需加固或更换。
⑬测量进排浆泵电动机的绝缘电阻。
⑭检查电缆卷筒、水管卷筒传动装置油位,检查链条张紧并润滑。
⑮检查注浆泵工作运转情况,按需更换配件。
⑯设备各系统驱动减速箱油质检验,按质换油。
⑰检查各运转部件轴承工作情况,按需更换配件。
⑱检查后配套拖车轮对工作情况,润滑并按需更换配件。
⑲检查设备各电气线路,存在破损需进行修复或更换。
(4)全断面隧道掘进机时间停止掘进时,仍必须进行保养,主要内容如下:
①设备各系统设备空载运行(每隔10~15d)。
②暴露于空气中的接合面上涂抹油脂。

### 12.1.3　相关要求

应按照全断面隧道掘进机设备相关技术文件编制维护计划。依据日常保养和维修计划、周期保养维修计划,开展全断面隧道掘进机主机及后配套设备的检查、保养与维修工作。各系统保养结束后,必须填写保养记录。

全断面隧道掘进机保养记录应包含时间、系统名称、运转状况、保养部位、保养内容、实施人、完成情况、复查人等内容。

当出现下列情况之一时,应对全断面隧道掘进机进行保养与维护:
(1)发生故障或运转不稳定。
(2)长时间停机或拆机储存期间。
(3)通过特殊地段前。
(4)超过正常负荷水平长时间运行时。
(5)调头、过站期间。

### 12.1.4　维护注意事项

(1)必须按技术要求彻底地进行每一项维护工作。
(2)严禁随意踩踏、拉扯、敲击液压、电气元件。
(3)严禁随意开启或关闭盾构机上各种阀门、钥匙开关。
(4)非操作人员严禁操作各控制面板或按钮。
(5)严禁随意调整各系统的参数。
(6)严禁随意取消系统间的连锁。
(7)严禁随意拆卸或改动设备、系统的部件或功能。
(8)严禁使用水冲洗电器设备及电气元件。
(9)运行部件的维修必须按技术要求在停机状态下进行,并确保不会被启动。
(10)液压部件的维修严禁在带压状态下作业,且不得随意更改液压阀初始标定值。
(11)电气部件的维修严禁带电作业,带电作业时必须两人在场,并确认设备不被启动或随时可断电。

(12)有两种以上操作部件的设备维护必须已将钥匙开关在异地拔出。

(13)维护工作完成后必须确保设备周围没有工具、材料等杂物。

## 12.2　全断面隧道掘进机各系统维护要点

### 12.2.1　掘削机构

掘削机构是指刀盘部分,切削岩层的刀具就安装于刀盘,随着掘进机不断向前推进,刀具将被逐渐磨损。刀具磨损后若不及时更换,将导致推力增大、掘进速度降低以及调向困难,影响施工效率,严重时还会导致刀盘本体磨损,造成难以修复的损伤。

掘削机构的维护主要包含:刀具本体检查、刀具更换及刀盘喷水系统检查。刀盘、刀具的检查和维修时应在设备停止掘进,设备各系统运行正常状态下进行。

盾构机刀盘检查需要根据地层稳定和水量等情况,综合评估后选择常压进舱、带压进舱或辅助人工加固处理后常压进舱;而 TBM 掘进地层十分稳定,可直接进舱检查。检查或更换刀具前,应编制专项方案,并对作业者进行安全技术交底。

1)刀盘

刀盘刀具维护分为静态维护和动态维护。静态维护是指刀盘处于静态(初装刀、常压、带压换刀检查及必要的检查),静态维护要根据不同地质选配的刀具,包括滚刀种类和启动扭矩以及在装刀或搬运过程中对刀的保护,特别注意在刀盘吊装过程当中造成刀具的损坏。动态维护是指掘进操作过程中的维护(合理的掘进参数控制及设置、良好的渣土改良等),应用泡沫系统、刀盘冲水系统、刀盘加水及膨润土系统,保证流塑状的渣土,从掘进的源头保护刀具。

(1)定期进入开挖舱对刀盘结构及各部分的磨损情况进行检查。

(2)检查刀盘结构有无裂纹或脱焊情况,进行修复。

(3)检查刀盘面板、背部、刀座、搅拌臂、耐磨条和耐磨格栅磨损情况,必要时可进行补焊修复。

(4)检查刀盘外圈及切口环处磨损情况,修复至原尺寸。

(5)检查泡沫、膨润土管路及喷口有无堵塞或破损,应进行疏通或修复。

(6)检查仿形刀、磨损检测装置液压管路及接头有无漏油、管路有无破损,必要时进行更换。

(7)TBM 刀盘必须每日进行清理,一方面将依附在刀具刃口和铲斗刃口的岩土清理掉,另一方面可以检查刀盘、刀具及铲斗刮板的磨损程度。在维修时间较短、人员缺乏等特殊情况下,必须将刀具刃口及铲斗刃口对称清理、掏挖,以保持刀盘的运转平衡。

2)刀具

(1)定期进入开挖舱对刀具使用状况进行检查。

(2)根据刀具类型采用针对性磨损检测工具和方式,检查刀具磨损情况,视磨损情况选择更换刀具或位置调整。

(3)检查滚刀的滚动情况。

(4)检查刀具有无脱落现象,如存在所述现象应补齐刀具,作业条件允许时,应搜寻已掉落的刀具并移送至开挖舱外。

(5)检查刀具螺栓有无松动和脱落现象,应补齐缺损螺栓并按照额定扭矩对螺栓进行紧固。

(6)检查滚刀刀圈有无裂纹及弦磨现象,如存在所述现象应及时进行更换。

(7)检查滚刀刀体有无漏油、磨损、挡圈有无断裂或脱落现象,如存在所述现象应及时进行更换。

(8)检查切削类刀具切削齿有无剥落或过度磨损,必要时更换。

(9)所有刀具安装件必须清洁,用水、钢刷清洁后,用毛巾抹干后才可安装。

(10)仿形刀工作前应检查油箱油位,必要时加注液压油。

(11)定期对仿形刀做功能性测试,检查其伸出和收回动作的工作压力。

(12)对于TBM而言,其刀具检查和更换管理尤为重要,直接影响TBM掘进进度和施工成本。TBM刀具现场维护如图12-1所示。

a)

b)

图12-1　TBM刀具现场维护

①TBM刀盘每天必须进行清理,一方面将依附在刀具刃口和铲斗刃口的岩土清理掉,另一方面可以检查刀盘、刀具及铲斗刮板的磨损程度。在维修时间较短、人员缺乏等特殊情况下,必须将刀具刃口及铲斗刃口对称清理、掏挖,以保持刀盘的运转平衡。

②每天检查所有刀具的固定螺丝,有松动情况及时拧紧,对丝扣损坏的螺丝要及时更换。还必须检查每一个刀具轴承是否转动,如果转动不畅,则必须更换该刀具总成。检查轴承时可以使用专门工具进行转动或用手试其温度,当轴承转不动或比其他刀具的温度高时,判定轴承已经损坏,必须更换刀具。

③边刀每天必须检查、量测,当它们的磨损程度达10~15mm左右时,就需要及时进行更换,否则TBM开挖出的隧洞洞径变小,会将TBM机身卡住或发生调向困难,影响TBM的正常掘进,另外也会导致铲斗刮板磨损严重。

④需要更换的刀具一经发现必须立即更换,否则该刀具削切、挤压围岩的能力降低后,势必导致其周边相邻刀具削切、挤压围岩的负担加重,时间一长这些与之相邻的刀具也会损坏,如此循环下去,许多刀具会同时一次性损坏,将给施工造成很大的经济损失。

⑤当更换了新刀具以后,必须告知TBM操作司机,在首次掘进时需放慢推进速度,使刀盘面上的刀具缓慢接触岩石。因为此时刀具边缘不在同一个平面上,新换上的刀具较突出,与掌子面围岩上旧的痕迹也不相配,推进速度较快时就会很容易将新装的刀具损坏掉。

⑥当铲斗刮板磨损严重时,应注意及时更换,一则有利于TBM出渣,二则可以防止磨损刀盘。如果补装不及时,铲斗刮板的底座会因磨损严重而变形,将导致补装困难,并且TBM出渣将不很通畅,驱动电机的负荷也会加重,直接影响TBM的正常掘进。

⑦TBM掘进时,如果发现岩石较软,可是TBM电机的电流较大而且不稳定时,可能是刀盘里的进渣口或者传送带的下料斗已经被岩渣逐渐堵住,此时需要停机进行检查和清理。在岩石含水率不高的情况下,可以用手动风镐清理;如果岩石含水率较高,可以用高压水枪进行清洗。无论是哪种情况均需要将清理出的岩渣及时转出刀盘,以防止岩渣再次沉积堵塞刀盘。

⑧当围岩较硬、TBM掘进较困难时,TBM操作司机一定要将刀具喷水打开,一则可以除尘,二则可以

使刀盘和刀具降温，从而可以延长刀具的使用寿命。另外视围岩的硬度，每掘进5~10个行程TBM操作司机必须停机，让刀具工进机头里对刀具进行检查，对破损刀具进行及时更换。

⑨刀具调整：通常情况下，边刀正常磨损值达到10~15mm时，则须将其更换，更换下来的边刀可安装于面刀位置继续使用。面刀磨损值达到20~25mm时，将其拆卸后重新安装新刀圈备用；在进行刀具更换时，还需要对部分刀具安装位置进行调换，以控制相邻刀具刃高差值不大于5mm，刃高相差太大，会导致个别刀具受力增加，出现异常磨损。

3）中心回转接头

（1）检查中心回转的泡沫、膨润土、液压油管是否有渗漏，并及时进行处理。

（2）每天检查清理旋转接头部分的灰尘，防止灰尘进入主轴承内圈密封（此处是主轴承密封的薄弱环节应特别注意）。

（3）检查中心回转接头润滑脂的注入情况，如有堵塞应及时处理，如图12-2所示。

a）

b）

图12-2　中心回转接头堵塞疏通

（4）检查中心回转的转动情况，如有异常，须立即停机并进行处理。

4）刀盘喷水系统维护

TBM在掘进过程中，刀具切削岩石产生高温以及大量粉尘，刀盘喷水系统正常运行，可以降低粉尘，同时也能使刀具降温，对改善施工环境以及刀具保护起到关键作用。在进行刀具检查的同时也要对喷水系统进行检查。

（1）检查喷嘴是否被岩渣堵塞。

（2）检查喷水压力是否足够。

（3）检查旋转接头是否有漏水。

（4）检查系统管路是否有破损或者漏水。

## 12.2.2　主驱动系统

主驱动系统主要由主轴承、变速箱及驱动电机或液压马达组成，主驱动系统的日常维护主要内容如下：

（1）检查驱动电机的工作温度是否正常。

（2）定期检查电机的工作电压及电流是否正常。

（3）定期检查电机振动与听诊情况，并记录数据。

（4）检查减速箱油位，如油液异常消耗，则应先找出泄漏油故障点，解决故障后再补充齿轮油，如图12-3所示。

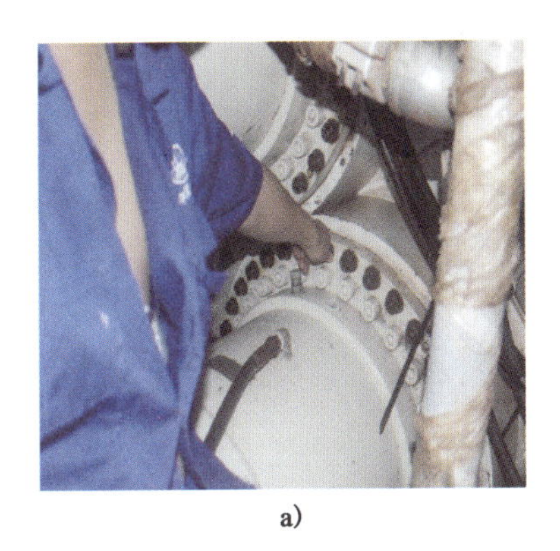
a)

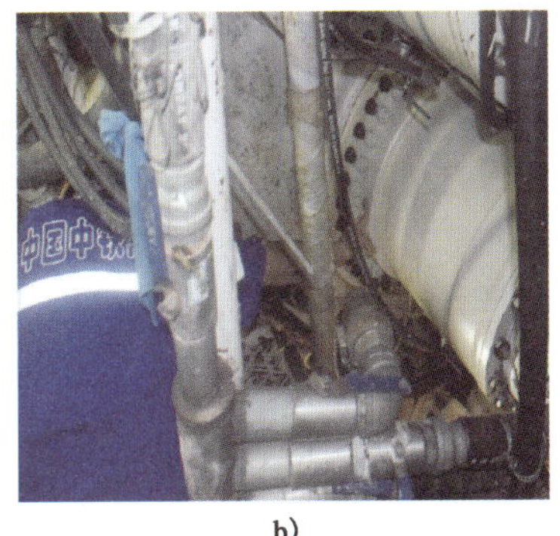

b)

c)

图12-3　主驱动减速箱液位和冷却水检查

(5)检查减速箱温度是否在正常范围,观察冷却水流量是否正常。

(6)定期提取减速机及主轴承油样进行检测,根据检查报告决定是否需要更换油液或者滤芯。更换油液时,必须同时更换滤芯(新机运转200h后更换油液,如果是旧机,则建议每月取样检测,必要时更换)。

(7)定期检查主轴承与刀盘连接螺栓的紧固情况。

(8)定期检查刀盘刹车情况(刹车片磨损情况、制动压力是否正常)。

## 12.2.3　推进、铰接系统

盾构机推进系统主要包括推进液压缸和盾尾铰接装置,而TBM掘进过程中是通过支撑靴将主机后部固定到隧道壁上,为TBM推进提供反力。

1)推进液压缸

(1)清理盾壳底部内的污泥和砂浆。

(2)检查推进液压缸撑靴有无损坏现象及靴板与管片的接触情况,视情况进行修复或更换,如图12-4所示。

a)

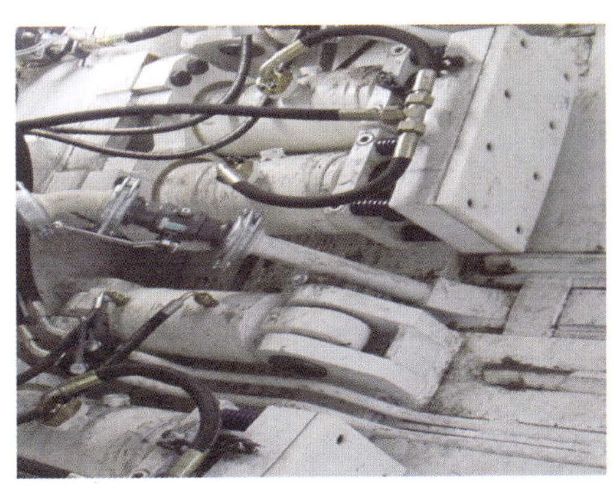
b)

图12-4　推进液压缸现场维护检查

(3)检查推进液压缸有无渗漏油,若有渗漏油应进行修复或更换。

(4)检查活塞杆有无划伤或点蚀。

(5)检查推进液压缸行程传感器工作状况,视情况进行修复或更换。

(6)推进液压缸球头部分加注润滑脂。

(7)检查推进液压缸油管接头有无渗漏油,若有应进行修复或更换。

(8)检查推进液压缸伸缩功能,存在异常需恢复。

2)铰接系统

(1)检查铰接液压缸有无渗漏油,若有应进行修复或更换。

(2)检查铰接液压缸伸缩和释放功能,存在异常需恢复。

(3)检查铰接液压缸行程传感器工作状况,视情况进行修复或更换。

(4)检查铰接密封处有无漏气和漏浆情况,必要时调整铰接密封的压板螺栓。

(5)铰接密封注脂,铰接液压缸的球头部分加注润滑脂。

(6)每环管片安装之前必须清理管片的外表面,防止残留的杂物损坏铰接密封。

3)TBM 推进系统

TBM 护盾后部安装稳定器(顶部)、推进液压缸的球形联轴器、微型撑靴总成以及行程传感器。单护盾及敞开式 TBM 只有一套推进系统,双护盾 TBM 配置两套推进系统,分别是主推进系统及辅助推进系统,如图 12-5 所示。

日常检查与维护内容如下:

(1)及时清理盾壳内的泥污和砂浆,防止长时间污染液压缸杠杆。

(2)推进液压缸与铰接液压缸的球头部分加注润滑脂。

(3)检查推进液压缸靴板与管片的接触情况,避免靴板挤压管片止水条,如有较大的偏差,及时调整推进液压缸定位螺栓(单护盾及双护盾 TBM)。

(4)润滑推进液压缸定位调整螺栓,防止锈蚀。

## 12.2.4 螺旋输送机及皮带输送机

土压平衡盾构机和双模盾构机配备螺旋输送机和皮带输送机输送渣土;TBM 配备皮带输送机输送渣土。螺旋输送机和皮带输送机日常维护主要内容如下。

1)螺旋输送机

(1)螺旋输送机维修时必须停机并调整至维护模式。

(2)液压油路的维修时需提前释放管路压力。

(3)检查螺旋输送机油泵有无漏油现象,如果漏油,立即进行处理,并清洁。

(4)检查螺旋输送机油泵电机温度,如果温度过高,立即检查明原因进行处理。

(5)检查螺旋输送机驱动及液压管路有无漏油现象,如果漏油,立即进行处理。

(6)检查螺旋输送机前、后舱门行程传感器和限位开关工作是否正常。

(7)检查螺旋输送机变速箱油位,如果变速箱油位过低,立即添加齿轮油,如图 12-6 所示。

图 12-5　双护盾 TBM 推进系统

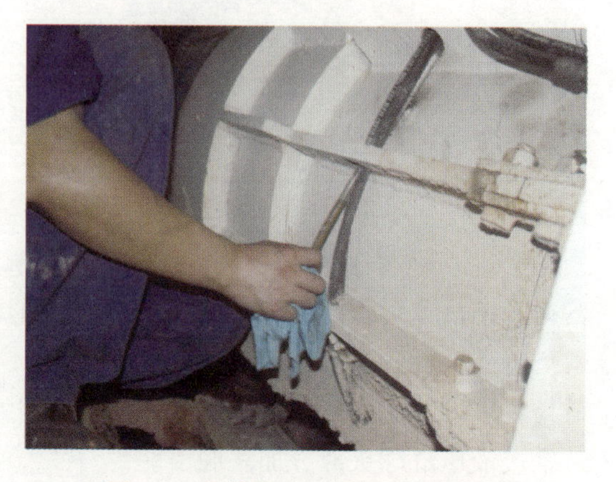

图 12-6　螺旋输送机主减速箱液位检查

(8)检查轴承,闸门,伸缩缸的润滑情况,及时添加润滑脂。
(9)检查螺旋叶片及轴磨损情况,如果磨损严重,立即补焊耐磨层。
(10)测量螺旋输送机筒壁厚度,根据测量数据采取筒壁补强或其他方式处理。
(11)检查螺旋输送机驱动密封,如损坏需更换。
(12)检查电路接线端子有无松动,如松动立即紧固。
(13)螺旋输送机减速箱齿轮油取样检测,视情况进行油液更换。
2)皮带输送机
(1)皮带输送机维修时必须停机并调整至维护模式。
(2)检查皮带的磨损情况,如皮带磨损严重,立即更换皮带。
(3)检查皮带输送机架有无变形、紧固机架连接螺栓。
(4)检查皮带滚筒有无卡死、偏磨现象。
(5)检查皮带防偏和拉线急停装置是否正常。
(6)检查主驱动轴承、张紧滚筒和主、副刮板状况。
(7)检查皮带挡渣板有无磨损,及时调整或更换。
(8)检查驱动减速器齿轮油油位并取样检测,视情况进行油液添加或更换。
(9)检查皮带松紧情况,视情况进行调节。
(10)检查托辊滚动及润滑状况。
(11)检查驱动电机温度、声音、振动情况。
(12)检查皮带防跑偏装置工作情况,如图12-7所示。

a)

b)

图12-7　皮带输送机皮带跑偏检查

## 12.2.5　泥浆循环系统

泥水平衡盾构机配置通过泥浆循环系统输送渣土,日常维护主要内容如下:
(1)检查泥浆循环系统球阀、板阀的密闭情况,并进行功能恢复。
(2)检查泥浆泵的密封水压力、轴套的磨损情况和盘根的损坏情况。
(3)检查泥浆泵进出口压力传感器工作情况,及时进行标定、修复或更换。
(4)检查泥浆泵泵壳、叶轮磨损情况,及时进行修复或更换。
(5)检查伸缩管伸缩情况和进浆伸缩管行走装置工作是否顺畅,视情况修理或更换。
(6)检查膨润土安全阀和膨润土罐液位传感器工作是否正常。
(7)检查密度仪防护措施及泥浆密度检测情况,如检测数据存在偏差,应及时进行重新标定。
(8)检查盾构机上泥浆管路磨损情况,视情况进行补强或更换。

### 12.2.6 管片运输系统

管片运输系统主要包括管片吊机、管片小车以及管片拼装系统。其中,管片吊机由起升机构、行走机构和平衡梁等组成,平衡梁抓取管片,起升机构吊起管片,行走机构前后移动管片;管片小车由机架、托架、牵引机构和液压缸等组成,机架和托架支撑管片,液压缸牵引和移动管片;管片拼装机由跑道梁、楼梯、固定环、旋转环和管片夹持器组成,旋转环由驱动装置驱动,夹持器自身带有附加的液压缸,可以进行细微的位置调整(旋转、倾斜等)。

1)管片吊机

(1)检查清理管片吊机行走轨道。

(2)检查控制盒按钮、开关动作是否灵活正常,必要时检修或更换。

(3)检查电缆卷筒和控制盒电缆线滑环,防止电缆卡住、拉断。

(4)定期检查管片吊具的磨损情况,必要时进行修理和更换。

(5)检查管片吊机行走和提升变速箱、链条、链轮、滚针轴承,必要时修复或更换。

(6)检查吊机行走轮,不能有偏磨、晃动和异响。

(7)检查吊机行走链条润滑和紧固,不得有干磨和螺栓松动等现象。

管片吊机维护现场如图 12-8 所示。

a)

b)

图 12-8 管片吊机维护现场

(8)检查吊机前后行走限位,防溜减振块,必要时更换。

(9)检查吊机吸盘密封条(若有),损坏时须更换。

(10)检查真空泵(若有)压力是否满足管片提升需求,管路有无损坏和堵塞。

(11)检查吊机传动轴和齿轮盘有无磨损和损坏现象,必要时进行修复或更换。

2)管片输送小车

(1)检查清理盾构底部的杂物和泥土。

(2)检查并加注润滑脂。

(3)检查各部位液压缸有无泄漏,视情况进行修复或更换。

(4)检查输送小车轮,若轮子胶套有松动和损坏的需更换。

(5)检查小车液压同步马达防护钢板有无脱焊和松动,若有需加固和校正。

(6)定期检查和调整同轴同步齿轮马达的工作情况。如果输送机顶升机构在空载时出现 4 个液压缸起升速度不均的情况,则表明同轴齿轮马达有可能内部有密封损坏,应拆下清洗检查,更换损坏密封件。

管片小车维护现场如图 12-9 所示。

a)

b)

图12-9　管片小车维护现场

3)管片拼装机

(1)检查并清理工作现场杂物、污泥和砂浆。

(2)检查液压缸和管路有无损坏或漏油现象,如有故障应及时处理。

(3)检查电缆、油管的活动托架,如图12-10所示,如有松动和破损,要及时修理和更换。

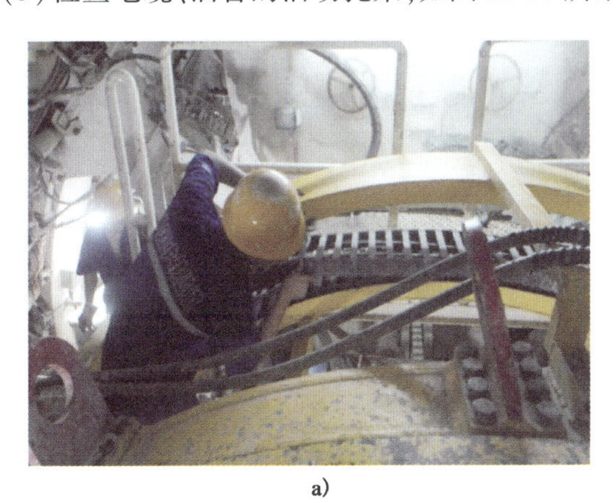
a)

b)

图12-10　管片拼装机维护施工现场

(4)定期向液压缸铰接轴承、旋转轴承等部位加注润滑脂。

(5)定期检查管片拼装机旋转角度编码器工作是否正常,如有必要,对角度限位进行调整。

(6)检查抓取机构和定位螺栓,是否有破裂或损坏,若有,必须立即更换。

(7)定期检测抓取机构的抓紧压力,必要时进行调整。

(8)检查抓举头抓紧报警功能,吸盘密封条(若有)存在损坏的需更换。

(9)检查油箱油位和润滑油液的油位。

(10)检查真空泵(若有)压力是否满足管片提升需求,管路有无损坏和堵塞。

(11)检查拼装机有线、无线遥控器,如有损坏及功能缺失现象,需进行修复或更换。

(12)检查充电器和电池,电池应及时充电,以备下次使用。

(13)检查控制箱、配电箱是否清洁、干燥,无杂物。

### 12.2.7　支护设备

敞开式TBM配置了支护系统,包括锚杆钻机、钢拱架安装器及喷浆系统等。支护设备的日常维护主要内容如下:

(1)各工作位置的清洁检查,各部分残留的石渣、灰尘的清理。

(2)检查各螺栓是否松动,各油管接头是否漏油。

(3)给油雾器、油水分离器放水,并给油雾器加油(锚杆钻机)。

(4)各链轮、各滑移轨道打润滑脂。

(5)调整各运动副间隙。

### 12.2.8 物料转运设备

敞开式TBM物料转运设备主要配置仰拱块吊机、折臂吊机和混凝土罐吊机等,其日常检查内容如下:

(1)检查吊机液压系统压力是否正常。

(2)检查吊机提升是否顺畅。

(3)检查吊机液压系统是否有渗漏,油位是否正常。

(4)检查吊机的回转机构是否灵活、顺畅。

(5)清理吊机积渣及灰尘。

(6)检查吊机行走装置是否顺畅,齿轮及齿条是否存在异常磨损。

(7)定期对液压油进行检测,制订油液更换计划。

### 12.2.9 注浆、豆砾石和灌浆系统

盾构机配备同步注浆系统填充管片背部空隙;TBM配备豆砾石和灌浆系统填充管片背部空隙。注浆、豆砾石和灌浆系统日常维修如下:

1)注浆系统

(1)每次注浆前应检查管路的畅通情况,注浆后应及时将管道清理干净。防止残留的浆液不断累积堵塞管道。

(2)检查控制面板的显示及操作功能是否正常。

(3)每次注浆前必须对注浆压力传感器进行检查,紧固其插头和连线。

(4)注浆前要注意整理疏导注浆管,防止管道缠绕或扭转,从而增大注浆压力。

(5)定期检查注浆管的使用及磨损情况,如发现泄漏或磨损严重,应及时修理或更换。

(6)定期对砂浆罐及其砂浆出口进行清理,防止堵塞。

(7)检查砂浆罐搅拌叶片,对磨损部位进行焊修。

(8)定期对注浆系统的各阀门和管接头进行检查,修理或更换有故障的设备。

(9)定期对注浆系统的各运动部分进行润滑,如图12-11所示。

(10)检查砂浆搅拌罐减速器齿轮油油位,及时进行补充。

(11)检查搅拌轴密封,有磨损且存在漏浆现象需及时更换。

(12)经常检查注浆机水冷池的水位和水温,必要时加水或换水。注意防止砂浆或其他杂物进入冷却水池。

2)豆砾石和灌浆系统

TBM豆砾石回填系统由吊机、豆砾石罐、皮带输送机和豆砾石泵组成。

(1)吊机系统

①检查吊梁螺栓是否松动。

②检查滑轮是否运转良好。

③检查电动葫芦和吊具是否良好。

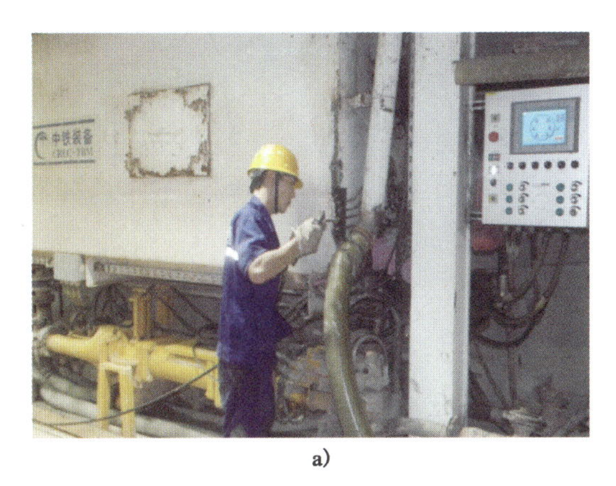
a)

b)

图 12-11　注浆系统现场维护

④检查吊机控制线路、限位开关功能和遥控器功能是否完好。

(2)皮带输送机系统

①检查皮带输送机马达运转是否正常。

②检查皮带输送机托辊运转是否正常。

③检查皮带输送机底部是否清理干净。

④检查下料斗是否完好,皮带是否有磨损。

⑤检查皮带输送机内部是否夹石子。

(3)豆砾石泵

①检查豆砾石泵运转是否良好,声音是否正常。

②检查料腔、橡胶内衬、橡胶摩擦垫片和钢摩擦盘磨损情况。

③检查管路是否磨损。

④检查进气管路有无异常。

(4)灌浆系统

灌浆系统由搅拌桶、注浆泵和管路组成,其日常维护内容如下:

①定期清理灌浆系统管路和混凝土腔。

②检查各液压元件的密封和润滑情况。

③检查注浆泵工作情况。

## 12.2.10　后配套及拖车

后配套平台拖车通过一个连接管片拼装机轨道和1号桥架的连接板结构安装在主机上,所有拖车通过连接销彼此相连。日常维护主要内容如下:

(1)经常检查拖车行走机构的工作情况,及时加注润滑脂;如拖车轮对有卡死和损坏现象,应及时进行修复或更换。

(2)定期检查各拖车间的连接销、连接板,防止意外断裂或脱开。

(3)经常检查拖车走行机构的跨度与钢轨的轨距是否合适,不合适应及时调整。

(4)检查所有结构件有无变形、脱焊、裂缝、脱落等现象,并及时进行处理。

(5)检查拖车人员行走平台是否平整,紧固连接螺栓和安全围栏。

## 12.2.11　压缩空气系统

压缩空气系统主要包括空气压缩机、储气罐、管路及其附件,为气动油脂泵、气动元器件(气动泵和

阀、气动工具)、豆砾石泵和除尘器提供动力源,为人舱提供压缩空气。压缩空气系统日常检查与维护内容如下:

(1)空气压缩机(简称空压机)的所有维护工作必须在停机并卸压的状态下进行;应采取措施避免由于疏忽而使空压机启动;检修时应断开启动电源,并在启动装置上挂“正在检修”指示牌,禁止开车。

(2)检查空压机管路的泄漏和出气口的温度,如有异常应及时排除。

(3)保持机器的清洁,防止杂物堵塞顶部的散热风扇。

(4)检查润滑油液位,确保空压机的润滑。

(5)不定期的检查皮带及各部位螺丝的松紧程度。如发现松动,则进行调整。

(6)润滑油最初运转50h或一周后更换新油,以后每300h更换一次润滑油(使用环境较差者应150h换一次油)。使用500h(或半年)后须将气阀拆出清洗干净。工作4000h后,更换空气滤清器(空气滤清器应按使用说明书正常清理或更换,滤芯为消耗品)、润滑油、油过滤器以及油水分离器和安全阀。

(7)定期对空压机的电机轴承进行润滑,根据电动机的保养规程操作。

(8)在任何情况下,都不应使用易燃液体清洗阀、冷却器的气道、气腔、空气管道以及正常情况下与压缩空气接触的其他零件。在用氯化烃类的非可燃液体清洗零部件时,应注意将残液清理干净。为防止开机后排出的有毒蒸汽,不允许使用四氯化碳作为清洗剂。

(9)空压机前面板上的液晶显示屏能显示一些常规故障和故障提示信息,一般情况应按其提示的内容进行维护工作。

(10)定期检查储气罐其泄漏情况并及时维修。储气罐的泄水阀应每天排除油水,在湿气较重的地方,应增加排水频率。

(11)切勿在超压和超速下使用该设备,与空压机配套部件(如储气罐)必须设计安全阀,且工作压力不得超过额定工作压力。空压机的转向应和皮带防护罩上箭头指示相同。

(12)定期检查压力表、安全阀、压力调节器等安全装置工作情况;定期将压力表、安全阀和储气罐委托专业厂家检验和标定。

空压机维护操作现场如图12-12所示。

a)

b)

图12-12 空压机维护操作现场

### 12.2.12 人舱

人舱为盾构机带压进舱提供安全过渡,关系到操作人员的生命安全,日常维护如下:

(1)定期检查测试有声电话和有线电话,如有故障和损坏,要及时修理或更换。

(2)定期检查压力表、压力记录仪、空气流量计、加热器、照明灯工作情况。

(3)使用前给压力记录仪添加记录纸,并作功能性测试。

(4)定期检查舱门的密封,清洁密封的接触面,如有必要可更换密封条。
(5)定期清洁整个密封舱。
(6)使用前检查刀盘操作盒操作是否正常。
(7)使用前清洗消声器和水喷头。
(8)初次使用前应委托专业厂家进行人舱气密性试验,如图12-13所示。

a)

b)

图12-13　人舱现场维护操作

## 12.2.13　渣土改良系统

1)泡沫系统
(1)定期清洗泡沫箱和管路,清洗时要将箱内沉淀物和杂质彻底清洗干净。
(2)检查泡沫泵及其螺杆的磨损情况,必要时更换磨损的组件。
(3)检查泡沫水泵出口减压阀、泡沫水泵的工作情况,必要时更换或修复。
(4)检查泡沫发生器流量传感器、流量计的工作状况是否正常,检查液体电动开关动作开闭状况是否正常,如不正常需进行功能恢复。
(5)检查压缩空气管路情况,必要时清洗管路。
(6)定期检查旋转接头处的泡沫管路有无堵塞,如发生堵塞要及时疏通和清理。
2)膨润土系统
(1)检查膨润土泵工作是否正常,润滑轴承和传动部件。
(2)检查膨润土系统管路磨损情况,必要时修复和更换。
(3)检查油水分离器和气管路,定期给油水分离器加油。
(4)检查流量传感器、压力传感器和气动球阀的工作情况并进行功能恢复。
(5)检查膨润土搅拌轴密封,如有渗漏需进行更换。
(6)检查膨润土管路,清理管路的弯道和阀门部位,防止堵塞。
(7)定期清理膨润土箱和液位传感器。
(8)依据油品检测情况,及时更换挤压泵驱动减速箱和搅拌减速箱齿轮油。

## 12.2.14　液压系统

(1)检查油箱油位,油位不足应及时加注液压油。
(2)检查阀组、管路、液压缸和冷却器有无损坏或渗漏油现象,如有要及时处理。

(3)定期检查所有过滤器工作情况,并根据检查结果和压差传感器的指示更换滤芯;滤清器滤芯更换必须严格按照盾构说明书规定的程序执行。

(4)定期取液压油样送检,油品检测不合格需及时进行油液更换。

(5)检查液压油泵的工作声音,发现异常应及时停机检查。

(6)检查液压油泵、马达和油箱的温度,发现异常要及时检查处理。液压泵站温度检测如图12-14所示。

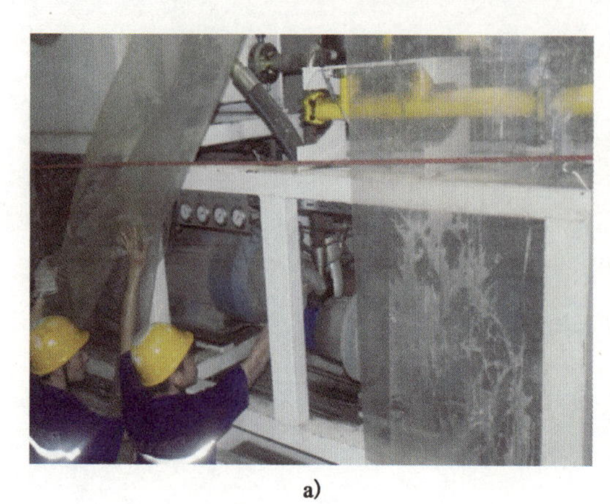

a)

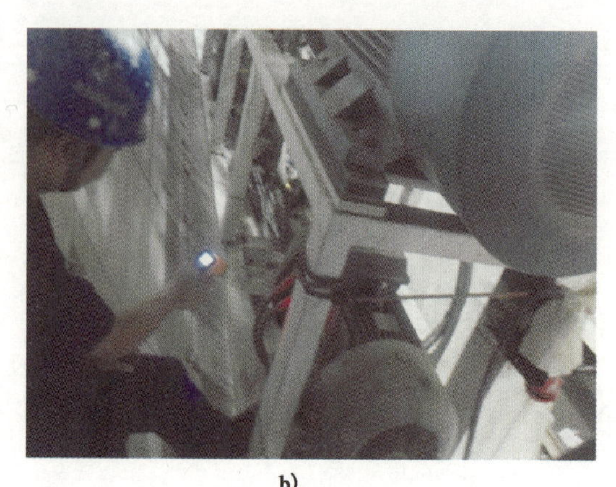

b)

图12-14 液压泵站温度检测

(7)检查液压油管的弯管接头,发现松动要及时紧固。

(8)检查冷却器的冷却水进/出水口的温度和油液的温度,必要时清洗冷却器的热交换器。

(9)定期检查液压系统的压力,并与控制室面板显示值相比较。

(10)在对液压系统维修前,必须确保液压系统已停用并已经卸压。

(11)液压油品加注及更换必须严格按照盾构说明书规定执行。原则上采用厂家推荐的品种,禁止将不同品牌的油混合使用。每次加油前必须对所选用的油品进行抽样检测,检测合格方可使用。

(12)液压系统维修过程中应避免污染油液,必须保持液压系统的清洁。维修工作结束后,在重新启动前必须确保所有的阀门已打开。

(13)检查液压油管情况,被碾压或过度弯曲的需及时进行调整或更换。

## 12.2.15 通风、除尘系统

该系统的日常维护主要内容如下:

(1)检查洞内外通风机工作是否正常,有无异常声响。

(2)定期检查叶片固定螺栓有无疲劳裂纹和磨损。

(3)定期检查、润滑电机轴承(按保养要求时间和方法进行)。

(4)检查风筒起吊装置工作情况。

(5)根据掘进情况及时延伸和更换风管。

(6)检查风管有无破损现象,及时修补或更换。

(7)对于敞开式TBM,定期清洁干式除尘器内部滤板、滤芯和滤网,根据其损坏情况修补或更换。

## 12.2.16 水系统

水系统包括:工业水循环回路、内循环水回路和废水排放,该系统的日常维护主要内容如下:

(1)检查各水泵工作情况,如有故障应及时修理。

(2)检查水管卷筒、软管如有损坏应及时修理,并对易损坏的软管作防护处理。

(3)检查水管卷筒的电机、变速箱及传动部分;如有必要加注齿轮油,并为传动部分加注润滑脂,如图12-15所示。

a)

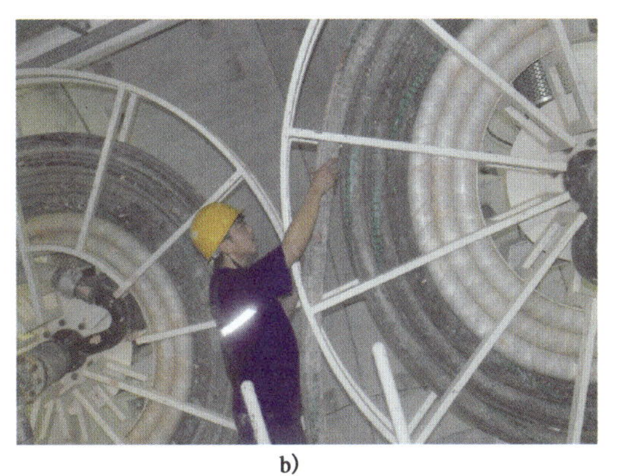
b)

图12-15　水系统现场维护

(4)检查水系统过滤器,定期清洗滤芯。

(5)定期检查热交换器工作情况,存在堵塞应及时进行疏通。

(6)检查所有的水管路,修理更换泄漏、损坏的管路闸阀。

### 12.2.17　油脂系统

1)油脂泵站

(1)检查油脂桶是否还有足够的油脂,如不够应及时更换。

(2)检查油脂泵站的油雾器液位,如低于低液位,加注润滑油,如图12-16所示。

a)

b)

图12-16　油脂泵站现场维护

(3)检查主轴承润滑油脂、密封油脂及盾尾油脂泵的工作情况。

(4)检查油脂泵的气管是否有泄漏现象,如有泄漏应及时修理或更换。

(5)更换油脂桶时应对油脂量位置开关进行测试。

(6)检查盾尾密封注脂次数或压力是否正常,否则应检查油脂管路是否堵塞,重点检查气动阀是否正常工作。

(7)检查盾尾油脂、HBW及EP2气动泵吸盘密封、泵头密封处有无漏油、漏气现象。

(8)油脂泵托架手动换向阀是否完好。

(9)油脂桶更换必须严格按照盾构机说明书规定的程序执行。

2)主驱动油脂系统

(1)检查管路、接头是否存在漏油现象,及时进行处理。

(2)检查 EP2 油脂泵多点泵超声波液位传感器,并适时清洗多点泵进油滤芯。

(3)检查 HBW 内外密封马达分配器和 EP2 分配阀工作状况,如分配器发生堵塞,应及时清洗疏通,如图 12-17 所示。

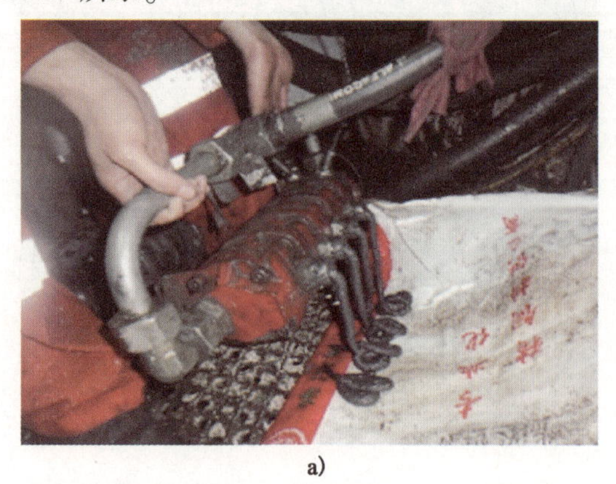

a)

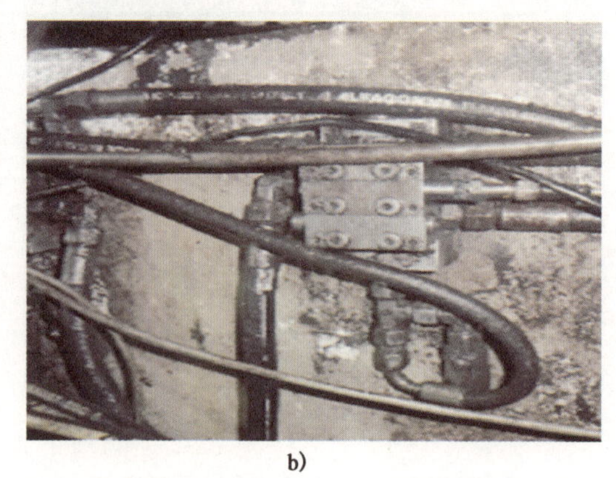

b)

图 12-17　油脂系统马达分配器和分配阀清洗维护

3)盾尾油脂系统

(1)检查电磁气动阀的管路、接头是否有漏气和漏油现象,必要时更换管路和接头。

(2)检查气管路上的油气分离器的油液位,必要时加注润滑油。

(3)定期将主控制室内的盾尾油脂密封控制旋钮转到手动控制挡位,分别控制每路油脂管路,检查单独工作情况。

(4)检查油脂管路气动阀工作状况,能否按照指令正常开关。

(5)检查清理气动阀体上的杂物,并做好防水保护,如图 12-18 所示。

(6)检查管路压力传感器工作是否正常。

## 12.2.18　供配电系统

1)高压电缆

(1)检查高压电缆有无破损,如有破损要及时处理。

(2)检查高压电缆铺设范围内有无可能对电缆造成损坏的因素,如有要及时采取防范措施,如图 12-19所示。

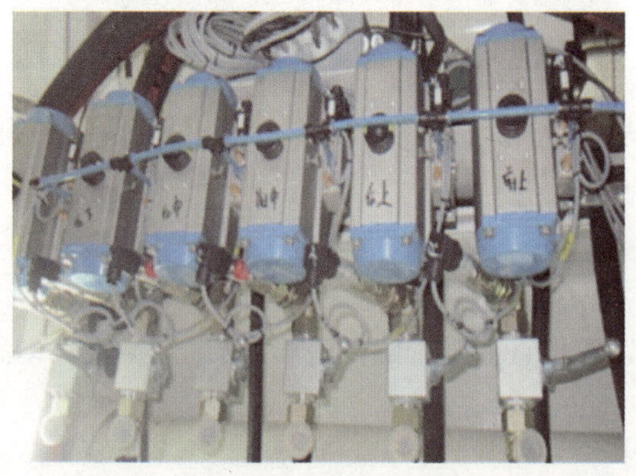

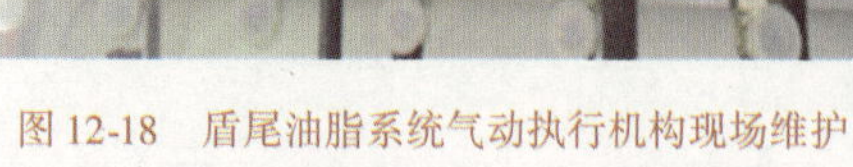

图 12-18　盾尾油脂系统气动执行机构现场维护

图 12-19　高压电缆延伸铺设检查

(3)定期对高压电缆进行绝缘检查和耐压试验(电缆延伸时进行试验)。

2)电缆卷筒

(1)检查电缆卷筒变速箱齿轮油油位,及时加注齿轮油。

(2)检查电缆卷筒链轮的链条,注意加注润滑脂。

(3)定期检查电缆卷筒滑环和电刷的磨损情况,注意清洁滑环和电刷。

(4)检查电刷的弹力以及电刷与滑环的接触情况,必要时进行修理或更换。

(5)检查电缆接头的紧固情况,必要时紧固接头。

(6)检查绝缘支座和滑环的绝缘情况,必要时进行清洁处理。

3)高压开关柜

(1)检查高压开关,各相电流、电压是否正常,蓄能指示是否正常,如图12-20所示。

图12-20 高压开关柜仪表读数检查

(2)定期进行高压开关柜的分断、闭合动作试验;检查其动作的可靠性;检查六氟化硫气体压力是否正常。

(3)检查高压接头的紧固情况。

4)变压器

(1)变压器应有专人维护,并定期进行维护、检修。

(2)检查变压器散热情况和变压器的温升情况。

(3)定期对变压器进行除尘工作。

(4)监视变压器是否运行在额定状况,电压、电流是否显示正常。

(5)监听变压器的运行声音是否正常。

(6)观察变压器油标,油面不得低于最低油位。

(7)检查是否有油液渗漏现象。

(8)检查接地线是否正常。

5)配电柜

(1)检查配电柜电压和电流指示是否正常。

(2)检查电容补偿控制器工作是否正常。

(3)检查补偿电容工作时的温升情况,温度是否在允许的正常范围内。

(4)检查补偿电容有无炸裂现象,如有则需要更换。

(5)检查补偿电容控制接触器的放电线圈有无烧熔现象,如有要尽快更换。

(6)检查配电柜内的温度是否正常。

(7)检查低压断路器过载保护和短路保护是否正常。

(8)检查大容量断路器和接触器工作时的温升情况,如温度较高,说明触点接触电阻较大,需要进行检修或更换。

(9)检查柜内软启动器,变频器显示是否正常。

(10)对主开关定期进行ON/OFF动作试验,检查其动作可靠性。

(11)经常对配电柜及元件进行除尘。

(12)定期对电缆接线和柜内接线进行检查,必要时进行紧固。

6)应急发电机

(1)定期启动试运转,检查发电机工作情况,有无机械杂音,异常振动等情况。

(2)定期检查电瓶电压。

(3)检查各连接部分是否牢靠,电刷是否正常、压力是否符合要求,接地线是否良好。

## 12.2.19 控制系统

控制系统包括数据采集系统及上位机:数据采集系统主要完成参数设定、监控和管理功能;上位机和数据采集系统同用面板式电脑,多采用彩色液晶触摸屏,安置在主控室内。日常维护如下:

1)PLC 系统

(1)检查 PLC 插板是否松动。

(2)检查 PLC 连接线是否松动,紧固接线端子。

(3)检查 PLC 通信口插头连接是否正常,如图 12-21 所示。

a)

b)

图 12-21 PLC 模块线路紧固

(4)定期清洁 PLC 及控制柜内的灰尘。

(5)备份 PLC 程序。

图 12-22 主控室操作面板灯显示检测

2)工业电脑

(1)检查工业电脑与 PLC 的通信线连接是否可靠。

(2)定期清洁工业电脑和控制柜内的灰尘。

(3)备份工业电脑的程序。

3)控制面板

(1)检查面板内接线的安装状况,必要时进行紧固。

(2)定期清洁灰尘(注意防水)。

(3)定期检查按钮和旋钮的工作情况,如有损坏及时更换。

(4)检查控制面板上的 LED 显示是否正常,如图 12-22所示。

4)传感器

(1)检查各种传感器的接线情况,如有必要紧固接线、插头、插座。

(2)清洁传感器,特别是接线处或插头处要清洁干净。

(3)检查传感器的防护情况,如有必要须采取防护措施。

(4)定期用压力表对压力传感器在控制面板上的显示情况进行检查和校准,如图 12-23 所示。

盾构机常用传感器：
电磁感应式接近开关；
压力传感器、压力开关；
电容式流量传感器、流量开关；
温度传感器、温度开关；
拉线位移传感器；
倾斜仪；
旋转编码器

电气信号：
电流：4~2mA，0~20mA；
电压：-10~10V，0~10V，0~5V等；
电阻：5K

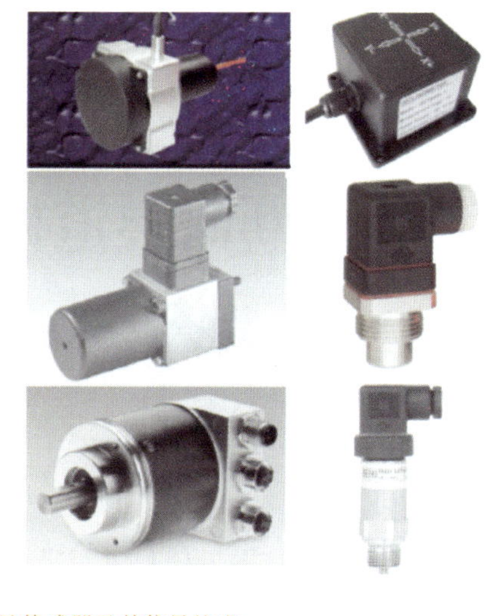

图12-23　常见传感器及其信号校准

## 12.2.20　气体检测系统

全断面隧道掘进机配备各种防爆感应器，能持续监测氧气浓度，检测可燃物、有毒气体、其他危险气体及蒸汽。气体检测系统日常检查与维护内容如下：

(1)检查气体检测仪器的工作状态。

(2)清理仪器的检测通气口。

(3)气体检测系统数字化显示，如图12-24所示。

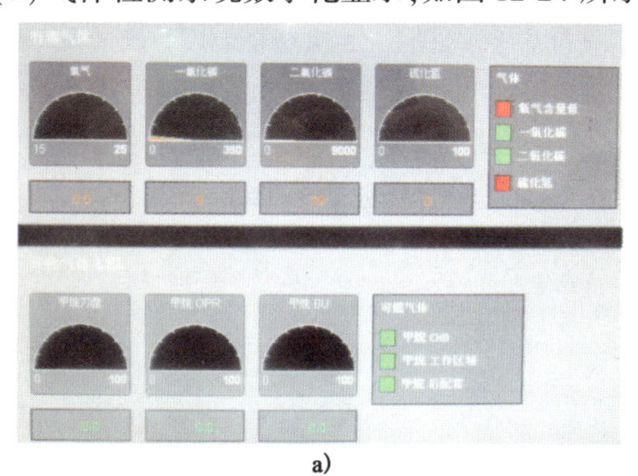

a)

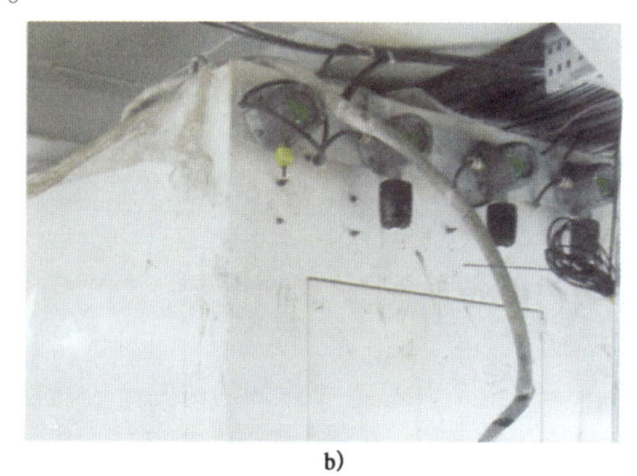

b)

图12-24　气体检测系统数字化显示

# 第13章　全断面隧道掘进机设备检测

本章主要介绍了设备检测工作、设备状态监测技术及油液存放处理等知识，使全断面隧道掘进机操作及维护人员了解设备状态监测的意义、手段及油水检测技术，以提高设备完好率。

## 13.1　设备检测工作简介

### 13.1.1　设备检测技术简介

通俗地讲，设备检测就是给设备体检、看病。人不可能不生病，设备在运行过程中出现故障也是不可避免的。人周期性须体检，生了病需要求医就诊。设备也要定期检测和评估，出了故障也要找“医生”诊断病因。医生对病人的诊断是基于体征检查（先看体温，再进行验血、X光、心电图、B超、……，甚至CT等）基础上的分析判断。对设备检测的工作同样也是基于状态监测（先看总振动值、温度、声音、压力、流量、超声波等参数）、油液检测和参数分析等的基础上的综合性分析判断。

### 13.1.2　设备检测技术的优势

(1)在设备运行中或在不拆卸的情况下进行检测。

(2)通过各种手段，掌握设备运行状态。

(3)判定产生故障的部位和原因。

(4)预测、预报设备未来的状态。

## 13.2　设备状态监测的意义及手段

### 13.2.1　意义

大型设备的状态监测工作是设备正常运转的重要保证，一旦故障停机，会造成巨大的经济损失和严重乃至灾难性的事故。

对于盾构/TBM而言，做好状态监测工作，能够及时掌握盾构/TBM的状态，做到事前维修（预防维

修),节约成本和工期,能有效规避重大的设备和工程风险,具体可归纳如下几个方面:

1)监测与防护

通过日常设备检测工作,监测盾构运行状态,及时发现设备隐性故障的早期征兆,以便采取相应的措施,避免、减缓或减少重大事故的发生,防止大的经济损失。

2)防范风险

为确保盾构的机况符合施工的要求,在施工的关键节点前要做好设备机况的检查、评估和调整工作,确保设备的运行状态良好。需要重点关注的节点主要有:始发前、到达前、有重大风险的地段前(穿江、越海、困难地段、重要建筑物等)。

3)提升设备管理水平

设备检测工作的有效开展,为盾构维修管理由事后维修向预测维修转变提供了重要依据,同时根据监测数据的变化趋势,能有效地指导盾构的操作和维护工作,从而促进盾构管理水平的提升。

(1)节约成本。通过对设备异常运行状态的分析,揭示故障的原因、程度、部位,为设备的在线调理、停机检修提供科学依据,延长运行周期,降低维修费用。

(2)推动维修体制改革。设备状态监测可推动设备事后维修和定期维修向预测维修发展。

(3)老、旧设备状态评估,指导设备科学维修。

4)确保盾构机质量

在盾构进场前(包括新机、改造维修的设备),通过一系列的检测手段判定设备的状态是否满足设计要求,查找设备存在的问题,确保盾构制造、维修的质量,为施工提供一台“健康”的、符合要求的设备。

(1)改善性能。充分了解设备性能,为改进设计、制造与维修水平提供有力证据。

(2)检验维修质量。

(3)新设备安装及质量评估,确保安装精度,提高产品质量。

### 13.2.2 手段

1)检测技术常用手段

(1)振动:适用于旋转机械、往复机械、轴承、齿轮等。

(2)温度(红外):适用于液压系统、热力机械、电机、电器等。

(3)声发射:适用于压力容器、往复机械、轴承、齿轮等。

(4)油液:适用于齿轮箱、液压系统、设备润滑系统、电力变压器等。

(5)无损检测:采用物理化学方法,用于关键零部件的故障检测(超声波、电涡流)。

(6)压力:适用于液压系统、流体机械、内燃机和液力耦合器等。

(7)强度:适用于工程结构、起重机械、锻压机械等。

(8)表面:适用于设备关键零部件表面检查和管道内孔检查等。

(9)电气:适用于电机、电器、输变电设备、电工仪表等。

2)针对盾构常用检测手段

(1)振动:主驱动电机、减速机,主轴承,泵站。

(2)温度(红外):液压系统、电机、减速机。

(3)油液:液压油、主轴承齿轮油、主驱动减速机齿轮油、螺旋机齿轮油等。

(4)压力和流量:适用于液压系统、流体系统等。

(5)故障听诊:主轴承、减速机、电机等。

(6)内窥镜检查:主轴承等。

# 13.3 设备状态监测技术

## 13.3.1 设备状态监测技术分类

设备状态监测按检测方式可分为在线式和离线式;按检测内容可分为油水检测和状态监测。

## 13.3.2 油水检测技术

油液的检测测技术方法主要有:理化分析技术、污染度分析技术、铁谱分析技术和光谱分析技术等。

1)黏度

(1)黏度增加的原因

①油品氧化变质。

②添加了较高黏度的其他油品。

③油品中轻质成分蒸发。

④形成乳化液。

⑤不溶物污染。

(2)黏度下降的原因

①添加了较低黏度的其他油品。

②聚合物添加剂分子被剪断。

2)水分

(1)水分测试

水是油液主要的敌人,它对油液的影响有:降低油膜强度、导致添加剂的消耗、导致水解和氧化、腐蚀、加速减摩轴承疲劳破坏等。

水分对设备寿命的影响曲线如图 13-1 所示。

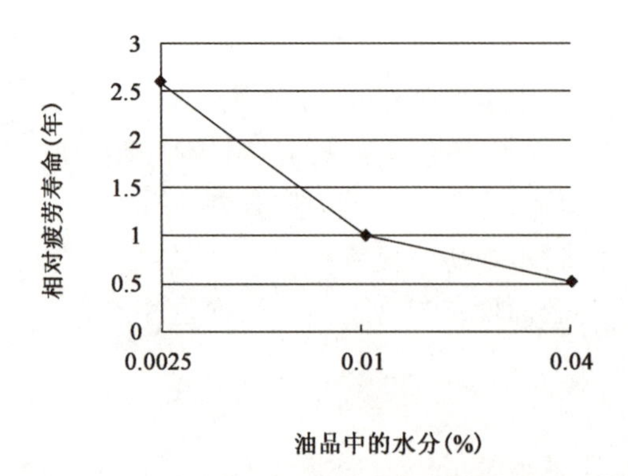


图 13-1 水分对设备寿命的影响曲线图

(2)检测方法

①热板试验:可判定油品内有无水分。

②远红外扫描:水含量不大于0.1%时一般采用此方法。

③蒸馏法:水含量大于0.1%时一般使用此方法。

3)污染度

(1)油液污染度定义

油液污染度是指单位体积油液中固体颗粒污染物的含量,及油液中固体颗粒污染度的浓度。

(2)污染物来源

①设备中的污染物存在地点:油液、软管、液压机、管线、泵、油箱、阀门等。

②外部进入的污染物途径:油箱吸入、轴承密封、活塞杆密封。

③维护期间引入的污染物:在拆卸/装配、补充油液过程中引入污染物。

(3)污染度测试的意义

油液的污染度控制对于精密液压系统的工作可靠性至关重要,对于伺服阀来说,污染物将使伺服阀的滞后量增加;而对于泵类元件,污染物会使磨损加剧、发热、效率降低,从而使寿命大大缩短。

液压部件摩擦副间隙尺寸见表13-1。

液压部件摩擦副间隙尺寸(单位:μm)　表13-1

| 元　件 | 间　隙 | 元　件 | 间　隙 |
|---|---|---|---|
| 伺服阀 | 1~4 | 滚动轴承 | 0.4~1 |
| 比例阀 | 1~6 | 滚珠轴承 | 0.1~0.7 |
| 换向阀 | 2~8 | 径向轴承 | 5~125 |
| 叶片泵 | | 齿轮 | 0.1~1 |
| 叶片泵和箱体 | 5~13 | 活塞和泵间隙 | 0.5~5 |
| 叶片泵齿 | 0.5~1 | | |
| 齿轮泵 | | | |
| 齿轮间 | 0.5~5 | | |
| 齿轮和箱体 | >0.5~5 | | |

污染度是油液的一个重要性能指标,液压系统中大约70%的故障是液压介质被污染,污染度等级过高所致。

(4)污染度检测方法

污染物检测方法有:目测法(100μm以上)、重量法、显微镜计数法、压差计数法、激光型自动颗粒计数法。

4)铁谱分析

(1)铁谱分析技术

铁谱分析技术可以在机器不停机、不解体的情况下,利用高强度梯度磁场,将机器的摩擦副产生的磨粒从润滑油中分离出来,对磨损颗粒的材料(颜色不同)、尺寸、特征和数量进行观察,从而分析出零件的磨损状态。

(2)检测设备

分析式铁谱仪、直读式铁谱仪和旋转式铁谱仪。

5)光谱分析

(1)光谱分析(元素分析)

①油液的光谱分析技术是机械设备故障诊断、状态检测中应用最早、最成功的现代技术之一。

②主要是对油液中所含元素的种类及其含量进行定量分析,判断设备是否存在异常磨损。

(2)油液中各元素来源

①磨损金属元素,包括Fe、Cu、Al、Pb、Mn、Mo、Cr。

②添加剂元素,包括Ca、Mg、Zn、P。

③外界污染元素,包括B、Na、V、Si。

所以通过油液光谱分析可判断故障位置及严重程度,如:主轴承齿轮油中 Cu 的含量一直增加,说明主轴承保持架有异常磨损。Si 含量不断增加,说明齿轮油中进泥砂,可能存在主轴承密封损坏现象。

(3)光谱仪分类

油液光谱分析仪主要有原子发射光谱仪、原子吸收光谱仪和红外线光谱仪。

6)状态监测

"冰冻三尺,非一日之寒",所有设备较大故障的产生并不是瞬间的,在故障产生前总会有振动、温度、声音等信息的变化。定期或连续的状态监测工作,能够及时判断设备存在的异常,避免较大事故发生。

状态监测参数主要包括:振动、声音、温度、压力、流量、电压、电流等。

7)温度监测

温度的变化与被监测设备的性能、工况有密切的关系。当机械的运动副发生异常磨损时,过度发热导致的温升影响机械或润滑油的正常工作状态,从而形成恶性循环,致使设备过早损坏。

温度监测技术主要分为接触和非接触式测温两种方法。

8)声音监测

设备故障前后总伴有声音的异常,当设备运动副和摩擦副出现异常时就会发出异常的声音,如碰撞、刷擦、吸空等。

声音监测技术主要分为声音测试、故障听诊等。

9)振动分析

旋转设备和往复设备在运转过程中会有一定的振动频率,但这种频率会随着设备使用时间、工作环境等条件的改变而改变。因此,通过对旋转设备和往复设备振动数据和波形的采集和分析,从而可以判断设备的运转状态。

(1)分析方法

①振动数值分析法。

②频谱分析法:每种故障有其对应的特征频率,据此确定机器的故障性质和严重程度。

③趋势分析法:根据劣化曲线,振动的通频幅值(特征频率幅值)随故障的发展而增大。据此监视机器的健康状态,并推测其寿命。

④时域分析法。

(2)旋转设备常见故障频率特征(表 13-2)

旋转设备常见故障频率特征表　　表 13-2

| 故障名称 | 频率特征 | 转动特征 |
|---|---|---|
| 不平衡 | $1\times R$ | 同步正进动 |
| 热弯曲 | $1\times R$ | 同步正进动 |
| 不对中 | $2\times R$ | 正进动 |
| 磁拉力不平衡 | $2N\times R$　$N$ 为磁极对数 | 正进动 |
| 松动 | $1\times R$、$2\times R$ 等,也有 $1.5\times R$、$2.5\times R$ 等 | |
| 齿轮故障 | 啮合频率等于齿数 $\times R$,边带频率 | |
| 滚动轴承 | 外环故障、内环故障、滚珠故障 | |

(3)故障分析

①数值分析方法:对旋转设备进行振动数据采集、汇总分析,并采用相对或绝对标准判断。

②频谱分析方法:对旋转设备进行振动波形采集,根据波形的变化进行判断。

# 13.4　油液存放及处理

## 13.4.1　油液存放

润滑油和润滑脂是为不同的用途而特别调制的,若搬运或存储不当,润滑油就会变坏或被污染,结果就不能为机件提供充分的润滑保护而变成废弃物。

在搬动和储存润滑油时容易受到污染,润滑油变坏或需要作废的主要原因有:损坏的储存容器、湿气凝结、用以搬运的设备肮脏、暴露在灰尘或化学烟雾和蒸汽中,不妥善的室外储存,混合使用不同牌号或种类的油,暴露在过热或过冷中,以及储存太久等。

## 13.4.2　废旧油液处理

在日常工作中废旧油液的处理须以保护环境和资源充分利用为原则进行,如采取专业回收、再利用等措施。

PART3

# 第三篇

# 提高篇

# 第14章 不同地质渣土改良

土压平衡盾构机在黏土、泥质粉砂岩、富水砂层、砂卵石、软硬不均等地层中掘进施工时，经常会出现结泥饼、堵舱滞排、螺旋输送机喷涌、掘进参数恶化及刀盘刀具异常磨损等不良现象，严重影响设备损耗及施工效率，必须根据不同地质情况采用合适的渣土改良技术，才能有效降低盾构机掘进扭矩和推力，减轻设备部件损耗，这对提高施工效率、降低施工成本有着决定性作用。本章将重点介绍土压平衡盾构机施工中渣土改良的作用、材料分类、改良剂注入设备类型及不同地层渣土改良施工最优配比，同时结合实际案例进行说明，为施工现场一线人员根据不同地层选择合适的渣土改良措施提供借鉴。

## 14.1 渣土改良原理与作用

渣土改良基本原理：土压平衡盾构机掘进时，通过相应的设备和流体管路向土舱、刀盘前方和螺旋输送机筒体内部注入添加改良剂（水、泡沫剂、膨润土和高分子聚合物等），在推力和刀盘搅拌作用下，使掌子面土孔密度、间隙、止水性和切削下来的渣土孔隙率、土颗粒的均匀性、黏性、塑性、流动性、柔滑性等指标达到一定的效果，以实现掌子面稳定、顶部和地面土体稳定，仓内渣土均一、出渣顺畅、流塑效果好，无喷渣、喷气等现象。

### 14.1.1 土压平衡盾构机渣土改良目的

（1）保持土体稳定性。改善开挖面土体的稳定性，形成泥膜，封闭掌子面，达到掌子面的稳定及防止地面塌陷。

（2）提高渣土流塑性。易于压力传递、易于搅拌、易于连续出渣，如图 14-1 所示。

（3）提高渣土止水性。填充地层间隙，抑制地下水，易于压力传递、易于呈果冻状，不发生“喷涌”，有利于螺旋输送机和皮带输送机出渣，如图 14-2 所示。

（4）防止开挖下来的渣土黏结在刀盘、刀具、土舱和螺旋输送机内，产生泥饼、堵舱和糊刀盘等不良现象，如图 14-3 所示。

（5）润滑刀盘刀具。降低渣土温度，降低机械磨损，减小盾构机扭矩和推力能耗。

### 14.1.2 不同地层渣土改良侧重点

在不同地层掘进施工中（图 14-4），采用的渣土改良技术有不同的侧重点，具体如下：

（1）软硬不均地层渣土改良侧重点：主要针对软弱地层、地下水、隧道顶部稳定性、粗细颗粒渣土离析、结泥饼和糊刀盘。

图 14-1　渣土流塑性

图 14-2　渣土止水性

图 14-3　糊刀盘

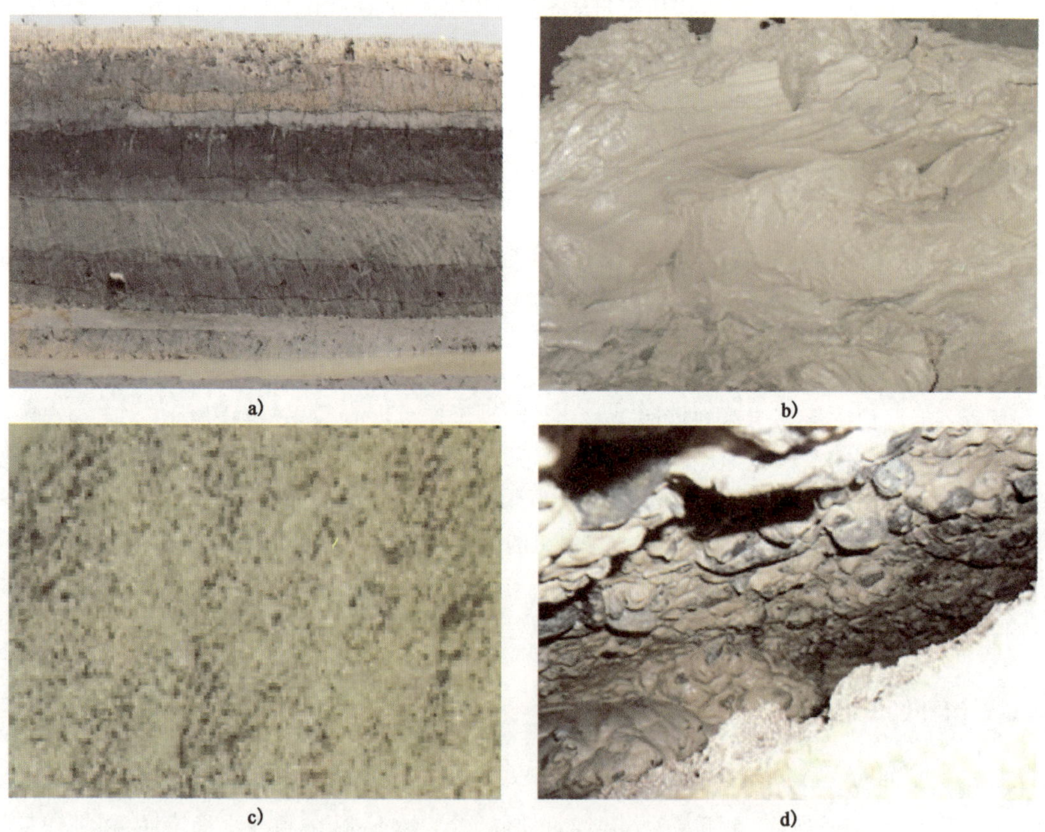

a)　b)　c)　d)

图 14-4　不同地层渣土改良

(2)黏性软土地层渣土改良侧重点:主要针对掌子面及地面稳定性、结泥饼、糊刀盘和喷涌。

(3)粉细砂地层渣土改良侧重点:主要针对掌子面及地表稳定性、流塑性、离析、喷涌和超挖等。

(4)砂砾、卵石地层渣土改良侧重点:主要针对刀盘刀具磨损、掌子面及地表稳定性、离析、止水性和流塑性等。

## 14.2　添加剂的分类、特性及适用地层

目前国内常用的渣土改良添加剂材料大致可分为4类:膨润土、泡沫剂、高分子聚合物和其他改良剂,在实际应用中可根据不同地层状况单独或组合使用。

### 14.2.1　膨润土特性及其适用地层

膨润土是以蒙脱石为主要成分的非金属黏土类化合物,其配制的浆液能够补充砂砾地层中相对缺乏的细黏性颗粒,并渗透进入砂砾地层形成低渗透性泥膜(图14-5),润滑并包裹砂砾,从而提高砂砾层的和易性,以便于携渣排土(图14-6),减小喷涌。膨润土泥浆一般适用于缺乏细颗粒和黏性矿物颗粒的地层,如砂层、砂砾层、卵石、漂石等地层。

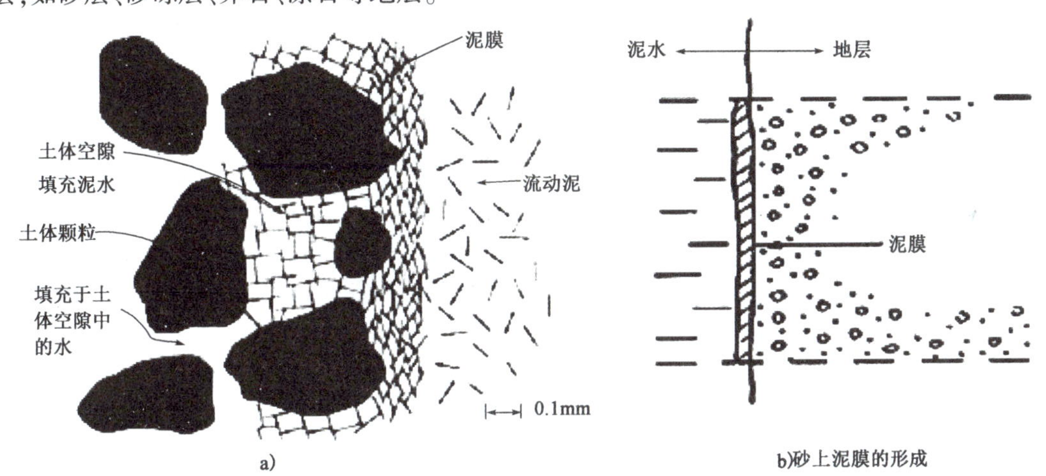


图14-5　膨润土泥浆与土体作用形成混合土体结构

图14-6　膨润土泥浆携带出的砂土

## 14.2.2　泡沫剂及其适用地层

泡沫剂多用于细颗粒黏性土层中(如粉质黏土、泥质粉砂岩等)。由于在全断面砂层中泡沫产生的气体很容易泄漏逃逸,无法有效与砂土混合成弹性润滑体,从而导致渣土沉淀、板结,如图 14-7 所示。因此泡沫不适用于渗透性较大、黏性矿物颗粒含量稀少的粗颗粒地层。

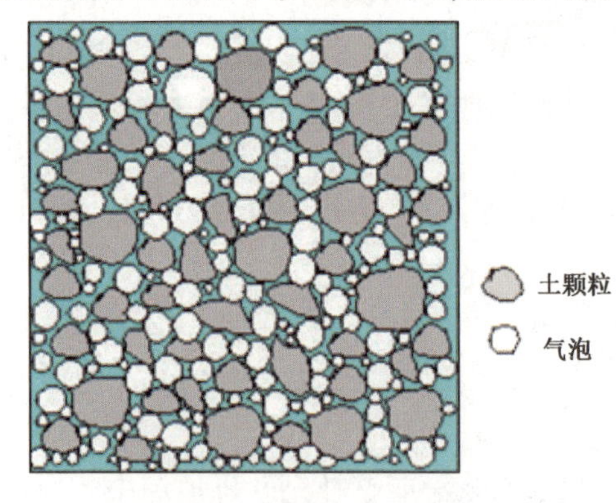


图 14-7　泡沫与渣土混合体

## 14.2.3　高分子聚合物及其适用地层

高分子聚合物材料分为不溶性聚合物和水溶性聚合物,如图 14-8 所示。

不溶性聚合物具有如下特征:吸水性很强;不溶于水;吸水后黏性高,黏附砂卵石等颗粒后能降低颗粒的内摩擦角,能提高土体的流动性;止水性好,抗渗能力高。因此,适用于含水率大、水压高、渗透性高及喷涌现象严重的地层,一般单独使用。

a)

b)

图 14-8　不溶性聚合物和水溶性聚合物

水溶性聚合物的具有如下特征:本身不具有吸水功能;遇水后能增稠,并具有很高的黏性,能降低渣土的内摩擦角,提高土体的流动性;抗渗性差,不能用在含水率大的地层,适合添加在膨润土里使用。聚合物适用于含水砂层或含水砂卵石地层。

## 14.2.4　其他添加剂材料及其适用地层

在实际施工中,还经常使用工业洗衣粉、生石灰、粉煤灰、水等常见材料作为改良剂,随着科技的发展,近年来出现了一种新型渣土改良剂——克泥效。

1)克泥效介绍

克泥效是近年来市场上一种无毒环保且可用于盾构机注浆设备的复合型渣土改良剂,由合成钙基黏土矿物、纤维素衍生剂、胶体稳定剂和分散剂组成(图 14-9),用作隧道工程外周充填材料,主要优点如下:

(1)在盾构机掘进时若发生沉降、空洞、喷涌等危险情况时,该材料的止水、充填及支撑等特性可以及时达到补救效果(图 14-10),使用方式简单快捷。

(2)无须另外添置其他设备,可以运用盾构机上的高速混合机来实现溶液混合,并经泵、注入阀组及注入管向土舱上方注入孔或盾构机四周径向口来进行混合及注入,达到止水、充填和支撑的效果,如图 14-11 所示。

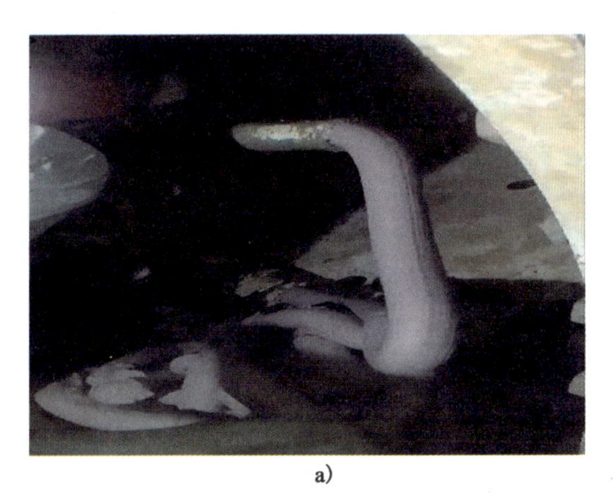
a)

b)

图14-9　克泥效填充材料

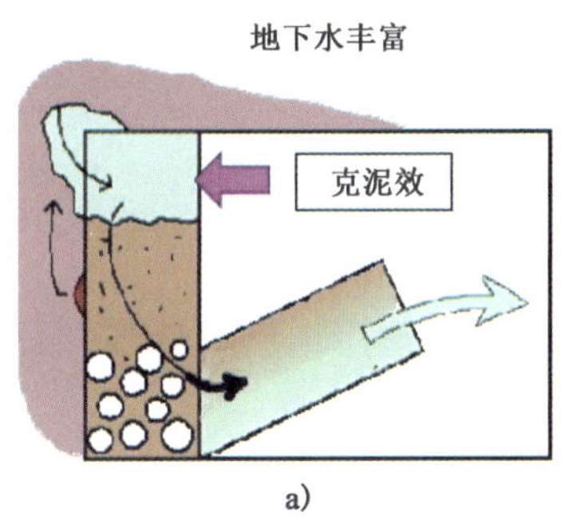

a)

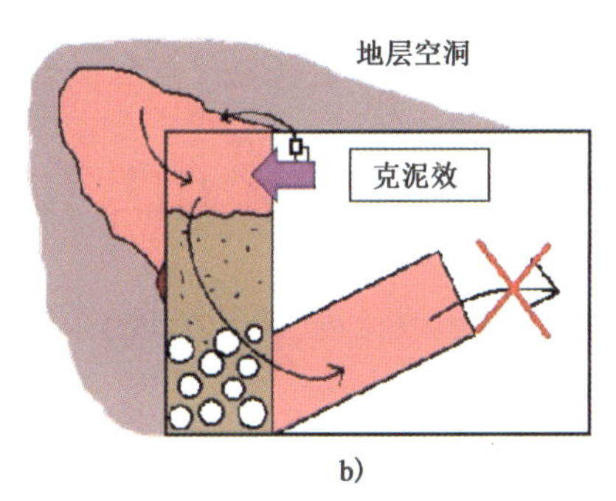

b)

图14-10　克泥效防喷涌和防地层空洞下陷

2)克泥效特性

克泥效经过试验及现场使用验证,具有以下特点:

(1)使用操作简单,只需按比例与水混合均匀就能直接泵送。

(2)黏度可调,可根据需要及时调整黏性,不会从注入点流到刀盘前或尾盾后。

(3)具备很强的抗稀释能力,适应能力强,注入后不会被地下水冲散。

(4)内聚力强,注入后能有效填充地层间的空隙,起到承载作用。

(5)永不固化,不会因材料凝固而抱死盾体。

(6)防渗透能力强,可有效阻止地下水侵入盾构机内部。

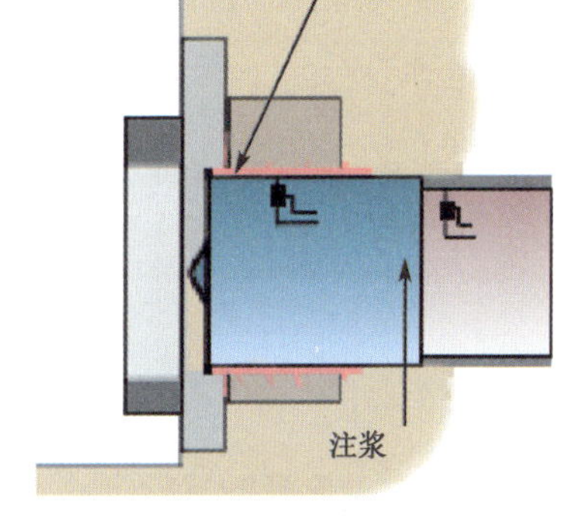


图14-11　盾体四周克泥效填充止水

3)克泥效工法

克泥效工法是将高浓度的泥水材料克泥效与水玻璃两种液体分别以配管压送到指定位置,将这两种液体以适当比例混合成高黏度塑性胶化体后,通过径向孔注入的一种新型工法,如图14-12所示。混合后的流动塑性胶化体不易受水稀释,且其黏性也不随时间而变化。

4)克泥效实际效果

根据不同的地层配制不同浓度比例的克泥效混合液,具有以下效果:

(1)通过盾体径向注入口,盾体与地层的空隙注入克泥效混合液,能有效稳定盾构机上方土体与结构,防止地面沉降。

(2)在地下水丰富的地层,克泥效混合液可替代砂浆材料填充溶洞,防止盾构机下沉或者磕头。

(3)地下水水压高、含砂量大的盾构接收井,可向端头注入克泥效混合液,起到防水防砂的作用,减少盾构机出洞成本,节约施工时间,增强施工安全性。

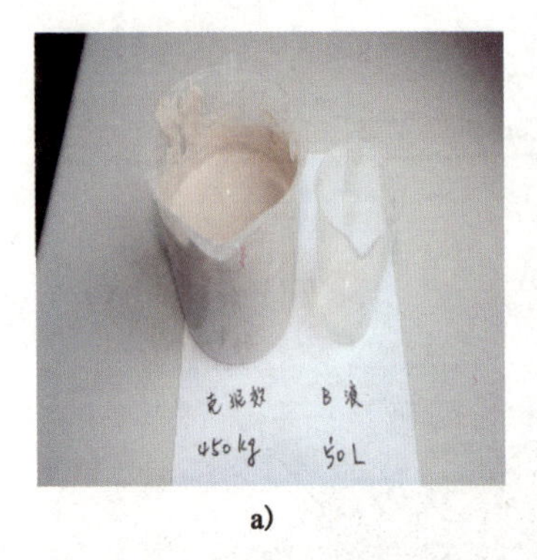


a)

b)

c)

图 14-12　克泥效 AB 液混合后呈流动塑性胶化体

(4)在喷涌较强的地层,刀盘前方注入克泥效混合液,能有效形成一道防渗透层,阻止地下水进入土舱,能有效解决喷涌难题。

(5)注入克泥效混合液后,能有效减少盾体的磨损,减少盾构机与土体的摩擦力。

### 14.2.5　不同渣土改良添加剂对比

现将近年来常用的渣土改良剂,按其原理、作用、优缺点及适用地层进行多方面分析比较,具体见表 14-1。

渣土改良剂比较　　表 14-1

| 种　类 | 代表材料 | 原　理 | 作　用 | 优　点 | 缺　点 | 适用土质 |
|---|---|---|---|---|---|---|
| 界面活性材料 | 泡沫剂 | 发泡剂与压缩空气混合,形成泡沫,泡沫具有润滑、扩散、弹性特性 | 便于渣土的流动和运输;泡沫和土舱内的泥土混合加压,稳定掌子面,防止坍塌,提高止水性 | 无污染,渣土容易处理;设备简单,施工方便 | 发泡需要很大的气体压力,可能引起土舱压力突增 | 适用于细颗粒土层 |
| 矿类物质 | 膨润土、蒙脱土 | 蒙脱石晶格吸水膨胀,晶层间钠离子相互连接形成"滤饼",可以演变成一个低渗透性的薄膜 | 低渗透性的泥膜,有利于给工作面传递密封土舱压力;提高密封渣土和易性,减少喷涌 | 膨胀率高,在粗砂等渗透性很大而泡沫改良效果不好的地层中可以起到很好的效果 | 需要制泥浆设备;泥浆存在环境污染问题,易堵塞管路 | 适用于渗透性稍大的地层 |
| 高分子类聚合物 | 水溶性高分子聚合物(CMC) | 聚合物链连接细小颗粒,增大土体黏性 | 增大黏性 | 渣土改良效果立竿见影 | 价格昂贵 | 适用于无黏性土 |
| | 高吸水性树脂(环氧树脂) | 遇水发生反应,达到止水效果 | 提高渣土止水性,防止喷涌 | 渣土改良效果立竿见影 | 酸碱基、化学加固地区不适宜,价格昂贵 | 适用于地下水位高、含水率高的地层 |
| 水 | — | 水可降温、润滑 | 提高渣土的流动性,降低刀盘温度 | 廉价方便 | 改良效果一般,作为辅助材料 | 适用于土质较干或硬岩地层 |

# 14.3 常用添加剂注入系统

## 14.3.1 加水注入系统

以中铁号盾构机为例,盾构机加水注入系统主要由水源部分(外循环水系统)、动力部分、执行部分组成,各部分通过水管连接。

1)水源部分

加水注入系统的水源由外循环水系统提供。外循环水的主要作用是冷却内循环水,通过内循环水对设备进行冷却,确保设备温度在正常值范围内。外循环水的另一个重要作用是为施工提供水源。外循环水系统主要由水池、循环水泵、进水管、回水管组成。

2)动力部分

动力部分由水泵、水箱等组成,为加水系统提供动力,如图14-13所示。

3)执行部分

水泵加压后水通过刀盘喷水口、土舱喷水口加入土舱,如图14-14所示。

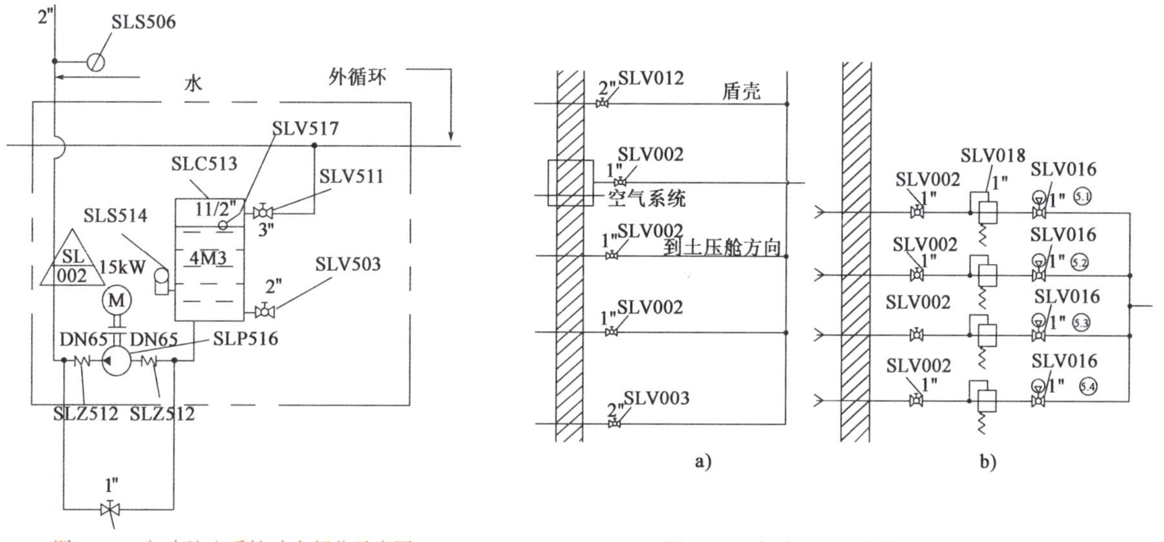


图14-13 加水注入系统动力部分示意图

图14-14 加水注入系统执行部分示意图

## 14.3.2 膨润土注入系统

以中铁号盾构机为例,盾构机膨润土注入系统主要由泥浆部分(外部搅拌)、动力部分、执行部分组成,各部分通过相应管路连接。

1)泥浆部分

泥浆部分主要是在拖车上面有一个挤压泵,连接一个6m³的搅拌罐拌制,拌制比例人工控制。泥浆通过挤压泵的挤压,通过管路连接输送到刀盘、土舱和螺旋输送机。

2)动力部分

动力部分由挤压泵、搅拌罐等组成,如图14-15所示。

3)执行部分

执行部分是由一根3in管路以及管路上面的气动控制球阀组成,连接到刀盘、土舱、中盾/盾尾壳体及螺旋输送机处,如图14-16所示。

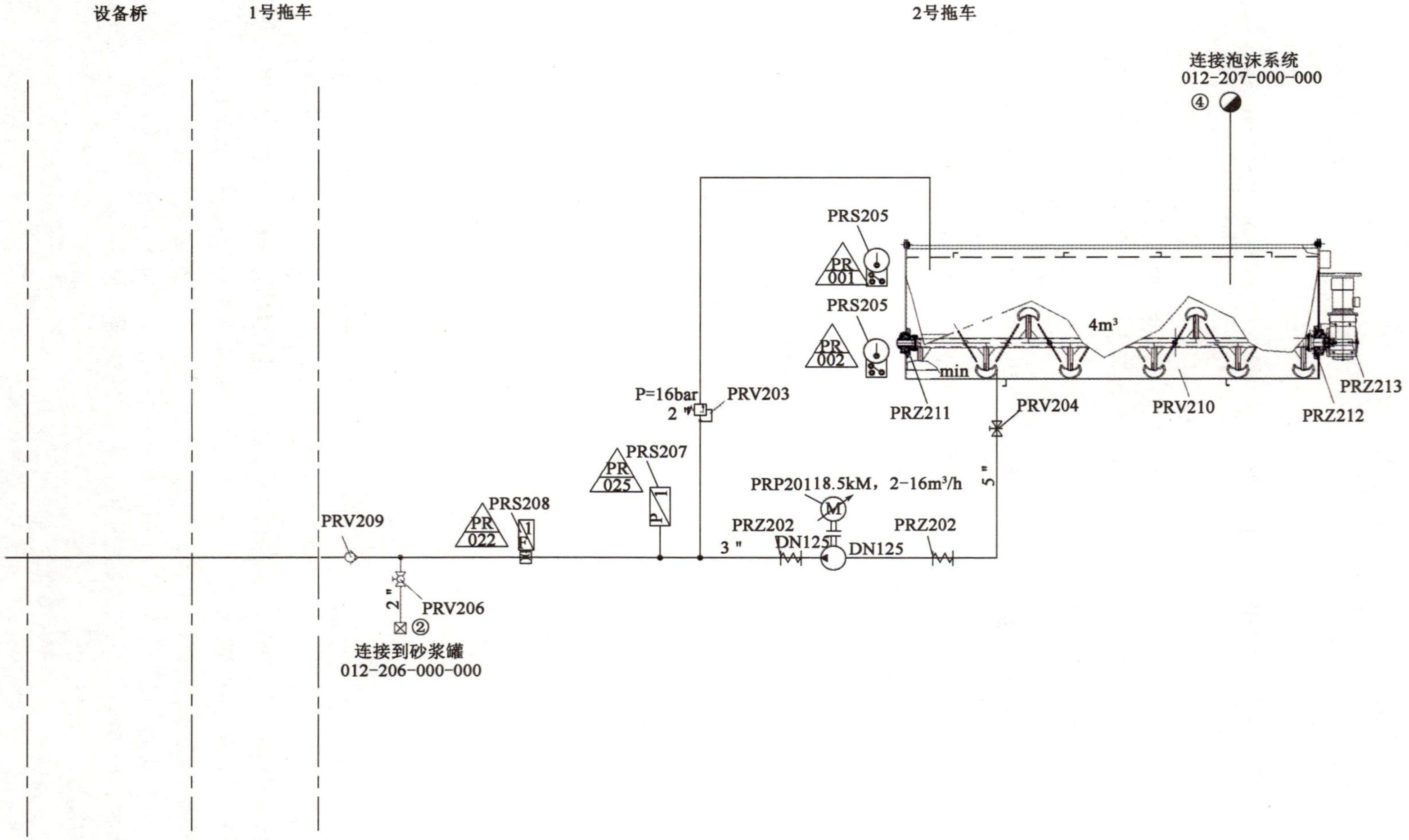

图14-15　膨润土系统动力部分示意图

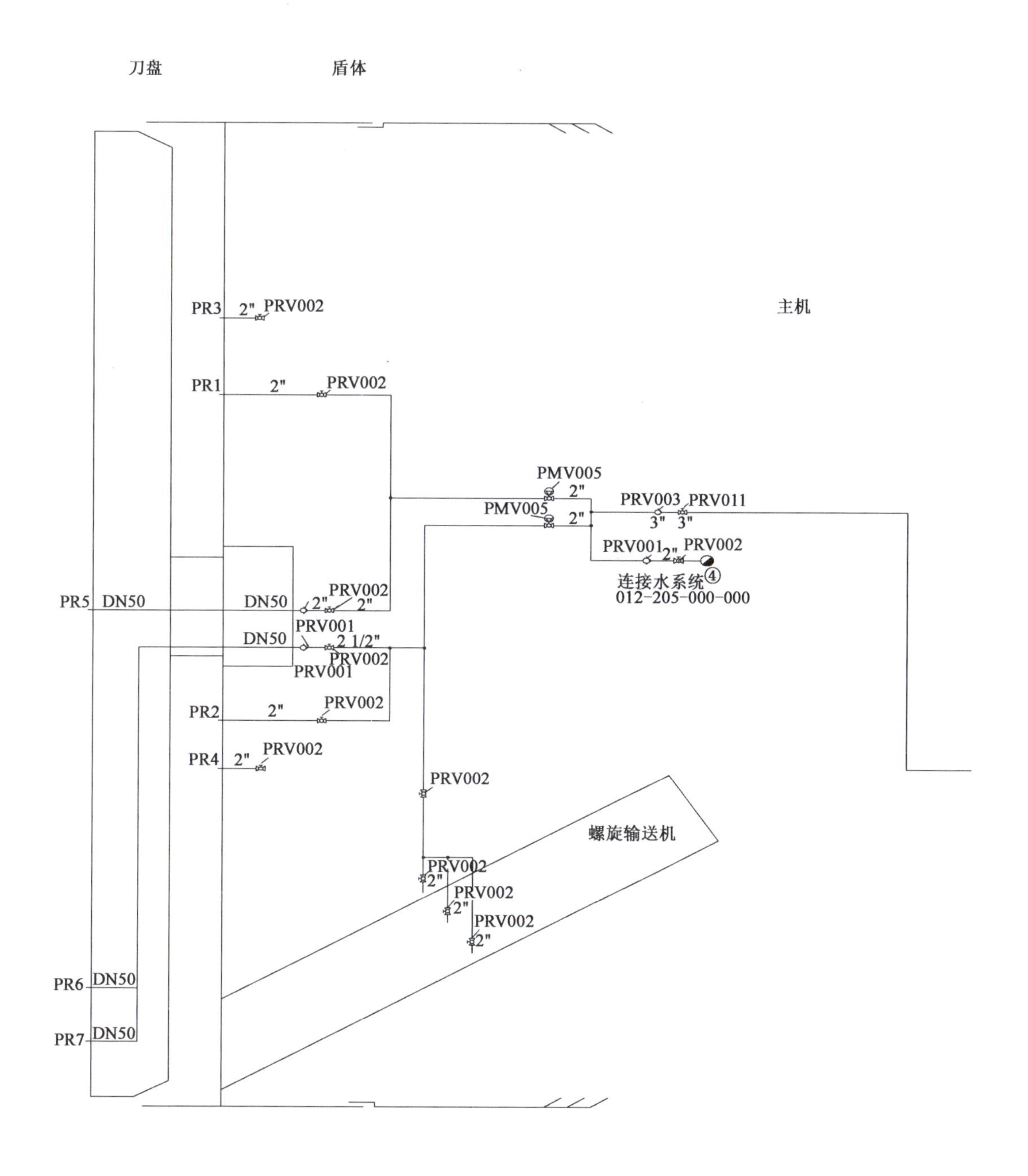


图14-16　膨润土系统执行部分示意图

## 14.3.3　泡沫注入系统

1）系统组成

以中铁号盾构机为例，泡沫注入系统主要由原液及混合液部分、动力部分和执行部分，各部分通过相应管路连接。

(1)原液及混合液部分

原液及混合液通过泡沫原液与外水部分通过主司机在上位机设定的比例混合而成,如图14-17所示。

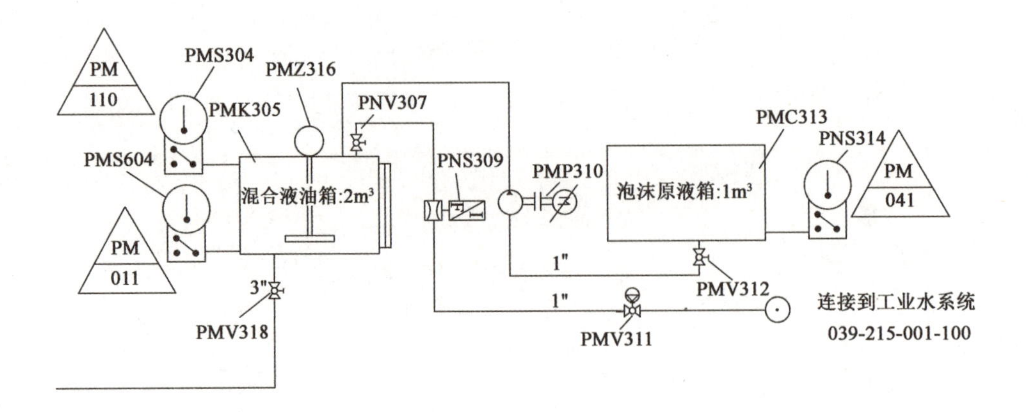


图14-17　泡沫混合液箱

(2)动力部分

泡沫注入系统的动力部分由1个2.2kW的螺杆泵和4个3.7kW的螺杆泵组成,其将混合液输送至泡沫发生器内与空气混合,如图14-18所示。

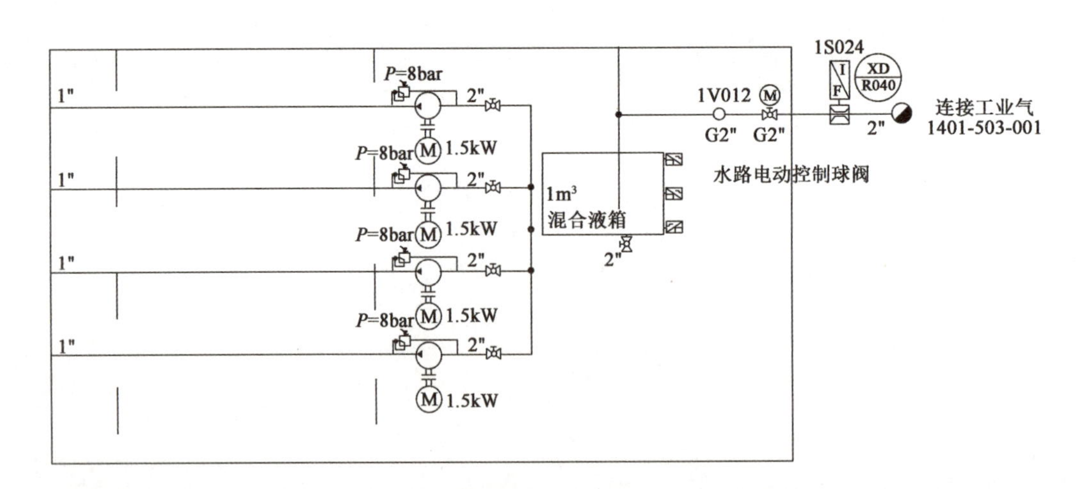


图14-18　泡沫注入系统动力部分

(3)执行部分

执行部分由管路、泡沫发生器、流量计及空气电动调节阀等组成,如图14-19所示。

2)泡沫系统控制方式

泡沫混合液中的水量和压缩空气的流量,由流量传感器进行检测;PLC控制电控阀门的开度,得到最佳的混合比例。泡沫发生器出来的泡沫压力由压力传感器进行检测,反馈到PLC,使泡沫的注入压力低于设定的水土压力。

泡沫系统由控制台设置或自动操作,通过以下三种操作方式(图14-20)实现。

(1)手动控制:由主司机根据经验手动调节水、气的压力和流量,以满足泡沫注入需要。

(2)半自动控制:在半自动操作方式中,要求的泡沫流量将根据开挖舱中的支承压力注入,因此,电动调节阀将一直调节到要求的设定值,并显示在指示表上。

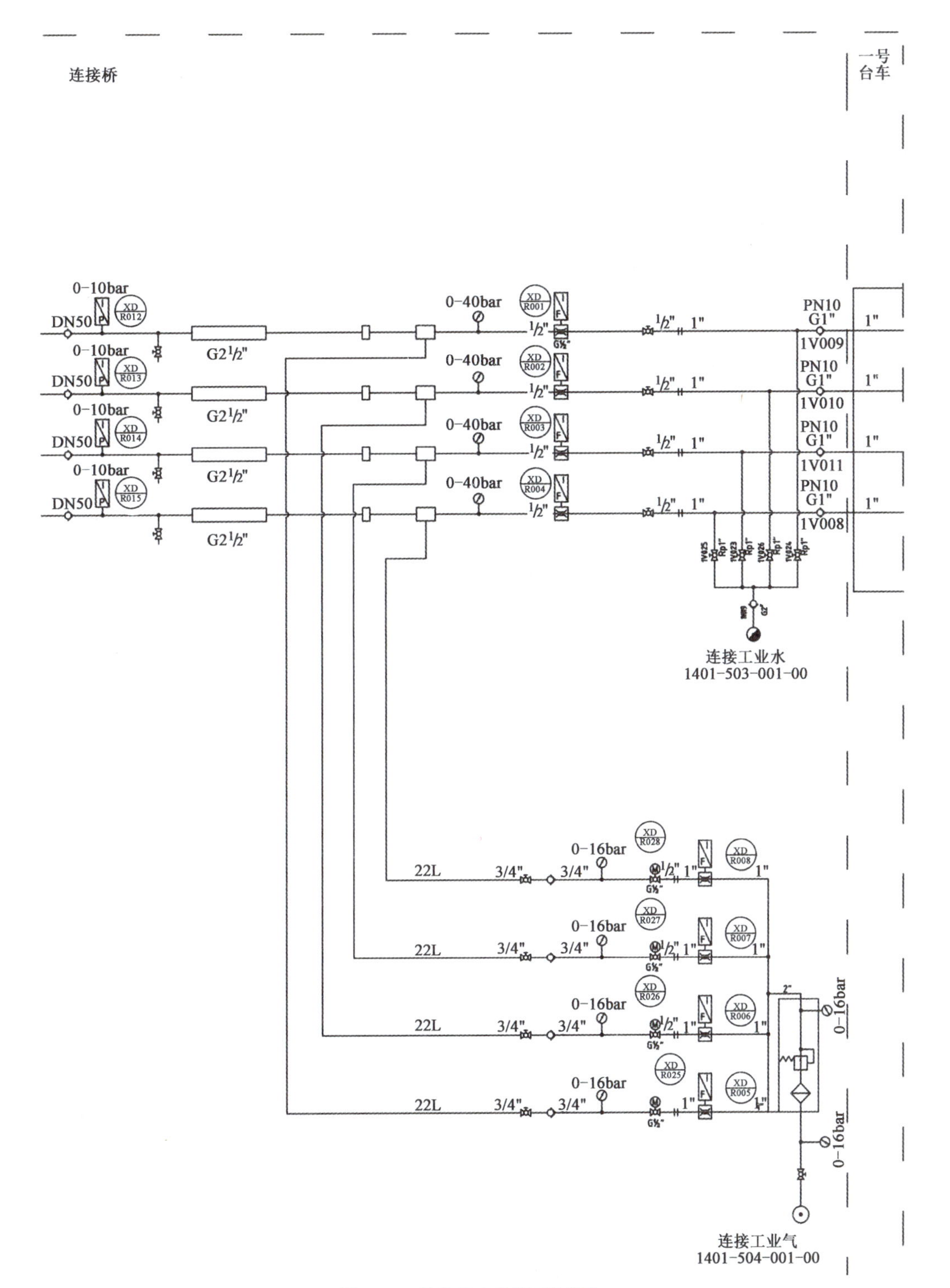


图14-19　泡沫注入系统工作部分

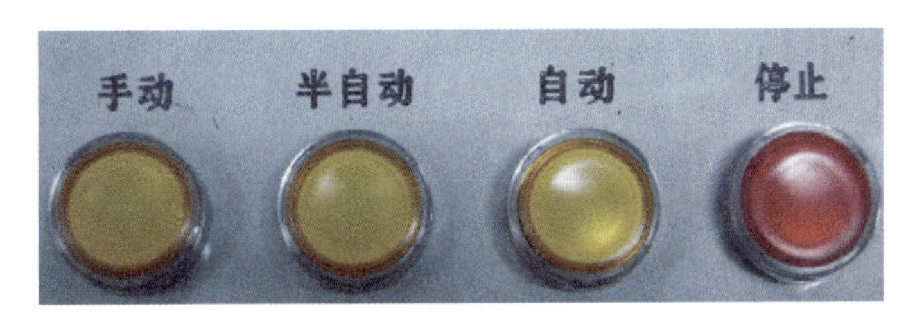


图14-20　泡沫系统三种操作方式

(3)自动控制:在系统自动操作中,泡沫生产可以随掘进速度、PLC 内部控制程序和开挖舱中的压力条件同步自动实现,不需外部干涉。

3)“单泵多管”和“单管单泵”两种形式对比

(1)单泵多管泡沫注入系统

在原液和水混合过程中,单泵多管设计为由水泵和原液泵送相应的物料后在管路中混合,其混合液的流量调节主要通过调节阀完成,如图 14-21 所示。

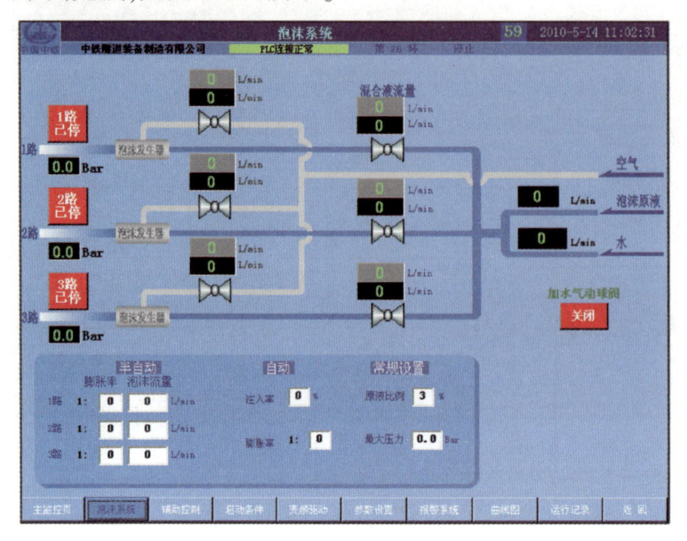

图 14-21　多管单泵泡沫注入系统界面

该设计形式无法单独调节每一路的泡沫口注入压力和流量,不同注射口之间存在关联影响,某一泡沫注入管路堵塞后不易被发现及处理,目前已基本被淘汰。

(2)单管单泵泡沫注入系统

为解决泡沫压力、流量不足及经常堵管问题,目前土压平衡盾构机泡沫注入系统普遍采用单管单泵设计形式,即泡沫原液箱通过泡沫泵输送至混合液箱,再通过每一管路单独的泡沫泵输送至泡沫发生器,最后输送至刀盘面板掌子面、土舱及螺旋输送机等工作部位,如图 14-22 所示。

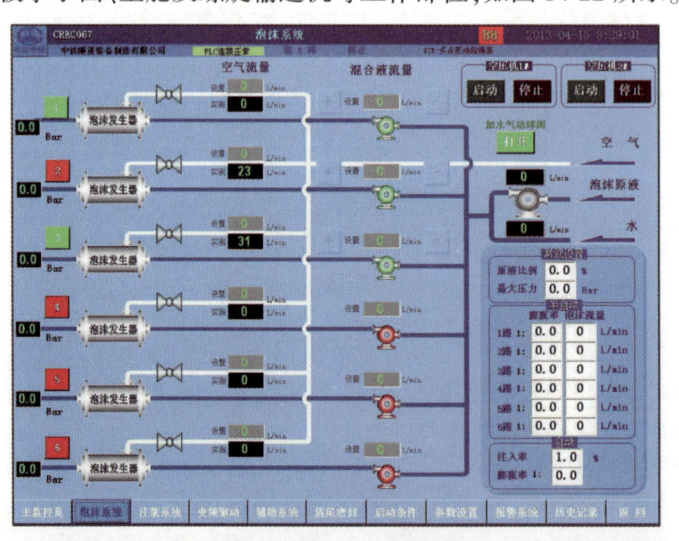

图 14-22　单管单泵泡沫注入系统界面

该设计形式在每路泡沫喷口压力和管道阻力不同时,均能保证每路泡沫的注入,同时也方便独立控制每路泡沫注入过程的流量和压力,在某一路泡沫口出现堵塞的情况下容易及时发现并处理,防止由于泡沫注入不及时而影响渣土改良效果。

# 14.4 不同地层渣土改良施工应用

目前土压平衡盾构机在不同地层渣土改良施工应用中,总体上还缺乏相应的规范标准,如添加改良剂种类的选择、浆液配合比和性能参数及指标的确定、注入参数的选定及合理控制等仍然还依靠现场试验、施工经验及实际渣土改良效果来做相应的调整。

以下对南昌、郑州、西安、北京及成都等城市地铁施工中遇到的不同地层渣土改良应用技术进行归纳总结,具体如下。

## 14.4.1 黏土类地层

(1)黏土类软土地层

渣土改良施工应用添加剂主要以泡沫剂和水为主,泡沫原液添加比例一般3%~5%、每环(一般直径为6m的盾构机,每环管片的宽度为1.5m)泡沫剂注入量40~70L,泡沫内可适当添加分散剂,水的注入量8~10$m^3$/环,以渣土的坍落度情况控制,当坍落度过大时减小水的注入量,坍落度过小时增大水的注入量;主要以渣土性状为主,参考试验室对渣土坍落度测量值进行辅助判断。

(2)硬塑粉质黏土地层

由于硬塑粉质黏土地层渣土表面质地较硬,土舱内添加的泡沫和水不能完全渗透到渣土内部,仅能在渣土表面渗透,造成渣土表面湿滑,而皮带输送机输送带本身又在前端呈上坡状态,导致渣土在皮带输送机上容易打滑,需要调整泡沫和水的注入比例,以加水改良为主,泡沫改良为辅。

## 14.4.2 砂层

(1)全断面粉细砂层(含部分黏土)

颗粒级配相对良好的地层适用泡沫剂进行渣土改良,泡沫剂(泡沫剂+水+气)与渣土颗粒搅拌更加均匀、致密,使渣土的渗透系数降低、止水性增强、流动好。

气泡发泡倍率为10~15倍,气泡注入率为20%~40%(与渣土的体积比),建议每环用量为30~40L。

(2)全断面中粗砂层(高标贯密实类)

混合使用膨润土泥浆+泡沫剂进行渣土改良。混合使用两种材料进行充分搅拌,改良渣土的流动性和止水性,稳定开挖面,防止喷涌、冒顶等。

膨润土泥浆注入量为10$m^3$/环(膨润土与水的质量比为1:10),黏度为35~40Pa·s,膨润土使用量为100~200kg/m,气泡发泡倍率为15~20倍,气泡注入率为20%~40%(与渣土的体积比),建议每环用量为30~40L,使渣土改良好后坍落度为12~16cm,以手握紧松开不散为准。

(3)全断面富水砂层(粉细砂、中砂)

混合使用膨润土泥浆+高分子聚合物进行渣土改良。采用膨润土泥浆进行渣土改良,可有效降低刀盘扭矩,改善渣土的和易性,但却增大了盾构掘进时的喷涌风险,不利于掘进参数的控制和掌子面的稳定;辅助使用高分子聚合物可以中和掉渣土中的多余水分,有效增加渣土的止水性和黏稠度,可以防止或减轻螺旋输送机喷涌问题,但在实际施工过程中应随时关注渣土变化,避免因液态高分子聚合物注入量偏大导致渣土偏干,出现需注水改良或局部刀盘土体固结的情况。

膨润土泥浆注入量为10$m^3$/环(膨润土与水的质量比是1:8),黏度为30~35Pa·s、膨润土膨化时间至少24h、膨润土使用量为200~300kg/m,高分子聚合物混合液注入量为富水砂层每环总体积的6%~10%。

### 14.4.3 泥质粉砂岩

对于全断面泥质粉砂岩地层,掘进时尽量少用膨润土浆液,避免生成泥饼,渣土改良添加剂主要以泡沫剂和水改良为主。对泥质粉砂岩进行坍落度试验,试验结果为:当不添加泡沫时,渣土的坍落度很小,几乎为零,随着泡沫的添加量增大,坍落度也逐渐增加,泡沫添加比为30%~35%时达到较好的流动性,这时渣土的改良效果最好。

### 14.4.4 砂卵石地层

(1)对于富水砂卵石地层,适用膨润土泥浆进行渣土改良。膨润土泥浆能够补充砂砾土中微细颗粒的含量并填充孔隙,提高渣土的和易性、级配性,从而提高其止水性。

(2)对于无水砂卵石地层,混合使用膨润土泥浆+泡沫剂+水进行渣土改良。砂砾土、砂卵石颗粒间流塑性差、摩擦阻力大,单独加入大量膨润土泥浆可以改良渣土的流动性,减少摩擦阻力,但施工中易出现砂卵砾石在重力作用下沉到土舱底部,渣土不能均匀混合,进而造成刀盘“抱死”现象。改为泥浆和泡沫混合使用后,充分利用泡沫剂的润滑性和扩散性,降低了刀盘、螺旋输送机扭矩及千斤顶推力,大大减轻刀盘、刀具磨损,刀盘“抱死”现象极少发生。

(3)在砂卵石地层掘进中,当盾构机适应性较好时,采用膨润土+泡沫的改良剂效果较好;当刀盘开口较小,土舱内渣土不能及时排出的盾构机来说,保压时适当添加膨润土可以起到改良渣土的效果,但是在掘进过程中,渣土的堆积等原因造成膨润土不能有效对其进行改良,反而通过水与泡沫的浸泡可以使渣土流动性更好。因此,在特殊情况下,部分地段可以适当地采用添加水与泡沫的形式进行改良。

### 14.4.5 软硬不均地层

软硬不均地层中掌子面围岩物理力学性状差异很大,从松散、流塑、软塑到坚硬岩石同时存在,一方面渣土改良的客观难度增加,另一方面掌子面水土平衡对渣土改良的要求更高。

1)采用泡沫+膨润土溶液进行渣土改良

膨润土作为常规的渣土改良剂,推进过程中持续地注入高浓度的膨润土,其黏度控制在90~120Pa·s。为了增加泡沫剂的效果,可将泡沫原液比例调整至4%,流量根据实际渣土改良情况进行调整,每环原液使用量控制在40~70L。

2)高分子聚合物的使用

(1)液态高分子聚合物:开始推进或者推进过程中,若发现螺旋输送机背部压力达到0.5MPa及以上,停机状态下,必须往螺旋输送机口注入液态高分子聚合物,每环原液注入量为10~15L,注入后低速转动刀盘10min可恢复掘进。该项措施在上软下硬地层的未加固段一直作为常态措施,但实际施工中渣土偏干,出现过需注水改良或局部刀盘土体固结的情况。

(2)固态高分子聚合物:若停机时间超过1.5h,则应该使用浓度较高的固态高分子聚合物注入土舱,固态高分子聚合物溶液浓度为6‰~8‰,每环使用溶液量4~6$m^3$,实际注入量根据土舱压力值来调整。

# 14.5　典型地层渣土改良施工案例

## 14.5.1　南昌地铁1号线渣土改良施工案例

穿越地层主要是③$_3$中砂层、③$_5$砾砂层、③$_6$圆砾层。出现的问题为盾构机螺旋输送机首节筒体磨穿，导致突发涌砂现象。此外，砂层中掘进刀盘扭矩偏大，盾构机出现刀盘、刀具异常磨损现象。

(1)渣土改良添加剂为膨润土泥浆和泡沫剂。

(2)为确保渣土改良效果，始发前进行了同条件下的渣土改良配合比试验，以确定不同配比时渣土改良的效果。现场同等条件下做了以下4种不同配合比的膨润土浆液与原状土的混合试验：黏度30Pa·S，钠基膨润土∶工业碱∶水=1∶0.001∶11，与原状土的掺比为1∶10和1∶5；黏度40Pa·S，钠基膨润土∶工业碱∶水=1∶0.001∶10，与原状土的掺比为1∶10和1∶5，不同配合比下的试验结果见表14-2。

现场同条件下渣土改良配合比与原状土的混合试验　　表14-2

| 序号 | 材料名称 | 描　述 | 改良液照片 | 渣土改良后照片(1∶10) | 渣土改良后照片(1∶5) |
|---|---|---|---|---|---|
| 1 | 原状渣土 | 中粗砂 |  | | |
| 2 | 膨润土浆液 | 黏度30Pa·S，钠基膨润土；工业碱∶水=1∶0.001∶11 |  | 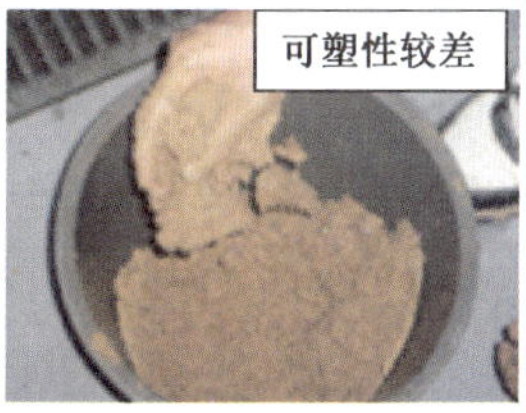 可塑性较差 |  可塑性一般 |
| 3 | | 黏度40Pa·S，钠基膨润土；工业碱∶水=1∶0.001∶10 | 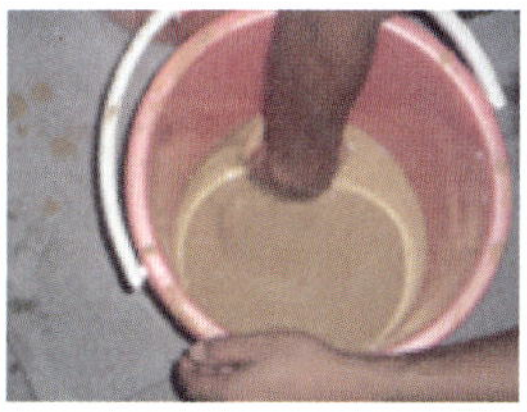 | 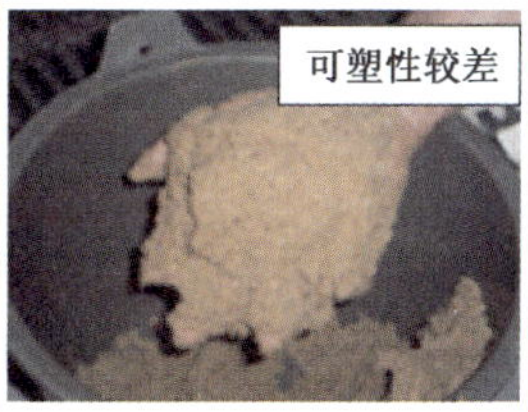 可塑性较差 |  可塑性良好 |

(3)渣土改良效果。

根据试验确定配合比，严格按配合比拌制浆液。掘进中按技术交底要求注入膨润土泥浆量，并辅以泡沫剂进行渣土改良，改良效果较好，如图14-23所示。其中，刀盘扭矩控制在4100kN·m以内(额定扭矩为5500kN·m)，总推力为13000kN左右(最大推力为37000kN)，掘进速度为50~60mm/min。

(4)渣土改良总结。

根据现场渣土改良试验配合比及后期土压平衡盾构机掘进实际运用情况，做到以下几点时渣土改良效果较明显。

①配合比选择：钠基膨润土∶工业碱∶水=1∶0.001∶10(质量比)配制浆液，浸泡至膨化反应，并必须保持足够的膨化时间，最少保持15h以上，最佳为22h，使其充分溶解。

a)

b)

图 14-23　膨润土改良渣土效果

②浆液的黏度必须保持在 40s 左右,掺入量 6% ~7%,即每环注入量 8 ~10$m^3$。

③当圆砾层比例较高时,必须辅以泡沫剂进行改良,原液比为 2% ~3%,流量为 2500L/min,其他地层时泡沫流量可适当进行调整。

④膨润土、泡沫必须加注到刀盘面板上,这样可以最大限度地润滑刀具,一旦通道堵塞,必须及时疏通。

## 14.5.2　郑州地铁 2 号线渣土改良施工案例

穿越地层主要是稍密~密实的粉土、中密~密实的细砂和软塑~硬塑状粉质黏土,局部穿越中密粉砂层及密实中砂层。出现的问题为土压平衡盾构机在掘进过程中出现堵舱、堵螺旋输送机等,造成掘进、出渣困难。

(1)渣土改良材料为膨润土泥浆和泡沫剂。

(2)施工初期渣土改良效果较差,之后对渣土改良方式进行了改进:

①在砂层掘进中由单一泡沫剂渣土改良改为以膨润土泥浆为主、泡沫剂为辅的渣土改良方式;

②在刀盘上增加两路膨润土泥浆注入管路,保证向刀盘前方和土舱内膨润土泥浆及具有分散作用的泡沫剂的注入量;

③膨润土泥浆输送方式由传统的罐车运输改为洞外泵送方式;

④膨润土泥浆的配合比、制作搅拌、泵送运输如图 14-24、图 14-25 所示。

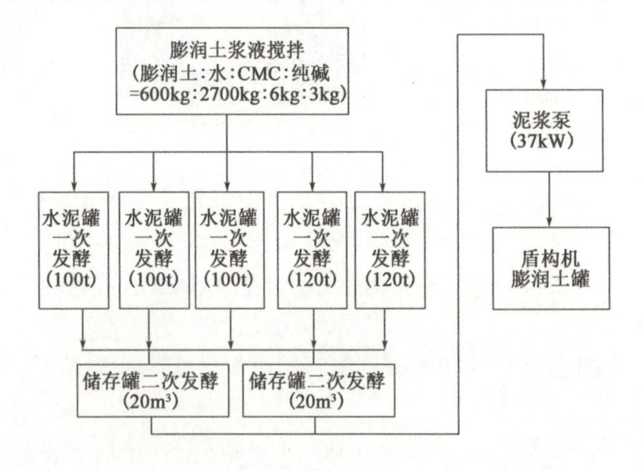


图 14-24　洞外膨润土浆液制作及运输示意图(其中每个水泥罐约有 60$m^3$)

图14-25　洞外膨润土浆液制作及运输实物图

(3)渣土改良效果。

①全断面富水细砂层掘进过程中,土压平衡盾构机卡刀盘、堵舱及堵螺旋输送机现象得到有效缓解,地表沉降控制在规定范围以内,推进较为顺利。

②砂层推进时,刀盘扭矩控制在3500kN·m左右(额定扭矩4377kN·m)、总推力在14000kN左右(最大推力31650kN)、速度35mm/min左右,渣土呈牙膏状,可塑性很强,且对刀具磨损较小,如图14-26所示。

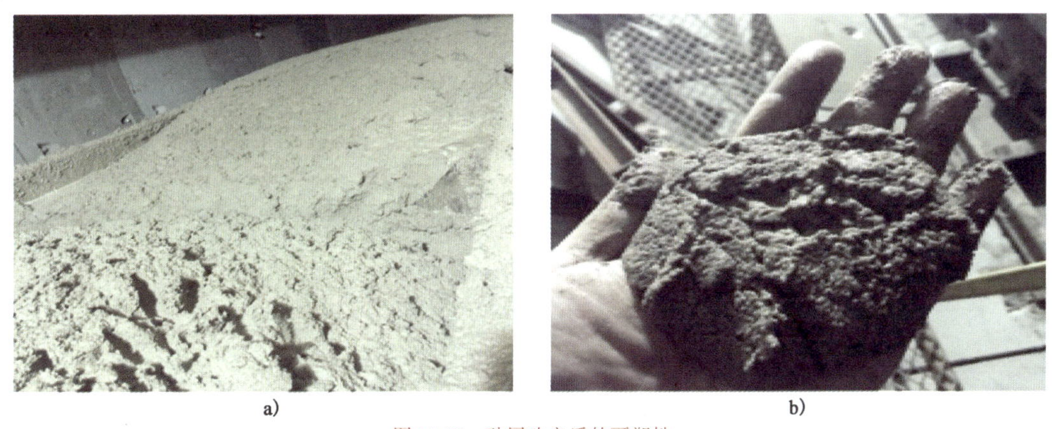


图14-26　砂层改良后的可塑性

(4)渣土改良总结。

①在全断面富水砂层掘进中,平均每环膨润土浆液注入量7~11$m^3$,即注入体积为富水砂层总体积15%~24%;平均每环泡沫混合液注入量38~60L,即注入体积为富水砂层总体积0.08%~0.13%;

②采用洞外膨润土泥浆管路泵送工法,缩短了在掘进过程中输送膨润土泥浆工序所占用的时间,建立了良好的通信机制,保证了盾构连续快速掘进;

③膨润土泥浆要有足够的膨化时间,使其充分溶解(保持15h以上,最佳为22h),在膨化过程中要不停地搅拌,以维持其流塑性;

④膨润土泥浆的配合比、制作搅拌及浓度严格按要求控制,否则将泵送不到预定的长度或造成管路堵塞。

### 14.5.3 西安地铁3号线渣土改良施工案例

穿越地层主要是2-5层中砂及2-6层粗砂层、砂层为密实状态、标贯在45～90击,砂层的矿物成分以石英为主(44%),斜长石为38%。出现的问题为土压平衡盾构机掘进过程中刀盘、刀具磨损较大,土舱保压困难,渣温高,喷渣现象严重,掘进困难。

(1)渣土改良材料为膨润土泥浆、泡沫剂和高分子聚合物。

(2)在现场同条件下进行了多次膨润土泥浆配合比试验,见表14-3。

膨润土泥浆配合比试验　　表14-3

| | |
|---|---|
| 试验1 | 膨润土:水=1:7(质量比)、黏度30s以上,膨化时间24h |
| 试验2 | 膨润土:水:纯碱=600:2700:3(kg)、黏度30s以上,膨化时间24h |
| 试验3 | 膨润土:水:盾构专用制浆剂=100:600:2(kg)、黏度30s以上,膨化时间24h |
| 试验4 | 土舱内加分散剂浸泡 |
| 试验5 | 膨润土泥浆内加入黄土、高分子聚合物试验,以提高泥浆的相对密度和稠度 |

(3)渣土改良效果。

①根据砂层比例及渣土改良效果确保膨润土泥浆的加入量。其中,当地层中黏土含量为20%～50%时,渣土改良采用泡沫剂和膨润土泥浆;地层中黏土含量在40%以上时,采用泡沫剂改良为主。

②渣土改良效果良好,能连续成形,盾构掘进基本顺利。刀盘扭矩控制在约3000kN·m,推力约为16000kN,刀盘转速为1.6～1.8r/min,掘进速度为40～50mm/min。

(4)渣土改良总结。

①渣土改良以膨润土泥浆为主,泥浆黏度在35～40s,泥浆注入刀盘前方,泥浆注入量约10$m^3$,约为砂量的20%,使渣土改良好后坍落度在12～16cm,以手握紧松开不散为准。

②采用优质钠基膨润土拌制泥浆,膨润土与水配合比约为1:8,粉细砂配合比可适当调小,掺加制浆剂(CMC)可提高泥浆的黏度,1:8的泥浆膨化约12h、黏度约30Pa·s,掺入膨润土量2%的制浆剂,膨化12h、黏度在35～40Pa·s。

③现场泥浆池容量约100$m^3$,采用管道输送泥浆,避免列车运送泥浆影响掘进时间。

膨润土洞外管道输送如图14-27所示。

图14-27　膨润土洞外管道输送

④建议对所采购的钠基膨润土质量情况进行抽样并委外检测，保证膨润土的质量达标。对膨润土配合比、膨化时间、黏度要严格把关，首先应对工人进行技术交底，保证膨润土配合比的准确度，值班工程师应对每环所用膨润土的膨化时间、黏度进行监测并形成记录，以便分析、判断注入膨润土的效果，如图14-28所示。

a)

b)

图14-28　膨润土浆液黏度现场监测

## 14.5.4　北京和成都地铁渣土改良施工案例

穿越地层主要是为卵石⑤层、卵石⑦层，出现的问题为土压平衡盾构机掘进过程中，渣土离析严重，渣土中带出卵石比较少，且无法建压掘进，造成掘进推力大，掘进速度慢，出渣无法控制，多次根据现场实际施工情况进行渣土改良配合比试验，具体如下：

1）泡沫＋钙基膨润土

1～80环地质主要为卵石⑤层，渣土改良采取30～50L泡沫剂加3～6m$^3$钙基膨润土模式，改良效果比较差，渣土离析严重，每节矿车约有500mm水，渣土中带出卵石比较少，且无法建压掘进，造成掘进推力大，掘进速度慢，出渣无法控制。

2）泡沫＋水

81～150环地质主要为粉质黏土⑥层（黏土含量50%）、卵石⑦层（卵石小），因黏土含量大，渣土改良采取30～50L泡沫剂加3～7m$^3$水模式，改良效果相对比较好，渣土流塑性一般，扭矩仍然很大。

3）泡沫＋钠基膨润土

151～262环地质主要为粉质黏土⑥层（黏土含量10%）、卵石⑦层（卵石密实），渣土改良采取50L泡沫剂加4～6m$^3$钠基膨润土模式，改良效果相对较好，有部分卵石带出，对掘进参数有一定的改善，但扭矩大，150～184环出渣量多导致地表塌方。

4）泡沫剂＋聚合物

263～432环地质主要为粉质黏土⑥层（黏土含量10%）、卵石⑦层（卵石密实），因地下水含量大，渣土改良采取50L泡沫剂加6～10m$^3$聚合物模式，改良效果较好。但382环出现大量地下水，在螺旋输送机处出现喷涌。

5）泡沫剂＋聚合物＋钠基膨润土

433～504环地质主要为卵石⑦层（卵石密实），部分地方隧道顶部有粉细砂，掘进难控制，渣土改良采取50L泡沫剂添加5～6m$^3$聚合物、2～3m$^3$膨润土，刀盘前方添加泡沫剂，土舱内加聚合物和加入少量膨润土，改良效果相对较好，但因盾构机及地层松散原因出渣难以控制。

### 14.5.5 南昌地铁渣土改良施工案例

盾构机穿越地层上部处于富水砾砂和细砂层，下部处于中风化泥质粉砂岩层，中间夹杂薄层强风化泥质粉砂岩层，为典型的上软下硬复合地层，现场渣土改良以泡沫剂改良为主，膨润土、水改良为辅。

1）泡沫剂改良

根据不同的砂砾石与泥质粉砂岩配比得到不同的泡沫添加比。砂砾层体积与总体积比值小于或等于1/3时，泡沫添加比为15%～20%；砂砾层体积与总体积比值大于1/3而小于2/3时，泡沫添加比为25%～30%；砂砾层体积与总体积比值大于或等于2/3时，泡沫添加比为30%～35%；砂砾石含量越少泡沫添加比越多。

2）泡沫和膨润土同时改良

对于两种添加剂同时改良的情况，试验中先确定膨润土的水土比为8:1，对渣土的添加比为5%。再对此渣土进行泡沫的添加改良，改良结果为：砂砾层体积与总体积比值大于或等于2/3时，泡沫添加比在5%左右；在砂砾层体积与总体积比值大于1/3而小于2/3时，泡沫添加比为5%～10%。从试验结果可以看出，对于复合地层，当膨润土添加量一定时，坍落度具有与只添加泡沫剂渣土改良相类似的效果，砂砾石越少，泡沫添加量越多。

# 第15章　隧道衬砌技术

本章主要介绍隧道衬砌施工、管片拼装及衬背注浆常见问题，使一线施工人员重点了解和熟悉盾构法隧道施工衬砌技术。

## 15.1　盾构法隧道施工衬砌技术

盾构法隧道施工具有扰动小、掘进速度快、占地面积少等特点，作为盾构法隧道施工关键技术的管片，是隧道全断面开挖后的永久衬砌，其工艺和技术影响隧道整体质量。

### 15.1.1　衬砌的形式

盾构法隧道的衬砌一般分为铸铁管片、钢管片、钢筋混凝土管片。采用预制混凝土管片组装隧道衬砌具有质量易于保证、便于机械化操作等优点，因而得到广泛应用。

钢筋混凝土管片制作技术含量高，工艺和品质要求都特别高的钢筋混凝土构件，被业界称为混凝土预制构件中的工艺品，其强度、抗渗性、几何尺寸、表观质量等方面的要求都非常严格。

1）钢筋混凝土管片的特点

（1）混凝土管片结构比较特殊。厚度通常为0.3～0.5m，宽度为1～2m，圆弧形，且手孔位置深。

（2）管片的使用环境较差。普通混凝土管片基本上都是在地下水中，且管片作为盾构隧道的永久结构，设计年限为100年。

（3）管片配筋特殊。管片配筋为弧形框架，连接点特殊，保护层厚度保证比较难，蒸养膨胀系数不同。

（4）管片标准高。普通地铁隧道管片设计为C50S12，生产过程中对材料和环境都比较敏感；混凝土管片成品标准要求宽度（1000～2000mm）误差小于0.5mm。

（5）需要组合拼装，组合拼装精度要求高。

（6）组合拼装后整体具有良好的防水性能。

（7）能模拟空间曲线。

（8）三维承载，受力复杂。

2）管片的分类

经过多年的发展，我国盾构法隧道施工用的管片类型有30多种，有些是材料不同，有些是形状差异，有些是接头形式不同，有些为了增加管片的耐久性，有些为了降低制作费用。下面根据材料和形状对管片进行分类。

(1)根据材料分类

①铸铁管片:早期应用多。②钢筋混凝土管片:占绝大多数。③复合管片:SRC管片、MN管片、AS管片、钢+混凝土管片、铸铁+混凝土管片等。

(2)根据形状分类

①矩形管片:占绝大多数。②梯形或平行四边形管片:CONEX系列。③六角形管片:双重螺旋管片、蜂窝形管片、螺旋形管片等。

钢管片及复合混凝土管片分别如图15-1、图15-2所示。

图15-1　钢管片

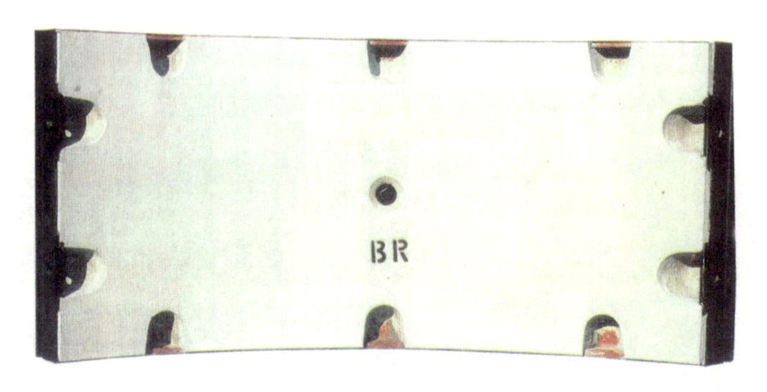


图15-2　复合混凝土管片

目前国内地铁隧道盾构机大多衬砌环外径6000mm、内径5400mm;每环管片宽度1500mm;管片厚度300mm。每块管片的最大质量:4.5t;每环管片的组成为"5+1"块,其中3块标准块($A_1$、$A_2$、$A_3$)、2块邻接块(B、C)、1块封顶块(K)。为满足曲线模拟和施工纠偏的需要,专门设计了左、右转弯楔形环,通过楔形环与标准环的各种组合来适应不同的曲线要求。楔形环为双面对称楔形,楔形量为50mm。因此管片环的型号又分为标准环(T)、左转弯环(L)和右转弯环(R)。

## 15.1.2　管片拼装技术

1)管片输送、安装设备

管片从地面存放处由门式吊机吊运到平板车上,由机车运送到盾构机1号拖车,再由管片吊机吊运至盾构机连接桥下方的管片输送小车,然后由管片输送小车将管片输送到管片拼装机下方,由管片拼装机进行拼装。

2)管片拼装方式

一般情况下,衬砌环采用错缝拼装,封顶块的位置在正上方或偏离上方±18°,但必要时(如在竖曲线和进行竖向纠偏)有少数楔形环封顶块在其他点位。管片拼装时应从底部开始,然后自下而上左右交叉安装,最后插入封顶块管片成环。此外,可采用全功能环模式安装,根据实际需要,选择合适的拼装点位。

安装允许误差:高程和平面误差在±50mm以内;每环相邻管片平整度在4mm以内;纵向相邻环环面平整度在5mm以内;衬砌环直径椭圆度在0.5%以内;管片混凝土最大允许裂缝宽度为0.2mm。

3)管片拼装注意事项

(1)拼装管片之前,应将盾尾杂物清理干净,否则将会损坏盾尾密封以及影响管片拼装的质量。

(2)由于管片拼装作业区狭小,操作人员必须熟悉安全操作规程,注意操作人员之间的相互协调,一定要保证人身和设备安全。

(3)管片拼装机工作时,严禁管片拼装机下站人,严禁非工作人员进入工作区。

(4)拼装管片过程中,推进液压缸伸出时,选择拼装模式,严禁在推进模式下拼装,以避免在安装过程中推力过大造成单片管片失稳或管片破损。一般情况下,调整推进泵压力至30~40bar即可。

(5)当正在安装的管片接近已安装好的管片时,不能快速接近,以免碰撞而破坏管片。接近后要利用转动与翻转装置进行微调,保证管片块间的连接平顺。

(6)拼装管片过程中,要保证密封条完好,否则应更换。

(7)安装完成后应对已完成的管片质量进行检查,并进行记录。

管片拼装作业流程如图15-3所示。

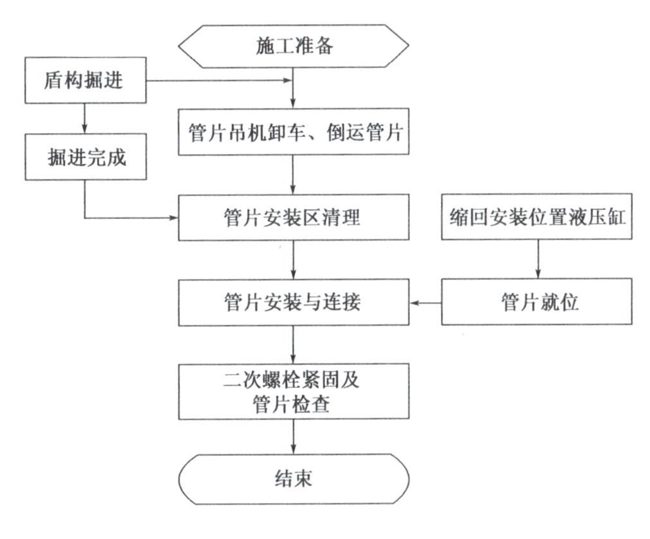


图15-3 管片拼装作业流程图

# 15.2 管片(仰拱块)拼装技术

## 15.2.1 管片拼装工艺流程

管片拼装是隧道施工的一个重要工序,是用环向、纵向螺栓逐块将高精度预制钢筋混凝土管片组装而成,整个工序由管片拼装机司机和拼装工配合完成。

管片拼装方法:

(1)根据设计图要求,相邻两环管片采用错缝拼装。

(2)管片分为左转弯环、右转弯环和标准环,安装满足隧道轴线要求,重点考虑管片拼装后盾尾间隙要满足下一掘进循环限值要求,确保有足够的盾尾间隙,以防盾尾直接接触管片。管片拼装前根据盾尾间隙和推进液压缸行程差,选择拟拼装管片的方式。

(3)隧道掘进机所有推进液压缸伸出长度达到规定值时停止掘进,进行管片拼装。

(4)为保证管片拼装精度,管片拼装前需对安装区进行清理。

(5)管片拼装时必须从隧道底部开始,然后依次安装相邻块,最后安装封顶块。每安装一块管片,立即将管片连接螺栓插入连接,并戴上螺母用电动扳手紧固。

(6)在安装封顶块时先搭接1.0m以拼装机径向顶进,调整位置后缓慢纵向顶推。为防止封顶块顶入时损坏防水密封条,应对防水密封条进行涂润滑油作润滑处理。

(7)管片拼装到位后,应及时伸出相应位置的推进液压缸顶紧管片,其顶推力应大于稳定管片所需力,然后方可移开管片拼装机。

(8)管片脱离盾尾后要及时对管片连接螺栓进行二次紧固。

(9)拼装管片时采取有效措施避免损坏防水密封条,并应保证管片拼装质量,减少错台,保证其密封止水效果。拼装管片后顶出推进液压缸,拧紧连接螺栓,保证防水密封条接缝紧密,防止由于相邻两环管片在复合式TBM推进过程中发生错动,防水密封条接缝增大和错动,影响止水效果。

### 15.2.2 管片拼装作业技术要求

1)管片选型

根据地质情况(岩石软硬)选择,预制管片有B、C、D三种型号,主要区别是管片内的配筋大小和浇筑时混凝土强度等级不同,所以按承受外压力依次为D>C>B。

根据隧道的转弯半径和纠偏曲线分类,预制管片有(右转弯)R、(左转弯)L两种。

2)管片运输

洞外运输:用门吊将管片厂生产的合格管片装到运输车(拖板车)上,然后运至洞口的管片运输处卸下。

洞内运输:利用门吊将管片吊装到平板车上,由电瓶车司机和指挥人员负责将管片运输到盾构机拖车下方指定位置。

管片拼装运输:由专业的操作人员利用管片吊机将管片吊运到管片运输小车上,再用管片运输小车将管片输送到拼装机抓取的位置,然后用管片拼装机将管片抓取并安装到相应的部位。

3)管片拼装原则

管片拼装时,通过右转弯R与左转弯L交替安装来满足不同的曲线要求。因此,要遵循以下原则:

要适合隧道设计轴线、适应盾构机掘进姿态要求。这两者相辅相成,通过正确的管片选型和选择正确的拼装点位,将隧道的实际路线调整在设计线路的允许偏差范围内。

### 15.2.3 管片拼装质量控制标准

为了对管片拼装质量进行有效控制,应做好以下几方面工作:

(1)控制掘进姿态,使盾构机中心与隧道设计中线误差控制在允许范围内。

(2)注浆采取对称进行,防止浆液注入时使管片偏压造成错台。

(3)由于地质情况复杂多变,为避免管片受压不均造成错台,应重视管片背后注浆的压力和注浆量,使管片与岩体间的空隙填充密实,减少沉降量。

(4)管片拼装完毕后,及时将推进液压缸伸出顶紧管片,同时利用整圆器(如果有)对已安装成形的管片进行整圆,及时拧紧连接管片的纵、横向螺栓,在管片脱出盾尾后再次拧紧纵横向连接螺栓。

## 15.3　衬背注浆施工中常见的问题及注意事项

在注浆工作中,如果操作人员对注浆设备及注浆压力控制不好,同步注浆效果达不到要求及效果,二次注浆压力及点位控制不好,容易击穿管片等。注浆过程中注意事项如下:

(1)在同步注浆过程中,及时清理注浆管堵塞,否则浆液从不对称位置注入,会产生偏压,使管片发生错台或损坏。

(2)注浆过程中密切关注管片的变形情况,防止管片的破损、错台、上浮等现象。

(3)浆罐中始终保持有部分浆液,否则容易造成泵头吸空,泵管堵塞。

(4)当注浆量突然增大时应停止注浆,检查是否发生了泄漏或浆液流入掌子面,妥善处理后再继续注浆。

(5)注浆过程中若发生管路堵塞,应立即处理以防止管中浆液凝结,尤其是盾尾暗置管路必须及时进行清理。

# 第16章　盾构机施工常见问题及控制方法

盾构机掘进是盾构隧道施工的主要工序，要保证隧道的实际轴线和设计轴线相吻合，并确保管片拼装质量，使隧道不漏水，地表沉降在规定范围内。本章总结盾构机掘进施工常见问题及预防措施，方便一线施工人员在实际施工中参考。

## 16.1　土压平衡盾构机掘进正面阻力过大

### 16.1.1　原因分析

(1)盾构机刀盘的开口率偏小，进土不畅通。

(2)盾构机正面地层土质发生变化。

(3)盾构机正面遭遇较大块的障碍物。

(4)推进液压缸发生泄漏，造成推力不够。

(5)正面平衡压力设定过大。

(6)刀盘磨损严重，开挖直径变小。

(7)渣土改良效果较差，刀盘结泥饼严重，造成出土困难。

(8)盾构机在巨厚砂卵石地层掘进中出现急转弯，出现卡盾现象。

### 16.1.2　控制方法

(1)合理设计进土孔的尺寸、开口率，保证出土畅通。

(2)隧道轴线设计前应对盾构穿越沿线作详细的地质勘察，摸清沿线影响盾构推进障碍物的具体位置、深度等状况。

(3)详细了解盾构机开挖断面内的地质状况，以便及时调整土压设定值、推进速度等施工参数。

(4)经常检修刀盘和推进液压缸，确保其运行良好。

(5)合理设定土舱压力，加强施工动态管理，及时调整控制平衡压力值。

(6)选择合理的添加剂，做好渣土改良工作。

(7)针对刀盘内存在的大粒径卵石及障碍物等，采取辅助工法进行清理。

(8)增添液压缸，增加总推力。

# 16.2　土压平衡盾构机掘进掌子面压力波动过大

## 16.2.1　原因分析

(1)盾构机推进速度与螺旋输送机的旋转速度不匹配。

(2)当盾构机在砂土土层中施工时,螺旋输送机摩擦力大或形成土塞而被堵住,出土不畅,使开挖面平衡压力急剧上升。

(3)盾构机在管片拼装期间及掘进过程中出现后退,使开挖面平衡压力下降。

(4)土压平衡控制系统出现故障造成实际上压力与设定土压力的偏差。

(5)螺旋输送机出现喷涌现象,掌子面压力无法有效建立,造成压力波动较大。

(6)掌子面压力传感器出现故障,显示数值不真实。

## 16.2.2　控制方法

(1)正确设定盾构机推进的施工参数,使推进速度与螺旋输送机的出土能力相匹配。

(2)当土体强度高、螺旋输送机排土不畅时,在螺旋输送机或土舱中适量地加注水或泡沫等润滑剂,提高出土的效率。当土体很软,排土很快影响正面压力的建立时,适当关小螺旋输送机的闸门,保证平衡土压力的建立。

(3)管片拼装作业时,要正确伸缩液压缸,严格控制液压和伸出液压缸的数量,确保拼装时盾构机不后退。

(4)正确设定土压力值以及控制系统的控制参数。

(5)加强设备维修保养,保证设备完好率,确保液压缸内没有漏泄现象。

(6)做好渣土改良工作,防止喷涌现象的发生。

# 16.3　土压平衡盾构机螺旋输送机出土不畅

## 16.3.1　原因分析

(1)盾构机开挖面平衡压力过低,无法在螺旋输送机内形成足够压力,螺旋输送机不能正常进土,也不能出土。

(2)螺旋输送机螺杆安装与壳体不同心,运转过程中壳体磨损,使叶片与壳体间隙增大,出土效率低。

(3)盾构机在砂性土及强度较高的黏性土中推进时,土与螺旋输送机壳体间的摩擦力大,螺旋输送机的旋转阻力加大,电动机无法转动。

(4)大块的漂砾进入螺旋输送机,卡住螺杆。

(5)螺旋输送机驱动电动机因为长时间高负荷工作,过热或油压过高而停止工作。

### 16.3.2 控制方法

(1)螺旋输送机打滑时,提高盾构机土舱压力的设定值,提升推进速度,使螺旋输送机正常进土。

(2)螺旋输送机安装时要注意精度,运作过程中加强对轴承的润滑及密封的保护。

(3)降低推进速度,使单位时间内螺旋输送机的进土量降低,降低螺旋输送机的负荷。

(4)在螺旋输送机中加注水、泥浆或泡沫等润滑剂,使土与螺旋输送机外壳的摩擦力降低,减少电动机的负荷。

(5)打开螺旋输送机的盖板,清理螺旋输送机被堵塞的部位。

(6)针对巨厚砂卵石地层,建议采用带式螺旋输送机,但有水砂卵石地层不适用。

## 16.4 泥水平衡盾构机掘进正面阻力过大

### 16.4.1 原因分析

(1)掌子面水土压力较大。

(2)气垫舱压力设定较大。

(3)盾壳与地层间摩擦阻力较大。

(4)泥水循环泥浆指标不合理,泥浆相对密度较高,携带渣土能力较差,开挖出的土体无法及时输出,造成积聚。

(5)刀盘、刀具设计及布置不合理,刀盘结泥饼,无法有效、快速实现渣土的开挖、输送,造成积聚。

(6)刀盘、刀具严重磨损,无法有效松动、开挖土体。

(7)刀盘保径刀磨损严重,开挖直径变小。

### 16.4.2 控制方法

(1)根据地层条件,合理设定气垫舱压力。

(2)通过盾壳向外注入润滑膨润土,减小盾壳与地层间的摩擦系数。

(3)提高泥水管理,合理设定泥水指标,提高渣土的携带能力。

(4)加强对刀盘的冲刷能力的设计,避免刀盘内形成泥饼,保持刀盘出土通畅。

(5)对刀盘、刀具进行合理的选型设计及配置,使其具有良好的适应性。

## 16.5 泥水平衡盾构机掘进掌子面压力波动过大

### 16.5.1 原因分析

(1)泥水平衡盾构的排泥口堵塞,排泥不畅,导致开挖面的泥水压力瞬间上升,波动较大。

(2)泥水系统的各施工参数设定不合理,泥水循环不能维持动态平衡。

(3)泥水循环系统中的泵、阀、管等出现严重磨损造成泄漏严重,使泥水输送不正常,正面平衡压力过量波动。

(4)拼装时盾构机后退,使开挖面平衡压力下降。

(5)盾构机主推进系统液压缸由于油温过高或阀组磨损出现内泄严重,在掌子面压力的作用下造成盾构机出现后退。

(6)泥水平衡盾构机保压系统出现故障,保压失效,造成仅进气或排气。

(7)压力传感器出现故障,频繁跳动。

(8)开挖面出现空洞、地面冒浆、掌子面坍塌等。

### 16.5.2　控制方法

(1)排泥口设置搅拌器或粉碎机,保证吸口的畅通。

(2)正确设定泥水系统的各项施工参数,提高泥水循环系统的携带渣土的能力,以确保开挖面支护的稳定性。

(3)加强对泥水循环系统的维护,严格操作流程,避免出现抽空误操作引起压力波动。

(4)管片拼装作业,要正确伸、缩推进液压缸,严格控制油压和伸出推进液压缸的数量,确保拼装时盾构机不后退。

(5)加强对盾构机保压系统的维护,确保设备正常。

(6)加强地质预报工作,严格施工工艺及流程,避免出现地面冒浆、掌子面坍塌等现象。

## 16.6　泥水平衡盾构机吸浆口堵塞

### 16.6.1　原因分析

(1)吸口处有大块状障碍物堵塞(大直径卵石、混凝土、掉落的刀具等)。

(2)盾构机泥水舱内冲刷、搅拌不匀,致使吸口处沉淀物过量积聚。

(3)泥水指标不合要求,泥浆相对密度过大,无法有效携带渣土,造成吸口处大量渣土积聚。

(4)气垫舱内破碎机故障,无法有效破除大粒径渣土,造成渣土积聚。

### 16.6.2　控制方法

(1)及时调整控制循环泥浆指标,提高其携渣能力。

(2)确保各破碎机、搅拌器的正常运转,以达到拌和均匀。

(3)提高土舱内冲刷能力,使渣土处于悬浮状态,避免沉淀造成积聚。

(4)每环掘进完成后,气垫舱内要冲刷和循环到位,避免渣土积聚。

(5)及时清理吸口处的大直径障碍物。

## 16.7 泥水平衡盾构机地面冒浆

### 16.7.1 原因分析

(1)盾构机穿越土体发生突变(处于两层土断层中),或覆土厚度过浅。

(2)气垫舱内压力设置过高,导致掌子面压力过高,致使泥浆压力穿透地层导致地面冒浆。

(3)开挖过程中通过"古井、水井"等历史遗留物。

(4)同步注浆压力过高,致使砂浆穿透地层导致冒顶。

(5)泥水指标不符合规定要求。

### 16.7.2 控制方法

(1)若轻微冒浆,可适当降低开挖面泥水压力的情况下继续推进,适当加快推进速度,提高管片拼装效率,使盾构机尽早穿越冒浆区。

(2)若冒浆严重,停止推进,应提高泥水密度和黏度;掘进一段距离以后,进行充分的壁后注浆;地面采用覆盖黏土加"被"的措施。

(3)严格控制开挖面泥水压力,在推进过程中,要求手动控制开挖面泥水压力。

(4)严格控制同步注浆压力,并在注浆管路中安装安全阀,以免注浆压力过高。

(5)适当提高泥水各项质量指标。

## 16.8 管片上浮

### 16.8.1 原因分析

(1)同步注浆不饱满,从而存在上浮空间。

(2)盾构机推进液压缸的推力与管片的环向轴力不平行,向上的分力克服重力会引起管片的上浮。另外,当盾构机推进液压缸上下推力差过大时,形成的反力偶也会导致相邻管片的上浮。

(3)地下水的浮力会造成管片的上浮。

(4)相邻管片的相互作用力不在同一环面上,也会导致相邻管片的上浮。

(5)变坡点、反坡点、曲线最低点等也会导致管片的上浮。

### 16.8.2 控制方法

(1)合理选择分区推进液压缸的压力,控制好盾构机姿态。

(2)掘进过程中及时进行同步注浆和二次注浆,保证其注浆量及注浆压力。

(3)管片出现上浮时,应适当降低上部推进液压缸的油压,盾构机机头在重力作用下下沉。

(4)对地下水丰富的地段及时进行注浆封水,封住后方管片背后的地下水。

(5)在变坡点、反坡点及曲线最低点掘进,控制掘进速度,不宜过快。
(6)适当压低盾构机中心轴线,以补偿管片上浮量。
(7)做好管片选型工作,及时紧固管片连接螺栓。

## 16.9　螺旋输送机“喷涌”

### 16.9.1　原因分析

(1)地层水压较高、水量丰富,易发生喷涌。
(2)地层中粉细砂、粉砂、砂砾、卵砾石所在比例高,渗透系数大,且透水性强,水量丰富,易发生喷涌。
(3)盾构机长时间停机,掌子面平衡压力遭到破坏。

### 16.9.2　控制方法

(1)设备的选型或技术改造时针对高水压地层,配置双闸门。
(2)在易发生螺旋输送机喷涌的地层中施工,需要严格控制施工工艺及流程,过程中宜采取高土压、高推力方式掘进。
(3)向高分子聚合物中掺入改良剂,形成混合溶液,注入土舱内。在发生喷涌后立即将储备好的高分子聚合物材料在现场按比例进行配合比试验,并加入适量的改良剂,将配制好的混合材料注入土舱内,提高渣土的和易性。
(4)对螺旋输送机出土口进行改造,避免大量的水土流出皮带输送机,减少人工清理时间,提高工效。
(5)掘进前,先往土舱内注入高分子聚合物,再启动刀盘,待渣土与高分子聚合物搅拌均匀后,再掘进出土。
(6)在掘进过程中根据实际情况使用泡沫剂,以避免管路堵塞。
(7)在距发生喷涌区域10环左右进行二次注浆,阻断盾构机后方水源流入土舱内。
(8)充分利用螺旋输送机上的紧急备用闸门。

## 16.10　刀盘结“泥饼”

### 16.10.1　原因分析

(1)盾构机在黏性较高的黏土层施工。
(2)刀盘开口率较小,渣土流通不畅。
(3)土压平衡盾构机渣土改良效果不到位。
(4)土压平衡盾构机渣土温度较高,刀盘黏土板结,螺旋输送机内形成“土棍”。
(5)泥水平衡盾构机泥浆相对密度较高,无法有效携带渣土。

(6)泥水平衡盾构机刀盘冲刷系统效果不佳。

(7)泥水平衡盾构机吸浆口堵塞或土压盾构螺旋输送机吐口堵塞,渣土出土不畅。

### 16.10.2 控制方法

(1)加强盾构机掘进时的地质预测和渣土管理,特别是在黏性较大的地层中掘进时,密切注意开挖面的地质情况和刀盘的工作状态。

(2)土压盾构增加刀盘前部中心部位泡沫注入量和选择比较大的泡沫加入比例,减少渣土的黏附性,降低泥饼产生的概率;泥水平衡盾构增加、增强刀盘中心部位及周边的冲刷系统功能及搅拌功能,减少渣土黏附刀盘的概率。

(3)一旦产生泥饼,及时采取对策,必要时采用人工处理的方式清除泥饼。

(4)必要时土压盾构机螺旋输送机内加入泡沫,以增加渣土的流动性,利于渣土的排出。

(5)土压盾构需要防止泡沫管堵塞,应采用高质量泡沫剂。

(6)操作泥水平衡盾构机,控制好泥浆各项指标,提高渣土的携带能力。

## 16.11 卡“刀盘”

1)原因分析

(1)刀盘驱动扭矩配置不足。

(2)盾构机在砂层、大粒径砂卵石、卵砾石地层或软硬不均(地层起伏变化较大)岩层中施工。

(3)盾构机遇到不明障碍物(废弃的钢管、桥桩等)。

(4)刀盘、刀具磨损、破坏十分严重。

(5)刀盘停机时,渣土未出干净,较高扭矩情况下刀盘停机。

2)控制方法

(1)配置足够的刀盘驱动扭矩。

(2)土压平衡盾构机需做好渣土改良工作,使渣土具有良好的流塑性、流动性,泥水平衡盾构需加强泥水循环及泥浆各项指标管理,提高泥浆的携渣能力。

(3)加强盾构机刀盘、刀具的维护工作。

(4)在刀盘停机前,必须将刀盘的转动扭矩降低后再停机。

(5)一旦出现刀盘卡机现象,在推进液压缸回缩 2 ~ 3cm 后,利用刀盘的左、右转动来脱困。同时,土压平衡盾构机可以利用螺旋输送机排土,泥水平衡盾构机可以利用泥水循环系统将刀盘舱积聚的渣土排出,以辅助脱困。

## 16.12 卡“盾壳”

1)原因分析

(1)刀盘刀具磨损严重,开挖直径小于盾壳直径。

(2)盾构机在卵石层、砂砾石层、软硬不均地层中施工,地层扰动较大,地层抱死盾壳。

(3)盾构机在曲线半径较小的地段施工(急转弯),盾构姿态调整过快、过大,造成盾构姿态突变、卡壳。

(4)铰接液压缸伸长量超限报警。

(5)盾构机长时间停机,地层易抱死盾壳(盾尾)。

2)控制方法

(1)做好盾构机刀盘、刀具的检查工作,确保盾构机开挖直径。

(2)施工中加强盾构机掘进参数的调整和工艺流程的管理,减少对地层的扰动。

(3)针对在易发生卡盾的地层中施工或长时间停机,通过盾壳上的膨润土孔向盾壳及地层之间的间隙内注入润滑剂(膨润土),降低摩擦系数,减少卡壳阻力。

(4)施工中注意铰接液压缸的伸出量及相互之间的差值,必要时及时调整。

## 16.13　卡"螺旋输送机"

1)原因分析

(1)螺旋输送机内渣土形成"土棍"效应,螺旋输送机扭矩较高。

(2)大粒径卵石及含量较高卵砾石在螺旋输送机内相互挤压、制约,卡死螺旋输送机。

(3)螺旋输送机叶片及筒壁磨损严重,卵石卡在叶片与筒壁之间,卡死螺旋输送机。

(4)螺旋输送机内有异物,如钢筋、混凝土块、大粒径卵石,卡死螺旋输送机。

2)控制方法

(1)做好刀盘舱内渣土改良工作,同时充分利用螺旋输送机上的膨润土孔、泡沫剂孔改良螺旋输送机内的渣土,减小出土阻力,降低螺旋输送机扭矩。

(2)充分利用螺旋输送机的左、右转及伸缩功能进行脱困。

(3)必要时可以调整设备参数,适当提高螺旋输送机脱困扭矩。

(4)检查螺旋输送机的筒壁及叶片的磨损情况,及时进行耐磨维护。

(5)在易卡螺旋输送机的地层中施工,宜采用带式螺旋输送机。

(6)充分利用螺旋输送机的前后检查孔,对螺旋输送机内部进行泄压及清理异物。

## 16.14　盾构机后退

1)原因分析

(1)盾构机液压缸自锁性能不好,液压缸回缩。

(2)液压缸无杆腔的安全溢流阀压力设定过低,使液压缸无法顶住盾构机正面的土压力。

(3)盾构机拼装管片时液压缸缩回的数量过多。

(4)推进系统因为油温过高或阀组内泄,造成盾构机出现后退。

2)预防措施

(1)加强盾构机液压缸的维修保养工作,防止产生内泄漏。

(2)安全溢流阀的压力调至规定值。

(3)拼装时不多缩液压缸,管片拼装到位及时伸出液压缸到规定压力。

(4)盾构机发生后退,应及时采取预防措施,防止情况进一步加剧,如因盾构后退而无法拼装管片,可进行二次推进。

## 16.15 盾构机过量自转

1)原因分析

(1)盾构机内设备布置重量不平衡,盾构机重心不在垂直的中心线上而产生了旋转力矩。

(2)盾构机所处的土层不均匀,两侧的阻力不一致,造成推进过程中受到附加的旋转力矩。

(3)在施工过程中刀盘或旋转设备连续同一转向,导致盾构机在推进运动中旋转。

(4)在纠偏时左右液压缸推力不同及盾构安装时液压缸轴线与盾构轴线不平行。

2)控制方法

(1)合理布置安装于盾构机内的设备,并对各设备的重量和位置进行验算,使盾构机重心位于中线上,或配置配重调整重心位于中心线上。

(2)时常观察盾构机的滚动角,通过调整刀盘转向来调整盾构机的滚动角,使盾构机的滚动角在允许范围内。

(3)根据盾构机的自转角,经常改变旋转设备的工作转向。

## 16.16 盾尾密封装置泄漏

1)原因分析

(1)管片与盾尾不同心,盾尾和管片间的间隙局部过大,超过密封装置的密封界限。

(2)密封装置受偏心的管片过度挤压后,产生塑性变形,失去弹性,密封性能下降。

(3)盾尾密封油脂压注不充分,盾尾刷内进入注浆浆液并固结,盾尾刷的弹性丧失,密封性能下降。

(4)盾构机后退,造成盾尾刷与管片间发生刷毛方向相反的运动,使刷毛反转,盾尾刷变形而密封性能下降。

(5)盾尾密封油脂的质量不好,对盾尾刷起不到保护作用,或因油脂中含有杂质堵塞泵,使油脂压注量达不到要求。

2)控制方法

(1)严格控制盾构机推进的纠偏量,尽量使管片四周的盾尾空隙均匀一致,减少管片对盾尾密封刷的挤压程度。

(2)及时、保量、均匀地压注盾尾油脂。

(3)控制盾构机姿态,避免盾构机产生后退现象。

(4)采用优质的油脂,要求有足够的黏度、流动性、润滑性、密封性能。

(5)对已经产生泄漏的部位集中压注盾尾油脂,恢复密封的性能。

(6)及时清理盾尾内的杂物。

(7)盾尾设计时,考虑盾尾刷洞内更换的可操作性。

## 16.17　盾构机掘进轴线偏离隧道设计轴线

1)原因分析

(1)盾构机超挖或欠挖,造成盾构机姿态不好,导致盾构轴线产生过量的偏离。

(2)盾构机测量误差导致轴线的偏差。

(3)盾构机纠偏不及时或纠偏不到位。

(4)盾构机处于不均匀土层中,即处于两种不同土层相交的地带时,两种土的压缩性、抗压强度、抗剪强度等指标不同,导致盾构机轴线偏离隧道轴线。

(5)盾构机在非常软弱的土层中停机时间过长,当正面平衡压力损失时,会导致盾构下沉。

(6)同步注浆量不够或浆液质量不好,泌水后引起隧道沉降,从而影响推进轴线的控制。

(7)浆液长时间不固结,使隧道在大推力作用下引起变形。

2)控制方法

(1)正确设定平衡压力,使盾构机的出土量与理论值接近,减少超挖与欠挖现象,控制好盾构的姿态。

(2)盾构机施工过程中经常校正、复测及复核测量基站。

(3)盾构机姿态出现偏差时应及时纠偏,使盾构机沿着正确的隧道设计轴线前进。

(4)盾构机处于不均匀土层中时,适当控制推进速度,多用刀盘切削土体,减少推进时的不均匀阻力。采用向开挖面注入泡沫或膨润土的方法改善土体,使推进更加顺畅。

(5)当盾构机在极其软弱的土层中施工时,应掌握推进速度与进土量的关系,控制正面土体的流失。

(6)在施工中按质保量做好注浆工作,保证浆液的注入量、注浆压力及凝结时间。

## 16.18　盾构机切口前方地层过量变形

1)原因分析

(1)地质状况发生突变。

(2)施工参数设定不当,如平衡土压力设定值偏低或偏高,推进速度过快或过慢。

(3)盾构机切削土体时超挖或欠挖。

2)控制方法

(1)详细了解地质状况,及时调整施工参数。

(2)尽快摸索出施工参数的设定规律,严格控制平衡压力及推进进度设定值,避免其波动范围过大。

(3)按理论出土量和实际施工工况定出合理出土量,施工中严禁多出土或少出土。

(4)根据地面监测情况,及时调整盾构、推进速度、平衡压力、出土量等施工参数。

# 第17章 TBM防卡与围岩变形控制技术

岩石掘进机(TBM)主要是针对硬岩施工而设计制造的,一般适用于地质条件相对单一的中硬岩长大铁路或引水隧道建设中,但客观上地质条件错综复杂且无法预先完全探明,在TBM实际施工过程中经常会遭遇断层破碎带、富水、高地应力、软岩大变形等不良地质,导致TBM卡机被困现象经常发生,严重影响设备及施工安全。本章重点介绍TBM防卡与围岩变形控制技术,旨在不断提高TBM在易卡机受困围岩段的适应性和施工技术水平。

## 17.1 TBM卡机原因分析

TBM施工卡机主要影响因素有地质条件因素、设备因素和人为因素。地质条件因素是无法改变的客观事实,地质条件是卡机的主要因素,占卡机的70%左右;设备因素主要由TBM选型、辅助设备配置等组成,占卡机的20%左右;人为因素由施工组织管理、施工经验、技术方案及措施等组成,占卡机的10%左右。

### 17.1.1 地质因素

在TBM隧道施工中,围岩开挖后改变了岩体原始的受力平衡状态,岩体暴露在空气中,会发生松弛收敛变形,而软岩段围岩的自承能力相对不足,通常具有抗压、抗剪强度低,变形模量小、易产生较大变形,水理性差的特点,如果支护不及时、支护强度或刚度不够,会导致初期变形过大,超过预留变形量,致使衬砌前需进行换拱处理,以保证二次衬砌厚度;在有些高地应力条件下的软岩甚至在二次衬砌施作完成以后仍长期发生持续缓慢的变形,导致二次衬砌开裂,结构侵入限界,需进行返工处理。

在岩体破碎地段,岩体强度低,且多数地下水丰富,TBM掘进后围岩易坍塌掉块,对刀盘的旋转形成很大的阻力,在脱困时反复转动刀盘可能使塌方体愈演愈烈,造成卡刀盘;在TBM通过不良地质洞段时,尤其是埋深较大、地应力较大洞段,塌方往往伴随围岩收敛发生,可能存在掘进后洞径缩小,会对TBM形成较大的挤压应力,长时间停机也会因围岩收敛造成卡护盾。在目前国内TBM施工过程中所发生的卡机被困现象屡见不鲜(图17-1),一旦TBM受困,将影响施工进度,造成安全质量隐患,长时间没有脱困甚至可能损坏TBM设备,造成重大的经济损失。

### 17.1.2 设备因素

TBM设备选型设计与实际地质情况不适应,主要表现如下:

(1)护盾长度过长,增加了盾体被卡的概率以及护盾摩擦力;

(2)刀盘扭矩配置不足,直接导致刀盘堵转时无法快速脱困;

(3)刀盘开口设计不合理,导致实际进岩量偏大,造成卡刀盘;

(4)刀盘未设计扩挖或提升功能,在围岩收敛严重时易导致卡盾现象;

(5)刀盘设计上不能满足双向出渣,在被卡时不能实现反向全扭矩脱困;

(6)刀盘与护盾之间间距不合适,导致刀盘边缘易被大石块卡住;

(7)撑靴-推进系统设计不完善,未配置高压模式,在护盾抱死情况下无法实现盾体脱困及主机后拉功能;

(8)皮带输送机出渣能力设计不足,无法与TBM掘进相适应,导致破碎围岩段卡皮带现象频发;

(9)未配置地质超前预报或超前支护装置设计不合理,当遇到软弱围岩时无法提前加固围岩或不能进行有效超前加固;

(10)支护(锚、网、喷、豆砾石回填注浆)效率与设备能力和TBM掘进效率不匹配,无法及时有效对软弱破碎围岩进行加固衬砌。

a)

b)

c)

图17-1　刀盘、护盾被卡受困

### 17.1.3　人为因素

施工经验丰富、管理科学、专业高效的TBM施工队伍是TBM施工成功的根本因素。由于施工人员认知的局限性、施工组织及管理责任心不强、施工方案(尤其是超前地质预报、超前加固、不同等级围岩支护方式与类型、不良地质掘进参数等)和措施不合理等原因,不能及时有效对TBM不良工况的变化做出对应措施,直接增加了TBM卡机的施工风险。

## 17.2　TBM卡机脱困施工技术

当TBM被卡时,需根据工程地质条件、卡机形式及设备特点等边界条件,选择合适的卡机处理措施。借鉴国内外类似工程施工经验和教训,不断进行摸索和总结,同时在选择脱困方法时还应综合考虑施工安全、施工效率等因素。目前,TBM卡机脱困常用的施工措施主要有:侧壁导坑法、辅助坑道法、化学灌浆法和“小导洞+超前管棚支护”法等。

### 17.2.1　侧壁导坑法

侧壁导坑法一般适用于无水或少量渗水的小型断层破碎带,断层破碎带不能超过TBM护盾长度。

在护盾一侧或两侧开孔,人工进入护盾外开挖岩体并施作支护,减小护盾上部岩体作用在护盾上的压力。具体方法如下:

(1)根据TBM设备结构的不同,在盾壳上开一个60~80cm孔洞进料,并保证不影响护盾受力结构,根据TBM护盾受卡范围,在空间允许的情况下纵向(可以前后进行)开挖。侧壁导坑法施工如图17-2所示。

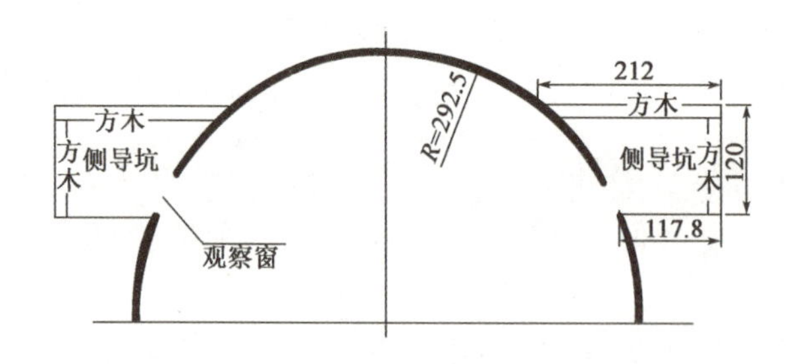


图17-2 侧壁导坑法施工示意图(尺寸单位:cm)

(2)为了保证开挖人员、设备的安全,必须选取合理的支护参数及架设临时支撑,同时为了防止TBM整机上浮,临时支撑垂直于护盾均匀分布在护盾壳上。侧壁导坑法在青海引大济湟工程双护盾TBM卡机时成功应用。

## 17.2.2 辅助坑道法

辅助坑道法一般适用于规模较大的断层破碎带,但在大埋深、高地应力软弱围岩地带适用性较差。具体方法如下:

(1)青海引大济湟工程双护盾TBM卡机后,考虑到断层破碎带距离较长,采用其他辅助工法无法保证TBM顺利脱困。为此,在隧洞里程K17+093.96处进行辅助坑道进口开口,出口开口里程K17+045.47,绕洞与正洞进出口交角约40°,绕正洞轴线距离15m,辅助坑道平面布置图如图17-3所示。

(2)采用拆除4环管片作为辅助坑道进口。管片拆除时先拆除中间2环,进洞并将洞口锁口支护稳定后,再拆除开口两侧管片。开挖至正洞边墙位置后停止开挖,施作锁口处理。辅助坑道洞身采用城门洞形断面(图17-4),根据地质情况,采用短台阶法开挖,台阶长2~3m,前段采用人工手持封镐开挖,进洞20m后采用爆破开挖。

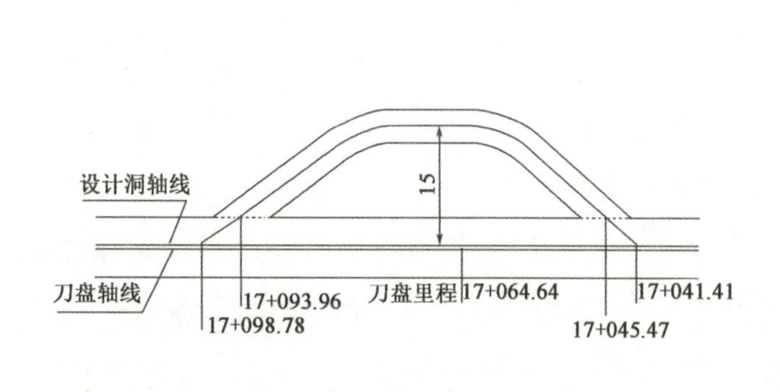


图17-3 辅助坑道平面布置图(尺寸单位:m)

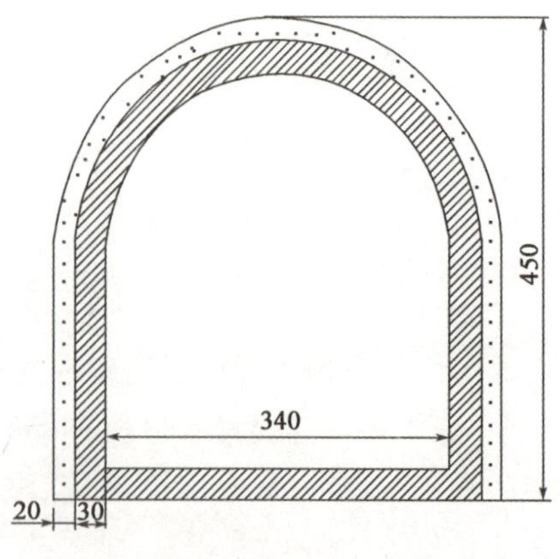


图17-4 辅助坑道断面图(尺寸单位:cm)

(3)绕洞施工完成后,进行正洞开挖,其中,K17+064.39~K17+035采用鹅蛋形断面(图17-5),K17+035~K16+920采用马蹄形断面(图17-6),正洞自刀盘前上断面开挖,上断面通过绕洞出口与正洞交点里程后，自绕洞开挖正洞下断面，交叉口处下断面开挖完成后，分两个掌子面同时施工。

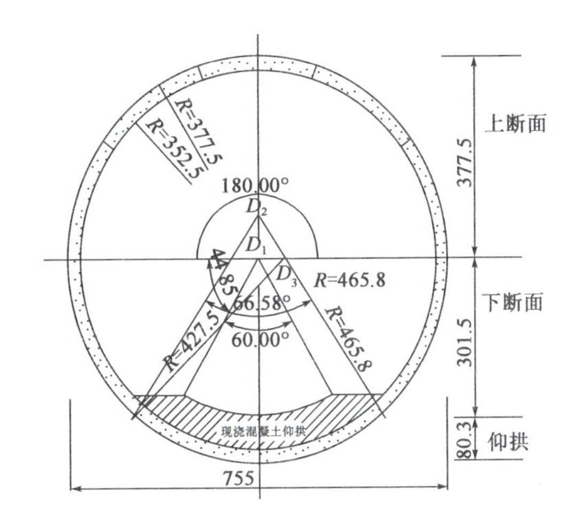

图17-5　鹅蛋形断面图(尺寸单位:cm)

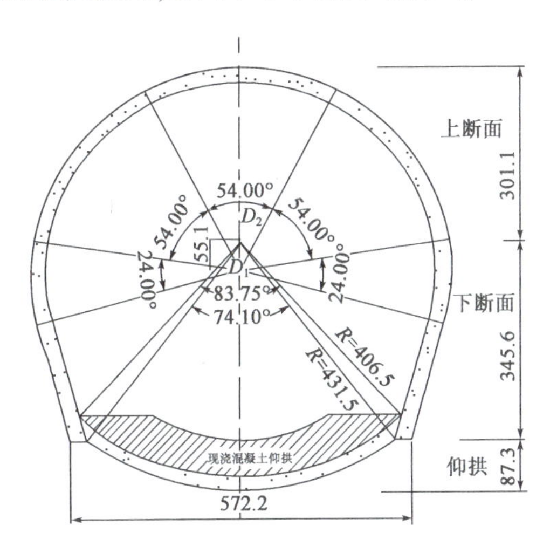


图17-6　马蹄形断面图(尺寸单位:cm)

## 17.2.3　化学灌浆法

化学灌浆是对不良地质洞段进行处理的重要手段之一，利用灌浆泵压力将化学灌浆材料灌注到岩体裂隙中，使松散或破碎的围岩结成整体，提高围岩完整性，有利于TBM施工通过。聚氨酯化学灌浆如图17-7所示。一般采用聚氨酯类(PUR)和硅酸盐改性聚氨酯类(Silicate Modified PUR)灌浆材料。

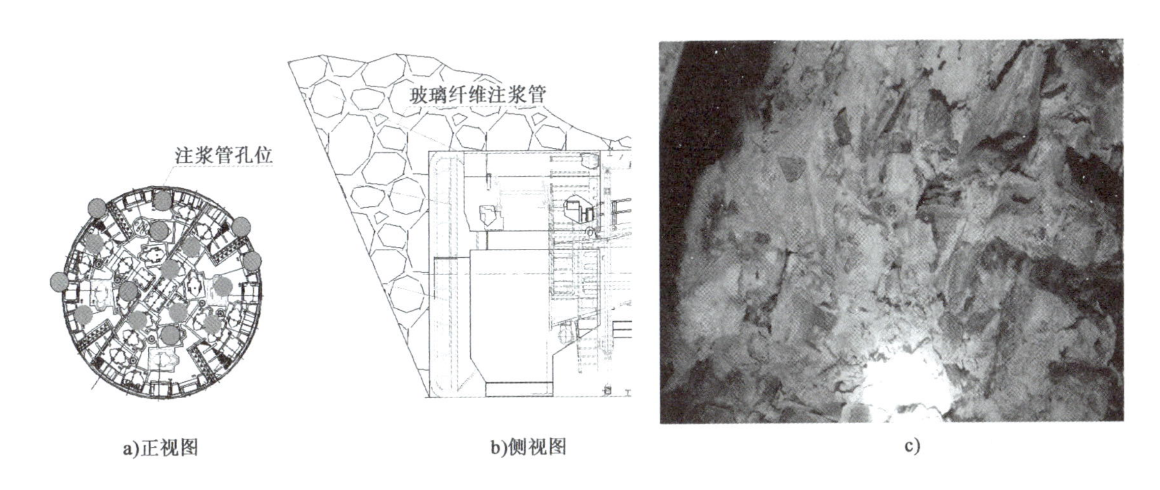


图17-7　聚氨酯化学灌浆

化学灌浆注浆孔分为浅孔和深孔两种(图17-8)。浅孔直径约50mm，布置在刀盘全断面范围内，施工深度4～5m，在隧洞开挖轮廓线内缩约50cm的位置布孔，通过滚刀刀孔或刮板孔人工点动刀盘确定孔位；深孔沿刀盘人工转动轮廓线在掌子面全断面范围内钻孔，通过人工点动刀盘确定孔位，施工最大深度约为15m。

由于化学灌浆材料完全固化反应时间非常快，采用自进式钻杆作为孔内灌浆管时，无需专用的封孔设备，停止灌浆后拆除可曲挠管即可；当用PVC塑料管作为孔内灌浆管时，采用孔内自封孔技术，封孔器在下放管路时安放，一次使用，不再周转。

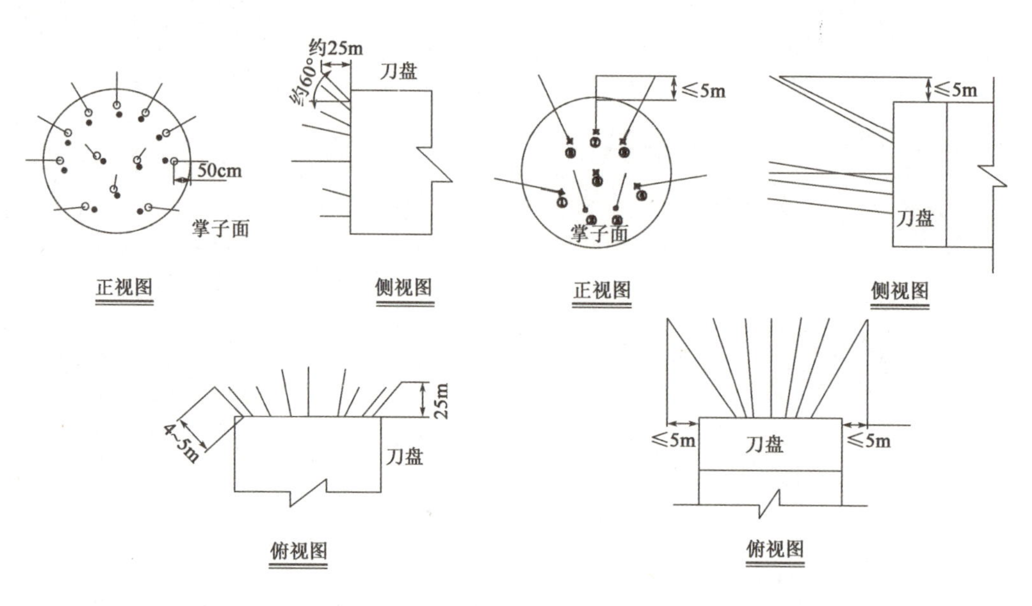


图 17-8 浅孔和深孔布孔示意图

## 17.2.4 “小导洞 + 超前管棚支护”法

对于 TBM 前方坍塌严重的不良隧洞段，护盾尾部钢拱架被坍塌岩体侵限，自盾尾向前方超前加固无法安装钻机，在拱架未下沉段施作，无法成孔，频繁卡钻或孔深达不到超前加固的要求。在这种极端不良地质情况下，可考虑在 TBM 护盾上部扩挖施作小导洞，在小导洞内施作超前管棚，对前方不良地质段进行加固(图 17-9)。

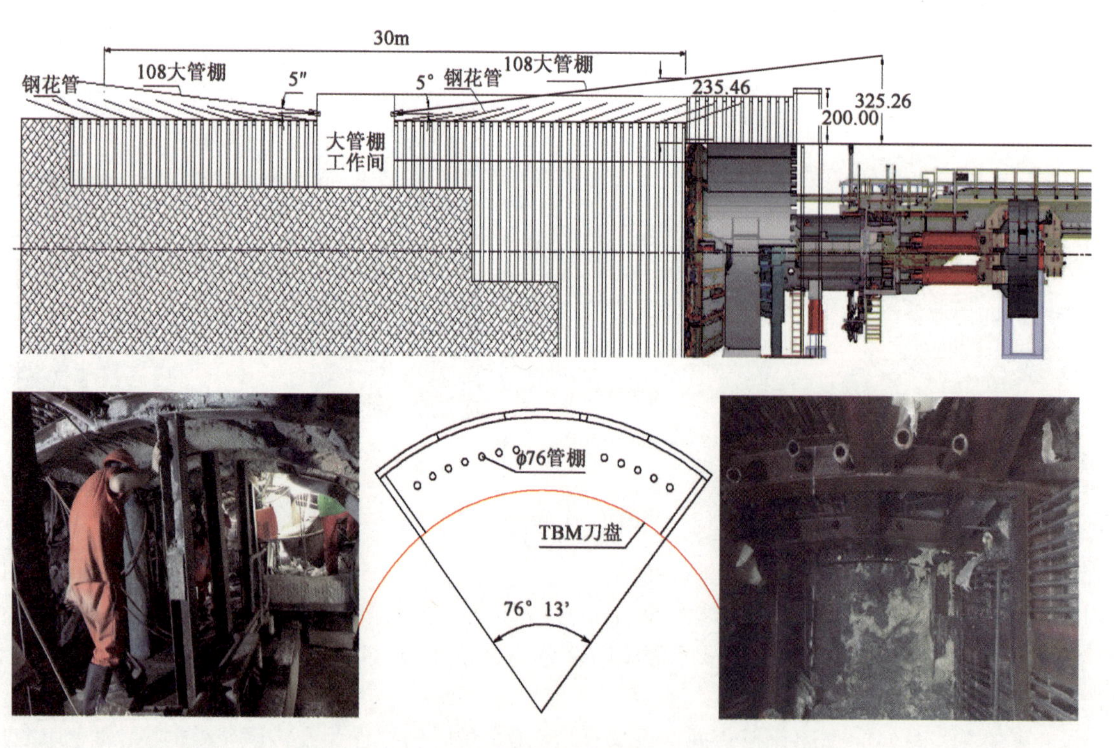


图 17-9 小导洞内施作超前管棚

一般在拱部 100°范围内施作 $\phi76$ 超前中管棚，根据坍塌情况探测及计算，施作 15m 左右长管棚，管棚前端进入未扰动围岩 5m 左右。管棚环向间距 30cm，根据现场实际情况和拱架间距，管棚外插角控制在10°~15°。

根据探测松散体范围及管棚设计外插角判断,管棚管体全部位于松散岩体内。松散岩体内成孔困难,若采用跟管钻机施作管棚,则跟管钻机体积大,TBM上部作业空间小,无法作业;若采用前进式注浆逐段加固松散体施作管棚,则时间太长。综合比较,采用普通地质钻机施作管棚,直接将$\phi$76地质钻机钻杆作为管棚,利用中空钻杆作为注浆通道,进行注浆加固,钻头钻杆直接埋到松散体内。

考虑到管棚距离护盾较近,注普通水泥浆凝固慢,容易扩散到护盾和刀盘上,将刀盘和护盾与岩体固结在一起,故超前管棚注浆选用化学浆液进行注浆。由于管棚管体在松散体内,不再进行注水试验,以防止松散体泥化。

## 17.3　TBM易卡机围岩段施工控制要点

### 17.3.1　软岩地层TBM施工控制要点

1)建立适应TBM施工的支护体系

当地质条件较差时,要求支护的强度增加,难度相应加大、消耗材料增加、影响掘进的时间增多,按设计文件做好掘进中的地质预报,提前提出支护方案。

在Ⅲ类或虽属Ⅳ类但节理很发育地段,TBM施工支护量大,支护花费时间长,为此要注意以下三点:

(1)提高锚杆作业效率

由于受到循环掘进时间的限制,应加快安装速度、提高固结效果,快速达到锚固要求,缩短掘进时间,加快隧道开挖速度。

(2)正确做好临时支护

在地质条件较差地段,局部松散岩石常使TBM无法正常掘进,必要时可采取棚架式支护。

(3)及时喷射混凝土

为减少对主机的污染,减少TBM停机等待时间,一般情况下不使用刀盘附近的手动喷射混凝土设备。但通过软弱地质、岩爆严重地段,特别是开挖面呈破碎状时,为减少暴露时间尽快封闭开挖岩面,进行手动喷射混凝土。虽然临时喷射混凝土只有20~30mm厚,但有利于喷射混凝土与岩石形成结合紧密的复合体,从而防止岩石发生松动、释压和弯曲。由于采用手工喷射混凝土而使泵送距离加大,对湿喷料要求严格,要做好相应准备工作。

2)合理选择掘进参数

地质条件是影响掘进进度的关键因素,地质条件因素中除了岩石抗压强度外,还必须考虑岩石的抗剪强度、石英含量和节理的发育程度。TBM的切削原理是刀具与掌子面的接触处,在刀具的荷载下岩石被破碎,从这个区域开始,向周边开始挤裂,岩石沿着这些裂缝在刀具之间被挤压成碎块。

TBM掘进时呈整体结构时,所切削下来的岩石都是通过TBM机械能力来完成的,如果岩石抗压强度低、贯入度高、推力不大而平稳,则相对掘进速度高;如果岩石抗压强度高,推力相当大,贯入度小,相应掘进速度也低。在这些均质岩石中掘进,刀具呈规律性正常磨损。

TBM在软弱地质节理发育地段掘进时,要特别注意正确选择掘进参数。在裂隙发育岩体中掘进,贯入度增大,这主要是因为有一部分刀具和掌子面没有紧密接触而增加了刀具的推力。一般正常情况下,刀具应具备一定的过载能力,但受当前刀具质量问题的影响,使刀具的损坏增加了很多。此外,有时刀盘的切削面垂直于软弱面掘进,而软弱面切削阻力又较小,在原定的推力下从而贯入度增加。当刀盘切削中心处于裂隙很发育的岩体或沿剥落面抗剪强度低的岩体中掘进时，切块沿节理或剥落面被切削，此时TBM有剧烈振动的现象，扭矩波动幅度大，使刀具承受较高的侧向荷载，轴承发紧，过热，由此造成刀具损坏，此时应减小推力。

当在掘进中发现贯入度和扭矩增加时，预示着地质条件的变化，应适时降低推力，对贯入度要有所控制，以保持均衡的生产效率，减少刀具的损耗。

### 17.3.2 断层破碎带地层TBM施工控制要点

1）断层破碎带TBM施工步骤

敞开式TBM在通过断层破碎带时，一般按照超前地质预报—超前预加固（需要时）—掘进—支护的顺序进行，并根据断层破碎带的具体情况采取不同的措施，具体如下：

（1）掘进前

首先进行超前地质预报和预测，结合已有的地质资料确定破碎带边缘、长度、破碎程度以及是否存在涌水和围岩软硬不均等不良地质情况；然后根据破碎带的不同情况采取不同的处理措施。

对于地质不良情况轻微的地段，对TBM不会造成影响或影响轻微时，可不进行处理，直接掘进通过；对于一般地质不良地段，采用先掘进，再处理的办法；对于严重地质不良地段，掘进机无法直接掘进施工时，停止掘进，用TBM所配置的钻孔注浆设备等进行超前加固，然后打超前钻孔检查，可以掘进时再向前掘进；如不良情况十分严重且地段较长，一般加固无法使TBM顺利通过或采用其他方法更快速经济时，可先采用其他方法开挖成洞，TBM再跟进通过。

（2）掘进时

合理选用TBM掘进参数。在不同的地质条件下，TBM所需要的推力、掘进速度、刀盘转速、刀盘扭矩和撑靴支撑力等掘进参数是不同的。在TBM通过断层破碎带时，可适当减少TBM的掘进速度、刀盘转速等掘进参数，这样能有效减小对围岩的挠动，从而减小或避免坍方的发生。

同时，要根据掘进中掘进参数的相对变化，了解前方围岩的变化情况（例如通过推进压力的大小可推知围岩强度情况，通过刀盘扭矩的大小可推知围岩的完整性情况），从而及时调整TBM的掘进参数或采取其他措施，使TBM快速、安全通过。

（3）掘进后

加强支护。对一般破碎地段，可采用喷混凝土或喷纤维混凝土、局部加锚杆喷纤维混凝土的支护措施；对严重破碎地段，可采用架设钢拱架、挂网、打设锚杆、喷射混凝土或纤维混凝土的联合支护措施。

2）超前地质预报

由于地质勘探的局限性，掘进机在隧洞掘进中往往会遇到一些地质图上没有反映出来的地质不良情况。为了进一步探明掘进机前方断层破碎带的确切情况，应积极开展施工地质超前预报工作，以便详细掌握断层破碎带的情况，从而采取合理的措施。

目前，常用的超前地质预报方法有：①利用TBM上配备的超前钻机；②利用超前预报系统，如TSP、BEAM、ISIS、HSP、激发极化法及三维地震法等，如图17-10所示；③利用平导地质情况推断；④利用出露的岩石、出渣情况以及掘进时的异常情况进行综合判断等。

3）超前预加固

如断层破碎带不适宜TBM直接掘进，可先对前方的断层破碎带进行预加固处理，然后TBM掘进通过。

预加固多采用注浆加固的形式，即利用TBM所配备的超前钻机，结合TBM自身配备的注浆设备，对隧道前方断层破碎带的围岩进行超前预注浆和超前管棚注浆加固，如图17-11所示。在钻孔前，为防止掌子面出现围岩坍塌和漏浆，可利用TBM自身配备的喷射系统在刀盘开挖后喷射一层混凝土；在进行注浆前，先用水冲洗钻孔；注浆时，要防止串浆和漏注，可先从两侧的钻孔向拱顶对称注浆。注浆参数应根据围岩的工程地质和水文地质情况(如围岩孔隙率、裂隙率、渗透系数、涌水量、水压等),并结合试验来选择确定。

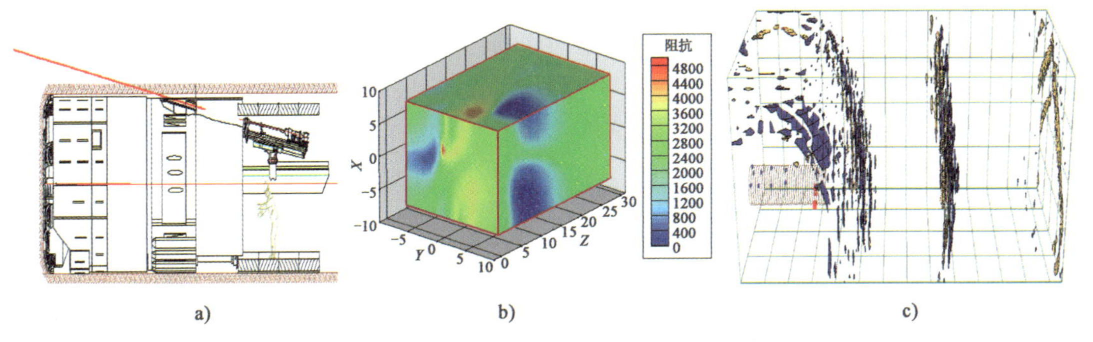


图17-10　超前钻机、激发极化法及三维地震法示意图

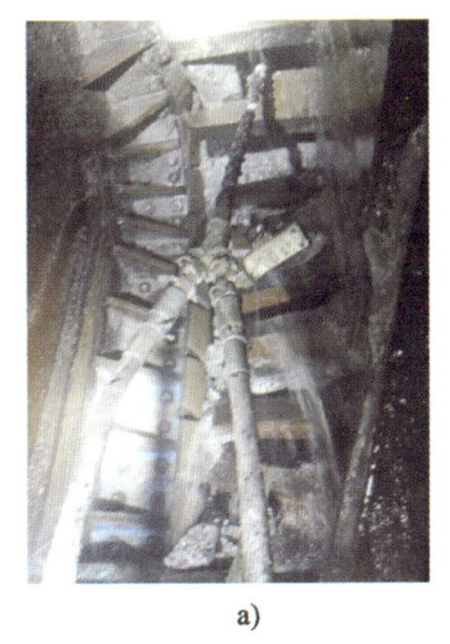

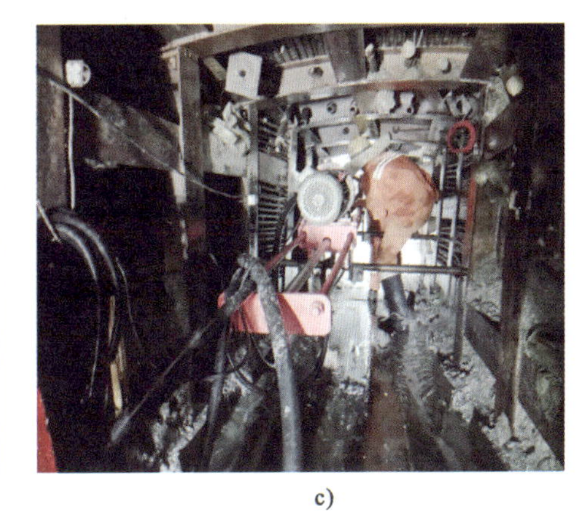

a)　b)　c)

图17-11　超前预注浆加固

4)对坍塌的处理

断层破碎带的坍塌现象比较多见,应根据其规模的大小采取不同的处理措施。

(1)小规模坍塌

小规模坍塌包括:作业面顶部和面部发生若干坍塌或小范围的剥离,但不扩大;侧壁发生小坍塌,但没有继续发展扩大的迹象,刀盘护盾与岩壁间有小块石头掉下。掘进时情况正常,推力、扭矩变化不大,机械没有异常的振动和声响;岩渣均匀集中,偶尔混有大块。对于这种小规模的坍塌可采用如下的支护措施:撑靴以上部位挂钢筋网、打系统锚杆,视情况架立钢拱架,将塌落的岩渣从护盾上清除,然后封闭,如图17-12所示。

a)　b)

图17-12　挂网、锚杆及喷浆支护

(2)中等规模坍塌

中等规模坍塌包括:作业面剥落严重,拱顶严重坍塌或局部剥落,但刀具还可运转;侧壁发生较大面积的坍塌,护盾与岩壁间落下大量石块;撑靴部位坍落更为严重,垫衬、倒换困难;掘进时机械振动较大,有异常的噪声,推力有减弱的倾向,扭矩增大并来回变动;岩渣不均匀且忽多忽少,大块明显增多。对于这种规模的坍塌可采用以下支护措施:利用手喷混凝土系统向坍塌处喷射混凝土,及时封闭围岩,减少岩石暴露时间;安装全圆钢拱架,拱架安装前先在撑靴以上部位挂钢筋网,如图 17-13 所示。

a)

b)

图 17-13　应急喷混凝土与加密立拱

(3)大规模坍塌

大规模坍塌包括:拱顶发生大面积坍塌,坍塌很深且发展迅速;洞壁也发生大面积的坍塌,在护盾与岩壁之间有大量石块落下,坍塌向后部区域扩大;撑靴撑着的洞壁部位大量坍落,不能取得反力,无法换程;掘进时机械振动特别大,掌子面发出巨大的声响;推进时扭矩变得很大,刀具旋转困难或不能旋转;岩渣大量产生并以大块为主,时有堵塞发生,严重时刀盘被石块卡住,无法旋转。对于这种大规模的坍塌可采用如下支护措施:TBM 停止掘进,采取辅助对策,从 TBM 后方打探孔,在坍塌部位注浆,除去坍塌处的土渣,用细石混凝土等充填,并设置锚杆和钢筋网、架立钢拱架加强支护,如图 17-14 所示。

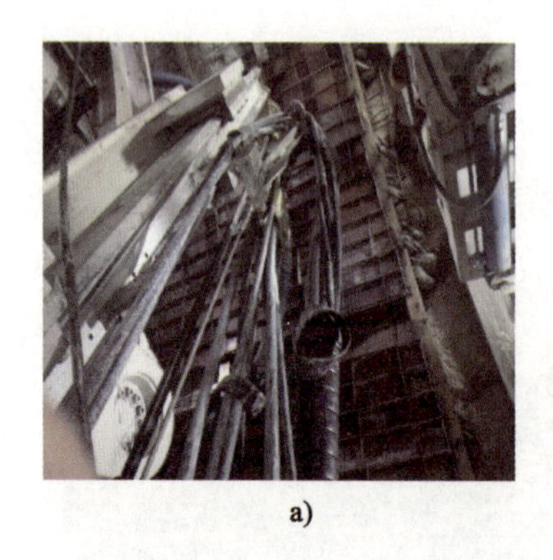
a)

b)

c)

图 17-14　“钢筋排 + 立拱 + 锚杆 + 注浆”强支护

5)撑靴两侧围岩加固技术

TBM 掘进时,支撑靴支撑着设备的重量,并将推力和刀盘扭矩的反力传递给边墙岩壁,当边墙岩壁强度足以承受支撑靴压力时,TBM 方可正常掘进。因此,对小范围的边墙坍方,可通过锁死部分支撑靴,减小对围岩的支撑压力,同时相应地减小 TBM 推力、推进速度,在 TBM 不停机的情况下通过坍方地段;如果边墙相对软弱,可在支撑靴处加垫枕木垛增大接地面积,然后通过。当隧道边墙发生较大的坍方或边墙围岩强度不足以承受撑靴压力,而以上措施又不能奏效时,可先停机,采用“喷锚网 + 钢拱 +

灌注混凝土”的联合支护方式进行处理,然后掘进通过,如图17-15所示。

a)

b)

图17-15　撑靴两侧围岩加固处理

6)软弱地带下沉处理

根据前方地质情况,如判断可能发生较严重的下沉时,可先进行预注浆加固处理,达到一定的强度后再掘进通过。如在掘进中发生TBM下沉,则先将TBM后退到断层软弱区外,然后装上枕木垛,用千斤顶对TBM进行姿态校正,之后再浇筑混凝土置换。为使混凝土能承受撑靴的压力,混凝土必须浇筑至起拱线,待置换的混凝土达到一定强度后再通过。

7)断层破碎带涌水处理

(1)掘进前

打超前钻孔,可结合破碎带探孔,探测钻孔出水量、水压,确定涌水点里程。打超前放水孔进行放水,放水过程中,时刻观察水压及水量变化,如水压减小,在做好排水系统的条件下,TBM继续掘进;如排水孔水压及水量不减,开挖后会造成工作面及侧壁坍塌,或排水设施跟不上时,必须采用注浆堵水的措施,如图17-16所示。

a)

b)

图17-16　分流泄压与涌水封堵

(2)掘进后

将工作面的涌水或注浆后的剩余水量及时排离工作面。对侧壁的漏水采用遮挡、引排措施,保证喷射混凝土质量。喷混凝土后,由于水压升高,有可能使一次支护破坏,应采用引排方法或壁后注浆法封堵。当水压过高、水量过大时,采用围岩注浆,将水填堵在围岩内部,如图17-17所示。

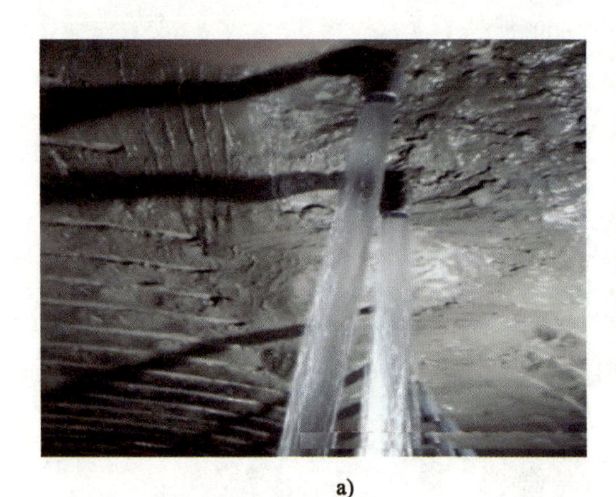

a)

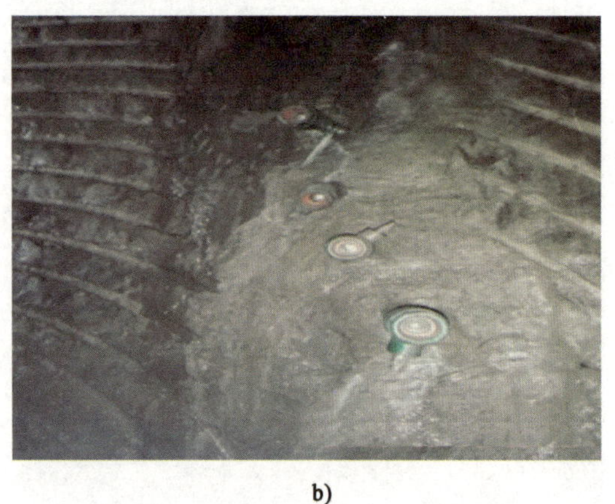

b)

图 17-17　掌子面注浆止水

# 17.4　TBM 隧道掘进机防卡适应性设计

结合以往项目中 TBM 卡机脱困及现场设备改造的施工经验教训，总结目前常见的 TBM 相关系统防卡适应性设计，具体介绍如下。

## 17.4.1　刀盘

(1)对于围岩变形较大的隧道需要考虑刀盘变径设计，以防止 TBM 被卡。目前，TBM 刀盘扩挖设计常见方式主要有两种：增加刀箱垫片方式、刀盘整体抬升方式。

垫片方式是通过边刀刀座调整垫片，使边刀向外伸出来实现扩挖，这种方式结构简单，但扩挖量有限；通过抬升 TBM 机头架，使刀盘具备提升功能，可增大上部围岩的扩挖量，在拱顶为围岩变形预留足够的空间，也可实现长距离连续扩挖，但抬升作业时需要厂家专业人员指导操作。刀盘扩挖设计如图 17-18所示。

a)

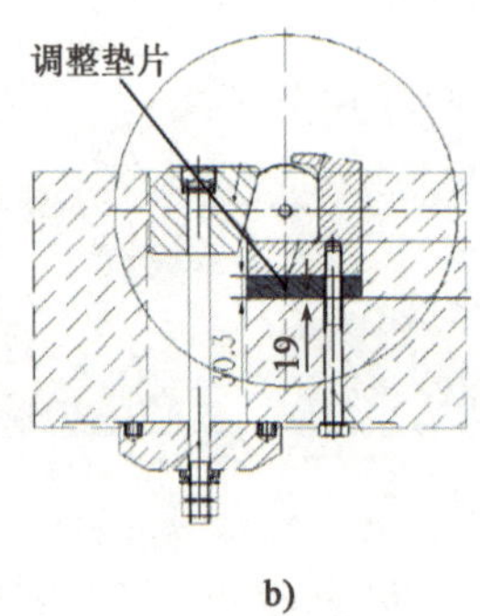


b)

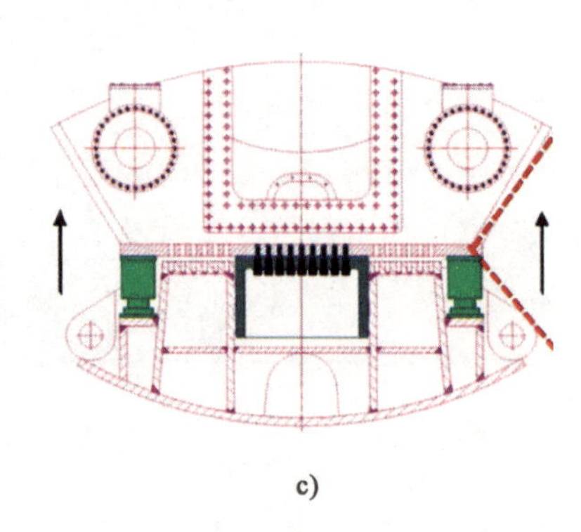

c)

图 17-18　刀盘扩挖设计

(2)软岩(Ⅳ、Ⅴ类围岩)、断层和破碎带占比超过 70% 以上时，设计刀盘应能双向掘进(以一个方向为主)和双向出渣；适当缩短刀盘侧向长度，减小刀盘阻力。

(3)刀盘内设计便于进入掌子面进行加固的空间。

(4)刀盘开口设计应考虑实际进渣量与皮带输送机出渣能力的匹配性。

## 17.4.2 护盾

(1)对于护盾式TBM,进行紧凑型优化设计,尽量减小护盾长度,主机采用倒锥形设计,以减少卡机概率。

(2)伸缩护盾内盾与支撑盾连接的平顺设计较好,对避免卡机有一定作用。

(3)伸缩护盾在紧急情况下能打开,便于进行卡机或脱困施工。

(4)支撑护盾应预留足够数量和合理规格尺寸的超前钻孔。

(5)适当增大尾护盾与管片之间的间隙。

(6)对于敞开式TBM,其护盾切口环与刀盘外圈梁之间轴向间隙设计不宜过大(图17-19),避免破碎易垮塌围岩段大石块直接卡在刀盘与护盾之间位置,从而增大刀盘转动阻力与主电机电流,甚至卡死刀盘。

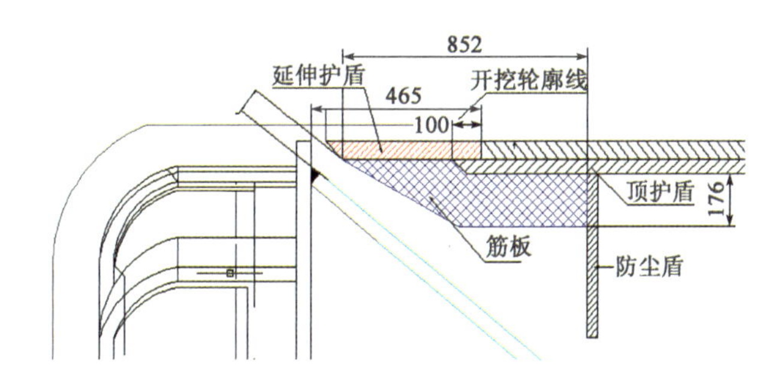


图17-19 护盾戴帽延伸(尺寸单位:mm)

## 17.4.3 主驱动系统

(1)刀盘扭矩配备必须充裕,采用"变频器-变频电机矢量"控制方式,主电机变频器的堵转转矩设置必须与刀盘脱困扭矩相匹配,确保刀盘堵转扭矩在达到设计脱困扭矩前主变频器不会调停,且仍能正常运行。

(2)考虑设计增加主驱动组数,在必要时可加大刀盘输出扭矩。

(3)在主驱动系统传动链强度核算满足要求的前提下,可考虑在原主驱动电机与原主驱动减速箱之间设计加装双速减速机,可进一步提高刀盘脱困扭矩,增加TBM刀盘在软弱、大变形围岩中的脱困能力,如图17-20所示。

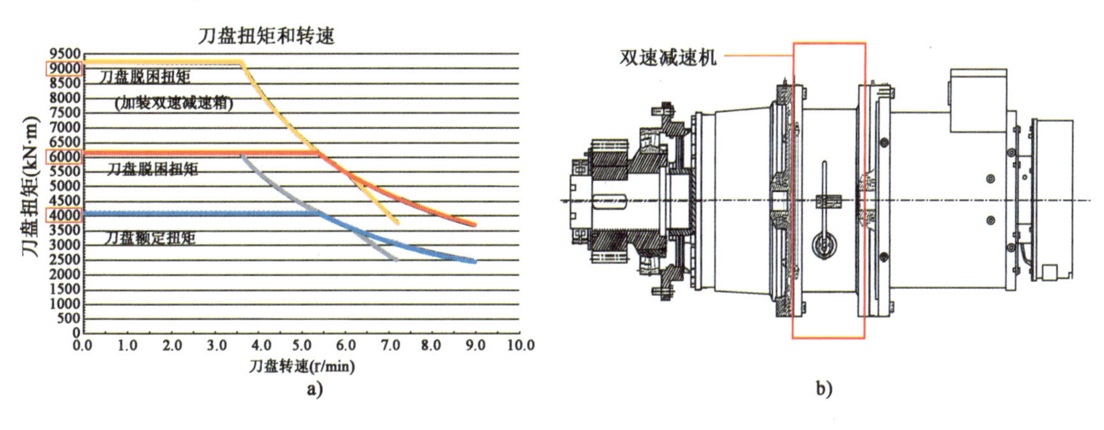


图17-20 主驱动系统双速减速机

### 17.4.4 推进系统

(1)推进系统最好设计配置高压和常压两种模式,特殊情况下使TBM具有较高推力,以利于脱困。

(2)改善主推进液压系统的方向控制功能和主机回拉功能。

(3)支撑靴的设置应满足最大推力下,在满足撑靴接地比压的情况下双护盾模式的掘进能力,确保快速掘进。

### 17.4.5 出渣系统

(1)皮带输送机应满足TBM最大掘进速度的出渣能力,并有足够的富余度(不少于20%)。

(2)设计增加皮带输送机脱困模式。

(3)需考虑设计主机皮带输送机足够的移动距离,以便作业人员处理不良地质时能够自由进出。

### 17.4.6 支护系统

(1)TBM顶护盾、侧护盾上设计钢筋排存储机构,存储范围270°,如图17-21所示。针对软弱围岩及断层破碎带,可对露出护盾的围岩及时封闭,连续进行钢筋排支护,可大幅降低塌方落渣和清渣量,降低人员、设备安全风险,并可加快TBM穿越断层破碎带、塌方洞段的进度,也可以有效防护中等以下岩爆。同时,适当增加顶护盾最大缩回距离,以更好地应对围岩收敛引起的卡盾现象。

a)

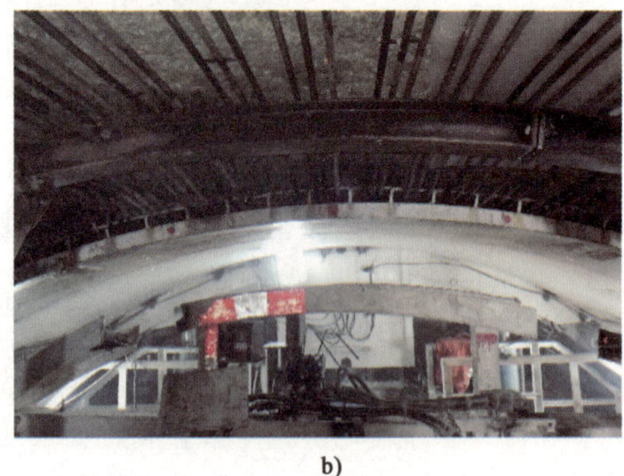
b)

图17-21 护盾钢筋排支护系统

(2)在护盾尾部(钢拱架安装器撑紧机构)可考虑设计安装前置应急混凝土喷射系统(图17-22),必要时及时进行紧贴初露围岩的混凝土喷射支护,可规避敞开式TBM湿喷混凝土需要对工作区核心部件进行防护工作的弊端,可以快速实施作业,且比敞开式TBM湿喷系统更靠近掌子面,有利于快速应对突发情况。

(3)TBM所有支护设备(钢拱架安装器、锚杆钻机、喷混机械手)机械动作设计需考虑强度、速度、同步、联动、限位及效率等方面的实际要求,保证设备能够高效进行支护作业,避免因设计缺陷导致支护效率低下。

### 17.4.7 超前地质预报

(1)TBM应设计配置超前钻机,方便进行超前钻探和超前加固,如图17-23所示。

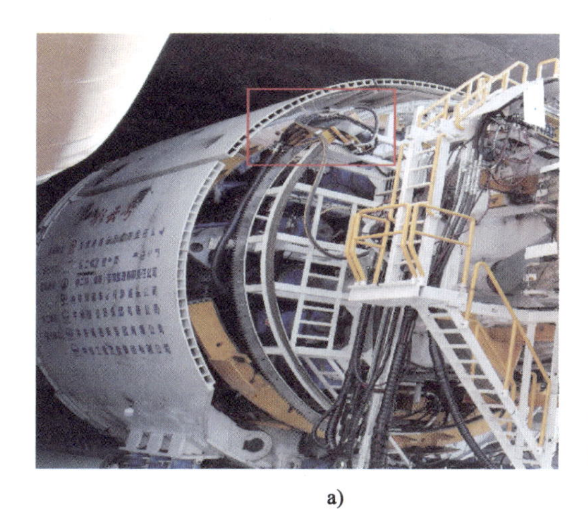

a)

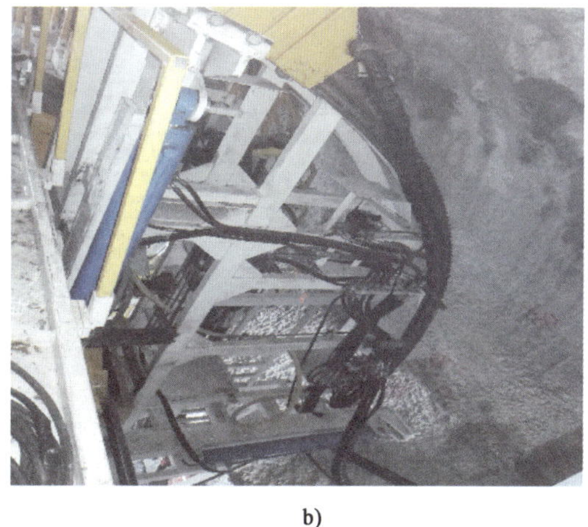

b)

图17-22　前置应急喷混凝土系统

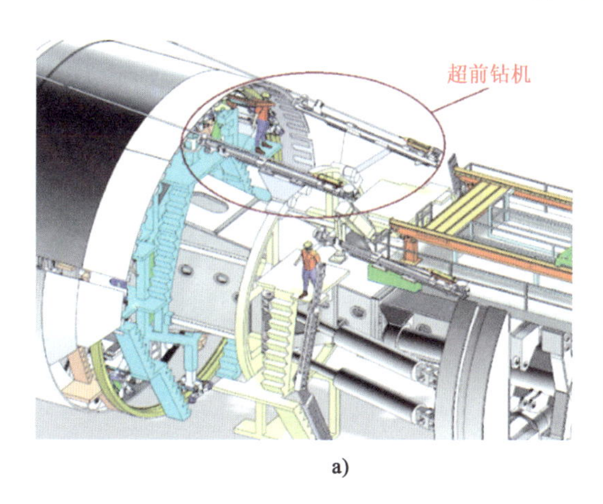


a)

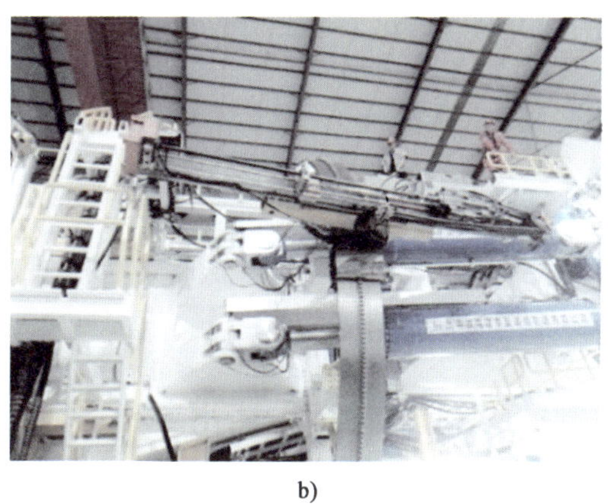

b)

图17-23　超前钻机设计与配置

(2)通用紧凑型TBM在紧随岩石初露位置设计配置有360°范围的超前双钻机系统,进行地质取芯、排水孔、泄压孔等施工操作。

(3)目前常见的超前地质探测系统施工应用主要有激发极化法和三维地震法,如图17-24所示。其中,激发极化法超前地质探测系统:刀盘上安装测量电极,通过液压驱动实现电极的伸缩;供电电极安装到护盾上,无穷远B电极、N电极通过围岩打孔安装;测量电极、供电电极、B极与N极通过线缆与主控室内的探测主机相连。

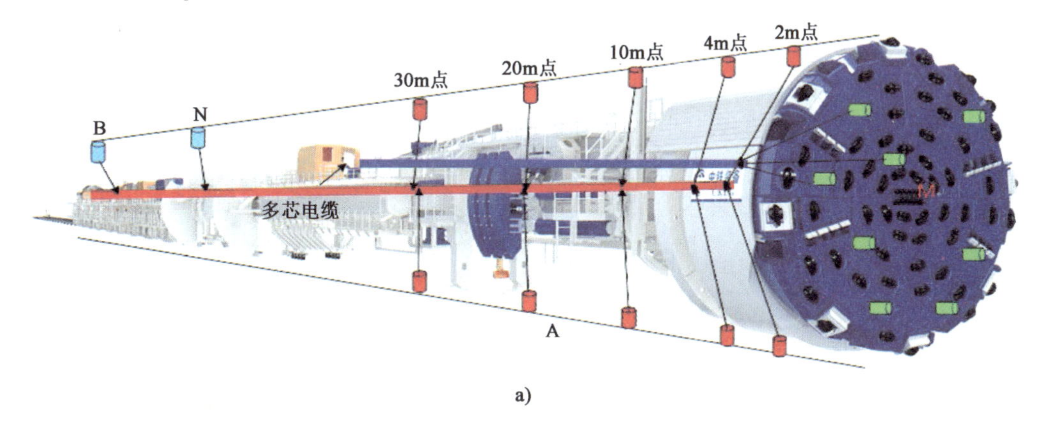


a)

图　17-24

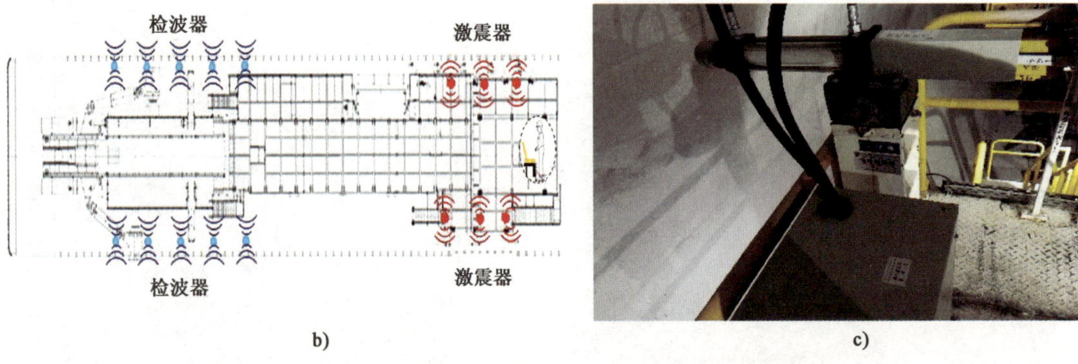


b)　　　　c)

图 17-24　激发极化法超前地质预报与三维地震法超前地质预报示意图

三维地震法超前探测系统：在距刀盘 15～35m 范围布置三分量检波器，距刀盘 50～60m 附近安装液压震源；震源通过 TBM 换步，移动震源激发位置，实现多个点位激震，实现三维地震一体化、集成化和自动化测量。

# 17.5　工程案例

以大瑞铁路高黎贡山隧道正洞 TBM 顺利通过 D1K224＋204 处不良地质段施工为案例，具体介绍 TBM 防卡与围岩控制变形技术。

## 17.5.1　TBM 施工受阻情况

自 2018 年 8 月 9 日正洞 TBM 掘进进入糜棱状全风化花岗岩富水流沙地层以来，采取了施作超前泄水孔、超前帷幕加固注浆（聚氨酯类化学浆液）、刀盘刮渣孔焊接加密斗齿、皮带输送机漏渣改造、掘进参数优化调整、加大清渣力度等措施，TBM 艰难缓慢推进。至 8 月 26 日，正洞 TBM 掘进至 D1K224＋204 处，掌子面揭示围岩进一步恶化，中下部刀孔均被泥浆状渣体堵塞，拱部可见块状堆积体，同时存在股状出水。现场存在的主要问题如下：

（1）TBM 刀盘转动过程中前方渣体不断涌入，致使扭矩及电流均超额定值，掘进受阻，刀盘和主机皮带频繁被卡，如图 17-25 所示。

a)

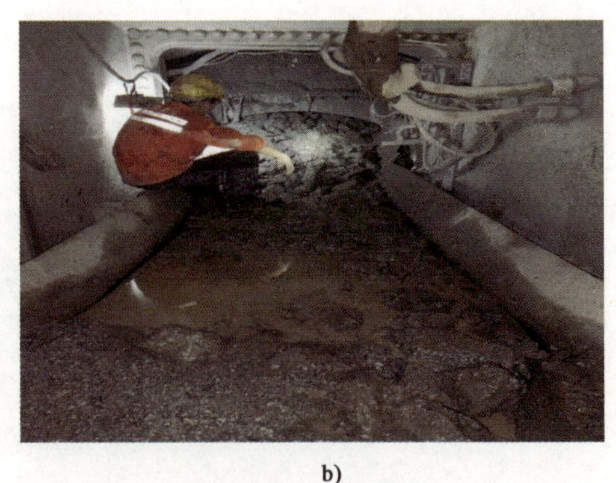

b)

图 17-25　TBM 刀盘、主机皮带被卡受困

（2）护盾尾部围岩支护段拱架已经下沉侵限。

(3)拱架下沉后,自盾尾向前方超前加固无法安装钻机,在拱架未下沉段施作,无法成孔,频繁卡钻;现场仅可采用风钻打设玻璃纤维管,但孔深达不到超前加固的要求。

## 17.5.2　施工方案介绍

针对掘进过程中掌子面渣体呈松散泥沙状从刀孔内涌出,导致掘进扭矩增大,推进困难及卡刀盘等问题,需要通过护盾尾部及刀盘内径向对周边围岩进行加固后,在TBM护盾上部扩挖施作小导洞,在小导洞内施工超前管棚对前方不良地质进行加固,同时对刀盘上方、前盾顶部的积渣进行清理,减小刀盘转动阻力,完成后TBM恢复掘进通过,具体施工流程如图17-26所示。

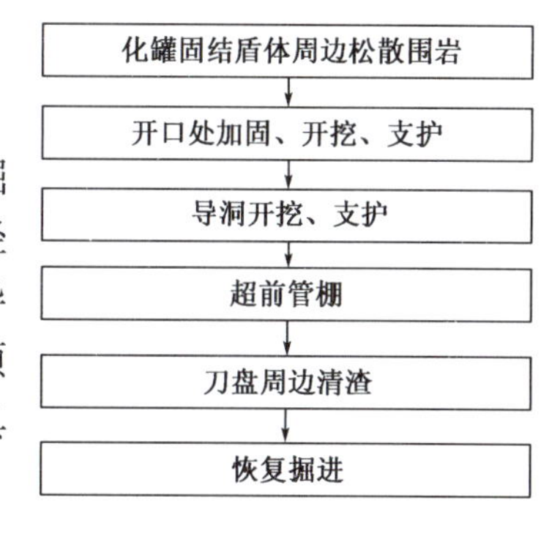


图17-26　通过不良地质段施工流程图

1)护盾周边加固

(1)加固范围

护盾及掌子面松散围岩注浆加固通过护盾尾部按照1.0m环向间距斜向前方打设注浆管,打设范围为主作业平台范围,前段可呈放射形向两端扩散,用以增大注浆加固范围,加固范围以包含TBM开挖范围为宜。刀盘周边加固范围如图17-27所示。

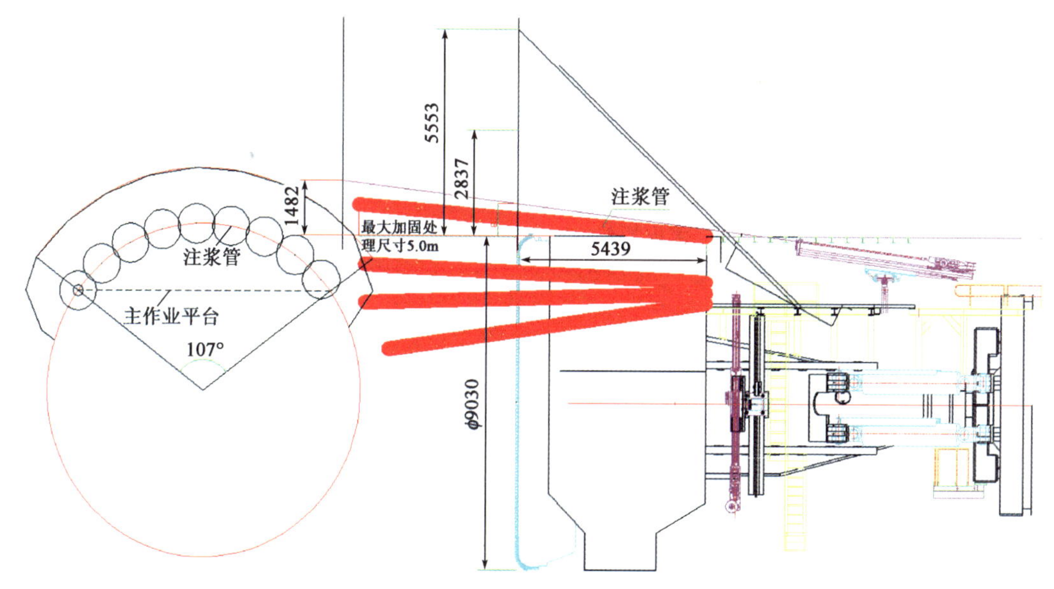


图17-27　刀盘周边加固范围示意图(尺寸单位:mm)

(2)注浆

①注浆管安装。TBM护盾上方存在大量积渣,注浆导管需有一定的刚度,适合用于穿过松散体注浆,采用$\phi$42注浆导管(自加工),因护盾前方为松散体不能成孔,利用T-28钻机将前端带有尖锥的小导管顶入,直至顶不动为止,当导管顶入困难时可采用玻璃纤维管作注浆管使用。

在盾尾作业平台可操作范围内拱部间隔1.0m打设$\phi$42注浆管,注浆导管单节长度3m,通过护盾后方斜向上前方安装,风钻逐节顶入,两节之间采用焊接连接,安装长度直至顶不动为止,且不宜小于4m。

②注浆材料及设备。注浆材料分为堵水型及加固型化学浆液,护盾周边注浆采用加固型化学浆液,注浆泵采用3ZBQS-12/20型气动注浆泵。

2)刀盘前方及径向加固

(1)加固范围

通过刀孔、刮渣口及观察孔向掌子面前方及刀盘周边打设注浆管进行注浆,对松散围岩进行加固。

考虑 TBM 设备特殊性,刀盘前方不能安装铁管,采用自进式玻璃纤维管作为注浆管。加固范围以刀盘前方不小于 4.0m、周边径向不小于 2.0m 为准。径向注浆加固范围如图 17-28所示。

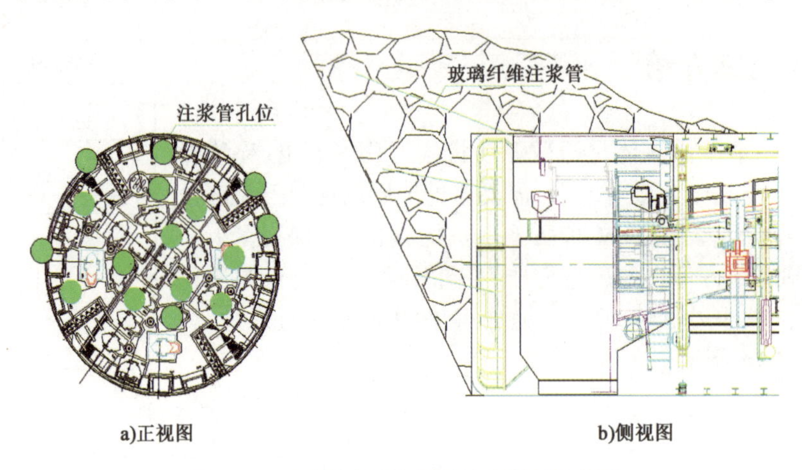


图 17-28　刀盘前方及径向注浆加固范围示意图

(2)注浆

由于刀盘内部作业空间狭窄,单节玻璃纤维管长度为 1m,套管连接。采用手持式风钻或改造后的气腿式风钻(气腿长度 1 ~ 1.5m)将玻璃纤维管钻至松散体内。

因掌子面有出水,刀盘前方及径向注浆加固采用堵水型聚氨酯类化学浆液,其注浆工艺与护盾周边注浆相同。

3)人工开挖小导洞

(1)小导洞范围

小导洞布置在正拱顶,自盾尾后方两榀拱架之间开口进入,小导洞净空高度 1.5m,拱部宽度 1.2m、长度 6.2m,采用化学浆液灌注周边固结 + 方木临时支撑 + HW150 型钢支撑架 + 140mm 槽钢纵连 + 锁脚锚管 + 超前小导管 + 喷射混凝土(视围岩情况)联合支护。TBM 护盾顶部小导洞结构示意如图 17-29 所示。

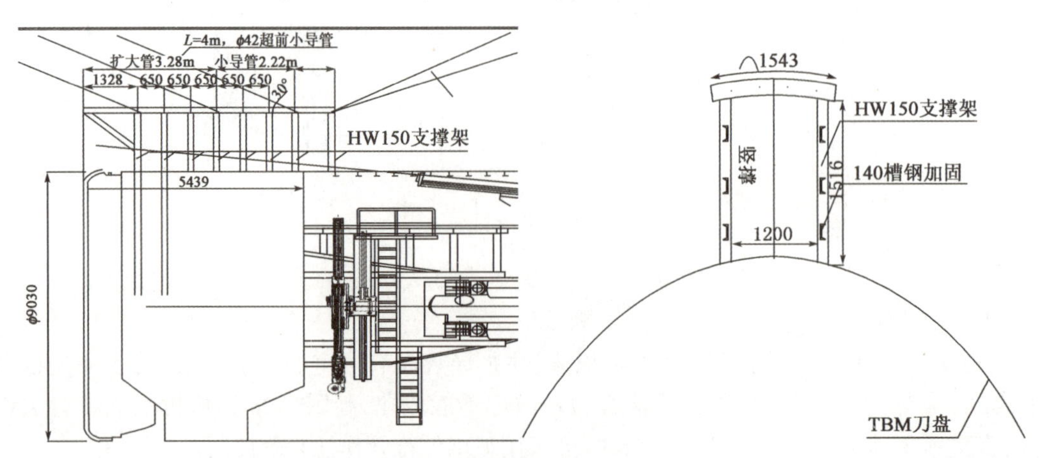


图 17-29　TBM 护盾顶部小导洞示意图(尺寸单位:mm)

(2)小导洞开挖施工

小导洞开挖之前必须先施作超前探孔,单次探孔深度 3m。小导洞开口处施作完成后,开始向前开挖,单循环进尺一榀支架 0.65m,导洞开挖采用人工手持风钻开挖,渣土用小桶倒运至导洞开口处下部放置的手推车内,后由人工配合铲运至材料存放平台处皮带输送机上,定期转动皮带输渣至矿车内运出洞外。导洞开挖过程中采用方木及木板临时防护,同时上一循环钢架支护后,通过钢架外弧面向开挖方向打设钢插板(16mm 厚钢板),起到超前支护作用。

结合护盾长度，根据支撑架落脚点需求，小导洞开挖长度6.2m。其中，靠近掌子面3.3m范围内向两侧扩挖，最后1.3m拱部外延施作成帽檐形式，利用斜撑固定在后部门架上，如图17-30所示。

a)

b)

图17-30　TBM护盾上方位置小导洞施工

4)超前管棚加固

利用导洞扩挖空间，施作$\phi$76超前中管棚对前方围岩进行支护，考虑管棚钻机能力，超前管棚施作长度为25m。施作范围为拱部76°、间距40cm，共计16根，如图17-31所示。

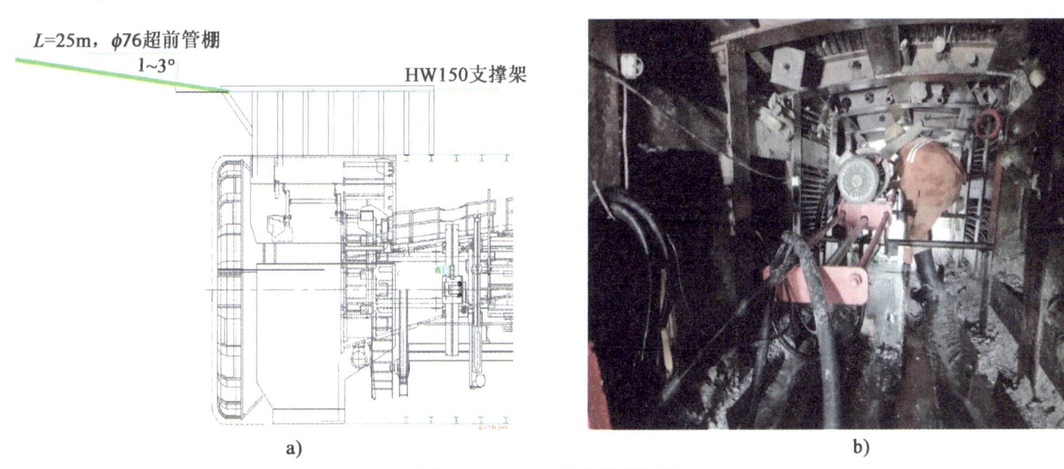


a)　　　　b)

图17-31　TBM超前管棚加固

管棚在扩大洞室内施作，依据平导不良地质段管棚施作经验，管棚在TBM开挖外轮廓面以下30cm处打设(主要考虑钻机及人员操作高度)，管棚打设角度取1°~3°，管棚分节长度为1.5m，管节间采用套管连接接长，相邻管棚接口位置错开，错开长度不小于1.0m，管棚尾端设置3m止浆段，其余部位梅花形布孔，注浆采用聚氨酯化学浆液。

受作业空间限制，结合类似工程施工经验，管棚钻机选择SKQ100型气动潜孔钻。由于地质环境、TBM施工的特殊性，管棚注浆考虑水泥浆、双液浆及化学浆液，具体使用类型、参数等需根据现场是否漏浆确定。

5)刀盘周边清渣

超前管棚支护完成后，人工对扩挖范围内刀盘周边积渣进行清理，清理至刀盘扭矩恢复正常为止。

每次试转刀盘前，前方人员必须全部撤离至盾尾主梁区域，扩挖作业面严禁留人；试转完成再次进入前，必须经安全员确认支护结构稳定无破坏后方可进入。

6)恢复掘进

(1)推进前准备工作

刀盘周边清渣、超前管棚施工完成后，清除作业区域内杂物，然后将竖撑与护盾分离。竖撑割除顺序为自两边向中间,由小里程至大里程的方向,将竖撑与护盾的焊接剔除(两者不连接即可),割除过程中做好监控量测,如有变形,人员立即撤出,然后再采取加固措施。

露出护盾后,正常全圆拱架间距同导洞拱架间距,并与竖撑焊接牢固(竖撑落脚在全圆拱架上),导洞内拱顶位置纵向间隔2.0m预埋$\phi$76注浆管,喷混凝土封闭后灌注不低于C25细石混凝土或回填M25砂浆。

(2)TBM掘进与支护

当TBM护盾周边已加固完成,护盾底部及仰拱块端头渣体清理完成,具备立拱及仰拱块安装条件,后配套渣体清理干净,经现场共同决议具备掘进条件时可进行掘进作业,TBM按照分段加固、分段掘进,掘进时按照不良地质段参数要求掘进,出露护盾围岩及时进行支护,支护在设计基础上进行加强,对初期支护背后空腔及松散围岩及时灌喷回填及注浆加固。

在化学灌浆对围岩充分固结后,经现场评估具备试掘进条件时,可采取三低(低推力、低转速、低贯入度)、一快(快速支护封闭)、一连续(连续施工)、宁慢勿停的掘进原则掘进,尽量减少刀盘对地层的振动和扰动,避免TBM再次掘进受阻。

### 17.5.3 施工控制要点

(1)严格把控不同注浆管使用部位,不可将钢制钻杆打入刀盘正前方。

(2)控制浆液扩散,防止浆液固结刀盘及护盾。

(3)前护盾上方不需要大量注浆,注浆重点为刀盘前方及上方。

(4)洞拱架各连接部位连接螺栓必须紧固到位,同时脚板周边满焊,拱架之间纵向连接必须焊接牢固,且间距符合要求。

(5)撑靴处喷混凝土饱满密实,防止加密拱架段撑靴踩压拱架,导致拱架变形。

(6)拱架应与岩面密贴,拱架与钢筋排焊接牢固,拱架背后空腔必须喷混凝土或注浆回填密实。

# 第18章　典型施工案例

本章主要介绍了典型施工案例，具体内容包括盾构机姿态超限、地表塌陷、盾构机卡机及重大设备故障等案例。从事情经过、原因分析及问题处理三方面进行案例剖析，使一线施工人员了解常见的典型施工事故及重大设备故障案例，吸取教训，确保施工安全及设备完好率。

## 18.1　盾构机姿态超限

### 18.1.1　【案例1】某盾构机始发后掘进偏差超限

1)事故经过

某区间隧道左线盾构机于2006年7月17日推进至-3环时，盾构机姿态发生突变，水平偏差达到-108mm，操作人员试图通过将左右液压缸行程差增大的方法进行纠偏，但由于盾体大部分在始发托架上，纠偏工作非常困难，致使-2～+4环隧道向左偏差超过100mm，最大偏差-111mm，超出设计界限。

2)事故原因

(1)盾构机操作失误

在-3环掘进中，采用下部一组推进液压缸推进，刀盘向左旋转，推力达到6000kN，刀盘前方是800mm厚的C30素混凝土连续墙，在掘进受阻情况下，操作人员将下部一组推进液压缸推力加大到8000kN，此时盾构机有滚动趋势。检查发现，始发托架的第一根三角钢架工字钢产生变形。由于急于纠偏，改用左边和下方两组推进液压缸推进，刀盘向右旋转，推力达到12000kN。此时盾构机推进的作用力集中在左下角的3根水平横撑上，在如此巨大的水平推力下，工字钢立刻开始变形，并导致拼装好的负环管片上浮，产生约40mm垂直错台，盾构机水平偏差继续增大，-3环掘进至300mm时，盾构机前体水平偏差已达104mm。

(2)始发架和反力架支撑设计强度不足

对始发托架和反力托架进行了专门验算，验算结果表明，反力架支撑可以承受10000kN的反力。但没有考虑支撑偏心受压的不利工况，使得安全系数偏小。此外，两侧的三角支撑间距为1430mm，间距设置相对偏大。

(3)现场管理混乱

由于右线盾构机已顺利始发，从而忽视了对左线盾构机的始发过程监控，在-3环掘进时，没有管理人员在场指挥。发现始发托架变形、盾构机姿态偏移较大时，盾构机司机未能及时停机上报或分析处理，盲目进行纠偏，致使反力架支撑发生变形，盾构机水平偏差进一步加大。

3)事故处理

对变形的水平工字钢进行了更换,并增加了横向支撑,防止盾构机进一步水平向左偏移。具体处理措施如下(图 18-1、图 18-2)。

图 18-1 焊接加强反力架

图 18-2 加强始发负环管片

(1)首先对变形的反力架支撑进行更换,并对始发台重新焊接加固,增加两根横向工字钢支撑。

(2)用楔形木块对已装好的负环管片做进一步固定,以防止负环管片在受到推力后位移进一步扩大。

(3)通过调整液压缸行程进行纠偏。

(4)在盾构机尾部进入洞门前,利用盾尾铰接液压缸可在较短距离范围内对盾尾间隙进行纠偏。在进行后续管片拼装时,有意识地向右下方置压,以有效利用盾尾间隙。

(5)盾构机全部进入土体后,拼装转弯环进行纠偏。

(6) +5 环开始使用铰接液压缸纠偏,水平方向偏差开始逐渐收敛(水平 -44mm),管片拼装到 +20 环以后,左线沿轴线方向正常掘进。

## 18.1.2 【案例 2】某盾构机近 90°旋转

1)事故经过

某盾构机于 2008 年 10 月 20 日始发,10 月 31 日 13:25 掘进第 12 环约 430mm(刀盘右转)时,出现盾体滚动角度较大现象,盾构机司机决定反转刀盘来调整滚动角。反转刀盘时启动扭矩油压约 150bar,且操作室振动很大,扭矩油压瞬间达到 240bar,盾体在 2s 中发生近 90°扭转,电机立即跳闸停机(图 18-3、图 18-4)。

图 18-3　盾构机翻转

图 18-4　连接桥扭转

经测量顺时针旋转 85°,被动轮垮塌,连接桥扭转,连接桥左侧液压缸基座脱落。1 号台车扭转,台车下方的轨道扭曲,轨枕倾斜。已拼装的管片未见明显变形,第 11 环有近 2cm 的错动。经现场检查,刀盘可转动,各液压缸无损坏。

2)事故原因

(1)地质环境

盾构机始发段为中风化(8)岩层,以泥质砂岩,泥质粉砂岩为主。

(2)原因分析

①操作方面,盾构机在掘进时,发现刀盘扭矩油压高达 230bar,盾构机司机决定反转刀盘来调整滚动角,但没有将刀盘转速完全降下来就反转刀盘,致使刀盘转动阻力瞬间增大,盾体在巨大反扭矩作用下发生扭转,直接导致了事故的发生。

②盾构机刚始发不久,前进的推力主要靠始发反力架来提供,为防止反力架变形,此阶段推力不宜过大,即推进液压缸对管片的正压力较小,因此,当盾体有旋转的趋势时,推进液压缸与管片间的摩擦力较小。

③由于正处于 100m 的试掘进阶段,各种添加剂的使用还处于摸索试用阶段,对土体的改良还不够理想,且岩层自稳性较好,在刀盘切削土体后,盾体与周围岩层呈分离状态,导致岩体不能提供给盾体足够大的握裹力。

3)事故处理

(1)盾构机复位基本方案

盾构机复位:根据怎么扭转过来的就怎么扭转回去的原理来实施扭转逆过程。即将刀盘固定在掌子面,然后顺时针驱动刀盘,施加的力要克服盾体重量与岩体摩擦力形成的扭矩及盾体自身的惯性扭矩,迫使盾体逆时针旋转,达到复位的目的。

(2)风险分析

①固定刀盘反转,刀盘单点受力,可能会引起刀盘变形或开裂。

②主轴承受力不均匀,存在扭曲或二次破坏的风险。

③盾构机扭转后中心轴线与原中心轴线不重合,盾构机可能倾斜,卡在岩壁里,强行复位会对盾体造成损害。

④盾构机扭转后,破坏了岩壁结构,风化的碎石将填充间隙,造成盾体与岩壁摩擦力加大。

(3)方案可实施性分析

主要理由如下:

①复位时间越短,岩壁间隙保留完整,盾体与岩壁摩擦力大致相同,成功复位的希望越大。

②复位过程中应逐渐加大刀盘扭矩,盾体复位要尽量保持缓慢、匀速。

③复位过程要分步进行,每步复位后及时检查盾体,尽可能减少对盾构机的二次伤害。

(4)回转复位过程

使用外径140mm单筒金刚石钻头,在刀盘开口处往掌子面试打两个孔,间隙约1m、孔深1m,分别插入2根43kg/m的钢轨,长约1.5m(图18-5),未将钢轨和刀盘焊接固定。然后尝试着顺时针转动刀盘,盾体在扭矩油压约60bar时,盾体逆时针回转约5°后,刀盘开始空转。检查后发现钢轨从孔内脱落,第一次处理失败。但刀盘在扭矩较小的情况下,盾体发生了微小回转,证明盾体与岩壁的摩擦力较小。因此只要固定住刀盘,盾体是完全有可能扭转回来的,这表明原定的盾构机拯救方案是正确的。

图18-5　工字钢固定

此后对盾构机进行检查,继续开舱打孔,这次打孔3个,1孔独立,2孔嵌套,孔深1.5m,分别插入3根约1.8m长的钢轨,且焊死在刀盘上。重启刀盘后,扭矩油压约180bar,盾体慢慢转回约20°后,停下来检查相关管道和设施,以便释放扭曲钢轨的应力,避免回转过程中盾构机二次受损。接着转动刀盘,又转回20°,停下再检查。此后再次启动刀盘时又空转起来,钢轨又一次从岩体中脱落。经过二次回转处理后,盾体已回转约45°。第三次打孔6个,且孔孔嵌套,共插入5根约2m长的钢轨,再将型钢横放并与刀盘牢牢焊死。重启刀盘后,盾体慢慢回转直至成功复位。

## 18.1.3　【案例3】某盾构机姿态变化问题分析及纠偏

1)事故经过

某盾构区间推进至51~114环时,盾构机姿态水平方向保持稳定,垂直姿态在短时间内出现较大变化:盾构机刀盘切口高程从-10变化到-30mm,而盾尾高程姿态变化更大,85~93环间高程偏移量变化超过40mm,平均达到7mm/环,并且有增大的趋势。

51~114环盾构机姿态如图18-6所示,四种不同线条代表了盾构机头尾在水平和竖直平面与隧道设计轴线的偏移。51~114环盾构机推力变化曲线见图18-7。

2)事故原因

盾构机进入过渡地层以后,地层由砂质粉土逐渐进入砂质粉土夹粉砂、砂质粉土夹淤泥质粉质黏土与淤泥质粉质黏土分层交界地带。

在外荷载作用下,砂质粉土夹粉砂和砂质粉土夹淤泥质粉质黏土很容易出现液化现象,且淤泥质粉质黏土本身含水率很高,承载力较低。由于受盾构机长时间掘进扰动,地层容易发生液化现象,承载力急剧下降。盾构机主机重300t,在该地层中掘进时容易产生下沉,从而造成盾构机姿态发生突变。区间地层地质变化见图18-8。

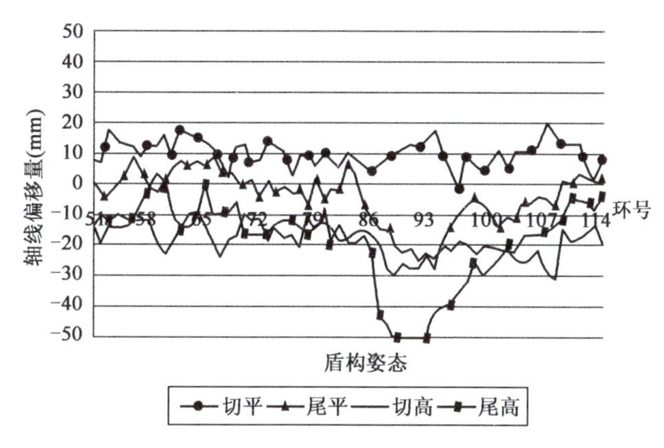


图18-6 51~114环盾构机姿态变化数据图

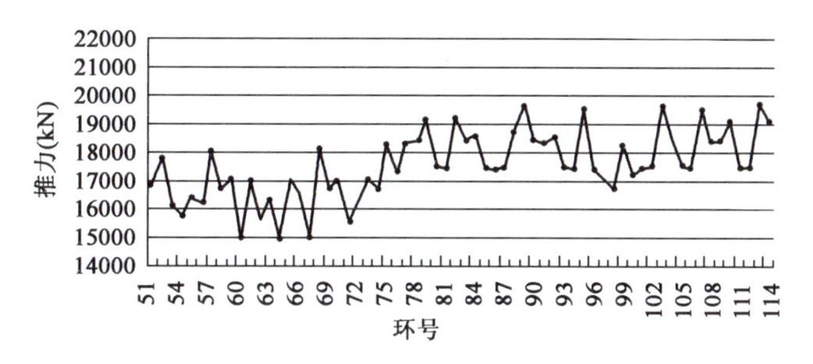


图18-7 51~114环推力变化曲线图

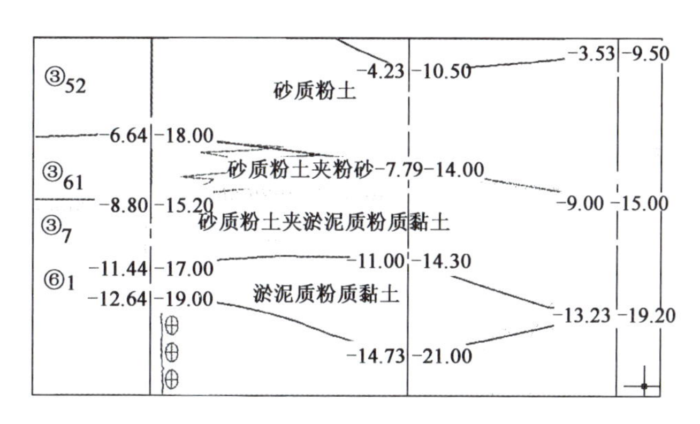


图18-8 区间地层地质变化图

3)事故处理

(1)根据不同地质情况选择合适掘进参数

在承载力较低的软弱地层施工时,盾构机司机需时刻注意操作面板上的土压、推力、扭矩、刀盘转速、掘进速度等掘进参数的变化,并根据地质变化及时调整掘进参数,确保以良好姿态掘进。通常推进速度控制在10~20mm/min,适当提高土压,土压设定为2.5bar。

(2)合理调整盾构机推力来调整盾构机姿态

根据盾构机实时姿态及时调整推力分布,适当增加盾构机推力,在保证管片不破损的情况下,适当增大下部液压缸推力。

(3)增加同步注浆量

注浆压力稳定在0.4MPa,注浆量逐步调整至5m$^3$/环。

(4)做好管片选型

保持良好的盾尾间隙和管片超前量,保证管片拼装质量,并在管片上粘贴传力衬垫。

# 18.2 地表塌陷

## 18.2.1 【案例1】某泥水平衡盾构机掘进前方地表沉降问题分析与对策

1)事故经过

某工程是南水北调中线一期的控制性工程,包括盾构机区间过黄河隧洞3450m和钻爆法施工邙山隧洞765m,全长4250m。主要穿越地层为粉质黏土、粉砂、中砂,以及砂砾石层等复杂地层。

2008年3月27日18:20,在+3环掘进过程中,当C组液压缸行程达到2109mm时发生地面沉降,沉降影响范围东西方向31m、南北方向28m,沉降最大深度51.8cm(图18-9)。

图18-9 地表塌陷情况

根据掘进记录及现场情况,当时操作过程如下:

从17:42时开始,至17:55,平均进浆约820m³/h,平均出浆约950m³/h,平均掘进速度18mm/min。此阶段盾构机气压舱压力0.253MPa,泥水舱压力0.19MPa,液位在0.10~0.50m间变化。

17:55后,平均进浆降低至约710m³/h,平均出浆约950m³/h,平均掘进速度18mm/min。此阶段盾构机气压舱压力0.253MPa,泥水舱压力0.19MPa,液位在0.10~0.50m间变化。

18:08时液位开始上升,操作人员加大排浆流量至1100m³/h,但液位仍然上升。

18:20时停止掘进,连接旁通阀,关闭进浆,增大排浆量至1200m³/h。

18:22左右,操作人员调整保压系统压力至0.3MPa,气压舱压力突然上升至0.35MPa,泥水舱压力达0.34MPa,气压舱液位快速上升,泥浆从保压系统排气阀消声器涌出。18:25时操作人员关闭SAMSON系统,进排气手动阀打开,旁通停止排浆。

2)事故原因

(1)掘进参数控制失误。操作人员在掘进中没能控制好进排泥浆量,操作人员在进浆量减少的情况下,没有相应减少排浆量,反而继续加大排浆量,造成进排泥浆量不匹配,属于严重的操作控制失误。

(2)施工措施没有得到落实。在始发掘进过程中,土体扰动较严重,影响范围大,前方多次坍塌,灰浆墙已损坏。在盾构机前进端土体存在空洞,但未采取加固措施,当盾构机掘进扰动时即发生地面沉降事故。

3)事故处理

将地面沉降范围内的设备、材料、机具移走。破除沉降部分的地面硬化混凝土,采用砂土回填下沉区域。

将盾构机气压舱压力调整为3.2~3.5bar,压力调整时应由小到大逐步调整。气压舱压力建立后,尝试转动盾构机刀盘,如能转动盾构机刀盘,则进行掘进,完成+3环管片拼装。如不能转动刀盘,需要泥浆循环解决,盾构机刀盘转动时,在没掘进之前的泥浆循环应保持进排泥浆量相等。在掘进过程中,保持进排泥浆量与掘进速度相匹配。

## 18.2.2 【案例2】某地铁区间盾构机喷涌造成地面沉陷

1)事故经过

2003年8月16日,某盾构机推进171环时,螺旋输送机出现严重的喷涌现象。同时,线路左侧突然出现突发性地表沉陷,沉陷面积约40㎡,塌陷深3m。在随后的掘进过程中,连续几日出现严重喷涌。2003年8月23日推进181环时,线路左侧再次发生地表沉陷,沉陷面积约$30m^2$,塌陷深2.5m。塌坑处线路间距为13m,隧道纵断面埋深13~14m,位于29‰的下坡直线段,地表无建筑物及地下管道通过,为果园区。

掌子面覆土层自上而下依次为:〈1〉耕植土层,厚0.5~1.7m;〈2-1〉淤泥砂土层,厚2.0~3.0m;〈3-2〉砂层,厚17.4~5.7m;〈7〉号强风化层夹〈6〉号全风化层,厚4.0~5.4m。洞身主要穿越〈7〉号强风化层夹〈6〉号全风化层,〈8〉号中风化层,〈9〉号微风化层。

2)事故原因

(1)地质原因

刀盘处于典型上软下硬的地层中,上部的〈7〉号强风化层夹〈6〉号全风化层长时间被扰动,导致〈3-2〉砂层、〈2-1〉淤泥砂土层塌陷,砂及地表水直接涌入盾构机刀盘内,引起地表沉陷。

(2)对掘进数据的异常变化未引起足够重视

从盾构机推进过程中的原始记录参数变化中可看出,在推进161~182环时,已出现推进速度减慢,推力、扭矩增大,土舱压力增大,油温升高,螺旋输送机出土闸门喷涌,推进过程中多次因扭矩,渣温升高而跳闸停止掘进等异常现象。

渣土的含水率较高,实际出土量远远大于理论出土量,出土渣样已发现〈3-2〉砂层、〈8〉号中风化层。

(3)刀盘结泥饼

盾构机施工时,多次发现刀盘空转的情况下,扭矩超过2000kN·m,以致多次发生掘进扭矩超过设定扭矩而跳闸停机的情况,并且土舱压力上升很快。刀盘内泥浆温度大多数情况下超过50℃。说明已经结泥饼,结泥饼和喷涌这两种现象往往是共生的。

3)事故处理

(1)螺旋输送机出渣门设置为双闸门型式,掘进时上下剪刀门交替开关,以控制喷涌。

(2)使用高质量的膨润土并辅之高分子聚合物进行渣土改良,增强渣土止水性和黏稠度,可防止或减轻螺旋输送机喷涌。

(3)合理确定渣土的松散系数,施工中对渣斗车进行分格量化,从渣斗车顶往下每10cm所对应的渣土方量进行精确计算,确保快速确定每阶段出渣量(一般是掘进400mm出一车渣)。

(4)采用全土压掘进模式,禁止欠压掘进。

(5)做好同步注浆和二次注浆工作,阻断盾构机后方隧道地下水流入土舱。

## 18.3　盾构机卡机

### 18.3.1　【案例1】某盾构机脱困

1）事故经过

某盾构机掘进至476环1400mm时出现掘进参数异常现象，总推力27500kN，推进速度2～4mm/min，右侧铰接液压缸行程达到限值150mm，铰接拉力318bar，且无法正常回收，盾构机被困。

该段在掘进472环时，渣土中开始逐渐出现较多碎岩块。盾构机主机长8.67m，盾尾已经全部位于岩层中。根据进舱检查情况，掌子面为全断面岩层，尤其以上半部岩层完整性较好，下半部较为破碎，初步判断该地层介于强风化与中风化地层。而根据详勘报告显示，该段区间隧道断面穿越地层为〈5H-2〉残积土层和〈6H〉全风化花岗岩层，与实际地质情况差别较大。

由于强风化花岗岩地层较为破碎，受到外部扰动后易出现收敛现象，长时间停机将进一步包裹盾构机。并经过对盾尾实测，发现盾尾已经发生椭变。6点位和12点位方向盾壳均向内侧径向收缩2～3cm，3点位和9点位方向盾壳向外侧径向扩大2～3cm。由于盾构机开挖直径为6.28m，盾尾设计外径为6.23m，即盾尾外侧理论有2.5cm间隙。但根据盾尾实测数据显示，3点位和9点位方向盾尾外侧与开挖直径一致，无富余空间，导致盾尾与外部岩层摩擦力进一步加大。

2）事故原因

（1）边滚刀磨损，开挖空间余量不足。

（2）盾构机姿态不好，前期姿态调节过度。

（3）地质原因，外部扰动后出现收敛现象将盾构机包裹。

（4）盾尾变形，盾尾与外部岩层摩擦力进一步加大。

3）事故处理

（1）加大开挖直径

加大开挖直径，为脱困后期提供便利。通过进舱对刀具磨损情况进行检查，发现边滚刀磨损量为2～3mm，磨损量并不大。更换7把边滚刀，分别为33号、34号、35号、36号、37号、38号、39号。并对36号、37号、38号、39号刀座增加1cm厚钢垫板，将开挖直径由原始6280mm增大为6300mm。

（2）加设刚性拉杆

采用刚性拉杆替换相应行程的铰接液压缸，确保对盾尾提供足够拉力。最早拆除2号、4号、10号、13号铰接液压缸，加设4根刚性拉杆，当总推力达到27000kN时，4根拉杆接连出现断裂及销子变形现象，但盾尾未被拖动。之后将14根铰接液压缸全部更换为刚性拉杆，并采用U形钢板对铰接耳座进行固定，防止变形。推进过程中，拉杆及销子均出现不同程度变形及断裂，并进行及时更换。

（3）增加辅助液压缸

为保证盾构机有足够的脱困推力，增设液压缸作为辅助液压缸。采用2台400t液压缸及5台150t液压缸，主要布置于盾尾中下部，并在液压缸与管片结合面1处加设缓冲性硬塑板（图18-12），分别置于：2台400t液压缸置于左右两侧防扭装置处，其余5台分别置于4号、5号、6号、9号、11号铰接液压缸支座处。辅助液压缸有效推力最大可增加至18000kN，根据推进情况适当调整油压，防止盾构机抬头。辅助液压缸布设见图18-10。

（4）调整管片宽度

由于盾尾较长，且线路曲线半径较小。为方便小半径曲线调向，经与设计单位沟通，同意采用宽度为1.2m的小管片，并于477环开始拼装使用。

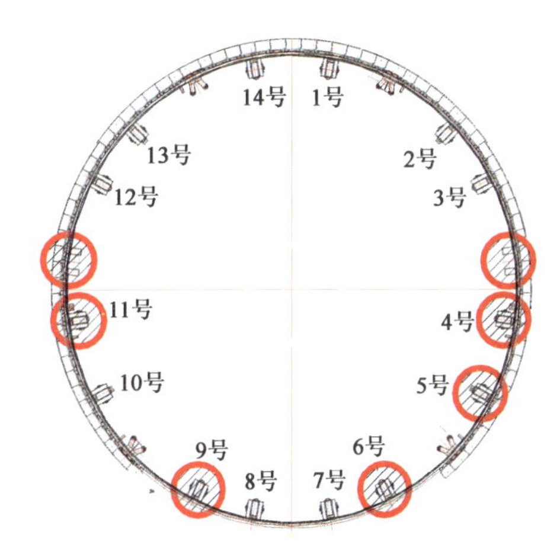


图 18-10 辅助液压缸布设图

(5)调整土压

根据地质情况适当降低土舱压力,或在确保掌子面全断面岩层稳定的情况下常压掘进,确保推进液压缸产生最大有效推力。目前盾构机埋深 14m,前期脱困阶段土舱压力建立在 0.5 ~ 0.7bar,地表监测情况比较稳定。

(6)盾壳外侧润滑

在盾尾 3 点、5 点、8 点、9 点、12 点位置取孔,共取 5 个孔($\phi$22mm),并在盾壳外注入废液压油共计 400L,减小盾尾前进过程中的摩擦阻力。

(7)盾构机外侧打排孔

根据实测盾构机姿态,在地面准确放出盾构机平面位置,紧贴盾构机两侧采用 $\phi$150mm 潜孔钻机地表打孔(图 18-11),钻孔至盾构机底部埋深(21m)。旨在潜孔钻破碎包裹在盾构机两侧岩层,减小岩层对盾体的包裹力。截至 8 月 28 日,累计两侧钻孔 118 个。

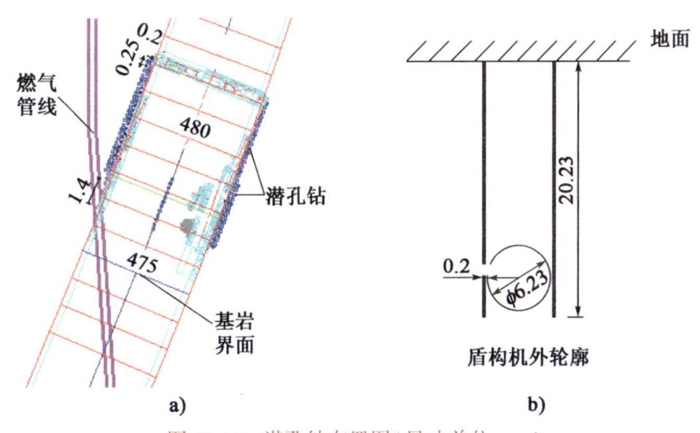


图 18-11 潜孔钻布置图(尺寸单位:mm)

(8)后期采取主要措施

本阶段脱困工作首先进行盾体回收,由于前期脱困阶段主要采用刚性拉杆,脱困过程中拉杆与连接销均出现不同程度变形及断裂,导致盾尾与中体搭接长度逐渐减小,最小处仅剩 14cm。为防止盾尾出现脱离风险,需回收盾体。

增加铰接液压缸。拆除拉杆并恢复所有铰接液压缸,行程过长部位采用 35t 卸扣进行延伸连接。为实现前体回收,调整盾构机姿态,在盾构机 3 点位和 9 点位防扭装置处增设两组 100t 铰接液压缸,加大盾尾拉力。

增加辅助液压缸。脱困过程中继续采用辅助液压缸加大有效推力,在前期已有 7 个辅助液压缸的基础上增加到 16 个,布置位置对应 16 组铰接支座。液压缸数量、型号分别为:2 个 200t、9 个 150t、5 个

100t。并在盾体回收阶段,将辅助液压缸与铰接液压缸共用泵站,确保受力同步。

### 18.3.2 【案例2】某地铁盾构机区间盾构机被“卡死”

1)事故经过

某盾构机从隧道约300环进入江底,在510m宽的江底掘进150环后,遇到上软下硬地层,洞身大部分为中风化变质岩〈8z〉、微风化变质岩〈9z〉,上部为强风化〈7z〉、全风化〈6z〉和残积层〈5z-2〉砂质黏性土。

边滚刀严重磨损(实测最大18mm),使开挖直径逐步变小,盾体与隧道围岩中的摩擦逐步变大,推力逐步变大,掘进速度不断变小。盾构机掘进到442环时,推力已达25000kN,速度只有3~5mm/min,出渣量变大,442~451环出渣量超过90m$^3$。出渣伴有喷涌,并从渣土中发现黑色淤泥等江底淤泥层,刀盘响声也比较大。结合江底声呐探测数据分析,江底有约2m深、直径约15m的塌陷坑。到451环,推力大于30000kN,已没有掘进速度,不得不停机处理。

2)事故原因

盾构机被“卡死”后,经带压进舱检查,4把双刃滚刀偏磨量都达到极限,8把单刃滚刀(17号、18号、33号、34号、35号、36号、37号、38号、单刃滚刀)磨损到极限,且刀盘中心滚刀出现严重变形。

分析盾构机卡死的主要原因:上软下硬的复合地层使刀具迅速磨损,由于没有及时更换刀具,导致隧道开挖直径变小。

3)事故处理

(1)洞内超前注浆加固。对盾构机前体的15个超前注浆孔进行注浆,其中有6根42mm的无缝钢管及其他镀锌钢管,盾构机脱困前用倒链拔出注浆管。

(2)带压进舱检查和换刀。考虑到地层条件较差,先换4把双刃滚刀、3把单刃滚刀,剩余刀具待盾构机脱困后到稳定地层进行更换(再次换刀选择在510环刀盘修复时进行)。

(3)脱困过程中主要采用铰接液压缸和推进液压缸。铰接最大伸出量为70mm,推进液压缸总推力为25000~36000kN,推进速度为1~3mm/min,扭矩为刀盘额定扭矩的10%,日均掘进一环,到457环(盾构机被卡死的范围等于盾构机主机长度,约6环)推力已经降到25000kN,盾构机基本脱困,但由于刀盘变形和磨损的刀具未完全更换,掘进速度较慢(5mm/min)。

### 18.3.3 【案例3】在花岗岩中掘进边刀过量磨损造成的卡壳

1)事故经过

某地铁盾构区间地层为花岗岩,发生卡壳时使用了极限推力,仍无法使盾构机前进,如图18-12所示。

a)

b)

图18-12 花岗岩中盾构机卡壳

2)事故原因

边滚刀过量磨损,没有及时更换,导致开挖直径变小而引起卡机。

3)事故处理

用爆破凿除盾壳外的岩石,使盾构机得以松动,如图18-13所示。

图18-13 爆破清除花岗岩

# 18.4 重大设备故障

## 18.4.1 【案例1】某盾构机始发初期刀盘变形与主轴承损伤

1)故障经过

某区间盾构机刀盘刚进入始发洞门密封时,推进液压缸行程为1200mm,推力为7000kN,继续推进到液压缸行程为1700mm时,刀盘全部进入帘布橡胶密封内,最大推力达到13000kN,尝试转动刀盘,刀盘不能转动,并出现2次刀盘电机扭矩限制器脱扣现象,经检查发现刀盘被洞门二次衬砌墙预留钢筋($\phi$12螺纹钢)卡住。

次日白班进舱处理钢筋时,发现刀盘与前盾切口环之间的间隙不均匀(图18-14),有偏斜现象,局部刀盘圈梁已经侵入土舱内。处理完钢筋后,再次转动刀盘,刀盘能够转动。

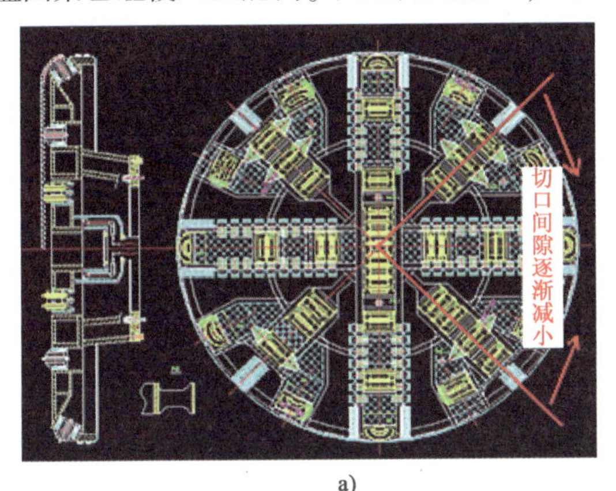


a)

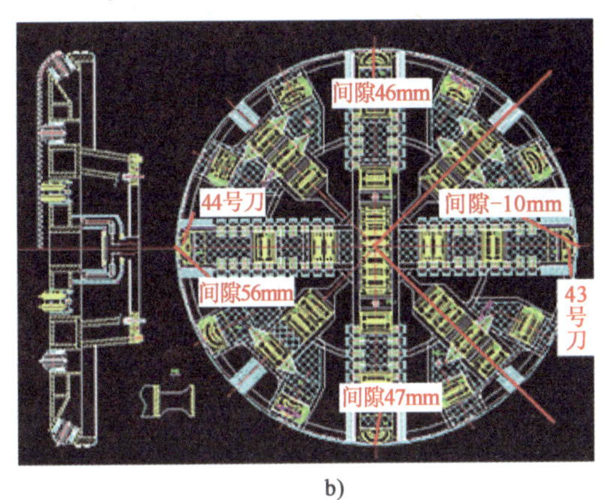


b)

图18-14 刀盘偏斜情况实测示意图

9月14日,全面检查测量刀盘焊缝及变形情况后发现:

(1)刀盘倾斜:从30号刀、32号刀至43号刀的间隙成逐渐减小趋势,43号边滚刀所在位置的刀盘圈梁侵入土舱内10mm,44号刀位置刀盘圈梁与前盾间隙为56mm,41号刀位置刀盘圈梁与前盾间隙为46mm,42号刀位置刀盘圈梁与前盾间隙为47mm。

(2)焊缝开裂:23号、22号、27号、28号刀箱焊缝开裂,23号刀处牛腿焊缝处出现明显裂纹,23号刀箱变形,23号刀位置环筋板焊缝开裂,刀箱焊缝开裂(图18-15、图18-16)。

图18-15 刀盘变形情况照片

图18-16 刀箱焊缝裂缝照片

2)故障原因

(1)违规操作,违规指挥

没有按照施工组织设计要求对掌子面进行检查清理和验证,也没有取芯进行强度验证,掌子面有孤石和影响刀盘旋转的钢筋没有检查和处理,操作司机没有进行确认是否适合掘进,盲目进行推进,属于违规操作。

在以上所有与始发有关的工作没有彻底解决前,盲目决定开始掘进,属于违规指挥。

领导违规指挥,操作人员违规操作,必然出事故。按照专家会提出的处理方案,需要将盾构机刀盘后退至始发洞门前刀槽处。当盾构机完成后退工作后,发现掌子面左下角位置存在孤石,最大的孤石直径约1m(图18-17)。

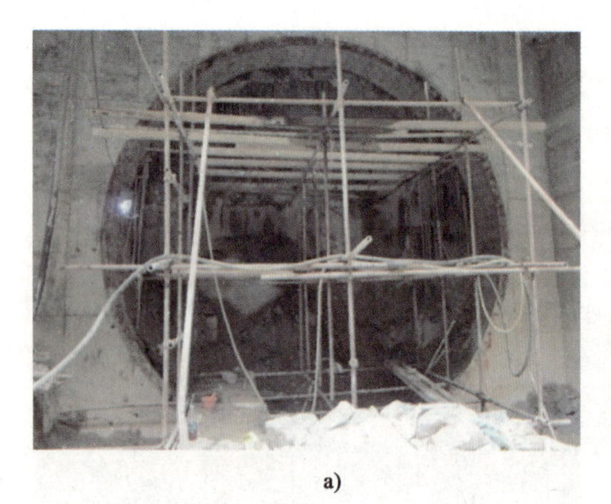

a)

b)

图18-17 掌子面孤石情况

(2)对异常情况缺乏敏感

再次始发后,发现盾构机推力异常增加时,有关人员没有敏感性,没有停机分析,盲目继续推进,直到转不动刀盘时才意识到问题的严重性,失去处理问题的最佳时机。

盾构机在进入风井前处于空推,空推段正常推力为3000~4000kN。当在风井中再次始发,液压缸行程1200mm时，刀盘刚进入洞门密封，盾构机推力增加到7000kN，此时刀盘位于帘布橡胶板位置，不具备转刀盘条件。继续推进至液压缸行程1700mm时，刀盘完全通过洞门密封，推力从7000kN增加到13000kN，持续时间约6min，推力均衡增加，约每分钟增加1000kN，此时具备转动刀盘条件，转动刀盘时发现刀盘卡死。

(3)刀盘承受的偏载力已经远超材料的允许值

根据两次专家会的分析，空推段正常推力应为3000～4000kN。

当推进液压缸行程达1700mm时，推力从7000kN增加到13000kN，此时土舱为空舱，即刀盘受力为9000kN。根据掌子面左下角存在较大的孤石以及推力持续6 min增加的情况，刀盘的左下角边缘顶在孤石上，承受全部推力，其他部分则悬空，无法分担承受推力，导致刀盘承受了较大的偏载力。

专业人员对盾构机刀盘进行模拟偏载分析(图18-18)。刀盘加载的边界条件：对刀盘的43号、38号、37号3把刀同时加偏载，进行6次加载，推力分别为9000kN、8000kN、7000kN、6000kN、5000kN、4000kN，试验仿真计算结果见表18-1。

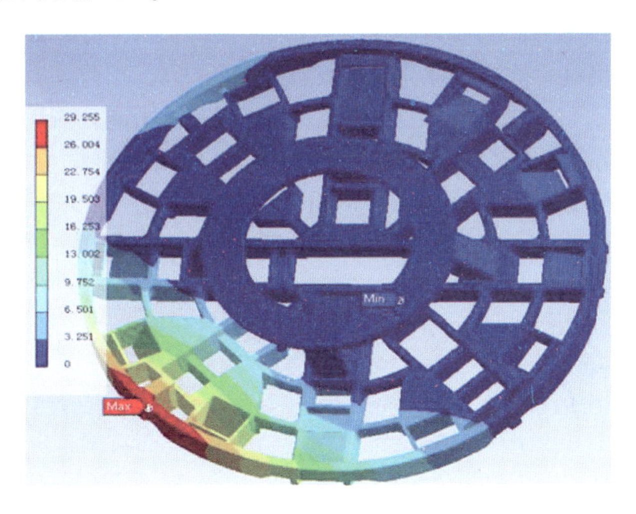


图18-18 偏载条件下刀盘分析结果

刀盘模拟偏载分析表 表18-1

| 推力(kN) | 9000 | 8000 | 7000 | 6000 | 5000 | 4000 |
|---|---|---|---|---|---|---|
| 最大等效应力(MPa) | 1079 | 959 | 839 | 719 | 599 | 479 |
| 最大位移(mm) | 29 | 26 | 22 | 19 | 16 | 13 |

刀盘材料是Q345B，其屈服强度为295MPa，抗拉强度为470～630MPa。

模拟结果表明：

①当偏载超过4000kN时，刀盘牛腿与刀梁处已开始出现微观裂纹。

②当偏载为6000kN时，刀盘综合最大等效应力719MPa，牛腿与刀梁连接处已超过470MPa。

③当偏载力达到9000kN时，刀盘综合最大等效应力达到1079MPa，远远超过470～630MPa。

根据断裂疲劳学理论，当出现微观裂纹时，材料的实际强度为原强度的1/5，即裂纹出现快速延展，牛腿与刀梁出现宏观裂纹。

(4)主轴承损伤情况判断分析

为谨慎起见，根据专家建议，决定对主轴承的状况进行检查和分析，并采取相应的措施。

①经轴承厂家复核，刀盘最外圈三把刀位置承受9000kN偏载力的情况下，静载扭矩为23380kN·m，在主轴承设计安全范围内，而且没有旋转，说明这样的偏载不会造成主轴承损坏。

②由主轴承厂家检测，判断主轴承属于严重磨损或者轻度剥落，是否可以使用，则需要拆检再进行判断。

为了确保在主轴承安全的情况下进行刀盘修复，邀请了 SKF 工程师用 SKF CMXA 70-M-K-SL/CM-SW7300 检测仪器，在刀盘空载、转速 4.5r/min 工况下，对刀盘主轴承进行了振动数据采集，检测分析主轴承状态，其结果见表 18-2。

盾构机主轴承振动测试表　　表 18-2

| 测量位置 | 加速度包络值 $gE_1$ | 加速度包络值 $gE_2$ | 加速度包络值 $gE_3$ |
|---|---|---|---|
| 轴承径向 | 0.053/0.040 | 0.098/0.030 | 1.049/0.3524 |
| 刀盘推向 | 0.469/0.40 | 0.165/0.256 | 0.369/0.146 |
| 设备状态及建议 | 主轴承存在故障，从分析情况看，轴承润滑状态差，属于较严重磨损或者轻度剥离，建议拆检轴承。如果轴承在公差范围内，则清洗干净；换润滑油后使用，如果超差，则需要维修 | | |

注：振动值是同方向上下两个测量位置的振动值。

综合分析，决定更换主轴承。

根据 SKF 工程师出具检测结果，主轴承受损伤，但损伤程度难以判断，应该是滚道、滚柱或保持架有轻微剥落，但也不能排除主轴承严重损坏的情况。

为了验证 SKF 工程师出具的检测结果，项目上继续进行了以下工作：清洗主轴承，添加新齿轮油，刀盘转速为 2～3r/min，每转动 4h 取油样一次，共取三次油样进行光谱分析和铁谱分析。光谱分析及铁谱分析结果显示系统磨损情况基本正常，油中有个别铜合金异常磨损颗粒。

通过对油液检测结果进行对比，虽无主轴承损伤继续恶化的情况，但由于刀盘空载运转时间短，在没有按照厂家要求进行拆检的情况下，既不能判断轴承是否在公差范围内，也不能排除在施工过程中出现主轴承损伤继续恶化的情况。

综合考虑工期较紧的实际情况，决定对主轴承进行更换。

3）刀盘处理

为处理刀盘，必须先把盾构机后退到指定的位置。利用安装的盾构机后退液压缸和一定长度和数量的钢墩子，使盾构机后退 5.5m，以使刀盘退出中板位置，满足盾构机刀盘吊装条件（图 18-19）。

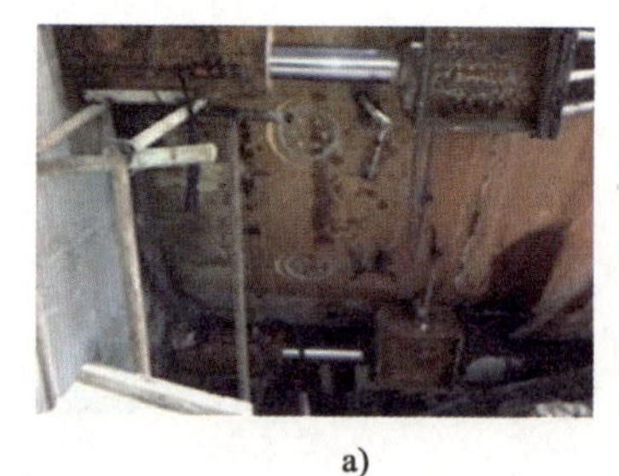

a)

b)

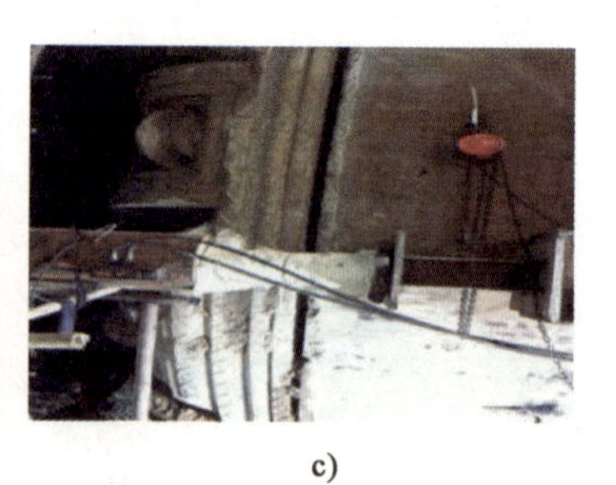

c)

图 18-19　刀盘后退情况

刀盘退到指定位置后，清理盾构机两边杂物、盾构机凹槽处物料以及积水，拆除折叶板，采用静态炸药破碎处理掌子面孤石，对掌子面进行喷浆支护。

（1）刀盘外圈梁轴向的变形测量

测量方法：在盾体切口环的顶部选择一个点，作为测量的基准。刀盘大约旋转 30°测量一次，共测量 12 次。

测量结果：测量值－理论值＝外圈梁轴向的变形量。当测量值大于理论值，表示大圈圆环与切口环之间的间隙加大；反之，则间隙减小。根据刀盘外圈梁轴向变形测量的结果（图 18-20），刀盘外圈梁在 43 号刀位置处变形最大，变形量约 60mm。

（2）刀盘外圈梁径向的变形测量

测量方法：在盾体切口环的顶部选择一个点，作为测量基准。刀盘大约旋转 30°测量一次，共测量 12 次。

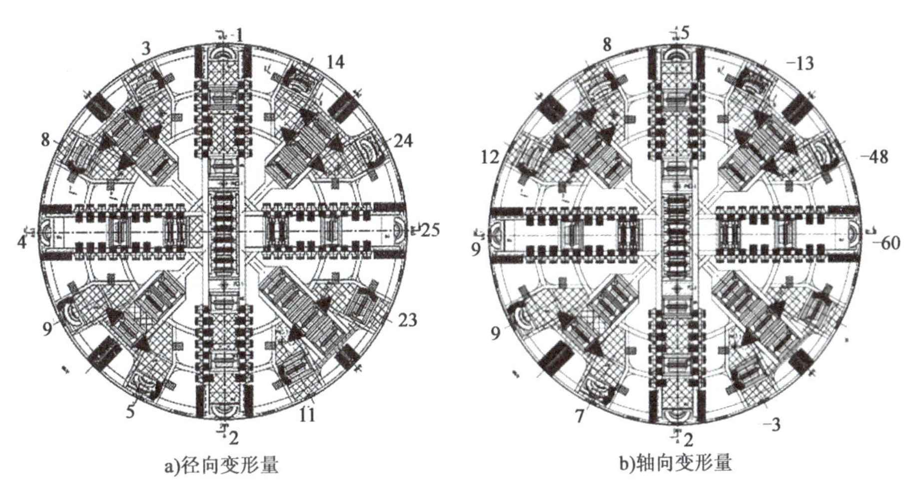


图18-20 刀盘外圈梁径向、轴向变形量测量结果

测量结果：测量值 - 理论值 = 外圈梁径向的变形量，测量值大于理论值，表示在测量点处，外圈梁内圆环的半径方向变小；反之，则间隙增大。测量结果如图18-21所示（备注：在工厂加工制造过程中，外圈梁内径的公差一般控制在±5mm）。

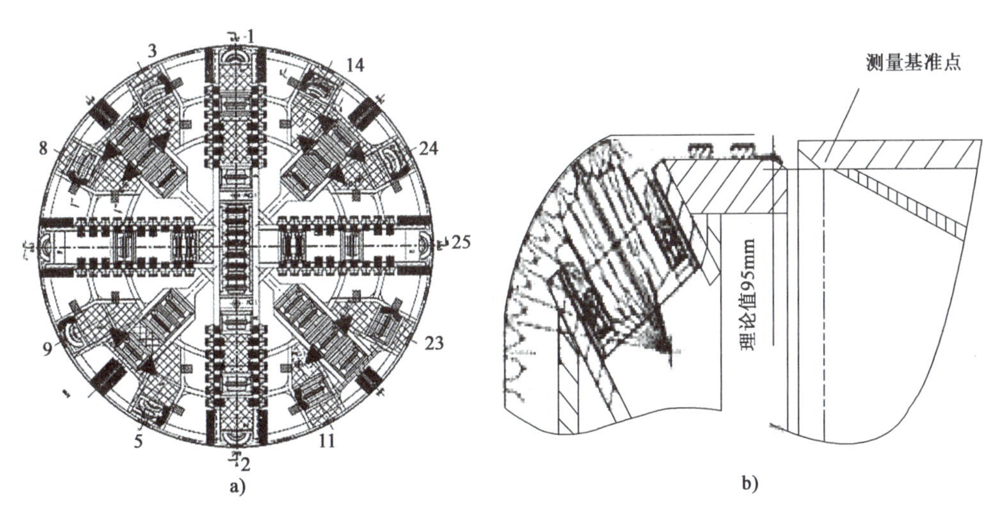


图18-21 刀盘外圈梁径向变形量测量结果

刀盘外圈梁径向变形测量的结果显示，刀盘外圈梁在43号、38号、34号刀位置处的变形量较大，变形量超出了外圈梁与切口环之间的间隙。

（3）刀盘外圈梁修复

①先处理刀盘两道环筋与90°刀梁连接处的焊缝，在刀盘90°刀梁处的翼板的背面割开高度约125mm的缝隙，割缝距刀盘中心的距离约1838mm。

②在外圈梁与刀盘90°刀梁中心线夹角约17°的位置处割缝，割缝的高度约200mm。

③用1000kN的液压缸顶在90°刀梁的翼板上，液压缸顶在翼板的位置距刀盘的中心约2850mm处。慢慢升高液压缸的压力，时刻观察液压缸行程的变化以及刀盘外圈梁的变化，防止校正超差，直到将外圈梁校正到理论位置，即保证校正过之后的刀盘外圈梁与前盾切口环之间的间隙控制在30～40mm。

④利用同样的方法，将34号、38号滚刀位置处变形的外圈梁进行校正。

⑤外圈梁校正之后，将刨除焊缝的钢板开破口，打磨光滑，然后焊接，焊接之后局部进行加强，修复情况如图18-22、图18-23所示。

图 18-22　割缝位置

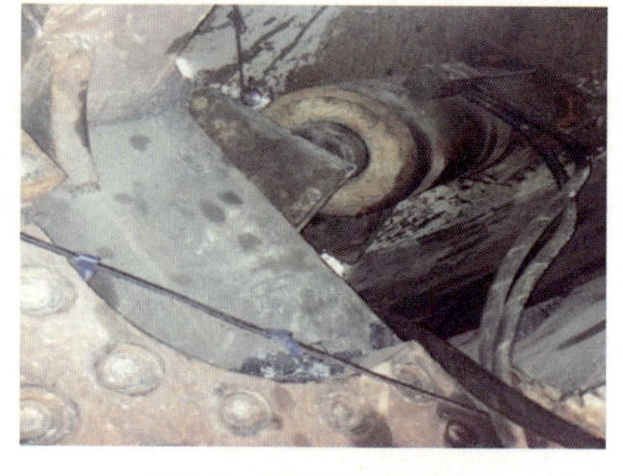

图 18-23　液压缸校正变形部位

(4)刀盘外圈梁检验

通过滚刀模板来检验滚刀的高度是否均在一个平面上。

①在前盾的最顶部的中心线上,将基座焊接到前盾切口环处,要保证滚刀模板过前盾的中心线。

②以 20 号滚刀的高度为基准,初定位滚刀模板的轴向位置,然后测量所有正滚刀刀箱到滚刀模板的轴向高度,取中间值来精确定位滚刀模板的轴向位置。

③滚刀模板定位之后,测量边滚刀距工装模板的高度,高度方向上的误差控制在 ±3mm 之内,超差的滚刀需要移动滚刀刀箱的位置,将误差控制在 ±3mm 之内。

④最后需要测量 44 号滚刀的开挖直径控制在 $\phi$6280mm( +5 ~ 8mm)。

⑤经过测量,刮刀、边刮刀在高度方向上的公差超出设计公差,但不影响正常使用,所以刮刀、边刮刀不做调整。

(5)检查刀盘焊缝

将有裂纹的焊缝刨除,然后补焊。焊缝要求:采用窄焊道,薄焊层,多层多道的焊接方式,尽量减少焊接变形。刀盘筋板修复情况如图 18-24 所示。

a)

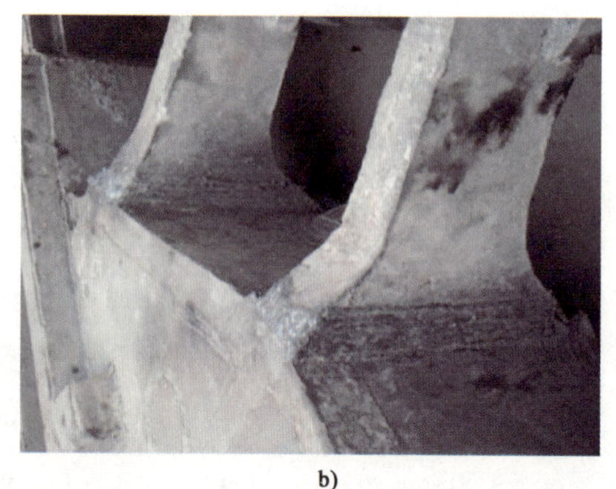

b)

图 18-24　刀盘筋板修复情况

(6)滚刀刀箱的修复

①在刨除变形滚刀刀箱的过程中,需要掌握好刨除的速度,防止刨除过程中滚刀刀箱变形。

②滚刀刀箱刨除之后,将原来的焊缝用砂轮机打磨光滑,利用滚刀模板重新定位焊接滚刀刀箱。

③23 号滚刀刀箱局部有裂纹,将滚刀刀箱刨除后,进行补焊(要注意控制焊接变形),然后再定位焊接。

4)主驱动和主轴承拆解与处理

(1)拆除刀盘、前盾、主驱动和主轴承

①拆除主驱动电机。

②拆除减速机。

③拆除主驱动与前盾的连接螺栓，将主驱动整体与前盾分离(分离时注意密封保护)。

④主驱动翻身后平放。

⑤拆除驱动环与主轴承连接螺栓，拆除驱动环。

⑥拆除主轴承。

(2)主轴承拆检情况

主轴承拆检后发现，第一道主轴承外密封及其相应跑道位置有略微磨痕，其余主轴承内、外密封及相应跑道良好，HBW 油脂注入量不足，部分油脂注入孔有堵塞现象，EP2 油脂润滑良好。

(3)减速机和驱动箱拆解情况

在拆卸主驱动减速机的过程中，发现6号减速机立轴轴端轴承碎裂，立轴有明显划痕，小齿轮齿面有明显压痕。除1号减速机输入端无漏油外，其余5台减速机输入端均有漏油现象。

(4)大齿圈拆解情况

大齿圈有明显生锈现象，齿面压痕明显，但大齿圈与主轴承盖板的两道密封良好，初步判定滚珠保持架内应该没有进入大颗粒铁屑，拆检情况如图18-25所示。

a)

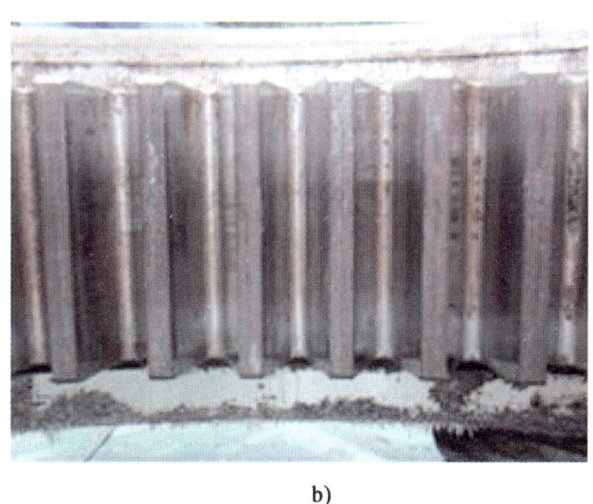

b)

图18-25　主轴承齿面情况

(5)处理情况

①对内外密封跑道与密封进行清洗，更换内、外密封，内外密封跑道不进行调整。

②委外修复驱动箱6号减速机轴承座，修复后情况如图18-26所示。

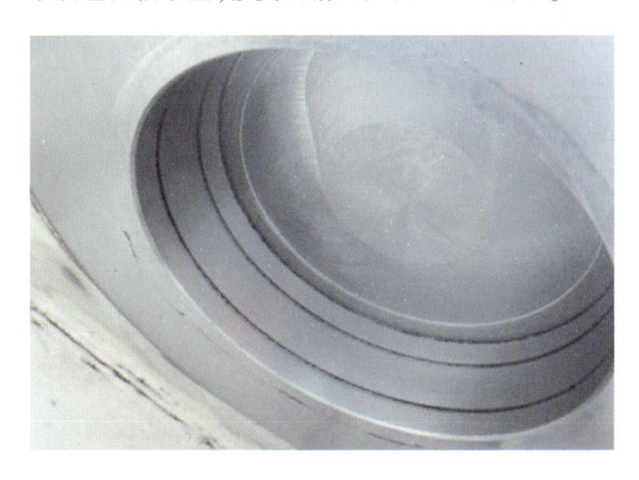

图18-26　减速机轴承座修复后情况

③委外拆检6号减速机，确定6号减速机无损伤。6号减速机小齿轮立轴委外修复，更换所有减速

机高速端油封。

## 18.4.2 【案例2】某泥水平衡盾构机刀盘泵卡死损坏故障

1)故障经过

某泥水平衡盾构机掘进过程中,盾构机司机发现刀盘转速值突然出现异常波动现象,随后便听到液压泵站刀盘驱动液压泵(单个泵,型号为 A4CSG500)明显异响,随后停机拆泵委外检修。

在委外拆检泵后,发现泵内部柱塞滑靴全部破损(图 18-27),部分碎片卡在柱塞缸体与泵内部壳体之间,导致斜盘面有明显划痕。

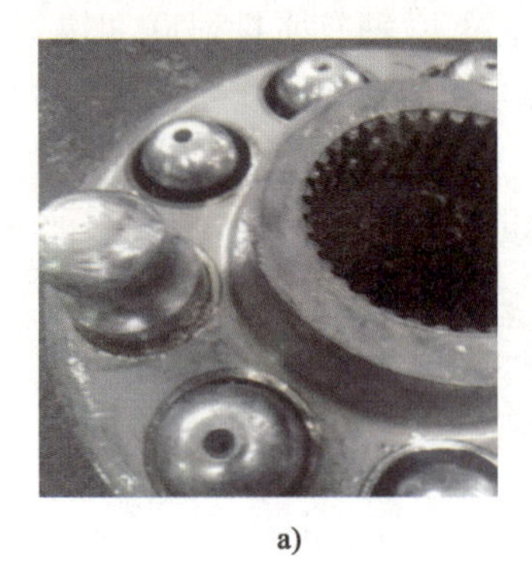

a)

b)

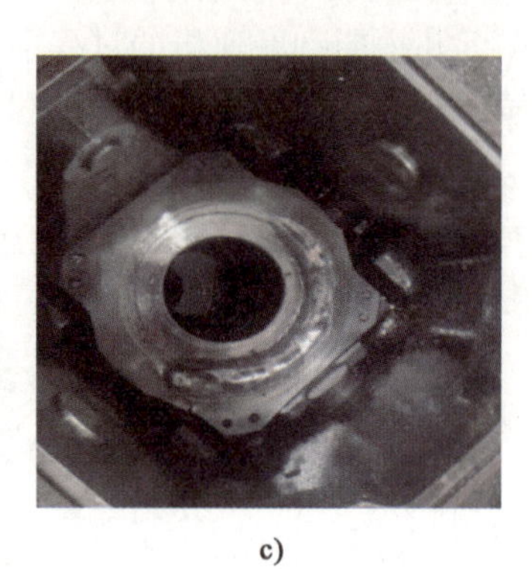

c)

图 18-27 刀盘泵内部损坏情况

2)故障原因

(1)刀盘泵长期高负荷运转

从 430 环开始,该泥水平衡盾构机开始进入含有强、中风化泥岩的地层。在掘进过程中,由于地层泥岩富含黏土矿物颗粒、遇水软化且非常黏稠的特点,极易团聚抱团黏附在刀盘中心、辐条开口、滚刀刀箱、刀盘面板及土舱、泥浆门等位置,造成刀盘结泥饼和堵塞现象,导致扭矩偏大(2800 ~ 3900kN · m)、气垫舱液位波动大、速度只有 5mm/min 左右,平均一个班 1 环或半环、6 ~ 9h/环,整体进度严重滞后。

以上这种掘进状况持续了 3 个多月,直到刀盘泵出现故障时(539 环)也是如此,刀盘泵驱动压力长期维持在额定压力的 80% 以上,长期处于高负荷工作状态,易致使刀盘泵内部柱塞滑靴与斜盘之间磨损程度逐步加剧。

(2)刀盘泵经常出现“压力峰值”

从 430 环开始,开始进入含有强、中风化泥岩的地层。该地层很容易糊刀盘、滞排堵舱和卡刀盘,实际掘进过程中经常出现刀盘被卡情况,盾构机司机被迫经常使用“刀盘脱困模式”进行刀盘脱困,在脱困时刀盘扭矩值能达到 5215 ~ 6000kN · m(观察上位机界面显示)、刀盘压力能达到 300 ~ 350bar(观察泵站泵 A/B 口压力仪表)。

由于经常使用“刀盘脱困模式”,导致刀盘泵驱动压力经常出现“压力峰值”,必然会影响液压驱动系统核心设备的使用寿命,特别是对动力源 - 液压泵的影响最大。

(3)液压油温度高

现场洞外的外循环水池没有安装冷却塔,夏季室外环境温度又高,盾构机上外循环进水温度高,引起内循环冷却水温度也高,液压油得不到有效冷却,加上设备长期 6 ~ 8h/环,机械和液压系统的长期运行产生大量的热量,最终导致主油箱液压油和主驱动泄漏油温度长期较高,已逼近报警值甚至停机温度。

液压系统油温长期偏高会使液压油黏度下降,导致滑动部件油膜被破坏,摩擦阻力增加,磨损加剧,引起系统发热,往复循环,容易造成泵等的精密配合面因过早磨损而使其失效或报废。

(4)液压油污染

刀盘泵故障发生前两个月,项目部未对盾构机液压油进行油检。在设备长期高负荷工作期间,内部磨损程度较正常工况下会加剧,如果油检时间间隔较长,可能会出现内部油液质量已变质,却没能被及时发现的情况出现。

(5)电气保护和液压保护

电气保护:现场刀盘泵电机功率为315kW,启动方式为星三角启动,具有电流和温度保护功能:刀盘扭矩大—刀盘泵驱动压力大—刀盘泵电机电流超限—电机跳闸。此外,刀盘泵电机上装有热敏电阻,当电机温度超限时也会跳停。由此说明刀盘驱动系统具备电气过载保护功能。

液压保护:刀盘驱动系统设计为闭式液压回路,该液压系统可实现压力限定及过载保护,功率限定控制是由功率控制模块完成。

据盾构机上位机观察,当刀盘驱动压力超过172bar(刀盘扭矩3000kN·m)时,刀盘转速会自动降低,这也验证了刀盘液压驱动系统具备功率限制功能。

(6)设计问题

经查阅泥水平衡盾构机操作说明书及图纸并结合现场观察,发现盾构机上位机“参数设置”界面中没有“刀盘最大工作压力”设置选项,导致刀盘驱动系统少了一道压力限制防线(电气保护)。参考其他的液驱盾构机,其盾构机上位机“参数设置”上均有“刀盘最大工作压力”设置选项。

(7)设备寿命

截至故障发生时间,盾构机已累计掘进6.89km,过程中刀盘泵没有进行过拆解整修,刀盘泵在头两个项目使用中无重大故障发生。

(8)综合分析

泥水平衡盾构机在泥岩段3个多月的持续高扭矩(额定压力80%以上)下长期高负荷运转,内部液压油温度长期保持较高(逼近报警温度甚至停机温度)状态,引起液压油黏度逐步降低,使刀盘泵柱塞滑靴与斜盘之间的油膜厚度逐步变薄,导致滑靴与斜盘之间的磨损程度逐步变大。由于泥岩段刀盘经常被卡,被迫经常采取“刀盘脱困模式”,导致液压泵驱动压力经常出现“压力峰值”(压力高达300~350bar),这对泵的影响非常大。当在某一瞬时高压下(例如,刀盘卡死时引起扭矩瞬时增大)滑靴与斜盘发生金属接触摩擦,从而造成柱塞与缸体之间产生瞬时“卡死”现象,这将进一步引起滑靴和斜盘瞬时受力超限,最终造成滑靴破损、柱塞球头划伤斜盘等问题。此外,盾构机已累计掘进近7km,掘进过程中刀盘泵未进行过拆检整修及配件更换,刀盘泵也存在一定的设备疲劳老化现象。

3)故障处理

(1)刀盘泵委外修理

委托专业厂家对损坏的刀盘泵进行拆洗、换新配件和液压测试平台检测。

(2)现场清洗刀盘液压驱动系统

因盾构机刀盘驱动是液压驱动,2个刀盘泵和8个液压马达组成闭式液压回路,当泵损坏后不可避免地会有金属杂质进入这个闭式液压回路系统中。现场将8个液压马达委外拆洗,对主驱动系统管路进行了清洗,并对主油箱换油。

(3)后续掘进注意事项

①后续掘进施工中,禁止盾构机司机使用“刀盘脱困模式”,避免刀盘泵出现压力峰值。

②泥岩地层掘进容易堵舱、循环不畅,掘进时盾构机司机要控制掘进速度和刀盘扭矩,加强舱内循环次数和时间,切勿只顾掘进进度,造成盾构机长时间无效率运行。建议白天掘进,晚上停机、维护刀盘,减少刀盘高负荷运转的时间,及时给设备降温。

(4)加强盾构机状态监测

后续施工中配置了相关油水检测仪器、测温仪和振动仪,主要检测项目:水分、黏度、污染度、机械杂质和电机振动。每天对盾构机上液压油和齿轮油进行油样检测,对主泵站和主驱动进行振动测试,加强对盾构机的状态监测,及时发现潜在问题。

### 18.4.3 【案例3】硬岩地层盾构机刀具异常损耗问题分析与处理

1)故障经过

某盾构机区间左右线单线长1789.25m,主要穿越泥岩、灰泥岩和风化岩石层。永—嘉区间左右线单线814.1m,主要穿越粉砂质黏土,粉土,粉细砂,中粗砂,和少量风化岩石层。

2009年8月15日,区间左线掘进至176环后,速度明显变慢,刀盘扭矩波动较大,推力明显增加。从176环到197环,累计总掘进时间为30d,仅完成掘进21环,其间共计开舱6次、换刀5次,发现刀具异常损耗严重。

该段左线具体掘进、地层情况和换刀情况见表18-3、表18-4。

更换刀具前后掘进参数情况表1　　表18-3

| 环号 | 推力(kN) | 刀盘扭矩(kN·m) | 铰接拉力(kN) | 速度(mm/min) | 土压(bar) | 出渣量($m^3$/环) | 注浆量($m^3$/环) |
|---|---|---|---|---|---|---|---|
| 1-175 | 8000~11000 | 1000~1500 | 500~900 | 30~70 | 1.0~1.3 | 65 | 6 |
| 176 | 12100~12500 | 1340~1700 | 900~950 | 20~27 | 1.25~1.33 | 67 | 6 |
| 177 | 12000~13400 | 1400~1700 | 540~1210 | 1~15 | 1.18~1.36 | 75 | 6 |
| 2009年8月16日开舱检查更换刀具,微风化岩面位于中心刀位置上方1m,更换29把滚刀 | | | | | | | |
| 178 | 20000~21000 | 900~1000 | 1300~2250 | 3~9 | 0.6~0.8 | 70 | 6 |
| 179 | 18800~21000 | 1230~1530 | 1400~1890 | 8~12 | 0.8~1.0 | 67 | 6 |
| 180 | 14500~17500 | 1250~1500 | 710~1100 | 10~12 | 0.9~1.0 | 72 | 6 |
| 181 | 14790~16500 | 1260~1600 | 1200~1360 | 9~14 | 1.05~1.15 | 73 | 6 |
| 182 | 15000~17500 | 150~1300 | 1200~2430 | 5~9 | 1.05~1.18 | 73 | 6 |
| 183 | 17500~17800 | 1180~1280 | 1490~2840 | 5~10 | 1.16~1.23 | 71 | 6 |
| 184 | 14500~15500 | 1350~1540 | 380~1120 | 6~10 | 1.19~1.44 | 79 | 5.9 |
| 185 | 13400~15000 | 1360~1590 | 330~810 | 8~12 | 1.03~1.17 | 70 | 6 |
| 186 | 13600~15200 | 1280~1340 | 750~940 | 5~10 | 1.09~1.17 | 71 | 6 |
| 187 | 12300~14500 | 890~1380 | 490~1140 | 3~10 | 0.28~1.23 | 73 | 6 |
| 2009年8月26日开舱检查更换刀具,掌子面为微风化花岗岩,更换4把中心刀,10把滚刀 | | | | | | | |
| 188 | 13500~18000 | 880~1130 | 1340~3000 | 4~5 | 0.3~0.5 | 73 | 6 |

更换刀具前后掘进参数情况表2　　表18-4

| 环号 | 推力(kN) | 刀盘扭矩(kN·m) | 铰接拉力(kN) | 速度(mm/min) | 土压(bar) | 出渣量($m^3$/环) | 注浆量($m^3$/环) |
|---|---|---|---|---|---|---|---|
| 189 | 12000~17500 | 650~980 | 700~3000 | 4~5 | 0.2~0.4 | 75 | 6 |
| 2009年9月1日开舱检查更换刀具,全断面微风化花岗岩,更换10把滚刀 | | | | | | | |
| 190 | 12100~13500 | 940~1280 | 800~940 | 5~9 | 0.23~0.58 | 75 | 6 |
| 191 | 11000~12500 | 940~1150 | 580~1200 | 5~7 | 0.4~0.7 | 72 | 6 |
| 192 | 12100~12500 | 1040~1180 | 800~980 | 5~10 | 0.5~0.8 | 75 | 6 |
| 2009年9月4日开舱检查更换刀具,全断面微风化花岗岩,更换10把滚刀 | | | | | | | |
| 193 | 9800~12100 | 780~1200 | 800~1040 | 4~7 | 0.11~0.28 | 68 | 6 |
| 194 | 11300~12000 | 960~1200 | 800~1200 | 4~7 | 0.4~0.6 | 75 | 6 |
| 195 | 11200~12000 | 9000~12000 | 580~1170 | 5~7 | 0.46~0.58 | 73 | 6 |

续上表

| 环号 | 推力(kN) | 刀盘扭矩(kN·m) | 铰接拉力(kN) | 速度(mm/min) | 土压(bar) | 出渣量($m^3$/环) | 注浆量($m^3$/环) |
|---|---|---|---|---|---|---|---|
| 2009年9月6日开舱检查更换刀具,全断面微风化花岗岩,未更换刀具,紧固刀具螺栓 | | | | | | | |
| 196 | 10000~15500 | 890~1340 | 580~2210 | 4~8 | 0.11~0.22 | 65 | 6 |
| 197 | 13400~17000 | 1340~1500 | 350~2200 | 5~8 | 0.39~0.41 | 72 | 6 |
| 198 | 14500~15500 | 1340~1420 | 320~470 | 5~7 | 0.25~0.39 | 70 | 6 |

2)故障原因

通过掘进数据、开舱地层情况、刀具损耗统计以及对刀盘结构刀具分布的分析,在该地层掘进困难及刀具异常损耗的原因如下:

(1)地层过硬,盾构机推力较大

岩层稳定性好,岩石单轴抗压强度最大值为115MPa,为保证掘进速度,只有采取加大盾构机推力的方法。由于盾构机与地层间的摩阻力比软土地层减少了很多,推力更多地通过滚刀作用在掌子面上,滚刀承受了较大推力,造成刀具轴承架破裂、滚柱变形。

(2)刀具承受较高的压力和振动冲击

地层稳定性好,盾构机采用敞开式掘进模式,刀盘刀具受岩层冲击力较大,刀具装配质量有缺陷或对地层的适应性不强,从而导致在硬岩段掘进中在较高的压力和振动下失效,主要表现为刀具刀体变形、刀具轴承失效、刀圈崩裂。

(3)掉落的刀具互相撞击

由于岩层硬度高,推力大,刀盘扭矩波动较大,刮刀以及单刃滚刀刀圈脱落,掉落土舱,与刀盘其他刀具发生碰撞,造成刀体撞伤变形、刀圈撞伤以及刀具的异常损毁。

(4)刀体异常受力变形,密封失效

刀体受到大颗粒岩石挤压,导致刀体受力变形,密封失效漏油,致使砂粒进入刀具内部,轴承无法正常转动,造成刀具异常磨损。

(5)滚刀的启动扭矩大

由于地下水丰富,在刀具与掌子面接触时存在打滑现象,达不到刀具的启动扭矩,刀具不滚动,造成刀具弦磨和偏磨。

(6)边滚刀轨迹设计不合理

边滚刀(31~39号)布置较为薄弱,每个边缘轮廓轨迹上只有一把刀具,一旦发生刀具损坏,易引起周边刀具的连锁反应,致使开挖轮廓变小,造成盾构机摩阻力变大,甚至导致盾构机卡死。

3)故障处理

(1)施工措施

①渣土改良:在掘进过程中向土舱内添加有一定浓度的膨润土浆液进行渣土改良,保证螺旋输送机运转和出渣顺畅,避免出现刀盘和螺旋输送机被卡。

②润滑盾壳:从主机径向孔注入膨润土,润滑盾壳,避免出现盾壳被卡的情况。

③加大刀具检查频率:正常情况下每掘进2环检查一次刀具,出现异常时,应立即开舱检查刀具,及时更换损坏的刀具和磨损较大的刀具,做好刀具的保护工作。

④注浆控制:加强注浆控制,保证注浆质量,在盾尾后方每3环进行一次双液浆封堵止水,减少地下水的流动性,避免盾尾后方的地下水流到刀盘前方。

⑤加强对泡沫注入系统的保养和检修,确保泡沫注入系统正常工作,避免在泡沫管路不畅的情况下掘进。

⑥保持匀速推进。

⑦如刀盘出现异响、渣土出现异物等情况，应选择合适地点，检查刀具。

⑧控制渣土温度：加强每环的渣土检查和留样，实时监控渣土温度，若渣温上升，应及时调整水和泡沫的注入量，改良渣土。若温度持续上升应停止掘进，排除问题后再恢复施工。

⑨调整边滚刀：调整刀具启动扭矩至40N·m，选用材质好、硬度高的边滚刀刀圈。

⑩遵循“小推力、低转速、勤检查、早更换”的原则，稳步推进。

(2)掘进控制措施

①采用敞开式掘进，同时掘进参数按以下数值进行控制：刀盘低转速(1.5~1.8r/min)；低贯入度(控制在5mm以下)；推力14000kN以下；刀盘最大扭矩不得超过液压压力为15MPa时对应的扭矩，液压压力变化在3MPa以下。

②严格控制盾构机姿态，保证盾构机沿直线掘进，避免掘进方向出现大的变化。

③掘进过程中加强渣样分析，根据渣样情况及时调整掘进参数。

(3)管理措施

①建立项目技术骨干现场值班制度：项目相关技术骨干现场值班，随时掌握现场最新情况，及时解决施工中出现的各种问题，保证施工顺利进行。

②掘进情况分析制度：每班下班后，由总工程师组织，经理、副经理、调度、盾构机司机、值班工程师参加，分析本班的掘进参数及施工情况，分析刀具磨损情况，分析施工中出现的异常问题，及时组织开舱换刀，保证掘进正常、顺畅。

③生产部门合理安排各工序施工，减少工序衔接时间，避免出现非正常停机的情况。

(4)施工效果

在第189环开舱以后，通过采用小推力、刀盘低转速、控制刀盘扭矩、控制贯入度、向土舱内添加膨润土等新措施后，刀具的非正常磨损比前3次开舱有很大程度的好转，刀具损坏程度明显减少，施工成本有效降低，施工效率明显提高，有效保证了项目工期。

## 附件 1　盾构机施工作业细则

## 附件 2　TBM 施工作业细则

References | # 参考文献


[1] 王梦恕,等. 中国隧道及地下工程修建技术[M]. 北京:人民交通出版社,2010.

[2] 杨华勇,赵静一. 土压平衡盾构电液控制技术[M]. 北京:科学出版社,2013.

[3] 洪开荣,等. 盾构与掘进关键技术[M]. 北京:人民交通出版社股份有限公司,2018.

[4] 洪开荣. 我国隧道及地下工程近两年的发展与展望[J]. 隧道建设,2017(2):123-134.

[5] 洪开荣. 研究盾构新技术满足复杂地址条件下隧道施工[J]. 隧道建设,2016(2):163.

[6] 洪开荣,陈馈,冯欢欢. 中国盾构技术的创新与突破[J]. 隧道建设, 2013(10):801-808.

[7] 康宝生. 我国隧道施工机械化的发展与思考[J]. 建筑机械化,2017,38(9):19-25.

[8] 康宝生. 绿色环保经济发展与隧道掘进机再制造探析[J]. 隧道建设,2013,33(4):259-265.

[9] 康宝生. 全断面硬岩条件下的盾构掘进与管理[J]. 隧道建设,2012,32(1):121-126.

[10] 蒙先君. 长距离双护盾 TBM 施工探讨[J]. 隧道建设,2008,28(4):429-475.

[11] 蒙先君. 复合式土压平衡盾构机在特殊地址段的掘进方法[J]. 工程机械与维修,2008(10):104-107.

[12] 蒙先君,彭正阳. 铁路长大隧道 TBM 施工关键要素[J]. 工程机械与维修,2013(1):144-147.

[13] 高殿荣,王益群. 液压工程师技术手册[M]. 北京: 化学工业出版社,2016.

[14] 李正吾,赵文瑜. 新电工手册[M]. 合肥:安徽科学技术出版社,2000.

[15] 李杞仪,李虹. 机械工程基础[M]. 北京:中国轻工业出版社,2010.

[16] 廖常初. ST-300/400PLC 应用技术[M]. 3 版. 北京:机械工业出版社,2012.

[17] 李波,黄磊. 最新盾构机司机培训教程[M]. 北京:化学工业出版社,2016.

[18] 于琪. 基础地质工程与地质勘察应用探讨[J]. 黑龙江科技信息,2016(4):133.

[19] 肖飞,田延民,高鹤. 盾构法地铁区间施工测量技术探讨与实践[J]. 城市建设理论研究,2014,10:20-26.

[20] 刘建航. 隧道工程[M]. 上海: 上海科学技术出版社, 1999.

[21] 周奎,吴会琴,高文忠. 变频器系统运行与维护[M]. 北京:机械工业出版社,2016.

[22] 罗坤, 李征, 郭学博. 盾构机概述[J]. 科学与财富,2015(8):746.

[23] 于颖. 土压平衡盾构机电气系统概述及电气故障处理方法与心得[J]. 科技创新与应用,2015(10):113.

[24] 赵康. 土压平衡式盾构机的施工技术与设备故障处理[J]. 城市建设理论研究,2014(12):45-46.

[25] 董建刚,王云. 土压平衡盾构施工中盾构机的操作与管片选型[J]. 山西建筑,2010,36(8):341-342.

[26] 王治宇,张永换. 浅谈复合地层土压平衡盾构掘进参数的选择[J]. 商品与质量,2015,43:158-159.

[27] 王春凯. 盾构姿态控制研究[J]. 隧道建设,2016,36(11):1389-1393.

[28] 徐薇.盾构姿态控制和机管片选型技术探讨[J].天津建设科技,2018,28(2):64-66.
[29] 范安平.盾构机的维修保养措施研究[J].中国机械,2015(7):139.
[30] 肖超,谭立新,夏一夫等.基于渣土改良的土压平衡盾构掘进参数特征研究[J].铁道科学与工程学报,2017(11):2418-2426.
[31] 叶晨立.高水压高渗透砂性地层土压平衡盾构施工渣土改良技术研究[J].隧道建设(中英文),2018,38(2):300-307.
[32] 申兴柱,高峰,等.土压平衡盾构穿越透水砂砾层渣土改良试验研究[J].中国机械,2017,61(4):121-125.
[33] 龚渠洪.浅谈铁路隧道衬砌常见施工质量问题及预防措施[J].现代隧道技术(中英文),2018,55(2):208-211.
[34] 丁浩,李科,等.公路隧道衬砌裂纹扩展机理[J].土木建筑与环境工程,2018,40(5):86-91.
[35] 秦海洋,刘厚全,等.盾构施工问题统计与分析[J].筑路机械与施工机械化,2017,34(1):13-17.
[36] 张晋涛,翟艳辉.地铁盾构施工问题及解决措施分析[J].城市建筑,2015,26:87.
[37] 撒应群.富水砂卵石地层地铁隧道盾构施工问题与处置措施[J].安徽建筑,2014,21(1):72-74.
[38] 张新伟,陈馈.双护盾掘进机脱困技术[J].建筑机械化,2010,31(6):64-67.
[39] 李文玉.小半径曲线盾构施工控制及盾构脱困处理要点[J].建筑工程技术与设计,2015,31:590-685.
[40] 黄平华.盾构被困实例分析及脱困措施[J].隧道建设,2017,37(3):342-347.
[41] 闫天俊,吴立.现代隧道施工中的常见地质灾害问题及防治[J].探矿工程,2003(4):62-64.